普通高等教育“十一五”国家级规划教材

机械设计基础

（多 学 时）

第 4 版

主 编 范顺成
副主编 李春书 金清肃
参 编 杨建伟 范晓珂 郭聚东
吴晓龙 关志刚 李 兰
王晓慧 李洪来 娄晨辉
主 审 张 策 来新民

机 械 工 业 出 版 社

本书是根据普通高等教育“十一五”国家级规划教材的要求进行修订的。为满足培养学生工程实践能力和创新意识的需要，本次修订工作突出了各类机构和零部件的系统性，注重机械设计基本理论和方法的讲述。对于连杆、凸轮等非匀速传动机构，在分析运动关系的基础上，增补了材料选择和结构设计内容；在带传动中，介绍了同步带的设计计算；各章还增加了实践教学环节的内容。如此编排的目的在于培养学生的工程意识和机械设计能力。

全书除绪论外，共十九章，内容包括：平面机构的结构分析，平面连杆机构，凸轮机构，齿轮机构，轮系，间歇运动机构、组合机构，回转体的平衡，机器速度的波动及调节，机械零件设计概论，联接，带传动，链传动，齿轮传动，蜗杆传动，轴，滑动轴承，滚动轴承，联轴器和离合器，弹簧。

本书为高等工科院校近机类、机械类（专科）专业机械设计基础课程的教材，较适宜的授课学时为70学时左右，也可供大、中专相关专业师生及工程技术人员参考。

图书在版编目（CIP）数据

机械设计基础（多学时）/范顺成主编．—4版．—北京：机械工业出版社，2007.5（2016.1重印）

普通高等教育“十一五”国家级规划教材

ISBN 978－7－111－06593－7

Ⅰ．机…　Ⅱ．范…　Ⅲ．机械设计－高等学校－教材　Ⅳ．TH122

中国版本图书馆CIP数据核字（2007）第061378号

机械工业出版社（北京市百万庄大街22号　邮政编码100037）

责任编辑：赵爱宁　版式设计：霍永明　责任校对：张晓蓉

封面设计：王伟光　责任印制：刘　岚

北京玥实印刷有限公司印刷

2016年1月第4版第7次印刷

184mm×260mm · 21.25印张 · 524千字

标准书号：ISBN 978－7－111－06593－7

定价：30.00元

凡购本书，如有缺页、倒页、脱页，由本社发行部调换

电话服务	网络服务
社服务中心：（010）88361066	教材网：http：//www.cmpedu.com
销售一部：（010）68326294	机工官网：http：//www.cmpbook.com
销售二部：（010）88379649	机工官博：http：//weibo.com/cmp1952
读者购书热线：（010）88379203	**封面无防伪标均为盗版**

第4版前言

本教材是普通高等教育“十一五”国家级规划教材，适用于高等学校近机类（本科）、机械类（专科）专业机械设计基础课程的教学。

本书是在第3版基础上，根据高等工程教育的发展和各校使用本教材的意见和建议进行修订的。

修订后的教材基本保留了第3版的体系结构和基本内容。除了对各章内容进行了必要的调整、增删外，重点完成了以下几方面工作：

1）在第二章平面连杆机构和第三章凸轮机构中，增加了材料选择和机构的结构设计内容，既保证了内容的系统性、完整性，又突出了工程设计。

2）在第四章齿轮机构中适当删减了齿廓啮合理论的内容，使整章内容更加简洁、易懂。

3）在带传动中，增加了同步带传动的设计与计算，以适应工程实际的需要。

4）对第3版的插图作了调整和更换，使其与内容更加协调，插图更清晰。

5）各章增加了实践教学环节的内容，以加强理论与工程实践的结合。

另外，本次修订力求基本概念准确，术语规范，表格数据准确，重点突出，难点适中。全书采用最新标准和规范，注重对学生工程设计能力、创新意识和创新思维的培养与锻炼。

参加本书修订工作的有：河北工业大学范顺成（绪论），河北科技大学金清肃（第一章、第二章），石家庄铁道学院范晓珂（第三章、第十九章），河北科技大学郭聚东（第四章、第五章），河北工业大学李春书（第六章、第十三章），河北工业大学吴晓龙（第七章、第八章），河北工程大学关志刚（第九章、第十四章），河北科技大学李兰（第十章），河北工业大学王晓慧（第十一章、第十二章），河北工业大学李洪来（第十五章、第十八章），太原科技大学杨建伟（第十六章）河北科技大学娄晨辉（第十七章）。

本书由范顺成担任主编，李春书、金清肃担任副主编。全书由天津大学张策教授、上海交通大学来新民教授担任主审。他们对本书的修订工作提出了很多宝贵意见和建议，全体编者对此表示衷心感谢。同时也恳请广大读者对书中错误和不妥之处提出批评指正。对本书的意见请寄天津市红桥区丁字沽河北工业大学机械学院（300130）。

编　者

2007年3月

第3版前言

本书是在第2版的基础上根据两年来各校试用本教材的意见和建议进行修订的。

修订后的教材基本保留了第2版的体系和基本内容。为适应高等工科教育教学内容及课程体制改革的要求，在总结多年教学经验的基础上，本版教材对基本内容作了更进一步的精选，以满足实际教学需要。这次修订对第三、四、十、十八章等的内容作了适当删减或更换，力求内容更加精炼和完善；考虑到本教材与《机械设计课程设计》一书配套使用，故本版教材删去了一些与该书重复的标准、规范和数据等内容。

参加本书修订工作的有：范顺成（绪论、第十三、十六章），马治平（第一、二章），王光林（第三、十九章），陆正德（第四、五章），李春书（第六、七、八章），马洛刚（第九、十四章），张秀兰（第十章），来新民（第十一、十二章），彭炜（第十五、十八章），白春林（第十七章）。本书由范顺成、马治平、马洛刚担任主编。

在本书修订工作中，河北工业大学钱寿铨同志认真审阅了全部书稿，提出了很多宝贵意见和建议，编者对此表示衷心感谢。

编者欢迎广大读者对书中错误和不妥之处提出批评指正。

编　者

1998年3月

第2版前言

本书第1版在天津大学、河北省十余所高等院校及其他一些院校使用后，得到了广大师生的欢迎和好评，认为第1版较好地贯彻了国家教委颁发的《机械设计基础（原机械原理及机械零件）教学基本要求（多学时）》。原书具有内容精炼，深广度适宜，组织、编排恰当，反映了新科技、新标准，适用面广，便于教学等特点。

为使第1版的内容不断更新和完善，以适应高等教育改革的发展和需要，系列教材编委会根据各方面的意见和建议决定对第1版进行修订。

修订后的教材保留了第1版的体系和基本内容。修订的主要方面和内容如下：

(1) 删去了第1版“现代设计方法简介”一章，而在本书第二、三章分别增补了连杆机构、凸轮机构设计计算的计算机程序框图，以便有助于结合教学过程培养学生应用计算机的能力。

(2) 按近年来新颁布的有关国家标准修订了第1版中采用的相应旧标准，并按新标准重新编写了“滚动轴承”一章。

(3) 更换和增、删了第1版中的部分插图。

(4) 对第1版中某些叙述较为繁琐及非主要内容部分作了删减，以使内容更为精炼和切合实际。

与第1版一样，修订本书时，编者在贯彻《机械设计基础（原机械原理及机械零件）教学基本要求》的基本精神前提下，力求做到精选内容，联系实际，叙述简明，便于教学。

本书中带有*号的内容为选学内容，可视学时多少和专业需要而作取舍。

本书第1版的全部编审人员按原有分工参加了本书的修订工作。

最后，欢迎广大读者对本书中错误和不妥之处提出批评。

编　者

1995年11月

第1版前言

本书是由天津大学和河北省机械设计教学研究会合作编写的机械设计系列教材之一。本系列教材包括：机械设计（机械类专业用）、机械设计基础（近机类专业用）、机械设计基础（非机类专业用）、机械设计习题集（与机械设计配套使用）和机械设计课程设计等共5种。

本书是根据国家教育委员会批准印发的《高等工业学校机械设计基础（原机械原理及机械零件）教学基本要求（多学时）》和天津大学及河北省十余所高等学校多年来试行该教学基本要求的教改实践经验编写而成的。

编写本书时，编者在贯彻《机械设计基础（原机械原理及机械零件）教学基本要求》的基本精神前提下，力求做到精选内容，联系实际，叙述简明，便于教学。

为便于教学，本书按两大部分编写。第一章至第八章为第一部分（机械原理），主要叙述常用机构的工作原理、运动特点、机构设计和机器动力学的基本知识；第九章至第十九章为第二部分（机械设计），主要叙述通用机械零部件的工作原理、特点、基本设计理论和基本设计方法。另外，为反映科技新成就、拓宽知识面和有助于适当结合教学过程培养学生应用计算机的能力，本书第二十章对现代设计方法作了简要介绍。

本书各章均有例题，并在各章末附有习题。书中摘录了部分必要的数据资料，以供例题及求解习题使用。其他数据资料可参阅系列教材中《机械设计课程设计》一书。

本书中带有*号的内容为选学内容，可视学时多少和专业需要而作取舍。

近年来有关机械设计的标准有较多的更新，本书采用新颁布的国家标准。

参加本书编写工作的有：钱寿铨（绪论、第十三章），马治平（第一、二章），王光林（第三、十九章），陆正德（第四、五章），李春书（第六、七、八章），马洛刚（第九、十四章），张秀兰（第十章），李洪德（第十一、十二章），彭炜（第十五、十八章），范顺成（第十六章）、白春林（第十七、二十章）。全书由钱寿铨、白春林担任主编。

本书由天津大学郭芝俊、李文禄担任主审，他们提出了许多有助于提高本书质量的宝贵意见；唐山工程技术学院李国柱同志在本书出版、印刷过程中做了大量工作，编者对此深表感谢。

限于编者水平，书中错误和不当之处在所难免，希望广大读者批评、指正。

编　者

1992年11月

目　录

绪　论

第一节　引　　言

人类在长期的生产实践中创造和发展了机械。早在古代，人类就将杠杆、楔和滚子等工具和简单机械用于建筑和运输。16 世纪的第一次工业革命和 19 世纪欧洲的产业革命形成了机械工业并使之得到迅猛发展。

在我国，机械的创造、发展和使用有着悠久的历史。三千年前就出现了简单的纺织机。两千年前已把绳轮、凸轮等用于生产作业器具。汉代以后的指南车及记里鼓车中利用了齿轮和轮系传动。东汉张衡将杆机构巧妙地使用在人类第一台地震仪——候风地动仪上。元朝有利用曲柄、滑块和飞轮的纺织机。可是，由于我国长期的封建制度以及近代历史上长年战乱和帝国主义的入侵，使我国的机械工业和其他科学技术领域一样长期得不到应有的发展而处于落后状态。

1949 年新中国诞生后，我国的工农业生产、科学技术取得了前所未有的巨大发展，机械工业和机械科学水平相应有了很大提高。目前，我国不但能自行设计制造大型、精密、成套和高新技术设备，而且在为数不少的科技门类中已接近和赶上先进工业国家水平，有的已处于领先地位。同时，还建立了学科齐全、装备精良的机械科学设计和研究部门。

机械化是社会生产率发展水平的重要标志。在各个生产部门实现机械化、自动化，利用机械来代替和减轻人们的体力劳动乃至脑力劳动，不断提高生产率，这对我国进行社会主义建设，发展国民经济和逐步实现四个现代化有着极其重要的意义。因此，对高等工科院校一些与机械工业密切相关的专业的学生，学习《机械设计基础》等机械学科的课程是十分必要的。

第二节　本课程研究的对象和内容

机械通常是机器和机构的总称。

在生产实践和日常生活中，广泛地使用了各种机器。经常见到的如电动机、内燃机、汽车、起重机和洗衣机等都是机器。它们的作用是实现能量的转换，或完成有用的机械功，以代替人的劳动。随着生产的发展，机器的种类、形式和功能将越来越多。

为便于研究机器的工作原理、分析运动特点和设计新机器，通常又将机器视为是由若干机构组成的。

如图 0 - 1 所示的单缸内燃机，它由气缸体（机架）1、曲柄 2、连杆 3、活塞 4、进气阀 5、排气阀 6、推杆 7、凸轮 8 及齿轮 9、10 组成。当燃气推动活塞 4 作往复移动时，通过连杆 3 使曲柄 2 作连续转动，从而将燃气的压力能转换为曲柄的机械能。齿轮、凸轮和推杆的作用是按一定的运动规律按时启闭阀门，以吸入燃气和排出废气。这种内燃机可视为由三种机构组成：①由活塞 4、连杆 3、曲柄 2 和机架 1 构成的曲柄滑块机构，它将活塞的往复移动转变为曲柄的连续转动。②由齿轮 9、10 和机架 1 构成的齿轮机构，其作用是改变转速的大小和转动的方向。③由凸轮 8、推杆 7 和机架 1 构成的凸轮机构，它将凸轮的连续转动转变为推杆的往复移动。

由此可见，所谓机构乃是若干具有确定相对运动的构件的组合，它在机器中起着改变运动形式、改变速度大小或改变运动方向的作用。组成机构的构件，可以是单一的零件，也可以是由几个零件固结而成的运动单元体。如图 0-1 中的内燃机连杆，就是由如图 0-2 所示的连杆体 1、连杆盖 5、螺栓 2、螺母 3、开口销 4、轴瓦 6 和轴套 7 等多个零件构成的一个构件；又如图 0-1 中的齿轮-凸轮轴，则是由如图 0-3 所示的凸轮轴 1、齿轮 2、键 3、轴端挡圈 4 和螺钉 5 等零件构成的又一个构件。显然，构件是运动基本单元，而零件是制造基本单元。

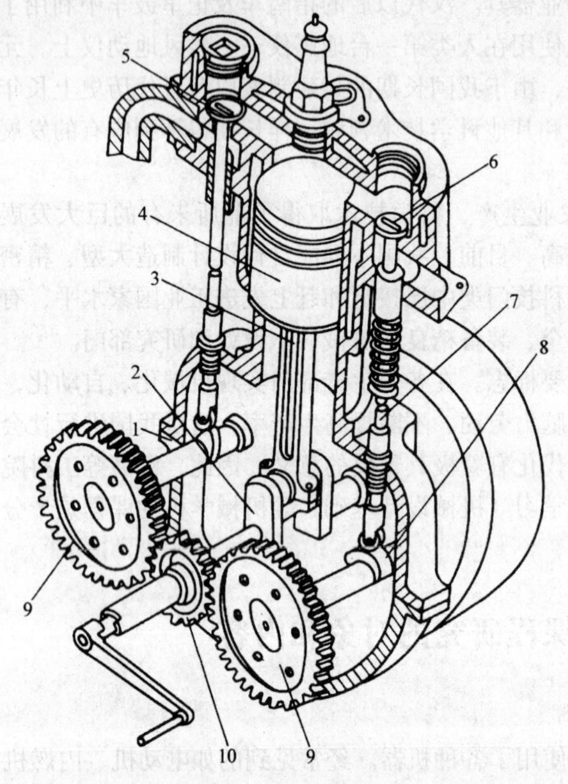

图 0-1　单缸内燃机

1—机架　2—曲柄　3—连杆　4—活塞

5—进气阀　6—排气阀　7—推杆

8—凸轮　9、10—齿轮

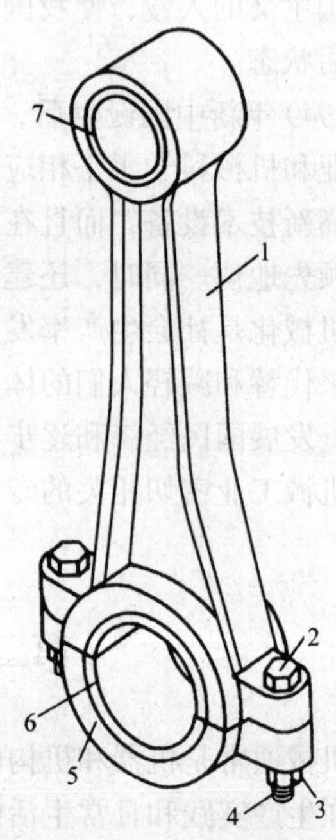

图 0-2　内燃机连杆

1—连杆体　2—螺栓　3—螺母

4—开口销　5—连杆盖

6—轴瓦　7—轴套

各种机械中普遍使用的机构称为常用机构，如平面连杆机构、凸轮机构、齿轮机构和间歇运动机构等。

各种机械中普遍使用的零件称为通用零件，如螺钉、齿轮、轴和弹簧等；只在某一类型机械中使用的零件称为专用零件，如汽轮机中的叶片、内燃机中的活塞等。

本课程作为机械设计的基础，主要介绍机械中的常用机构和通用零件的工作原理、运动特性、结构特点、使用和维护、标准和规范以及设计计算的基本理论和方法。这是因为这些机械设计的基本内容，在各种机械设计中是普遍适用的。在很小或很大的机械中，在精度要求很高或精度要求较低的机械中……，它们所用的同类型机构和零件，虽然其尺寸大小、具体结构形状、工作条件等有很大差异，但其工作原理、运动特点、设计计算的基本理论和方法是类同的。

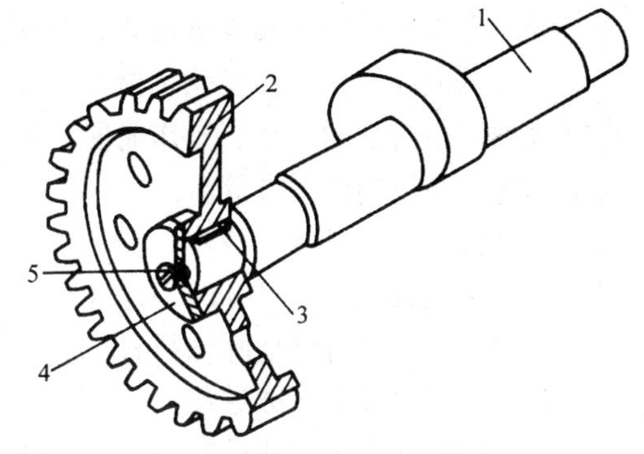

图 0－3　齿轮－凸轮轴
1—凸轮轴　2—齿轮　3—键
4—轴端挡圈　5—螺钉

第三节　本课程的性质和任务

“机械设计基础”课程是一门培养学生具有一定机械设计能力的技术基础课。

为加速社会主义建设步伐，应对现有机械设备进行技术改造，以充分挖掘企业潜力，同时应当设计出各种高质量的成套设备来装备各个生产部门，以逐步实现生产过程的自动化。因此，除机械制造部门外，动力、采矿、冶金、石油、化工、土建、轻纺、食品工业等各部门的工程技术人员也应具有一定的有时甚至是较深入的机械及机械设计基础知识。本课程正是为适应这一需要而设置的。

本课程的主要任务是：

1）掌握机构的结构、运动特性和机械动力学的基本知识，初步具有分析和设计基本机构的能力，并对机械运动方案的确定有所了解。

2）掌握通用机械零件的工作原理、特点、维护和设计计算的基本知识，并初步具有设计机械传动装置和简单机械的能力。

3）具有运用标准、规范、手册、图册等有关技术资料的能力。

“机械设计基础”课程与许多学科密切相关。其主要先修课有工程制图、金属工艺学、理论力学和材料力学、金属材料及热处理、互换性及技术测量、工程数学和算法语言等；后续课则均为专业课。因此，它在教学计划中起着承上启下的作用。

第四节　机械设计的基本要求和一般程序

一、机械设计的基本要求

机械产品的功能、成本等很大程度上取决于设计工作的优劣。因此，不论是设计新产品还是对现有设备进行技术改造，设计人员都必须满腔热情并负责任地对设计过程的每个细节作周密、细致和深入的考虑。

用户希望能得到物美价廉的产品。物美价廉是产品获得市场、经济效益和社会效益的先决条件，也是机械设计的基本要求。设计人员不仅有责任使产品具有良好的功能和优越的质量，同时也有责任使产品价格便宜、合理。

对机械设计而言，物美就是指所设计的机械能有效地执行预期的全部职能，在预定的工作期限内安全可靠的工作、操作简便、维护方便、效率高、不易造成环境和产品污染及引起人身伤害、外形美观大方等。

价廉就是要尽量降低成本，同时又要降低维护费用。这就要求设计人员合理的选择材料；使机械及其零件有良好的工艺性和适当的精度和表面质量；在产品中推行标准化、系列化、通用化等以尽可能地降低材料、能源、劳动力的消耗，从而提高经济效益。

二、机械设计的一般过程

机械设计是机械工业中的一个重要环节。任何机械设备从设计任务的提出到制成并投入使用都必须经历设计过程。机械设计的过程无一定模式，需视具体设计任务而定。但一般设计过程可简化成如图 0－4 所示的几个阶段。

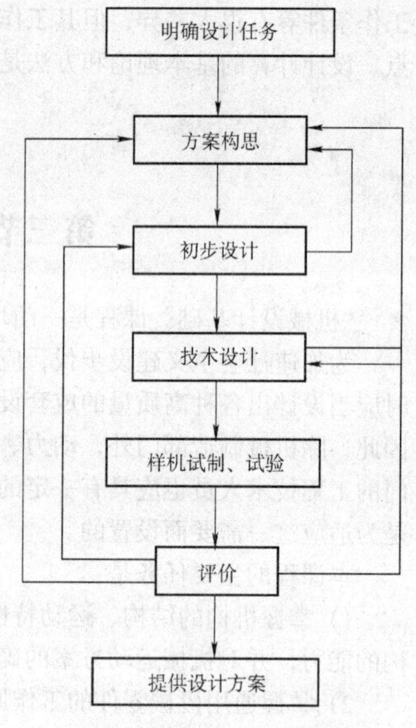

图 0－4　机械设计一般过程示意

（1）明确设计任务　机械设计任务通常是为实现某种功能（如满足生产要求）而提出的。提出任务时，应首先分析实现机械要求的可能性，然后根据对所设计机械的工作要求确定功能范围、各项技术性能指标等，以明确设计任务。

（2）方案构思　根据设计任务，设计人员应调查同类产品的设计、开发、制造和使用情况；用户意见和要求；有关的理论研究和应用成果；技术资料和专利；市场情况和发展动态；承制单位的技术水平和设备条件等。在此基础上进行设计方案构思。必要时，可将几个构思方案平行地进行设计，最后择优选用。

（3）初步设计　按所构思出的方案并经必要的计算后，即可初步确定机械的总体布置，并绘制机构的运动简图和传动系统示意图。然后，进行运动、动力分析和强度计算，以确定机构和零件的主要参数和尺寸。

（4）技术设计　技术设计是使初步设计具体化的过程。本阶段应根据初步设计阶段已确定的主要参数和尺寸，并考虑如生产批量、材料供应情况、毛坯类型、加工和装配工艺、有关标准和规范等方面的因素，绘制总装配图、部件装配图、零件工作图和编制技术文件等。

（5）样机试制、试验　样机试制、试验是验证设计是否合理以及能否转入生产准备的重要阶段。同时，也为进行设计评价提供了依据。样机试制、试验中发现的不合理处，应及时加以修改，以使设计达到最优状态。

（6）评价　评价内容主要包括技术和经济两方面。

技术上需对设计是否满足各项技术指标、是否安全可靠、操纵和维护是否方便等作出评价。

经济上则需进行成本预测、利润预测等，以评定设计的经济价值。

（7）提供设计方案　经评价确认设计的技术价值和经济价值均优时，即可向承制部门提供设计方案。提供的设计方案应包括完整的设计图样以及各种技术文件，如总装配图、零（部）件图、计算说明书、使用说明书、样机试验报告、技术经济评价报告、有关工艺文件等。

必须指出，以上设计过程的各个阶段并不是截然分开的，而常常是相互联系、相互影响和相互制约的。因此，设计过程各阶段往往需交叉进行。而且，经常还由于某种原因而使设计过程出现反复，甚至推翻重来，图 0－4 所示各阶段间的返回箭头指向即示意设计过程的反复，有时要经过多次反复，才能提供出一个良好的设计方案。

第一章 平面机构的结构分析

各运动构件均在同一平面内或相互平行平面内运动的机构，称为平面机构。平面机构应用广泛。

前已述及，机构是若干具有确定相对运动的构件组合，但是若干构件的任意组合，并不一定能成为机构。如图1-1所示，设计者意欲由凸轮1推动杠杆2而使冲头3上下运动，以完成冲压工作。但不难看出，实际上构件2、3和机架4是不能运动的构件组合。

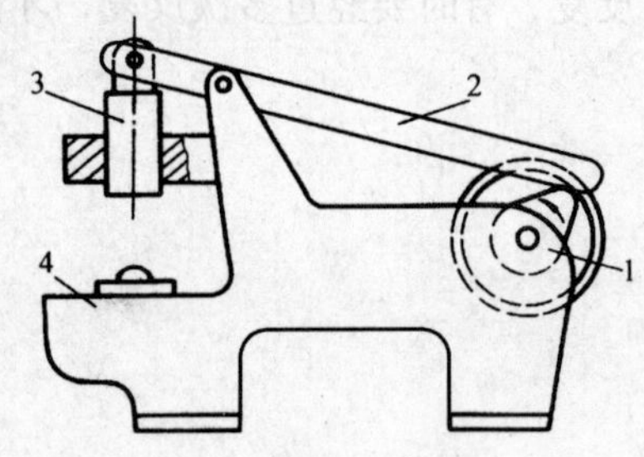

图1-1 不能运动的构件组合

1—凸轮 2—杠杆

3—冲头 4—机架

由此可见，构件组合必须具备一定的条件才能成为机构。因此对平面机构进行结构分析，即①了解机构的组成；②绘制机构运动简图；③讨论机构具有确定运动的条件，对设计新机械或对已有机械进行分析都是十分重要的。

本章将主要讨论上述三个问题。

第一节 平面机构的组成

一、构件及其自由度与约束

如前所述，机构是由若干具有确定相对运动的构件组成的，构件是运动的基本单元。

构件的运动是指构件的位置在空间的变化。如图1-2所示，在 xOy 坐标系中，构件 S 有三个独立运动的可能性，即沿 x 轴、y 轴方向移动和绕其上任一点 A 的转动。构件的这种可能出现的独立运动称为自由度。因此，一个作平面运动的自由构件有三个自由度。

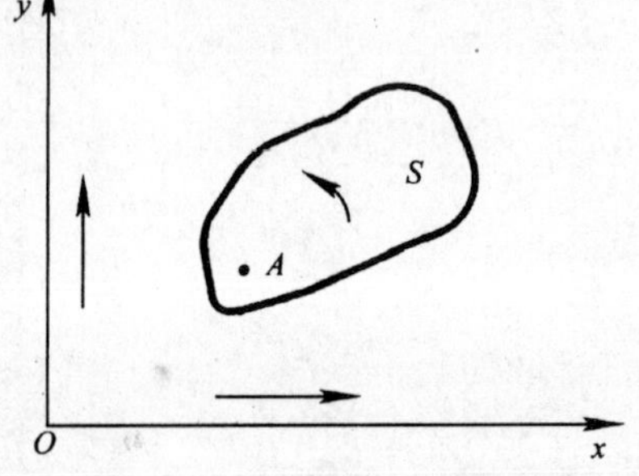

图1-2 平面构件的自由度

当一构件与其他构件相互连接时，其相对运动将受到限制，对构件独立运动所加的限制称为约束。约束增多、构件的自由度将减少，约束的数目与构件的连接形式有关，构件每增加一个约束，便失去一个自由度。

二、运动副及其分类

构件组成机构时，每个构件都以一定的方式与其他构件相连接。两构件直接接触并能产生一定相对运动的连接称为运动副。组成运动副的两构件只能相对作平面运动的运动副称为平面运动副。

两构件不外乎通过点、线或面来实现接触。按照接触情况和两构件接触后的相对运动形式的不同，通常把平面运动副分为低副和高副两类。

1. 低副 两构件通过面接触所构成的运动副称为低副。低副又有转动副和移动副之分，如图1-3所示。

在图 1－3a、b 所示构件 1、2 组成的运动副中，两构件只能绕 z 轴相对转动，即沿 x 轴、y 轴方向的相对移动受到约束。这种组成运动副的两构件只能绕某一轴线作相对转动的运动副称为转动副或称铰链。如图 1－3a 所示转动副中，有一个构件是固定的称为固定铰链；图 1－3b 所示构件 1、2 组成的转动副，两构件都未固定，称为活动铰链。

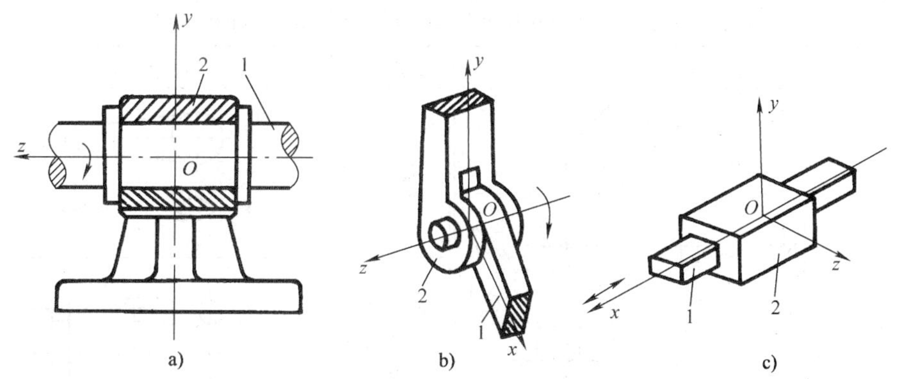

图 1－3　平面低副

图 1－3c 所示运动副中的两构件只能沿 x 轴方向作相对移动，沿 y 轴方向的相对移动和绕 z 轴的相对转动均受到约束。这种两构件只能作相对直线移动的运动副，称为移动副。

转动副只能在一个平面内相对转动，移动副只能沿某一轴线方向移动。因此，一个低副引入两个约束，即减少两个自由度。

2. 高副　两构件通过点或线接触所构成的运动副，称为高副，如图 1－4 所示。

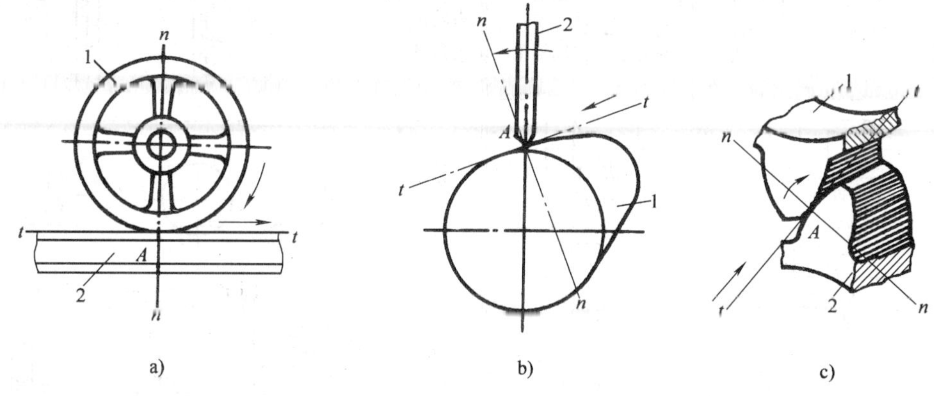

图 1－4　平面高副

两构件组成高副，彼此间可沿接触处切线 $t-t$ 方向作相对移动和在平面内作相对转动；而沿法线 $n-n$ 方向的相对移动受到约束。因此，一个高副引入一个约束，即减少一个自由度。

第二节　平面机构的运动简图

在研究机构运动时，为了使问题简化，可以不考虑那些与运动无关的构件外形和运动副的具体构造，仅用简单线条和符号表示构件和运动副，并按比例定出各运动副的位置。这种表明机构各构件间相对运动关系的简单图形称为机构运动简图。

为了绘制机构运动简图，首先要明确三类构件，即固定件（又称机架）——机构中固结于定参考系的构件；原动件——机构中作用有驱动力或力矩的构件，有时也将运动规律已知的构件称为原动件；从动件——机构中除了原动件以外的随着原动件的运动而运动的其余可动构件。其次还需弄清该机构是由多少个构件组成，各构件间组成何种运动副，然后按照表1－1“部分常用机构运动简图符号”所规定的符号和尺寸关系，按比例绘制机构运动简图。

表1－1　部分常用机构运动简图符号（摘自GB/T 4460—1984）

名称	代表符号	名称	代表符号
杆的固定联接		链传动	
零件与轴的固定		外啮合圆柱齿轮机构	
轴承 向心轴承	普通轴承　滚动轴承	内啮合圆柱齿轮机构	
轴承 推力轴承	单向推力　双向推力　推力滚动轴承	齿轮齿条传动	
轴承 向心推力轴承	单向向心推力　双向向心推力　向心推力滚动轴承	锥齿轮机构	
联轴器	可移式联轴器　弹性联轴器	蜗杆传动	
离合器	啮合式　摩擦式	棘轮机构	（外啮合）
制动器		槽轮机构	(外啮合)
在支架上的电动机			
带传动			

图1－5a所示为一颚式破碎机，主体机构由机架1、偏心轴2、动颚3、肘板4等4个构

件以转动副连接而成。当偏心轴2在带轮5的带动下绕 A 轴心转动时，驱使动颚3作平面运动，从而将矿石轧碎。图中所示的排料口调整机构6，在破碎机工作时静止不动，故在简图绘制时，视它与机架为同一固定构件。

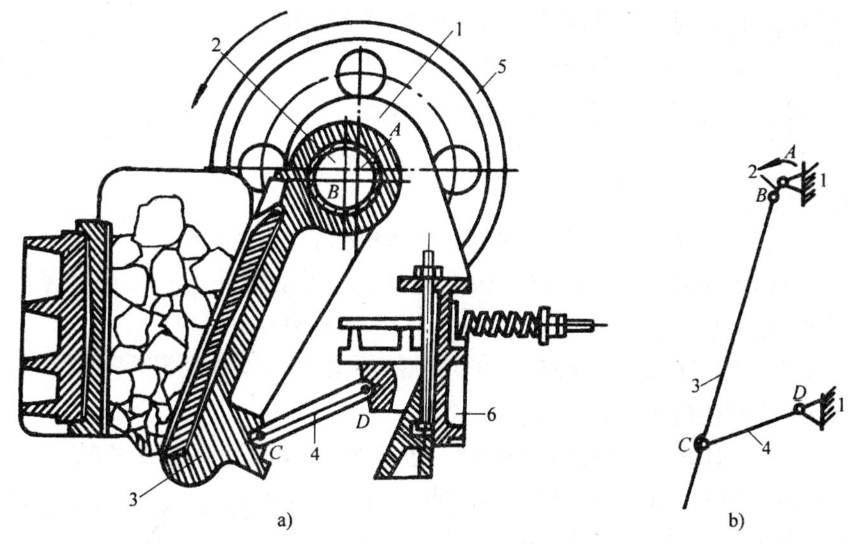

图1－5　颚式破碎机及其机构运动简图

1—机架　2—偏心轴　3—动颚　4—肘板　5—带轮　6—排料口调整机构

现以颚式破碎机为例，说明机构运动简图的绘制步骤。

1）找出原动件、从动件和机架。由图可知，机构运动由带轮5输入，而带轮和偏心轴2固连成一体（属同一构件），绕 A 转动，所以偏心轴2为原动件，动颚3和肘板4为从动件，构件1为机架，共4个构件。

2）由原动件开始，沿着运动的传递，分析各构件之间相对运动的性质，从而确定运动副数目及其类型。偏心轴2与机架1、偏心轴2与动颚3，动颚3与肘板4，肘板4与机架1均组成转动副，共4个转动副。

3）选择适当的绘图面，并选定机构运动的一个瞬时位置来绘制机构运动简图。若一个平面视图不能表达清楚运动传递关系，可另加辅助视图。图1－5a所示绘图面和机构运动的瞬时位置，较好地表达了机构运动的传递关系，因此可按此绘制运动简图。

4）选择适当的长度比例尺 $\mu_l=\dfrac{\text{实际长度（m或mm）}}{\text{图示长度（mm）}}$，绘制运动简图。按选定的比例尺，确定各运动副的相对位置，并按规定符号绘出运动副，如图1－5b中的 A、B、C、D（转动副 B 虽然半径大于偏心距 AB，但运动简图只表示相对运动性质，不表示具体结构，所以转动副 B 与其他转动副用同样大小的圆圈表示）。然后用直线（或曲线）将同一构件上的运动副相连接来代表构件。连接 A、B 为偏心轴2，连接 B、C 为动颚3，连接 C、D 为肘板4，并将图中机架画出斜线，在原动件2上标出指示运动方向的箭头。这样便绘出图1－5b所示的破碎机主体机构运动简图。

第三节　平面机构具有确定运动的条件

为使组合起来的构件能产生确定的相对运动，需要确定机构的自由度和判定机构是否具备确定运动的条件。

一、平面机构自由度的计算

如前所述，一个作平面运动的自由构件具有三个自由度，若机构中有 n 个可动构件(即不包括机架)，在未通过运动副连接前共有 $3n$ 个自由度。当用 P_L 个低副和 P_H 个高副连接组成机构后，每个低副引入两个约束，每个高副引入一个约束，共引入 $2P_L+P_H$ 个约束，因此整个机构相对机架的自由度数，即机构的自由度为

$$F = 3n - 2P_L - P_H \tag{1-1}$$

下面举例说明此式的应用。

例 1-1　试计算图 1-5 所示颚式破碎机主体机构的自由度。

解　由其机构运动简图不难看出，该机构有 3 个活动构件，$n=3$；包含 4 个转动副，$P_L=4$；没有高副，$P_H=0$。因此，由式（1-1）得该机构自由度为

$$F = 3n - 2P_L - P_H = 3\times3 - 2\times4 - 0 = 1$$

二、计算平面机构自由度的注意事项

应用式（1-1）计算平面机构自由度时，还必须注意以下一些特殊情况。

1. 复合铰链　图 1-6a 表示构件 1 与构件 2、3 组成两个转动副。当两个转动副的轴线间距离缩小到零时，两轴线重合；得到图 1-6b所示的复合铰链，其侧视图如图 1-6c 所示。这是由三个构件组成的包含两个转动副的复合铰链，由此可知，由 K 个构件组成的复合铰链，应当包含有 $K-1$ 个转动副。

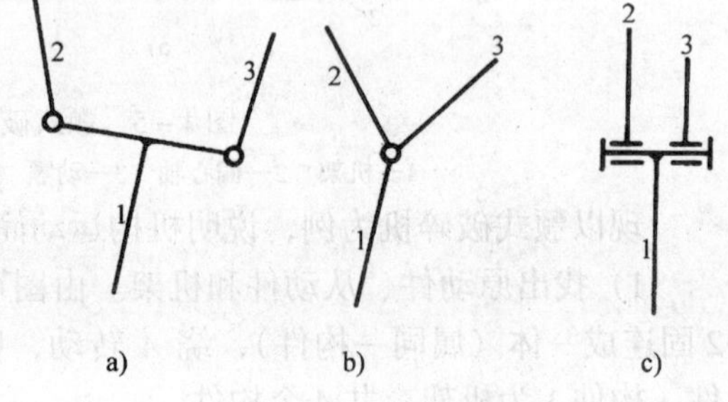

图 1-6　复合铰链

2. 局部自由度　在机构中如某构件的运动，并不影响整个机构的运动，这种与整个机构运动无关的自由度称为局部自由度。在计算机构自由度时，局部自由度应除去不计。如图 1-7a 所示凸轮机构，用式（1-1）计算其自由度 $F=3n-2P_L-P_H=3\times3-2\times3-1=2$，而实际上滚子绕其自身轴线的自由转动是局部自由度，应除去不计。在计算时可以设想滚子与从动件焊成一体，如图 1-7b 所示。其自由度则为 $F=3n-2P_L-P_H=3\times2-2\times2-1=1$。

3. 虚约束　在运动副引入的约束中，有些约束在机构中与其他约束重复而不起限制运动作用的约束称虚约束，或称消极约束。计算机构自由度时应除去不计。

虚约束是在特定的几何条件下出现的，平面机构中的虚约束常出现在下列场合。

1）两个构件之间组成多个导路平行的移动副，在计算机构自由度时，只能按一个移动副计算，其他为虚约束。如图 1-7a 中构件 2 和机架 4 组成两个移动副，有一个是虚约束，应按图 1-7b 计算自由度。

2）两个构件之间组成多个轴线重合的转动副，如图 1-8 所示，构件 1、2 在 A、B 两处组成转动副，其中有一个转动副是虚约束。应按一个转动副对待。

3）在机构中，如果两构件相连接，而该两构件上连接点的运动轨迹在连接前互相重合时（图 1-9b 所示)，则此连接引入的约束必为虚约束。

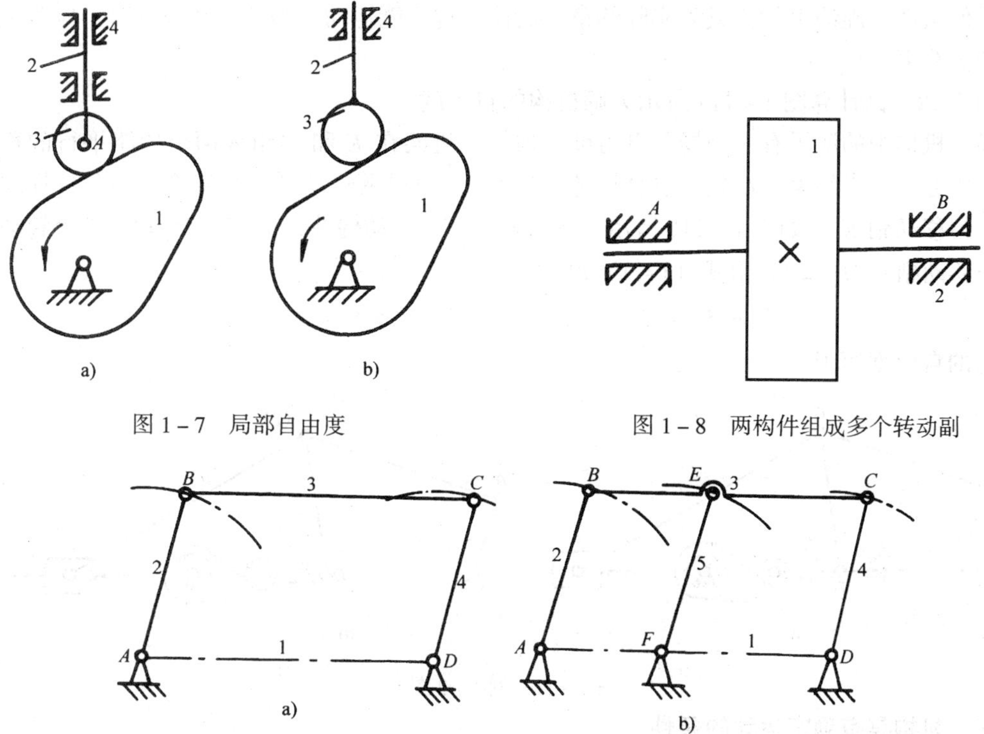

图 1-7　局部自由度

图 1-8　两构件组成多个转动副

图 1-9　虚约束

如图 1-9a 所示平行四边形机构中，连杆 3 作平面运动，其上各点的轨迹均为圆心在 AD 线上而半径等于 AB 的圆弧。该机构的自由度为 $F=3n-2P_L-P_H=3\times3-2\times4=1$。现若在该机构中加上构件 5，与构件 2、4 相互平行且长度相等，如图 1-9b 所示。显然这对机构的运动并不产生任何影响。但此时，用式（1-1）计算该机构自由度却变为 $F=3n-2P_L-P_H=3\times4-2\times6=0$。这是因为加入构件 5 后，引入 3 个自由度，却因增加两个转动副而引入 4 个约束所致。这个多引入的约束对机构运动是不起约束作用的，因而是虚约束。在计算机构自由度时应除去不计，即按图 1-9a 所示机构计算机构自由度。

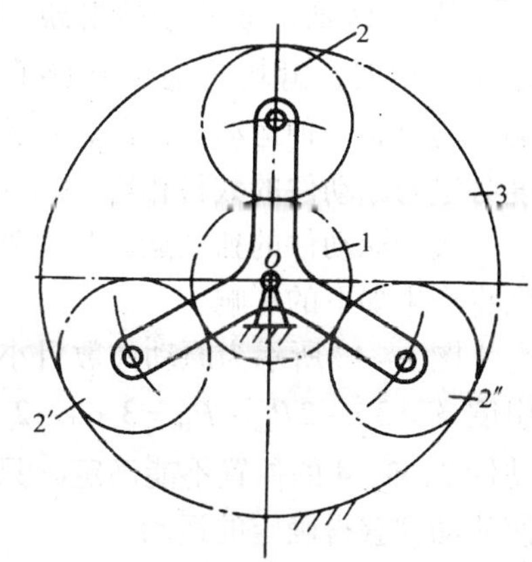

图 1-10　对称部分的虚约束

4）机构中不影响运动的对称部分，如图 1-10 所示的行星轮系，为了受力均衡并提高承载能力，安装三个相同的行星轮，实际上只要一个行星轮就能满足运动要求。而每增加一个行星轮，增加两个高副一个低副，就引入一个虚约束。在计算机构自由度时应将引入虚约束的构件及运动副除去不计。该机构的自由度为 $F=3n-2P_L-P_H=3\times3-2\times3-2=1$（注意，$O$ 处为复合铰链）。

还有一些类型的虚约束需要通过复杂的数学证明才能判别，这里就不一一列举了。

虚约束是在特定的几何条件下产生的，它不影响机构的运动，但是为改善机构的刚性及受力情况，在结构上往往需要这样做。应当指出，如果加工安装误差太大，不能保证这些特定的几何条件，虚约束就会成为实际约束，而使机构不能运动。因此，在设计时，应避免不必要的虚约束。

例 1–2 试计算图 1–11a 所示大筛机构的自由度。

解 机构中的滚子有一个局部自由度。顶杆与机架在 E 和 E' 组成两个导路平行的移动副，其中之一为虚约束。C 处是复合铰链，3 个构件组成两转动副。今将滚子与顶杆焊成一体，去掉移动副 E'，如图 1–11b 所示。该机构有 7 个活动构件，$n=7$，$P_L=9$（7 个转动副和 2 个移动副），$P_H=1$，由式（1–1）得

$$F = 3n - 2P_L - P_H = 3 \times 7 - 2 \times 9 - 1 = 2$$

此机构的自由度等于 2。

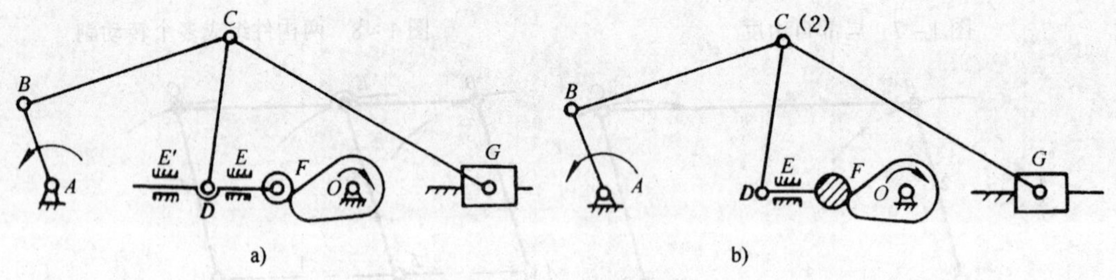

图 1–11 例 1–2 图

三、机构具有确定运动的条件

机构的自由度也即是平面机构具有独立运动的个数。机构要运动，其自由度 F 必大于零。通常机构中每个原动件具有一个独立运动，如图 1–12 所示，原动件 AB 与机架以转动副相连，只能绕 A 转动；或原动件滑块与机架组成移动副，滑块只能沿导路直线移动，均只有一种运动。因此，机构自由度必定与原动件的数目相等。

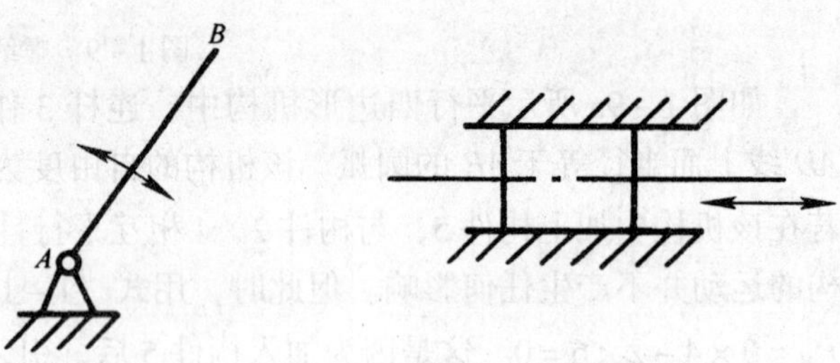

图 1–12 原动件具有一个独立运动

机构原动件的独立运动是由外界给定的。如果给定的原动件数目不等于机构自由度数，则将产生如下的影响。

图 1–13 所示为原动件数目小于机构自由度数的例子，图中原动件数等于 1，而机构自由度 $F=3n-2P_L-P_H=3\times4-2\times5-0=2$。显然，当只给定原动件 1 的位置角 φ_1 时，从动件 2、3、4 的位置不能确定。只有给出两个原动件，使构件 1、4 都处于给定位置，才能使从动件获得确定的运动。

图 1–14 所示原动件数大于机构自由度的例子，图中原动件数等于 2，机构自由度数 $F=3n-2P_L-P_H=3\times3-2\times4-0=1$。如果原动件 1 和原动件 3 的给定运动都要同时满足，势必将杆 2 拉断。

图 1–15 所示为机构自由度数等于零的构件组合（$F=3n-2P_L-P_H=3\times4-2\times6-0=0$），它的各构件之间不可能产生相对运动。

综上所述可知，机构具有确定运动的条件是 $F>0$，且 F 等于原动件个数。

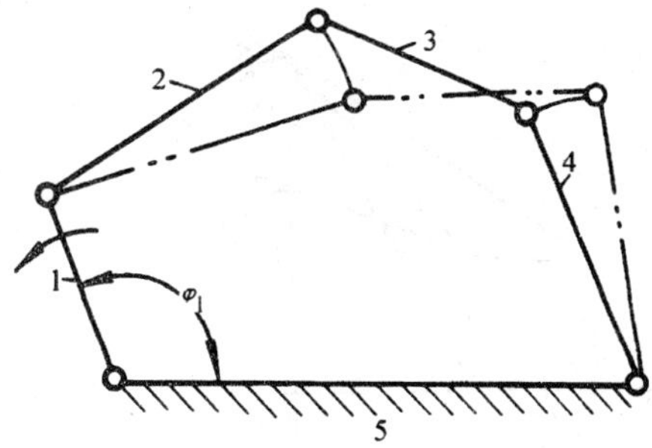

图 1 - 13　原动件数小于自由度数

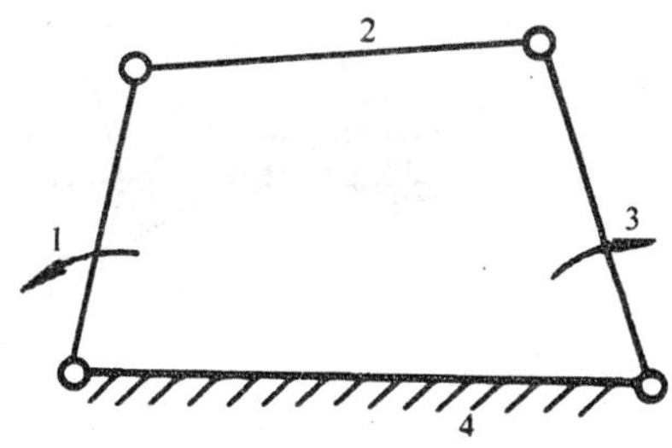

图 1 - 14　原动件数大于自由度数

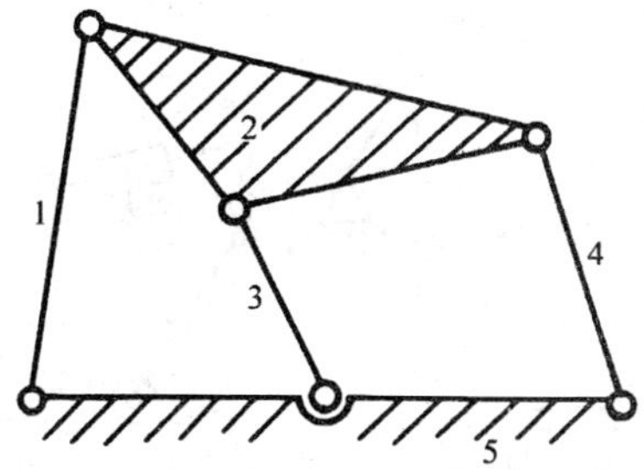

图 1 - 15　$F=0$ 的构件组合

实践教学环节

1. 参观本校机械原理实验室，观察各种实验机构或机构模型的功能、传动原理和结构。

2. 每 6 人分为一组，通过拆装 2 ~ 3 台实验机构，来分析机构的组成、绘制机构运动简图并计算它们的自由度。

3. 每 3 人分为一组，用硬纸板、图钉等搭接四杆、五杆平面机构，并分析机构具有确定运动的条件。

习　题

1 - 1　绘出图 1 - 16 所示机构的机构运动简图。

1 - 2　计算图 1 - 17 所示机构的自由度，指出机构运动简图中的复合铰链、局部自由度和虚约束。

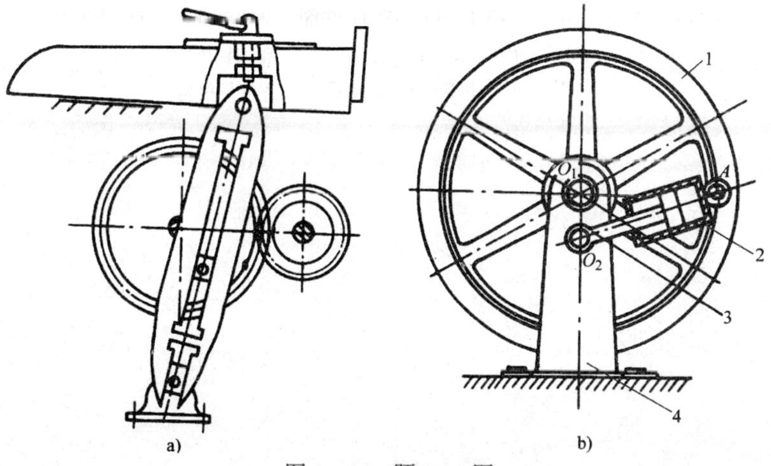

图 1 - 16　题 1 - 1 图

a）刨床机构　b）回转柱塞泵

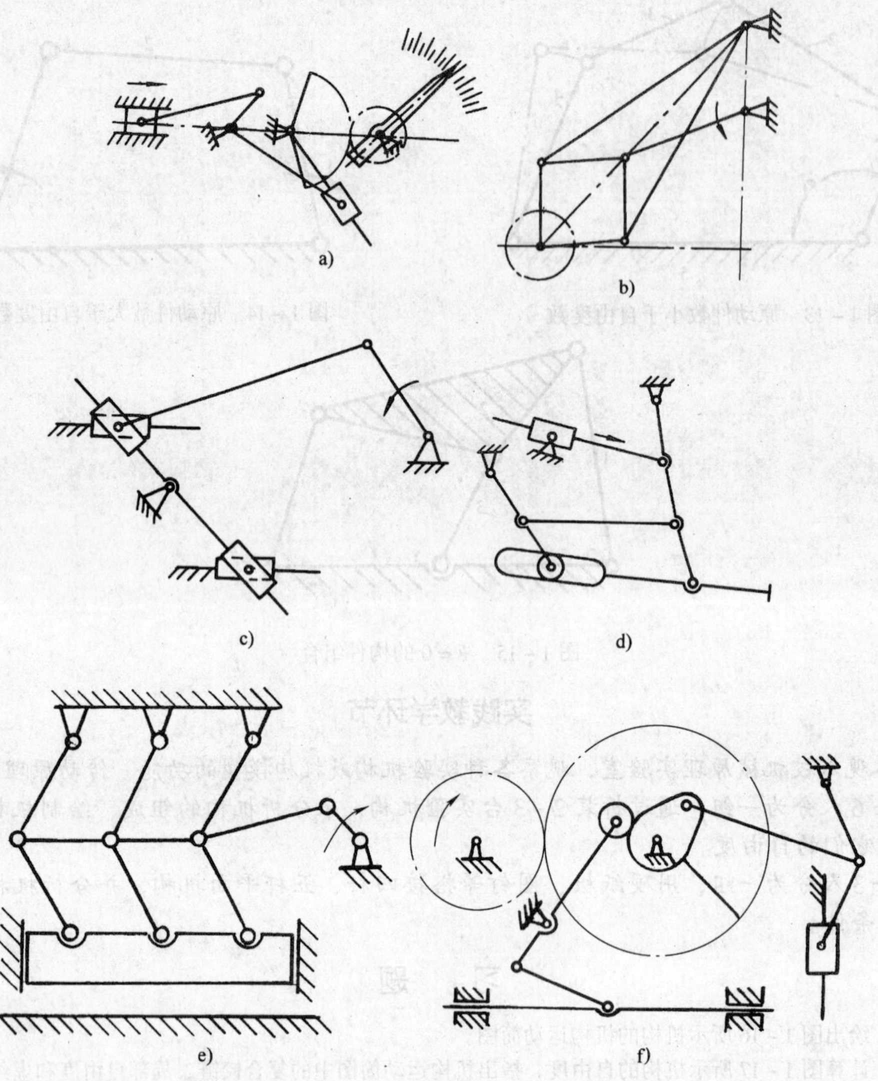

图 1－17　题 1－2 图

a）测量仪表机构　b）圆盘锯机构　c）压缩机机构

d）平炉渣口堵塞机构　e）精压机构　f）冲压机构

第二章　平面连杆机构

平面连杆机构是一些刚性构件（简称“杆”）用转动副和移动副连接而成，故又称平面低副机构。

平面连杆机构种类繁多，运动形式多样，应用广泛。其中最基本、最常用的是四杆机构。本章将着重讨论四杆机构的类型、应用、工作原理、运动特点及设计等方面的有关问题。

第一节　平面连杆机构的应用和类型

一、平面连杆机构的应用

平面连杆机构广泛应用于各种机械和仪表中，它可将一种运动形式转换为另一种运动形式，实现刚体若干给定位置或轨迹要求。

1. 变换运动形式　在图 2－1 所示的牛头刨床滑枕运动机构中，利用导杆机构将齿轮的转动变为刨刀滑枕的往复直线运动；在图 2－2 所示活塞运动机构中，利用曲柄滑块机构将活塞的往复直线运动变为曲轴的转动。在图 2－3 所示的雷达天线调整装置中，则利用曲柄摇杆机构中的曲柄缓慢匀速转动，通过连杆使摇杆往复摆动，从而调整天线俯仰角的大小。

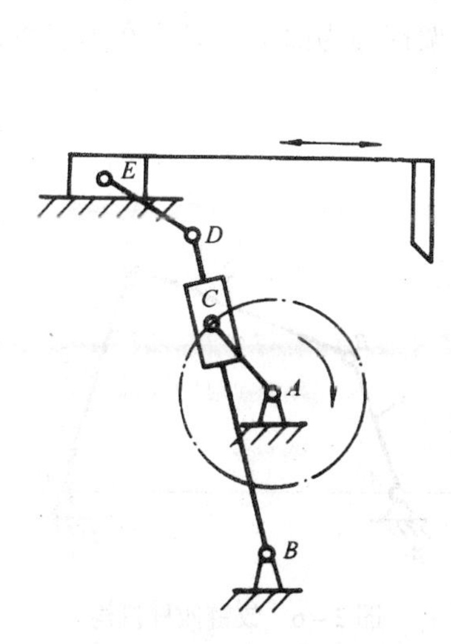

图 2－1　刨床机构

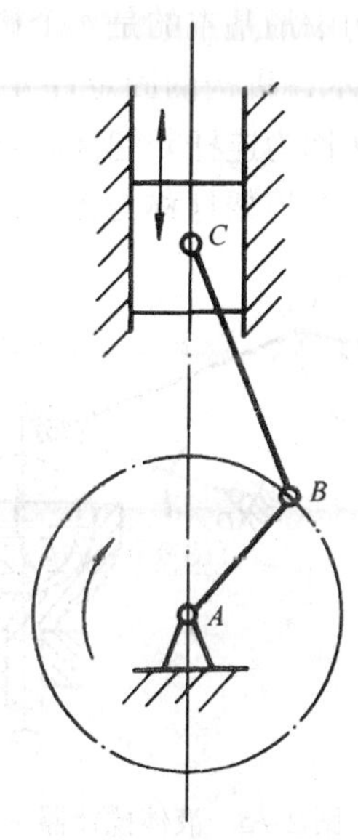

图 2－2　活塞运动机构

2. 实现刚体的若干给定位置　在图 2－4 所示的汽车车门启闭装置中，利用机构中杆 *AB* 与滑块 *C* 的对应关系实现车门的开启或关闭。

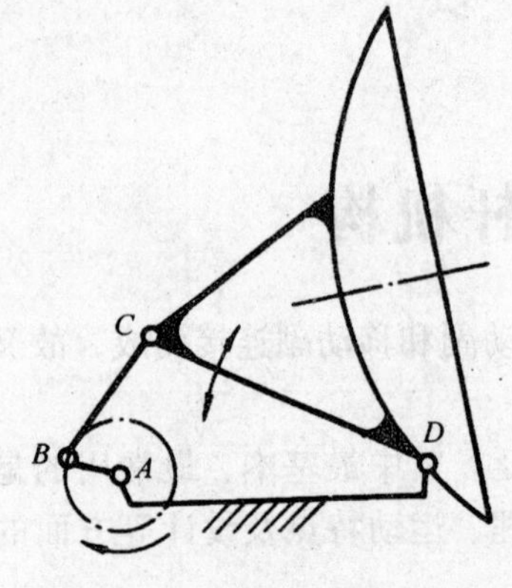

图 2-3　雷达天线俯仰机构

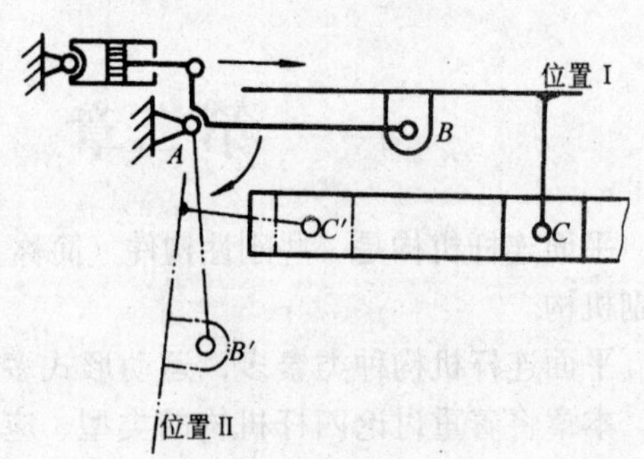

图 2-4　车门启闭装置

3. 实现给定的轨迹　平面连杆机构中连杆作复杂平面运动，连杆上各点都有各不相同的运动轨迹，在生产中往往利用某一点的运动轨迹来满足工作需要。如图 2-5 所示的搅拌器，就是利用曲柄摇杆机构中连杆上 E 点的轨迹实现对液料搅拌的。

平面连杆机构广泛用于起重、运输、冶金、化工、动力、农业、纺织、食品和机床等各种机械和仪器中，应用实例不胜枚举。

连杆机构之所以被广泛地应用，一方面是因为它可以满足不同类型、不同规律的运动要求和动力要求；另一方面它采用低副连接，是面接触，故压强小、耐磨损、可承受较大载荷、寿命长；接触面为平面和圆柱面，容易制造并能获得较高的制造精度。连杆机构的缺点是在连接处存在一定间隙，因而会降低运动精度，构件数增多时，设计较困难。

二、四杆机构的基本形式

连杆机构中最基本的是 4 个构件均用转动副相连的平面四杆机构，简称铰链四杆机构。如图 2-6 所示，机构的固定件 4 称为机架；与机架相连的杆 1 和杆 3 称为连架杆；连接两连架杆的杆 2 称为连杆。能绕固定铰链作整周转动的连架杆称为曲柄；只能在小于 360°的某一角度内摆动的连架杆称为摇杆。

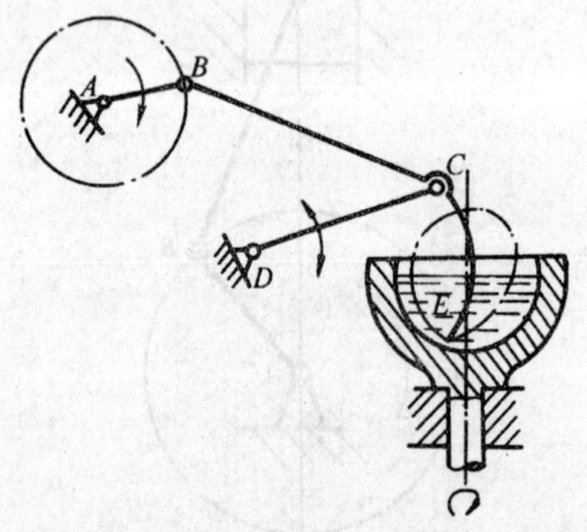

图 2-5　液体搅拌器

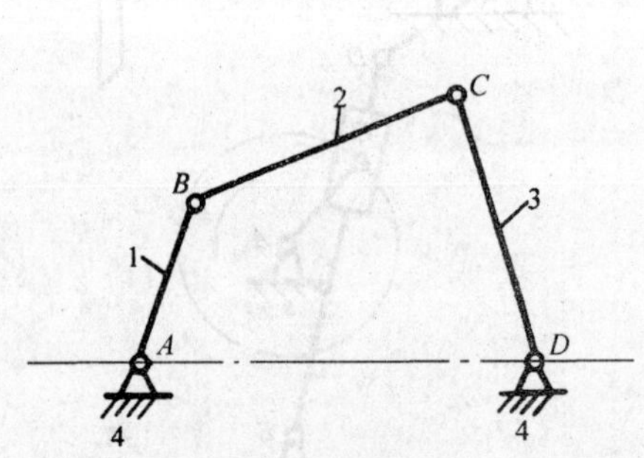

图 2-6　铰链四杆机构

铰链四杆机构有三种基本形式。

1. 曲柄摇杆机构　铰链四杆机构中，若两个连架杆中，一个为曲柄，另一个为摇杆，则称为曲柄摇杆机构。

图 2－3 所示雷达天线俯仰机构和图 2－5 所示搅拌机构均是曲柄摇杆机构。

2. 双曲柄机构　两连架杆均为曲柄的铰链四杆机构称为双曲柄机构，如图 2－7a 所示。图 2－7b 的惯性筛往复运动就是用双曲柄机构添加一连杆和滑块后实现的。当原动曲柄 AB 等速转动时，从动曲柄 CD 作变速转动，从而可以使得滑块 E 获得较大的加速度，以提高筛分效率。

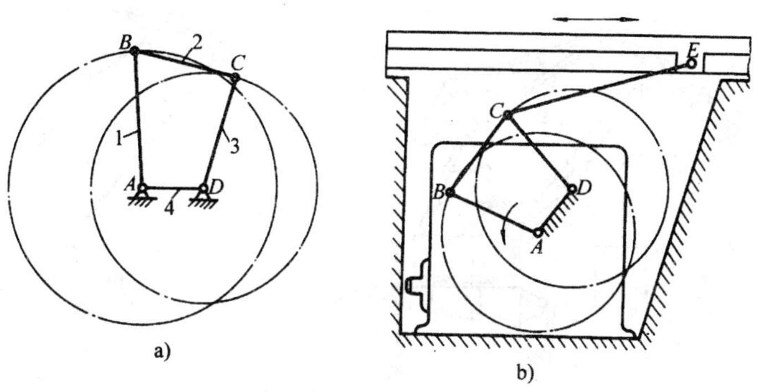

图 2－7　惯性筛传动机构

在双曲柄机构中，用得最多的是平行四边形机构。如图 2－8a 所示，这种机构的对边长度相等，组成平行四边形，当原动件 AB_1 等速转动时，从动件 C_1D 也以相同速度同向转动，连杆 B_1C_1 则作平面运动。必须指出，这种机构当四个铰链中心处于同一直线（如图 AB_2C_2D 所示）上时，将出现运动不确定状态。例如，在图 2－8a 中，当曲柄由 AB_2 转到 AB_3 时，从动曲柄可能转到 DC'_3，也可能转到 DC''_3。为了消除这种运动不确定状态，可以在主、从曲柄上错开一定角度再安装一组平行四边形机构，如图 2－8b 所示。当上面一组平行四边形转到 $AB'C'D$ 共线位置时，下面一组平行四边形 $AB'_1C'_1D$ 即处于一般位置，故机构仍然保持确定的运动。图 2－9 所示机车车轮联动机构则是利用第三个平行曲柄来消除平行四边形机构在这种位置的运动不确定状态的。

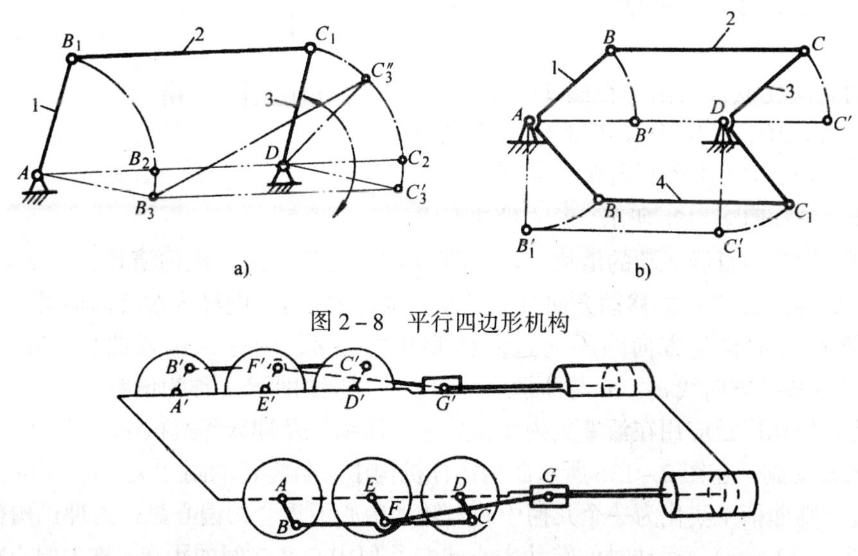

图 2－8　平行四边形机构

图 2－9　机车车轮联动机构

3. 双摇杆机构　两连架杆均为摇杆的铰链四杆机构称为双摇杆机构。这种机构应用也很广泛，图 2－10 所示即为双摇杆机构在鹤式起重机中的应用。当摇杆 AB 摆动时，另一摇杆 CD 随着摆动，使得悬挂在点 E 上的重物能沿近似水平直线的方向移动。

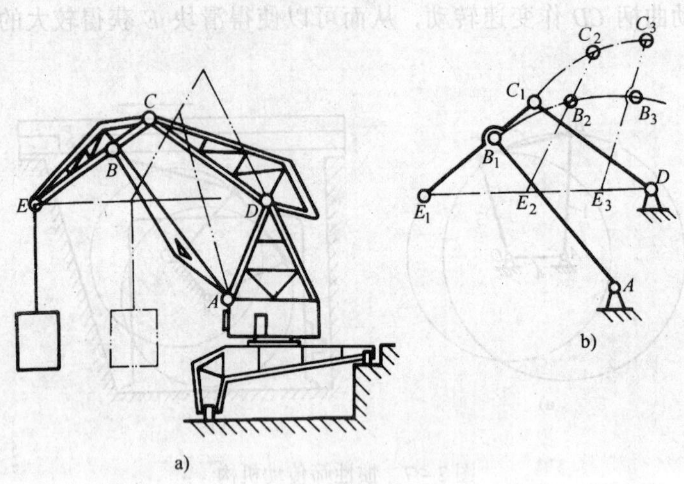

图 2－10　鹤式起重机机构

在双摇杆机构中，若两摇杆长度相等则成为等腰梯形机构，如图 2－11 所示。在汽车及拖拉机中，常用这种机构操纵前轮的转向。

三、四杆机构的演化

在实际应用中还广泛采用其他多种形式的四杆机构，这些机构虽然形式繁多，具体结构也有很大差异，但大都可以看作是由铰链四杆机构演化而成的。铰链四杆机构的演化，不仅是为了满足运动方面的要求，还为了改善受力状况以及满足结构设计上的需要等。通常的演化有下列几种。

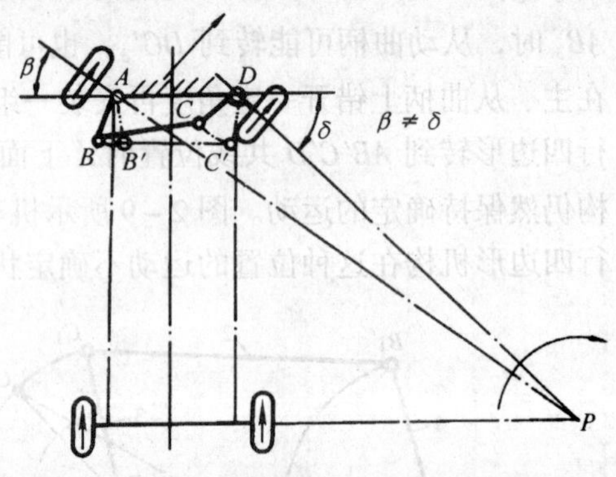

图 2－11　汽车前轮转向机构

1. 转动副演化成移动副　在图 2－12a 所示的曲柄摇杆机构中，铰链中心 C 的轨迹是以 D 为圆心和 CD 杆长 l_3 为半径的圆弧 $m-m$，若 l_3 增至无穷大，则如图 2－12b 所示，C 点轨迹变成直线；摇杆 3 演化为直线运动的滑块，转动副 D 演化为移动副，机构演化为图 2－12c 所示的曲柄滑块机构。若 C 点的移动方向线通过曲柄旋转中心 A，则称为对心曲柄滑块机构（图 2－12c），若 C 点的移动方向线不通过曲柄旋转中心 A，则称为偏置曲柄滑块机构（图 2－12d），C 点移动方向线 $m-m$ 与曲柄旋转中心 A 之间的距离 e 称为偏距。

曲柄滑块机构广泛应用在活塞式内燃机、空气压缩机及冲床等机械中。

2. 扩大转动副　在图 2－13b 所示曲柄摇杆机构中，若将转动副 B 的半径扩大至超过曲柄 1 的长度，则曲柄 1 演化为一个几何中心与转动中心不重合的偏心盘，这种机构称为偏心轮机构（图 2－13a、c）。运动时的转动中心 A 与几何中心 B 之间的距离 e 称为偏心距，偏心距即为曲柄长度。

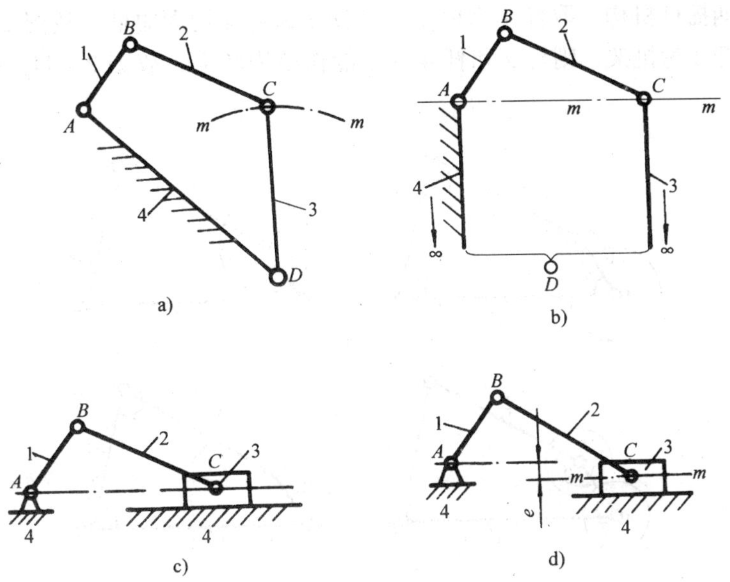

图 2－12　曲柄滑块机构

同理，图 2－13d 所示曲柄滑块机构也可演化成偏心轮机构，如图 2－13c 所示。

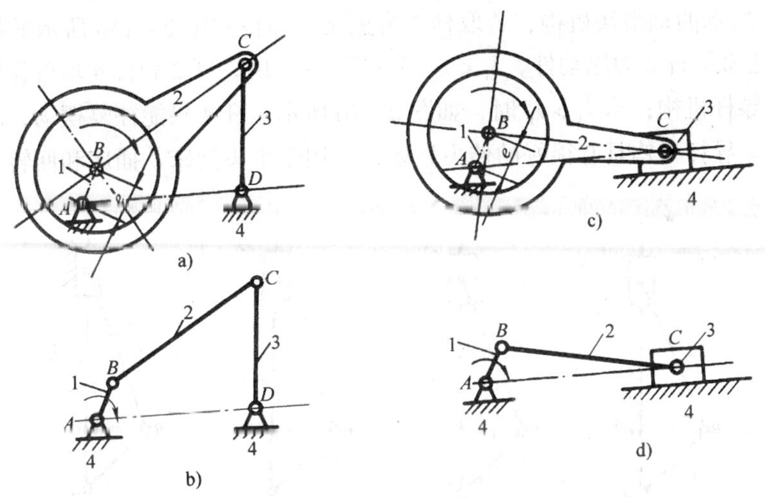

图 2－13　偏心轮机构

当曲柄长度很小时，通常都把曲柄做成偏心盘，这样可以避免在极短的曲柄两端装设两个转动副时引起的结构设计上的困难，而且盘状构件在强度及刚度上比杆状构件高。因此，偏心轮机构广泛应用于传力较大的冲床、剪床及颚式破碎机等机械中。

3. 取不同构件为机架时的演化　图 2－14a 所示为一曲柄摇杆机构，杆 1 为曲柄，φ、β、γ 和 ψ 分别为相邻两杆间的夹角。曲柄 1 与机架 4 的夹角 φ 以及与连杆 2 的夹角 β 的变化范围为 0°～360°，而连杆 2 与摇杆 3 以及摇杆 3 与机架 4 的夹角 γ 和 ψ 的变化范围则小于 360°，即构件 1 相对于构件 4 和 2 可作整周转动，而构件 3 相对于构件 4 和 2 只能作小于整周的摆动。因此，当曲柄摇杆机构各杆长度不变，而取不同杆为机架时，可以得到不同类型的铰链四杆机构。取杆 4 或杆 2 为机架时，杆 1 为曲柄，杆 3 为摇杆，故图 2－14a 所示的两个机构均为曲柄摇杆机构。取杆 1 为机架，其杆 2 和杆 4 均为曲柄，故图 2－14b 所示为双曲柄机构。取杆 3 为机架，则杆 2 和杆 4 都不能作整周转动，故图 2－14c 所示为双摇杆机构。

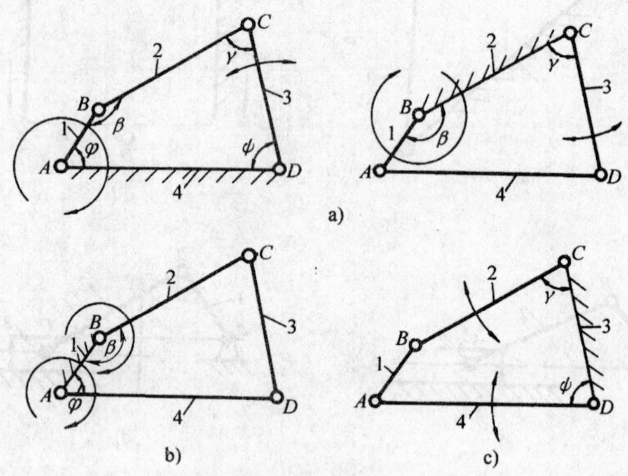

图 2－14　变更机架后机构的演化

对于曲柄滑块机构，当取不同构件为机架时，也可得到不同的机构。

图 2－15a 所示曲柄滑块机构，若取杆 1 为机架，即得到图 2－15b 所示的导杆机构，杆 4 称为导杆。通常取杆 2 为原动件，$l_1 < l_2$ 时（图 2－15b），杆 2 和杆 4 均可作整周转动，故称为曲柄转动导杆机构；当 $l_1 > l_2$ 时，如图 2－16 所示，杆 4 只能往复摆动，故称之为曲柄摆动导杆机构。导杆机构具有很好的传力性能，常用于牛头刨床、插床和回转式液压泵中。

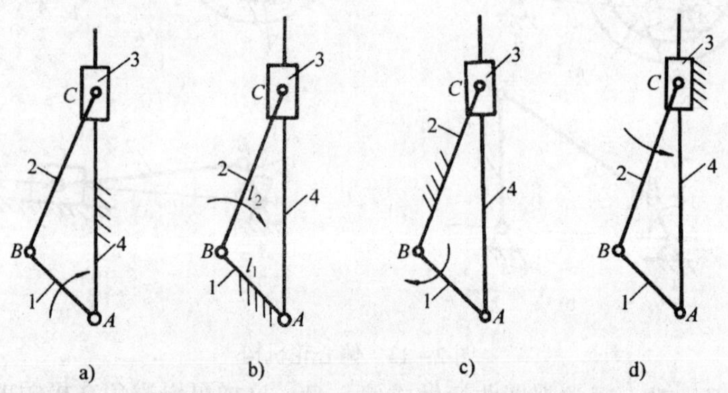

图 2－15　曲柄滑块机构的演化

在图 2－15a 所示曲柄滑块机构中，若取杆 2 为机架即可得到图 2－15c 所示曲柄摇块机构。这种机构广泛应用于摆缸式内燃机和液压驱动装置中。例如，在图 2－17 所示货车车箱自动翻转卸料机构中，当液压缸 3 中的压力油推动活塞杆 4 运动时，车箱便绕转动中心 B 倾转；当达到一定角度时，物料就自动卸下。

在图 2－15a 所示曲柄滑块机构中，若取滑块 3 为机架即可得到图 2－15d 所示固定滑块机构，简称定块机构（也可称移动导杆机构）。这种机构常用于抽水唧筒（图 2－18）和抽油泵中。

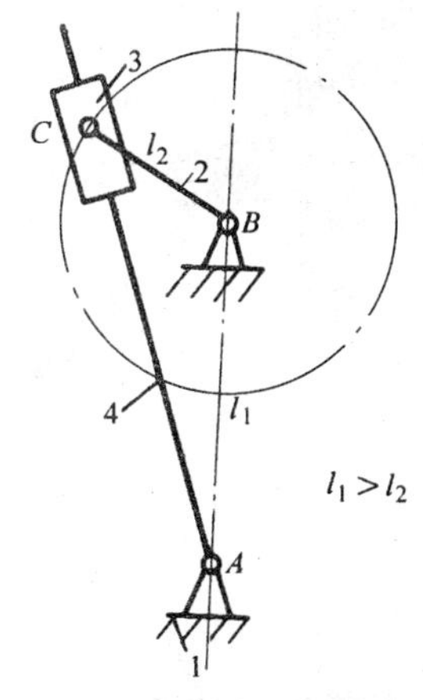

图 2-16　曲柄摆动导杆机构

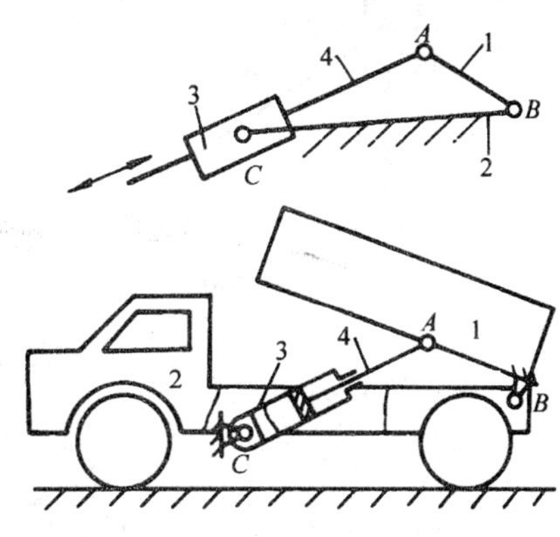

图 2-17　自卸货车

另外，生产中常见的某些多杆机构，也可以看成是由若干个四杆机构通过组合或扩展而形成的。

图 2-19 所示手动冲床是一个六杆机构，可以看成是由两个四杆机构组成的。第一个是由原动摇杆（手柄 1）、连杆 2、从动摇杆 3 和机架 4 组成的双摇杆机构；第二个是由摇杆 3、小连杆 5、冲杆 6 和机架 4 组成的摇杆滑块机构。在这里前一个四杆机构的输出件被作为第二个四杆机构的输入件。扳动手柄 1，冲杆 6 就上下运动。采用六杆机构可使扳动手柄的力获得两次放大，从而增大了冲杆的作用力，这种增力作用在连杆机构中经常用到。

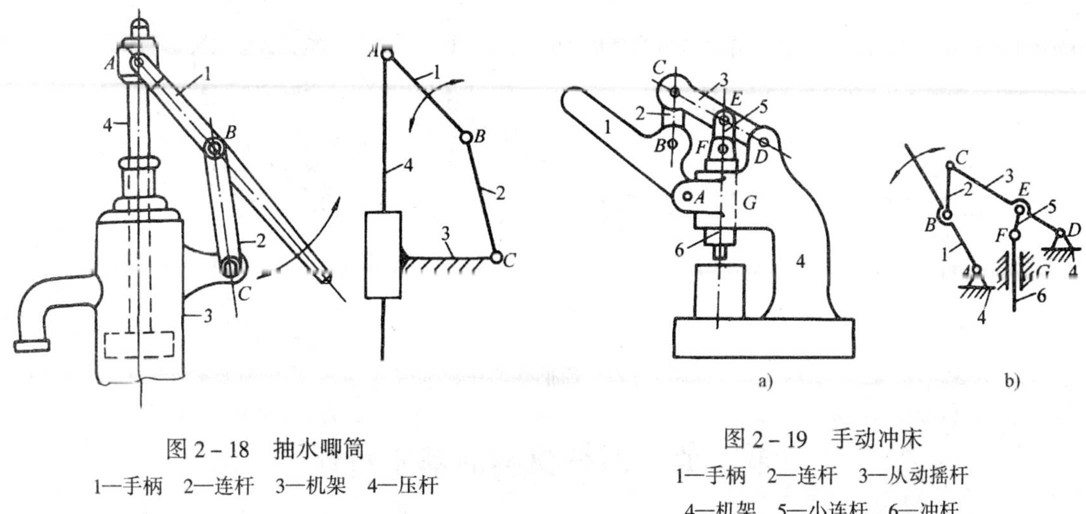

图 2-18　抽水唧筒

1—手柄　2—连杆　3—机架　4—压杆

图 2-19　手动冲床

1—手柄　2—连杆　3—从动摇杆

4—机架　5—小连杆　6—冲杆

如铰链四杆机构中两杆长度趋于无穷大时，则可将铰链四杆机构中的两个转动副转化成移动副，即成为有两个移动副的四杆机构，如图 2-20 所示的双滑块机构和图 2-21 所示的双转块机构。图 2-20b 和图 2-21b 所示的椭圆仪和十字滑块联轴器分别为应用实例。当取构件 2 或 4 为机架时，可得到图 2-22 所示的曲柄移动导杆机构。因导杆 3 作简谐运动，故又称之为正弦机构。

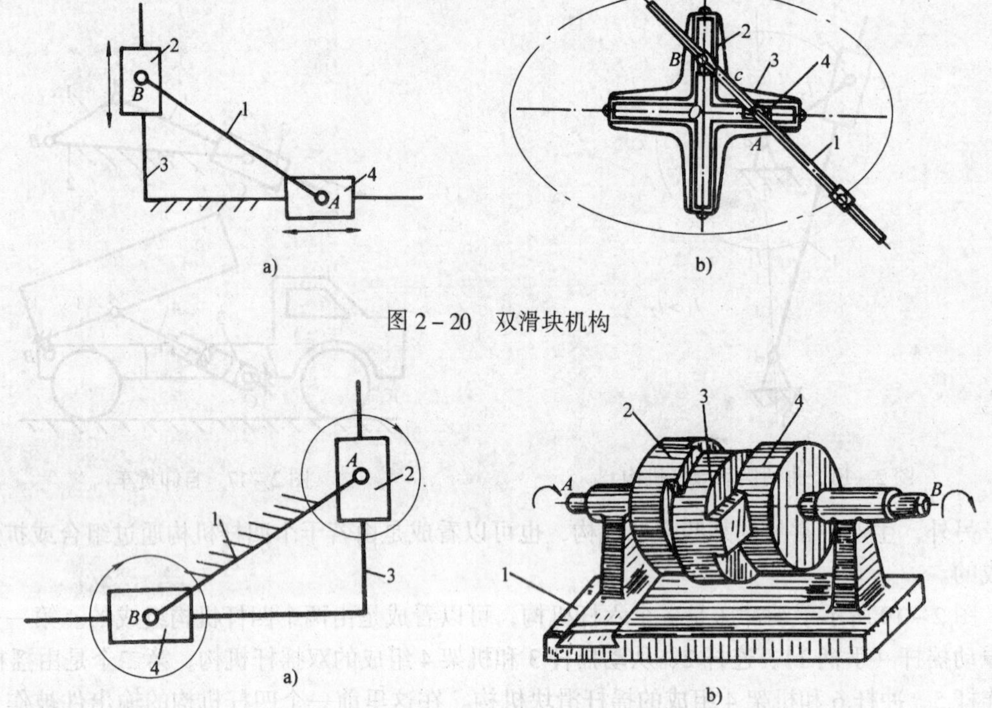

图 2－20　双滑块机构

图 2－21　双转块机构

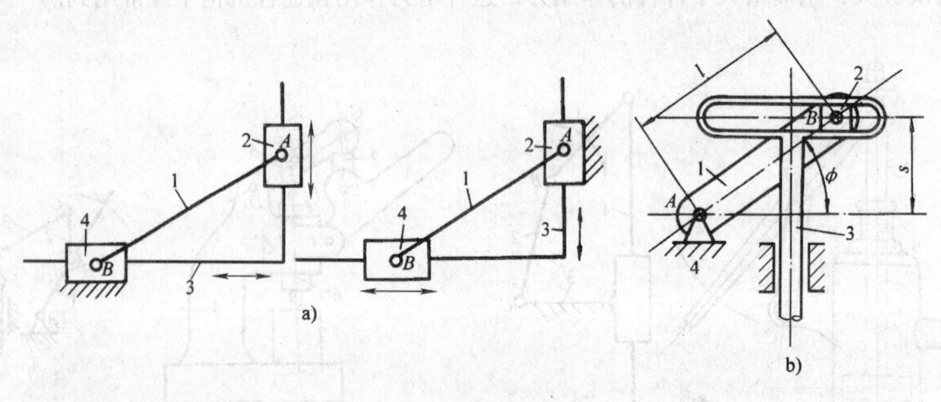

图 2－22　曲柄移动导杆机构

第二节　四杆机构的基本特性

一、四杆机构有曲柄的条件

铰链四杆机构中是否存在曲柄，取决于机构各杆的相对长度和机架的选择，下面来讨论铰链四杆机构中有曲柄的条件。

图 2－23 所示为铰链四杆机构，设 l_1、l_2、l_3、l_4 分别代表杆 1、2、3、4 的长度，并设 AD 为机架。为了保证曲柄 AB 整周转动，曲柄必须能顺利通过与机架 AD 共线的两个位置 AB' 和 AB''。当曲柄处于 AB' 位置时，形成 $\triangle B'C'D$；当曲柄处于 AB'' 位置时，形成 $\triangle B''C''D$。

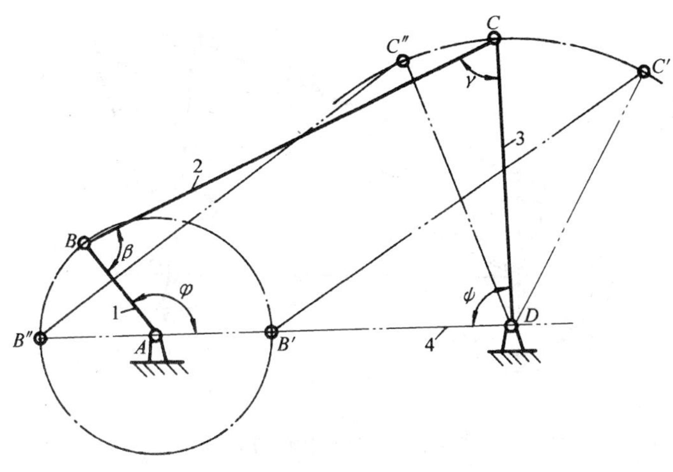

图 2－23　曲柄存在条件分析

因此，由△$B'C'D$ 可得

$$l_2 \leqslant (l_4 - l_1) + l_3$$

$$l_3 \leqslant (l_4 - l_1) + l_2$$

即

$$l_1 + l_2 \leqslant l_3 + l_4 \qquad (2-1)$$

$$l_1 + l_3 \leqslant l_2 + l_4 \qquad (2-2)$$

由△$B''C''D$ 可得

$$l_1 + l_4 \leqslant l_2 + l_3 \qquad (2-3)$$

将式（2－1）、式（2－2）和式（2－3）两两相加可得

$$l_1 \leqslant l_2, l_1 \leqslant l_3, l_1 \leqslant l_4$$

上述关系说明，铰链四杆机构中曲柄存在的必要条件是：最短杆与最长杆长度之和小于或等于其余二杆长度之和。

当满足曲柄存在的必要条件时，取最短杆的相邻杆为机架得曲柄摇杆机构；取最短杆为机架得双曲柄机构；取最短杆的对边杆为机架得双摇杆机构。

当四杆长度不满足曲柄存在的必要条件时，无论取哪个杆件为机架，均不存在曲柄，只能是双摇杆机构。

二、行程速度变化系数

图 2－24 所示为一曲柄摇杆机构，其曲柄 AB 在转动一周的过程中有两次与连杆 BC 共线（曲柄处于 AB_1 和 AB_2 时）。此时，摇杆 CD 的位置分别为 C_1D 和 C_2D（图 2－24），$\angle C_1DC_2 = \psi$ 称为摇杆的摆角。

在摇杆处于两极限位置时，对应曲柄 AB_1 和 AB_2 两位置间所夹的锐角称为极位夹角，如图 2－24 中$\angle C_1AC_2 = \theta$。由图可知，当曲柄由位置 AB_1 顺时针转到位置 AB_2 时，曲柄转角 $\varphi_1 = 180° + \theta$，这时摇杆由 C_1D 摆到 C_2D，摇杆摆角为 ψ；曲柄顺时针再转过角度 $\varphi_2 = 180° - \theta$ 时，摇杆由 C_2D 返回 C_1D，摆角仍为 ψ。当曲柄匀速转动时，对应的时间 $t_1 > t_2$，从而反映摇杆往复摆动的快慢不同，C 点往返的平均速度不等，$v_1 < v_2$，这一特性称为急回特性。颚式破碎机、往复式运输机等机械就是利用急回特性来缩短非生产时间以提高生产率的。

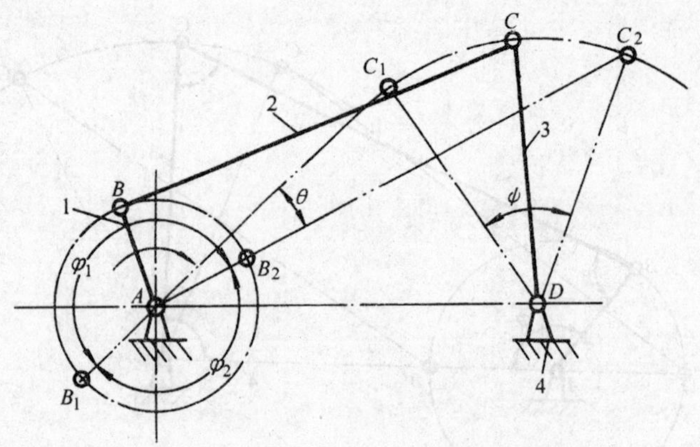

图 2-24 四杆机构的急回特性

急回运动特性可用行程速度变化系数 K 表示，即

$$K = \frac{v_2}{v_1} = \frac{\widehat{C_1 C_2}/t_2}{\widehat{C_1 C_2}/t_1} = \frac{t_1}{t_2} = \frac{\varphi_1}{\varphi_2} = \frac{180° + \theta}{180° - \theta} \tag{2-4}$$

式（2-4）表明，极位夹角 θ 越大，K 值越大，急回运动特征也越明显。

将式（2-4）整理后，可得极位夹角的计算式为

$$\theta = 180° \frac{K-1}{K+1} \tag{2-5}$$

设计新机械时，可根据该机械的急回要求先给出 K 值，然后由式（2-5）算出极位夹角 θ，再确定各构件的尺寸。

三、压力角和传动角

在生产中，不仅要求铰链四杆机构能实现预定的运动规律，而且希望运转轻便，效率较高。图 2-25 所示曲柄摇杆机构，如不计各杆质量和运动副中的摩擦，则连杆 BC 为二力杆，它作用于从动摇杆 3 上的力 F 是沿 BC 方向的。F 与该力在摇杆上的作用点绝对速度 v_C 之间所夹的锐角 α 称为压力角。由图可见，α 越小，力 F 在 v_C 方向的有效分力 $F_t = F\cos\alpha$ 越大，机构运转越轻便，效率越高。压力角的余角 $\gamma = 90° - \alpha$，称为传动角。传动角越大越好，当 $\gamma = 90°$时，传力特性最好。

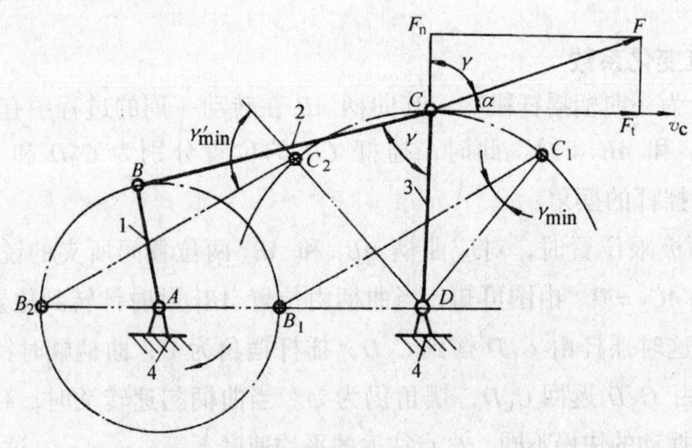

图 2-25 连杆机构的压力角和传动角

由于传动角较为直观，因此工程上常将传动角 γ（BC 杆和 CD 杆所夹的锐角）作为设计和衡量机构传动性能的重要参数之一。

四杆机构的传动角在运动过程中是变化的。为使机构传动情况良好，设计时通常取 $\gamma_{min} \geqslant 40°$；在传递较大动力时，应使 $\gamma_{min} \geqslant 50°$。对于具有短暂高峰载荷的机器，可使机构在传动角较大的位置上进行工作，以减轻杆件和运动副中的载荷。

可以证明，传动角的最小值 γ_{min} 出现在当曲柄 AB 与机架 AD 处于共线位置时，如图 2-25所示。设计时，应检查 γ_{min} 是否大于上述允许的最小值。

曲柄滑块机构中，当曲柄为原动件时，其最小传动角 γ_{min} 如图 2-26a 所示。

摆动导杆机构中，当曲柄为原动件时，滑块 3 对导杆 4 的作用力 F 的方向始终与导杆上 C 点速度 v_{CA} 方向一致，垂直于导杆，故传动角始终等于 90°，如图 2-26b 所示。因此，导杆机构具有良好的传力性能。

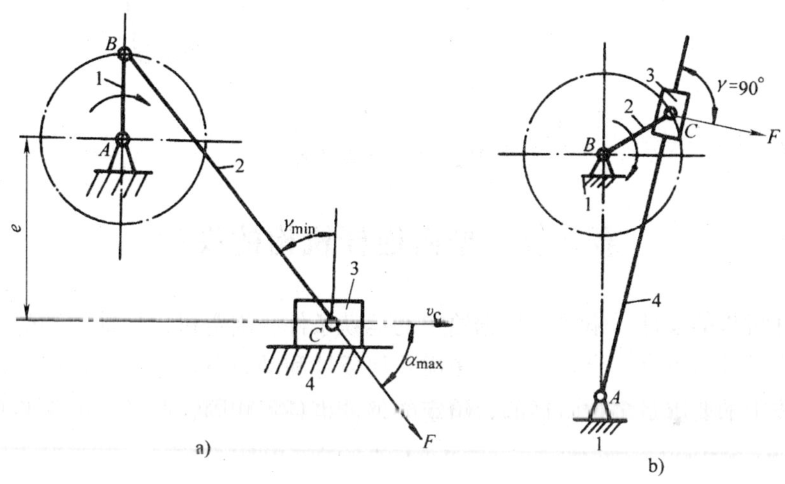

图 2-26　曲柄滑块机构和导杆机构最小传动角

四、止点位置

在图 2-27a 所示曲柄摇杆机构（缝纫机驱动机构）中，设摇杆 CD（踏板）为原动件，则当机构处于图示两个极限位置时，连杆与曲柄共线，传动角 $\gamma=0$，连杆 BC 加于曲柄 AB 的力恰好通过转动中心 A，因此无论作用力多大，也不能推动曲柄转动，机构的这种位置称为止点位置。为使机构能顺利通过止点继续正常运转，常采用安装飞轮加大惯性的办法，如缝纫机就是利用惯性通过止点的。也可采用机构错位排列的办法，如图 2-9 所示的机车车轮联动机构，就是由两组曲柄滑块机构 EFG 与 $E'F'G'$ 组成的，两者的曲柄位置相互错开 90°。

在工程实践中，也常常利用机构的止点来实现一定的工作要求。如图 2-27b 所示工件夹紧机构，当工件夹紧后 BCD 成一直线，即机构在工件反力的作用下处于止点，以保证工件在加工时不会松脱；当需要取出工件时，向上扳动手柄，即能松开夹具。

图 2-27c 所示飞机着陆轮起落架机构，也是利用止点位置来承受很大的冲击力的。由于 BC 给杆 CD 的力通过转动中心 D，所以起落架不会在着陆时在冲击力的作用下返回至图中 $AB'C'D$ 位置。

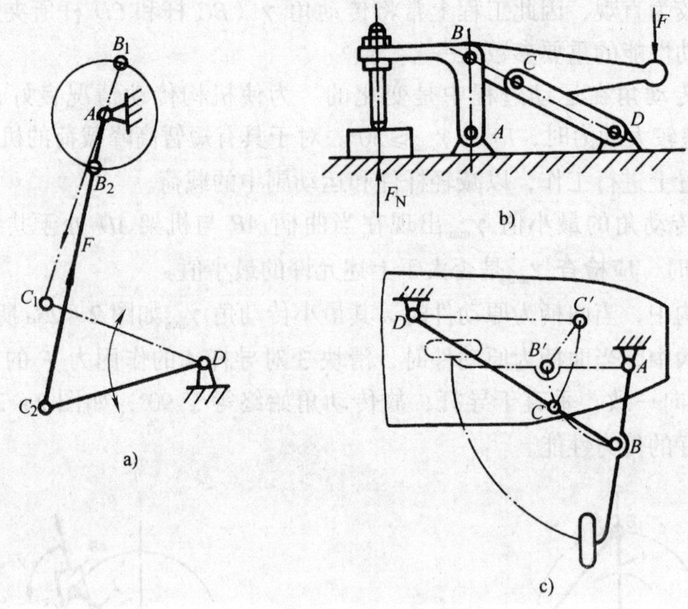

图 2-27　止点位置

第三节　平面连杆机构的设计

平面连杆机构的设计，主要是根据给定的运动条件，确定机构运动简图的尺寸参数。有时为了使机构设计得可靠、合理，还应考虑几何条件和动力条件（如最小传动角 γ_{min}）等。

生产实践中的要求是多种多样的，给定的条件也各不相同，归纳起来主要有下面两类问题：

1）按照给定从动件的运动规律（位置、速度和加速度）设计四杆机构。例如，在飞机起落架机构设计中，应满足机轮在放下和收起时连杆 BC 应占据的两个预期位置；在牛头刨床机构设计中，应使设计出的机构能保证给定的行程速度变化系数 K 等。

2）按照给定运动轨迹设计四杆机构。例如，鹤式起重机机构的设计，应保证吊钩能够实现沿近似水平方向移动。

连杆机构的设计方法有解析法、作图法和实验法。下面以作图法为主进行讲述并简要介绍实验法和解析法。

一、用作图法设计四杆机构

1．按连杆预定的位置设计四杆机构　如图 2-28 所示，给定连杆 2 的长度 $l_2 = BC$ 及其三个预定位置 B_1C_1、B_2C_2、B_3C_3。由于连杆上的铰链中心 B 和 C 分别沿某一圆弧运动，因而可作 B_1B_2 和 B_2B_3 的垂直平分线以及 C_1C_2、C_2C_3 的垂直平分线，它们的交点 A 和 D 显然就是所求铰链四杆机构的固定铰链中心，而 AB_1C_1D 即为所求的铰链四杆机构在某一

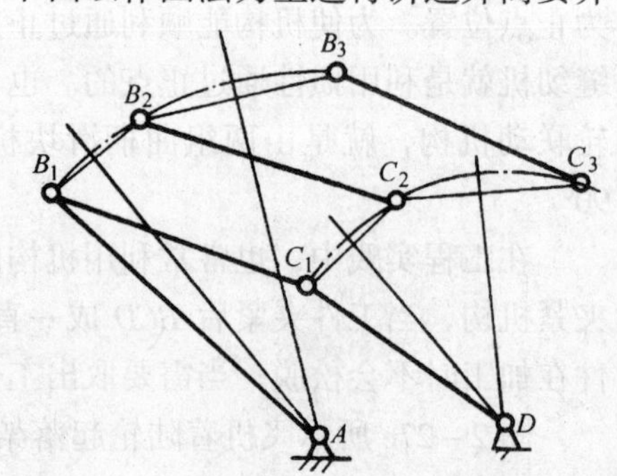

图 2-28　给定连杆三位置设计四杆机构

瞬时的位置。

由题解过程可知，给定 BC 的三个位置时只有一个解，如给定连杆的两个位置，则 A 点和 D 点可分别在 B_1B_2 和 C_1C_2 的垂直平分线上任意选择，因此有无穷多个解。若再给定辅助条件，则可得一个确定的解。如在图 2-29 所示的震实式造型机工作台翻转机构中，若已知连杆的长度 l_{BC} 及其在 x，y 坐标系中的两个位置 B_1C_1 和 B_2C_2，如将固定铰链选在 x 轴线上，作 B_1B_2 和 C_1C_2 的垂直平分线，它们分别与 x 轴相交于 A 点和 D 点，于是 AB_1C_1D 即为所求的铰链四杆机构。

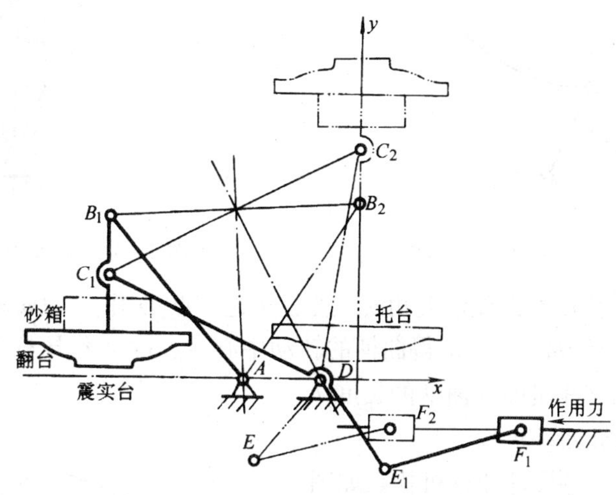

图 2-29　给定连杆两个位置设计四杆机构

2. 按照给定的行程速度变化系数设计四杆机构　在设计具有急回运动特性的四杆机构时，通常按实际需要先给定行程速度变化系数 K 的数值，然后根据机构在极限位置的几何关系，结合有关辅助条件来确定机构运动简图的尺寸参数。

（1）曲柄摇杆机构　图 2-30 所示为一曲柄摇杆机构，若已知摇杆的长度 $l_3 = CD$，摆角 ψ 和行程速度变化系数 K，试确定其余三个构件的尺寸。

首先，由式（2-5）计算曲柄 AB 的极位夹角 θ。

选定比例尺按已知条件画出摇杆 CD 的两极限位置 C_1D 和 C_2D，连接 C_1、C_2 两点，作 $\angle C_2C_1M = 90°$，再作 $\angle C_1C_2N = 90° - \theta$，$C_1M$ 与 C_2N 交于 P 点，以 PC_2 为直径作 $\triangle C_1C_2P$ 的外接圆。在此圆上任取一点 A 作为曲柄的固定铰链中心，连接 AC_1 和 AC_2。因同一圆弧的圆周角相等，故 $\angle C_1AC_2 = \angle C_1PC_2 = \theta$，线段 $AC_2 = l_1 + l_2$，$AC_1 = l_2 - l_1$，则可求得曲柄长度 l_1 和连杆长度 l_2，AD 即为机架长度 l_4。

由于 A 点是在外接圆上任意选定的，因此有无穷多个解，这时可根据其他辅助条件，如给定机架长度 l_4、最小传动角 γ_{min} 等，得到满意的结果。

（2）导杆机构　图 2-31 所示为曲柄摆动导杆机构，若已知机架长度 $l_4 = AD$ 和行程速度变化系数 K，试设计此机构。

由图 2-31 可以看出，导杆机构的极位夹角 θ 与导杆摆角 ψ 相等，设计此机构仅需确定曲柄的长度 l_1。

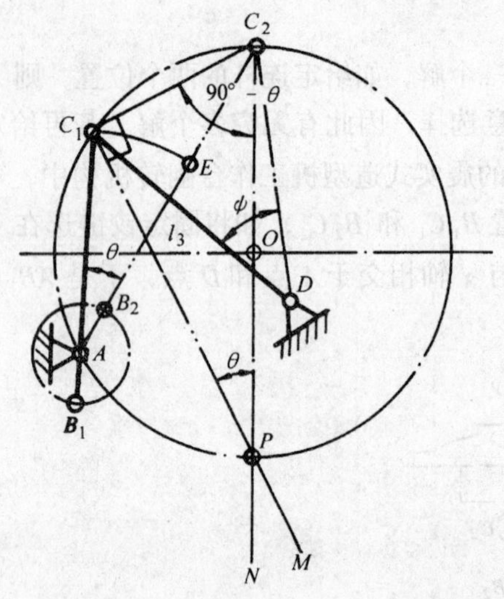

图 2-30　按 K 值设计曲柄摇杆机构

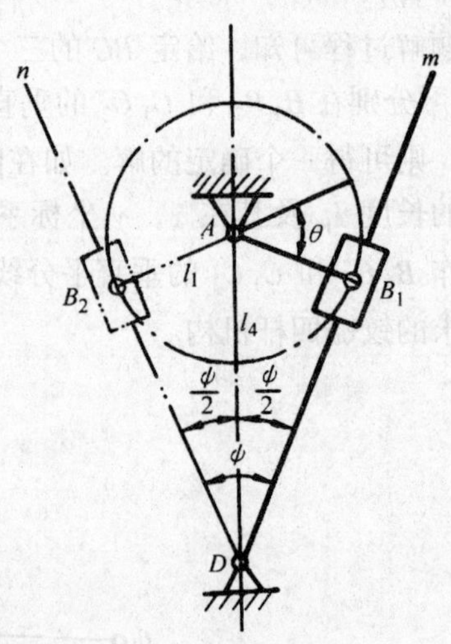

图 2-31　按 K 值设计导杆机构

先由式（2-5）按 K 算出极位夹角 θ，然后任定一点 D 作 $\angle mDn=\psi=\theta$，再做该角平分线并在此分角线上取 $DA=l_4$，即得曲柄的转动中心 A。过 A 作导杆任一极限位置的垂直线 AB_1（或 AB_2），则该线段即为曲柄的长度 l_1。

二、用实验法设计四杆机构

按照给定的运动轨迹设计四杆机构。如图 2-32 所示，设给定原动件 AB 的长度及其转动中心 A 和连杆上一点 M。现要求设计一四杆机构，使其连杆上的点 M 沿着预定的运动轨迹运动。为解决此设计问题，可在连杆上另外固结若干杆件，它们的端点 C、C'、C''…在原动件运动过程中，也将描绘出各自的连杆曲线。在这些曲线中找出圆弧或近似圆弧的曲线，于是即可将描绘此曲线的点作为连杆与另一连架杆的铰链中心 C，而将此曲线的曲率中心作为该连架杆的转动中心 D。因而 AD 为机架，CD 即为从动连架杆。这样，就能设计出能够实现预定运动轨迹的四杆机构。

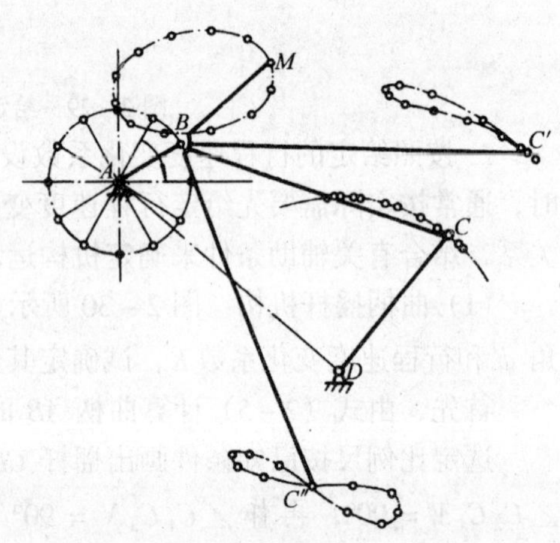

图 2-32　按给定轨迹设计四杆机构

按照给定的运动轨迹设计四杆机构的另一种简便的方法，是利用连杆曲线图谱[㊀]进行设计。

三、用解析法设计四杆机构

在图 2-33 所示铰链四杆机构中，已知连架杆 AB 和 CD 的三对对应位置 ϕ_1、ψ_1，ϕ_2、ψ_2 和 ϕ_3、ψ_3，要求确定各杆的长度。用解析法设计四杆机构时，首先要建立机构的尺度参数

㊀　参见《四连杆机构分析图谱》，机械工业出版社。

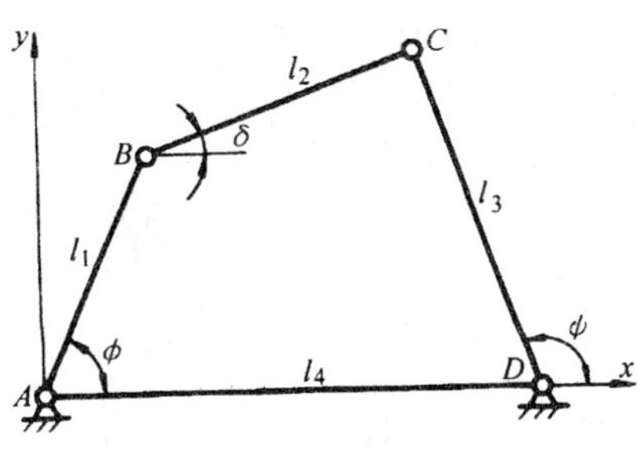

图 2-33　机构封闭多边形

和运动参数间的解析关系式，然后根据已知的运动参数求解所需的尺度参数。

此四杆机构各杆长度按同一比例增减时，各杆转角间的关系不变，故只需确定各杆的相对长度。取 AB 杆长度为 $l_1=1$，则该机构的待求参数只有三个。

该机构的四个杆组成封闭四边形，取各杆在坐标轴 x 和 y 轴上的投影，可得关系式

$$\left.\begin{aligned}\cos\phi + l_2\cos\delta &= l_4 + l_3\cos\psi \\ \sin\phi + l_2\sin\delta &= l_3\sin\psi\end{aligned}\right\} \qquad (2-6)$$

将 $\cos\phi$ 和 $\sin\phi$ 移到等式右边，再把等式两边平方相加，即可消去 δ，整理后得

$$\cos\phi = \frac{l_4^2 + l_3^2 + 1 - l_2^2}{2l_4} + l_3\cos\psi - \frac{l_3}{l_4}\cos(\psi - \phi)$$

为简化上式，令

$$\left.\begin{aligned}P_0 &= l_3 \\ P_1 &= -l_3/l_4 \\ P_2 &= (l_4^2 + l_3^2 + 1 - l_2^2)/(2l_4)\end{aligned}\right\} \qquad (2-7)$$

则有

$$\cos\phi = P_0\cos\psi + P_1\cos(\psi - \phi) + P_2 \qquad (2-8)$$

式（2-8）即为两连架杆转角之间的关系式。将已知的三对对应转角 ϕ_1、ψ_1，ϕ_2、ψ_2 和 ϕ_3、ψ_3 分别代入式（2-8），可得到方程组

$$\left.\begin{aligned}\cos\phi_1 &= P_0\cos\psi_1 + P_1\cos(\psi_1 - \phi_1) + P_2 \\ \cos\phi_2 &= P_0\cos\psi_2 + P_1\cos(\psi_2 - \phi_2) + P_2 \\ \cos\phi_3 &= P_0\cos\psi_3 + P_1\cos(\psi_3 - \phi_3) + P_2\end{aligned}\right\} \qquad (2-9)$$

由方程组可以解出三个未知数 P_0、P_1 和 P_2，将它们代入式（2-7）即可求得 l_2、l_3、l_4。以上求出的杆长 l_1、l_2、l_3、l_4 可同时乘以任意比例常数，所得的机构即能实现预定的对应转角关系。

若仅给定连架杆的两对对应位置，则方程组中只能得到两个方程，P_0、P_1、P_2 三个参数中的一个需要任意给定，所以有无穷个解。

若给定两连架杆的对应位置超过三对，则不可能有精确解，只能用优化或试凑（几何实验法）的方法求其近似解。

第四节　平面连杆机构的结构设计

在前一节中所讨论的平面连杆机构设计只能确定构件的运动副间的距离尺寸。如果想得到一个真正能用于实际工作条件下的机构，还需要进行平面连杆机构的结构设计，只有合理的结构设计，才能保证机构的运动功能以及其他功能的实现。由于连杆机构的种类繁多，其结构上的变化较大，本节仅对一些常用平面连杆机构的结构设计问题进行初步的探讨。

一、连杆机构常用构件的结构

1. 具有转动副的构件结构　如果构件转动副之间的间距较大，则一般设计成杆状结构，

且最好为直杆，如图 2－34a、b 所示。对于在相互平行的多个平面中运动的连杆机构，为了避免运动干涉，构件可以设计成曲杆或其他结构形式，如图 2－34c、d 所示。

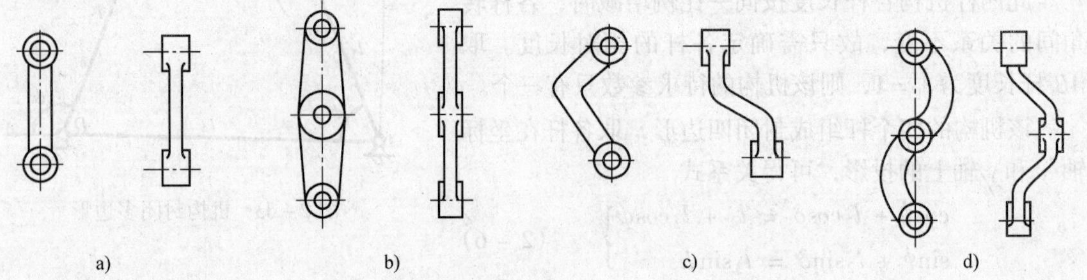

图 2－34　几种具有转动副的杆状连杆机构构件

构件的横截面设计，要考虑构件的功能、强度、刚度以及动态平衡等因素，通过采用不同的截面形状来满足使用要求。一般来说，采用圆形、矩形截面，如图 2－35a、b 所示，可使构件便于加工；而采用槽形或工字形截面，如图 2－35c、d、e、f 所示，可提高构件的抗弯强度和刚度。

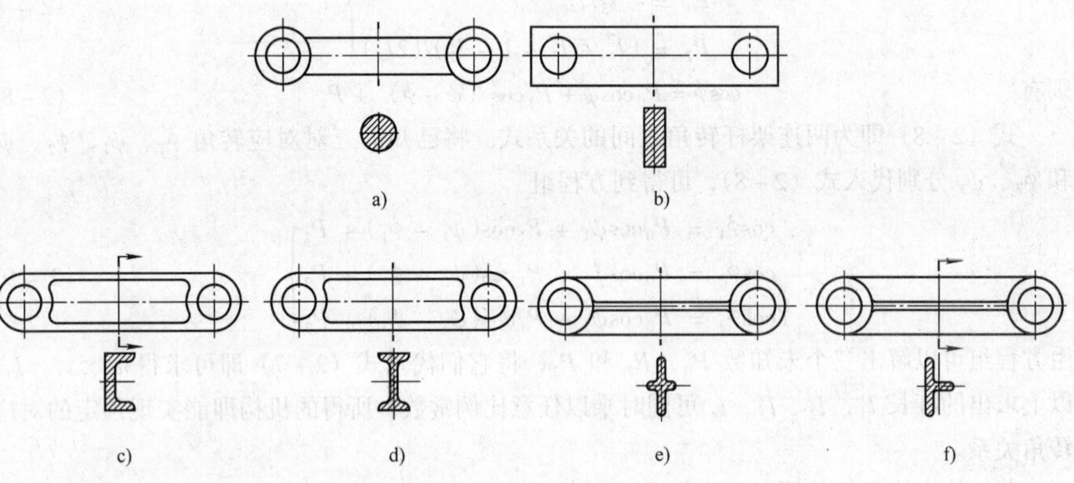

图 2－35　构件的截面设计

如果构件转动副之间的间距较小且构件需要作回转运动（如曲柄），常可设计为图 2－36a所示的偏心轮结构。但如果构件转动副之间的间距偏大，并且转动副要求安装在回转轴两支撑之间的位置时，则一般设计为图 2－36b 所示的曲轴式曲柄。

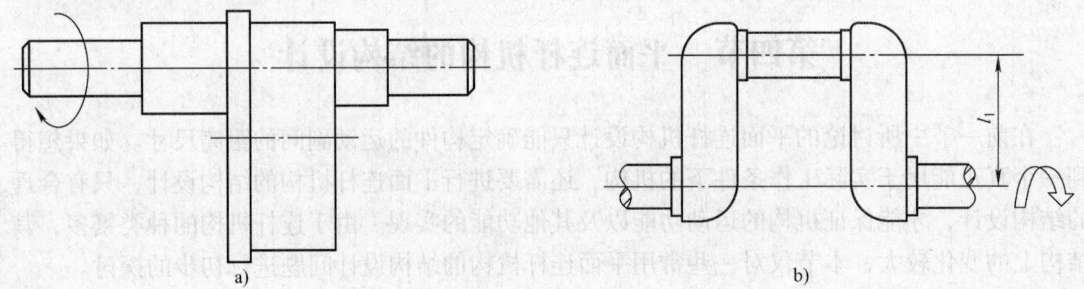

图 2－36　曲柄

2. 同时具有转动副和移动副的构件结构　此类构件的结构设计主要根据转动副轴线与移动副导路方向的相对位置以及移动副与导路接触的情况和形状来确定。图 2－37a、b、c 所示结构属于转动副轴线通过移动副导路中心线的情况，而图 2－37d 所示为转动副轴线与移动副导路中心线之间存在偏心距 e 时的结构。与前者相比，后者的优点是结构简单、加工方便；缺点是转动副轴线与移动副导路的偏置会使移动构件产生附加转矩，由此会降低机构的传力性能，并导致摩擦力增大，从而加剧了运动副之间的磨损。

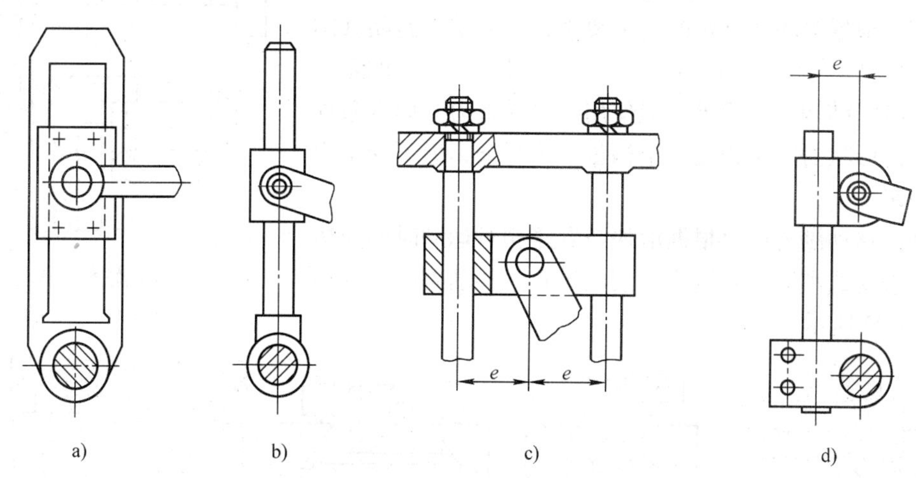

图 2－37　同时具有转动副和移动副构件的结构

二、连杆机构常用运动副的结构

连杆机构又称低副机构，其运动副为转动副和移动副。

转动副有两类结构形式，即滑动轴承式和滚动轴承式。在运动副的结构设计时，可根据相对运动速度和载荷的大小以及结构等要求选用。一般来说，滑动轴承结构简单、适用的结构较多，如图 2－38a 所示整体式和图 2－38b 所示剖分式滑动轴承；而滚动轴承（图 2－39）的机械效率较高，但结构较为复杂。

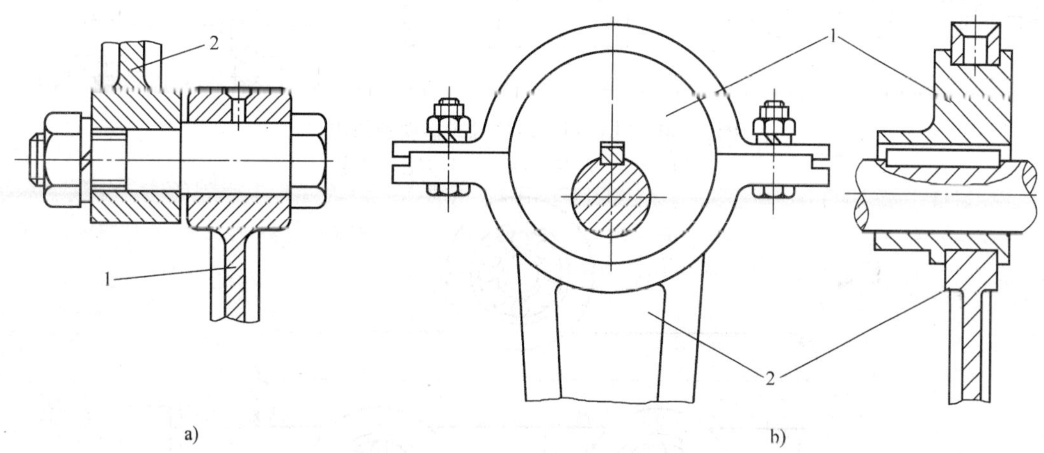

图 2－38　滑动轴承式转动副结构

1，2—杆件

移动副的结构形式有很多种，可根据不同的使用情况或结构要求分类。例如，根据滑块与导路的接触情况，可分为平面接触式和圆柱面接触式。其中，平面接触式（图2－40）的主要结构有矩形、V形、燕尾形和组合型；圆柱面接触式（图2－41）的主要结构有平面约束结构、销轴约束结构和双柱面约束结构。

再如，根据滑块与导路的约束要求，分为重力封闭（图2－40a、b、d）与形状封闭（图2－40c，图2－41）。两者相比，重力封闭结构较为简单，但使用时要受重力方向等条件的限制；而形状封闭则相反，结构虽较为复杂，但不受重力条件的限制。

此外，移动副还可以根据滑块与导路相对运动时的摩擦形式分为滑动式和滚动导轨式，滚动导轨式移动副的一种结构如图2－42所示。

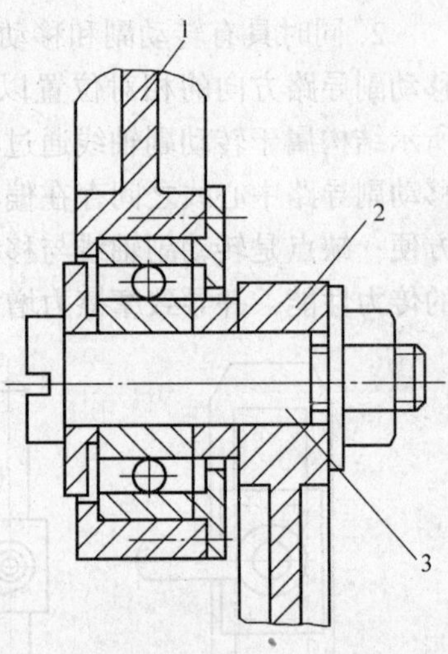

图2－39　滚动轴承式转动副结构

1，2—杆件　3—销轴

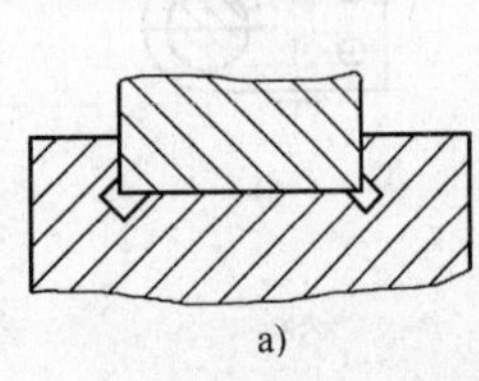

a)

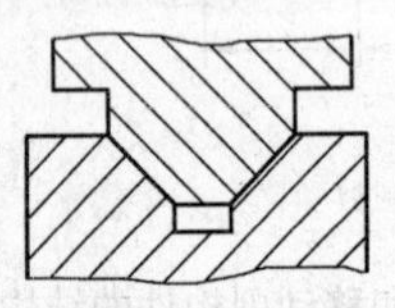

b)

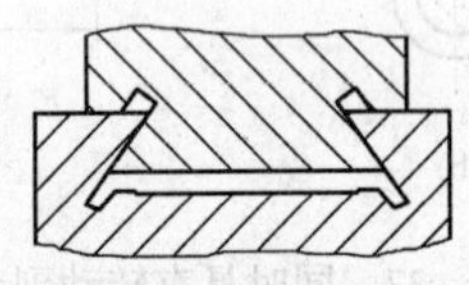

c)

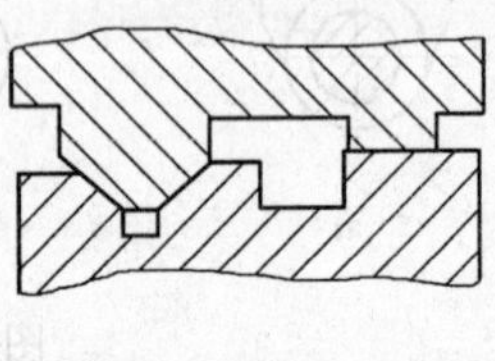

d)

图2－40　几种平面接触式移动副结构

a）矩形　b）V形　c）燕尾形　d）组合型

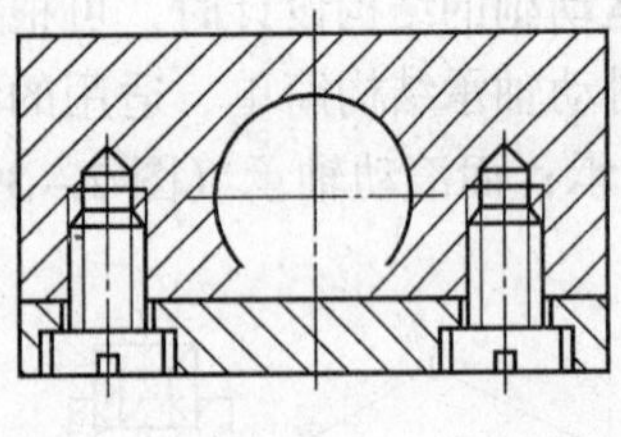

a)

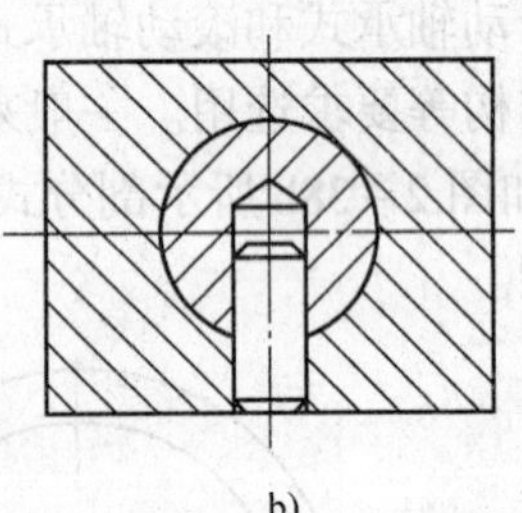

b)

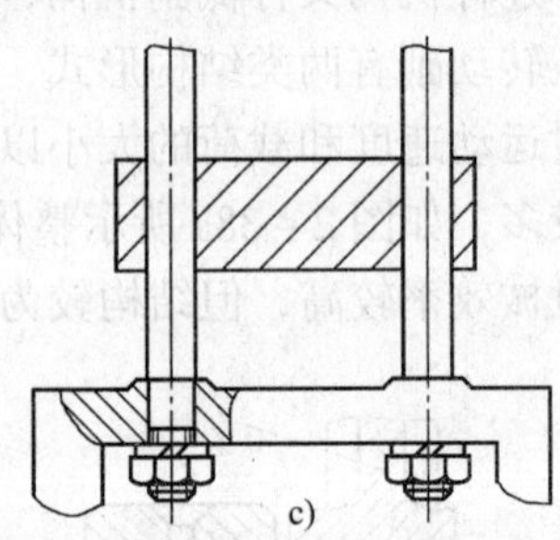

c)

图2－41　几种圆柱面接触式移动副结构

a）平面约束　b）销轴约束　c）双柱面约束

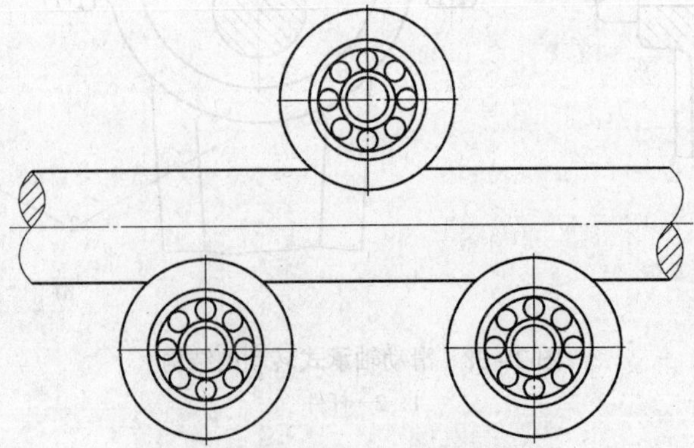

图2－42　滚动导轨式移动副结构

实践教学环节

1. 观察周围环境中常见的机器，如自行车、摩托车、汽车、计算机光驱和打印机等，它们在什么位置采用了运动副？这些运动副有哪些结构形式？并尝试绘出它们的结构草图。

2. 为高档宾馆前厅设计大门的开启方式，推拉式和转动式均可。试设计合适的运动副结构，及其与大门合理的连接方式，并绘出结构草图。

习　题

2-1　试根据图2-43中注明的尺寸判断铰链四杆机构是曲柄摇杆机构、双曲柄机构，还是双摇杆机构。

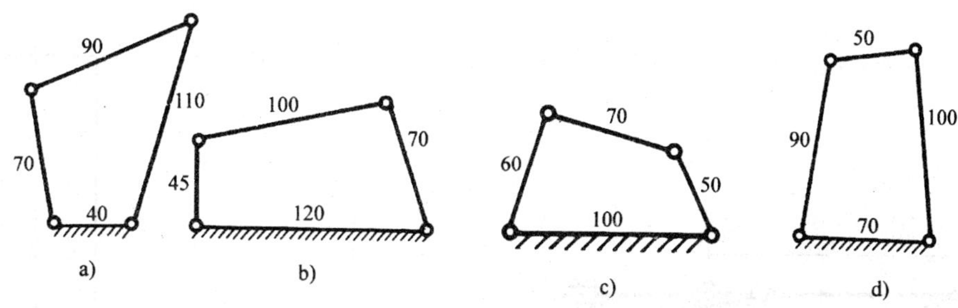

图2-43　题2-1图

2-2　图2-44所示为缝纫机脚踏驱动机构。设两固定铰链间距 $l_{AD}=350$mm，踏板长度 $l_{CD}=175$mm，驱动时踏板作离水平位置上下各15°的摆动，求曲柄 AB 和连杆 BC 的长度。

2-3　一曲柄摇杆机构。已知摇杆长度 $l_{CD}=200$mm，摆角 $\psi=30°$，摇杆的两个极限位置如图2-45所示，行程速度变化系数 $K=1.2$，又知曲柄的固定铰链中心 A 位于过 D 点的水平线上方60mm，试用作图法确定曲柄 l_{AB}、连杆 l_{BC} 和固定铰链间距 l_{AD}，并校验其最小传动角 γ_{min}。

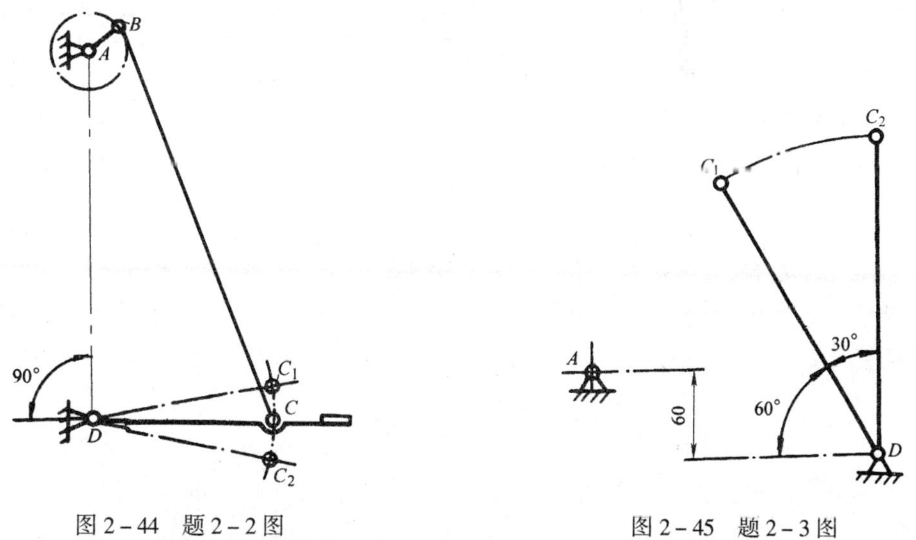

图2-44　题2-2图　　　图2-45　题2-3图

2-4　设计一曲柄摇杆机构，已知摇杆长度 $l_{CD}=290$mm，摇杆两极限位置摆角 $\psi=32°$，行程速度变化系数 $K=1.25$。若曲柄的长度 $l_{AB}=75$mm，试用作图法确定连杆 l_{BC} 和固定铰链间距 l_{AD}，并校验其最小传动角 γ_{min}。

2-5 设计一曲柄滑块机构（图 2-46）。已知滑块的行程 $s=50\text{mm}$，偏距 $e=20\text{mm}$，行程速度变化系数 $K=1.5$，试确定 l_{AB} 和 l_{BC}。

2-6 图 2-47 所示牛头刨床曲柄摆动导杆机构中，已知行程速度变化系数 $K=1.5$，滑枕冲程 $s=320\text{mm}$，曲柄 $l_{AB}=95\text{mm}$。试求导杆长度 l_{CD} 和固定铰链间距 l_{AC}。

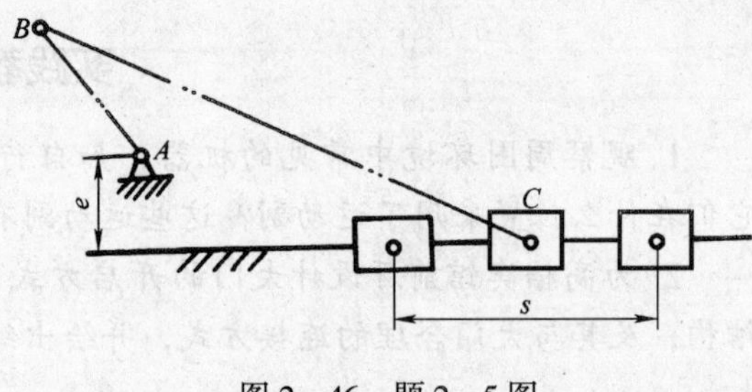

图 2-46 题 2-5 图

2-7 设计一铰链四杆机构作为加热炉炉门的启闭机构。已知炉门上两活动铰链间距为 120mm，炉门打开后成水平位置时，要求炉门温度较低的一面朝上（如双点画线所示）。设固定铰链在 $O-O$ 轴线上，其相关尺寸如图 2-48 所示，求此铰链四杆机构其余三杆的长度。

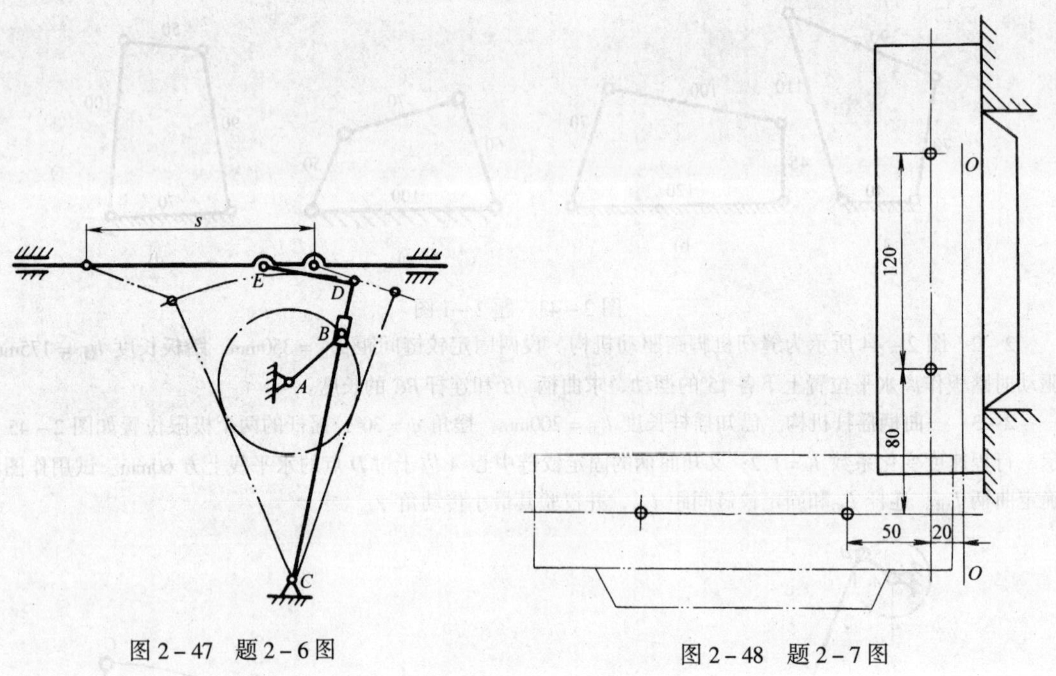

图 2-47 题 2-6 图

图 2-48 题 2-7 图

第三章　凸 轮 机 构

在各种机械中，特别是在自动机械中，当原动件作等速连续运动时，常要求某些从动件实现工作所需要的各式各样的运动规律。在这种情况下，通常多采用凸轮机构。

第一节　凸轮机构的应用和分类

一、凸轮机构的应用

如图 3-1 所示，凸轮机构是由凸轮 1、从动件 2 和机架 3 三个基本构件组成的高副机构。其中，凸轮 1 是一个具有曲线轮廓（或沟槽）的构件，它通常作连续等速运动；从动件 2 则在凸轮驱动下按预定的运动规律作往复直线移动或摆动。

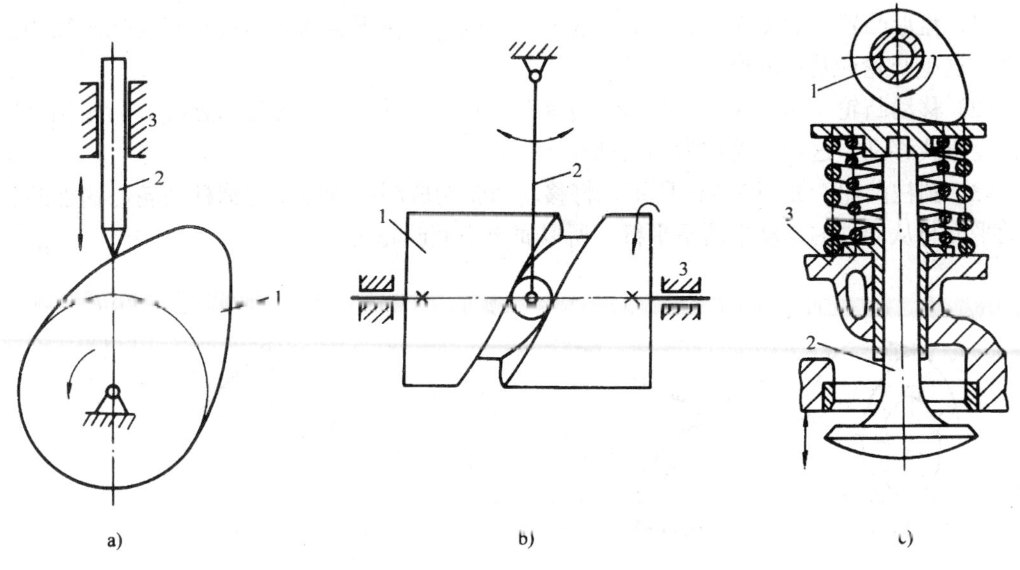

图 3-1　凸轮机构

1—凸轮　2—从动件　3—机架

凸轮机构是机械中的一种常用机构，主要特点是可实现各种复杂的运动要求，而且结构简单、紧凑。

图 3-2 所示为铣削加工给定廓线的靠模凸轮机构。靠模凸轮 2 绕 O_1 作等角速度转动时，它的廓线便推动与齿轮固接在一起的从动件 3 以一定运动规律绕轴 O_2 摆动，再通过齿轮与齿条的传动推动从动件 4，使铣刀 5 的轴线发生移动，这样便在绕轴 O_3 转动的工件 6 上铣出所给定的廓线。显然，工件 6 给定廓线的形状取决于靠模凸轮的轮廓。

图 3-3 所示为冷镦自动机的送料机构。等速转动的凸轮 1 使从动件 2 摆动，从动件 2 通过连杆 3 使送料器 4 水平往复移动。凸轮每转一周，送料器推出一个毛坯到冷镦工位。

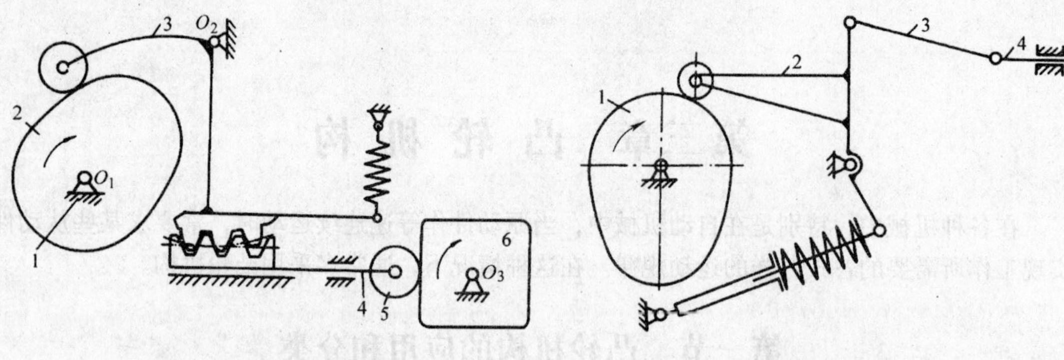

图 3-2　靠模凸轮机构

1—机架　2—凸轮　3—从动件

4—轴　5—铣刀　6—工件

图 3-3　送料机构

1—凸轮　2—从动件　3—连杆　4—送料器

二、凸轮机构的分类

凸轮机构类型繁多，根据凸轮和从动件端部的形状可作如下分类。

1. 按凸轮形状分类

(1) 盘形凸轮　如图 3-4a 所示，这种凸轮是一个绕固定轴转动且具有变化向径的盘形构件。这是凸轮最基本的形式。

(2) 移动凸轮　如图 3-4b 所示，当盘形凸轮的转动中心在无穷远处时，凸轮相对机架作往复直线移动，这种凸轮称为移动凸轮。

(3) 圆柱凸轮　如图 3-4c 所示，将移动凸轮卷成圆柱体即成为圆柱凸轮。这种凸轮的运动平面与从动件的运动平面不平行，所以属于空间凸轮机构。

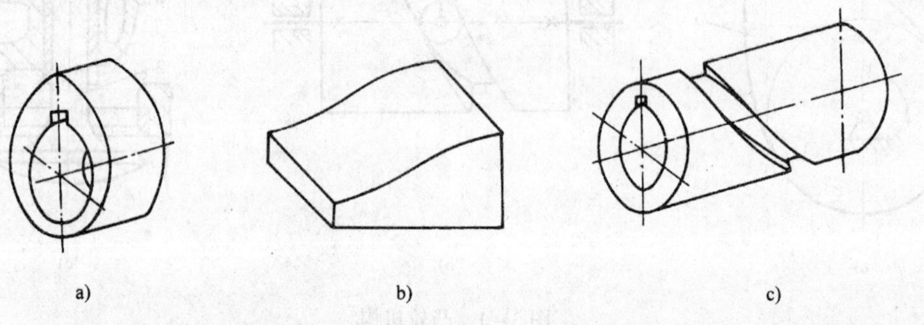

图 3-4　凸轮的形状

2. 按从动件端部形状分类

(1) 尖顶从动件　尖顶能与任意复杂的凸轮轮廓保持接触，从而使从动件实现任意预期的运动规律。但尖顶与凸轮轮廓是点接触，磨损快，故只宜用于传力不大的低速凸轮机构。

(2) 滚子从动件　为克服尖顶从动件的缺点，在从动件的尖顶安装一个滚子，即成为滚子从动件。滚子与凸轮轮廓间为滚动摩擦，故耐磨损，可承受较大的载荷，应用最普遍。

(3) 平底从动件　这种从动件与凸轮轮廓表面接触的端面为一平面。显然它不能与内凹的凸轮轮廓接触。它的优点是凸轮对从动件的作用力始终垂直于平底的平面（不计摩擦时），故受力比较平稳，而且接触面间易于形成油膜，利于润滑，故常用于高速传动。

凸轮机构分类及其机构运动简图见表 3-1。

表 3－1　凸轮机构的主要类型及运动简图

类型	从动件端部形状	移动从动件		摆动从动件
		对心	偏置	
盘形凸轮机构	尖顶从动件	a)	b)	c)
	滚子从动件	d)	e)	f)
	平底从动件	g)	h)	i)
移动凸轮机构	尖顶从动件	j)		k)
	滚子从动件	l)		m)

（续）

类型	从动件端部形状	移动从动件		摆动从动件
		对心	偏置	
圆柱凸轮机构		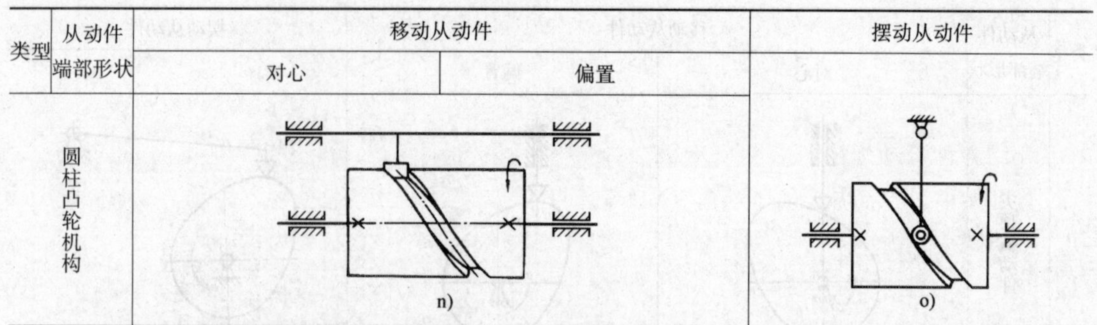 n)		o)

注：1. 带 * 号的凸轮机构可称为：对心移动尖顶从动件盘形凸轮机构。

2. 从动件的导路延长线通过轴心时称对心，有偏距时称偏置。

3. 从动件的简图符号摘自 GB/T 4460—1984。

第二节　从动件常用运动规律

凸轮机构设计的基本任务是根据工作要求选定合适的凸轮机构类型，确定从动件运动规律，并按此运动规律设计凸轮轮廓。

从动件的运动规律是指其运动参数（位移 s、速度 v 和加速度 a）随时间 t 变化的规律，常用运动线图来表示。图 3－5a 所示为一对心移动尖顶从动件盘形凸轮机构，其中以凸轮轮廓的最短向径为半径，以凸轮转动中心为圆心所作之圆称为基圆，半径 R_b 称为基圆半径。图 3－5b 所示为从动件位移曲线 $s-t$，因凸轮一般作等速转动，故从动件运动曲线的横坐标也可用凸轮的转角 θ 来表示。

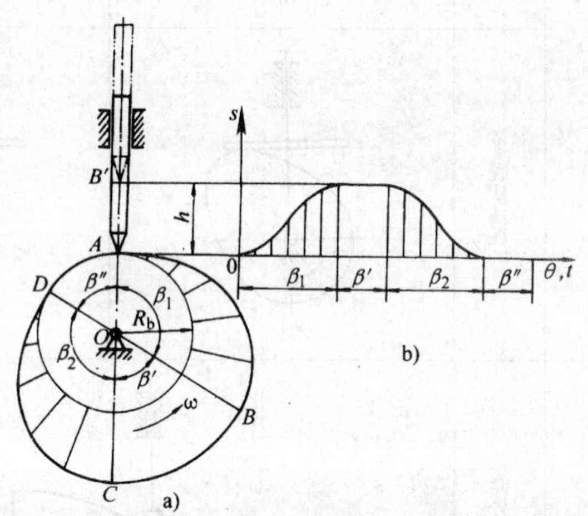

图 3－5　凸轮机构的运动分析

当从动件尖顶与凸轮轮廓在 A 点（基圆与曲线 AB 的连接点）相接触时，从动件处在上升的起始位置。凸轮以 ω 等速沿逆时针方向转动 β_1 角时，向径渐增的轮廓 AB 将从动件以一定的运动规律从最低位置 A 推到最高位置 B'，凸轮此时相应转过的角度 β_1 称为推程运动角。从动件移动的最大距离 h（对于摆动从动件则为摆过的最大角度 φ）称为行程，对应于 β_1 角的行程称为推程。凸轮继续转过 β' 角时，轮廓 BC 为向径不变的圆弧，从动件停留在最高位置不动，β' 称为远休止角。凸轮再转过 β_2 角时，向径渐减的轮廓 CD 使从动件以一定的运动规律返回到起始位置，该行程称为回程，β_2 角称为回程运动角。最后的一段凸轮轮廓为向径不变的基圆圆弧 DA，从动件在此期间停留在起始位置不动，凸轮相应的转角 β'' 称为近休止角。当凸轮继续转动时，从动件又重复进行升—停—降—停的运动循环。以从动件位移 s 为纵坐标，凸轮转角 θ（或时间 t）为横坐标，可逐点画出运动循环的位移曲线（图 3－5b）。

由以上分析可知，对已有的凸轮机构，从动件的运动规律取决于凸轮轮廓的形状。因此，在设计凸轮机构时，必须首先根据工作要求确定从动件的运动规律，并按此运动规律设计凸轮轮廓曲线，以实现从动件预期的运动规律。

下面以移动从动件为例介绍几种常见的运动规律，以供设计凸轮机构时选择参考。在以下介绍各种运动规律的运动方程时，规定从动件位移 s 不论在推程还是回程均以推程起始点位置开始度量，而从动件的速度 v 和加速度 a 的方向规定如下：无论推程还是回程，v、a 为正值时表示方向与推程的从动件运动方向相同；为负值时，则其方向与推程的从动件运动方向相反。为了便于设计和制造，常把从动件的运动规律表示成凸轮转角的函数。当凸轮等角速度转动时，ω 为常数，则 $\theta=\omega t$。

一、等速运动规律

从动件在推程作等速运动时，设以 T 表示推程的运动时间，行程为 h，推程运动角为 β_1，则从动件移动速度 $v=v_0=h/T$，从动件位移 $s=v_0t=ht/T$，从动件加速度 $a=\mathrm{d}v/\mathrm{d}t=0$，其运动曲线如图 3－6 所示。根据推程边界条件：$\theta=0$ 时，$s=0$；$\theta=\beta_1=\omega T$ 时，$s=h$，可得以凸轮转角 θ 表示的从动件推程运动方程为

$$\left.\begin{aligned}s&=\frac{h}{\beta_1}\theta\\ v&=\frac{h}{\beta_1}\omega\\ a&=0\end{aligned}\right\}\qquad(3-1)$$

式中，凸轮转角 θ 的变化范围为 $0\leqslant\theta\leqslant\beta_1$。

同理，由回程边界条件，可得回程时从动件的运动方程为

$$\left.\begin{aligned}s&=h\left[1-\frac{(\theta-\beta_1-\beta')}{\beta_2}\right]\\ v&=-h\omega/\beta_2\\ a&=0\end{aligned}\right\}\qquad(3-2)$$

式中，θ 的变化范围为 $(\beta_1+\beta')\leqslant\theta\leqslant(\beta_1+\beta'+\beta_2)$。

图 3－6 所示为等速运动的推程运动线图，位移曲线是斜直线，速度曲线是水平线，而加速度为零。但是在推程开始时，从动件速度由零突变为 v_0，故 $a=+\infty$；在推程终止时，从动件速度又由 v_0 突变为零，$a=-\infty$，理论上会产生无穷大的惯性力（由于构件的弹性变形，实际上加速度都不会达到无穷大），致使机构产生强烈的冲击，这种冲击称为刚性冲击。这种运动规律常用于低速、从动件质量不大或从动件要求作等速运动（如某些自动机床的进给机构）的场合。

为了避免等速运动规律在行程起点和终点处的刚性冲击，通常可将位移曲线的两端用圆弧、抛物线或其他曲线进行修正，以避免速度和加速度的突变。图 3－7 所示为将位移曲线在行程起始和终止处用 $\overset{\frown}{AB}$、$\overset{\frown}{CD}$ 两段圆弧修正的等速运动规律。为了使圆弧与直线的衔接点有同样大小的速度，图中斜直线 BC 必须分别与两端圆弧相切。

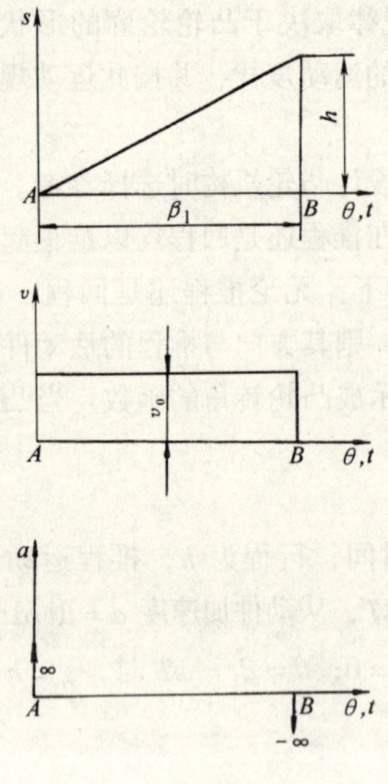

图 3-6　等速运动规律

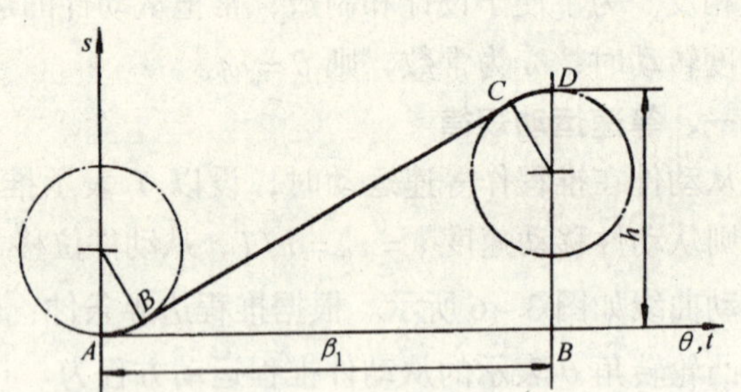

图 3-7　改进型等速运动规律

二、等加速等减速运动规律

等加速等减速运动规律通常是从动件在推程（回程）的前半行程作等加速运动，后半行程作等减速运动，其加速度大小相等但方向相反，运动曲线如图 3-8 所示。这种运动规律中的加速度 a 为常数，故加速度曲线为平行于横坐标的直线；速度曲线为倾斜的直线（行程中点 B 处速度最大）；位移 $s=\frac{1}{2}at^2$，位移曲线为抛物线，故该运动规律又称抛物线运动规律。

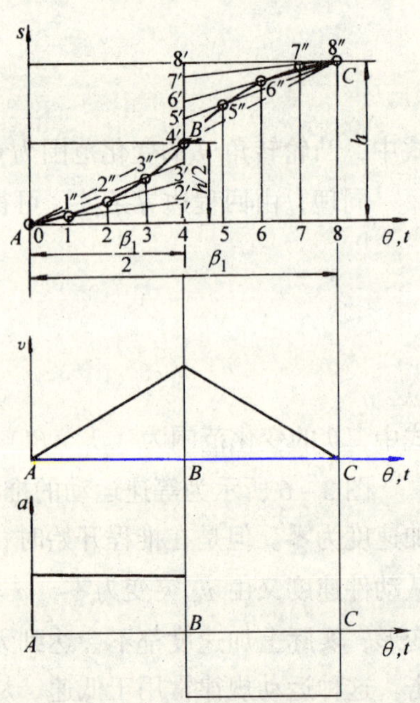

图 3-8　等加速等减速运动规律

由加速度曲线可知，这种运动规律的从动件在行程起点 A、中点 B 及终点 C 三处存在加速度有限值的突变，因而会引起有限值的惯性力，而使机构产生冲击，这种冲击称为柔性冲击。因此，等加速等减速运动规律只适用于中速、轻载的场合。

等加速等减速运动规律位移曲线作法如图 3-8 所示。

等加速等减速运动方程见表 3-2。

三、简谐运动规律

当动点在半径为 R 的圆周上作匀速运动时，它在该圆直径上的投影所构成的运动称为简谐运动，其运动曲线如图 3-9 所示，位移方程为 $s=R\ (1-\cos\delta)$（δ 为动点角位移）。

表 3-2　等加速等减速运动方程

方程名称	推程（$0\leqslant\theta\leqslant\beta_1$）		回程（$\beta_1+\beta'\leqslant\theta\leqslant\beta_1+\beta'+\beta_2$）	
	前半程（等加速段）（$0\leqslant\theta\leqslant\beta_1/2$）	后半程（等减速段）（$\beta_1/2\leqslant\theta\leqslant\beta_1$）	前半程（等加速段）$(\beta_1+\beta')\leqslant\theta\leqslant(\beta_1+\beta'+\beta_2/2)$	后半程（等减速段）$(\beta_1+\beta'+\beta_2/2)\leqslant\theta\leqslant(\beta_1+\beta'+\beta_2)$
位移方程	$s=2h\dfrac{\theta^2}{\beta_1^2}$	$s=h-2h\dfrac{(\beta_1-\theta)^2}{\beta_1^2}$	$s=h-2h\dfrac{(\theta-\beta_1-\beta')^2}{\beta_2^2}$	$s=2h\dfrac{(\beta_1+\beta'+\beta_2-\theta)^2}{\beta_2^2}$
速度方程	$v=4h\omega\dfrac{\theta}{\beta_1^2}$	$v=4h\omega\dfrac{\beta_1-\theta}{\beta_1^2}$	$v=-4h\omega\dfrac{(\theta-\beta_1-\beta')}{\beta_2^2}$	$v=-4h\omega\dfrac{(\beta_1+\beta'+\beta_2-\theta)}{\beta_2^2}$
加速度方程	$a=4h\omega^2/\beta_1^2$	$a=-4h\omega^2/\beta_1^2$	$a=-4h\omega^2/\beta_2^2$	$a=4h\omega^2/\beta_2^2$

由加速度曲线可知，这种运动规律的从动件在推程的起点和终点两处存在加速度的有限突变，因此也会引起柔性冲击，故不宜用于高速场合。只有当加速度曲线保持连续时（图 3-9 中虚线所示），才能避免冲击，这时可用于高速传动。

简谐运动规律的位移曲线的画法参见图 3-9；其运动方程见表 3-3。

除上述三种常用运动规律外，在生产实践中，特别是对高速凸轮机构，为获得良好的运动、动力特性和避免冲击，常需采用摆线运动规律、高次多项式等运动规律，或将几种运动规律拼接的组合运动规律。

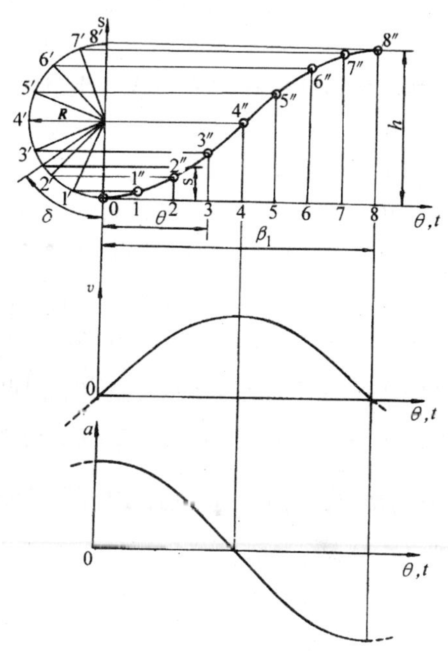

图 3-9　简谐运动规律

表 3-3　简谐运动方程

方程名称	推程（$0\leqslant\theta\leqslant\beta_1$）	回程（$\beta_1+\beta'\leqslant\theta\leqslant(\beta_1+\beta'+\beta_2)$）
位移方程	$s=h[1-\cos(\pi\theta/\beta_1)]/2$	$s=\dfrac{h}{2}\{1+\cos[\pi(\theta-\beta_1-\beta')/\beta_2]\}$
速度方程	$v=\pi h\omega\sin(\pi\theta/\beta_1)/(2\beta_1)$	$v=-\dfrac{\pi h\omega}{2\beta_2}\sin[\pi(\theta-\beta_1-\beta')/\beta_2]$
加速度方程	$a=\pi^2h\omega^2\cos(\pi\theta/\beta_1)/(2\beta_1^2)$	$a=-\dfrac{\pi^2h\omega^2}{2\beta_2^2}\cos[\pi(\theta-\beta_1-\beta')/\beta_2]$

第三节　图解法设计盘形凸轮轮廓

当从动件运动规律选定以后，即可根据该运动规律和其他必要的给定条件（如结构所允许的空间、凸轮转向、基圆半径尺寸等）进行凸轮的轮廓设计。凸轮轮廓的设计方法有图解法和解析法。图解法的主要特点是简便易行，而且直观，但精确度有限，一般适用于低速或对从动件运动规律要求不太严格的凸轮机构设计。本节介绍凸轮的图解设计原理和轮廓绘制的方法。

当凸轮机构工作时，凸轮和从动件都是运动的，为了在图纸上画出凸轮轮廓，应当使凸轮与图纸平面相对静止，为此可采用“反转法”。图3-10所示为一对心移动尖顶从动件盘形凸轮机构，R_b 为基圆半径。从动件位于起始位置时，与凸轮轮廓上 A 点接触。当凸轮按 ω 方向转过 θ 角时，凸轮的向径 OA 转到 OA'，而凸轮轮廓则转到双点画线位置。同时从动件在凸轮轮廓推动下，沿导路（从动件位置的方向线）上升了一段距离 s，其与凸轮接触点位置由 A 上升到 B'。根据相对运动原理：如果给整个机构加上绕凸轮轴心 O 的公共角速度 $-\omega$，机构各构件间的相对运动不变。这样一来，凸轮不动，而从动件一方面随导路以 $-\omega$ 绕 O 点转动（即反转），另一方面又在转动的导路中移动。显然，反转 θ 角后，从动件及导路将处在图中双点画线所示位置（此时凸轮仍在实线位置），且 $A_1B = AB' = s$。由于从动件的尖顶始终与凸轮轮廓接触，所以从动件的尖顶在反转过程中的运动轨迹即为凸轮轮廓。按照上述“反转法”原理，便可绘出凸轮轮廓。

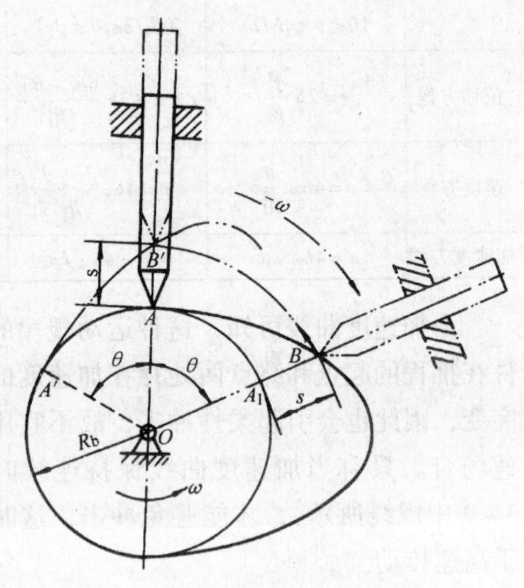

图3-10 反转法原理

几种盘形凸轮轮廓的具体作法如下。

一、移动从动件盘形凸轮

1. 对心移动尖顶从动件盘形凸轮　如图3-11所示，设已知从动件位移曲线（图3-11b），凸轮基圆半径 R_b 及凸轮以等角速度 ω 顺时针方向转动，则凸轮轮廓作图步骤如下：

1）选取适当比例尺 μ_l，以 R_b 为半径作基圆。基圆与导路的交点 B_0 便是从动件尖顶的起始位置。

2）在基圆上，自 OB_0 开始沿 ω 的相反方向（即 $-\omega$ 方向）依次取推程运动角 β_1、远休止角 β'、回程运动角 β_2 及近休止角 β''，并将 β_1 和 β_2 各分成与图3-11b对应的若干等分，得基圆上各点 B'_1、B'_2、B'_3…。连接各径向线 OB'_1、OB'_2、OB'_3…便得从动件导路反转后的一系列位置。

3）沿各径向线自基圆开始量取从动件在各位置的位移量，即取线段 $B_1B'_1 = 11''$、$B_2B'_2 = 22''$、$B_3B''_3 = 33''$…，得从动件尖顶反转后的一系列位置 B_1、B_2、B_3…。

4）将 B_0、B_1、B_2、B_3…连成光滑的曲线，即得到所求的凸轮轮廓。

2. 对心移动滚子从动件盘形凸轮　其凸轮轮廓绘制方法如图3-12所示，首先把滚子中心看作尖顶从动件的尖顶，按上述尖顶从动件凸轮轮廓曲线画法画出一条轮廓曲线，作为理论轮廓曲线 η，再以 η 上各点为中心，以滚子半径为半径作一系列滚子圆，然后作这些滚子圆的内包络线 η'（若为带凹槽的凸轮，还应作出外包络线 η''），即为滚子从动件的凸轮实

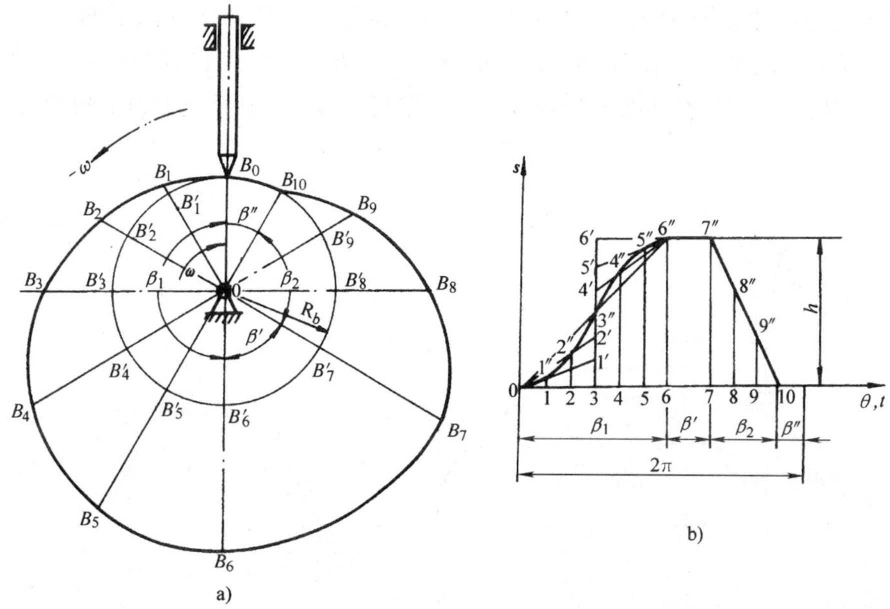

图 3-11　对心移动尖顶从动件凸轮轮廓的绘制

际轮廓。由作图过程知，滚子从动件凸轮的基圆半径 R_b 应在凸轮理论曲线上度量。

3. 移动平底从动件盘形凸轮　当从动件的端部是平底形状时，其凸轮轮廓的绘制方法与上述类似。如图 3-13 所示，首先把平底与导路中心线的交点 B_0 看成是尖顶从动件的尖顶，按照尖顶从动件凸轮轮廓画法求出理论曲线上一系列点 B_1、B_2、B_3…；然后，过这些点按照移动副导路与平底之间的位置关系画出从动件各位置的平底；最后作这些平底的包络线，便可得平底从动件的凸轮实际廓线。

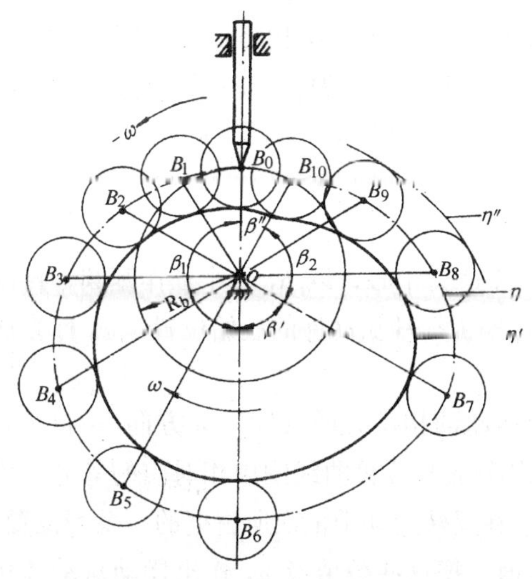

图 3-12　移动滚子从动件凸轮轮廓的绘制

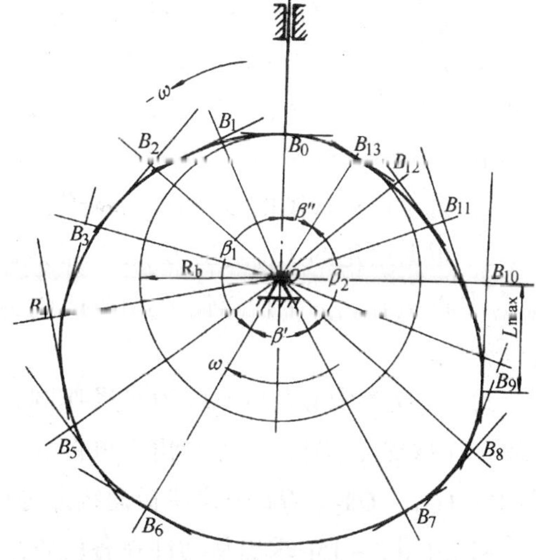

图 3-13　移动平底从动件凸轮轮廓绘制

4. 偏置式移动尖顶从动件盘形凸轮　如图 3-14a 所示，以 O 为中心，以偏距 e 为半径所作之圆称为偏距圆。由图 3-14a 可知，这种凸轮机构的从动件在反转运动中依次占据的位置将不再是由凸轮轴心 O 作出的径向线，而是偏距圆的各切线（图中的 K_0B_0、K_1B_1、K_2B_2…）。因此，从动件的位移 B'_1B_1、$B_2'B_2$、B'_3B_3…也应由这些切线与基圆的交点（B'_1、B'_2、B'_3…）对应沿切线向外量取。其余作图步骤与对心移动尖顶从动件凸轮轮廓的作法基本相同。

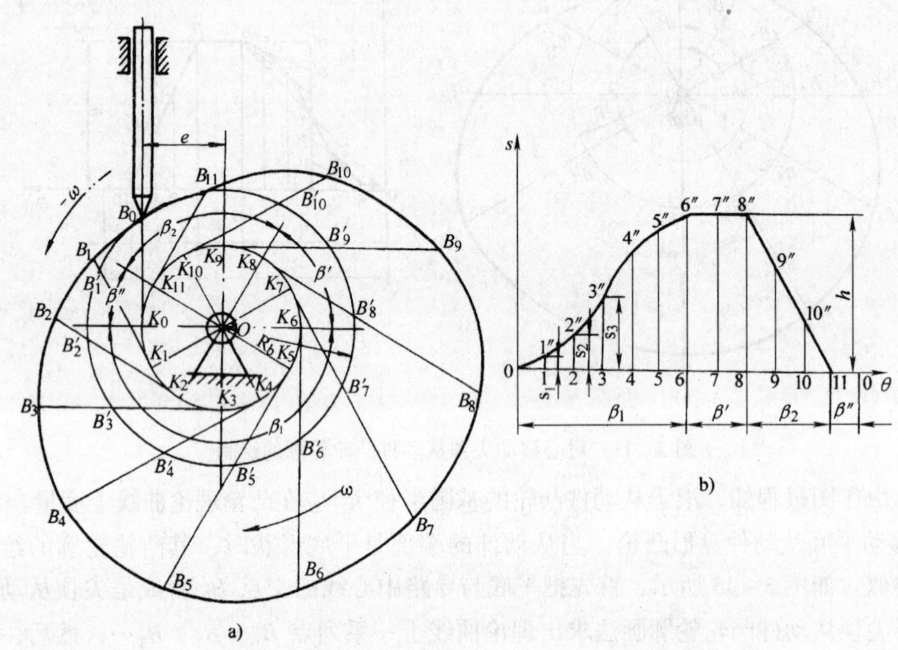

图 3－14　偏置式移动从动件凸轮轮廓绘制

二、摆动从动件盘形凸轮

对于摆动从动件盘形凸轮机构，其凸轮轮廓的作法与上述方法相类似。如图 3－15 所示，设已知从动件的角位移曲线图（图 3－15b）、凸轮与摆动从动件的中心距 L_{OA0}、摆动从动件长度 L_{A0B0}、凸轮基圆半径 R_b、凸轮以等角速度 ω 逆时针转动，则其凸轮轮廓的绘制过程如下：

1）将角位移线图的 β_1 和 β_2 各分为若干等分。

2）根据给定的 L_{OA0} 定出 O 点和 A_0 点的位置。以 O 为中心，以 R_b 为半径作基圆，再以 A_0 为中心及 L_{A0B0} 为半径作弧交基圆于 B_0 点，A_0B_0 即为摆动从动件的起始位置，φ_0 称为从动件初位角。

3）以 O 为中心及以 OA_0 为半径作圆，沿凸轮转动的相反方向（即 $-\omega$ 方向），自 OA_0 开始依次取 β_1、β' 和 β_2 及 β'' 角。再将 β_1 和 β_2 角各分成与位移曲线图中相对应的等分，得径向线 OA_1、OA_2、OA_3…这些径向线即为机架 OA_0 在反转运动中依次所占据的一系列位置。

4）由图 3－15b 求出从动件在各位置摆角的数值。据这些数值及 φ_0 作出摆动从动件相对于机架的一系列位置 A_1B_1、A_2B_2、A_3B_3…，即作 $\angle OA_1B_1 = \varphi_0 + \varphi_1$、$\angle OA_2B_2 = \varphi_0 + \varphi_2$、$\angle OA_3B_3 = \varphi_0 + \varphi_3$…。

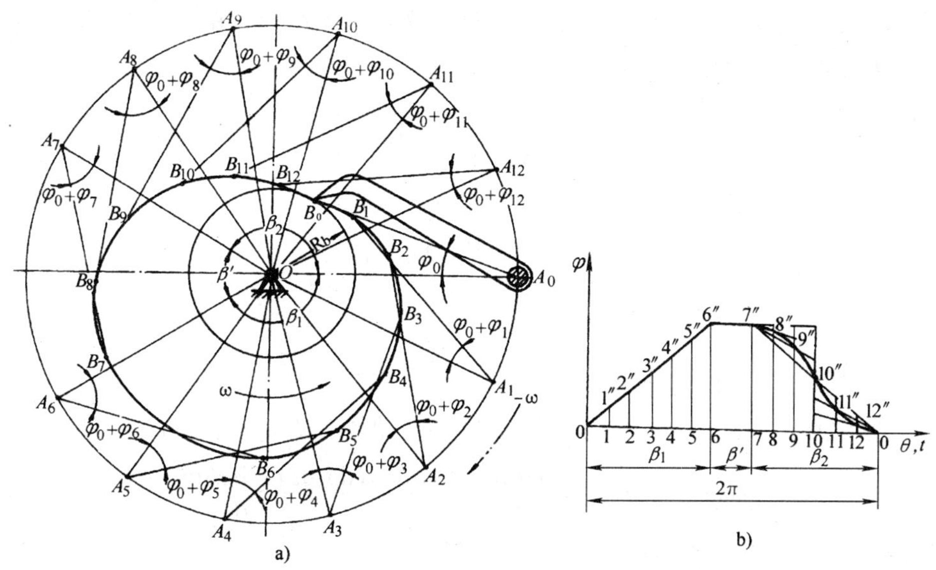

图 3-15 摆动尖顶从动件凸轮轮廓绘制

5）分别以 A_1、A_2、A_3…为中心，以 L_{A0B0} 为半径作圆弧截 A_1B_1 于 B_1 点、A_2B_2 于 B_2 点、A_3B_3 于 B_3 点…，将 B_0、B_1、B_2、B_3…点连成光滑曲线，即得摆动尖顶从动件盘形凸轮轮廓。

与前述移动从动件相同，如果采用滚子或平底从动件，则上述作出的摆动尖顶从动件凸轮轮廓为凸轮理论廓线，只需要在理论廓线上选定一系列点作滚子圆或平底，并作其包络线，便可得到相应的凸轮实际廓线。

*第四节　用解析法设计凸轮轮廓的基本方法

对于高速凸轮（如转速 $n>1000\text{r/min}$）或精度要求较高的凸轮（如靠模凸轮），需用解析法设计凸轮轮廓。

用解析法设计凸轮轮廓的实质是建立凸轮轮廓的数学方程式，并用这些方程式计算凸轮轮廓上各点的坐标。各点坐标可用极坐标值或直角坐标值表示。下面以对心移动滚子从动件盘形凸轮机构为例，介绍用解析法设计凸轮轮廓的基本方法。

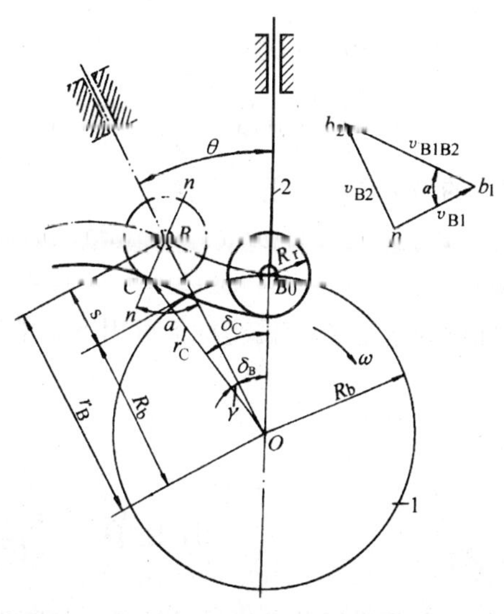

图 3-16 解析法设计凸轮轮廓

当用极坐标表示各点坐标值时，通常取凸轮轴心 O 为原点，以起始向径 OB_0 为极轴，如图 3-16 所示。设已知基圆半径 R_b、滚子半径 R_r 和从动件运动规律 $s=s(\theta)$，且凸轮以等角速度 ω 沿顺时针方向转动。根据反转法原理，可视凸轮静止不动，而作出从动件相对于起始位置反转 θ 角后的机构位置（图中双点画线所示），滚子中心由 B_0 反转至 B。由图可知，在该位置时，理论轮廓上滚子中心 B 的向径 r_B、极角 δ_B 分别为

$$\left.\begin{aligned} r_B &= R_b + s \\ \delta_B &= \theta \end{aligned}\right\} \tag{3-3}$$

滚子与实际轮廓接触点 C 的向径 r_C、极角 δ_C 分别为

$$\left.\begin{aligned} r_C &= \sqrt{r_B^2 + R_r^2 - 2r_B R_r \cos\alpha} \\ \delta_C &= \theta \pm \gamma \end{aligned}\right\} \tag{3-4}$$

式中　α ——压力角。

γ 角推程取“+”号，回程取“-”号。

在 C 点接触时，由 v_{B1}、v_{B2} 和 v_{B2B1} 构成的速度三角形$\triangle pb_1b_2$ 知$\angle pb_1b_2 = \angle CBO = \alpha$，故

$$\tan\alpha = \frac{v_{B2}}{v_{B1}} = \frac{v}{v_{B1}} = \frac{ds/dt}{\omega r_B} = \frac{(ds/d\theta)(d\theta/dt)}{\omega(R_b + s)} = \frac{ds/d\theta}{R_b + s} \tag{3-5}$$

式（3-4）中 γ 角可由$\triangle BOC$ 运用正弦定理求得

$$\gamma = \arcsin\frac{R_r \sin\alpha}{r_C} \tag{3-6}$$

在用解析法设计凸轮轮廓时，为达到一定的设计精度，计算的点要取得足够的多，通常可视精度要求，取相邻两点的步长为 0.5°~5°来进行计算，这样计算量就很大。目前，电子计算机及数控机床的广泛应用，为用解析法设计凸轮轮廓创造了有利条件。

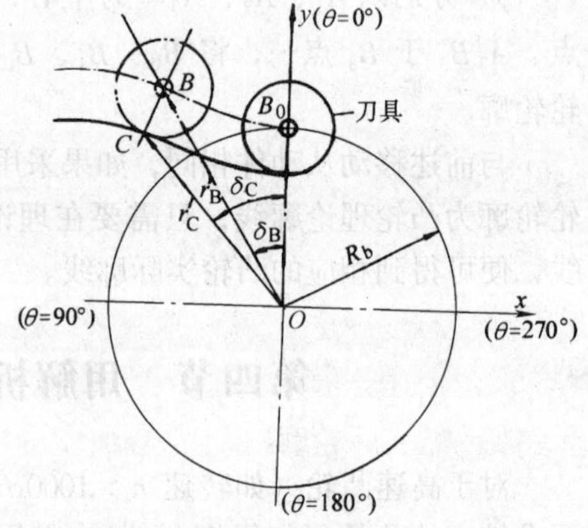

图 3-17　刀具中心的直角坐标

用数控机床加工凸轮轮廓时，最简单的方法是采用直径与从动件滚子直径相等的刀具（铣刀或砂轮）加工，刀具中心沿理论轮廓运行并进行切削，此时刀具中心依次所占据的一系列位置（即理论轮廓上的各点）的坐标值需用直角坐标值来表示。若按图 3-17 所示，建立 xOy 坐标系，则刀具中心 B 点的坐标值可用下式求得

$$\left.\begin{aligned} x_B &= -r_B \sin\delta_B \\ y_B &= r_B \cos\delta_B \end{aligned}\right\} \tag{3-7}$$

实际轮廓上 C 点的坐标值可用下式求得

$$\left.\begin{aligned} x_C &= -r_C \sin\delta_C \\ y_C &= r_C \cos\delta_C \end{aligned}\right\} \tag{3-8}$$

第五节　凸轮机构设计中的几个问题

前面进行凸轮机构设计时，基圆半径 R_b、滚子半径 R_r 和平底尺寸等均是作为已知条件给定的。在实际设计中，这些参数都要设计者自行选定。下面将从凸轮机构的受力是否良

好、运动是否失真、结构是否紧凑等方面加以讨论。

一、滚子半径的选择

当设计滚子从动件盘形凸轮机构时，应先选定适当的滚子半径。如果基圆半径和从动件运动规律一定，滚子半径将给凸轮实际轮廓带来较大的影响，如图3－18 所示，滚子半径为 R_r，若凸轮理论轮廓的外凸部分的最小曲率半径为 ρ_{Bmin}，对应在凸轮实际轮廓上的曲率半径 $\rho' = \rho_{Bmin} - R_r$，则可分为三种情况：

1）当 $\rho_{Bmin} > R_r$ 时，$\rho' > 0$，这时所得的凸轮实际轮廓为平滑的正常廓线（图 3－18a 所示）。

2）当 $\rho_{Bmin} = R_r$（图 3－18b 所示）时，$\rho' = 0$，即凸轮实际轮廓上出现了尖点，磨损后就会改变从动件原定的运动规律，所以不能满足实际要求。

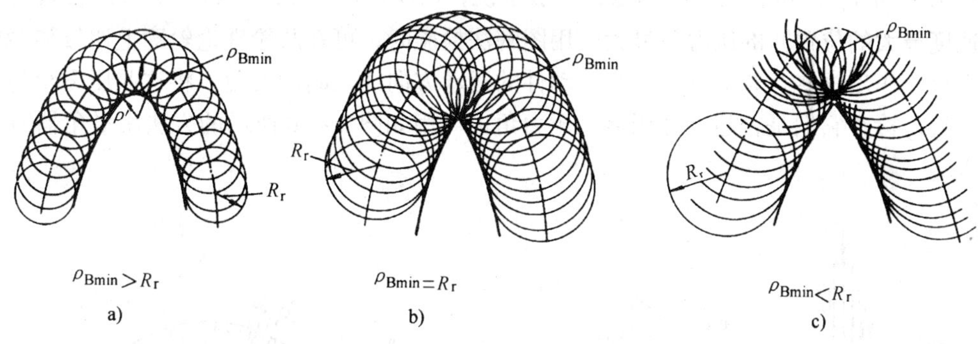

图 3－18　滚子半径的选择分析

3）当 $\rho_{Bmin} < R_r$（图 3－18c 所示）时，$\rho' < 0$，即凸轮实际轮廓已相交，交点以外的廓线在加工时将被切去，致使从动件不能按预期的运动规律运动而发生运动失真现象。

通过上述分析可知，应使滚子半径 R_r 小于理论轮廓外凸部分的最小曲率半径 ρ_{Bmin}，才不致使凸轮实际轮廓出现尖点和相交的现象。设计时一般可取 $R_r \leqslant 0.8\rho_{Bmin}$。若按上述条件选择的滚子半径太小而不能满足安装和滚子轴的强度要求时，应加大基圆半径重新设计凸轮理论轮廓，这样可增大 ρ_{Bmin}。

二、压力角及其许用值

图 3－19 所示为一对心移动尖顶从动件盘形凸轮机构在推程的一个位置，F_Q 为作用在从动件上的载荷，凸轮对从动件的法向压力 F_n 方向与从动件运动方向之间所夹的锐角 α 称为压力角。F_n 可分解为沿导路方向的分力 F' 及垂直导路方向的分力 F''。其中，F' 为有效分力，它推动从动件克服载荷 F_Q 及从动件与导路间的摩擦力向上移动；F''使从动件压紧导路而产生摩擦力。

由图 3－19 可知，F'和 F''分别为

$$F' = F_n\cos\alpha \quad F'' = F_n\sin\alpha$$

故压力角 α 越大，F''越大，由 F''引起的摩擦力也越大，机构的效率越低。当 α 增大到一定数值，以致使 F''所引起的摩擦力大于有效分力 F'时，机构即发生自锁。因此，为保证凸轮机构正常工作，必须对压力角大小加以限制。由于凸轮轮廓线上各点的压力角是变化的，因此在设计时，应使轮廓上的最大压力角 α_{max}不超过许用值［α］。在一般设计中，推荐许用压

力角［α］的数值如下：

移动从动件推程　［α］$\leqslant 30° \sim 40°$

摆动从动件推程　［α］$\leqslant 40° \sim 50°$

机构在回程时，从动件实际上不是由凸轮推动的，而是在锁合力作用下返回的，发生自锁的可能性很小，故回程时许用压力角［α'］可取大些，不论是移动的还是摆动的从动件，通常可取［α'］$= 70° \sim 80°$。

如果采用滚子从动件、润滑良好及支承刚度较大或受力不大而要求结构紧凑时，可取上述数据较大值，否则取较小值。

用图解法或解析法设计出凸轮轮廓后，为了确保运动性能，通常需对推程的轮廓各处的压力角进行校核，检验其最大压力角是否在许用值范围内。

机构出现 α_{max}的位置较不易确定，一般来说，从动件位移曲线上斜率最大的位置（或从动件速度最大的位置）的压力角最大。用图解法检验时，可在凸轮理论轮廓上比较陡的地方取若干点，作出这些点轮廓的法线和从动件的运动方向线之间的夹角。将这些压力角与许用值相比较，检查它们是否超过许用值。压力角也可用如图 3－20 所示的方法用量角器直接测量检查。

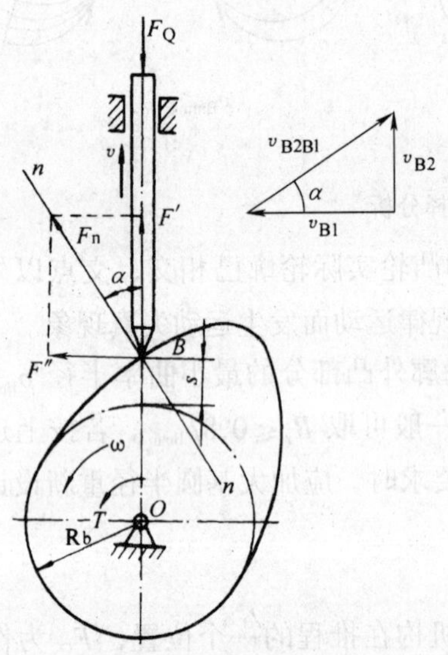

图 3－19　凸轮机构压力角

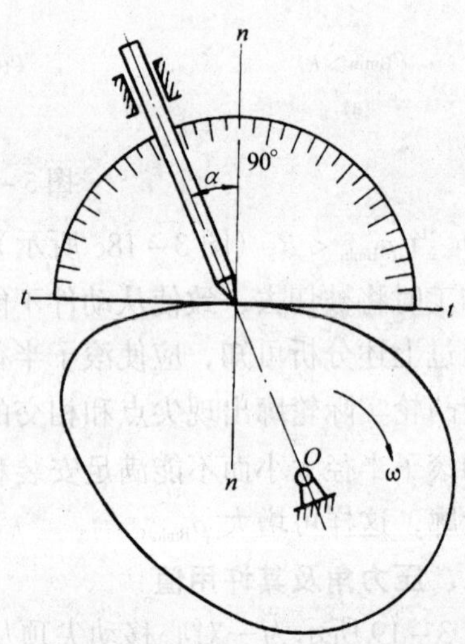

图 3－20　压力角的直接测量

如果 α_{max} 超过许用值［α］，应考虑修改设计。通常采用增大基圆半径，使推程的 α_{max}减小。

三、基圆半径的确定

在设计凸轮机构时，基圆半径 R_b 选得越小，所设计的机构越紧凑。但基圆半径的减小，会使压力角增大。如图 3－19 所示，在该瞬时从动件与凸轮在 B 点接触，设凸轮上 B 点的速度为 v_{B1}，而$v_{B1} = \omega(R_b + s)$方向垂直于 OB；从动件上 B 点的速度v_{B2}（$v_{B2} = v$），沿 OB 方向；相对速度 v_{B2B1}应沿凸轮轮廓接触点的切线方向（垂直于 $n-n$）。由理论力学知

$$\boldsymbol{v}_{B2} = \boldsymbol{v}_{B1} + \boldsymbol{v}_{B2B1}$$

则由图中的速度三角形知

$$v_{B2} = v = v_{B1}\tan\alpha = \omega(R_b + s)\tan\alpha$$

故可得

$$R_b = \frac{v}{\omega\tan\alpha} - s \tag{3-9}$$

由于运动规律确定后，式（3－9）中的 v、s、ω 均为确定值，因此，由上式不难看出，基圆半径 R_b 越大，压力角 α 越大。基圆半径过小，会使压力角超过许用值，从而使机构效率太低甚至发生自锁。在设计时，通常是在要求凸轮轮廓上的最大压力角 α_{max} 不超过许用值 $[\alpha]$ 的条件下，来考虑减小基圆半径。

确定基圆半径 R_b 的方式很多，在一般设计时，可先按结构要求确定 R_b 的初值，然后再检查凸轮轮廓上各点的压力角和最小曲率半径。如果发现 $\alpha_{max} > [\alpha]$ 或 ρ_{Bmin} 太小（$\rho_{Bmin} < 2 \sim 5mm$），应把所选基圆半径加大。

根据结构和安装要求，可用经验公式选定基圆半径 R_b 的初值。凸轮与轴做成一体的盘形凸轮的基圆半径 R_b 可取为

$$R_b \geqslant R_h + R_r + (2 \sim 5)mm$$

对于凸轮与轴装配式的盘形凸轮，基圆半径 R_b 可为

$$R_b \geqslant 1.6R_h + R_r + (2 \sim 5)mm$$

式中　R_h——凸轮轴半径或轴半径。

四、凸轮机构材料的选择

凸轮机构工作过程中，凸轮与从动件之间通过点（线）接触形成高副，接触点（线）处运动副元素易磨损。凸轮轮廓曲线的磨损势必影响到从动件的运动规律，因此选择凸轮材料时，首先应要求材料具有足够的硬度和耐磨性；考虑到凸轮轮廓曲线的复杂性，凸轮材料还应该具有良好的加工工艺性；此外由于凸轮机构在工作过程中经常承受冲击载荷，因此凸轮心部还应具有足够的韧性。凸轮常用材料及热处理方式见表 3－4。

表 3－4　凸轮常用材料及热处理方式

工作条件	材　料	热处理方式及硬度要求
低速轻载	40、45、50	调质，220～260HBW
	HT20—40、HT25—47、HT30—54	表面冷硬、冷硬深度 1～1.5mm，170～250HBW
	QT55—1.5、QT60—2	190～270HBW
中速中载	45	表面淬火，40～50HRC
	45、40Cr	高频表面淬火，52～58HRC
	15、20、20Cr、20CrMn	表面渗碳淬火，渗碳深度 0.8～1.5mm，40～50HRC
高速重载	40Cr	高频表面淬火，表面 56～60HRC，心部 45～50HRC
	38CrMoAl、35CrAl	氮化，表面淬火，60～67HRC

从动件与凸轮接触处，接触面积小、工作时间长，其磨损可能性比凸轮轮廓表面要大。但考虑到从动件顶端磨损后较凸轮易于修复或更换，为便于制造，通常选择与凸轮相同的材料并采用相同的热处理方式。对于滚子从动件，有时为使结构简单，也可以直接选择滚动轴

承作为滚子。

五、凸轮的结构设计

根据凸轮的使用要求与工作条件，常用的凸轮有整体式和可调式两种结构。

整体式凸轮结构简单，一般应用于不需要经常装拆凸轮的场合。图 3－21a 利用紧定螺钉直接将凸轮固定在轴上，旋松螺钉即可改变凸轮在轴上的位置。但紧定螺钉拧紧力有限，且易损坏轴的表面，故只能用于载荷不大的场合。图 3－21b 利用紧定螺钉通过鞍形键将凸轮固定在轴上，调节时旋松螺钉，凸轮连同鞍形键在轴上转动，从而改变凸轮在轴上的安装位置。图 3－21c 是采用螺钉夹紧凸轮的结构，凸轮轮毂上开有沟槽，旋紧螺钉使凸轮紧固在轴上，需要调节时旋松螺钉即可。这种方式便于安装和调节，但凸轮径向尺寸较大。图 3－21d 为切向锁紧凸轮结构，锁紧零件均安置于凸轮孔内，当旋紧螺钉时，两零件靠近，并分别依靠它们下端的弧面将凸轮与轴固结在一起；旋松螺钉时，使锁紧零件分开，调整凸轮在轴上位置。这种方式调整方便，工作可靠，但构造复杂。对于调整后不需变更凸轮位置的情况，可先用紧定螺钉定位，然后用定位销将凸轮固定在轴上。

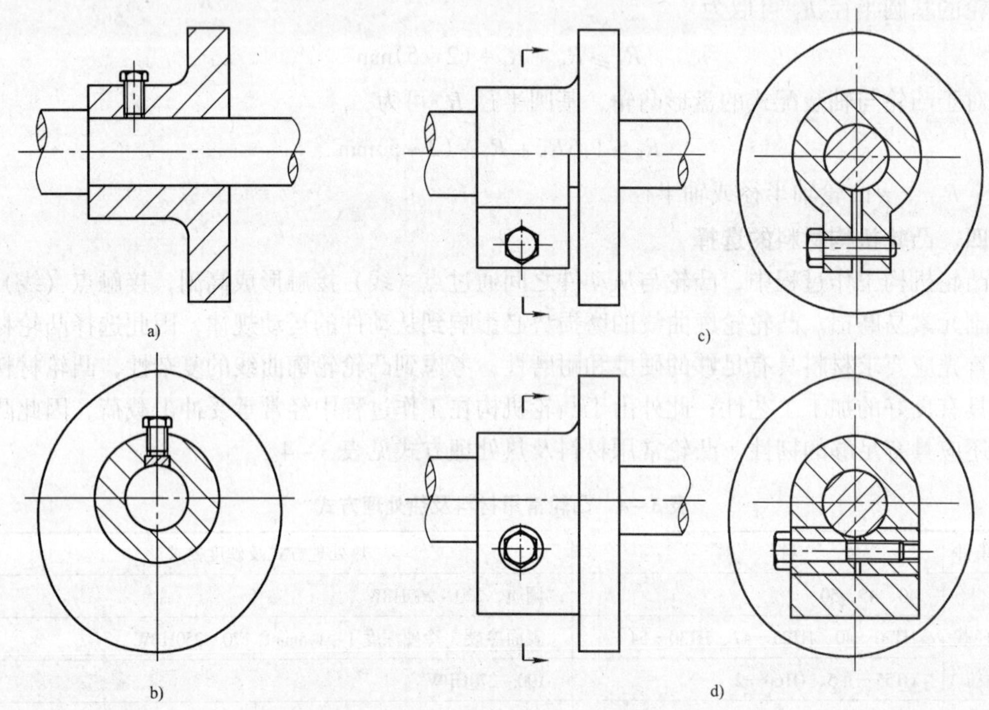

图 3－21　整体式凸轮结构形式

可调式凸轮结构复杂，但便于凸轮的调整及拆卸，在生产中应用较为广泛。图 3－22a 所示为凸轮与轮毂分开制造的结构，利用凸轮端面上的三条弧形槽，通过三个螺栓将凸轮与轮毂联接，而轮毂与轴固结。调整时，松开螺栓即可改变凸轮在轴上的角度位置。图3－22b 所示凸轮由两片组成，调整它们之间的相对角度，可以变更从动件停歇时间的长短。图 3－23为利用圆锥紧定套的可调式凸轮结构。

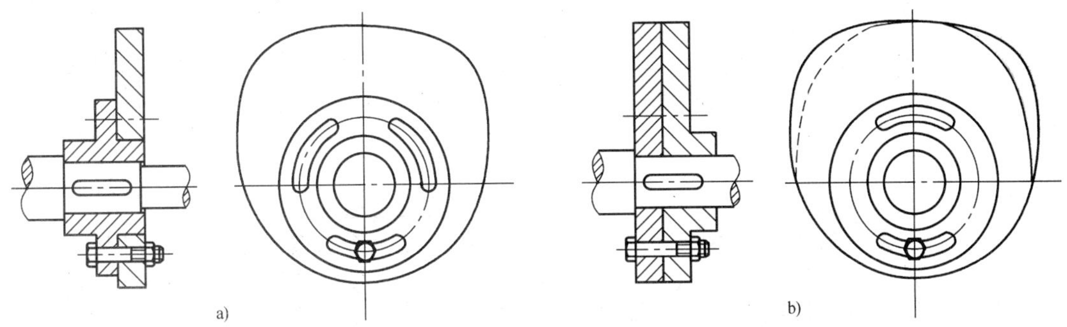

图 3－22　可调式凸轮结构形式

六、凸轮零件图的绘制

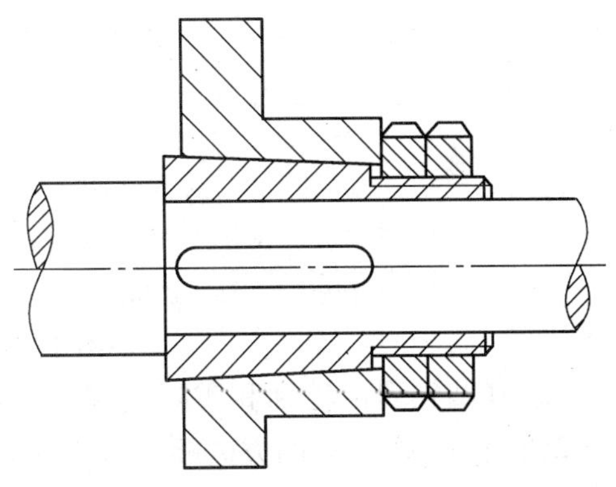

图 3－23　圆锥紧定套可调式凸轮结构

凸轮零件图绘制时应注意下列几点：

1）用图解法绘制盘形凸轮须在图上标出或以列表形式给出一系列向径值，圆柱凸轮要画展开图，并以直角坐标形式标出或以列表形式给出端面上各等分点到滚子中心的距离。

2）用解析法求出的滚子从动件凸轮，应在图上标出或以列表形式给出理论轮廓上一系列点的极坐标值；对于平底从动件凸轮，则应在图上标出或以列表形式给出实际轮廓上一系列点的极坐标值。

3）盘形凸轮的键槽应开在最大向径处，当一根轴上装有几个凸轮时（例如多缸柴油机的配气凸轮轴），则应按其工作循环图确定各凸轮的键槽位置。

4）当凸轮具有轮毂时，轮毂外圆至最小向径边缘的距离应大于 3mm，轮毂外圆直径 $d_h = 1.75d_a + 7$mm，其中 d_a 为凸轮回转轴直径。

5）凸轮零件图上应标注尺寸公差、形位公差和表面粗糙度，并写出技术条件。

盘形凸轮零件图如图 3－24 所示。

例 3－1　设计一对心移动滚子从动件盘形凸轮机构。从动件在推程按简谐运动规律运动，回程按等加速等减速运动规律运动，$h = 20$mm，$\beta_1 = 120°$，$\beta' = 40°$，$\beta_2 = 160°$，$\beta'' = 40°$，$R_b = 30$mm，$R_r = 10$mm，凸轮逆时针转动。

解　用图解法设计

1. 作从动件位移曲线 $s = s(\theta)$　分别取长度比例尺 $\mu_l = 1$mm/mm 和角度比例尺 $\mu_\theta = 4°$/mm，作出 0°～120°（即 β_1）内的简谐运动规律位移曲线和在 160°～320°（即 β_2）内的等加速等减速运动规律位移曲线，β'和 β''范围内分别为两端平行和重合于 θ 轴的直线，依次将 β_1 和 β_2 对应的位移曲线平分为 6 等分和 8 等分，如图 3－25a 所示。

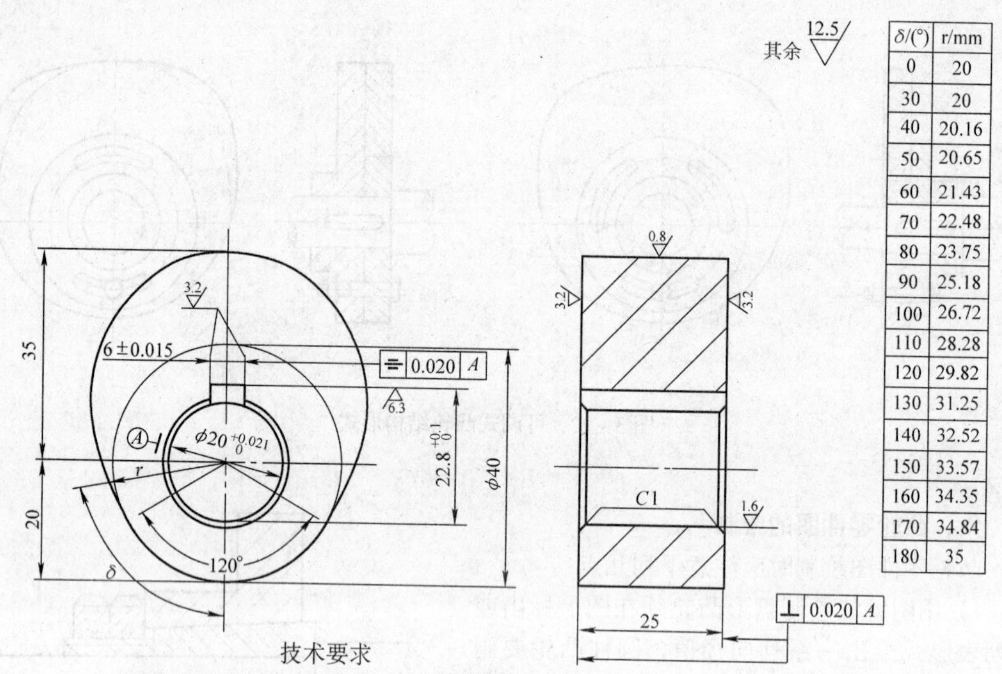

δ/(°)	r/mm
0	20
30	20
40	20.16
50	20.65
60	21.43
70	22.48
80	23.75
90	25.18
100	26.72
110	28.28
120	29.82
130	31.25
140	32.52
150	33.57
160	34.35
170	34.84
180	35

技术要求

1. 凸轮曲线左右对称，在 30°～180°范围内的曲线为余弦曲线。
2. 锐边倒钝，去毛刺。
3. 表面渗碳淬火至 56～62HRC。

图 3-24　盘形凸轮零件图

2. 作凸轮理论轮廓和实际轮廓　以凸轮轴心 O 为中心，作半径为 R_b 的基圆，如图 3-25b 所示。按 $-\omega$ 的方向顺时针自向径 OB_0 开始把基圆依次分成 120°、40°、160°和 40°，并把 0°~120°和 160°~320°各分成 6 等分和 8 等分，在基圆上得等分点 B_0、B'_1、B'_2…然后由基圆圆周上的各等分点 B'_1、B'_2、B'_3 等处的径向线向外量取相应的位移量，得 B_1、B_2、B_3 等点，把各点连成光滑的曲线（如图中点画线），即得凸轮理论轮廓 η；再以理论轮廓上各点为中心，作一系列滚子圆，并作出这些滚子圆的包络线，即得凸轮实际轮廓 η'。

3. 检查压力角

因轮廓上各点压力角是变化的。一般应检查推程中 α_{max} 值，并使它与［α］相比较。一般 α_{max} 出现在位移曲线的最陡处的附近，由图知与从动件位移曲线在该处对应的凸轮转角 θ

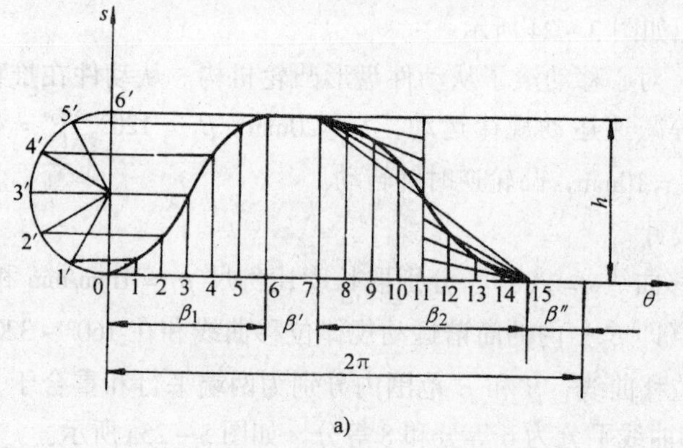

图 3-25　对心移动滚子从动件盘形凸轮机构的设计

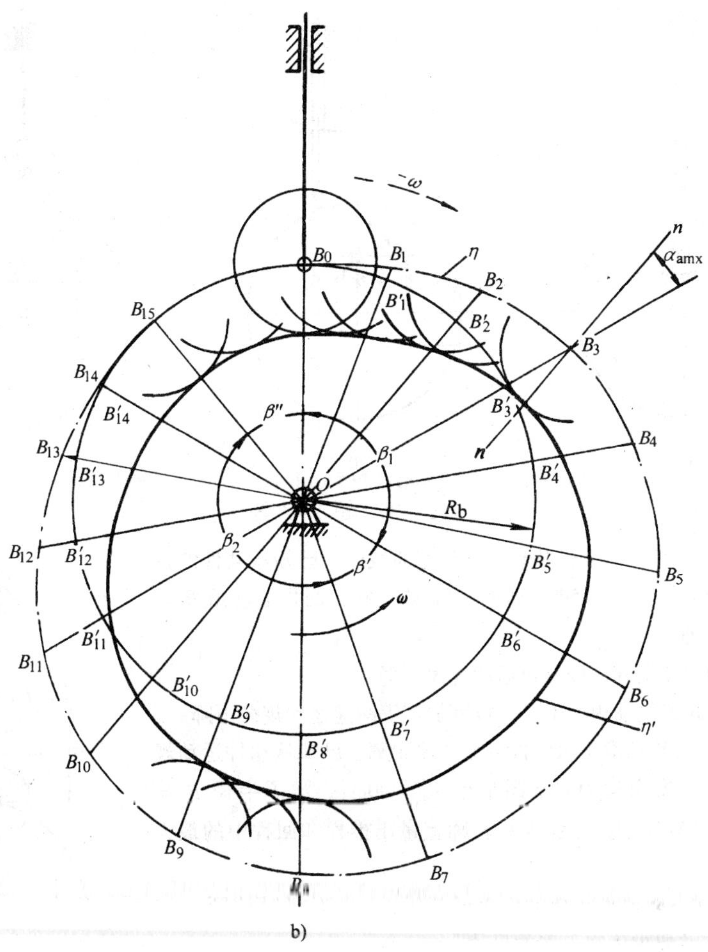

图 3－25 对心移动滚子从动件盘形凸轮机构的设计（续）

约为 60°。因此，在凸轮自 OB_0 反转过 60°角处的理论轮廓上作轮廓的法线 $n-n$，得推程的最大压力角 $\alpha_{max}=19° < [\alpha] = 30° \sim 40°$，如图 3－25b 所示。

实践教学环节

1. 查阅有关汽车发动机配气机构的文献，结合实验室模型了解凸轮机构控制进气阀和排气阀启闭的工作过程，思考凸轮轮廓曲线的设计对发动机性能的影响。

2. 结合金工实习，了解凸轮的加工和检验方法。

习　题

3－1　试说明对心移动尖顶从动件盘形凸轮机构和偏置式移动尖顶从动件盘形凸轮机构在绘制凸轮轮廓的方法上有什么不同？

3－2　图 3－26 所示为三个凸轮机构。已知 $R=40$mm，$a=20$mm，$e=15$mm，$R_r=20$mm。用图解法求出从动件位移曲线图 $s=f(\theta)$，并比较之（用同一比例尺，画在同一坐标系上，并均以从动件的最低位置为起始位置）。

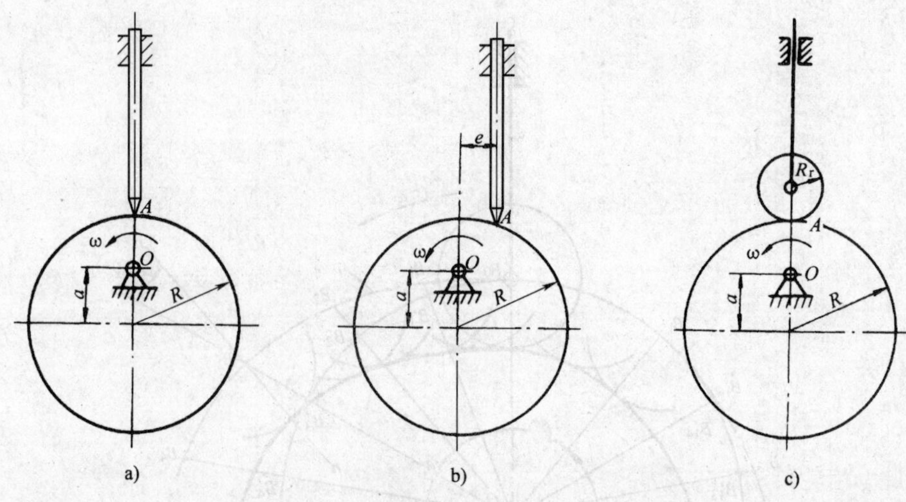

图 3-26 题 3-2 图

3-3 用以下数据按图解法作从动件的位移曲线图。已知从动件的行程 $h=50\text{mm}$，推程运动角 $\beta_1=150°$，远休止角 $\beta'=30°$，回程运动角 $\beta_2=120°$，近休止角 $\beta''=60°$。

1）按简谐运动规律上升，按等速运动规律下降。

2）按等加速等减速运动规律上升，按等加速等减速运动规律下降。

3-4 设计一对心移动滚子从动件盘形凸轮轮廓，已知从动件运动规律按题 3-3 中 1）的要求运动，基圆半径 $R_b=40\text{mm}$，滚子半径 $R_r=10\text{mm}$，凸轮轮廓顺时针转动，并要求在轮廓上量出推程和回程中的最大压力角。

3-5 设计一对心移动平底从动件盘形凸轮，已知从动件按题 3-3 中 2）的要求运动，并要求确定平底的尺寸。

3-6 设计一偏置移动滚子从动件盘形凸轮机构，凸轮转动方向及初始位置如图 3-27 所示。已知 $e=10\text{mm}$，基圆半径 $R_b=40\text{mm}$，滚子半径 $R_r=10\text{mm}$ 及从动件运动规律如下：$\beta_1=150°$、$\beta'=30°$、$\beta_2=120°$，$\beta''=60°$；从动件在推程以简谐运动规律上升，行程 $h=30\text{mm}$，回程以等加速等减速运动规律下降至初始位置。试绘出从动件位移曲线图和凸轮轮廓（理论轮廓和实际轮廓）。

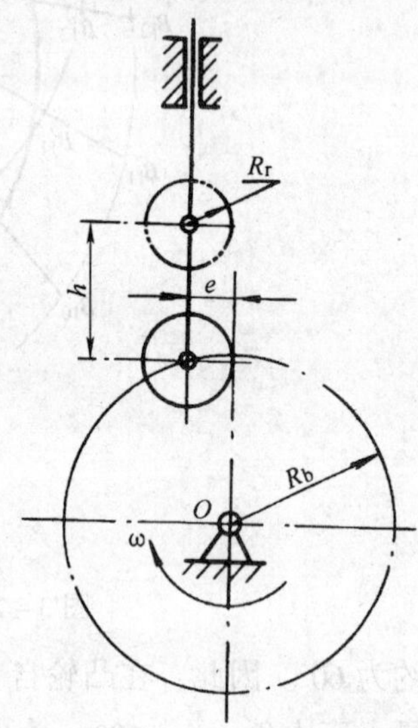

图 3-27 题 3-6 图

第四章　齿 轮 机 构

齿轮机构用于传递空间任意两轴之间的运动和动力，是现代机器中应用最广泛的传动机构之一。

齿轮机构与其他传动机构相比，其主要优点是：①能保证传动比恒定不变；②适用的功率和速度范围广；③结构紧凑；④传动效率高；⑤工作可靠且寿命长。其主要缺点是：①齿轮制造需要专用的设备和刀具，成本高；②对制造及安装精度要求较高，低精度时传动的噪声和振动较大；③不适于轴间距离较大的传动。

因此，齿轮传动主要应用于传动功率较大、结构紧凑的定比传动。

第一节　齿轮机构的分类

齿轮机构的类型很多，由一对齿轮组成的齿轮副是最简单的齿轮机构形式。按照齿轮副中两齿轮轴线相对位置的不同，可将齿轮机构分为平行轴齿轮副、相交轴齿轮副和交错轴齿轮副三大类。

1. 平行轴齿轮副　齿轮的外形为圆柱体，根据齿排列的方向不同，平行轴齿轮副可分为：

（1）直齿圆柱齿轮机构　直齿轮的轮齿与其轴线平行。

直齿圆柱齿轮机构又可分为：

1）外啮合齿轮机构　两齿轮的转动方向相反，如图 4－1 所示。

2）内啮合齿轮机构　两齿轮的转动方向相同，如图 4－2 所示。

3）齿轮齿条机构　如图 4－3 所示，齿条作直线运动。

图 4－1　外啮合齿轮机构

图 4－2　内啮合齿轮机构

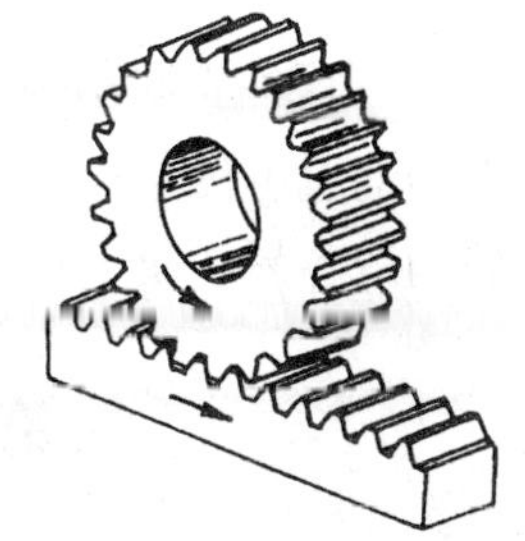

图 4－3　齿轮齿条机构

（2）平行轴斜齿轮机构　平行轴斜齿轮机构中齿轮的轮齿是沿螺旋线方向排列在圆柱体表面上的，这种齿轮称为斜齿圆柱齿轮（简称斜齿轮），如图 4－4 所示。这种齿轮机构也可分为外啮合、内啮合和齿轮齿条啮合三种传动型式。

（3）人字齿轮机构　轮齿沿两条对称的螺旋线（螺旋方向相反）排列在圆柱体表面上的齿轮称为人字齿轮。如图 4－5 所示。

2. 相交轴齿轮副　锥齿轮机构就属于相交轴齿轮副，它用于传递两相交轴之间的运动。按轮齿的排列方向，它又可分为如图 4－6 所示的直齿锥齿轮机构和如图 4－7 所示的曲线齿锥齿轮机构。其中，直齿锥齿轮机构应用较广。

图 4－4　平行轴斜齿轮机构

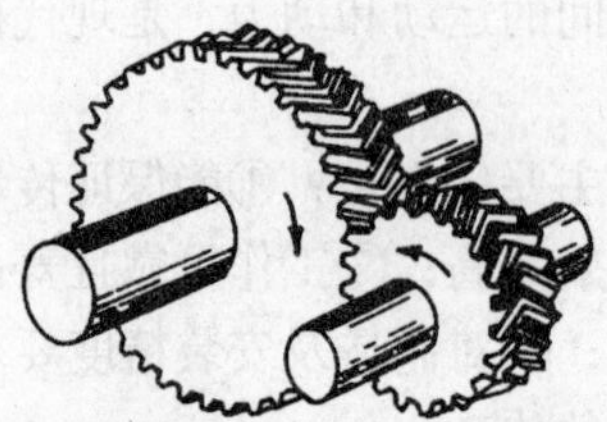
图 4－5　人字齿轮机构

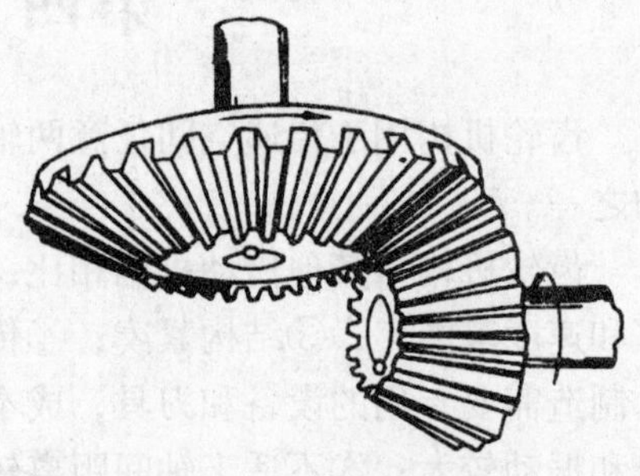
图 4－6　直齿锥齿轮机构

3. 交错轴齿轮副　两轴线不平行，也不相交的齿轮副，用来传递空间交错两轴间的运动。常见的交错轴齿轮副有以下两种型式：

（1）交错轴斜齿轮机构　交错轴斜齿轮机构如图 4－8 所示。

（2）蜗杆蜗轮机构　由蜗杆及其蜗轮组成的交错轴齿轮副称为蜗杆蜗轮机构，如图 4－9 所示。它常用于实现垂直交错（轴夹角为 90°）两轴间的传动。

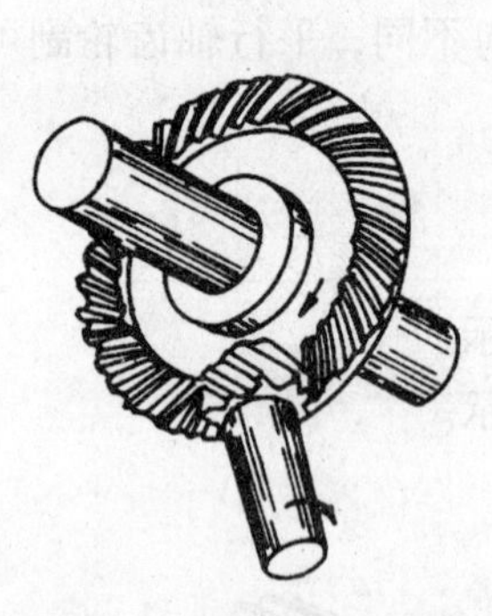
图 4－7　曲线齿锥齿轮机构

图 4－8　交错轴斜齿轮机构

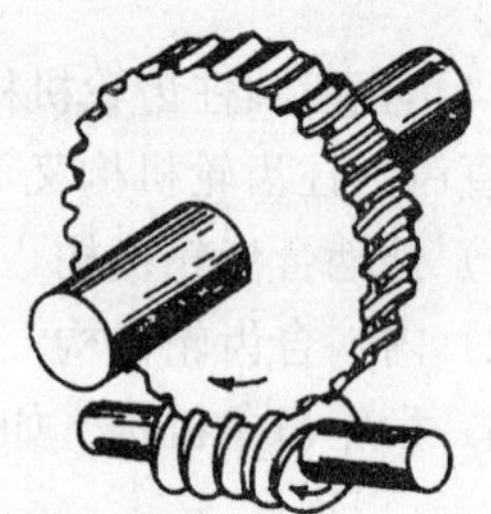
图 4－9　蜗杆蜗轮机构

齿轮传动也可按齿廓曲线分类，常用的有渐开线齿轮、摆线齿轮和圆弧齿轮等，其中渐开线齿轮制造容易、便于安装、互换性好，因而应用最广。

第二节　渐开线及渐开线齿廓

一、渐开线的形成

如图 4－10 所示，在平面上，一条动直线 BK 沿着一个固定的圆作纯滚动时，此动直线上一点 K 的轨迹 AK，称为该圆的渐开线。这个圆称为渐开线的基圆，基圆的半径用 r_b 表示；动直线 BK 称为渐开线的发生线。

二、渐开线的特性

由渐开线的形成可知，渐开线具有下列特性：

1）发生线沿基圆滚过的线段长度，等于基圆上被滚过的圆弧长度，即

$$BK = \overset{\frown}{AB}$$

2）发生线 BK 是渐开线在任意点 K 的法线。由渐开线的形成可知，发生线上的 K 点的瞬时速度方向，必然与发生线相垂直，也就是渐开线上 K 点切线 $t-t$ 的方向，所以 BK 必垂直于 $t-t$。即 BK 就是渐开线在 K 点的法线。又因为发生线恒切于基圆，故可得出结论：渐开线上任意点的法线恒为基圆的切线。

3）发生线与基圆的切点 B 也是渐开线上 K 点的曲率中心，而线段 BK 是渐开线在 K 点的曲率半径。由图可见渐开线上越接近于基圆的点，其曲率半径越小，即曲率越大。

4）渐开线上任一点的法线与该点速度 v_K 方向之间所夹的锐角 α_K，称为该点的压力角。由图 4－10 知压力角 α_K 等于$\angle KOB$，于是

$$\cos\alpha_K = \frac{OB}{OK} = \frac{r_b}{r_K} \tag{4-1}$$

式（4－1）表明，随着向径 r_K 的改变，渐开线上不同点的压力角不等，愈接近基圆部分，压力角愈小，渐开线在基圆上的压力角等于零。

5）渐开线的形状取决于基圆的大小，如图 4－11 所示。基圆半径越大，其渐开线的曲率半径也越大；当基圆半径为无穷大时，其渐开线就变成一条直线。

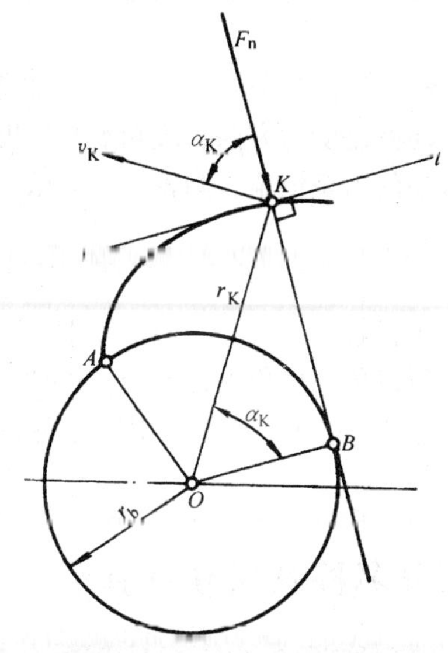

图 4－10　渐开线的形成

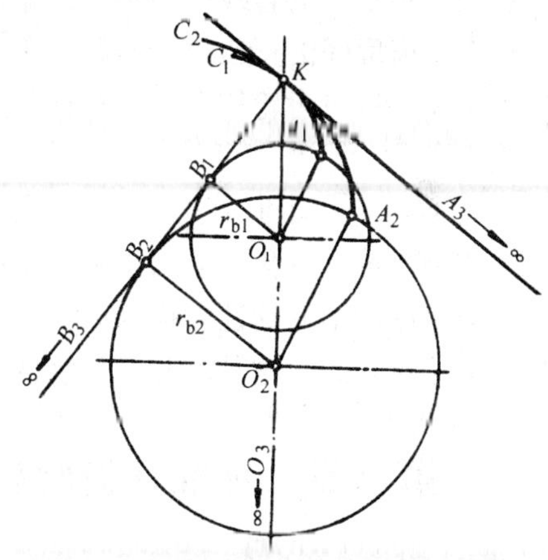

图 4－11　基圆大小对渐开线的影响

6）基圆内无渐开线。

三、渐开线齿廓传动特点

1. 渐开线齿廓能保证定传动比传动　根据渐开线特性可知，渐开线上任一点的法线必切于基圆。如图 4－12 所示，一对渐开线齿廓的直齿圆柱齿轮，在端平面（垂直于齿轮轴线的平面）内两齿廓啮合时，过任一啮合点所作的公法线必为两轮基圆的内公切线 N_1N_2。但两轮的基圆（均为定圆）在一侧只能有一条内公切线，由此得出渐开线齿轮的啮合特点是：轮齿在整个啮合过程中瞬时接触点的轨迹（称之为啮合线）将处在两基圆的内公切线上，故渐开线齿廓的啮合线必与 N_1N_2 重合。

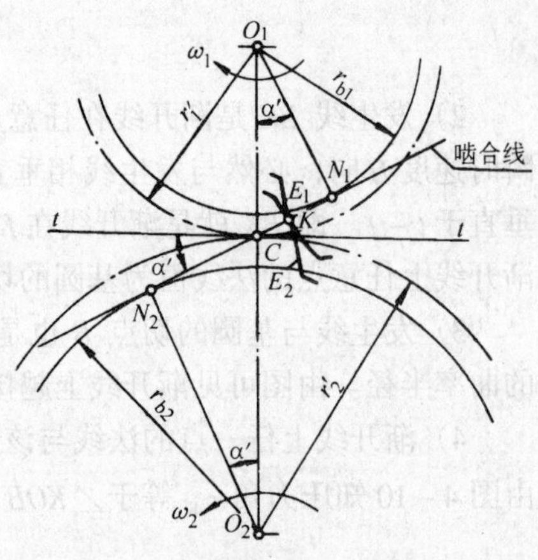

图 4-12　渐开线齿廓满足齿廓啮合基本定律

由于啮合线与 N_1N_2 重合，故它与连心线的交点 C 的位置不变。所以渐开线齿廓保证传动比为一常数。即

$$i_{12}=\frac{\omega_1}{\omega_2}=\frac{O_2C}{O_1C} \tag{4-2}$$

式（4-2）表明：互相啮合传动的一对齿轮，任一瞬时的传动比与连心线 O_1O_2 被啮合齿廓接触点的公法线所分两线段的长度成反比。这一规律，称为齿廓啮合基本定律。其中，C 点称为节点。分别以 O_1、O_2 为圆心，过节点 C 所作的两个相切的圆称为节圆，两轮的节圆半径分别用 r'_1、r'_2（图 4-12）表示。

又由图可知，$\triangle O_1N_1C \backsim \triangle O_2N_2C$，所以传动比还可以写成

$$i_{12}=\frac{\omega_1}{\omega_2}=\frac{O_2C}{O_1C}=\frac{r_{b2}}{r_{b1}} \tag{4-3}$$

在一般情况下，两个相啮合轮齿的齿廓在接触点处的公法线与两轮节圆的公切线 $t-t$ 所夹的锐角 α'，称为啮合角。对渐开线齿轮传动而言，啮合角就是相啮合轮齿在节点处的端面压力角，即节圆压力角。两轮节圆压力角是相等的。

2. 渐开线齿廓间正压力的方向始终不变　如上所述，齿轮在啮合过程中，齿廓接触点的公法线是一条不变的直线，当不考虑摩擦时，法线方向就是受力方向，故知渐开线齿轮在传动过程中，齿廓间的正压力方向始终不变。若齿轮传递的力矩恒定，则轮齿间的压力大小和方向均不变，这对齿轮传动的平稳性是非常有利的。

3. 渐开线齿轮具有“可分性”　由式（4-3）可知：渐开线齿轮的传动比取决于两基圆半径的大小，当一对渐开线齿轮制成后，两轮的基圆半径就已确定。即使两轮中心距稍有变化而使节圆半径有变化，但由于两轮基圆半径不变，所以传动比仍保持不变。这种中心距变化，传动比保持不变的性质称为渐开线齿轮的“可分性”。它在实用上，对轮齿的制造和安装都是十分有利的，这是渐开线齿廓的一个重要优点。

第三节　标准直齿圆柱齿轮各部分名称及尺寸计算

图 4-13 所示为标准直齿圆柱齿轮的一部分。

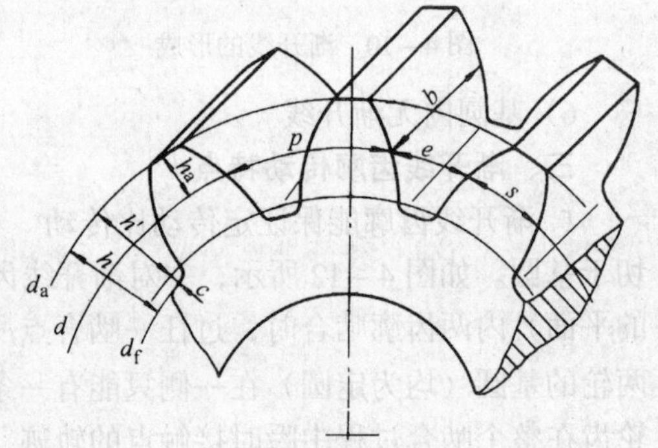

图 4-13　齿轮各部分名称及有关尺寸

一、齿距、模数与分度圆

齿距就是在齿轮的某一既定圆上，两个相邻轮齿的同侧齿廓所截取的弧长。在不同直径的圆周上齿距不等。例如，在直径为 d_K 的圆柱面上，齿距为 p_K，则

$$zp_K=\pi d_K$$

式中　z——齿轮的齿数。

因而 $$d_K = \frac{p_K}{\pi} z$$

令 $$m_K = \frac{p_K}{\pi}$$

则 $$d_K = m_K z$$

式中 m_K——任意直径 d_K 圆上的模数（mm）。

显然，不同圆周上的模数是不相等的。同时，由渐开线特性可知，在不同圆周上轮齿齿廓的压力角也不相等。因此，为设计、制造和测量方便起见，在轮齿上规定了一个特定的圆柱面，齿轮的轮齿尺寸均以此圆柱面为基准来加以确定。此圆柱面称为分度圆柱面，分度圆柱面与端平面的交线为分度圆。令分度圆上的模数和压力角为标准值，分别用 m 和 α 表示，简称为圆柱齿轮的模数和压力角。模数的标准系列见表 4－1。压力角的标准值为 20°。

表 4－1　标准模数系列（摘自 GB/T 1357—1987）　（mm）

第一系列	1	1.25	1.5	2	2.5	3	4	5
	6	8	10	12	16	20	25	32
	40	50						
第二系列	1.75	2.25	2.75	(3.25)	3.5	(3.75)	4.5	5.5
	(6.5)	7	9	(11)	14	18	22	28
	36	45						

注：1. 本表适用于渐开线圆柱齿轮，对斜齿轮则是指法向模数。

2. 选用模数时，应优先采用第一系列，其次是第二系列，括号内的模数值尽可能不用。

于是分度圆直径为

$$d = mz \tag{4-4}$$

二、以分度圆为基准的径向尺寸

齿顶圆（顶圆）——其齿顶圆柱面与端平面的交线。其直径用 d_a 表示

$$d_a = d + 2h_a \tag{4-5}$$

式中 h_a——齿顶高，是顶圆与分度圆之间的径向距离。其值为

$$h_a = m$$

齿根圆（根圆）——其齿根圆柱面与端平面的交线。其直径用 d_f 表示

$$d_f = d - 2(h' - h_a + c) \tag{4-6}$$

式中 h'——工作高度，即两个配对齿轮的齿顶圆柱面各与连心线相交，所得到的两交点之间的最短距离，其值为 $h' = 2m$。

c——顶隙，即在齿轮副中，一个齿轮的齿根圆柱面与配对齿轮的齿顶圆柱面之间在连心线上量度的距离，其值为 $c = 0.25m$；

全齿高——齿顶圆与齿根圆之间的径向距离。其值为

$$h = h' + c = 2.25m$$

基圆——由式（4－1）可知，基圆直径 d_b 为

$$d_b = d\cos\alpha = mz\cos\alpha \tag{4-7}$$

三、沿分度圆圆周的尺寸

齿厚——在圆柱齿轮的端面上，一个齿的两侧端面齿廓之间的分度圆弧长，用 s 表示。

槽宽——在圆柱齿轮的端面上，一个齿槽两侧齿廓之间的分度圆弧长，用 e 表示。

齿距——两相邻轮齿同侧齿廓之间的分度圆弧长，用 p 表示，即

$$p = \pi m \tag{4-8}$$

齿厚、槽宽和齿距的关系为

$$p = s + e$$

对标准齿轮有

$$s = e = \frac{p}{2} = \frac{\pi m}{2} \tag{4-9}$$

由上述各式可知，齿轮的模数 m 是计算齿轮尺寸的基本参数之一，模数越大，齿轮的各部分尺寸也相应成比例地增加。而压力角 α 是决定渐开线齿形的基本参数。若已知 z、m、α 等基本参数，则可按表 4-2 所列公式计算标准渐开线直齿圆柱齿轮各部分的尺寸。图 4-13 中，b 称为齿宽，其大小的确定将在第十三章进行讨论。

表 4-2　标准渐开线直齿圆柱齿轮几何尺寸的计算

名　称		符号	计 算 公 式
基本参数	模数	m	根据强度等使用条件，按表 4-1 选取标准值
	齿数	z	根据强度等使用条件选定
	分度圆压力角	α	$\alpha = 20°$
几何尺寸	齿顶高	h_a	$h_a = m$
	工作高度	h'	$h' = 2h_a = 2m$
	全齿高	h	$h = h' + c = 2.25m$
	顶隙	c	$c = 0.25m$
	分度圆直径	d	$d = mz$
	齿顶圆直径	d_a	$d_a = d + 2h_a$
	齿根圆直径	d_f	$d_f = d - 2(h' - h_a + c)$
	基圆直径	d_b	$d_b = mz\cos\alpha$
	分度圆齿距	p	$p = \pi m$
	分度圆齿厚	s	$s = \frac{\pi m}{2}$
	分度圆齿槽宽	e	$e = \frac{\pi m}{2}$
啮合计算	中心距	a	$a = \frac{1}{2}(d_1 + d_2)$

第四节　渐开线标准齿轮的啮合传动

一对渐开线齿廓在传动中虽然能保证传动比不变，但是齿轮传动是由若干对轮齿依次啮合来实现的。因此，还必须讨论一对齿轮啮合时，应满足哪些条件，才能使各对轮齿依次、

连续啮合传动。

一、正确啮合条件

在设计齿轮副时，应保证：当前对轮齿啮合以后，后续的各对齿轮也能依次啮合，而不是相互顶住或分离。

如前所述，一对渐开线齿轮在传动时，它们的齿廓啮合点都应在啮合线 N_1N_2 上。因此，如图 4－14 所示，要使处于啮合线上的各对轮齿都能正确地进入啮合状态，显然必须保证处在啮合线上的相邻两轮齿同侧齿廓之间的法向距离相等。即

$$K_1K'_1 = K_2K'_2$$

由渐开线特性可知，齿廓之间的法向距离应等于基圆齿距 p_b，即

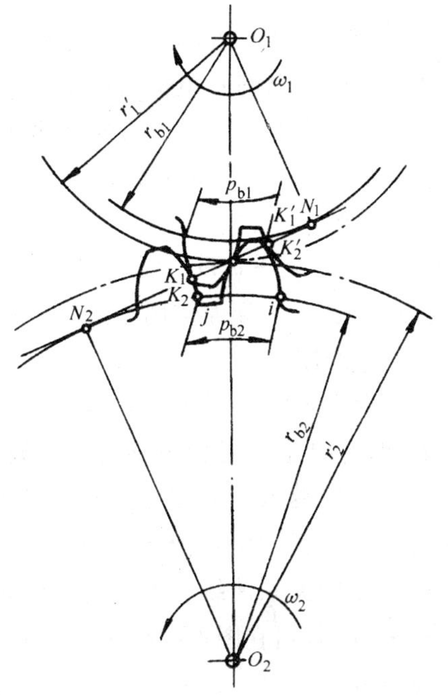

图 4－14　正确啮合条件

$$K_2K'_2 = N_2K'_2 - N_2K_2 = \overset{\frown}{N_2i} - \overset{\frown}{N_2j} = \overset{\frown}{ij} = p_{b2}$$

$$p_{b2} = \frac{\pi d_{b2}}{z_2} = \frac{\pi d_2 \cos\alpha_2}{z_2} = \pi m_2 \cos\alpha_2$$

同理　　$K_1K'_1 = p_{b1}$； $p_{b1} = \pi m_1 \cos\alpha_1$

因此，欲满足 $K_1K'_1 = K_2K'_2$，则应使

$$p_{b1} = p_{b2}$$

或

$$m_1\cos\alpha_1 = m_2\cos\alpha_2 \tag{4-10}$$

式中，m_1、m_2 及 α_1、α_2 分别为两轮的模数和压力角。由于分度圆模数和压力角均已标准化，都应取标准值，所以要满足式（4－10）则应使

$$\left.\begin{aligned} m_1 = m_2 = m \\ \alpha_1 = \alpha_2 = \alpha \end{aligned}\right\} \tag{4-11}$$

因此，渐开线齿轮正确啮合条件是两轮的模数和压力角必须分别相等。

二、连续传动条件

根据正确啮合条件，一对渐开线齿轮只要模数和压力角分别相等，就有可能正确啮合，但是，轮齿的齿高是有限的，若前对轮齿已脱离啮合，而后对轮齿尚未进入啮合，则传动将无法连续进行。因此，还必须讨论在前对轮齿尚未脱离啮合时，后对轮齿已进入啮合的条件。

如图 4－15 所示，令齿轮 1 为主动轮，沿顺时针方向转动，齿轮 2 为从动轮，沿逆时针方向转动，一对轮齿啮合时，主动轮 1 齿廓根部与从动轮 2 齿廓顶部开始啮合于 B_2 点，逐渐变为主动轮齿廓顶部与从动轮齿廓根部相啮合，到 B_1 点，该对轮齿啮合终止。B_2 是啮合的起始点，B_1 是啮合的终止点。因此，一对端面齿廓只在啮合线的 B_1B_2 区间内进行啮合。故 B_1B_2 称为实际啮合线段（或称为有效啮合线段）。而 N_1N_2 为理论啮合线段。轮齿也只有部分齿廓（图 4－15 中齿廓有阴影线的部分）参与啮合，这部分齿廓，称为齿廓工作段。

齿廓在其啮合过程中，它的一个端面齿廓从啮合开始到啮合终止所转过的分度圆弧长称

为端面作用弧；端面作用弧所对圆心角称为端面作用角，分别如图 4－15 所示的 $\overset{\frown}{bc}$ 和 ψ_α。端面分度圆齿距所对圆心角称为齿距角，如图 4－15 所示的 τ。欲使齿轮连续啮合，即在前对轮齿尚未脱离啮合时，后对轮齿已经进入啮合，则应使 $\psi_\alpha > \tau$。令

$$\varepsilon_\alpha = \psi_\alpha / \tau \ (\text{或}\ \varepsilon_\alpha = B_1 B_2 / p_b)$$

式中　ε_α——端面作用角与齿距角的比值，称为端面重合度。

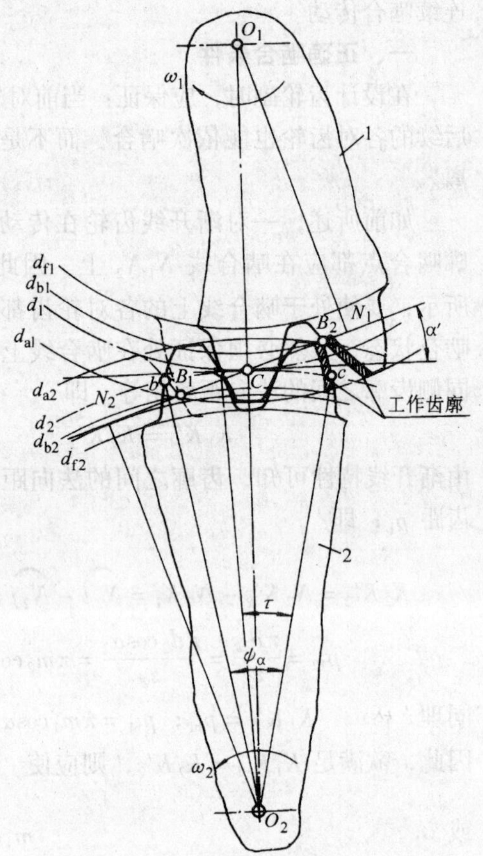

图 4－15　连续性条件

对于标准直齿圆柱齿轮啮合传动，一般 $1 < \varepsilon_\alpha < 2$，即有时是一对轮齿啮合，有时是两对轮齿啮合。$\varepsilon_\alpha$ 值越大，两对轮齿同时啮合的时间越长，传动越平稳。图 4－16 所示为 $h_a = m$、$\alpha = 20°$时，ε_α 与 z 的关系曲线。若一对齿轮传动的 $z_1 = 20$，$z_2 = 30$，便可在图 4－16 中找出该齿轮传动的端面重合度 $\varepsilon_\alpha = \varepsilon_{a1} + \varepsilon_{a2} = 0.78 + 0.82 = 1.6$。

重合度也可按下述方法计算。

由图 4－17 可知

$$B_1 B_2 = CB_1 + CB_2$$

而 $CB_1 = r_{b1}(\tan\alpha_{a1} - \tan\alpha') = \dfrac{mz_1}{2}\cos\alpha(\tan\alpha_{a1} - \tan\alpha')$

$$CB_2 = r_{b2}(\tan\alpha_{a2} - \tan\alpha') = \frac{mz_2}{2}\cos\alpha(\tan\alpha_{a2} - \tan\alpha')$$

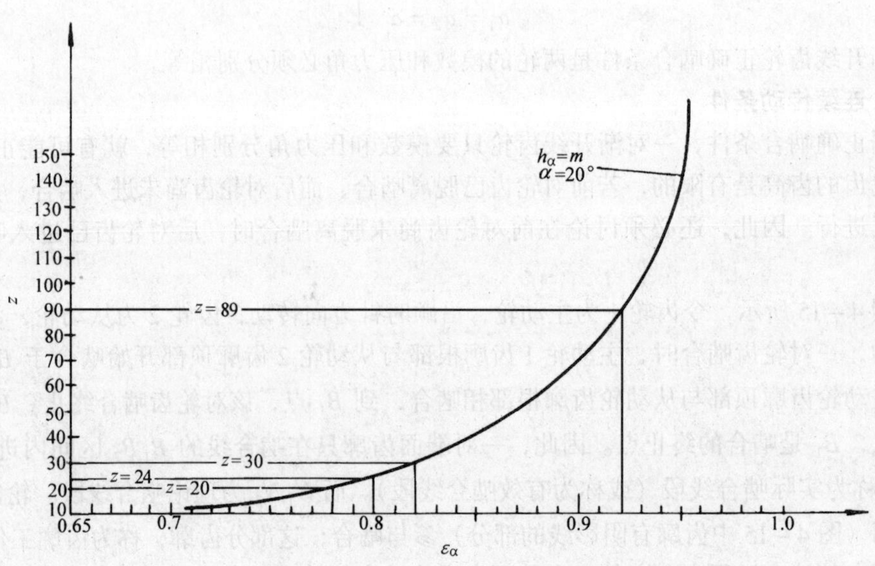

图 4－16　$\varepsilon_\alpha - z$ 曲线图

于是得 $$\varepsilon_\alpha = \frac{B_1B_2}{p_b} = \frac{CB_1 + CB_2}{\pi m\cos\alpha} = \frac{1}{2\pi}[z_1(\tan\alpha_{a1} - \tan\alpha') + z_2(\tan\alpha_{a2} - \tan\alpha')] \qquad (4-12)$$

式中 α'——啮合角；

α_{a1}、α_{a2}——分别为齿轮1、2的齿顶圆压力角，其值可按式（4-1）确定。

从理论上讲，重合度 $\varepsilon_\alpha=1$，就能保证齿轮连续传动。但因齿轮的制造、安装中难免有误差，为了确保传动的连续性，应使重合度 ε_α 的值大于1。在实用中，一般应使 ε_α 值大于或等于规定的许用值（见表4-3）。

表4-3 重合度许用值

适用行业		重合度许用值	适用行业		重合度许用值
汽车、拖拉机制造业	6级精度齿轮	1.1~1.2	纺织机械制造业	8级精度齿轮	1.3~1.4
机床制造业	7级精度齿轮	1.3	一般机械制造业	9级精度齿轮	1.4

三、标准中心距

一对齿轮啮合传动，如果中心距不适当，也会产生冲击和振动。为了精确地传递运动，轮齿左右两侧均应无间隙地啮合。当然，考虑轮齿加工误差和轮齿工作时的受热膨胀，以及便于润滑等，实际轮齿之间是留有一定间隙的。当两齿轮的工作齿面互相接触时，其非工作面之间的最短距离，称为法向侧隙，如图4-18所示。法向侧隙可通过制造公差来保证。而设计齿轮副时，其中心距仍按无齿侧间隙啮合进行计算。

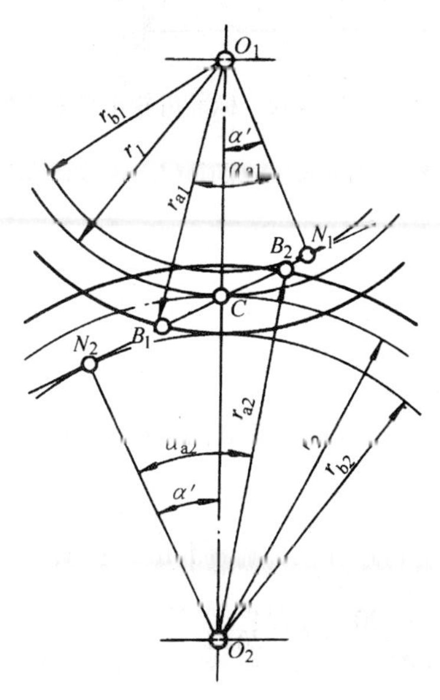

图4-17 重合度计算

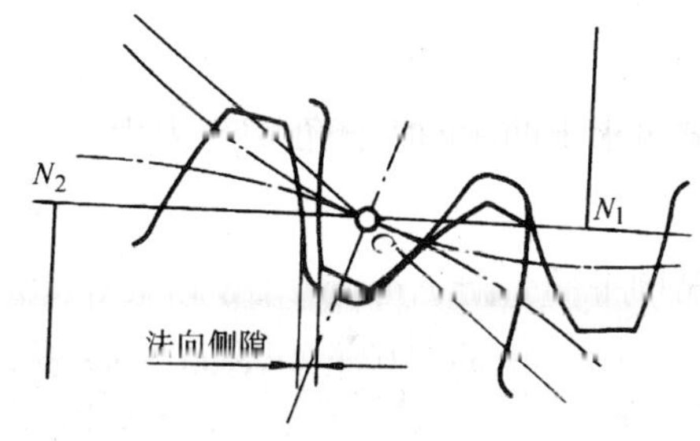

图4-18 法向侧隙

一对齿轮传动，中心距应等于两节圆半径之和。即

$$a' = r'_1 + r'_2$$

若要求无齿侧间隙啮合，应使一轮的节圆齿厚等于另一轮的节圆槽宽。由于标准齿轮的分度圆齿厚与槽宽相等，所以为保证无齿侧间隙啮合，应使两轮分度圆相切。切点 C 截中心距为 O_1C 和 O_2C 两线段，分别等于两轮分度圆半径，故

$$i_{12}=\frac{\omega_1}{\omega_2}=\frac{O_2C}{O_1C}=\frac{r_2}{r_1}=\frac{z_2}{z_1}$$

因此，标准齿轮传动的分度圆与节圆重合，而啮合角 α'等于分度圆压力角 α，如图 4－19 所示。中心距为

$$a'=a=r_1+r_2=\frac{m}{2}(z_1+z_2) \tag{4-13}$$

式中　a ——一对标准齿轮传动的标准中心距。

当一对齿轮啮合传动时，为避免一轮的齿顶与另一轮的齿槽底部相抵触，并能储存润滑油，在一轮的齿顶圆与另一轮的齿根圆之间留有一定间隙。该间隙径向距离 c 即为顶隙，如图 4－19 所示。

由图可知，根据标准齿轮正确安装条件，有

$$c=h-h'=0.25m$$

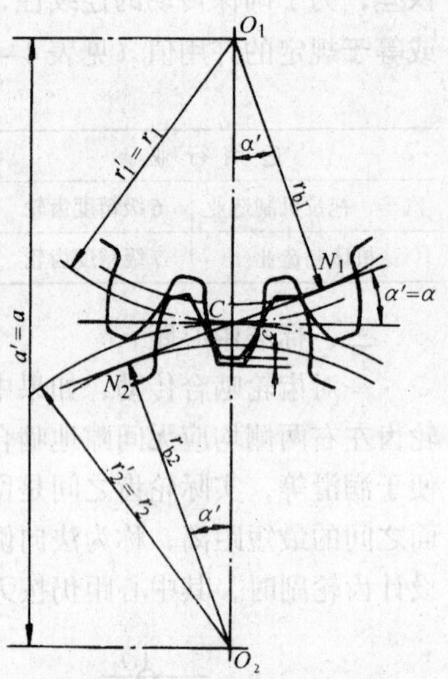

图 4－19　标准齿轮正确安装的尺寸

例 4－1　已知一对标准直齿圆柱齿轮，$z_1=22$，$z_2=33$，$\alpha=20°$，$m=2.5\text{mm}$。若两轮的安装中心距比标准中心距大 1mm，试求这对齿轮的节圆半径及啮合角。

解　标准中心距为

$$a=\frac{1}{2}m(z_1+z_2)=\frac{1}{2}\times2.5\text{mm}\times(22+33)=68.75\text{mm}$$

故实际安装中心距为

$$a'=r'_1+r'_2=a+1\text{mm}=68.75\text{mm}+1\text{mm}=69.75\text{mm}$$

根据公式可知

$$\frac{r'_2}{r'_1}=\frac{z_2}{z_1}=\frac{33}{22}$$

由以上两式联立求解可得

$$r'_1=27.90\text{mm};\quad r'_2=41.85\text{mm}$$

由公式可求出两轮的啮合角 α'，因为

$$\cos\alpha'=r_{b1}/r'_1$$

其中基圆半径 $r_{b1}=r_1\cos\alpha$

$$\cos\alpha'=\frac{r_1\cos\alpha}{r'_1}=\frac{mz_1\cos\alpha}{2r'_1}=\frac{2.5\times22\times\cos20°}{2\times27.90}=0.92622$$

所以　$$\alpha'=22.15°$$

由此例可见，当 $a'>a$ 时，节圆半径（$r'_1=27.90\text{mm}$，$r'_2=41.85\text{mm}$）将大于分度圆半径（$r_1=\frac{mz_1}{2}=27.50\text{mm}$，$r_2=\frac{mz_1}{2}=41.25\text{mm}$）；啮合角 α'大于压力角 α。同时，实际啮合线长度及重合度均变小。

例 4－2　一齿轮减速器中，有一对啮合传动的标准直齿圆柱齿轮。已知 $m=8\text{mm}$，$i=3.7$，$a=452\text{mm}$，试计算两轮齿数及该对齿轮各部分尺寸（d、d_a、d_f、d_b、s、p、h），并

检查其重合度。

解 1）计算齿数 z_1 和 z_2

$$z_1=\frac{2a}{m(1+i)}=\frac{2\times452}{8\times(1+3.7)}=24.04 \quad 取\ z_1=24$$

$$z_2=iz_1=3.7\times24\approx88.8 \quad 取 \quad z_2=89$$

验算传动比

$$i=\frac{z_2}{z_1}=\frac{89}{24}=3.71$$

2）计算各部分尺寸

分度圆直径
$$d_1=mz_1=8\text{mm}\times24=192\text{mm}$$
$$d_2=mz_2=8\text{mm}\times89=712\text{mm}$$

齿顶圆直径
$$d_{a1}=d_1+2h_a=192\text{mm}+2\times8\text{mm}=208\text{mm}$$
$$d_{a2}=d_2+2h_a=712\text{mm}+2\times8\text{mm}=728\text{mm}$$

齿根圆直径
$$d_{f1}=d_1-2(h'-h_a+c)=192\text{mm}-2(2\times8-1\times8+0.25\times8)\text{mm}=172\text{mm}$$
$$d_{f2}=d_2-2(h'-h_a+c)=712\text{mm}-2(2\times8-1\times8+0.25\times8)\text{mm}=692\text{mm}$$

基圆直径
$$d_{b1}=d_1\cos\alpha=192\text{mm}\times\cos20°=180.421\text{mm}$$
$$d_{b2}=d_2\cos\alpha=712\text{mm}\times\cos20°=669.061\text{mm}$$

分度圆齿厚
$$s=\frac{\pi m}{2}=\frac{\pi}{2}\times8\text{mm}=12.566\text{mm}$$

分度圆齿距
$$p=\pi m=\pi\times8\text{mm}=25.133\text{mm}$$

全齿高
$$h=2.25m=2.25\times8\text{mm}=18\text{mm}$$

中心距
$$a=\frac{1}{2}(d_1+d_2)=\frac{1}{2}\times(192+712)\text{mm}=452\text{mm}$$

3）检查重合度。由图 4－16 可知

$$\varepsilon_\alpha=\varepsilon_{\alpha1}+\varepsilon_{\alpha2}=0.8+0.92=1.72$$

附：用式（4－12）计算

$$\varepsilon_\alpha=\frac{1}{2\pi}[z_1(\tan\alpha_{a1}-\tan\alpha')+z_2(\tan\alpha_{a2}-\tan\alpha')]$$

式中
$$\alpha_{a1}=\arccos\frac{r_{b1}}{r_{a1}}=\arccos\frac{90.2105}{104}=29.84°$$
$$\alpha_{a2}=\arccos\frac{r_{b2}}{r_{a2}}=\arccos\frac{334.5305}{364}=23.21°$$

对于正确安装的标准齿轮传动，其 $\alpha'=\alpha=20°$。

把以上数据代入式（4－12）可得

$$\varepsilon_\alpha=1.72$$

第五节 渐开线齿廓的切制原理

一、齿廓切制的基本原理

齿轮加工的方法很多，最常用的是切制法。用切制法加工齿轮齿廓的工艺也是多种多样的，但就其原理可概括为仿形法和展成法两种。

1. 仿形法　仿形法是最简单的切齿方法。轮齿是在普通铣床上用盘状齿轮铣刀（图 4－20）或指状齿轮铣刀（见图 4－21）铣出的。铣刀的轴剖面形状与齿轮的齿槽形状相同。切齿时，铣刀绕本身的轴线旋转，齿轮毛坯随铣床工作台沿平行于齿轮轴线方向作直线移动。切出一个齿槽后，将齿轮毛坯转过 $360°/z$，再切第二个齿槽，直至加工出全部轮齿。

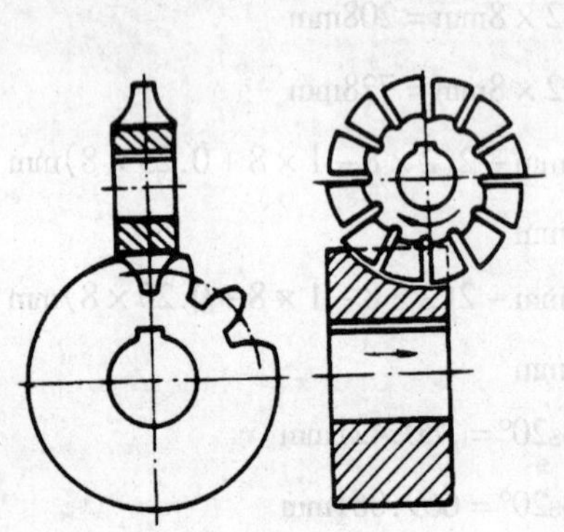

图 4－20　用盘状铣刀切制齿轮

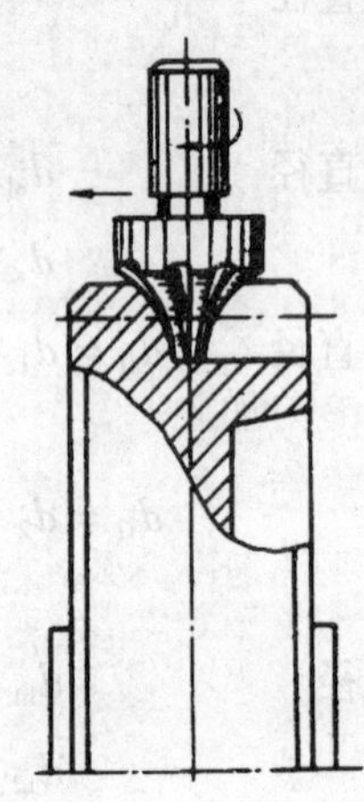

图 4－21　用指状铣刀切制齿轮

仿形法的优点是加工方法简单，不需要专门的齿轮加工设备；缺点是加工出的齿形不够准确，轮齿的分度不够均匀，生产效率低。所以仿形法只适用于修配、单件或少量生产以及对齿轮精度要求不高的齿轮加工。

2. 展成法　展成法是目前齿轮加工中最常用的一种方法。它是应用一对齿轮或齿轮与齿条相互啮合时，其共轭齿廓互为包络的原理来加工齿廓的。如果将其中一个齿轮或齿条制成刀具，使刀具与轮坯的运动关系同一对齿轮啮合一样，并加上必要的切削与进给运动，则可逐渐连续切出轮坯上所有轮齿齿廓。插齿、滚齿、剃齿和磨齿等均属于这一类加工方法。

（1）齿轮插刀插齿　图 4－22a 所示为用齿轮插刀加工齿轮的情况，齿轮插刀的外形就像一个具有切削刃的齿轮。当用齿数为 z_c 的齿轮插刀，去加工一个模数、压力角均与该插刀相同而齿数为 z 的齿轮时，将插刀和轮坯装在专用插齿机床上，通过机床的传动系统使刀具与轮坯按恒定的传动比 $i = \omega_c/\omega = z/z_c$ 回转，并使刀具沿轮坯的齿宽方向作往复切削运动、刀具向轮坯的径向进给运动以及为避免刀具退刀时擦伤已加工齿面的轮坯让刀运动。这样，刀具的渐开线齿廓就在轮坯上切制出与其共轭的渐开线齿廓来（图 4－22b）。

（2）齿条插刀插齿　图 4－23 所示为用齿条插刀加工齿轮的情况。加工时刀具与轮坯的展成运动相当于齿轮与齿条的啮合运动。刀具的移动速度为 $v = mz\omega/2$。其切齿原理与用齿轮插刀加工齿轮的原理相同。

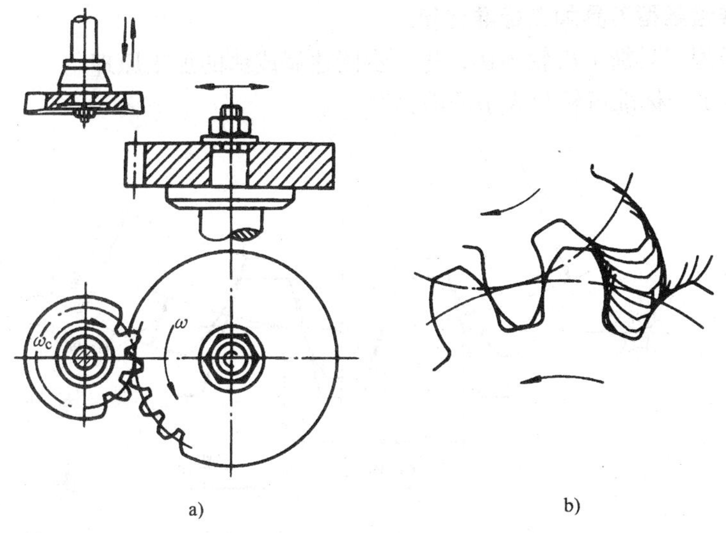

图 4-22　齿轮插刀插齿

(3) 齿轮滚刀滚齿　不论用齿轮插刀还是齿条插刀加工齿轮其切削都是不连续的，生产率低。用齿轮滚刀加工齿轮，能实现连续切削，有利于提高生产率。如图 4-24 所示，齿轮滚刀形状像一螺旋。用滚刀来加工直齿轮时，滚刀的轴线与轮坯端面之间的夹角应等于滚刀的导程角 γ。这样，滚刀螺纹的切线方向恰与轮坯的齿向相同。滚刀在轮坯端面上的投影为一齿条（如图中双点画线所示），滚刀转动时就相当于这个齿条以速度 v 在连续地移动。所以用滚刀切制齿轮的原理与用齿条插刀切制齿轮的原理相同，不过齿条插刀的切削运动和展成运动，已被滚刀刀刃的螺旋运动所代替。为了切制具有一定轴向宽度的齿轮，滚刀在转动的同时，还需作平行于轮坯轴线的缓慢移动。

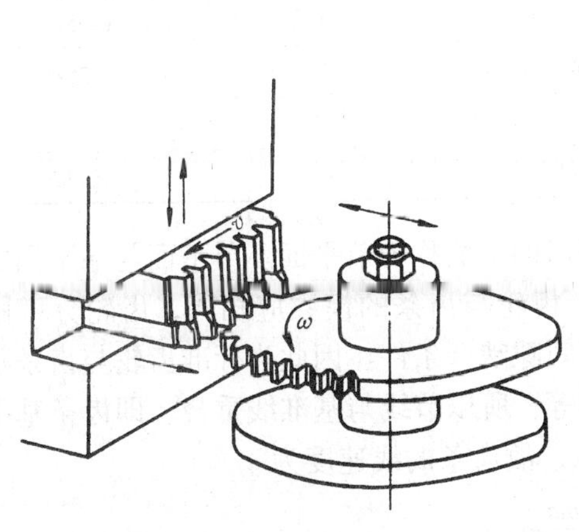

图 4-23　齿条插刀插齿

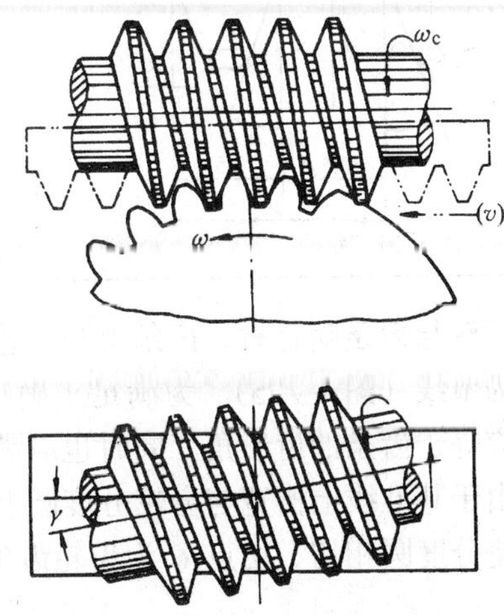

图 4-24　齿轮滚刀滚齿

用展成法加工齿轮时，只要刀具和被加工齿轮的模数和压力角相同，则不论被加工齿轮的齿数是多少，都可以用同一把刀具加工，而且生产效率较高。因此，在大批量生产中多采用展成法。

二、用标准齿条型刀具加工标准齿轮

下面以齿条型刀具加工齿轮为例，进一步阐述展成法的加工原理。

图 4－25 所示为标准齿轮与齿条的啮合图。

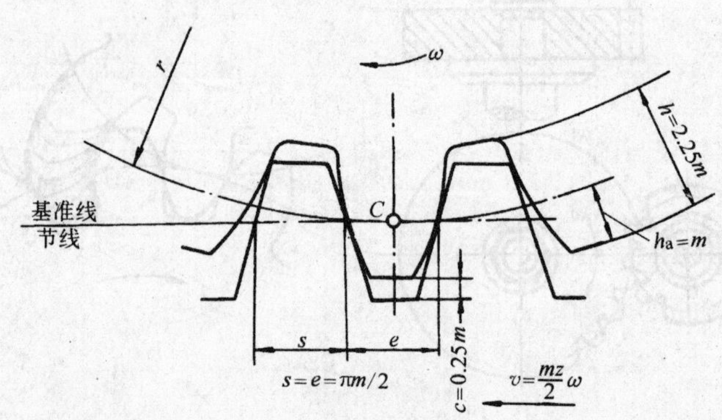

图 4－25　标准齿轮与齿条的啮合

齿条是渐开线齿轮的特例。它的同侧齿廓是平行直线，所以齿廓上各点模数及压力角相同。齿条的压力角又称齿形角。齿条齿廓上用以确定齿轮尺寸参数的直线称为基准线（中线、分度线）。基准线上齿厚 s 和槽宽 e 相等，均为 $\pi m/2$。齿条基本齿廓及其参数和代号规定见表 4－4。

表 4－4　齿条的基本参数

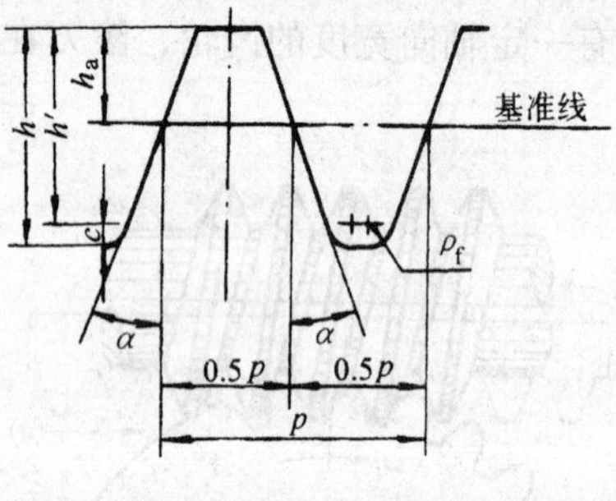

参　数	代　号	数　值
齿顶高	h_a	m
工作高度	h'	$2m$
顶隙	c	$0.25m$
全齿高	h	$2.25m$
齿距	p	πm
齿根圆角半径	ρ_f	$\approx 0.38m$

齿轮与齿条啮合时，齿条上与齿轮节圆柱相切的平面称为节平面。节平面与端平面之交线称为节线（图 4－25）。为满足正确啮合条件，齿轮与齿条的模数应相同，齿轮分度圆压力角应等于齿条的齿形角。同时也应满足无齿侧间隙啮合条件。因此当标准齿轮与齿条啮合时，由于基准线上槽宽与齿轮分度圆上的齿厚相等，所以节线与基准线重合。即齿条基准线与齿轮分度圆相切。切点 C 为齿轮齿条啮合节点，故齿条的线速度为

$$v = r\omega = \frac{mz}{2}\omega$$

式中　z ——齿轮的齿数；

m ——齿轮的模数；

ω ——齿轮的角速度。

若将齿条代之以标准齿条刀具，齿轮代之以轮坯，强制它们作上述齿轮与齿条啮合时的

相对运动，并加以必要的切削运动（如往复切削、让刀等运动），则可逐渐切出具有齿数为 z 的渐开线标准齿轮。

需要指出，标准齿条形刀具的齿形与表 4-4 中的齿条基准齿形相似，只是齿条形刀具的齿顶较基准齿条高出 c（图 4-26），高出的这一部分是用来切制轮齿齿根的过渡曲线的，以保证齿轮传动时具有适当的顶隙 c。所以，在以后的讨论中，刀具的这一部分将不再提及，而认为齿条形刀具的齿顶高为 h_a。刀具齿根的 c 是切齿时轮坯与刀具间的顶隙。

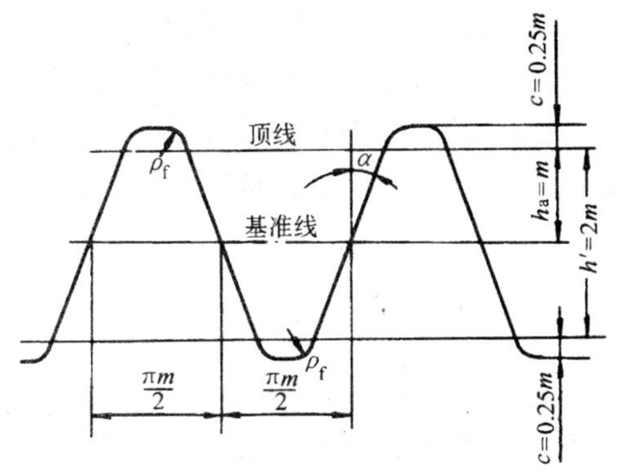

图 4-26 标准齿条形刀具尺寸图

第六节 渐开线齿廓的切齿干涉和标准齿轮的最少齿数

一、渐开线齿廓的切齿干涉

用展成法加工齿轮时，若刀具的齿顶切入轮齿根部，将齿根的渐开线齿廓切去一部分，如图 4-27 所示，这种现象称为切齿干涉。

齿轮出现切齿干涉，将降低强度和重合度，因此应力求避免。现以齿条型刀具切制齿轮为例，来说明发生切齿干涉的原因。

图 4-28 所示为用齿条型刀具切制标准齿轮的情况，图中的刀具基准线与轮坯分度圆相切于 C 点，过 C 点作切削刃的垂线 $n-n$（即啮合线）与轮坯的基圆相切于 N 点。如果切削刃由位置Ⅰ（B 点处）开始切制被切齿轮的渐开线齿廓，切削刃移到位置Ⅱ（N 点处）时，被切齿轮齿廓的渐开线部分已全部切出。但如图中所示，如果刀具的顶线超过了 N 点，那么此时点 N 不是啮合的终止点。所以，刀具的顶线与已切好的渐开线齿廓在点 N 不能脱离接触。当展成运动继续进行时，刀具还将继续切削。以致刀具的顶线切入了被切齿轮的根部，将本已切好的一部分渐开线齿廓切去，从而产生切齿干涉。

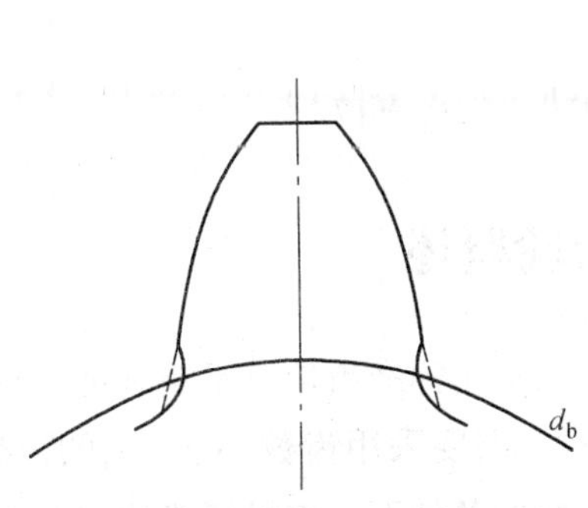

图 4-27 发生切齿干涉的齿形

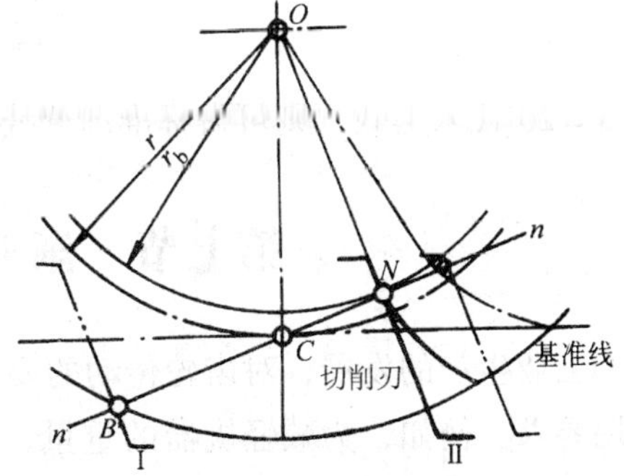

图 4-28 用齿条插刀切制标准齿轮时的切齿干涉分析

二、标准齿轮的最少齿数

当用标准齿条插刀切制标准齿轮时，刀具基准线必与轮坯分度圆相切，要避免切齿干涉，显然刀具的顶线应在啮合极限点 N 以下，如图 4－29 所示。但对于标准刀具，其齿顶高为一定值，即刀具的顶线位置为一定，因而要使刀具的顶线不超过 N 点，就得设法改变 N 点的位置。由图可以看出，N 点的位置与被切齿轮的基圆半径 r_b 有关，r_b 越小（如图 4－29 中 r'_b），则 N 点越接近节点 C（如图 4－29 中 N'），产生切齿干涉的可能性越大，又因

$$r_b = r\cos\alpha = \frac{mz}{2}\cos\alpha$$

而被切齿轮的模数和压力角均与刀具相同，所以产生干涉与否，主要取决于被切齿轮齿数 z 的多少。z 越少就容易发生干涉，为了不发生干涉，则齿数 z 不得少于某一最小限度，这就是所谓的最少齿数 z_{min}。用标准齿条插刀切制标准齿轮而不发生切齿干涉时，被切齿轮的最少齿数可按如下方法求出：

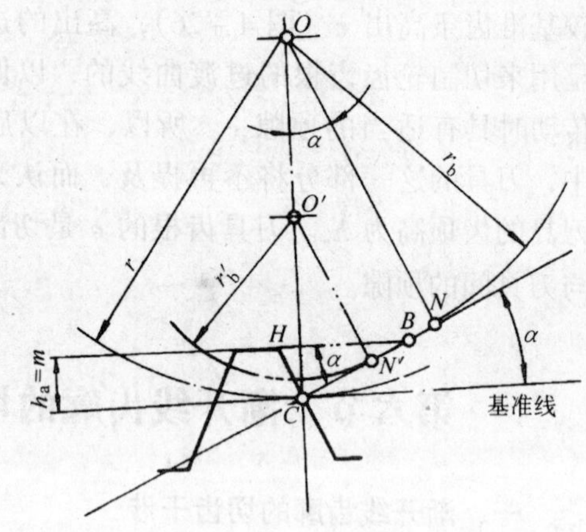

图 4－29　标准齿轮最少齿数计算

如图 4－29 所示，要使被切齿轮不发生切齿干涉，显然应使

$$CN \geqslant CB$$

由△CON 可知

$$CN = OC\sin\alpha = r\sin\alpha = \frac{mz}{2}\sin\alpha$$

又由△CHB 可知

$$CB = \frac{h_a}{\sin\alpha}$$

若要求 $CN \geqslant CB$，则经整理可得

$$z \geqslant \frac{2}{\sin^2\alpha}$$

因此，切制标准直齿轮时，为保证无切齿干涉现象，则被切齿轮的最少齿数为

$$z_{min} = \frac{2}{\sin^2\alpha} \tag{4-14}$$

将 $\alpha = 20°$代入上式，则可得标准渐开线直齿轮的最少齿数 $z_{min} = 17$。

*第七节　渐开线变位齿轮概述

随着工业生产的发展，对齿轮传动的要求日益提高，只采用标准齿轮已不能满足一些特殊的使用要求。例如，为减轻机器的重量，在尺寸或结构上需要采用齿数小于 z_{min} 的齿轮；有些齿轮传动要满足特定的中心距；在材料、传动尺寸不变的条件下，需尽可能的改善和提高齿轮传动的承载能力等。这些要求促使变位齿轮的应用日趋广泛。

变位齿轮与标准齿轮的区别在于加工时刀具的位置不同。

如前所述，在用展成法加工标准齿轮时，刀具基准线与轮坯分度圆相切（图 4－30a）。

因此，被加工的齿轮在分度圆上齿厚 s 与槽宽 e 相等；齿顶高 $h_a = m$。

现若仍保持加工标准齿轮时的运动关系，即轮坯角速度 ω，刀具移动速度 $mz\omega/2$，而将刀具位置在离开轮坯中心的方向外移一段距离 xm，xm 称为变位值，x 称为变位系数。此时，轮坯分度圆不再与刀具基准线相切，而是与另一条距基准线 xm 的平行直线（刀具节线）相切，（图 4－30b）。这种将刀具远离轮坯的变位称为正变位，变位系数 x 取"＋"号。

同理，若将刀具向轮坯中心移近一段距离 xm（图 4－30c）的变位称为负变位，x 取"－"号。

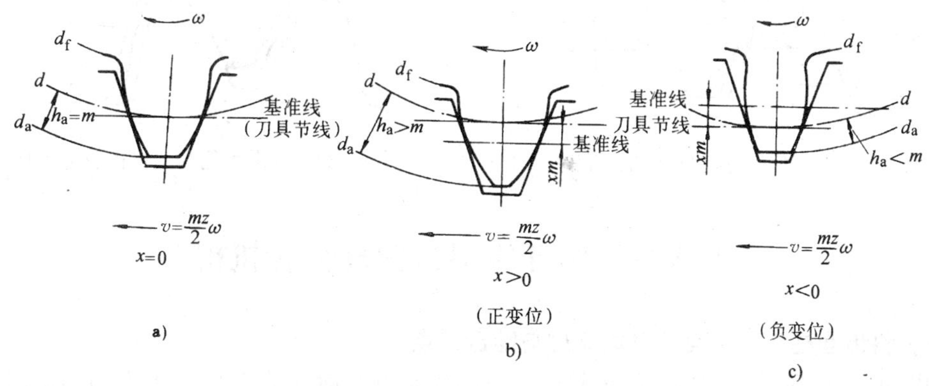

图 4－30　齿条形刀具加工齿轮的情况

由上述可知，加工变位齿轮与加工标准齿轮所用的刀具和加工方法相同，两种齿轮的模数、压力角和齿数完全相同，故变位齿轮分度圆上的模数、压力角仍为标准值。分度圆直径和基圆直径仍为

$$d = mz;\qquad d_b = mz\cos\alpha$$

但由于分度圆不再与刀具基准线相切，而与另一条齿厚与槽宽不等的刀具节线相切。因此，变位齿轮分度圆上的齿厚 s 与槽宽 e 不再相等，其齿厚 s 应等于刀具节线处的槽宽。由图 4－31 可知，变位后分度圆上的齿厚为

$$s = \frac{\pi m}{2} + 2xm\tan\alpha \tag{4-15}$$

式中　x ——变位系数，当正变位时取"＋"号；负变位时取"－"号。

加工变位齿轮时因刀具对轮坯中心外移或内移，必然使变位齿轮的齿根圆直径增大或减小。变位齿轮的齿根圆直径为

$$d_f = d - 2.5m + 2xm = d - m(2.5 - 2x) \tag{4-16}$$

为保持全齿高（$h = 2.25m$）不变或为使两轮啮合时，顶隙仍为 $c = 0.25m$，故随着齿根圆的变化齿顶圆直径也将作相应的增大或减小。

变位后，齿轮的基圆不变，因而渐开线形状也不变。与标准齿轮相比，如图 4－32 所示，只是由于齿顶圆与齿根圆的改变，而使用了渐开线上的不同部位而已。

正变位轮齿根部厚度增加，齿廓曲率半径增大，有利于提高齿轮强度（参见第十三章），因此使用较多；但轮齿顶部齿厚变薄，故要防止正变位齿轮齿顶变尖。负变位时增加了轮齿发生切齿干涉的可能性，故要防止负变位产生切齿干涉。

有关变位齿轮传动的详细讨论可参考其他有关书籍。

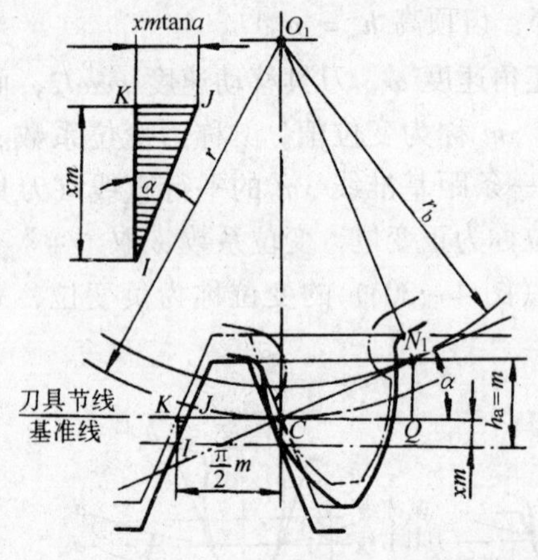

图 4-31　变位齿轮的分度圆齿厚

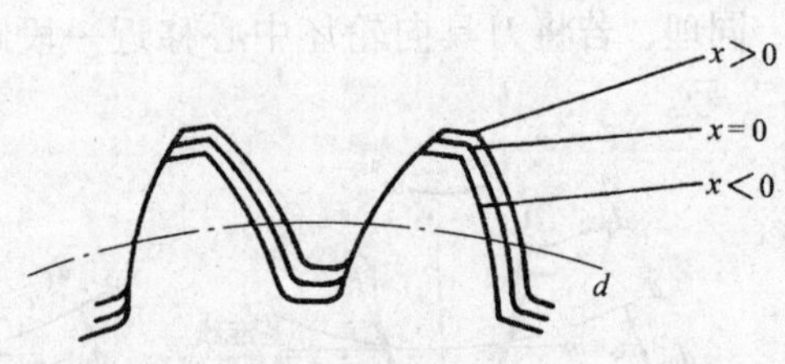

图 4-32　标准齿轮与变位齿轮齿形比较

第八节　渐开线斜齿圆柱齿轮机构

一、斜齿圆柱齿轮齿面的形成原理与啮合特点

如图 4-33a 所示，直齿圆柱齿轮的轮齿曲面是发生面 S 在基圆柱上作纯滚动时，发生面上与基圆柱轴线平行的任意直线 KK 展成的渐开线曲面。

当一对直齿圆柱齿轮啮合时，轮齿的接触线是与轴线平行的直线，如图 4-33b 所示，轮齿沿整个齿宽突然同时进入啮合和退出啮合，所以易引起冲击、振动和噪声，传动平稳性差。

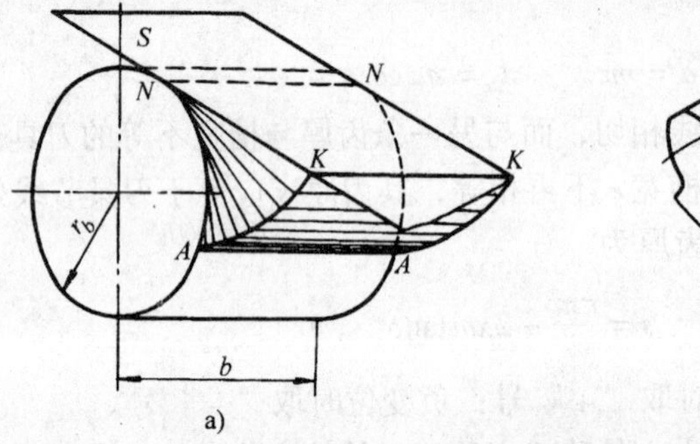

图 4-33　直齿轮的齿面形成及接触线

斜齿轮齿面形成的原理和直齿轮相类似，所不同的是形成渐开线齿面的直线 KK 不再与基圆柱的轴线平行，而是与轴线方向偏斜了一个角度 β_b（图 4-34），KK 线展成了斜齿轮的齿廓曲面，称为渐开螺旋面。该曲面与任意一个以轮轴为轴线的圆柱面的交线都是螺旋线。由斜齿轮齿面的形成原理可知，在端平面上与直齿轮一样，具有准确的渐开线齿形。

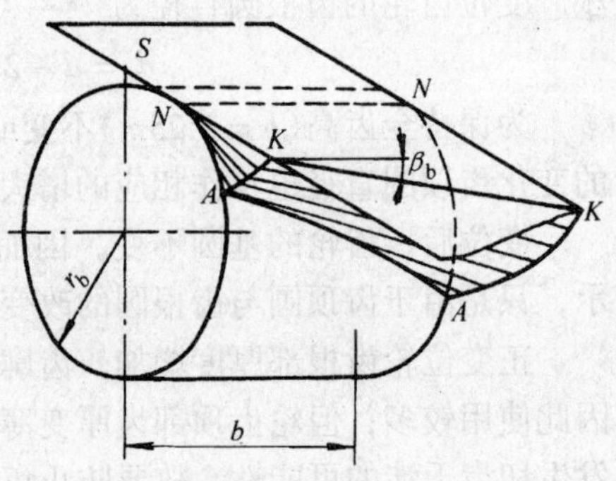

图 4-34　斜齿轮齿面的形成

在平行轴斜齿轮机构中，两斜齿圆柱齿轮的接触线也是在啮合平面（基圆柱的内公切面）内移动，但

接触线（KK）不与轴线平行，而是与轴线方向成 β_b 角，如图 4-35 所示。

当两斜齿轮传动时，齿面接触线的长度随啮合位置而变化，开始时接触线长度由短变长，然后由长变短，直至脱离啮合，如图 4-35b 所示。

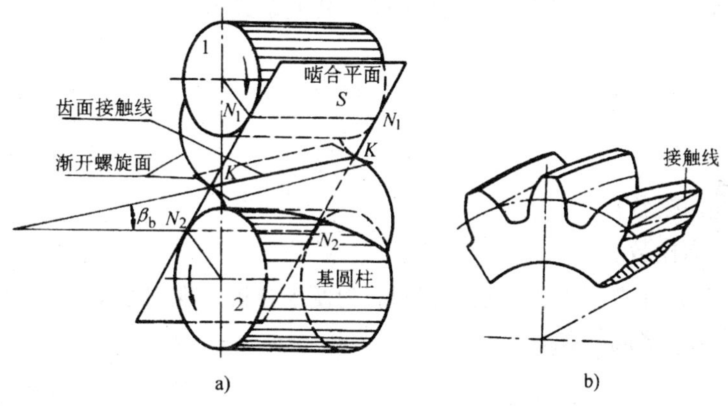

图 4-35 平行轴斜齿轮的啮合

由于斜齿轮传动时两轮轮齿的啮合过程是一种逐渐进入和逐渐脱离的啮合过程，因而减少了传动时的冲击、振动和噪声，从而提高了传动的平稳性，故在高速大功率的传动中，斜齿轮传动获得了较为广泛的应用。

二、斜齿轮的几何尺寸计算

由于斜齿轮的齿面为一螺旋渐开面，故其端面（垂直于齿轮轴线的平面）的齿形和法向（垂直于轮齿齿线的方向）的齿形是不同的。因而斜齿轮的几何参数有端面和法向之分。

1. 几个主要参数

（1）螺旋角　为便于说明，假想将斜齿轮的分度圆柱面展开成平面，如图 4-36a 所示，则分度圆上的螺旋线展开后呈一斜直线。该直线与分度圆柱母线的夹角 β 就是分度圆柱上的螺旋角。

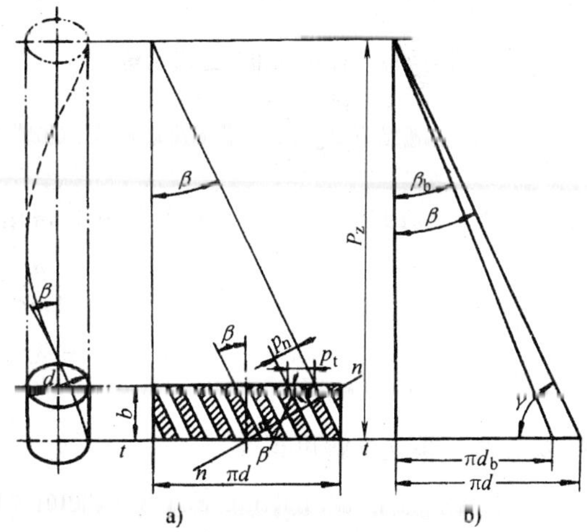

图 4-36 斜齿轮分度圆柱展开图

同一斜齿轮，由于不同圆柱面上的螺旋导程 P_z 均相同，而各圆柱面直径不同，所以在不同直径的圆柱面上螺旋角大小各不相同。由图 4-36b 可知，分度圆柱面上的螺旋角 β 和基圆柱面上的螺旋角 β_b 分别为

$$\left.\begin{aligned}\tan\beta &= \frac{\pi d}{P_z}\\ \tan\beta_b &= \frac{\pi d_b}{P_z}\end{aligned}\right\}\qquad(4-17)$$

分度圆柱面上的螺旋角简称为斜齿轮的螺旋角。

斜齿轮按螺旋线的旋向不同可分为右旋和左旋，如图 4 – 37 所示。辨别旋向的方法是：竖对齿轮轴线方向观察，螺旋线向右上升高便是右旋，向左上升高便是左旋。

(2) 模数和压力角　由斜齿轮分度圆柱面展开图（图 4 – 36a）可以看出，斜齿轮的法向齿距 p_n 与端面齿距 p_t 不同，所以模数也不同，其关系式为

$$p_t = \frac{p_n}{\cos\beta}$$

所以
$$m_t = \frac{m_n}{\cos\beta} \tag{4-18}$$

式中　m_t——端面模数；

m_n——法向模数。

斜齿轮的压力角在端面和法向也不相同。为便于分析，现用图 4 – 38 所示的斜齿条来说明端面与法向压力角之间的关系。

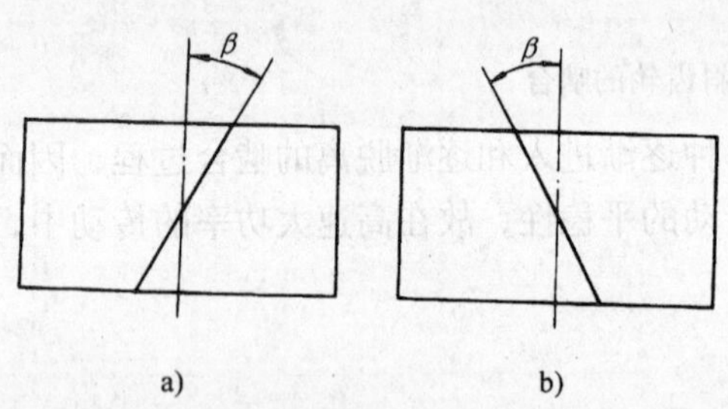

图 4 – 37　右旋齿和左旋齿示意图

a) 右旋齿　b) 左旋齿

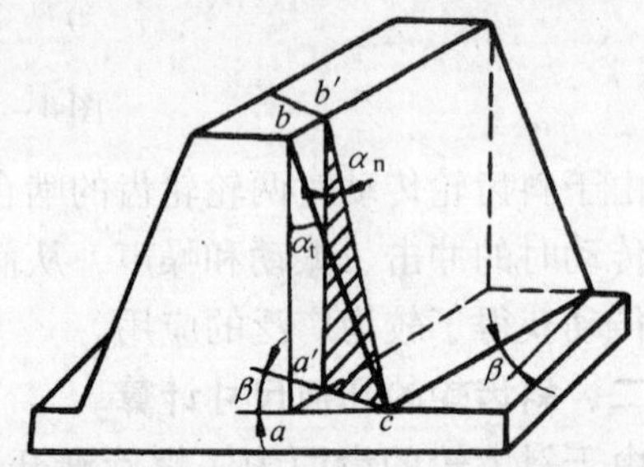

图 4 – 38　端面压力角与法向压力角

图中，△abc 在端面上；△$a'b'c$ 在法向平面上。∠abc 为端面压力角 α_t；∠$a'b'c$ 为法向压力角 α_n。由于△abc 与△$a'b'c$ 中的高相等，即 $ab = a'b'$，故得

$$\frac{ac}{\tan\alpha_t} = \frac{a'c}{\tan\alpha_n}$$

在△$aa'c$ 中，∠$aca' = \beta$，∠$aa'c = 90°$，所以

$$a'c = ac\cos\beta$$

将以上两式联立求解可得

$$\tan\alpha_t = \tan\alpha_n / \cos\beta \tag{4-19}$$

国家标准规定斜齿轮的法向模数 m_n 和法向压力角 α_n 为标准值。

(3) 齿顶高和顶隙　由于齿高在两个面上都相同，所以齿顶高为

$$h_{at} = h_{an} = m_n \tag{4-20}$$

故工作高度
$$h'_t = h'_n = 2m_n \tag{4-21}$$

同理，顶隙为
$$c_t = c_n = 0.25m_n \tag{4-22}$$

2. 渐开线标准斜齿圆柱齿轮几何尺寸的计算　平行轴斜齿轮机构中两齿轮的正确啮合条件除分度圆柱上的法向模数和法向压力角分别相等外，其螺旋角必须大小相等、旋向相反，即

$$m_{n1} = m_{n2} = m_n$$

$$\alpha_{n1} = \alpha_{n2} = \alpha$$

$$\beta_1 = -\beta_2$$

当已知法向标准模数、齿数和螺旋角后，就可以利用表 4－5 所列的计算公式计算标准斜齿圆柱齿轮的几何尺寸。

表 4－5　标准斜齿圆柱齿轮几何尺寸计算

名　称		符号	计 算 公 式
基本参数	模数	m_n	根据强度等使用条件，按表 4－1 选取标准值
	齿数	z	根据强度等使用条件选定
	螺旋角	β	$\beta_1 = -\beta_2$，常取 $\beta = 8° \sim 20°$
	分度圆压力角	α_n	$\alpha_n = 20°$
几何尺寸	齿顶高	h_{an}	$h_{an} = m_n$
	工作高度	h'_n	$h'_n = 2m_n$
	全齿高	h_n	$h_n = 2.25m_n$
	顶隙	c_n	$c_n = 0.25m_n$
	分度圆直径	d	$d = \dfrac{m_n z}{\cos\beta}$
	齿顶圆直径	d_a	$d_a = d + 2h_{an}$
	齿根圆直径	d_f	$d_f = d - 2(h'_n - h_{an} + c_n)$
	基圆直径	d_b	$d_b = d\cos\alpha$
啮合计算	中心距	a	$a = \dfrac{1}{2}(d_1 + d_2) = \dfrac{m_n(z_1 + z_2)}{2\cos\beta}$

三、平行轴斜齿轮传动的重合度

平行轴斜齿轮的重合度由两部分组成，一部分是端面重合度 ε_α，另一部分是由齿向倾斜引起的纵向重合度 ε_β。因此，斜齿轮总重合度 ε_γ 为

$$\varepsilon_\gamma = \varepsilon_\alpha + \varepsilon_\beta$$

其中，端面重合度 ε_α 与直齿轮概念相同。纵向重合度 ε_β（图 4－39a）为

$$\varepsilon_\beta = \frac{\psi_\beta}{\tau} \tag{4-23}$$

式中　ψ_β——纵向作用角，是分别包含同一齿线各一个端点的两个轴平面所截取的分度圆弧长所对的圆心角；

τ——齿距角，是端面齿距所对的圆心角。

将斜齿轮的分度圆柱面展开（图 4－39），则可得

$$\varepsilon_\beta = \frac{\psi_\beta}{\tau} = \frac{b\tan\beta}{p_t} = \frac{b\sin\beta}{\pi m_n} \tag{4-24}$$

由式（4－24）可以看出，β 越大，纵向重合度 ε_β 越大，斜齿轮传动的重合度增大，传动越平稳，承载能力也较高。但是，传动时引起的轴向力 F_x 也越大，如图 4－39b 所示。因此，通常取 $\beta = 8° \sim 20°$。

四、斜齿轮的当量齿数

前已述及斜齿轮齿面的形成原理，但在仿形法加工中，用如图 4-40 所示的盘状铣刀加工斜齿轮时，铣刀是沿螺旋线方向切齿的。因此，刀具需按斜齿轮的法向齿形来选择。此外，在斜齿轮传动中，作用在轮齿间的作用力垂直于齿面，即在法向平面内。因此，有必要对斜齿轮的法向齿形进行分析。

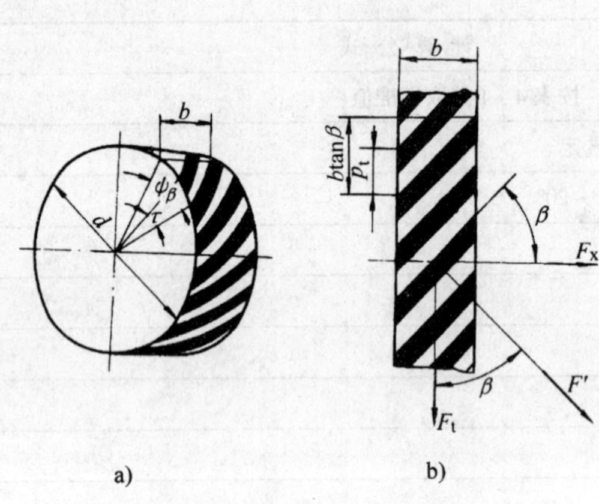

图 4-39　斜齿轮的纵向重合度

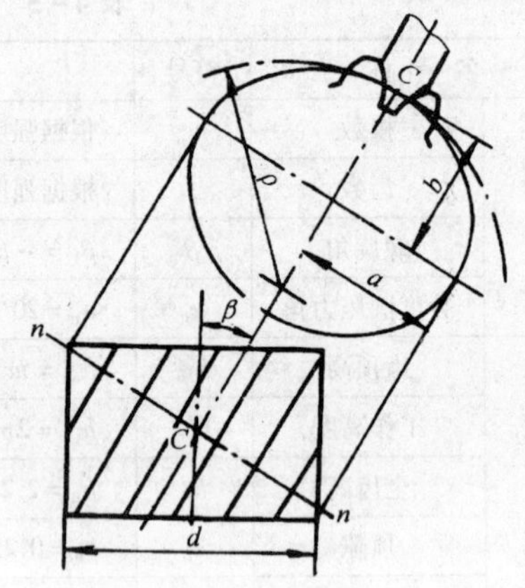

图 4-40　斜齿轮的当量齿轮

如图 4-40 所示，过斜齿轮分度圆柱面任一轮齿上 C 点的法平面 $n-n$ 与分度圆柱的交线为一椭圆，其长轴半径 $a=\dfrac{d}{2\cos\beta}$（d 为斜齿轮分度圆直径），短轴半径 $b=\dfrac{d}{2}$。

椭圆在 C 点的曲率半径 ρ 为

$$\rho=\frac{a^2}{b}=\frac{d}{2\cos^2\beta}$$

斜齿轮分度圆柱上 C 点的法向齿形可近似看成以 ρ 为分度圆半径，以 m_n 为模数的一个直齿圆柱齿轮的齿形，该直齿轮就称为斜齿轮的当量齿轮，其齿数 z_v 称为斜齿轮的当量齿数。用仿形法加工时，应以当量齿数 z_v 选用铣刀。

当量齿数 z_v 可用如下关系式求得

$$z_v=\frac{2\pi\rho}{p_n}=\frac{2\rho}{m_n}$$

将 $\rho=\dfrac{d}{2\cos^2\beta}$ 及 $d=\dfrac{m_n z}{\cos\beta}$ 代入上式，得

$$z_v=z/\cos^3\beta \tag{4-25}$$

式中　z ——斜齿轮的实有齿数。

由式（4-25）知，因 $1/\cos^3\beta>1$，故 $z_v>z$。

五、平行轴斜齿轮传动的优缺点

与直齿轮相比，平行轴斜齿轮传动具有以下优点：

1）如前所述，平行轴斜齿轮传动中齿廓接触线是斜线，一对轮齿是逐渐进入啮合和逐渐脱离啮合的，故工作平稳、冲击和噪声小适用于高速传动。

2）重合度较大，有利于提高承载能力和传动的平稳性。

3）最少齿数少于直齿轮的最少齿数 z_{min}，因此结构较紧凑。

平行轴斜齿轮的主要缺点是：斜齿轮传动时会产生轴向力 F_x（图 4－41a）。为了克服这一缺点，可以采用人字齿轮（图 4－41b）。人字齿轮可使轴向力互相抵消，但制造较困难，成本较高，而且轴向尺寸较大。

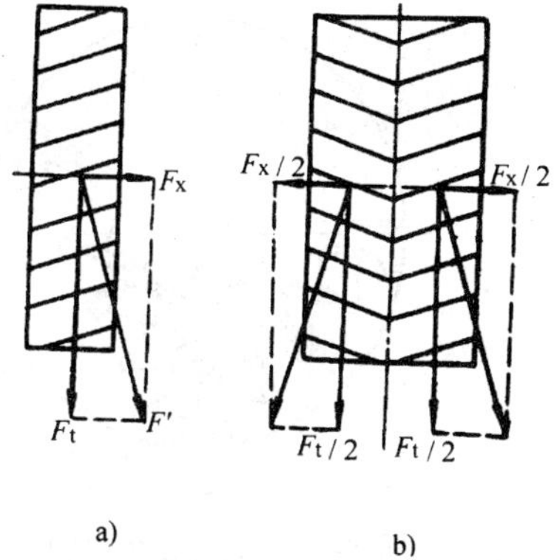

图 4－41　斜齿轮上的轴向力

例 4－3　已知两平行轴间距离 $a=220\text{mm}$。现采用一对标准斜齿轮传动，其齿数 $z_1=27$，$z_2=60$，法向模数 $m_n=5\text{mm}$。试求这对斜齿轮螺旋角 β、分度圆直径 d_1 和 d_2、顶圆直径 d_{a1} 和 d_{a2}。

解　根据表 4－5 知，中心距 a 为

$$a=\frac{m_n(z_1+z_2)}{2\cos\beta}$$

故

$$\beta=\arccos\frac{m_n(z_1+z_2)}{2a}=\arccos\frac{5\times(27+60)}{2\times220}=8.646°(8°38'45'')$$

分度圆直径

$$d_1=\frac{m_n z_1}{\cos\beta}=\frac{5\text{mm}\times27}{\cos8.646°}=136.55\text{mm}$$

$$d_2=\frac{m_n z_2}{\cos\beta}=\frac{5\text{mm}\times60}{\cos8.646°}=303.45\text{mm}$$

齿顶圆直径

$$d_{a1}=d_1+2h_{an}=136.55\text{mm}+2\times5\text{mm}=146.55\text{mm}$$

$$d_{a2}=d_2+2h_{an}=303.45\text{mm}+2\times5\text{mm}=313.45\text{mm}$$

由此例可知，斜齿轮传动的中心距 a、分度圆直径 d 等几何尺寸与螺旋角 β 有关。因此，当两轮的模数、齿数一定时，可以在一定的范围内用改变螺旋角 β 的大小来配凑给定的中心距，而不用采取变位齿轮传动。

第九节　锥齿轮机构

锥齿轮机构用于相交轴间的传动，最常见的是两轴相交成 90°的直齿锥齿轮机构。

一、直齿锥齿轮齿面的形成和当量齿数

1. 锥齿轮齿面的形成　如图 4－42 所示，一对啮合的直齿锥齿轮，其锥顶相交于一点 O。显然，在两啮合的轮齿齿廓上，只有到锥顶为等距离的对应点才能互相啮合，所以两轮之间的相对运动为一空间的球面运动。因此，锥齿轮的齿廓曲线，在理论上应是满足啮合基本定律的球面渐开线。现将其形成原理说明如下：

如图 4－43 所示，一圆平面 S 与一基圆锥相切于 ON，当圆平面沿基圆锥作纯滚动时，该平面上任一点 K 将在空间展出一渐开线 AK。显然，渐开线 AK 是在以锥顶 O 为中心，锥距 R 为半径的球面上，所以该渐开线称为球面渐开线。

2. 背锥与当量齿数　如上所述，锥齿轮的齿廓曲线为球面渐开线，由于球面无法展成平面，致使锥齿轮的设计计算产生很多困难，故通常用与之近似的平面渐开线齿形代替。如图 4－44 所示，在锥齿轮大端作一个圆锥面，它与分度圆锥面（分锥）同一轴线，其母线与分锥母线垂直相交，此圆锥面称为背锥面（背锥）。将锥齿轮的球面渐开线齿形投影到背锥面

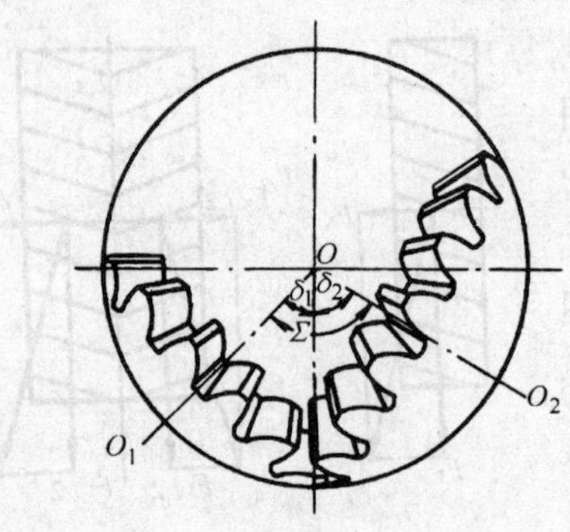

图 4-42　直齿锥齿轮的啮合

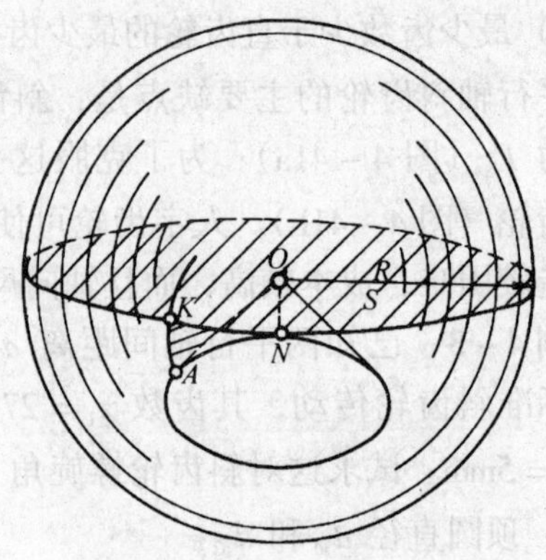

图 4-43　球面渐开线的形成

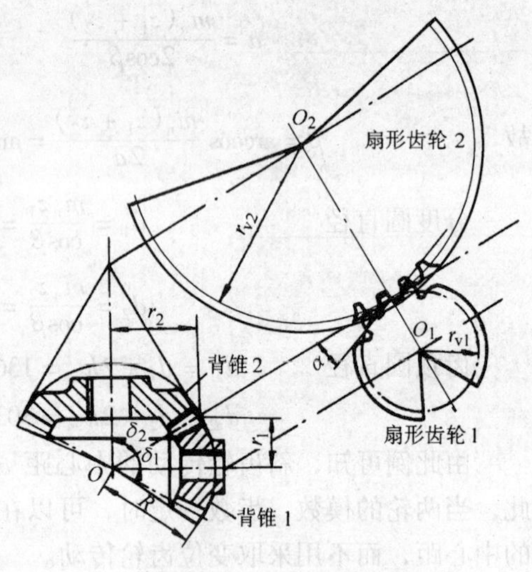

图 4-44　锥齿轮的背锥

上，背锥面上的齿形与球面渐开线齿形相差很小。所以，它可以近似地代替锥齿轮的大端齿形。将背锥面展开成扇形平面，可得一扇形齿轮，它可视为是某一直齿圆柱齿轮的一部分。这个圆柱齿轮的分度圆半径等于锥齿轮的背锥距，其端面模数等于锥齿轮大端端面的模数，这个假想的圆柱齿轮就称为锥齿轮的当量圆柱齿轮。该圆柱齿轮的齿数 z_v 称为锥齿轮的当量齿数。

由图 4-44 知

$$r_{v1} = \frac{r_1}{\cos\delta_1}$$

式中　r_{v1}——锥齿轮 1 的当量齿轮的分度圆半径；

δ_1——锥齿轮 1 的分度圆锥角（分锥角）；

r_1——锥齿轮 1 的大端分度圆半径。

而

$$r_1 = \frac{mz_1}{2}$$

将 r_1 代入前式得 $r_{v1} = \dfrac{mz_1}{2\cos\delta_1}$

而

$$r_{v1} = \frac{mz_{v1}}{2}$$

故得

同理可得

$$\left.\begin{aligned} z_{v1} &= \frac{z_1}{\cos\delta_1} \\ z_{v2} &= \frac{z_2}{\cos\delta_2} \end{aligned}\right\} \qquad (4-26)$$

式中　δ_2——锥齿轮 2 的分度圆锥角；

z_1、z_2——分别为锥齿轮 1、2 的实际齿数；

z_{v1}、z_{v2}——分别为锥齿轮 1、2 的当量齿数。

由式（4－26）可知，因为 $\cos\delta<1$，所以 $z_v>z$，而且 z_v 一般不为整数。如果 $\delta=90°$ 时，可得 $z_v=\infty$，即其当量齿轮为一齿条。因此，直齿锥齿轮可以用直线齿廓（切削刃）的两片刨刀以展成法加工。

用当量齿轮概念可以将圆柱齿轮的一些结论直接应用到锥齿轮上来。如：利用当量齿轮的最少齿数 z_{vmin}（$=17$）与锥齿轮齿数 z 的关系，求出锥齿轮不发生切齿干涉的最少齿数 $z_{min}=z_{vmin}\cos\delta$；用仿形法加工齿轮时，刀号应按当量齿数 z_v 来选定。

二、锥齿轮机构的几何关系及尺寸计算

1. 基本参数　对于直齿锥齿轮，通常以大端参数为标准值，一般说锥齿轮模数等参数均指大端而言，如齿形角 $\alpha=20°$、齿顶高 $h_a=m$、工作高度 $h'=2m$ 以及顶隙 $c=0.2m$ 等。其大端模数标准系列见表 4－6。

表 4－6　锥齿轮模数系列（摘自 GB/T 12368—1990）　　（mm）

1	1.125	1.25	1.375	1.5	1.75	2	2.25	2.5		2.75
3	3.25	3.5	3.75	4	4.5	5	5.5	6	6.5	7
8	9	10	11	12	14	16	18	20		22
25	28	30	32	36	40	45	50			

2. 正确啮合条件　一对锥齿轮的正确啮合条件为：两轮的大端模数和压力角分别相等。

3. 传动比　一对锥齿轮传动时，其传动比为

$$i_{12}=\frac{\omega_1}{\omega_2}=\frac{z_2}{z_1}=\frac{r_2}{r_1}=\frac{R\sin\delta_2}{R\sin\delta_1}=\frac{\sin\delta_2}{\sin\delta_1}$$

当两轮轴交角 $\Sigma=90°$时，上式可变为

$$i_{12}=\frac{\omega_1}{\omega_2}=\frac{z_2}{z_1}=\frac{r_2}{r_1}=\cot\delta_1=\tan\delta_2 \qquad (4-27)$$

在设计时，可根据给定的传动比 i_{12}，按式（4－27）确定两轮分度圆锥角值。

4. 重合度　锥齿轮机构的重合度，按当量圆柱齿轮进行计算，这里不再赘述。

5. 标准直齿锥齿轮的几何尺寸计算　图 4－45 所示锥齿轮副，其两轮齿顶圆锥、齿根圆锥的顶点与分度圆锥顶点重合，所以顶隙由大端至小端逐渐缩小，称为不等顶隙锥齿轮传动，其各部分尺寸计算见表 4－7。

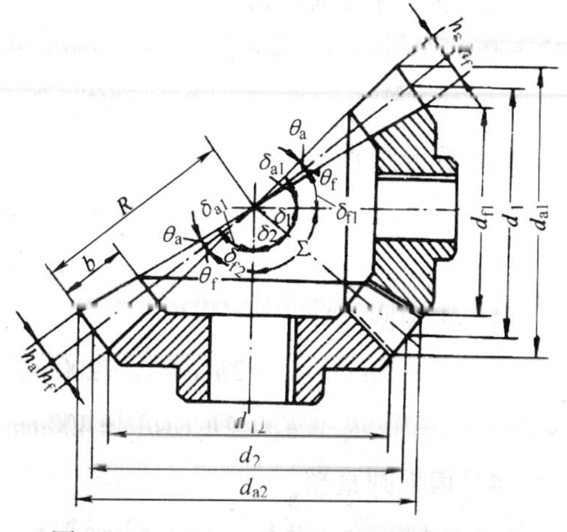

图 4－45　$\Sigma=90°$的标准直齿锥齿轮传动

表 4－7　标准直齿锥齿轮的几何尺寸计算（$\Sigma=90°$）

名　　称		符号	计 算 公 式
基本参数	传动比	i	$i=z_2/z_1=\cot\delta_1=\tan\delta_2$
	齿数	z	应使 $z_v=z/\cos\delta\geqslant z_{min}$（避免切齿干涉）
	模数	m	根据强度等使用条件，按表 4－6 选取
	分度圆压力角	α	$\alpha=20°$

（续）

名　称		符号	计 算 公 式
几何尺寸	齿顶高	h_a	$h_a = m$
	工作高度	h'	$h' = 2m$
	顶隙	c	$c = 0.2m$
	分度圆锥角	δ	$\tan\delta_2 = z_2/z_1$；$\cot\delta_1 = z_2/z_1$；$\delta_1 + \delta_2 = 90°$
	分度圆直径	d	$d = mz$
	齿顶圆直径	d_a	$d_a = d + 2h_a\cos\delta$
	齿根圆直径	d_f	$d_f = d - 2(h' - h_a + c)\cos\delta$
	外锥距	R	$R = \dfrac{mz}{2\sin\delta}$或$R = \dfrac{m}{2}\sqrt{z_1^2 + z_2^2}$
	齿宽	b	$b \leqslant R/3$
	齿顶角	θ_a	$\theta_a = \arctan\dfrac{h_a}{R}$
	齿根角	θ_f	$\theta_f = \arctan\dfrac{h' - h_a + c}{R}$
	顶圆锥角	δ_a	$\delta_a = \delta + \theta_a$
	根圆锥角	δ_f	$\delta_f = \delta - \theta_f$

例 4-4　一对标准直齿锥齿轮啮合传动，已知 $z_1 = 20$，$z_2 = 40$，$m = 10\text{mm}$，$\Sigma = 90°$。试计算此传动的主要几何尺寸。

解　1）分度圆锥角

$$\tan\delta_2 = z_2/z_1 = 40/20 = 2$$

$$\delta_2 = 63°26'6''，\ \delta_1 = 90° - \delta_2 = 26°33'54''$$

2）分度圆直径

$$d_1 = mz_1 = 10\text{mm} \times 20 = 200\text{mm}$$

$$d_2 = mz_2 = 10\text{mm} \times 40 = 400\text{mm}$$

3）齿顶圆直径

$$d_{a1} = d_1 + 2h_a\cos\delta_1 = 200\text{mm} + 2 \times 10\text{mm} \times \cos26°33'54'' = 217.889\text{mm}$$

$$d_{a2} = d_2 + 2h_a\cos\delta_2 = 400\text{mm} + 2 \times 10\text{mm} \times \cos63°26'6'' = 408.944\text{mm}$$

4）齿根圆直径

$$d_{f1} = d_1 - 2(h' - h_a + c)\cos\delta_1 =$$
$$200\text{mm} - 2 \times (2 \times 10 - 1 \times 10 + 0.2 \times 10)\text{mm} \times \cos26°33'54'' = 178.534\text{mm}$$

$$d_{f2} = d_2 - 2(h' - h_a + c)\cos\delta_2 =$$
$$400\text{mm} - 2 \times (2 \times 10 - 1 \times 10 + 0.2 \times 10)\text{mm} \times \cos63°26'6'' = 389.267\text{mm}$$

5）外锥距

$$R = \frac{mz_1}{2\sin\delta_1} = \frac{10\text{mm} \times 20}{2\sin26°33'54''} = 223.607\text{mm}$$

6）齿顶角

$$\theta_{a1} = \arctan \frac{h_a}{R} = \arctan \frac{10}{223.607} = 2°33'38''$$

$$\theta_{a2} = \theta_{a1} = 2°33'38'' \text{（标准齿轮 } \theta_{a1} = \theta_{a2}\text{）}$$

7）顶圆锥角

$$\delta_{a1} = \delta_1 + \theta_{a1} = 26°33'54'' + 2°33'38'' = 29°7'32''$$

$$\delta_{a2} = \delta_2 + \theta_{a2} = 63°26'6\alpha + 2°33'38'' = 65°59'44''$$

8）齿根角

$$\theta_{f1} = \arctan \frac{h' - h_a + c}{R} = \arctan \frac{2 \times 10 - 1 \times 10 + 0.2 \times 10}{223.607} = 3°04'18''$$

$$\theta_{f2} = \theta_{f1} = 3°04'19'' \text{（标准齿轮 } \theta_{f1} = \theta_{f2}\text{）}$$

9）根圆锥角

$$\delta_{f1} = \delta_1 - \theta_{f1} = 26°33'54'' - 3°04'18'' = 23°29'36''$$

$$\delta_{f2} = \delta_2 - \theta_{f2} = 63°26'6'' - 3°04'18'' = 60°21'48''$$

实践教学环节

1. 动手制作模型来进行渐开线的展成绘制，以此加深学生对渐开线基本性质的理解。

2. 组织学生进行齿轮参数测定实验，使学生掌握和了解齿轮的基本结构尺寸及参数。

3. 通过齿轮的展成实验，使学生了解齿轮的切制原理和加工方法，并对变位齿轮传动有进一步的认识。

习　题

4-1　某汽车变速器中，第三挡变速采用的是标准直齿圆柱齿轮传动。已知 $z_1 = 31$，$z_2 = 33$，$m = 4.5$mm，$\alpha = 20°$。试计算齿轮各部分几何尺寸（d、d_a、d_f、d_b、s、e、p、h_a、h）及重合度 ε_α。

4-2　今测得一对标准直齿圆柱齿轮的中心距 $a = 160$mm，齿数 $z_1 = 24$，$z_2 = 56$，试求模数及两轮的分度圆直径。

4-3　压力角 $\alpha = 20°$的标准直齿圆柱齿轮，当齿根圆与基圆重合时，其齿数为多少？当齿数大于以上求出的值时，其齿根圆与基圆哪个大？

4-4　已知一标准直齿圆柱齿轮，$\alpha = 20°$，$m = 2$mm，$z = 30$。试求分度圆上和齿顶圆上的渐开线齿廓的曲率半径及压力角大小。

4-5　某厂生产的液压半自动车床的主轴箱中有一对平行轴斜齿轮传动，已知 $z_1 = 28$，$z_2 = 68$，$m_n = 3$mm，$\alpha_n = 20°$，中心距 $a = 150$mm，试求其螺旋角 β、主要几何尺寸（d、d_a、d_f、d_b）及当量齿数 z_v。

4-6　在技术改革中，欲在一个中心距 $a = 155$mm 的旧齿轮箱内，配上一对齿数 $z_1 = 23$、$z_2 = 76$、$m_n = 3$mm 的标准斜齿轮。试求这对齿轮的螺旋角 β 和两轮的分度圆直径。

4-7　已知一对外啮合标准平行轴斜齿轮的 $z_1 = 27$，$z_2 = 60$，$m_n = 4$mm，$\beta = 15°$。试求：1）两轮分度圆直径 d、齿顶圆直径 d_a，标准中心距 a；2）用改变斜齿轮 β 角的方法，把上面求出的标准中心距圆整成整数时其 β 角应为多少？此时两轮分度圆直径 d 应为多少？

4-8　已知一对标准直齿锥齿轮传动的 $\Sigma = 90°$，$z_1 = 20$，$z_2 = 50$，$m = 5$mm，试求两轮的分度圆锥角 δ、主要几何尺寸（d、d_a、d_f、R）及当量齿数 z_v。

4-9　一对标准直齿锥齿轮传动，已知 $z_1 = 15$，$z_2 = 30$，$m = 2$mm，$\Sigma = 90°$，试问：1）小齿轮是否会产生切齿干涉；2）计算齿轮主要几何尺寸（d、d_a、d_f、R）及 δ_a、δ_f。

第五章　轮　　系

在工程上，把由一系列齿轮所组成的传动系统称为轮系。

第一节　轮系的分类

轮系根据运转时各齿轮轴线的相对位置是否固定，可以分为齿轮系和行星轮系两种基本类型。

一、齿轮系（定轴轮系）

当轮系运转时，若各齿轮的几何轴线相对于机架的位置是固定不变并各绕其自身轴线而转动者称为齿轮系（定轴轮系）。如图 5-1a 所示的圆柱齿轮减速器、图 5-1b 所示的圆柱齿轮变速器，均属齿轮系的应用实例。

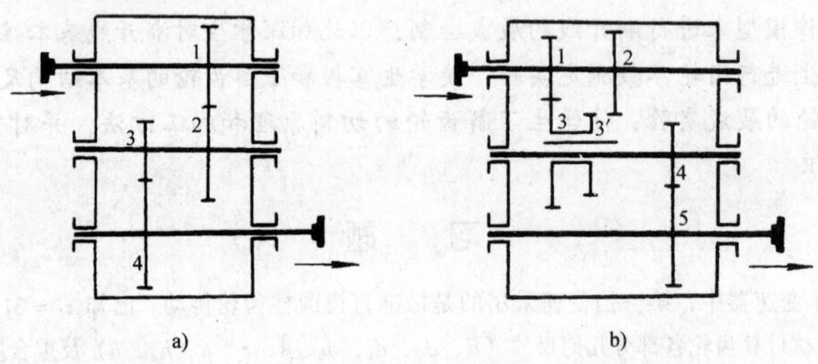

图 5-1　齿轮系

二、行星轮系

当轮系运转时，若其中至少有一个齿轮的几何轴线相对于机架有位置变化者，称为行星轮系。如图 5-2a 所示的轮系，其中齿轮 2 松套在构件 H 上，并分别与齿轮 1 和齿轮 3 相啮合。因此，在运转时，轮 2 一方面绕自身的几何轴线 O_2 转动（自转），另一方面又随构件 H 绕固定的几何轴线 O_H 转动（公转）。其运动和太阳系中的行星绕太阳作自转和公转类似，因此称之为行星轮系。行星轮系中兼有自转和公转的齿轮 2 称为行星轮。支承行星轮的构件 H 称为行星架（或系杆）。与行星轮相啮合，而且其几何轴线相对于机架位置不变的齿轮称为太阳轮（如图 5-2 中齿轮 1 和齿轮 3）。

现在进一步分析图 5-2a 和图 5-2b 所示的两种行星轮系的区别。

图 5-2a 所示的行星轮系，太阳轮 1 和内齿圈 3 均转动。因此，该机构的活动构件数 $n=4$，低副数 $P_L=4$，高副数 $P_H=2$，机构自由度 $F=3n-2P_L-P_H=3\times4-2\times4-2=2$，即必须在已知两个构件的运动之后，机构的其余各构件的运动才能完全确定。这种行星轮系称为差动轮系。

图 5-2b 所示的行星轮系，其内齿圈 3 固定。因此，该机构的活动构件数 $n=3$，$P_L=$

3，$P_H=2$，机构自由度 $F=3\times3-2\times3-2=1$，即只要已知一个构件的运动，机构的其余各构件的运动便可完全确定。这种行星轮系称为简单行星轮系。

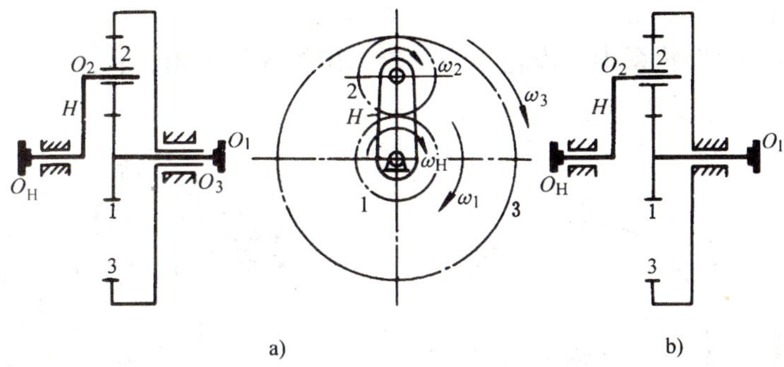

图 5-2 行星轮系

a）差动轮系 b）简单行星轮系

第二节 齿轮系传动比的计算

如图 5-3a 所示的一对外啮合齿轮，两齿轮的转动方向相反，规定传动比冠以负号，即

$$i_{12}=\frac{\omega_1}{\omega_2}=\frac{n_1}{n_2}=-\frac{z_2}{z_1}$$

式中，角标 1 和 2 分别表示主动轮 1 和从动轮 2。

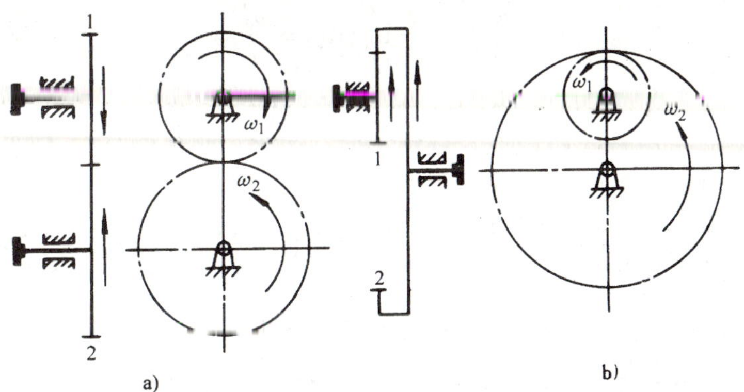

图 5-3 平行轴间齿轮传动

图 5-3b 所示是一对内啮合齿轮，两轮转动方向相同，规定传动比冠以正号（正号常可省略），即

$$i_{12}=\frac{\omega_1}{\omega_2}=\frac{n_1}{n_2}=+\frac{z_2}{z_1}=\frac{z_2}{z_1}$$

平行轴间齿轮传动，两轮之间的转动方向的关系也可在图上用箭头表示出来。如图 5-3 所示，当两箭头反向时，表示两轮的转动方向相反，其传动比符号取为负；当两箭头同向时，表示两轮的转动方向相同，其传动比符号取为正。

图 5-4 所示是一对锥齿轮传动，由于两齿轮轴线不平行，故其转动方向的关系不能用传动比的正、负号表示，而只能在图上用画箭头的方法确定。应注意用箭头表示转向时，应

使表示两啮合齿轮转向的箭头（或箭尾）相对。

所谓轮系的传动比，是指该轮系中首末两轮的角速度或转速之比。现将齿轮系传动比的计算方法叙述如下。

在图 5－5 所示的齿轮系中，齿轮 1 为首轮，齿轮 5 为末轮；z_1、z_2、$z_{2'}$、z_3、$z_{3'}$、z_4、z_5 为各轮的齿数，需求此齿轮系的传动比 i_{15}。

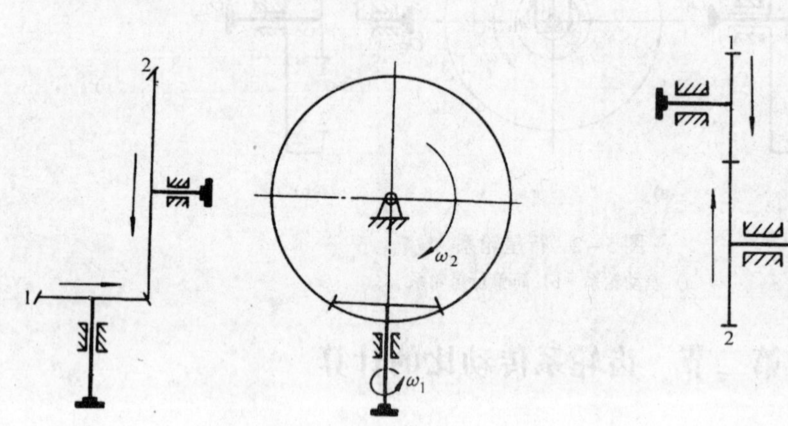

图 5－4　锥齿轮传动

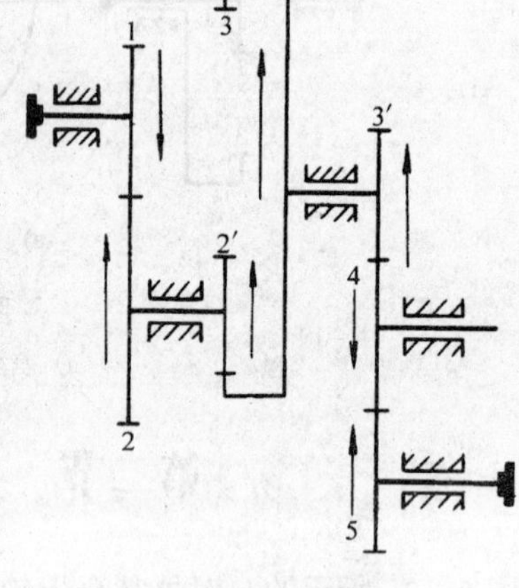

图 5－5　齿轮系

设 ω_1、ω_2、$\omega_{2'}$、ω_3、$\omega_{3'}$、ω_4、ω_5 为各轮角速度。由于此轮系中各轮的几何轴线均互相平行，其各对相啮合的齿轮的传动比分别为

$$i_{12}=\frac{\omega_1}{\omega_2}=-\frac{z_2}{z_1};\qquad i_{2'3}=\frac{\omega_{2'}}{\omega_3}=\frac{z_3}{z_{2'}}$$

$$i_{3'4}=\frac{\omega_{3'}}{\omega_4}=-\frac{z_4}{z_{3'}};\qquad i_{45}=\frac{\omega_4}{\omega_5}=-\frac{z_5}{z_4}$$

将以上各式连乘，得

$$i_{12}\,i_{2'3}\,i_{3'4}\,i_{45}=\frac{\omega_1}{\omega_2}\frac{\omega_{2'}}{\omega_3}\frac{\omega_{3'}}{\omega_4}\frac{\omega_4}{\omega_5}=\left(-\frac{z_2}{z_1}\right)\left(\frac{z_3}{z_{2'}}\right)\left(-\frac{z_4}{z_{3'}}\right)\left(-\frac{z_5}{z_4}\right)=(-1)^3\times\frac{z_2\,z_3\,z_4\,z_5}{z_1\,z_{2'}\,z_{3'}\,z_4}$$

因 $\omega_{2'}=\omega_2$，$\omega_{3'}=\omega_3$

故

$$i_{15}=\frac{\omega_1}{\omega_5}=i_{12}\,i_{2'3}\,i_{3'4}\,i_{45}=(-1)^3\times\frac{z_2\,z_3\,z_4\,z_5}{z_1\,z_{2'}\,z_{3'}\,z_4}=-\frac{z_2\,z_3\,z_5}{z_1\,z_{2'}\,z_{3'}}$$

由以上计算过程可知，该齿轮系的传动比等于组成该轮系中各对齿轮传动比的连乘积，其大小等于所有从动轮齿数的连乘积与所有主动轮齿数的连乘积之比，而传动比的正负号则取决于外啮合的次数，如轮系中有 m 次外啮合，由首轮到末轮的转动方向将有 m 次变号。因此，这种轮系传动比的符号可用 $(-1)^m$ 来表示。

传动比的正负号，也可用画箭头的方法来确定，如图 5－5 所示。

在图 5－5 所示的轮系中，齿轮 4 和齿轮 3′、齿轮 5 同时啮合，轮 4 与轮 3′啮合时为从动轮，与轮 5 啮合时为主动轮。故在计算公式中分子、分母同时出现 z_4 而互相抵消，这表明轮 4 的齿数不影响传动比的大小，但改变了轮系外啮合次数（即改变了传动比的符号），这种仅改变转向不改变传动比大小的齿轮称为惰轮。

综上所述，由圆柱齿轮组成的齿轮系，其首轮 1 与末轮 K 间传动比的一般公式为

$$i_{1K}=\frac{\omega_1}{\omega_K}=(-1)^m\times\frac{\text{在 1、}K\text{ 间各从动轮齿数的连乘积}}{\text{在 1、}K\text{ 间各主动轮齿数的连乘积}} \tag{5-1}$$

应当指出，用 $(-1)^m$ 来判断转动方向，只限于所有齿轮的几何轴线都平行的轮系。

例 5-1 在图 5-6 所示的齿轮系中，已知各轮齿数为 $z_1=20$、$z_2=40$、$z_3=20$、$z_4=40$、$n_1=1500\text{r/min}$。试求轮 4 的转速 n_4 和转动方向。

解 因轮系中齿轮 1 与齿轮 4 的轴线不平行，用式（5-1）只能计算传动比的大小，n_1 与 n_4 的转向关系，需用画箭头的方法确定。

$$i_{14}=\frac{n_1}{n_4}=\frac{z_2z_4}{z_1z_3}=\frac{40\times40}{20\times20}=4$$

$$n_4=\frac{n_1}{i_{14}}=\frac{1500}{4}\text{r/min}=375\text{r/min}$$

n_1 与 n_4 的转向关系如图 5-6 所示。

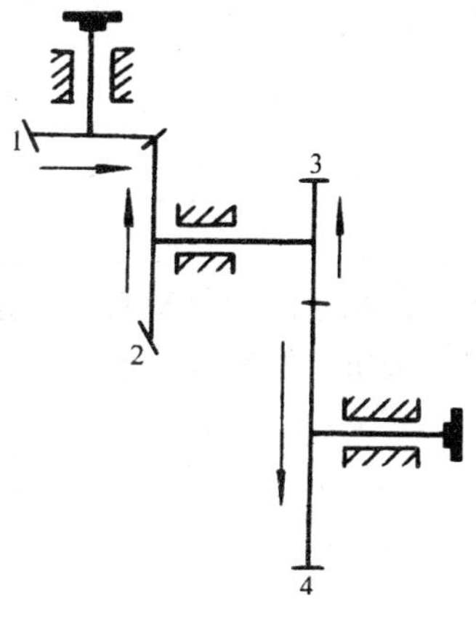

图 5-6 例 5-1 图

第三节 行星轮系传动比的计算

行星轮系中行星轮一方面绕自身的几何轴线转动，同时又随行星架绕中心轮的几何轴线转动。显然，这种轮系的传动比不能直接应用求齿轮系传动比的方法来计算。但是，如果设想使行星轮系中各构件之间的相对运动保持不变，而将行星架视为固定不动，这样行星轮系将转化成齿轮系，就可以利用式（5-1）列出轮系中各构件的相对角速度与各轮齿数的关系式，并由此求出行星轮系的传动比。

在图 5-7a 所示的行星轮系中，以 ω_1、ω_3、ω_H 分别表示太阳轮 1、内齿圈 3、行星架 H 的角速度，ω_2 表示行星轮 2 的角速度。

现给整个行星轮系加上一个与行星架 H 的角速度大小相等方向相反的角速度（$-\omega_H$）。根据相对运动原理，轮系中任意两构件间的相对运动关系不变。但这时原来运动的行星架 H 却变为静止不动了。于是原来的行星轮系（图 5-7a）就转化成一个假想的齿轮系（图5-7b）。这种附加 $-\omega_H$ 后得到的假想齿轮系，称为原行星轮系的转化机构，或称为转化轮系。

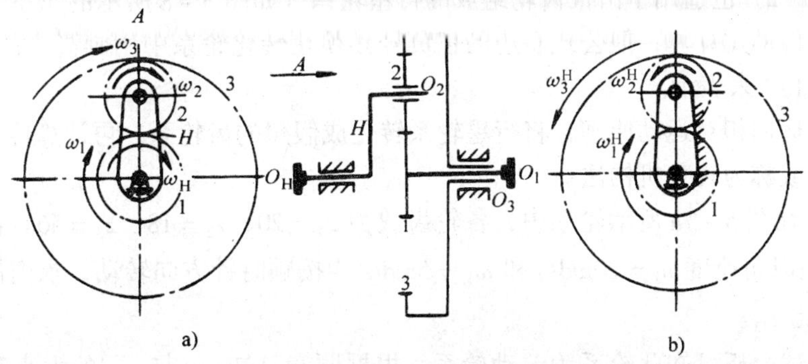

图 5-7 行星轮系及其转化机构

各构件转化前后的角速度见表 5－1。

表 5－1　各构件转化前后的角速度

构　件	原行星轮系中的角速度	转化轮系中的角速度
1	ω_1	$\omega_1^H=\omega_1-\omega_H$
2	ω_2	$\omega_2^H=\omega_2-\omega_H$
3	ω_3	$\omega_3^H=\omega_3-\omega_H$
H	ω_H	$\omega_H^H=\omega_H-\omega_H=0$

因为行星轮系的转化轮系为一齿轮系，所以转化轮系中的传动比就可以用齿轮系传动比的计算方法来求。即转化轮系中齿轮 1、3 间的传动比为

$$i_{13}^H=\frac{\omega_1^H}{\omega_3^H}=\frac{\omega_1-\omega_H}{\omega_3-\omega_H}=(-1)^1\times\frac{z_3}{z_1}$$

亦即

$$\frac{\omega_1-\omega_H}{\omega_3-\omega_H}=-\frac{z_3}{z_1}$$

上式中齿数比前的负号，表示在转化轮系中，轮 1 与轮 3 的转向相反。

推广到一般情况，设行星轮系中，首轮为 1、末轮为 K，则可写出

$$\frac{\omega_1-\omega_H}{\omega_K-\omega_H}=(-1)^m\frac{\text{转化轮系在 1、}K\text{ 间各从动轮齿数的连乘积}}{\text{转化轮系在 1、}K\text{ 间各主动轮齿数的连乘积}}\tag{5-2}$$

式中　m——转化轮系在 1、K 间的外啮合次数。

当已知行星轮系中各轮齿数及 ω_1、ω_K、ω_H 三个角速度中任意两个的大小和方向时，就可由式（5－2）求出另一个角速度的大小和方向，从而可算出行星轮系的传动比。

应用式（5－2）时须注意：

1）齿轮 1、K 必须是与行星轮相啮合的太阳轮（或内齿圈）或行星轮本身，其转动轴线应与行星架 H 的转动轴线平行或重合。

2）将 ω_1、ω_K、ω_H 的值代入公式时必须带正、负号。可假定一已知值的转向为正号，则与其同向的取正号，与其反向的取负号。

3）$i_{1K}^H\neq i_{1K}$。i_{1K}^H 为转化轮系中 1、K 两轮的角速度之比，即（$\omega_1-\omega_H$）/（$\omega_K-\omega_H$），其大小及正负号由假想的齿轮系传动比的计算方法确定；而 i_{1K} 则是行星轮系中 1、K 两轮的实际角速度之比，即 ω_1/ω_K，其大小及正负号须按式（5－2）计算后才能求出。

4）式（5－2）也适用于由锥齿轮组成的行星轮系（如图 5－8 所示的轮系）的太阳轮与行星架之间的传动比计算，但公式右边的正负号必须在转化轮系中用画箭头的方法来确定，而不能用 $(-1)^m$ 来表示。

上述这种运用相对运动原理，将行星轮系转化成假想的齿轮系，再计算传动比的方法称为相对速度法或称为转化机构法。

例 5－2　在图 5－7a 所示轮系中，各轮齿数为 $z_1=20$、$z_2=18$、$z_3=56$。若已知轮 1 和行星架 H 分别以角速度 $\omega_1=20\text{rad/s}$ 和 $\omega_H=5\text{rad/s}$ 均按顺时针方向转动，求内齿圈 3 的角速度 ω_3 和传动比 i_{13}。

解　按前述分析可知此轮系为差动轮系。根据题意已知 ω_1 与 ω_H 的大小和方向，故此题可解。

根据式（5－2）得

$$\frac{\omega_1-\omega_H}{\omega_3-\omega_H}=-\frac{z_3}{z_1}$$

由于 ω_1 和 ω_H 的转向相同，可均取为正值。把 ω_1、ω_H 的大小连同符号一齐代入上式可得

$$\frac{(20-5)\text{rad/s}}{(\omega_3-5)\text{rad/s}}=-\frac{56}{20}$$

所以

$$\omega_3=-5/14\text{rad/s}$$

求出的 ω_3 为负值，说明内齿圈 3 的转向与轮 1 的转向相反，即内齿圈 3 以 $\frac{5}{14}$rad/s 的角速度逆时针方向转动。故

$$i_{13}=\frac{\omega_1}{\omega_3}=\frac{20}{-5/14}=-56$$

例 5－3 在图 5－8a 所示的由锥齿轮组成的行星轮系中，已知各轮齿数为 $z_1=48$，$z_2=42$，$z_{2'}=18$，$z_3=21$，$n_1=100$r/min，$n_3=80$r/min，其转动方向如图示。求行星架 H 的转速 n_H。

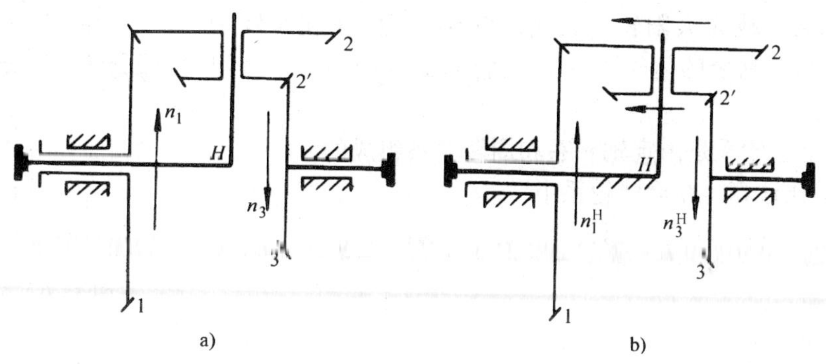

图 5－8 例 5－3 图

解 如图 5－8a 所示的由锥齿轮 1、2、2′、3 和行星架 H 组成的差动轮系又称为差速器。2－2′为 双联行星轮，轮 1、3 的几何轴线与行星架 H 的几何轴线重合。因此，可用式(5－2)来求解。但传动比的正负号必须由图 5－8b 所示的转化轮系中用画箭头的方法来确定。从图中可见，轮 1、3 在转化轮系中的转向相反，所以在齿数比前应加负号。而从图 5－8a 可知，给定的 n_1、n_3 的方向相反，若取 n_1 为正值，则 n_3 为负值，应将 n_1、n_3 的数值连同正负号一并代入公式。故

$$\frac{n_1-n_H}{n_3-n_H}=-\frac{z_2z_3}{z_1z_{2'}}$$

即

$$\frac{100\text{r/min}-n_H}{-80\text{r/min}-n_H}=-\frac{42\times21}{48\times18}=-\frac{49}{48}$$

可解得

$$n_H=9.07\text{r/min}$$

n_H 为正值，表示 n_H 与 n_1 的转向相同。

第四节　混合轮系传动比的计算

在实际机械中，经常用到由齿轮系和周转轮系组合而成的轮系，这种轮系称为混合轮系。解决混合轮系传动比计算的关键是正确区分哪些齿轮构成齿轮系，哪些齿轮构成行星轮系，然后分别列出它们传动比的计算公式，并联立求解。

确定行星轮系的方法是：①确定行星轮，即找出几何轴线绕另一齿轮轴线转动的齿轮；②确定行星架，即支承行星轮运动的构件（注意，此构件形状不一定都是简单杆件）；③确定太阳轮，即几何轴线与行星架转动轴线相重合，且直接与行星轮相啮合的齿轮。行星轮、行星架和太阳轮就组成了行星轮系。确定出行星轮系后，剩下的部分就是其他齿轮机构（或定轴轮系）。下面举例说明。

例 5-4　图 5-9 所示的混合轮系，已知各轮齿数为 $z_1=20$、$z_2=30$、$z_3=80$、$z_4=40$、$z_5=20$。试求传动比 i_{15}。

解　1）划分基本轮系。在该轮系中齿轮 2 的几何轴线是转动的，故齿轮 2 为行星轮。支持齿轮 2 的构件 H 为系杆。齿轮 2 与齿轮 1 及内齿轮 3 相啮合，且齿轮 1、3 的轴线与系杆 H 轴线重合，故为太阳轮。因此，齿轮 1、2、3 和系杆 H 组成周转轮系。剩余的齿轮 4、5，它们的轴线均固定，故组成定轴轮系。

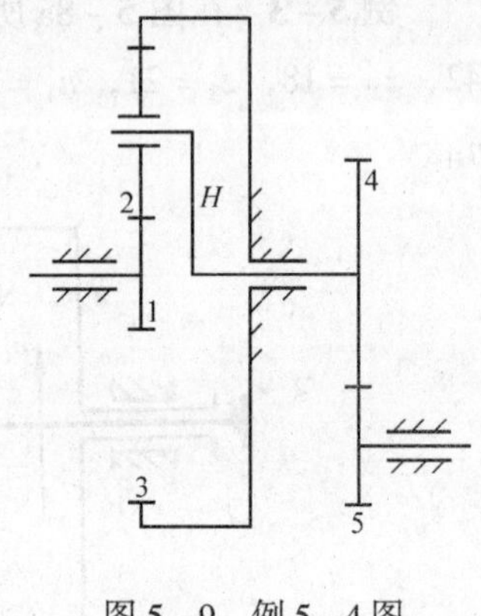

图 5-9　例 5-4 图

因此，上述轮系是由定轴轮系和周转轮系组成的。

2）传动比计算。在周转轮系中

$$i_{13}^{\mathrm{H}}=\frac{\omega_1-\omega_{\mathrm{H}}}{\omega_3-\omega_{\mathrm{H}}}=-\frac{z_2 z_3}{z_1 z_2}=-\frac{z_3}{z_1}=-\frac{80}{20}=-4$$

将 $\omega_3=0$、$\omega_{\mathrm{H}}=\omega_4$ 代入上式，则有

$$\omega_4=\frac{\omega_1}{5}$$

在定轴轮系中

$$i_{45}=\frac{\omega_4}{\omega_5}=-\frac{z_5}{z_4}=-\frac{20}{40}=-\frac{1}{2}$$

即
$$\omega_4=-\frac{\omega_5}{2}$$

解得
$$i_{15}=\frac{\omega_1}{\omega_5}=-2.5$$

式中的“-”号说明 ω_1 与 ω_5 转向相反。

例 5-5　图 5-10 所示为一电动卷扬机减速器。已知各轮齿数为 $z_1=24$、$z_2=33$、$z_{2'}=21$、$z_3=78$、$z_{3'}=18$、$z_4=30$、$z_5=78$，电动机的转速 $n_1=1480\mathrm{r/min}$。试求其传动比 i_{15}和卷筒的转速 n_5。

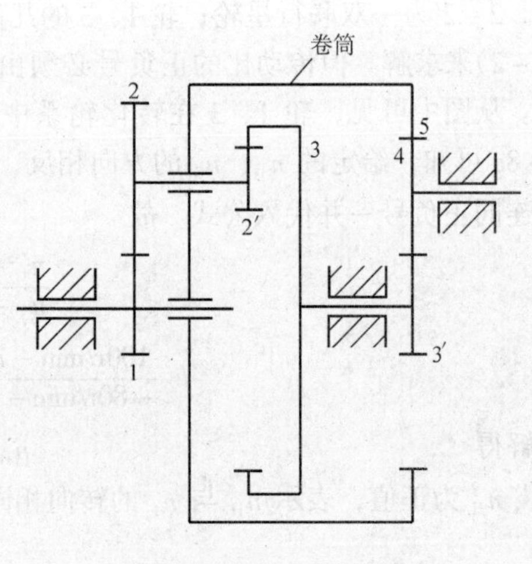

图 5-10　例 5-5 图

解 1）划分基本轮系。在该轮系中，双联齿轮 2－2′的几何轴线是绕齿轮 1、3 的轴线转动的，所以是行星轮。支持它运动的卷筒（与内齿轮 5 固接一体）就是系杆 H。与行星轮相啮合的齿轮 1、3 都能转动，所以齿轮 1、2－2′、3 和系杆 H 组成一个差动轮系。剩下的齿轮 3′、4、5 组成一个定轴轮系。

2）传动比计算。在差动轮系中

$$i_{13}^{\mathrm{H}}=\frac{n_1-n_{\mathrm{H}}}{n_3-n_{\mathrm{H}}}=-\frac{z_2 z_3}{z_1 z_{2'}}=-\frac{33\times 78}{24\times 21}$$

在定轴轮系中

$$i_{3'5}=\frac{n_{3'}}{n_5}=-\frac{z_5}{z_{3'}}=-\frac{78}{18}=-\frac{13}{3}$$

因 $n_3=n_{3'}$，$n_5=n_{\mathrm{H}}$，故由定轴轮系传动比计算式得

$$n_3=-\frac{13}{3}n_5=-\frac{13}{3}n_{\mathrm{H}}$$

代入差动轮系传动比计算式得

$$\frac{n_1-n_{\mathrm{H}}}{-\frac{13}{3}n_{\mathrm{H}}-n_{\mathrm{H}}}=-\frac{33\times 78}{24\times 21}$$

解得 $i_{15}=i_{1\mathrm{H}}=\frac{n_1}{n_{\mathrm{H}}}=+28.24$

式中“+”号说明 n_1、n_5 转向相同。

故卷筒的转速为 $n_5=\frac{n_1}{i_{15}}=\frac{1480\mathrm{r/min}}{28.24}=52.41\mathrm{r/min}$

第五节 轮系的功用

在各种机械设备中，轮系的应用十分广泛，其功用大致可归纳为以下几个方面。

一、作较远距离传动

当两轴之间的距离较远时，若仅用一对齿轮传动，如图 5－11 中双点画线所示，则两轮的直径很大，其外形尺寸很大，这不仅给制造安装等方面带来种种不便，并且浪费材料。如果采用图 5－11 中点画线所示四个小齿轮组成的轮系，仍可达到同样的目的，但能避免上述缺点。

二、获得较大传动比

当两轴之间需要较大的传动比时，若仅用一对齿轮传动，如图 5－12 中双点画线 1，2 齿轮，则两轮直径相差很大，两轮齿数相差很多，小轮的轮齿极易损坏。但如采用图中点画线所示轮系，就可以在各齿轮直径相差不大的情况下，得到较大的传动比。

三、实现变速和换向传动

在主动轴转速和转向不变的情况下，利用轮系可以使从动轴获得不同的转速和转向。图 5－13 所示为汽车四挡变速器的传动简图，图中Ⅰ为动力输入轴，Ⅱ为输出轴，4、6 为滑移齿轮，A、B 为齿轮离合器，齿轮 1、2 始终处于啮合状态。这种四挡变速器可使输出轴得到四种转速，并可使输出轴Ⅱ的转向改变。

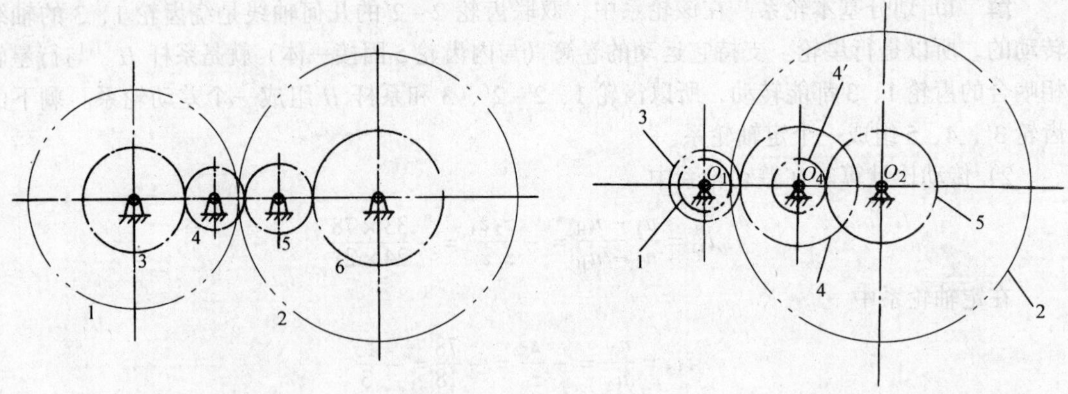

图 5－11　利用齿轮系作较远距离的传动

图 5－12　获得较大的传动比

四、实现分路传动

利用轮系可将主动轴的一种转速同时传到几根从动轴上，获得所需的各种转速。如图 5－14 所示的钟表传动示意图中，由发条盘驱动齿轮 1 转动时，通过齿轮 1 与 2 相啮合使分针 M 转动；由齿轮 1、2、3、4、5 和 6 组成的轮系可使秒针 S 获得一种转速；由齿轮 1、2、9、10、11 和 12 组成的轮系可使时针 H 获得另一种转速。按传动比的计算，如适当选择各轮的齿数，便可得到时针、分针、秒针之间所需的走时关系。

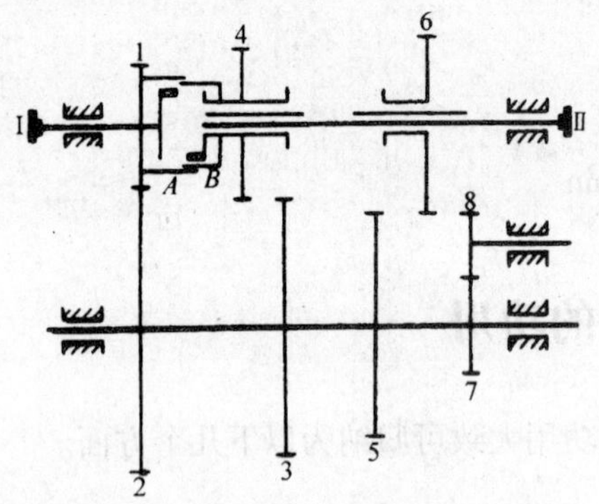

图 5－13　汽车变速器的传动简图

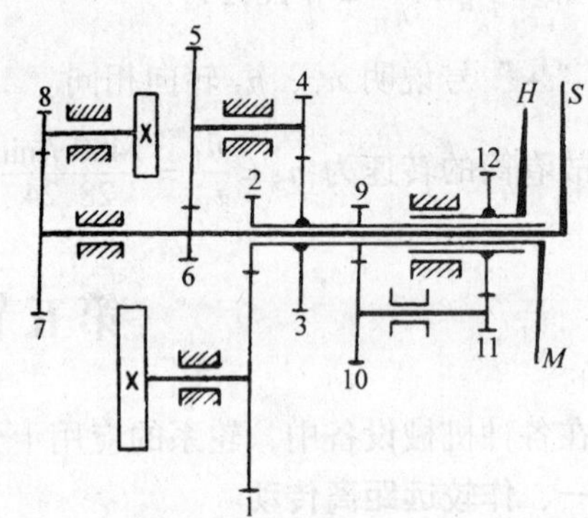

图 5－14　钟表传动示意图

五、实现运动的合成与分解

如前所述，差动轮系中的行星架和两个太阳轮可以都是转动的，故常用来作运动的合成。如图 5－15 所示，其中 $z_1 = z_3$。

由式（5－2）并用画箭头判断转化轮系转向后得

$$\frac{n_1 - n_H}{n_3 - n_H} = -\frac{z_3}{z_1} = -1$$

从而可得

$$2n_H = n_1 + n_3$$

上式表明，行星架 H 的转速是轮 1 与轮 3 转速的合成。这种轮系可用作加（减）法机构，当由轮 1 和轮 3 的轴分别输入被加数和加数的相应转数时，行星架 H 转数的两倍就是它们的和。

这种用作运动合成的机构，在机床、计算机构和补偿装置中得到广泛的应用。

图 5－16 所示的汽车后桥差速器，可作为轮系实现运动分解的一个实例。

当汽车直线行驶时，左右两车轮滚过的距离是相等的，所以两轮的转速也相等，行星轮4便没有自转运动。此时，齿轮3、4和5如同一个整体，一起随轮2转动。

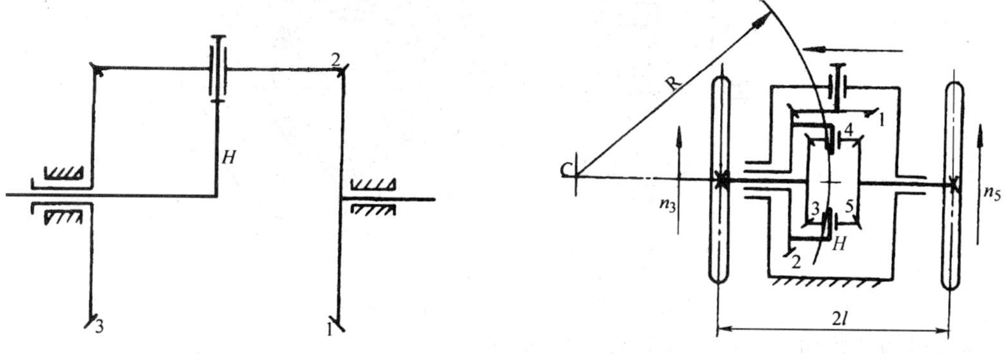

图5－15　运动的合成

图5－16　汽车后桥差速器

当汽车向左拐弯时，由于右车轮比左车轮滚过的距离大，所以右车轮要比左车轮转得快。这时，行星轮4除随齿轮2转动外，又绕自身的轴线转动。由图5－16可知，当车身绕瞬时转动中心 C 转动时，要使两车轮在地面上作纯滚动，则其转速应与两车轮到中心 C 的距离成正比。即

$$\frac{n_3}{n_5}=\frac{R-l}{R+l}$$

式中　R——弯道平均半径；

　　　l——后轮轮距之半。

由于这一差动轮系与图5－15所示的轮系构造相同，故

$$n_3+n_5=2n_H=2n_2$$

当已知轮2的转速 n_2，弯道的平均半径 R 以及两后轮轮距 $2l$ 时，由以上两式即可算出车轮的转速 n_3 和 n_5。这个例子说明，差动轮系可将输入的转速 n_2 分解为两个后车轮的转速 n_3 和 n_5。

*第六节　K　H　V型行星轮系简介

行星轮系的种类很多，本节介绍基本构件为太阳轮 K、行星架 H 和输出轴 V 所组成的K－H－V型行星齿轮机构。

这些齿轮机构的特点是：零件数目少、结构紧凑、传动比大、重量轻、体积小和传动效率高。目前已在机机制造、冶金、起重运输、轻工机械、纺织机械、医疗器械及军工设备上得到较广的应用。

一、渐开线少齿差行星齿轮传动（少齿差传动）

1. 组成及传动比　图5－17所示为少齿差行星齿轮传动简图。齿轮3是具有内齿圈的固定太阳轮，其齿数为 z_3；齿轮2为行星轮，齿数为 z_2；输入轴 A 与行星架 H 固联在一起；轴 V 为输出轴，轴 V 与轮2间用一输出机构联接以使行星轮的运动以等角速比传递到轴 V。

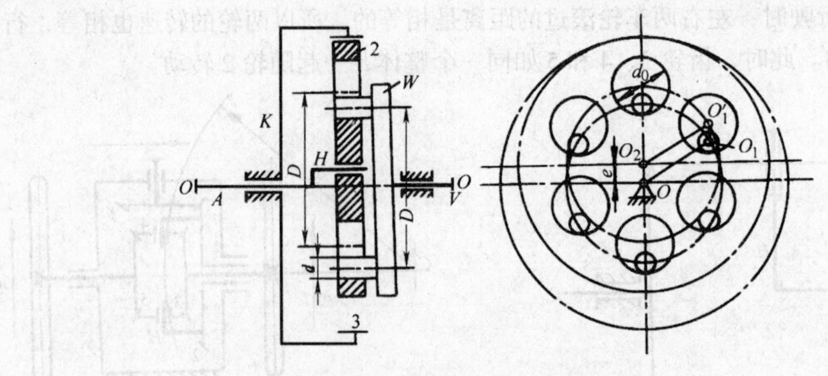

图 5-17　少齿差行星齿轮传动简图

这种机构的传动比可用式（5-2）求得，即

$$\frac{n_2-n_H}{n_3-n_H}=\frac{n_2-n_H}{0-n_H}=1-\frac{n_2}{n_H}=1-i_{2H}=\frac{z_3}{z_2}$$

由于

$$i_{H2}=1/i_{2H}$$

故

$$i_{H2}=\frac{1}{1-z_3/z_2}=-\frac{z_2}{z_3-z_2}$$

由上式可知，要增大机构的传动比，必须使两轮的齿数差 z_3-z_2 尽可能小。由于齿轮齿数只能为整数，故最少的齿数差必为 1，此情况称为一齿差行星齿轮传动，而机构的传动比有最大值即 $i_{H2}=-z_2$。这种机构的齿数差也可为 2、3、4 等，而传动比将分别为 $-\frac{z_2}{2}$、$-\frac{z_2}{3}$、$-\frac{z_2}{4}$。因为齿数差较少，所以称为少齿差行星齿轮传动（又称为少齿差传动）。

2. 传动的输出机构　如前所述，这种传动用于减速时，行星架 H 为主动件，行星轮 2 为从动件，输出的是行星轮的转动，而行星轮除自转外还有公转，因此，必须有一种输出机构把行星轮的转动以等角速度比传递给具有固定转动中心的输出轴 V。

常用的输出机构有十字滑块（图 5-18）、浮动盘（图 5-19）及销孔输出机构（图 5-17）等。

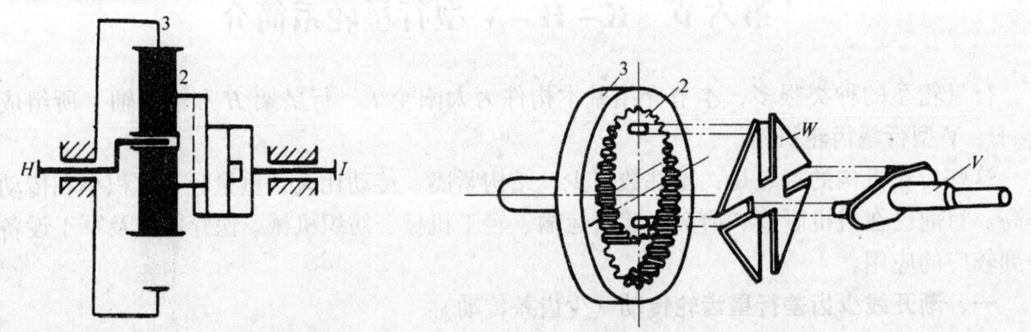

图 5-18　十字滑块输出机构示意图

图 5-19　浮动盘输出机构

这种齿轮传动由于同时啮合的齿数较少，承载能力低，而且为了避免干涉，必须进行复杂的变位计算，故只适用于中、小型动力传动的减速装置。

二、摆线针轮行星传动（摆线少齿差传动）

摆线针轮行星传动是一齿差 K－H－V 型行星齿轮传动，其减速原理与渐开线少齿差行星齿轮传动基本相同。它常采用销孔式输出机构。这种行星传动中的行星轮 2 的齿形通常为短幅外摆线的等距曲线，称为摆线轮；太阳轮 3 的内齿是许多针齿套 *A* 和针齿 *B* 所组成的，称为针轮，如图 5－20 所示（图 5－20a 为传动示意图，图 5－20b 为结构示意图）。

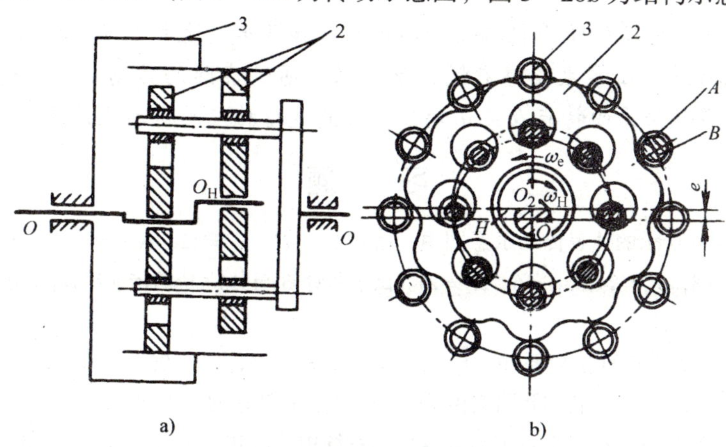

图 5－20　摆线针轮行星传动示意图

因为这种传动的齿数差等于 1，所以其传动比为

$$i_{HV} = -\frac{z_2}{z_3 - z_2} = -z_2$$

摆线针轮行星传动所能实现的传动比范围大，一般一级传动比为 11～87；二级传动可达 121～3500，个别情况高达 5000，它具有结构简单、体积小、重量轻、效率高等优点；另外，同时啮合的齿数多，承载能力强，轮齿磨损小，使用寿命长。其缺点是加工工艺复杂，精度要求高，必须用专用机床和刀具来加工摆线齿轮。

三、活齿少齿差行星齿轮传动（活齿传动）

活齿传动是 K－H－V 型行星齿轮传动的一种新型式，图 5－21 所示的是常见的活齿传动结构剖面示意图。

活齿传动的特点是内齿圈 3 可做成摆线、圆弧或其他曲线形状，行星轮 2 的轮齿改用单个活齿（多采用滚珠、滚子和推杆等作为活齿），活齿按圆周方向均匀分布在输出盘轴 *V*（即活齿架）的孔（或槽）中，并能在孔（或槽）中作往复运动和滚转运动。内齿圈 3 的齿数 z_3 比活齿 2 的齿数 z_2 多 1～几个齿。因此，当输入轴 *A* 转一转时，活齿推动轴 *V* 反向转动一个或几个齿，从而达到减速输出的目的。若内齿圈 3 固定时，其传动比为

$$i_{HV} = -\frac{z_2}{z_3 - z_2}$$

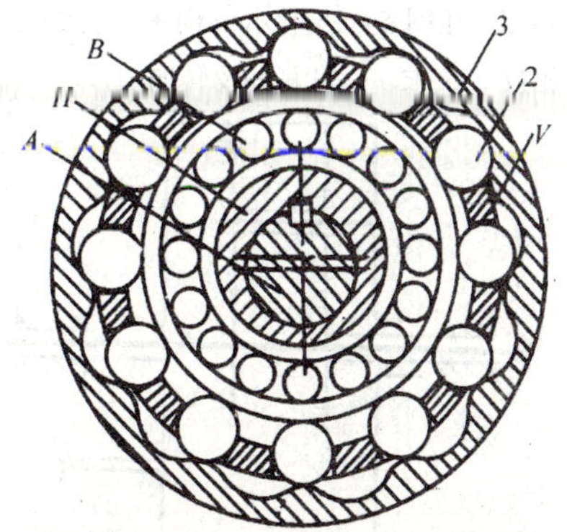

图 5－21　活齿传动结构剖面示意图

由于活齿传动改变了一般 K－H－V 型行星齿轮传动的输出机构形式，可使薄弱的行星

架与行星轮之间的轴承 B 的尺寸放大，偏心距的选择也不再受到严格限制，从而使结构和齿形设计更为合理；另外，这种传动有较好的工艺性能和强度。因此，这是一种很有发展前途的传动形式。

实践教学环节

为学生提供几个简单的轮系机构或传动机械（如汽车变速和差动齿轮机构、车床齿轮箱等）的传动系统简图，让学生能够看懂传动关系；通过实际的传动机械，进一步掌握齿轮系、行星轮系及混合轮系的特点及应用划分，并能进行相应的传动比计算。

习　题

5-1　在图 5-14 所示的钟表传动示意图中，已知 $z_1=72$，$z_2=12$，$z_3=64$，$z_4=8$，$z_5=60$，$z_6=8$，$z_7=60$，$z_8=6$，$z_9=8$，$z_{10}=24$，$z_{11}=6$，$z_{12}=24$。试求秒针 S 与分针 M 的传动比 i_{SM} 及分针 M 与时针 H 的传动比 i_{MH}。

5-2　在图 5-22 所示行星轮系中，已知 $z_1=15$，$z_2=25$，$z_{2'}=20$，$z_3=60$，$n_1=200\text{r/min}$，$n_3=50\text{r/min}$。试分别计算当 n_1 和 n_3 转向相同或相反时，行星架 H 转速的大小和方向。

5-3　在图 5-23 所示电动三爪自定心卡盘传动系统中，已知 $z_1=6$，$z_2=z_{2'}=25$，$z_3=57$，$z_4=56$。试求传动比 i_{14}。

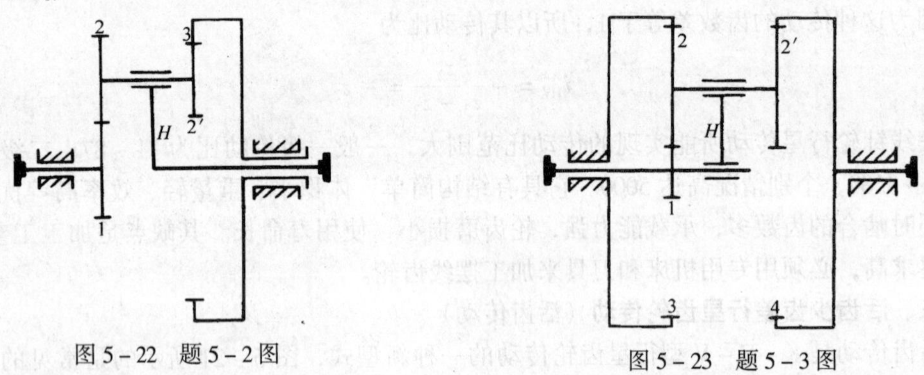

图 5-22　题 5-2 图　　　　图 5-23　题 5-3 图

5-4　在图 5-24 所示机构中，已知 $z_1=50$，$z_2=49$，$z_3=30$，$z_4=30$。试求手柄 H 与轮 1 的传动比 i_{H1}。

5-5　在图 5-25 所示机构中，已知 $z_1=60$，$z_2=40$，$z_{2'}=z_3=20$，$n_1=n_3=120\text{r/min}$。且 n_1 与 n_3 的转向相反。试求 n_H 的大小及转向。

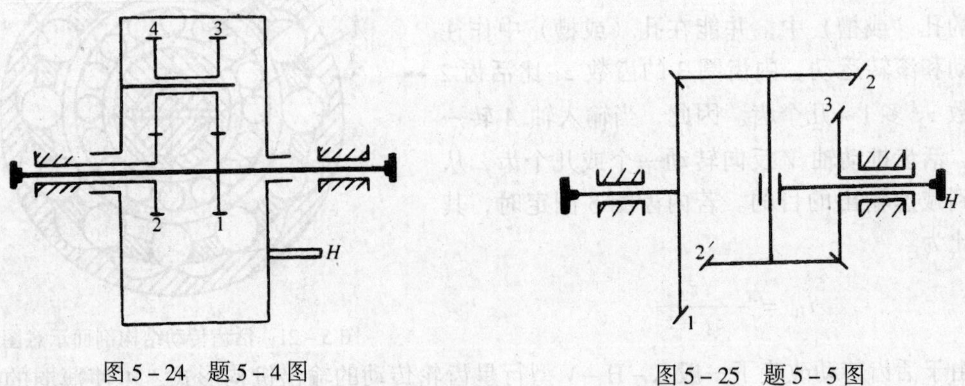

图 5-24　题 5-4 图　　　　图 5-25　题 5-5 图

5-6 在图 5-26 所示轮系中，已知 $n_1=3549\text{r/min}$，各轮齿数为 $z_1=36$，$z_2=60$，$z_3=23$，$z_4=49$，$z_{4'}=69$，$z_5=31$，$z_6=131$，$z_7=91$，$z_8=36$，$z_9=167$。试求行星架 H 的转速 n_H 的大小。

5-7 在图 5-27 所示轮系中，已知各轮的齿数为 $z_1=20$，$z_2=40$，$z_{2'}=50$，$z_3=30$，$z_{3'}=20$，$z_4=30$，齿轮 1 的转速 $n_1=2400\text{r/min}$。试求 n_H，并指出系杆 H 的转向与齿轮 1 的转向是否相同。

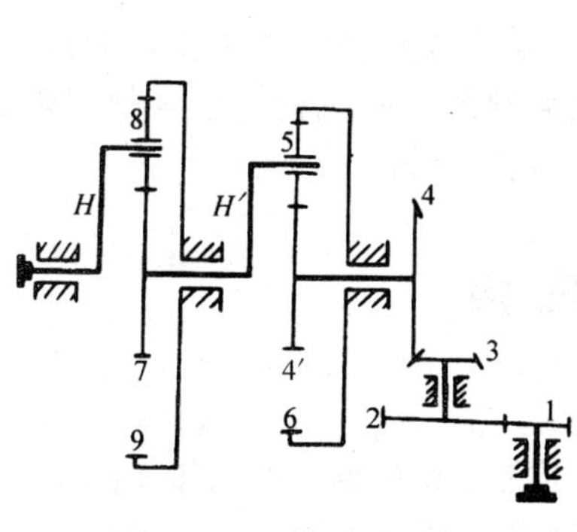

图 5-26 题 5-6 图

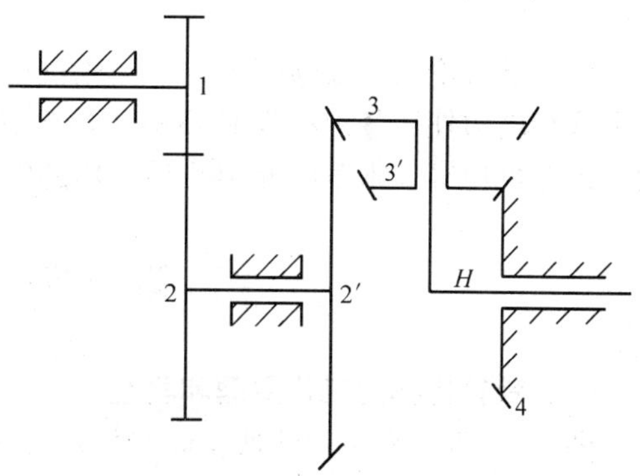

图 5-27 题 5-7 图

第六章 间歇运动机构及组合机构

前几章讨论的平面连杆机构、凸轮机构和齿轮机构是组成机器的几种主要的常用机构。除了这些机构外，各种机器和仪器中还经常采用其他类型的一些机构，如各种间歇运动机构、组合机构等。本章将介绍几种常用的间歇运动机构及组合机构。

第一节 棘轮机构

一、棘轮机构的工作原理和类型

图6-1所示为一种外啮合齿式棘轮机构。棘轮2通常呈锯齿形，并与轴4固联，棘爪3与摇杆1用转动副 A 相联接，摇杆1空套在轴4上。通常以摇杆为原动件，棘轮为从动件。当摇件1连同棘爪3逆时针方向转动时，棘爪3插入棘轮的相应齿槽，推动棘轮转过某一角度；当摇杆1返回作顺时针方向转动时，棘爪3在棘轮齿背上滑过，这时，簧片6迫使止回棘爪5插入棘轮的相应齿槽，阻止棘轮顺时针方向返回，而使棘轮静止不动。由此可知，当原动摇杆1连续往复摆动时，棘轮2只作单向的间歇运动。

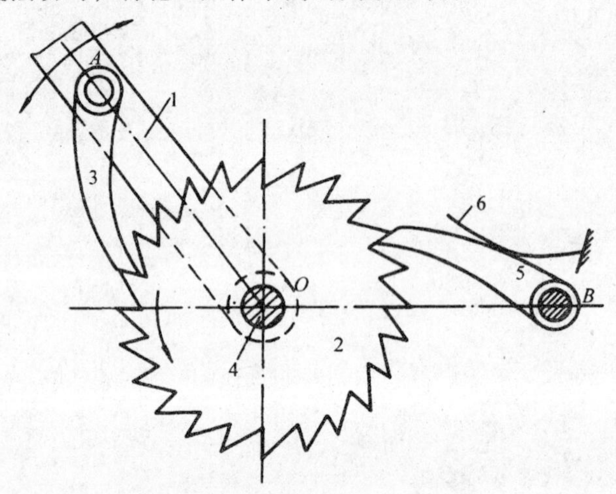

图6-1 外啮合齿式棘轮机构

1—摇杆 2—棘轮 3—棘爪 4—轴 5—止回棘爪 6—簧片

图6-2所示为双动式棘轮机构，棘爪3可制成直推式（图6-2a）或钩头式（图6-2b)。这种棘轮机构的棘爪由大小两个棘爪组成。如图6-2a所示，当摇杆1逆时针方向转动时，大棘爪将插入棘轮的相应齿槽推动棘轮作逆时针方向转动，此时小棘爪在棘轮的齿背上滑过；当摇杆返回作顺时针方向转动时，小棘爪将插入棘轮的相应齿槽推动棘轮也作逆时针方向转动，大棘爪则在棘轮的齿背上滑过。因此，双动式棘轮机构可实现摇杆往复摆动时均能使棘轮沿单一方向转动。

如果棘轮的回转方向需要经常改变而获得双向的间歇运动，则可如图6-3a所示，棘轮轮齿制成矩形齿，摇杆上装一可翻转的双向棘爪2。棘爪推动棘轮的一边制成直边，另一边呈曲线状，以便返回时可以在棘轮齿背上滑过。图中若棘爪 3 在实线位置，当摇杆 1 连续往复摆动时，可推动棘轮 2 沿逆时针方向作间歇运动；若棘爪翻转到双点画线位置，当摇杆往复摆动时，将推动棘轮沿顺时针方向作间歇运动。图 6－3b 所示为另一种双向棘轮机构，当棘爪 3 在图示位置并随摇杆 1 往复摆动时，棘轮 2 将沿逆时针方向作间歇运动；若将棘爪提起（拔出定位销 5）并绕本身轴线转 180°后再插入棘轮齿中（定位销插入另一销孔中），棘轮则可实现沿顺时针方向的间歇运动；若将棘爪提起并绕本身轴线转 90°后放下（定位销不能落入销孔中），使棘爪与棘轮脱开而不起作用，则当棘爪往复摆动时，棘轮静止不动，这种棘轮机构常应用在牛头刨床工作台的进给装置中。

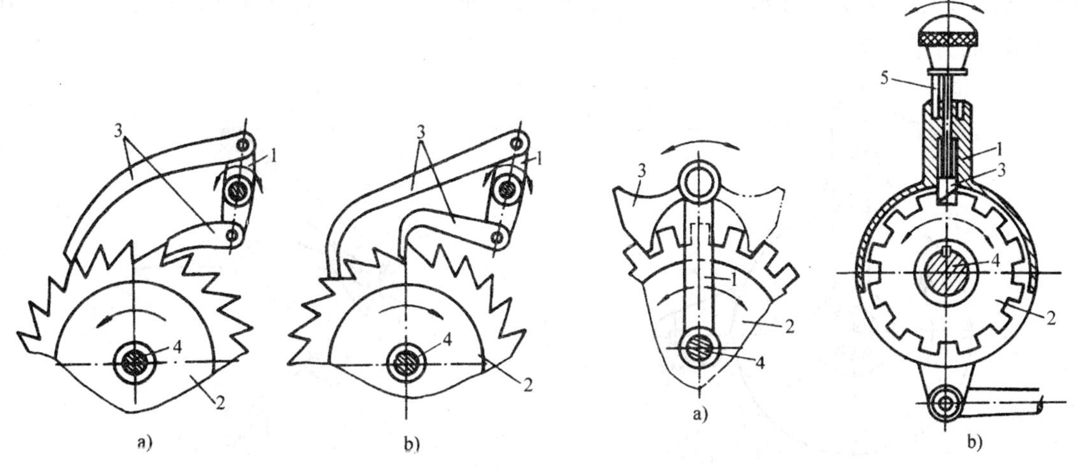

图 6－2　双动式棘轮机构

1—摇杆　2—棘轮　3—棘爪　4—轴

图 6－3　双向棘轮机构

1—摇杆　2—棘轮　3—棘爪　4—轴　5—定位销

齿式棘轮机构除了外啮合形式外，还有内啮合形式。图 6－4 所示为内啮合棘轮机构。

上述齿式棘轮机构中的棘轮是靠摇杆上的棘爪推动其棘齿而运动的，所以棘轮每次的转动角都是棘轮齿距角的倍数。在摇杆摆角一定的条件下，棘轮每次的转动角是不能改变的。但有时需要随工作要求而改变棘轮的转动角，为此，除可以改变摇杆的摆动角度外，还可如图 6－5 所示，在棘轮上加一遮板，用以遮盖摇杆摆角 ψ 范围内棘轮上的一部分齿。这样，当摇杆逆时针方向摆动时，棘爪先在遮板上滑动，然后才插入棘轮的齿槽来推动棘轮转动。被遮板遮住的齿越多，则棘轮每次转动的角度就越小。

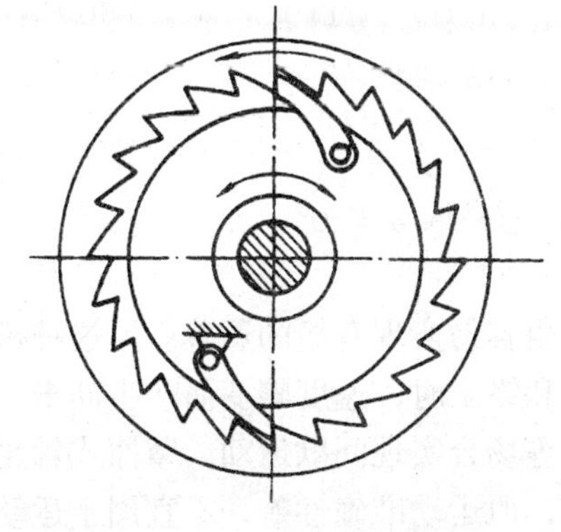

图 6－4　内啮合棘轮机构

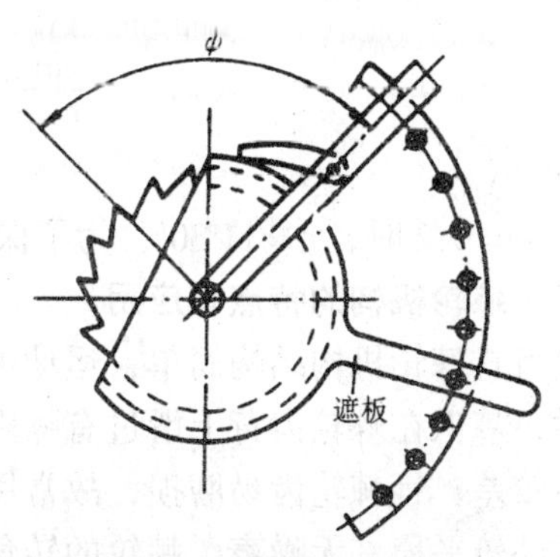

图 6－5　带遮板的棘轮机构

图 6-6 所示为摩擦式棘轮机构，它的工作原理与齿式棘轮机构相同，只是棘爪为一偏心扇形块，棘轮为一摩擦轮。当摇杆 1 作逆时针方向转动时，利用棘爪 3 与棘轮 2 之间产生的摩擦力，带动棘轮 2 和摇杆一起转动；当摇杆返回作顺时针方向转动时，棘爪 3 与棘轮 2 之间产生滑动，这时止回棘爪 5 与棘轮 2 楔紧，阻止棘轮反转。这样，摇杆作连续往复摆动时，棘轮 2 便作单向的间歇运动。

*二、棘爪工作的条件

如图 6-7 所示，当棘轮机构工作时，在一定载荷下，为使棘爪受力最小，应使 $\angle O_1AO_2 = 90°$。为了保证棘爪能滑入齿槽并防止棘爪从棘轮齿槽中脱出，棘爪在与棘轮齿面接触的 A 点处所受压力 F_N（沿 $n-n$ 方向）对回转轴线 O_2 的力矩应大于棘爪所受摩擦力 F 对 O_2 的力矩，即

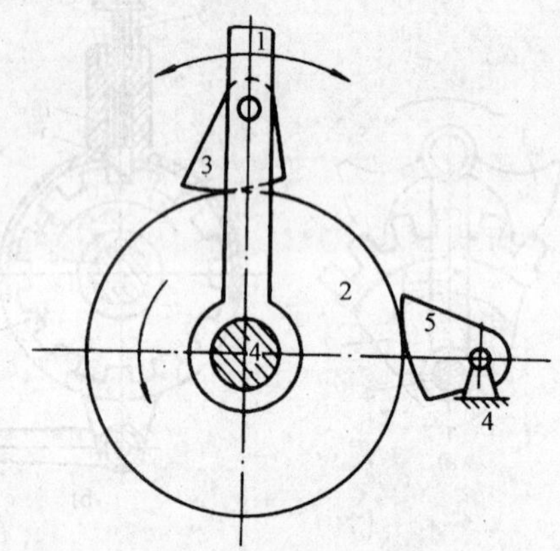

图 6-6　摩擦式棘轮机构

1—摇杆　2—棘轮　3—棘爪　4—轴　5—止回棘爪

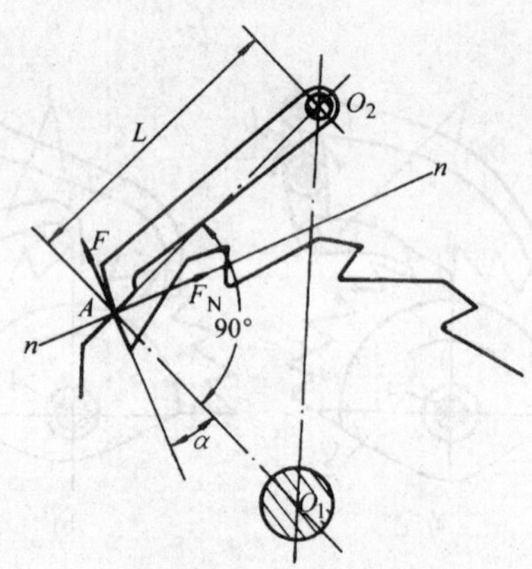

图 6-7　棘爪受力分析

$$F_N L\sin\alpha > FL\cos\alpha$$

而
$$F = F_N\mu = F_N\tan\rho$$

式中　α——棘轮工作齿面与棘轮轮齿尖顶径向线间的夹角；

ρ——摩擦角（$\rho = \arctan\mu$）；

μ——摩擦因数。

将以上二式整理可得

$$\frac{\sin\alpha}{\cos\alpha} > \tan\rho \quad 即\ \tan\alpha > \tan\rho$$

故应使
$$\alpha > \rho \tag{6-1}$$

当 $\mu = 0.2$ 时，$\rho = 11°30'$，为了保证可靠地工作，通常取 $\alpha = 20°$。

三、棘轮机构的特点和应用

轮齿式棘轮机构结构简单，运动可靠，棘轮的转角容易实现有级的调节。但这种机构在回程时，棘爪在棘轮齿背上滑过有噪声；在运动开始和终了时，速度骤变而产生冲击，运动平稳性较差，且棘轮齿易磨损，故常用在低速、轻载等场合实现间歇运动。摩擦式棘轮机构传递运动较平稳、无噪声，棘轮的转角可作无级调节，但运动准确性差，不宜用于运动精度要求高的场合。

在有些机械中，利用棘轮的间歇运动实现转位、分度等工艺动作。棘轮机构还能实现超越运动。图 6－8 所示为自行车后轮轴上的棘轮机构。当脚蹬踏板时，经链轮 1 和链条 2 带动内圈具有棘齿的链轮 3 顺时针转动，再通过棘爪 4 的作用，使后轮轴 5 顺时针转动，从而驱使自行车前进。当自行车前进时，如果不踏动踏板，后轮轴 5 便会超越链轮 3 而转动，让棘爪 4 在棘轮齿背上滑过，从而实现不蹬踏板的自由滑行。

在起重机、卷扬机等机械中，常采用棘轮机构作为防止逆转的止逆器，使提升的重物能停止在任何位置上，以防止由于停电等原因造成事故。图 6－9 所示为提升机的棘轮止逆器。

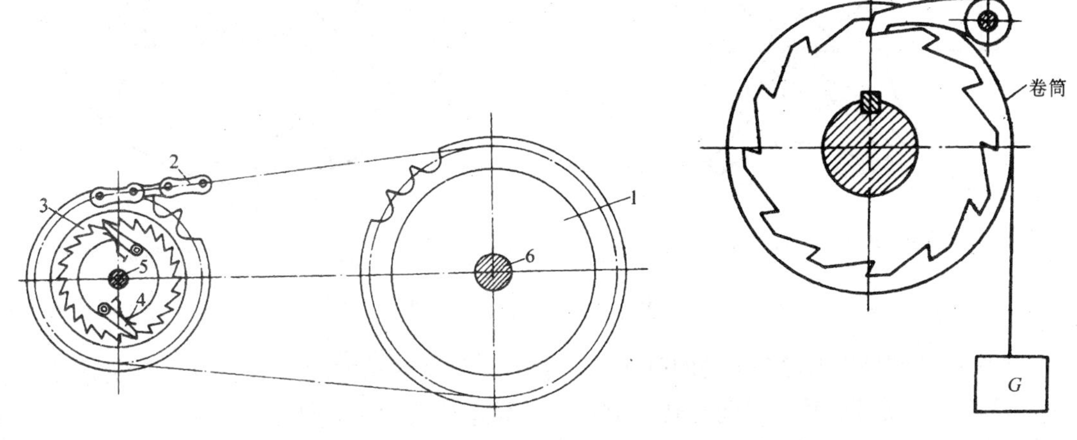

图 6－8　超越式棘轮机构

1、3—链轮　2—链条　4—棘爪　5—后轮轴　6—踏板轴

图 6－9　防止逆转的棘轮机构

第二节　槽轮机构

一、槽轮机构的工作原理和类型

图 6－10 所示为外啮合槽轮机构，主要由带有圆销 A 的主动拨盘 1、具有径向槽的从动槽轮 2 和机架所组成。当拨盘 1 的圆销 A 未进入槽轮 2 的径向槽时，由于槽轮的内凹锁住弧 S_2 被拨盘的外凸圆弧 S_1 卡住，而使槽轮 2 静止不动。图 6－10 所示为圆销 A 开始进入槽轮径向槽的位置，这时锁住弧 S_2 被松开，圆销 A 驱使槽轮 2 转动。当圆销 A 从槽轮的径向槽脱出时，槽轮的另一内凹锁住弧又被拨盘的外凸圆弧卡住，又使槽轮 2 停止不动，直至拨盘 1 的圆销 A 再次进入槽轮 2 的另一径向槽时，两者又重复上述的运动循环。这样，就把主动拨盘的连续转动变成槽轮的单向间歇运动。

槽轮机构有外啮合、内啮合两种基本形式。图 6－11 为内啮合槽轮机构，其拨盘与槽轮的转向相同；而外啮合槽轮机构的拨盘与槽轮转向相反。外啮合槽轮机构的应用比较广泛。

二、外啮合槽轮机构的槽数 z 和拨盘圆销数 K

1. 槽数 z　为避免槽轮开始转动和终止转动时发生刚性冲击，如图 6－10 所示，圆销 A 进入径向槽时，径向槽的中心线应切于圆销中心的运动圆周。因此，设 z 为均匀分布的径向槽数目，则由图可知，槽轮 2 转动时拨盘 1 的转角 $2\varphi_1$ 为

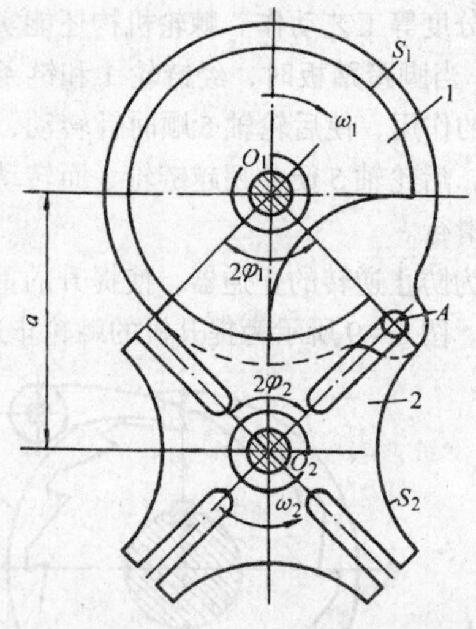

图 6-10　外啮合槽轮机构

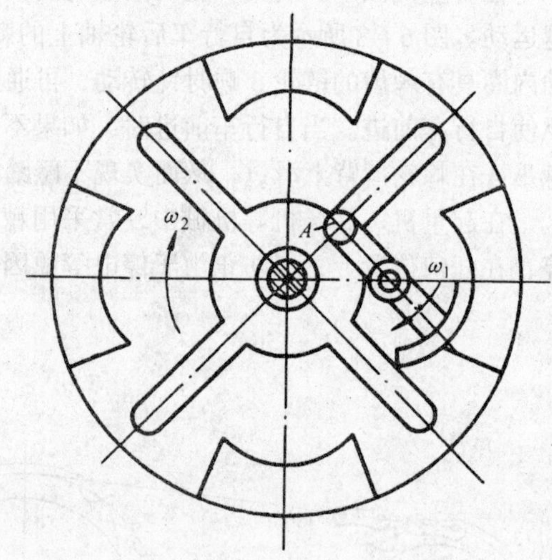

图 6-11　内啮合槽轮机构

$$2\varphi_1 = \pi - 2\varphi_2 = \pi - \frac{2\pi}{z} \tag{6-2}$$

一个运动循环内槽轮 2 运动的时间 t_2 与拨盘 1 转动一周的时间 t_1 之比，称为运动系数 τ。由于拨盘 1 等速转动，时间与转角成正比，故运动系数 τ 可用转角比来表示。对于只有一个圆销的单圆销槽轮机构，t_2 和 t_1 各对应于拨盘 1 的回转角 $2\varphi_1$ 和 2π，因此

$$\tau = \frac{t_2}{t_1} = \frac{2\varphi_1}{2\pi} = \frac{\left(\pi - \frac{2\pi}{z}\right)}{2\pi} = \frac{z-2}{2z} \tag{6-3}$$

由式（6-3）可知：

1）单圆销外啮合槽轮机构的运动系数 τ 只与槽轮的槽数 z 有关。因运动系数 τ 必须大于零，故槽轮径向槽数 z 必须等于或大于 3（如 $z=2$ 时，$\tau=0$，说明拨盘不能带动槽轮），而且，当 $z>9$ 时，τ 的改变很小。

2）式（6-3）可改写为 $\tau = 1/2 - 1/z$。由此可知，$\tau < 0.5$，即槽轮运动的时间总小于静止的时间。且 z 越少，τ 越小，槽轮运动的时间也越短。槽轮运动的这一特性常用来缩短机器非工作的辅助时间（如槽轮机构用作转位装置时，槽轮运动时间为机器的辅助时间），以提高生产率。

3）可以证明，槽轮的槽数 z 越少，槽轮的最大角速度 $\omega_{2\max}$ 和最大角加速度 $\alpha_{2\max}$ 越大，槽轮的运动越不均匀，运动平稳性越差。设计槽轮机构时，槽轮的槽数常取为 $z=4\sim8$。

2. 拨盘圆销数 K　如欲得到 $\tau>0.5$ 的槽轮机构，则须在拨盘 1 上装上若干圆销。设均匀分布的圆销数目为 K，则一个运动循环中，轮 2 的运动时间为只有一个圆销时的 K 倍，即

$$\tau = \frac{K(z-2)}{2z} \tag{6-4}$$

由于运动系数 τ 应小于 1，如若 $\tau=1$，槽轮将处于连续运动状态，而不再成为间歇运动机构。因此，由式（6-4）得

$$\frac{K(z-2)}{2z}<1$$

即
$$K<\frac{2z}{z-2} \tag{6-5}$$

由式（6-5）可知，当 $z=3$ 时，圆销的数目 K 可为 1～5；当 $z=4$ 或 5 时，K 可为 1～3；当 $z\geqslant 6$ 时，K 可为 1 或 2。

图 6-12 所示为 $z=4$，$K=2$ 的槽轮机构，其运动系数 $\tau=0.5$，即槽轮的运动时间与停歇时间相等。

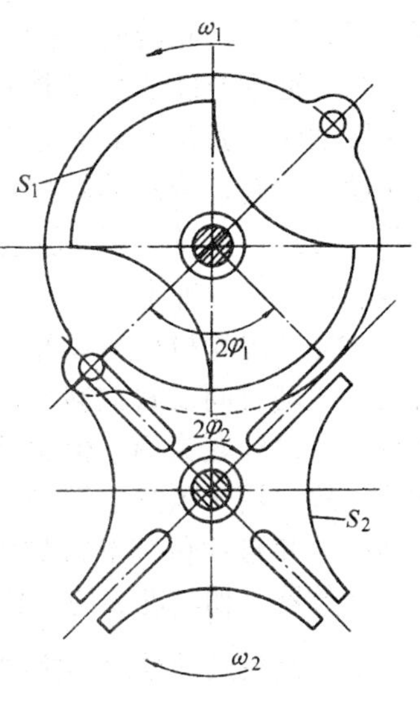

图 6-12 双圆销槽轮机构

三、槽轮机构的特点及应用

槽轮机构结构简单，机械效率高。与棘轮机构相比，槽轮机构运转平稳，能准确控制转角的大小，应用较为广泛，但槽轮的转角不能调节。传动时，拨盘圆销开始进入或离开径向槽时，存在柔性冲击，故常用于中、低速场合。

图 6-13 所示为转塔车床刀架转位装置中的槽轮机构。图 6-14 所示为电影放映机中用以间歇走片的槽轮机构。

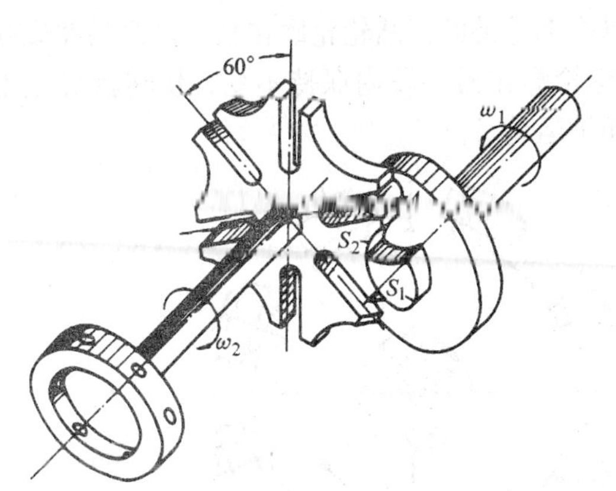

图 6-13 刀架转位机构

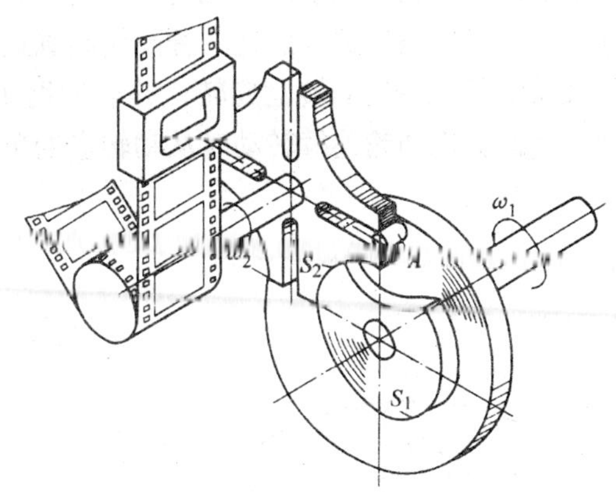

图 6-14 电影放映机中的槽轮机构

第三节 其他间歇运动机构

一、不完全齿轮机构

不完全齿轮机构是由普通渐开线齿轮机构演化而成的一种间歇运动机构。它与普通渐开线齿轮机构的不同之处是轮齿不布满整个圆周，如图 6-15 所示。当主动轮 1 的有齿部分与从动轮轮齿啮合时，推动从动轮 2 转动；当主动轮 1 的有齿部分与从动轮脱离啮合时，从动轮停歇不动。因此，当主动轮连续转动时，从动轮获得时动、时停的间歇运动。图 6-15a 所示为外啮合不完全齿轮机构，其主动轮 1 转一周时，从动轮 2 转 1/6 周，从动轮每转一周停歇六次。当从动轮停歇时，主动轮 1 上的锁住弧 S_1 与从动轮 2 上的锁住弧 S_2 互相配合锁住，以保证从动轮停歇在预定的位置。图 6-15b 所示为内啮合不完全齿轮机构。外啮合不完全齿轮机构两轮转向相反，内啮合不完全齿轮机构两轮转向相同。

与普通渐开线齿轮机构一样，当主动轮匀速转动时，其从动轮在运动期间也保持匀速转动。但是，当从动轮由停歇而突然地达到某一转速，以及由某一转速突然地停止时，机构会产生刚性冲击。

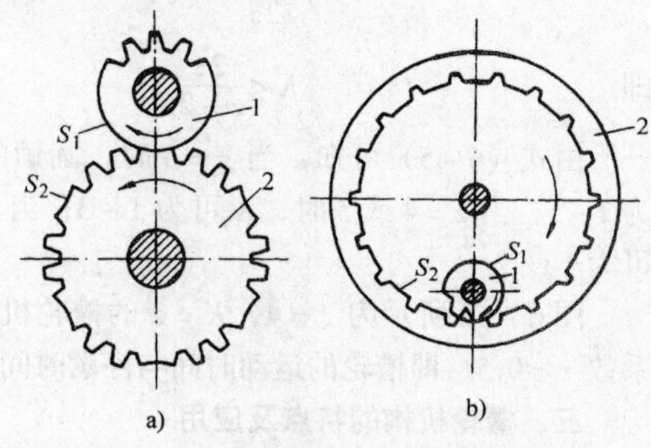

图 6－15　不完全齿轮机构

不完全齿轮机构从动轮每转一周的停歇时间、运动时间及每次转动的角度变化范围比较大，设计较灵活。但由于其存在一定的冲击，故多用于低速、轻载的场合，如用在自动进给和自动包装等机械中，以及应用于各种计数器（如电度表的计数机构）中。

二、凸轮式间歇运动机构

凸轮式间歇运动机构通常有两种类型。

一种是如图 6－16 所示的圆柱凸轮式间歇运动机构，主动凸轮 1 为具有曲线凸脊（或为曲线沟槽）的圆柱凸轮，转盘 2 端面上固定有周向均布的若干滚子 3；另一种是如图 6－17 所示的蜗杆凸轮式间歇运动机构，凸轮上有一条凸脊犹如蜗杆，滚子则均匀分布在转盘的圆柱面上，犹如蜗轮的齿。这两种凸轮间歇运动机构都是借助于凸轮轮廓在某一段内的曲线变化拨动滚子，使从动转盘旋转，并且借助于凸轮轮廓在另一段内保持不变，使转盘静止不动，从而实现凸轮连续转动时从动转盘的单向间歇运动。

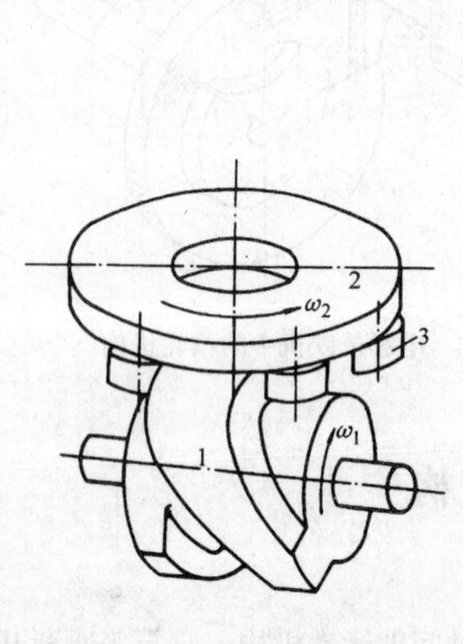

图 6－16　圆柱凸轮式间歇运动机构

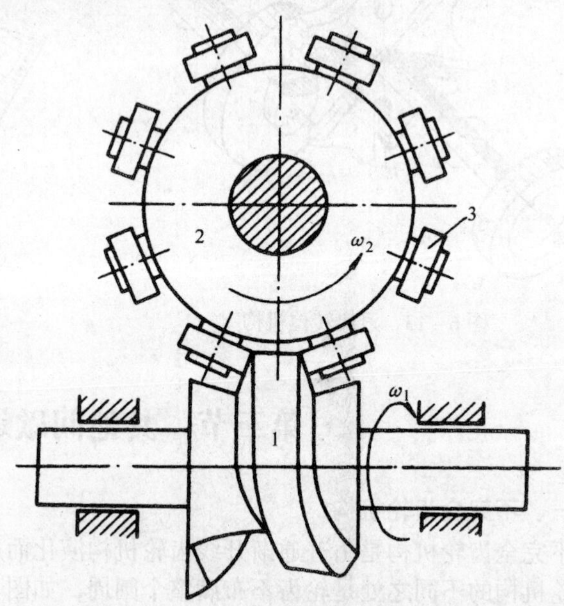

图 6－17　蜗杆凸轮式间歇运动机构

凸轮式间歇运动机构运动可靠、传动平稳，通过设计合理的凸轮轮廓，转盘可以实现任意运动规律的运动。

凸轮式间歇运动机构常用于各种高速机械装置的分度运动和间歇转位。例如，用于纸烟、火柴包装、拉链嵌齿等机械中的间歇运动，用于机床、包装机、多色印刷机等机械中的高速、高精度的分度转位运动。

第四节　组合机构

在前述章节中已分别讨论了连杆、凸轮、齿轮等常用机构。这些常用机构均有其各自的运动特点和应用场合。但是，这些机构所能完成的动作、实现的运动规律或轨迹又都具有一定的局限性。随着生产的发展，对机械传动的运动形式、运动规律的复杂性和多样性提出了要求，使得采用某一种常用机构难以实现，而组合机构则可以满足这种要求。

所谓组合机构，就是将一种以上的机构按一定的顺序组合在一起，以实现所需的运动要求。组合机构可以满足多种设计要求，并能综合应用和发挥各种常用机构的特点，因而得到了广泛的应用。

组合机构的形式多样，可以是同一类型常用机构的组合，如联动凸轮机构；也可以是不同类型常用机构的组合。下面仅介绍几种常见的连杆机构与其他常用机构组合而成的组合机构。

1. 齿轮—连杆组合机构　如图 6-18 所示，若单独分析由构件 1、2、3、4、5 组成的五杆机构，其自由度为 2。将五杆机构中的构件 1、4 分别固联于一对相互啮合的齿轮上，就组成了齿轮—连杆组合机构，此机构的自由度为 1。当改变构件 1、4 的相对相位角、传动比及各杆的相对尺寸时，就可以得到不同的连杆曲线。例如，若杆 1、4 等长，位置对称，两齿轮只相差一个齿，如图 6-19 所示，则连杆 3 上的 P 点将描出一定的曲线轨迹。光学镜片研磨机就是此种组合机构应用的一个实例。

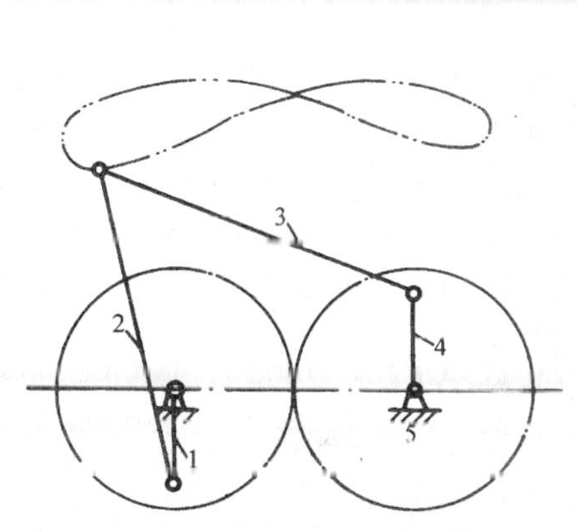

图 6-18　齿轮—连杆组合机构

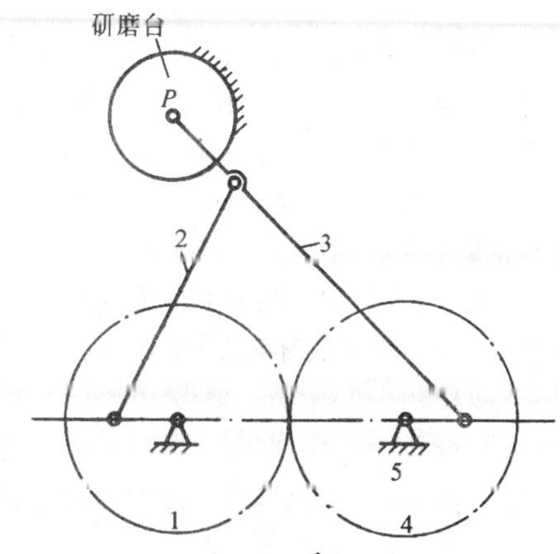

图 6-19　镜片研磨机构

2. 凸轮—连杆组合机构　图 6-20 所示为压床中自动送料装置的凸轮—连杆组合机构。当凸轮 1 转动时，一方面通过杆 2、3、4 带动滑块 5 上、下移动，进行冲压工作；另一方面通过杆 6、7 带动滑块 8 作水平往复运动，实现自动送料。

3. 棘轮—连杆组合机构　如图 6-21 所示，棘轮的间歇转动是由铰链四杆机构的摇杆通过棘爪来推动的。这种机构可用于间歇送进，如糕点切片机、牛头刨床的送进机构等。

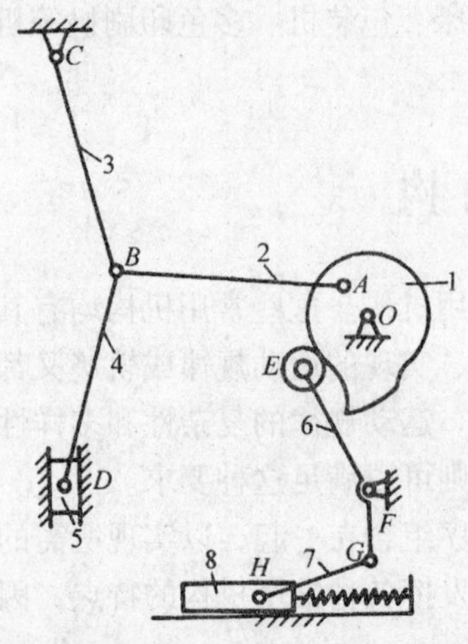

图 6-20　凸轮—连杆组合机构

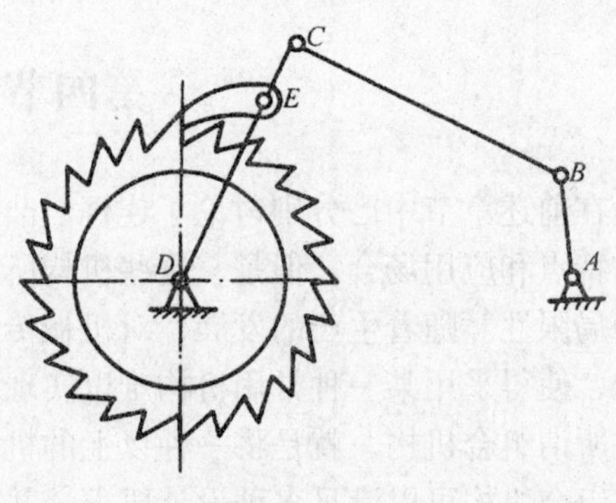

图 6-21　棘轮—连杆机构

实践教学环节

1. 观察机械装置中的组合机构，分析其是由哪几种机构组合而成的？其运动特点及组合方式如何？

2. 观察棘轮机构、槽轮机构、凸轮式间歇运动机构、不完全齿轮机构的模型及其运动演示，掌握其运动特点及结构。

习　题

6-1　试说明棘轮机构、槽轮机构的运动特点及应用场合？

6-2　棘轮机构中止回棘爪的作用是什么？

6-3　槽轮机构的运动系数为什么必须大于零而小于1？

6-4　为什么凸轮式间歇运动机构可用于高速、高精度的机械中？

6-5　牛头刨床工作台是由棘轮带动丝杠作间歇转动，并通过与丝杠啮合的螺母带动工作台作间歇移动。设进给丝杠的导程 $P_h = 3$mm，与丝杠固联的棘轮齿数 $z = 40$，试问棘轮的最小转动角是多少？丝杠的最小进给量是多少？

6-6　在一转塔车床用的外啮合槽轮机构中，已知槽轮的槽数 $z = 6$，槽轮运动时间为 4s，静止时间为运动时间的一半，试求该槽轮机构的运动系数 τ 和所需的圆销数 K。

第七章　回转体的平衡

机械运转时，运动构件产生的惯性力的大小和方向是周期性变化的，受惯性力的影响，机构各运动副中将产生附加动压力并引起机械在机座上的振动。这对高速、精密机械是不容忽视的。如何将惯性力的影响限制在一定范围内，已成为提高机械工作质量的重要问题之一。工程实践中常用使惯性力平衡的方法来达到这一目的。

机械平衡问题所包含的内容较多，本章只讨论刚性回转体的平衡。

第一节　回转体不平衡的原因及影响

机构中有许多构件是绕固定轴线回转的，这类作回转运动的构件称为回转体（或称为转子）。回转体由于其本身几何形状对回转轴不对称或加工制造和安装的误差以及材料质地不均匀等原因均可导致回转体转动时产生离心惯性力（简称离心力），并造成回转体不平衡。

图 7－1 所示为一回转体。设其质量为 m，构件质心 C 偏离轴线距离 r，当构件以等角速度 ω 转动时，产生离心惯性力为

$$\boldsymbol{F} = mr\omega^2 \tag{7-1}$$

离心惯性力 $\boldsymbol{F}$ 在轴承 A、B 中引起的反力分别为

$$\boldsymbol{F}_A = \boldsymbol{F}\frac{l_1 + l_2}{l_2} \text{和} \boldsymbol{F}_B = \boldsymbol{F}\frac{l_1}{l_2} \tag{7-2}$$

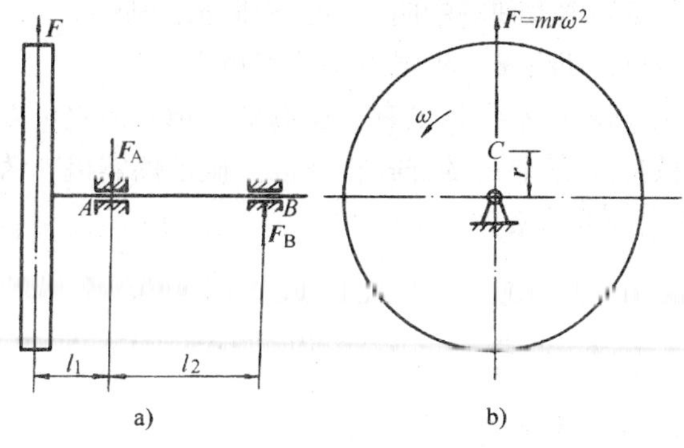

图 7－1　不平衡回转体的受力分析

由于离心惯性力的方向随着回转体的转动时刻变化，因此，它在轴承中引起的反力的方向也随时变化，故常称之为附加动压力。对于高速转动的回转体，由式（7－1）可知，离心惯性力与角速度的平方成正比，即使回转体的质量 m 和偏心距 r 很小，但由于转速很高，在轴承中也会引起相当大的附加动压力。

例 7－1　如图 7－1 所示的回转体，若已知其质量 $m = 3\text{kg}$，质心偏离轴线距离 $r = 1\text{mm}$，试求：转速 $n = 300\text{r/min}$ 时和转速 $n = 3000\text{r/min}$ 时的离心惯性力 F。若 $l_1 = 100\text{mm}$，$l_2 = 200\text{mm}$，求上述两种情况在轴承 A、B 中引起的附加动压力 F_A、F_B 的大小。

解　1）$n = 300\text{r/min}$ 时，由式（7－1）可知离心惯性力的大小为

$$F = mr\omega^2 = 2 \times 0.001 \times (\pi \times 300/30)^2\text{N} \approx 1.974\text{N}$$

2）$n = 3000\text{r/min}$ 时

$$F = mr\omega^2 = 2 \times 0.001 \times (\pi \times 3000/30)^2\text{N} \approx 197.4\text{N}$$

已知 $l_1 = 100\text{mm}$，$l_2 = 200\text{mm}$，则

1）$n = 300\text{r/min}$ 时，由式（7－2）得

$$F_A = F\frac{l_1 + l_2}{l_2} = 1.974\text{N} \times \frac{0.1 + 0.2}{0.2} = 2.961\text{N}$$

$$F_B = F\frac{l_1}{l_2} = 1.974\text{N} \times \frac{0.1}{0.2} = 0.987\text{N}$$

2）$n = 3000\text{r/min}$ 时，有

$$F_A = F\frac{l_1 + l_2}{l_2} = 1.974\text{N} \times \frac{0.1 + 0.2}{0.2} = 296.1\text{N}$$

$$F_B = F\frac{l_1}{l_2} = 197.4\text{N} \times \frac{0.1}{0.2} = 98.7\text{N}$$

从例 7－1 可知，转速增加 10 倍，离心惯性力、轴承中附加动压力的大小却增加了 100 倍。近代高速、精密机械的发展，使这一问题显得更加突出。

每个回转体都可看作是由若干个质点组成的。如果组成回转体的各质点产生的离心惯性力系不平衡（即回转体的合成离心惯性力或合成离心惯性力矩不为零），则称该回转体不平衡。回转体不平衡的影响如下：

1）在轴承中引起附加动压力，从而增大轴承中的摩擦力，降低机械效率和轴承的使用寿命。

2）增大轴的弯曲应力，降低轴的强度。

3）使机械产生强迫振动和噪声。

回转体不平衡虽有上述不良影响，但也可以对其加以利用来满足生产中某些特殊要求。例如，建筑业用的蛙式打夯机、振动捣实机，铸造业用的振动式落砂机等，都是利用不平衡产生的振动来完成工作的。

第二节　静不平衡与动不平衡

一、静平衡与静不平衡

对于轴向尺寸较小的回转体，如轴向宽度 b 与其直径 D 之比（b/D）小于 0.2 的齿轮、飞轮、砂轮、盘形凸轮等，其质量的分布可以近似地认为分布在同一回转面内。因此，当回转体转动时，这些质量所产生的离心惯性力构成一平面内汇交于回转中心的力系。如果回转体不平衡，则该力系的合力 $\sum \boldsymbol{F}$ 不等于零，亦即回转体的总质心 C 偏离了轴心线。图 7－2 所示即为一总质心偏离轴心线的回转体。由图可知，欲使该回转体静止不动，只有使总质心 C 处于最下方，否则重力 G（$G = mg$，m 为质量，g 为重力加速度）将对回转轴线产生一静力矩而无法静止。回转体的这种不平衡称为静不平衡。如果回转体能在任意位置静止（即随遇平衡），说明总质心 C 位于轴线上，称为静平衡。

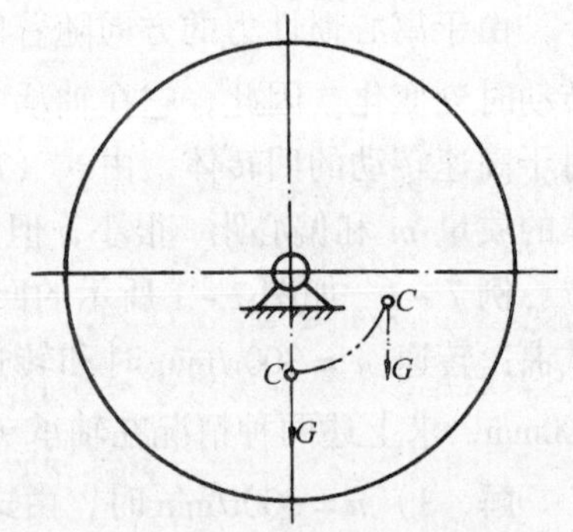

图 7－2　静不平衡的回转体

显然，回转体满足静平衡时，总质心位于轴线上，即回转体回转时各质量所引起的离心惯性力的合力为零，即

$$\sum \boldsymbol{F} = 0 \tag{7-3}$$

二、动平衡与动不平衡

对于轴向尺寸较大的回转体（$b/D \geqslant 0.2$），如电动机、发电机转子、多缸发动机的曲轴以及一些精密机床主轴等，其质量分布不能再视为分布于同一回转面内，而应该看作分布在垂直于轴线的许多回转面内。回转体转动时所产生的离心惯性力不再是一个平面汇交力系而构成一个空间力系。

图 7－3a 所示为一个转子，设转子两端在相反的两侧各有一偏心质量 m。对于这种对称的质量分布，可知转子的总质心 C 位于轴心线上，因此它满足静平衡条件。但是当转子以等角速度 ω 转动时，两偏心质量产生的离心惯性力构成一个力偶，如图 7－3b 所示，其力偶矩 $M = Fb$。惯性力偶矩在支承 A、B 中引起附加动压力为

$$F_A = F_B = \frac{mr\omega^2 b}{l}$$

由此可见，这种回转体是静平衡的，但在运动状态下却表现为不平衡，因而是动不平衡的。图 7－3c 为该转子不平衡质量分布的示意图。

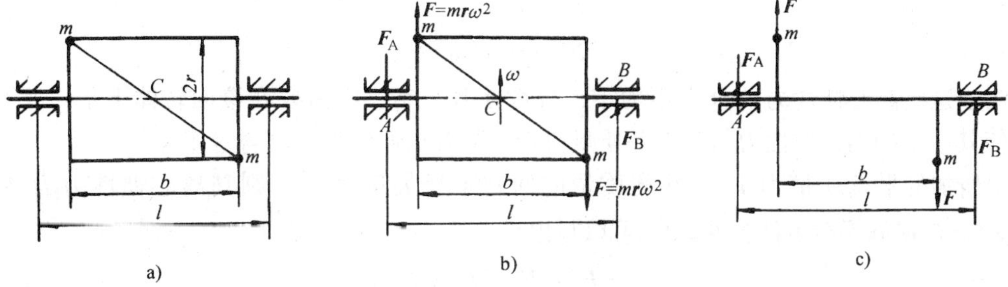

图 7－3 转子动不平衡分析

显然，当回转体的离心惯性力的合力为零，且离心惯性力引起的合力矩也为零时，回转体在运动时才能处于平衡状态。这样的平衡称为动平衡。因此，动平衡条件为

$$\left.\begin{aligned}\sum \boldsymbol{F} = 0\\ \sum \boldsymbol{M} = 0\end{aligned}\right\} \tag{7-4}$$

由式（7－3）和式（7－4）可见，满足静平衡条件的回转体不一定是动平衡的，而满足动平衡条件的回转体一定是静平衡的。

总之，当回转体的轴向尺寸不大时，离心惯性力矩较小，可略去不计。对这类回转体，可近似地视为其质量分布在同一平面内，只需满足静平衡条件就可以了；对于轴向尺寸较大的回转体，其离心惯性力矩不容忽视，必须满足动平衡条件。

*第三节　回转体的平衡计算

对于绕固定轴线转动的回转体，若已知组成该回转体的各质量的大小和分布位置，则可用力学方法分析和计算出所需平衡质量的大小和方位，从而实现平衡。现将静平衡与动平衡的分析、计算方法分别介绍如下。

一、静平衡计算

图 7－4a 所示为一静不平衡的回转体。设回转体上有偏心质量 m_1、m_2 和 m_3，它们的

回转半径矢量分别为 $\boldsymbol{r}_1$、$\boldsymbol{r}_2$ 和 $\boldsymbol{r}_3$。当回转体以等角速度 ω 转动时，各偏心质量所产生的离心惯性力分别为

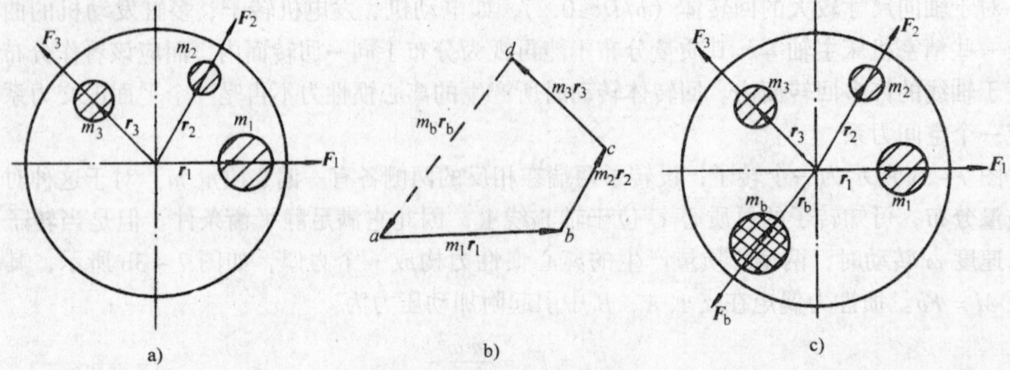

图 7-4 回转体静平衡的分析

$$\boldsymbol{F}_1 = m_1 \boldsymbol{r}_1 \omega^2$$

$$\boldsymbol{F}_2 = m_2 \boldsymbol{r}_2 \omega^2$$

$$\boldsymbol{F}_3 = m_3 \boldsymbol{r}_3 \omega^2$$

由于这些离心惯性力的合力不为零，故欲使其平衡，则需要在该回转体上加一平衡质量，使其产生的离心惯性力与原有各质量所产生的各离心惯性力之合等于零。

设所加的平衡质量为 m_b，平衡质量的回转半径矢量为 $\boldsymbol{r}_b$，则其离心惯性力为 $\boldsymbol{F}_b = m_b \boldsymbol{r}_b \omega^2$。根据静平衡条件 $\sum \boldsymbol{F} = 0$，可以写出

$$\sum \boldsymbol{F} = \boldsymbol{F}_1 + \boldsymbol{F}_2 + \boldsymbol{F}_3 + \boldsymbol{F}_b = 0$$

或

$$m_1 \boldsymbol{r}_1 \omega^2 + m_2 \boldsymbol{r}_2 \omega^2 + m_3 \boldsymbol{r}_3 \omega^2 + m_b \boldsymbol{r}_b \omega^2 = 0$$

消去公因子 ω^2，得

$$m_1 \boldsymbol{r}_1 + m_2 \boldsymbol{r}_2 + m_3 \boldsymbol{r}_3 + m_b \boldsymbol{r}_b = 0 \quad (7-5)$$

式中 $m_i \boldsymbol{r}_i$——质径积。

质径积是一个矢量，其方向与回转半径矢量方向一致，它代表了各相应质量所产生的离心惯性力的相对大小和方向。由式（7-5）可见，式中只有平衡质量的质径积为未知，故可用图解法或解析法求解。图 7-4b 所示为用矢量图解法求解 $m_b \boldsymbol{r}_b$。首先，选择适当的比例尺 μ_{mr}（kg·m/mm），即

$$\mu_{mr} = \frac{m_1 r_1}{ab}$$

然后，按已知质径积 $m_1 \boldsymbol{r}_1$、$m_2 \boldsymbol{r}_2$ 和 $m_3 \boldsymbol{r}_3$ 的大小并沿相应的回转半径矢量方向画矢量图。最后把 $m_3 \boldsymbol{r}_3$ 的矢端与 $m_1 \boldsymbol{r}_1$ 的尾部相连，该封闭矢量即代表平衡质量的质径积 $m_b \boldsymbol{r}_b$。根据回转体的结构特点适当选择平衡质量回转半径 $\boldsymbol{r}_b$ 的大小，所需的平衡质量 m_b 也就能随之确定。平衡质量的安装方位即半径矢量 $\boldsymbol{r}_b$ 所表示的方位。图 7-4c 所示为加有平衡质量的圆盘。

显然，也可以在 $\boldsymbol{r}_b$ 的反方向 $-\boldsymbol{r}_b$ 处除去质量 m_b 来使转子得到平衡。

根据上面的分析可见，对于静不平衡的回转体，不论其有多少个偏心质量，根据偏心质

量分布在同一个平面的假设，都只需要适当地加上一个平衡质量即可获得平衡。因此，转子的静平衡又称为单面平衡。

二、动平衡计算

图 7 – 5a 所示为一轴向尺寸较大的不平衡回转体。设回转体的不平衡质量分布在 1、2、3 三个回转面内，依次以 m_1、m_2、m_3 表示，它们的回转半径矢量分别为 $\boldsymbol{r}_1$、$\boldsymbol{r}_2$、$\boldsymbol{r}_3$。当回转体转动时，各回转面上产生的离心惯性力形成一空间力系。因此，单靠在某一回转面内加上平衡质量的静平衡方法并不能消除这类回转体转动时的不平衡。

由理论力学中力的分解可知，一个力可以分解为与它相平行的两个分力。依据此原理，就可方便地解决动不平衡问题。首先根据回转体的结构，任意选定两个平面（如图 7 – 5a 中的平面Ⅰ和Ⅱ），作为进行平衡工作的平面，称为平衡面。然后，将上述各回转面上产生的离心惯性力分解到Ⅰ和Ⅱ两个平面上。根据上述质径积的概念，离心惯性力的分解可用质径积的分解来代替，这样就把离心惯性力的平衡问题转化为质径积的平衡问题。将上述各回转面上的质径积 $m_1\boldsymbol{r}_1$、$m_2\boldsymbol{r}_2$、$m_3\boldsymbol{r}_3$ 分别分解到Ⅰ和Ⅱ两个平面上，得到分布在平面Ⅰ上的各质径积 $m'_1\boldsymbol{r}'_1$、$m'_2\boldsymbol{r}'_2$、$m'_3\boldsymbol{r}'_3$ 和平面Ⅱ上的各质径积 $m''_1\boldsymbol{r}''_1$、$m''_2\boldsymbol{r}''_2$、$m''_3\boldsymbol{r}''_3$。这样，整个回转体上的质径积平衡问题便转化为在Ⅰ、Ⅱ两个平衡面上的平衡问题。下面以 $m_1\boldsymbol{r}_1$ 为例，说明 $m'_1\boldsymbol{r}'_1$、$m''_1\boldsymbol{r}''_1$ 与其关系。根据力分解的原理，并由图 7 – 5a 可知

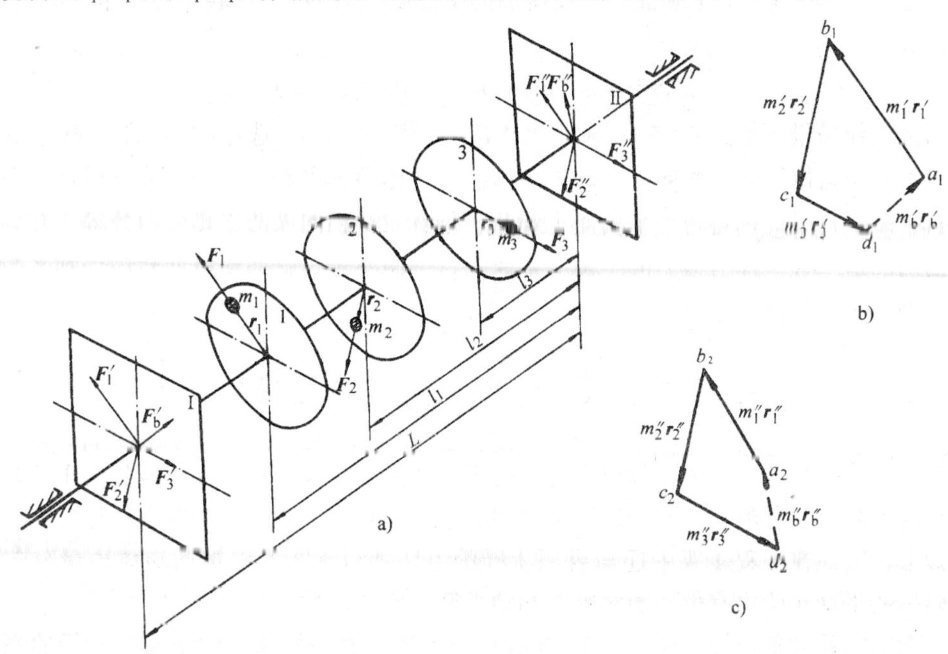

图 7 – 5　回转体动平衡的分析

$$m'_1\boldsymbol{r}'_1 + m''_1\boldsymbol{r}''_1 = m_1\boldsymbol{r}_1$$

$$m'_1\boldsymbol{r}'_1\ (L - l_1)\ = m''_1\boldsymbol{r}''_1 l_1$$

式中　　L——两平衡面间的距离；

$(L - l_1)$、l_1——分别为平衡面Ⅰ、Ⅱ与 m_1 所在回转面间的距离。

解以上两式可得

$$m'_1\boldsymbol{r}'_1 = m_1\boldsymbol{r}_1\,\frac{l_1}{L}$$

$$m''_1 \boldsymbol{r}''_1 = m_1 \boldsymbol{r}_1 \frac{L - l_1}{L}$$

同理

$$m'_2 \boldsymbol{r}'_2 = m_2 \boldsymbol{r}_2 \frac{l_2}{L}$$

$$m''_2 \boldsymbol{r}''_2 = m_2 \boldsymbol{r}_2 \frac{L - l_2}{L}$$

$$m'_3 \boldsymbol{r}'_3 = m_3 \boldsymbol{r}_3 \frac{l_3}{L}$$

$$m''_3 \boldsymbol{r}''_3 = m_3 \boldsymbol{r}_3 \frac{L - l_3}{L}$$

这样，欲使回转体得到平衡，则必须使两个平衡面上的质径积分别得到平衡。对每一个平衡面上的平衡问题，可用前述静平衡方法来分析计算。对平衡面Ⅰ，设所加的平衡质量为 m'_b，回转半径矢量为 $\boldsymbol{r}'_b$，其平衡方程式为

$$m'_1 \boldsymbol{r}'_1 + m'_2 \boldsymbol{r}'_2 + m'_3 \boldsymbol{r}'_3 + m'_b \boldsymbol{r}'_b = 0$$

选定比例尺 μ_{mr}，用矢量图解法作矢量图如图 7－5b 所示，便可求出质径积 $m'_b \boldsymbol{r}'_b$。选定 $\boldsymbol{r}'_b$ 后即可确定 m'_b。同理，对平衡面Ⅱ，设所加的平衡质量为 m''_b、回转半径矢量为 $\boldsymbol{r}''_b$，其平衡方程式为

$$m''_1 \boldsymbol{r}''_1 + m''_2 \boldsymbol{r}''_2 + m''_3 \boldsymbol{r}''_3 + m''_b \boldsymbol{r}''_b = 0$$

用矢量图解法作矢量图如图 7－5c 所示，可求出质径积 $m''_b \boldsymbol{r}''_b$，选定 $\boldsymbol{r}''_b$ 后即可确定 m''_b。

由以上分析可以推知，要使一个动不平衡的回转体得到平衡，无论不平衡质量分布的回转面数目是多少，只要选定两个平衡面Ⅰ和Ⅱ，将各质径积向该两平衡面内分解，并分别在两平衡面内的适当方位加上适当的平衡质量或除去平衡质量，就能使该回转体得到平衡。因此，转子的动平衡又称为双面平衡。

第四节　回转体平衡的实验法简介

上述的分析计算方法，虽然理论上可以使不平衡的回转体得到平衡，但是由于计算、制造和装配的误差以及材料本身的内部缺陷（如砂眼、气孔）等原因，实际上往往达不到预期的平衡效果，因此在工程实践中还需要用实验的方法加以平衡。根据回转体质量分布的特点，回转体的平衡实验也有静平衡实验法和动平衡实验法两种。

静平衡的实验设备比较简单。图 7－6 所示为导轨式静平衡架。两根互相平行的钢制刀口形导轨（也有圆柱形和棱柱形的）安装在同一水平面上。实验时将回转体的轴放在导轨上。如回转体质心不在包含回转轴线的铅垂面内，则由于重力对回转体轴线的静力矩作用，回转体将在导轨上发生滚动。当滚动停止时，质心 C 即处在最下方。由此便可确定质心的偏移方向。然后可在其相反方向试加一适当的平衡质量，并逐步调整其大小或径向位置，直到该回转体在任意位置都能保持静止时为止。这时所加的平衡质量与其回转半径的乘积即为该回转体达到静平衡所需加的质径积大小。根据实际情况也可在径向相反位置按同等大小的质径积去掉质量使回转体达到静平衡。

导轨式静平衡架简单可靠，其精度也能满足一般生产需要，故用得较多。当回转体两端轴颈直径不等时，应在直径较小的轴端加套，使两轴端直径相同，再进行静平衡实验。

图7-7所示为圆盘式静平衡架。被平衡回转体的轴放置在分别由两个圆盘组成的支承上，圆盘可绕其几何中心转动，故回转体可以自由转动。实验的方法与上述相同。这种静平衡架可以自由调整一端圆盘的高度，以适用于两端轴径不等的回转体。这种设备的安装和调整都很简单，但圆盘中心的滚动轴承容易被弄脏而使摩擦阻力增大，故精度低于导轨式静平衡架。

图7-6　导轨式静平衡架

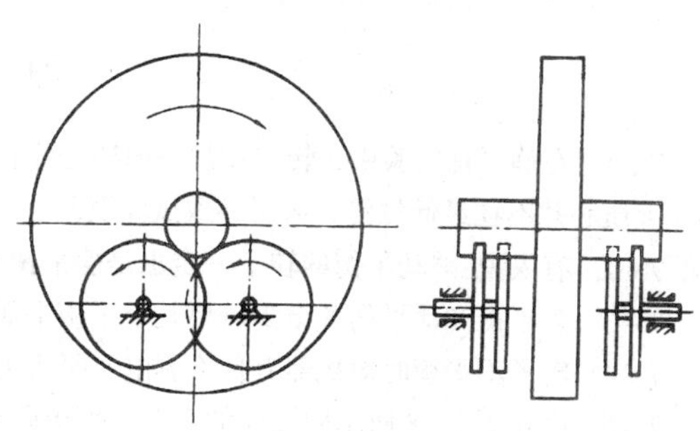

图7-7　圆盘式静平衡架

动平衡实验都在专门的动平衡机上进行。工程中使用的动平衡机种类很多，有机械测量的，也有电测量的。它们的原理基本相同。机械式动平衡机的结构和测试方法比较简单，但灵敏度和实验精度都较低。电测量的动平衡机依靠测振传感器检测回转体的振动信号，并用电子的方法放大以提高实验精度。近代动平衡实验技术还发展了激光去重自动动平衡机、带有真空筒的大型高速平衡机和整机平衡用的测振动平衡仪等，提高了实验精度和平衡实验的自动化程度。有关这些动平衡机的详细情况，读者可参阅有关产品样本或其他参考书。

实际应用中，一些尺寸很大的转子无法在实验台上进行平衡，这时可采用所谓现场平衡的方法。对于一些高速转子，虽然在制造时已经平衡过，但由于机器的运输、材料的蠕变和工作温度的变化等原因，会产生一定的微小变形而使平衡状态被破坏，也需要在工作现场重新进行平衡。现场平衡通过直接测量机器工作时转子的振动，求出转子实际不平衡量的大小及方位，进一步确定应加平衡质量的大小及方位。因为这种方法在实际条件下工作，所以平衡精度较高。

应当指出，经过平衡的回转体，也并非能达到绝对的平衡，同时，在实际工程中，过高的平衡要求也是不必要的。因此，必须根据不同的工作要求，规定其允许的不平衡量，即许用不平衡量。

工程上对具体的回转体，可用许用质径积〔mr〕来表示不平衡的大小，应使经平衡后的回转体，其残余的不平衡质径积 $m_0 r_0 \leqslant$〔mr〕。

但是，相同的残余质径积对质量不同的回转体其动力效果是不同的。因此，为便于表达平衡的优劣程度，常用单位质量的许用质径积即许用偏心距〔r〕来作为平衡精度的指标，即

$$[r] = \frac{[mr]}{m}$$

式中　m——回转体的质量。

在机械工程手册中，列举了各种典型回转体的平衡精度等级和许用不平衡量，可供参考使用。

实践教学环节

1. 结合内燃机曲轴的例子，分析需要作动平衡转子的结构特征，进一步理解转子平衡的意义。

2. 分析导轨式和圆盘式静平衡架的结构，对比这两种静平衡架的实验精度。

习　题

7-1　在静平衡实验中，转子在静平衡架上停止滚动时，理论上质心应在最低位置。但由于存在摩擦，实际上质心并不在最低位置，从而导致试验误差。问如何消除此误差？

7-2　有人说："动平衡的转子一定也是静平衡的；反之亦然。"问这种观点是否正确？

7-3　静平衡和动平衡各至少需要几个平衡平面？

7-4　转子不平衡时对机器有什么影响？是否可以加以利用？

7-5　已知图 7-8 所示回转体的三个不平衡质量，①试求当转速为 1.0×10^3 r/min 时支承 A、B 中的附加动压力；②设转速为 100r/min，按①中要求重做；③如果在半径为 50mm 处加平衡质量，试求平衡质量的大小和方位？

7-6　用车床在圆盘上加工一个偏心孔，如图 7-9 所示。已知：圆盘质量 10kg，质心在 C 处，用压板 B、D 将其压在花盘上，压板的质量各为 2kg。如在花盘半径 200mm 处加平衡质量，试求平衡质量的大小和方向。

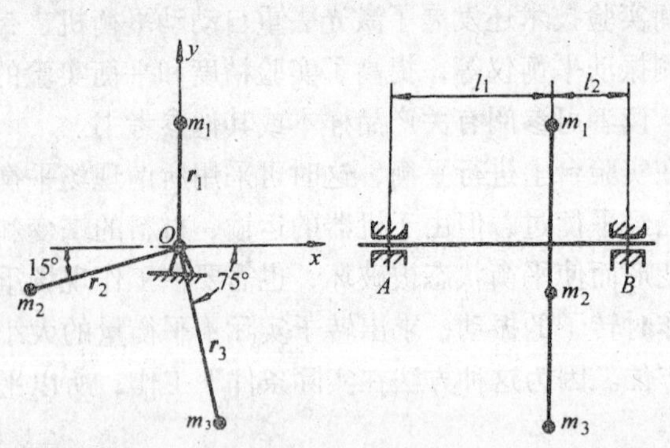

图 7-8　题 7-5 图

$m_1=2$kg　$m_2=1.5$kg　$m_3=3$kg　$r_1=25$mm

$r_2=35$mm　$r_3=40$mm　$l_1=40$mm　$l_2=20$mm

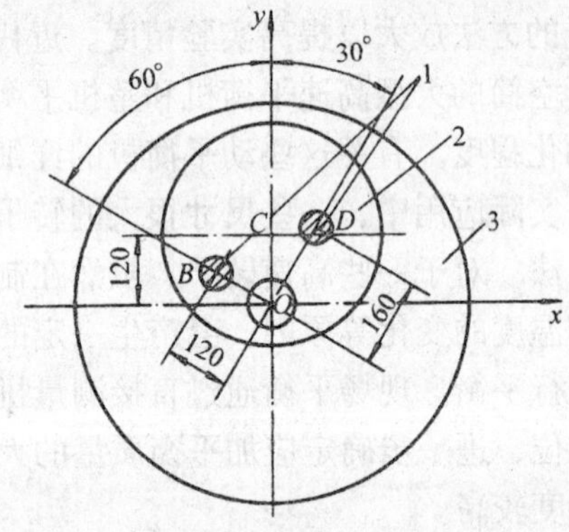

图 7-9　题 7-6 图

1—压板　2—圆盘　3—花盘

第八章　机器速度的波动及调节

机器运转速度忽快忽慢发生波动将会影响机器的工作性能，因此必须对其加以调节。机器速度波动的原因是什么？有何影响？如何调节？这些就是本章所要研究的内容。

第一节　机器速度波动的原因及影响

机器是在外力（驱动力和阻力）作用下运转的。若驱动力所作功不等于阻力所作功，则将出现功的盈亏。驱动力所作功大于阻力所作功的那一部分功称为盈功；反之，阻力所作功大于驱动力所作功的那一部分功称为亏功。许多机器在工作中，由于各种原因驱动力在某段时间间隔内所作功并不等于阻力所作功。如出现盈功，机器的动能增加，则机器主轴在这一时间内转速升高；如出现亏功，机器的动能减少，则机器主轴转速降低。机器动能的增减形成机器运转速度的波动。

机器速度的波动一方面会增大运动构件的惯性力，从而增大运动副中的附加动压力，并会引起机械振动和降低机器的效率；另一方面，过大的速度波动会影响机器的工作性能，可使其产品的质量降低。例如，金属切削机床主轴速度的波动会影响被加工工件的质量，交流发电机转子速度的波动会引起供电电压和频率的不稳。因此，必须设法调节其速度波动，使速度波动被限制在允许的范围内，以减小其引起的不良影响。

第二节　机器速度波动的类型及调节方法

机器速度的波动可分为两类。

一、周期性速度波动

机器在运转中，当其动能的增减作周期性变化时，机器运转的速度即发生周期性波动，其主轴角速度也作周期性波动。主轴的角位移、角速度和角加速度从某一原始值经一时间间隔又回到该原始值的变化过程，称为一个运动循环，其所需的时间称为运动周期 T。如图 8－1 中实线所示，主轴的角速度 ω 在经过一个运动周期 T 之后，又变回到初始状态、其动能没有增减。因此，就一个运动周期来说，驱动力所作功等于阻力所作功。但在循环中的某一时间间隔内，驱动力所作功与阻力所作功一般是不相等的，因而出现速度的波动。机器的这种有规律的、周期性的速度变化，称为周期性的速度波动。

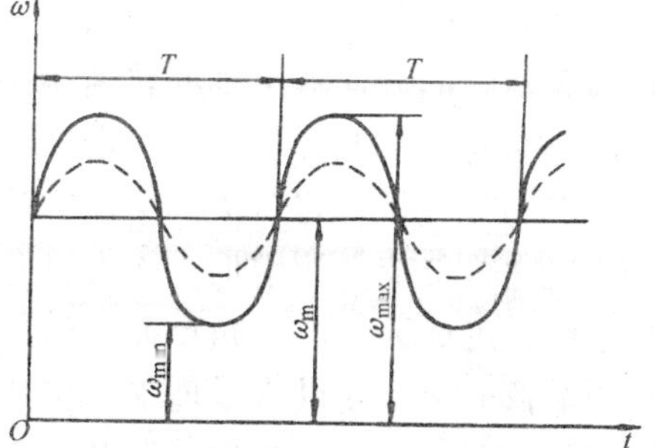

图 8－1　周期性速度波动

机器的运动周期 T 通常对应于机器主轴回转一转（如冲床、蒸汽机、颚式破碎机）、两转（如四冲程内燃机）、数转（如轧钢机）或几分之一转（如滚齿机）的时间。

调节机器周期性速度波动的方法是在机器中加上一个转动惯量 J 很大的回转体——飞轮。加装飞轮以后，盈功使飞轮动能增加；亏功使飞轮动能减少。由于飞轮动能的变化 $\Delta E = J(\omega^2 - \omega_0^2)/2$（其中 ω、ω_0 为某一时间间隔内的末角速度与初角速度），在动能变化相同的条件下，飞轮的转动惯量 J 越大，角速度 ω 的波动越小。图 8－1 实线所示为机器中未安装飞轮时主轴的速度波动；虚线所示为安装飞轮后主轴的速度波动。因此，飞轮的作用是：当机器出现了盈功，飞轮能将多余的能量储存起来，即使动能增大较多但角速度只略增；反之，当机器出现了亏功，又能将这些能量释放出来，即使动能减小较多而角速度只略降，从而使机器速度波动的幅值减小。由此可见，飞轮实质是一个能量储存器，它以动能的形式把能量储存或释放出来。除此之外，飞轮能够利用储存的能量克服短时过载，故在确定原动机功率时，只需按它的平均功率，而不是按某一瞬时的最大功率。如锻压机械，在它的一个工作周期内，工作时间很短，而载荷峰值却很大，如果设计时按峰值载荷选用原动机，将会存在很大裕量而造成浪费；此时可以按平均功率选取原动机，而利用飞轮在非工作时间储存的动能来克服峰值载荷。

二、非周期性速度波动

当作用在机器中的外力由于某种原因发生不规则的巨大变化时，如驱动力所作功在很长一段时间内总是大于阻力所作功，则机器运转的速度将不断升高，直至超过机器所允许的极限转速而导致机器损坏；反之，如驱动力所作功总是小于阻力所作功，则机器运转的速度不断下降，直至停车。机器的这种速度波动是随机的、不规则的，没有一定的周期，称为非周期性速度波动。例如，汽轮发电机组在供汽量不变而用户的用电量突然大幅度增减时就是出现这类情况的一个例子。对于非周期性速度波动，只能采用特殊的装置——调速器来进行调速。

调速器的类型很多，按执行机构分，主要有机械式、气动式、机械气动式、液压式、电液式和电子式等不同类型。

图 8－2 所示为机械式离心调速器的工作原理图。动力机 2 的输入功与供汽量的大小成正比。当负荷突然减小时，动力机 2 和工作机 1 的主轴转速升高，由锥齿轮驱动的调速器主轴的转速也随之升高，飞球因离心力增大而飞向上方，带动圆筒 N 上升，并通过套环和连杆机构将节流阀关小，使蒸汽输入量减少；反之若负荷突然增加，动力机及调速器主轴转速下降，飞球因离心力减小而下落，通过连杆机构使节流阀开大，使供汽量增加。调速器实际上是一个反馈装置，其作用是自动调节输入能量使输入功与负荷所消耗的功（包括摩擦损失）达到平衡，以保持速度稳定。

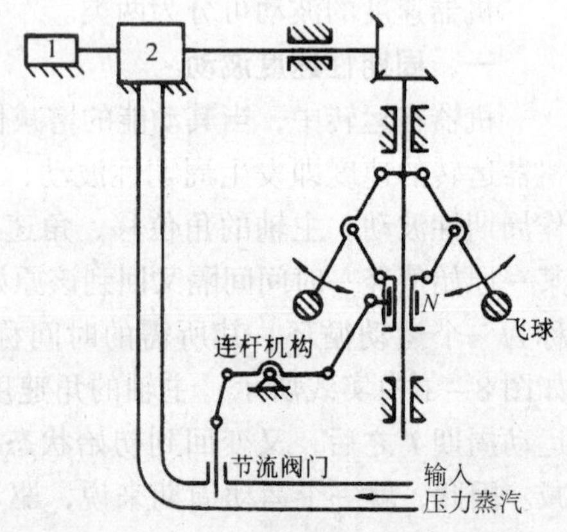

图 8－2　调速器的工作原理图

有些机器，如内燃机发电机组、汽车或拖拉机等，同时存在周期性和非周期性速度波动。因此，对于这类机器，既要安装飞轮又要安装调速器。

第三节　飞轮设计的基本原理

一、平均速度和速度不均匀系数

对于作周期性速度波动的机器，其瞬时角速度是在其平均角速度 ω_m 上下变化的，如图 8-1 中所示。机器的平均角速度可以近似地用最大角速度 ω_{max} 和最小角速度 ω_{min} 的算术平均值确定，即

$$\omega_m = \frac{\omega_{max} + \omega_{min}}{2} \tag{8-1}$$

机器的平均角速度一般即是机器的额定角速度或名义角速度。

机器速度波动的不均匀程度用速度不均匀系数 δ 来表示，其定义为

$$\delta = \frac{\omega_{max} - \omega_{min}}{\omega_m} \tag{8-2}$$

若已知 ω_m 和 δ，则由式（8-1）和式（8-2）得

$$\omega_{max} = \omega_m\left(1 + \frac{\delta}{2}\right) \tag{8-3}$$

$$\omega_{min} = \omega_m\left(1 - \frac{\delta}{2}\right) \tag{8-4}$$

及

$$\omega_{max}^2 - \omega_{min}^2 = 2\delta\omega_m^2 \tag{8-5}$$

由式（8-5）可知，δ 越小，角速度波动也越小。

不同类型的机器对于运转速度均匀程度的要求是不同的。设计时应满足如下条件

$$\delta \leqslant [\delta] \tag{8-6}$$

式中　$[\delta]$——速度不均匀系数 δ 的许用值。

表 8-1 给出了某些常用机器运转速度不均匀系数的许用值，供设计时参考。

由表 8-1 可见，对于发电机，若主轴的速度波动较大，将要影响输出电压的稳定性，所以这类机器的速度不均匀系数的许用值较小。反之，对冲床、破碎机等一类的机器，速度波动稍大也不会影响其工作性能，故这类机器的速度不均匀系数的许用值较大。

表 8-1　常用机器 δ 的许用值

机器的名称	$[\delta]$	机器的名称	$[\delta]$
碎石机	1/5 ~ 1/20	水泵、鼓风机	1/30 ~ 1/50
冲、剪、锻床	1/7 ~ 1/20	造纸机、织布机	1/40 ~ 1/50
轧压机	1/10 ~ 1/25	纺纱机	1/60 ~ 1/100
汽车、拖拉机	1/20 ~ 1/60	直流发电机	1/100 ~ 1/200
金属切削机床	1/30 ~ 1/40	交流发电机	1/200 ~ 1/300

二、飞轮转动惯量的计算

飞轮设计的基本问题是：在机器运转速度不均匀系数 δ 的容许范围内，确定机器所需的飞轮转动惯量。

通常机器是由机架和多个运动构件所组成的，所以机器的动能是所有运动构件动能之和。但是，在一般机器中，飞轮所具有的动能比其他构件的动能之和要大得多。因此，在简

化计算中，可略去其他构件的动能，把飞轮的动能近似看做机器的动能。

图 8-3 所示为机器运转一个周期内折算到主轴上的驱动力矩 $M_d=M_d(\varphi)$与阻力矩 $M_r=M_r(\varphi)$ 的变化曲线。在一个周期内驱动功等于阻抗功，所以 M_d、M_r曲线与横坐标轴之间所围成的面积相等。同时，在一个周期的始末，机器主轴的角速度相同，均为 ω_0。在 ab 段，$M_d<M_r$，出现亏功（图中标有负号），机器的动能减小，角速度减小，即 $\omega_b<\omega_a$，$\omega_a=\omega_0$；在 bc 段，$M_d>M_r$，出现盈功（图中标有正号），机器的动能增加，角速度增大，即 $\omega_c>\omega_b$；在 cd 段，$M_d<M_r$，出现亏功，角速度又减小至 ω_0，即 $\omega_d<\omega_c$，$\omega_d=\omega_0$。由图 8-3b 可见，在 b 点出现角速度最小值 ω_{min}，在 c 点出现角速度最大值 ω_{max}。机器主轴角速度由最小至最大所经历的过程中，机器动能变化量最大，亦即驱动功与阻抗功之差最大，其差值称为最大盈亏功，以[W]表示，最大盈亏功为

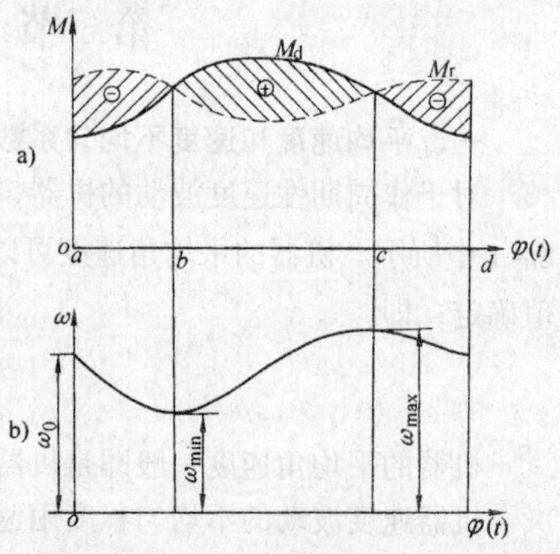

图 8-3　某机器 M_d（φ）、M_r（φ）曲线及其主轴角速度分析

$$[W]=E_{max}-E_{min}=\frac{1}{2}J(\omega_{max}^2-\omega_{min}^2)=J\omega_m^2\delta \tag{8-7}$$

式中　J——飞轮的转动惯量（kg·m²）。

由式（8-7）可得

$$J\geqslant\frac{[W]}{\omega_m^2\delta}$$

当机器许用速度不均匀系数为［δ］时，所设计飞轮的转动惯量为

$$J\geqslant\frac{[W]}{\omega_m^2[\delta]} \tag{8-8}$$

设飞轮轴的转速为n(r/min)，将 $\omega_m=\pi n/30$ 代入式（8-8）可得

$$J\geqslant\frac{900[W]}{\pi^2n^2[\delta]} \tag{8-9}$$

分析式（8-7）可知：

1）当[W]与 ω_m 一定时，$J-\delta$ 的变化曲线为一等边双曲线，如图 8-4 所示。由图可知，当 δ 很小时，略微减小 δ 的数值就会使飞轮转动惯量 J 增加很多。因此，设计飞轮时，只要满足机器运转速度不均匀系数的许用值即可；否则，过分追求机器运转的均匀性就会导致飞轮过大，使机器趋于笨重并增加成本。

2）当 J 与 ω_m 一定时，[W]与 δ 成正比，即最大盈亏功越大，机器运转越不均匀。

3）当［W］与 δ 一定时，J 与 ω_m 的平方成反比。为了减小飞轮的转动惯量，宜将飞轮安装在高速轴上；但有些机器考虑到主轴刚性较好，所以仍将飞轮安装在机器的主轴上。

利用式（8-9）计算飞轮转动惯量，关键是确定最大盈亏功[W]。由以上所述可知，只要找出 ω_{min}、ω_{max}所处的位置，则对应这一时间间隔内功的变化量即为最大盈亏功。下面通过一个简单例子分析最大盈亏功的确定方法。

设机器一个周期内其主轴转一周，驱动力矩为$M_d = M_d(\varphi)$，如图8-5a所示，阻抗力矩M_r为常数。由于机器稳定运转时一个周期内驱动功应等于阻抗功，故

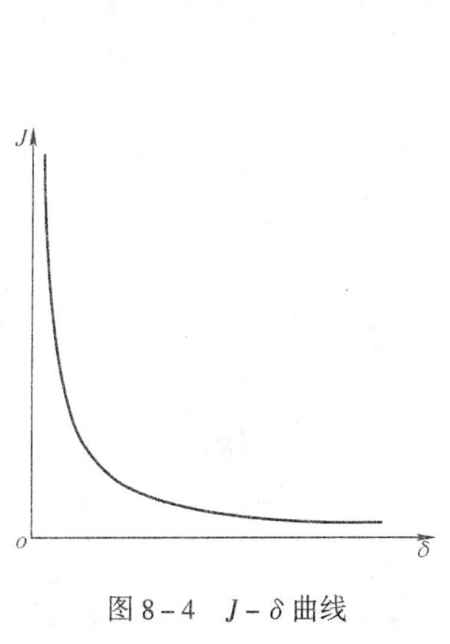

图8-4　$J-\delta$曲线

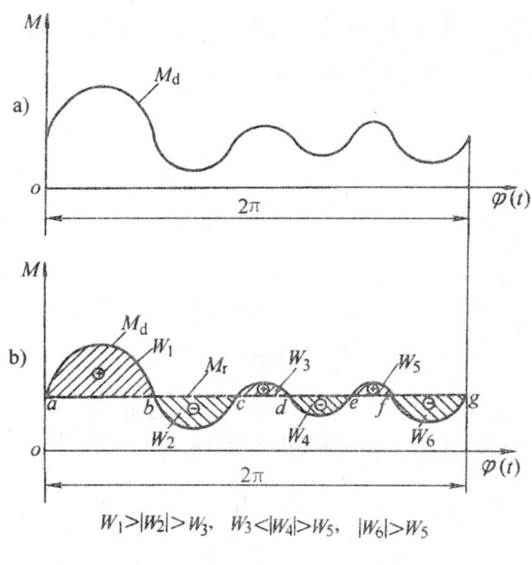

图8-5　M_d-M_r的变化曲线

$$2\pi M_r = \int_0^{2\pi} M_d(\varphi)\mathrm{d}\varphi$$

式中右端的积分式即图8-5a中$M_d(\varphi)$曲线在一个周期内与横坐标轴所围成的面积。由上式可得

$$M_r = \frac{\int_0^{2\pi} M_d(\varphi)\mathrm{d}\varphi}{2\pi}$$

若在图8-5a中添画表示M_r的直线后，则得如图8-5b所示的线图。

确定最大盈亏功的方法：

(1) 求出各盈亏功　如图8-5b所示，$M_d(\varphi)$与M_r所围成的各面积即代表盈功（在直线M_r以上者）或亏功（在直线M_r以下者），分别用W_1、W_2、W_3、W_4、W_5、W_6表示各盈亏功的大小。

(2) 确定最大角速度ω_{max}所在位置　根据动能定理可知，最大角速度可能出现在各盈功末端，如b、d、f处。现将这三处角速度比较如下：

在bd段　　　　因为$W_3<|W_2|$　所以$\omega_d<\omega_b$

在df段　　　　因为$W_5<|W_4|$　所以$\omega_f<\omega_d$

由此可知，在b处有最大角速度$\omega_{max}=\omega_b$。

(3) 确定最小角速度ω_{min}所在位置　最小角速度可能出现的亏功的末端，如c、e、g（a）处，比较这几处的角速度：

在ac段　　　　因为$|W_2|<W_1$　所以$\omega_a<\omega_c$

在ce段　　　　因为$|W_4|>W_3$　所以$\omega_e>\omega_c$

在eg段　　　　因为$|W_6|>W_5$　所以$\omega_g<\omega_e$

　　　　　　　　因为$\omega_a=\omega_g$　所以$\omega_{min}=\omega_a=\omega_g$

(4) 求最大盈亏功　由以上分析可知，E_{min}在a、g处，E_{max}在b处，故最大盈亏功即

ab 区间功的变化量

$$[W] = W_1 \text{（盈功）}$$

或者，最大盈亏功也可用 E_{max}、E_{min} 区间即 bg 区间功的变化量（$W_2 + W_3 + W_4 + W_5 + W_6$）（亏功）的绝对值来表示，即

$$[W] = E_{max} - E_{min} = |E_{min} - E_{max}| = W_1 = |W_2 + W_3 + W_4 + W_5 + W_6|$$

因此，只要找出 ω_{min}、ω_{max} 所在位置，则这一区间功的变化量的绝对值即为最大盈亏功。

另外，对于驱动力矩 $M_d = M_d(\varphi)$ 与阻抗力矩 $M_r = M_r(\varphi)$ 变化复杂的机器，确定其最大盈亏功还可以用能量指示图来实现。其方法可参考机械原理有关教材。

例 8－1 图 8－6 为机器在一周期内所受阻力矩 M_r 的变化曲线，驱动力矩 M_d 为常数，主轴的平均角速度 $\omega_m = 40\text{rad/s}$，许用速度不均匀系数 $[\delta] = 0.04$，求飞轮转动惯量 J。

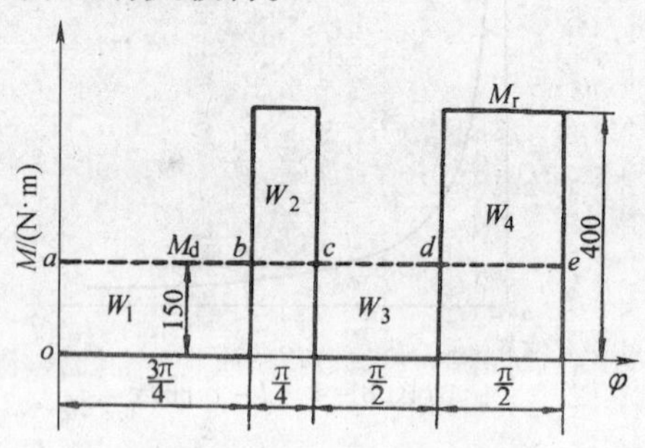

图 8－6 机器的 $M_r(\varphi)$ 曲线

解 1）确定驱动力矩 M_d

$$M_d = \frac{400 \times \left(\frac{\pi}{4} + \frac{\pi}{2}\right)}{2\pi} \text{N·m} = 150\text{N·m}$$

2）计算 M_d、M_r 所围各面积功的大小

$$W_1 = 150\text{N·m} \times \frac{3\pi}{4} = 112.5\pi\text{N·m} \text{（盈功）}$$

$$W_2 = (150 - 400)\ \text{N·m} \times \frac{\pi}{4} = -62.5\pi\text{N·m} \text{（亏功）}$$

$$W_3 = 150\text{N·m} \times \frac{\pi}{2} = 75\pi\text{N·m} \text{（盈功）}$$

$$W_4 = (150 - 400)\ \text{N·m} \times \frac{\pi}{2} = -125\pi\text{N·m} \text{（亏功）}$$

3）求最大盈亏功 $[W]$。由图 8－6 可见，ab、cd 区间为盈功，b、d 处角速度较大。

在 bd 区间，因为 $|W_2| < W_3$

所以 $\omega_d > \omega_b$

所以 $\omega_{max} = \omega_d$

bc、de 区间为亏功，c、e（a）处角速度较小。

在 ce 区间，因为 $W_3 < |W_4|$

所以 $\omega_e < \omega_c$

所以 $\omega_{min} = \omega_e = \omega_a$

故点 d、e（或 a）分别对应 E_{max}、E_{min} 的位置，则

$$[W] = |W_4| = 125\pi\text{N·m}$$

4）计算飞轮转动惯量。由式（8－8）得

$$J \geqslant \frac{[W]}{\omega_m^2[\delta]} = \frac{125\pi}{40^2 \times 0.04}\text{kg·m}^2 = 6.14\text{kg·m}^2$$

所求飞轮的转动惯量最小值为 6.14kg·m^2。

三、飞轮的结构及尺寸

当飞轮的转动惯量确定后，还要确定其尺寸。低速飞轮常用铸铁制造，高速时使用钢制飞轮。

中小直径的飞轮常采用辐板式（图 8－7a），大直径飞轮常采用轮辐式结构（图 8－7b）。飞轮由轮缘、轮毂和轮辐（或辐板）三部分组成。为使飞轮质量轻而转动惯量大，其质量应大部分集中在轮缘上。与轮缘相比，轮毂、轮辐的转动惯量较小，在近似计算时，常将它们略去不计。设 m 为轮缘的质量，D_1 和 D_2 分别为轮缘的外径和内径，则飞轮的转动惯量为

$$J=\frac{m}{8}\left(D_1^2+D_2^2\right) \tag{8-10}$$

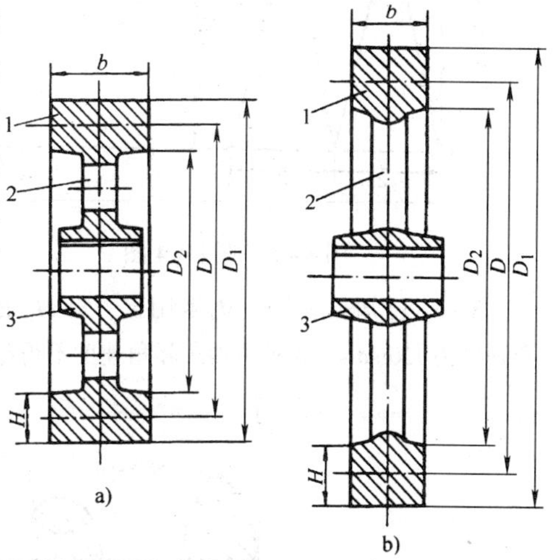

又因轮缘的厚度 H 与其平均直径 D 相比其值甚小，可以近似认为轮缘的质量集中于平均直径为 D 的圆周上。于是得

$$D=\frac{1}{2}(D_1+D_2)$$

$$J=m\left(\frac{D}{2}\right)^2=\frac{mD^2}{4} \tag{8-11}$$

a)　b)

图 8－7　飞轮主要尺寸

1—轮缘　2—辐板、轮辐　3—轮毂

设轮缘宽度为 b，材料的密度为 ρ，则

$$m=\pi DHb\rho$$

于是

$$Hb=\frac{m}{\pi D\rho}=\frac{4J}{\pi D^3\rho} \tag{8-12}$$

当由式（8－8）计算得出飞轮转动惯量 J，并适当选定飞轮轮缘的平均直径 D 及飞轮材料后，由式（8－12）即可求得轮缘的剖面尺寸 H 和 b。

实践教学环节

1. 观察冲床上的飞轮，分析飞轮的结构，体会飞轮储存能量克服载荷峰值的作用。
2. 分解一个机械式离心调速器，进一步理解其工作原理。

习　题

8－1　速度波动对机器有什么危害？如何调节？

8－2　飞轮调速的原理是什么？

8－3　为什么有些设备必须安装调速器？

8－4　已知某机器在一个周期内 $M_r=M_r(\varphi)$，如图 8－8 所示，驱动力矩 M_d 为常数，主轴的平均角速度 $\omega_m=31.42\text{rad/s}$，速度不均匀系数 $\delta=0.04$。试计算主轴上应安装飞轮的转动惯量 J。

8－5　已知某机器在一个周期内其阻抗力矩 $M_r=M_r(\varphi)$，如图 8－9 所示。若驱动力矩 M_d 为常数，主轴额定转速 $n=800\text{r/min}$，运转速度不均匀系数 $\delta=1/20$。试计算所需飞轮的转动惯量 J。

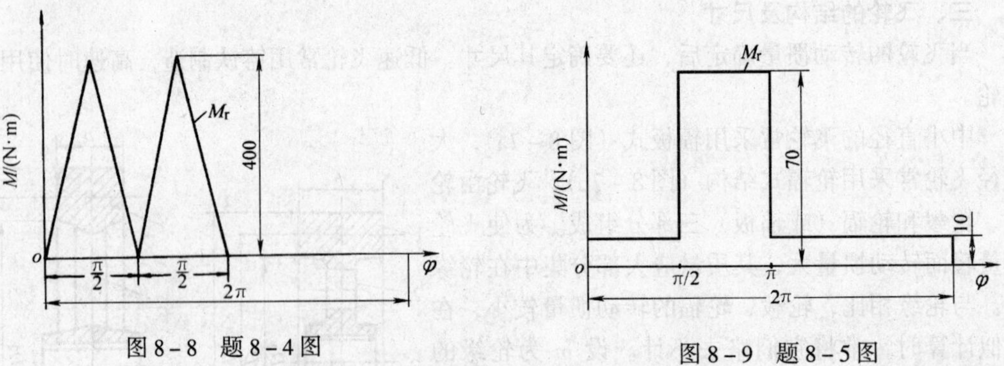

图 8-8　题 8-4 图　　　　图 8-9　题 8-5 图

8-6　已知驱动力矩 M_d 和阻抗力矩 M_r 的曲线图及盈、亏功，如图 8-10 所示。如果机器主轴的额定角速度为 120rad/s，要求主轴实际角速度不得超过额定值的 ±3%。试求安装在主轴上飞轮的转动惯量 J。

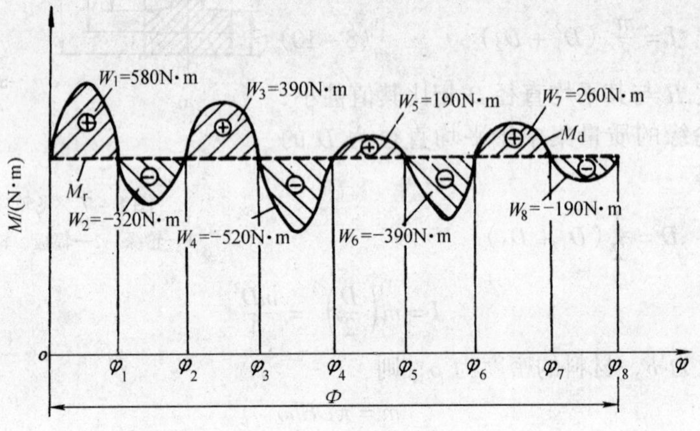

图 8-10　题 8-6 图

第九章　机械零件设计概论

前几章已讨论了常用机构的主要类型、工作原理、运动特性及机械动力学的基本知识等方面的问题。本章开始将着重讨论通用零件的工作原理、特点、标准及基本设计原理和计算方法，即从机械零件的工作条件入手，研究如何合理确定零件的结构和尺寸，选择合适的材料及热处理方法，选定恰当的精度等级和表面质量等问题。

机器是由零件组成的，设计机械零件时，应满足既要工作可靠又要成本低廉的基本要求，只有这样才会符合绪论中所述及的对设计机器提出的总要求。

第一节　机械零件设计的基本准则及一般设计步骤

一、机械零件设计的基本准则

机械零件由于某种原因丧失正常工作能力时称为失效，常见的失效形式有断裂或塑性变形、超过规定的弹性变形、工作表面的过度磨损和损伤、打滑或过热以及发生强烈的振动等。归纳起来产生这些失效的原因主要是由于强度、刚度、耐磨性、振动稳定性等不满足工作要求。根据失效原因而制定的判定条件称为计算准则。设计中将这些准则作为防止失效和进行设计计算的依据。

1. 强度　机械零件的强度可分为体积强度和表面强度两种。

(1) 体积强度　零件的体积强度不足，会产生断裂或过大的塑性变形，体积强度就是抵抗这两种失效的能力。设计计算时必须使零件危险截面上的最大应力 σ、τ 不超过材料的许用应力$[\sigma]$、$[\tau]$，或使危险截面上的安全系数 S_σ、S_τ 不小于零件的许用安全系数$[S]_\sigma$、$[S]_\tau$，即

$$\left.\begin{aligned} \sigma \leqslant [\sigma] \quad [\sigma] = \frac{\sigma_{\lim}}{[S]_\sigma} \\ \tau \leqslant [\tau] \quad [\tau] = \frac{\tau_{\lim}}{[S]_\tau} \end{aligned}\right\} \tag{9-1}$$

或

$$\left.\begin{aligned} S_\sigma = \frac{\sigma_{\lim}}{\sigma} \geqslant [S]_\sigma \\ S_\tau = \frac{\tau_{\lim}}{\tau} \geqslant [S]_\tau \end{aligned}\right\} \tag{9-2}$$

式中　$[S]_\sigma$、$[S]_\tau$——分别为正应力和切应力的许用安全系数；

$\sigma_{\lim}$、$\tau_{\lim}$——分别为极限正应力和极限切应力（MPa）。

极限应力 $\sigma_{\lim}$、$\tau_{\lim}$应根据零件材料性质及所受应力类型作如下选择：

1）在静应力下工作并用塑性材料制成的零件，其失效将是塑性变形，应按不发生塑性变形的强度条件计算，故常以材料的屈服点 σ_s、τ_s 作为极限应力 $\sigma_{\lim}$、$\tau_{\lim}$。

2）在静应力下工作并用脆性材料制成的零件，其失效将是断裂，应按不发生断裂的强度条件计算，故常以材料的强度极限 σ_b、τ_b 作为极限应力 σ_{lim}、τ_{lim}。

3）在变应力下工作的零件，无论是用塑性材料还是用脆性材料制成的零件，其失效均为疲劳断裂，应按不发生疲劳断裂的强度条件计算，故常以材料的疲劳极限作为极限应力 σ_{lim}、τ_{lim}。同时应考虑零件尺寸、表面状态及几何形状引起的应力集中对疲劳强度的影响。

(2) 表面强度　零件表面强度不足，会发生表面损伤。

表面强度可分为表面挤压强度和表面接触强度两种。

表面挤压强度是指面接触的两零件，受载后接触面间产生挤压应力，应力分布在接触面不太深的表层，挤压应力过大时，零件表面被压溃。设计计算时应使零件的最大挤压应力不超过材料的许用挤压应力。

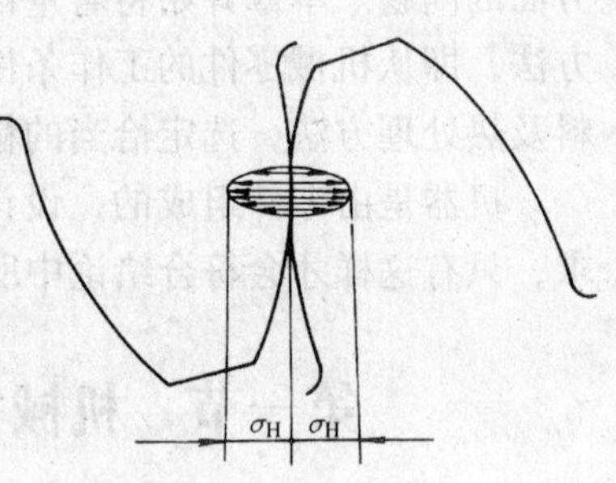

图 9－1　齿面的接触应力

表面接触强度是指以点或线接触的两零件，受载后由于零件表面的弹性变形，使点或线变为微小的接触面，微小接触面上的局部应力称为接触应力，其最大值用 σ_H 表示。图 9－1 所示为一对轮齿齿面的接触应力。实际上大多数回转零件的接触应力是一种变应力，由于接触应力的反复作用，使零件表面的金属呈小片状剥落下来，形成一些小麻坑，这种现象称为疲劳点蚀。

零件表面发生疲劳点蚀后，减小了接触面积，损伤了零件的光滑表面，因而也降低了承载能力，并引起振动和噪声。

设计时应按不发生疲劳点蚀为强度条件计算，使零件表面上的最大接触应力 σ_H 不超过材料的许用接触应力 $[\sigma]_H$，即

$$\sigma_H \leqslant [\sigma]_H \quad [\sigma]_H = \frac{\sigma_{Hlim}}{[S]_H} \tag{9-3}$$

式中　σ_H ——零件表面的最大接触应力（MPa）；

$[\sigma]_H$ ——许用接触应力（MPa）；

σ_{Hlim} ——材料的接触疲劳极限（MPa）；

$[S]_H$ ——接触强度的许用安全系数。

有关接触强度的设计计算，将在第十三章中作进一步叙述。

2. 刚度　刚度是零件在载荷作用下抵抗弹性变形的能力。如果零件的刚度不足，产生的弹性变形过大，会影响机器的正常工作（如机床主轴刚度不足，会影响零件的加工精度）。对这类机器的有关零件需进行刚度计算，设计计算时必须使零件在载荷作用下产生的最大弹性变形量不超过许用变形量，即

$$\left.\begin{aligned} y &\leqslant [y] \\ \theta &\leqslant [\theta] \\ \varphi &\leqslant [\varphi] \end{aligned}\right\} \tag{9-4}$$

式中　y、$[y]$ ——分别为零件的变形量和许用变形量；

θ、$[\theta]$ ——分别为零件的转角和许用转角；

φ、$[\varphi]$ ——分别为零件的扭角和许用扭角。

3. 耐磨性　耐磨性是在载荷作用下相对运动的两零件表面抵抗磨损的能力。零件过度磨损会使形状尺寸改变，配合间隙增大，精度降低，产生冲击振动从而失效。设计时应使零件在预期使用寿命内的磨损量不超过允许范围。

一般通过限制工作面的单位压力和相对滑动速度；选择合适的材料组合及热处理方法；有充分良好的润滑以及提高零件表面硬度和表面质量等均能提高耐磨性。

对于传动效率低、发热量大的运动副（如蜗杆传动副），如果散热不良，将使零件温升过高，以致两零件局部表面熔融引起胶合，因此还应进行散热计算，使其正常工作时的温度不超过允许限度。

4. 振动稳定性　如果机器中某一零件的固有频率 f 和周期性强迫振动频率 f_p 相等或成整数倍时，零件振幅就会急剧增大而产生共振，使零件工作性能失常，还可能引起破坏。所谓振动稳定性，就是设计时避免使零件的固有频率和强迫振动频率相等或成整数倍。

上述各项衡量机械零件工作能力的准则，设计计算时并不是每一种零件均需按这些准则逐项计算，而是根据零件的实际工作条件，分析出主要失效形式，按其相应的计算准则进行设计计算；确定出主要参数后，必要时再按其他准则校核。

二、机械零件设计的一般步骤

1）根据零件的使用要求（如功率、转速等），选择零件的类型及结构形式，并拟定计算简图。

2）计算作用在零件上的载荷。

3）根据零件的工作条件，选择合适的材料及热处理方法。

4）分析零件的主要失效形式，选择相应的设计准则，确定零件的基本尺寸。

5）按结构工艺性及标准化的要求，设计零件的结构及其他尺寸。

6）绘制零件工作图，拟定必要的技术条件，编写计算说明书。

在实际工作中，也常用与上述相逆的方法进行校核计算，即先参照已有实物或图样，用经验数据或类比法初步设计出零件结构尺寸，然后再按有关准则进行校核。

第二节　机械零件的疲劳强度

、应力的类型和特点

由材料力学可知，机械零件的应力状态可用最大应力 σ_{max}、最小应力 σ_{min}、平均应力 σ_m、应力幅 σ_a，以及应力循环特性 r 五个参数中任意两个来表示。如图 9－2 所示，其关系式为

$$\left.\begin{aligned}\sigma_{max}&=\sigma_m+\sigma_a\\ \sigma_{min}&=\sigma_m-\sigma_a\end{aligned}\right\}\qquad(9-5)$$

$$\left.\begin{aligned}\sigma_m&=\frac{\sigma_{max}+\sigma_{min}}{2}\\ \sigma_a&=\frac{\sigma_{max}-\sigma_{min}}{2}\end{aligned}\right\}\qquad(9-6)$$

$$r=\frac{\sigma_{min}}{\sigma_{max}}\qquad(9-7)$$

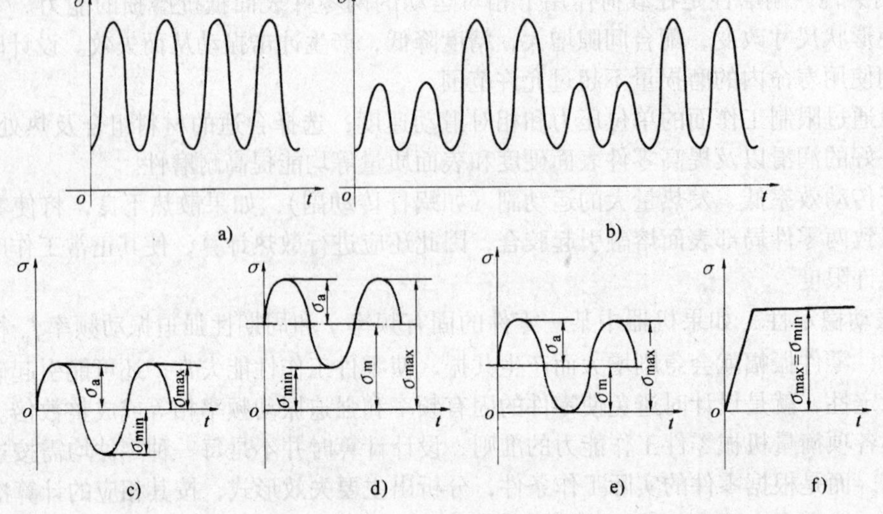

图 9-2 应力的类型

作用在机械零件上的应力，一般可分为：

静应力——不随时间变化的应力；

变应力——随时间变化的应力。

大多数机械零件都是在变应力状态下工作，而最常见的是随时间作周期性变化的循环应力。其中，参数不随时间变化的循环应力称为稳定循环应力，如图 9-2a 所示；参数随时间变化的循环应力称为不稳定循环应力，如图 9-2b 所示。

稳定循环应力中，当 $r=-1$ 时，表明 $\sigma_{max}=-\sigma_{min}$，这种应力称为对称循环应力，如图 9-2c 所示；当 $r\neq\pm1$ 时，表明 $\sigma_{max}\neq|\sigma_{min}|$，这种应力称为非对称循环应力，如图 9-2d 所示，其中当 $r=0$ 时，表明 $\sigma_{min}=0$，这种应力称为脉动循环应力，如图 9-2e 所示；当 $r=+1$ 时，表明 $\sigma_{max}=\sigma_{min}$，即为静应力，如图 9-2f 所示。

二、疲劳断裂的特征

疲劳断裂是材料在变应力作用下，在一处或几处产生局部永久性累积损伤，经一定循环次数后，产生裂纹或突然发生断裂的过程。疲劳断裂和静应力下的断裂比较有以下特征：①疲劳断裂过程可分为两个阶段，即首先在零件表面应力较大处产生初始裂纹，而后裂纹尖端在切应力作用下，反复发生塑性变形，使裂纹扩展到一定程度后，发生突然断裂。②疲劳断裂的断面明显分成两个区，即表面光滑的疲劳发展区和表面粗糙的脆性断裂区，如图 9-3 所示。③不论塑性材料还是脆性材料制成的零件，疲劳断裂均为脆性突然断裂。④疲劳极限比同材料的屈服点低，疲劳极限的大小和应力循环次数及应力循环特性有关。

三、疲劳曲线

常规疲劳强度设计是指应用无初始裂纹的标准试件，进行疲劳试验，得到材料的疲劳极限及疲劳曲线，再考虑零件尺寸、表面状态及几何形状引起的应力集中等因素对疲劳强度的影响，而进行的疲劳强度设计。

疲劳极限是指试件经过一定应力循环次数 N 后，不发生疲劳破坏的最大应力，常用 σ_{rN} 表示。表示循环次数 N 和疲劳极限 σ_{rN} 关系的曲线，称为疲劳曲线，如图 9-4 所示。

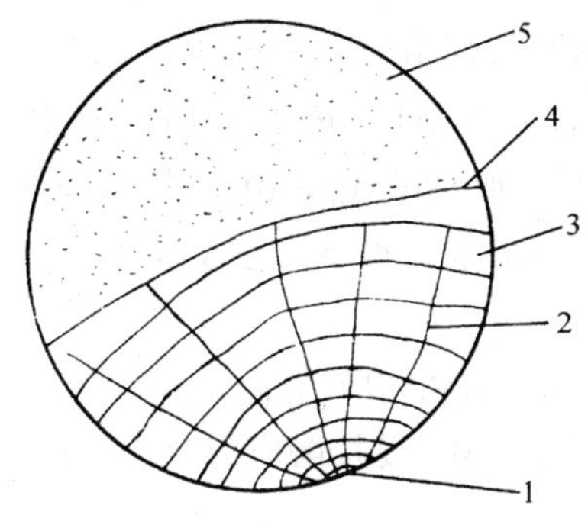

图 9-3　金属材料疲劳断口

1—初始裂纹　2—垄沟纹　3—光滑疲劳区

4—前沿线　5—粗糙断裂区

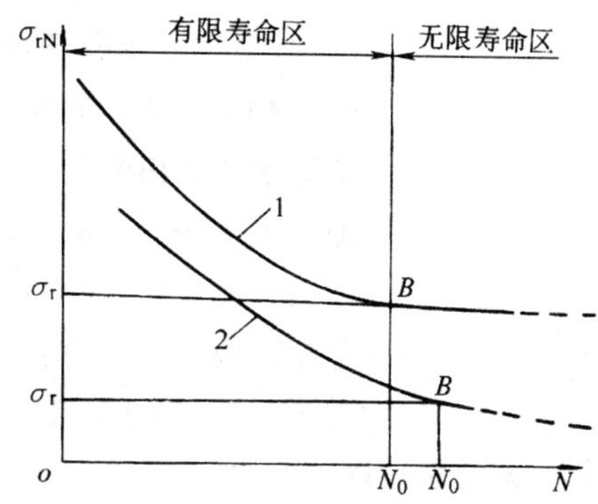

图 9-4　疲劳曲线

1—塑性材料　2—脆性材料

疲劳曲线可分为两个区：

(1) 无限寿命区　当 $N \geqslant N_0$ 时，试件的疲劳极限不再随应力循环次数 N 的增加而降低，如图 9-4 所示曲线 1 的水平线部分，大部分中、低碳钢属此类曲线。N_0 称为循环基数，对应于循环基数 N_0 的疲劳极限用 σ_r 表示。对称循环的疲劳极限用 σ_{-1}、τ_{-1}表示；脉动循环的疲劳极限用 σ_0、τ_0 表示。按疲劳曲线水平线部分进行的设计计算，称为无限寿命设计。当要求零件在无限长的使用期间工作而不发生疲劳破坏时，可将其工作应力限制在疲劳极限 σ_r 以下，就可得到理论上的无限寿命。

有色金属和高强度合金钢的疲劳曲线，没有无限寿命区，如图 9-4 所示曲线 2。

(2) 有限寿命区　当 $N < N_0$ 时，试件的疲劳极限随应力循环次数 N 的增加而降低，如图 9-4 所示曲线 1 的斜线部分。按疲劳曲线斜线部分进行的设计计算，称为有限寿命设计。为充分利用材料，减轻重量，在确保使用寿命的条件下，常采用超过材料疲劳极限 σ_r 的工作应力来进行疲劳强度设计，在航空、汽车行业中得到广泛应用。

疲劳曲线斜线部分的方程式为

$$\left.\begin{aligned}\sigma_{rN}^m N = \sigma_r^m N_0 = C \\ \tau_{rN}^m N = \tau_r^m N_0 = C'\end{aligned}\right\} \tag{9-8}$$

对应一定应力循环次数 N 时的有限寿命的疲劳极限为

$$\left.\begin{aligned}\sigma_{rN} &= \sqrt[m]{\frac{N_0}{N}}\sigma_r = k_N \sigma_r \\ \tau_{rN} &= \sqrt[m]{\frac{N_0}{N}}\tau_r = k_N \tau_r \\ k_N &= \sqrt[m]{\frac{N_0}{N}}\end{aligned}\right\} \tag{9-9}$$

式中　σ_{rN}、τ_{rN}——材料有限寿命的疲劳极限（MPa）；

k_N ——寿命系数；

C、C'——试验常数；

N_0 ——应力循环基数，根据材料性质和应力状态确定，钢的硬度（强度）越高，

N_0 值越大；通常金属材料的疲劳极限是在循环次数为 10^7（也有定为 10^6 或 5×10^6）下试验得出的，所以在计算 k_N 时，取 $N_0=10^7$；对于硬度小于等于 350HBW 的钢。当 $N>10^7$ 时，取 $N=N_0=10^7$，即 $k_N=1$；对于硬度大于 350HBW 的钢，当 $N>25\times10^7$ 时，取 $N=25\times10^7$；有色金属，当 $N>25\times10^7$ 时，取 $N=25\times10^7$；

m ——寿命指数。对于钢：受拉应力、弯曲应力和切应力时 $m=9$；受接触应力时 $m=6$。对于青铜：受弯曲应力时 $m=9$，受接触应力时 $m=8$。

四、安全系数计算

1. 单向应力时的安全系数计算

1）当零件受对称循环应力 σ_a（τ_a）的作用，进行有限寿命设计时，考虑到零件几何形状引起的应力集中、零件尺寸及表面状态对零件疲劳强度的影响，分别引入：应力集中系数 k_σ（k_τ），尺寸系数 ε_σ（ε_τ），表面状态系数 β_σ（β_τ）。由式（9－2）及式（9－9）可得零件的安全系数计算式为

$$\left.\begin{aligned} S_\sigma &= \frac{k_N\sigma_{-1}}{\dfrac{k_\sigma}{\beta_\sigma\varepsilon_\sigma}\sigma_a} \geqslant [S]_\sigma \\ S_\tau &= \frac{k_N\tau_{-1}}{\dfrac{k_\tau}{\beta_\tau\varepsilon_\tau}\tau_a} \geqslant [S]_\tau \end{aligned}\right\} \tag{9-10}$$

式中　S_σ、S_τ——分别为正应力、切应力下的计算安全系数；

$[S]_\sigma$、$[S]_\tau$——分别为正应力、切应力下的许用安全系数。

2）当零件受非对称循环应力 σ_a、σ_m（τ_a、τ_m）的作用，进行有限寿命设计时，考虑到尺寸系数 ε_σ（ε_τ）、表面状态系数 β_σ（β_τ）及应力集中系数 k_σ（k_τ）只对应力幅有影响；同时可把非对称循环应力的 σ_a、σ_m 通过 ψ_σ 转化为对称循环的当量应力幅 σ_{ae}来计算安全系数，其安全系数计算式为

$$\left.\begin{aligned} S_\sigma &= \frac{k_N\sigma_{-1}}{\sigma_{ae}} \geqslant [S]_\sigma \quad \sigma_{ae} = \frac{k_\sigma}{\varepsilon_\sigma\beta_\sigma}\sigma_a + \psi_\sigma\sigma_m \\ S_\tau &= \frac{k_N\tau_{-1}}{\tau_{ae}} \geqslant [S]_\tau \quad \tau_{ae} = \frac{k_\tau}{\varepsilon_\tau\beta_\tau}\tau_a + \psi_\tau\tau_m \end{aligned}\right\} \tag{9-11}$$

式中　ψ_σ、ψ_τ——等效系数，是将平均应力折算为应力幅的系数，其值与材料的性质有关。对于碳钢，常取 $\psi_\sigma=0.1\sim0.2$；$\psi_\tau=0.05\sim0.1$。对于合金钢，常取 $\psi_\sigma=0.2\sim0.3$；$\psi_\tau=0.1\sim0.15$。

2. 复合应力时的安全系数计算　当零件由塑性材料制成，且在弯扭复合应力状态下工作时，其安全系数计算式为

$$S = \frac{S_\sigma S_\tau}{\sqrt{S_\sigma^2 + S_\tau^2}} \geqslant [S] \tag{9-12}$$

式中　S_σ、S_τ——单向应力作用下零件的安全系数，分别按式（9－10）或式（9－11）计算；

$[S]$——零件的许用安全系数。

3. 许用安全系数　许用安全系数选择是设计工作中一项重要工作，安全系数过大，将造成材料浪费，零件体积加大且笨重；安全系数过小将使零件工作不可靠。许用安全系数以及许用应力，将在以后各章中介绍，在进行零件的强度计算时，分别用表格或线图给定。设计时必须注意每一表格或线图的使用范围，对于同一材料制造的不同种类零件或同一种零件而工作情况不同时，其许用安全系数、许用应力也各不相同，不能混用。如无规范可遵循时，一般可按表 9-1 选取许用安全系数。

表 9-1　许用安全系数 [S] 荐用值

<table>
<tr><th colspan="3">材　料</th><th>静载荷</th><th>冲击载荷</th><th colspan="2">变载荷</th></tr>
<tr><td rowspan="3">结构钢</td><td rowspan="3">$\frac{\sigma_s}{\sigma_b}$</td><td>0.45~0.6</td><td>1.2~1.5</td><td>1.5~2.2</td><td>材料较均匀，载荷及应力计算精确</td><td>1.3~1.5</td></tr>
<tr><td>0.6~0.8</td><td>1.4~1.8</td><td>2.0~2.8</td><td rowspan="2">材料不够均匀，载荷及应力计算精度较差</td><td rowspan="2">1.5~1.8</td></tr>
<tr><td>0.8~0.9</td><td>1.7~2.2</td><td>2.5~3.5</td></tr>
<tr><td colspan="3">高强度钢</td><td>2~3</td><td>—</td><td rowspan="2">材料均匀性差，载荷及应力计算不精确</td><td rowspan="2">1.8~2.5</td></tr>
<tr><td colspan="3">铸铁</td><td>3~4</td><td>—</td></tr>
</table>

例 9-1　有一阶梯轴，已知：材料为 40Cr，硬度为 240HBW，$\tau_{-1}=210\text{MPa}$，$\sigma_{-1}=360\text{MPa}$，$\psi_\sigma=0.2$，$\psi_\tau=0.1$，$k_\sigma/(\varepsilon_\sigma\beta_\sigma)=2.87$，$k_\tau/(\varepsilon_\tau\beta_\tau)=2.66$，$\sigma_{max}=65\text{MPa}$（对称循环应力），$\tau_{max}=40\text{MPa}$（脉动循环应力），应力循环次数 $N=6\times10^6$，许用安全系数 $[S]=1.5$。试校核此轴是否安全。

解　1）求工作应力的 σ_m、σ_a、τ_m、τ_a。由式（9-5）及式（9-6）得

$$\sigma_a=\sigma_{max}=65\text{MPa},\ \sigma_m=0$$

$$\tau_m=\tau_a=\frac{\tau_{max}}{2}=\frac{40}{2}\text{MPa}=20\text{MPa}$$

2）求寿命系数 k_N。由式（9-9）可知，对于硬度小于等于 350HBW 的钢，$N_0=10^7$，受弯曲应力和切应力时 $m=9$，则

$$k_N=\sqrt[m]{\frac{N_0}{N}}=\sqrt[9]{\frac{10^7}{6\times10^6}}=1.058$$

3）求单向应力下的安全系数 S_σ、S_τ。由式（9-11）得

$$S_\sigma=\frac{k_N\sigma_{-1}}{\frac{k_\sigma}{\varepsilon_\sigma\beta_\sigma}\sigma_a+\psi_\sigma\sigma_m}=\frac{1.058\times360}{2.87\times65+0.2\times0}=2.042$$

$$S_\tau=\frac{k_N\tau_{-1}}{\frac{k_\tau}{\varepsilon_\tau\beta_\tau}\tau_a+\psi_\tau\tau_m}=\frac{1.058\times210}{2.66\times20+0.1\times20}=4.025$$

4）求复合应力作用下的安全系数 S。由式（9-12）得

$$S=\frac{S_\sigma S_\tau}{\sqrt{S_\sigma^2+S_\tau^2}}=\frac{2.042\times4.025}{\sqrt{2.042^2\times4.025^2}}=1.821>[S]$$

由以上计算可知此轴安全。

第三节 机械零件的常用材料及选择

一、机械零件的常用材料

机械零件常用材料有碳素结构钢、合金钢、铸铁、有色金属、非金属材料及各种复合材料，碳素结构钢和铸铁应用最广。

常用机械工程材料的特性及其应用见表 9-2。

表 9-2 常用机械工程材料的特性及其应用

<table>
<tr><th colspan="3">材料</th><th rowspan="2">强度极限 σ_b /MPa</th><th rowspan="2">屈服极限 σ_s /MPa</th><th rowspan="2">应用举例与说明</th></tr>
<tr><th>类别</th><th colspan="2">牌号</th></tr>
<tr><td rowspan="3">碳素结构钢</td><td colspan="2">Q215A</td><td>335~450</td><td>215</td><td>地脚螺栓、铆钉、薄板、垫圈等</td></tr>
<tr><td colspan="2">Q235A</td><td>375~500</td><td>235</td><td>螺栓、螺母、机架、各种型钢等</td></tr>
<tr><td colspan="2">Q275</td><td>490~630</td><td>275</td><td>较高强度零件，如齿轮、心轴、键等</td></tr>
<tr><td rowspan="9">优质碳素结构钢</td><td rowspan="3">低碳钢碳的质量分数≤0.25%</td><td>08F</td><td>295</td><td>175</td><td>钢带、薄板、车身、驾驶室等</td></tr>
<tr><td>10</td><td>335</td><td>205</td><td>车身、深冲器皿、渗碳钢等</td></tr>
<tr><td>20</td><td>410</td><td>245</td><td>拉杆、变速拨叉、套筒等</td></tr>
<tr><td rowspan="3">中碳钢碳的质量分数为 0.30%~0.60%</td><td>35</td><td>530</td><td>315</td><td>钩环、螺栓、螺钉、轴等</td></tr>
<tr><td>45</td><td>600</td><td>355</td><td>叶轮、连杆、齿轮、齿条等</td></tr>
<tr><td>60</td><td>675</td><td>400</td><td>弹簧垫圈、偏心轴、机车轮箍等</td></tr>
<tr><td rowspan="3">高碳钢碳的质量分数≥0.6%</td><td>65Mn</td><td>715</td><td>420</td><td>弹簧、轧辊</td></tr>
<tr><td>70Mn</td><td>735</td><td>430</td><td>钢带、钢丝、犁铧</td></tr>
<tr><td>85</td><td>1130</td><td>985</td><td>板簧、锯片等</td></tr>
<tr><td rowspan="3">低合金高强度结构钢</td><td colspan="2">Q295</td><td>390~570</td><td>295</td><td>车辆用冲压件、输油管道等</td></tr>
<tr><td colspan="2">Q390</td><td>490~650</td><td>390</td><td>中高压容器、较高负荷焊接件</td></tr>
<tr><td colspan="2">Q460</td><td>550~720</td><td>460</td><td>大型工程结构件</td></tr>
<tr><td rowspan="5">合金结构钢</td><td rowspan="3">合金调质钢碳的质量分数为 0.25%~0.50%</td><td>40Cr</td><td>980</td><td>785</td><td>机床齿轮、轴、液压泵转子</td></tr>
<tr><td>40CrMn</td><td>980</td><td>835</td><td>高弯曲负荷用轴、连杆</td></tr>
<tr><td>40CrMnMo</td><td>980</td><td>785</td><td>重载大截面轴、齿轮</td></tr>
<tr><td rowspan="2">合金渗碳钢碳的质量分数为 0.15%~0.25%</td><td>20Cr</td><td>835</td><td>540</td><td>低合金渗碳钢，合金的质量分数为≤3%</td></tr>
<tr><td>20Cr2Ni4</td><td>1180</td><td>1080</td><td>中合金渗碳钢，合金的质量分数为 5%~7%</td></tr>
<tr><td rowspan="4">铸钢</td><td rowspan="2">一般工程用铸造碳钢</td><td>ZG200—400</td><td>400</td><td>200</td><td>机座、箱体</td></tr>
<tr><td>ZG340—640</td><td>640</td><td>340</td><td>起重机齿轮、联轴器</td></tr>
<tr><td rowspan="2">大型铸件用低合金铸钢</td><td>ZG20Mn</td><td>510</td><td>295</td><td>喷油器、叶片、阀体等</td></tr>
<tr><td>ZG30NiCrMo</td><td>730</td><td>590</td><td>直径大于 300mm 的齿轮</td></tr>
</table>

（续）

材料			强度极限 σ_b /MPa	屈服极限 σ_s /MPa	应用举例与说明
类别	牌号				
铸铁	灰铸铁	HT150	145	—	工作台、轴承盖等
		HT200	195	—	机床床身、箱体、轴承座等
	可锻铸铁	KTH330—08	330	—	黑心可锻铸铁，管路、管道配件等
		KTZ550—04	550	—	珠光体可锻铸铁，拖拉机履带轨板
	球墨铸铁	QT900—2	900	—	凸轮轴、减速齿轮等
		QT450—10	450	—	内燃机油泵齿轮等
		QT400—15	400	—	减速器壳、阀门阀体等
	蠕墨铸铁	RuT420	420	—	气缸套、活塞环、制动盘
		RuT340	340	—	大型齿轮箱体、飞轮等
		RuT260	260	—	增压器废气进气壳体等
铜及铜合金	加工铝黄铜	HAl60—1—1	—	—	耐蚀的齿轮、蜗轮、衬套、轴等
	铸造铅青铜	ZCuPb10Sn10	—	—	轧辊、车辆用轴承、双金属轴瓦
	压铸铜合金	YZCuZn30Al3	—	—	空气中工作的耐蚀件
铸造轴承合金	锡基轴承合金	ZSnSb11Cu6	—	—	又称为巴氏合金，广泛应用于各种转速的滑动轴承、轴承衬套等
	铜基轴承合金	ZCnPb15Sn8			
	铅基轴承合金	ZPbSb15Sn10			
高分子材料	工程塑料	热塑性塑料：聚乙烯（PVC）有机玻璃（PMMA）			用于一般结构零件、减摩耐磨零件、密封件、绝缘件等
		热固性塑料：酚醛树脂（PF）环氧树脂（EP）			
	橡胶	通用橡胶			密封件、减振隔振件、传动带、轮胎、绝缘材料等
		特种橡胶			

二、材料的选择原则

合理地选择零件材料是机械设计中的一个重要环节，选择材料必须保证零件在使用过程中具有良好的工作能力，便于加工并使总成本较低。

1. 使用性能要求　使用性能是保证零件完成规定功能的必要条件。使用性能是指零件在使用条件下，材料应具有的力学性能、物理性能和化学性能，对于机械零件最重要的是力学性能。

零件的使用条件包括三个方面：受力状况（载荷的类型和大小、形式及特点）、环境状况（如温度特性、介质情况等）、特殊要求（如导电性、导热性、热膨胀等）。

（1）零件的受力状况　当零件（如螺栓、杆件等）受拉伸或剪切这类分布均匀的静应力时，应选用组织均匀的材料，按塑性和强度性能选材；载荷较大时，可选用屈服点 σ_s 或强度极限 σ_b 较高的材料。

当零件（如轴类零件等）受有弯曲、扭转这类分布不均匀的静应力时，按综合力学性能选材，必须保证最大应力部位有足够的强度，常选用易通过热处理等方法提高强度及表面硬度的材料（如调质钢等）。

当零件（如齿轮等）受有较大接触应力时，则可选用易进行表面强化的材料（如渗碳钢、渗氮钢等)。

当零件受变应力时，应选用疲劳强度较高的材料，常用通过热处理等手段易提高疲劳强度的材料。

对刚度要求高的零件，宜选用弹性模量大的材料，同时还应考虑结构、形状、尺寸对刚度的影响。

(2) 零件的环境状况及特殊要求　根据零件的工作环境及特殊要求不同，除对材料的力学性能提出要求外，还应对材料的物理性能及化学性能提出要求。当零件在滑动摩擦条件下工作时，应选用耐磨性、减摩性好的材料，如滑动轴承常选用轴承合金、锡青铜等材料。

在高温下工作的零件，常选用耐热性好的材料，如内燃机排气阀门则选用耐热钢、气缸盖则选用导热性好、比热容大的铸造铝合金。

在腐蚀介质中工作的零件，应选用耐腐蚀性好的材料。

2. 工艺性能要求

(1) 铸造性能　金属材料中，铸造性能较好的材料是各种铸铁、铸钢、铸造铝合金和铜合金。铸造铝合金和铜合金铸造性能优于铸铁和铸钢，铸铁又优于铸钢，而其中以灰铸铁最好。

(2) 锻造性能　按热锻性能比较，在碳素结构钢中，低碳钢最好，中碳钢次之，高碳钢较差；低合金钢的锻造性能近于中碳钢、高合金钢较差；铝合金塑性较差，锻造性能不很好；铜合金的锻造性能一般较好。

(3) 焊接性能　低碳钢和碳的质量分数低于0.18%的合金钢有较好的焊接性能，碳的质量分数大于0.45%的碳钢和碳的质量分数大于0.35%的合金钢焊接性能较差，碳的质量分数及含合金元素越高的材料，焊接性能越差。铜合金和铝合金的焊接性能较差，灰铸铁焊接性能更差。

(4) 可加工性　金属的可加工性一般用刀具耐用度为60min时的切削速度 v_{60} 来表示，v_{60} 越高，则金属的可加工性越好。例如，以 $\sigma_b = 600\text{MPa}$，45钢的 v_{60} 为标准，记作 $(v_{60})_j$，其他材料的 v_{60} 与 $(v_{60})_j$ 的比值 K 称为相对加工性。K 值越大，金属的可加工性越好。表9-3为常用金属材料可加工性的比较。

表 9-3　常用金属可加工性的比较

等　级	可加工性	K	代表性材料
1	很容易加工	8~20	铝镁合金、5-5-5铜铅合金
2	易加工	2.5~3.0	易切削钢
3	易加工	1.6~2.5	30钢正火 ($\sigma_b = 500 \sim 580\text{MPa}$)
4	一般	1.0~1.5	45钢、灰铸铁
5	一般	0.7~0.9	85钢（轧材）、2Cr13调质
6	难加工	0.5~0.65	65Mn调质、易切削不锈钢
7	难加工	0.15~0.5	1Cr18Ni9Ti、W18Cr4V
8	难加工	0.04~0.14	耐热合金钢、钛合金钢

(5) 热处理性能　金属材料中，钢的热处理性能较好，合金钢的热处理性能比碳素结构

钢好。选材时要综合考虑淬硬性、淬透性、变形开裂倾向性、回火脆性等性能要求。铝合金的热处理要求严格；铜合金只有很少几种可通过热处理方法强化。

3. 经济性要求

(1) 材料价格　材料价格在产品的总成本中占有较大比重，一般占产品价格的30%～70%。如果能用价格低的材料满足工艺及使用要求时，就不用价格高的材料。

(2) 提高材料的利用率　如用精铸、模锻、冷拉毛坯，可以减少冷加工对材料的浪费。

(3) 零件的各种费用　加工费用、研究费用和维修费用等要尽量低。

(4) 采用组合结构　如蜗轮齿圈可采用减摩性好的贵重材料，而其他部分采用廉价的材料。

(5) 材料的合理代用　对于生产批量大的零件，要考虑我国的资源状况，材料来源要丰富；零件要尽量避免采用我国稀缺而需进口的材料；尽量用高强度铸铁代替钢，用热处理方法等强化的碳钢代替合金钢。

第四节　机械零件的结构设计工艺性及标准化

一台机器的大部分零件是通过结构设计及标准化设计完成的，就是一些重要零件的基本尺寸也只是通过设计计算初步确定，再经结构设计及标准化设计作必要修改后才完成的，所以结构设计及标准化设计在设计工作中占有很重要的比重。

一、机械零件的结构设计工艺性

为使所设计的零件便于制造，在结构设计中，必须综合考虑制造、装配、维修等方面的工艺要求，把这些工艺性要求体现在结构设计中的问题，称为结构设计工艺性。

1) 按生产类型，生产条件考虑工艺性的要求。单件小批生产零件时，通常采用通用设备和工艺装备，用一般工艺方法生产，零件的结构应与这些工艺装备和工艺方法相适应。如单件小批生产箱件零件时，采用焊接毛坯可以省去铸造模型费，则比较合理，这时零件结构应和焊接工艺要求相适应。在大批量生产时，零件结构应与采用高生产率的工艺装备和工艺方法相适应，如大批量生产箱体零件时，采用铸造毛坯比较合理，这时零件的结构应和铸造工艺性的要求相适应。

2) 在满足工作性能要求的前提下，零件的结构造型尽量简单，尽量采用最简单的圆柱面、平面、共轭曲面构成零件的轮廓，各面之间最好互相平行或垂直；尽量采用标准件、通用件和外购件；增加相同形状和相同元素（如直径、配合、齿轮模数等）的数量。

3) 设计零件结构时，应考虑加工的可能性、方便性、精确性和经济性。在确定零件加工精度时，应尽量符合经济性要求，在不影响零件使用要求的条件下，尽量降低加工精度和表面质量等技术要求；尽量减少零件的加工面数和加工面积。

4) 零件需要热处理时，零件的结构应和热处理工艺性要求相适应，如避免热处理变形、裂纹，尽量减少应力集中源，几何形状应尽量简单对称等。

5) 设计零件结构时，还应考虑装配、拆卸、维修的可能性、方便性。

二、机械设计中的标准化

所谓标准化是对重复性事物和概念所做的统一规定。它以科学、技术和实践经验的综合成果为基础，经有关方面的协商一致，由主管机构批准，以特定形式发布，作为共同遵守的准则和依据。标准化的基本特征是统一、简化。

机械产品的标准化包括技术要求的统一、安装连接尺寸的统一、性能参数的系列化、零部件的通用化、组合化等特定内容。

系列化是通过对同类产品经过全面的技术经济比较，将产品的主要参数、形式、尺寸、基本结构等作出合理的优化组合，形成产品品种规格系列。通用化是指系列之内或跨系列的产品之间，尽量采用同一结构和尺寸的零部件，以减少企业内部的零部件种数。

零部件的标准化是在不同类型、不同规格的各种机器中，将相同的零部件加以标准化，并按尺寸不同加以系列化，设计者无须重复设计，可直接从有关手册标准中选用。

按标准的类别（表示标准实施的范围）可分为四类标准，即国际标准、国家标准、行业（协会）标准、企业（公司）标准。

国际标准主要是指国际标准化组织（ISO）、国际电工委员会（IEC）和国际标准化组织公布的国际组织所制定的标准，目前我国已加入国际标准化组织。

国家标准是国家标准主管部门批准、发布在全国范围内统一实施的标准，标准代号为GB。

行业标准是行业标准主管部门批准、发布在某行业范围内统一实施的标准。我国行业标准代号延用了原部颁标准代号（如JB、YB等）。

企业标准是由企（事）业单位或其主管部门批准发布的标准。

标准化是组织现代化大生产的重要手段，是实行科学管理的基础，贯彻标准化工作，对节省设计工作量，加速产品发展，提高产品质量，提高劳动生产率，便于使用和维修等工作都起着重要作用。标准化程度的高低也是评定设计、产品的指标之一。标准化是我国很重要的一项技术政策。机械设计者必须熟悉现行标准，并认真遵守、执行标准。

实践教学环节

1. 以自己熟悉的机械如自行车、摩拖车、汽车等为例，分析由多少个零部件构成？有多少个标准件？各零件使用什么材料？为什么选用这种材料？

2. 分析自行车前轴、中轴和后轴的受载情况。不计振动冲击，上述三轴各受何种载荷？是静应力还是变应力？

习　题

9-1　一个由40Cr制成的零件，已知 $\sigma_{max}=185\text{MPa}$，$\sigma_{min}=-75\text{MPa}$；$\beta_\sigma=1$，$k_\sigma=1.3$，$\varepsilon_\sigma=0.8$；$\sigma_{-1}=351\text{MPa}$，硬度小于350HBW，应力循环次数 $N=6.5\times10^6$。试计算此零件的安全系数。

9-2　一合金钢零件，硬度小于350HBW，$N=5\times10^6$，$\sigma_{-1}=400\text{MPa}$；承受的变应力 $\sigma_{max}=318\text{MPa}$，$\sigma_{min}=60\text{MPa}$；应力集中系数 $K_\sigma=1.26$，尺寸系数 $\varepsilon_\sigma=0.76$，表面状态系数 $\beta_\sigma=1$；许用安全系数 $[S]=1.5$。试校核此零件是否安全。

9-3　有一45钢调质件，已知：硬度为260HBW，$\sigma_{-1}=300\text{MPa}$，$\tau_{-1}=180\text{MPa}$，$N=5.5\times10^6$；$k_\sigma=1.6$，$\beta_\sigma=0.9$，$\varepsilon_\sigma=0.85$，$k_\tau=1.2$，$\beta_\tau=0.9$，$\varepsilon_\tau=0.85$，$\sigma_{max}=130\text{MPa}$（脉动循环应力），$\tau_{max}=80\text{MPa}$（脉动循环应力），$[S]=1.5$。试校核此轴是否安全。

第十章　联　　接

为了便于机器的制造、安装、运输、维修以及提高劳动生产率，在机械设备中广泛采用各种联接。

机械联接分为机械动联接和静联接。机械动联接，如各种运动副，这类联接在机械运动中，被联接零件的工作表面间可以有相对运动；反之，在机器工作时，被联接的零部件相对固定，不允许有相对运动的联接则称为静联接。

联接有可拆联接和不可拆联接。允许多次装拆而不影响使用性能的联接称为可拆联接，如螺纹联接、键联接和销联接等；损坏组成零件才能拆开的联接则称为不可拆联接，如焊接、粘接和铆接等。

第一节　螺　　纹

一、螺纹的形成与类型

在直径为 d_2 的圆柱面上，绕以底边长为 πd_2 的直角三角形 ABC，三角形的斜边 AB 在圆柱表面上形成一条螺旋线，如图 10－1 所示。若取一通过圆柱轴线的牙型平面 N 沿螺旋线移动，则此牙型平面空间轨迹构成螺纹，如图 10－2 所示。

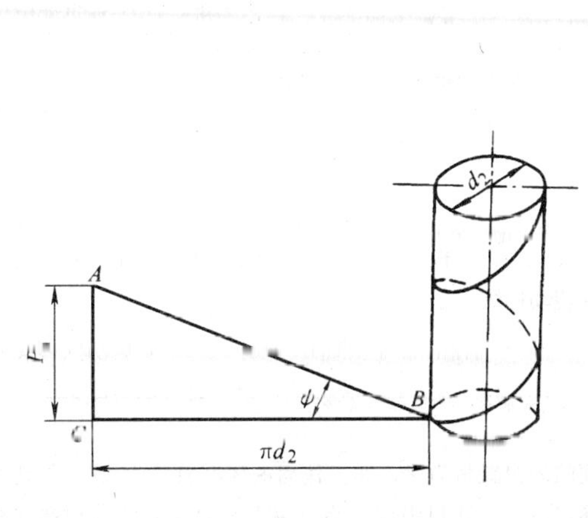

图 10－1　螺旋线

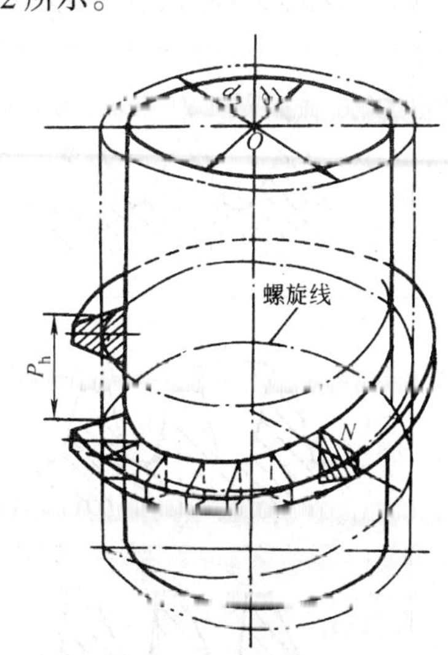

图 10－2　螺纹的形成

不同形状的牙型平面 N，可形成不同牙型的螺纹。

在圆柱表面上只有一条螺旋线形成的螺纹称为单线螺纹（图 10－3a）。在圆柱表面上若有两条或三条等距螺旋线，则可形成双线螺纹（图 10－3b）或三线螺纹。为制造方便，螺纹线数一般不超过 4。单线螺纹常用于联接，也可用于传动；多线螺纹则用于传动。

此外，螺纹又可分为右旋（图 10－3a）和左旋（图 10－3b）。右旋螺纹应用最广。

螺纹还可按在内外圆柱面上的分布分为圆柱内螺纹和圆柱外螺纹。在圆柱体外表面形成的螺纹称为圆柱外螺纹；在圆柱内表面形成的螺纹称为圆柱内螺纹。

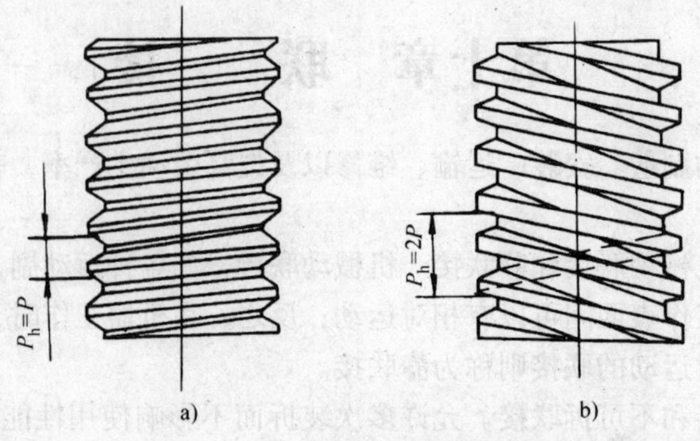

图 10-3　不同线数和旋向的螺纹

a）单线右旋　b）双线左旋

常用螺纹的特点和应用见表 10-1。

表 10-1　常用螺纹的特点和应用

螺纹类型	牙　型　图	特点和应用
普通螺纹	60°	牙型角 $\alpha=60°$，当量摩擦因数大，自锁性能好。同一公称直径，按螺距 P 的大小分为粗牙和细牙。粗牙螺纹用于一般联接；细牙螺纹常用于细小零件薄壁件，也可用于微调机构
圆柱管螺纹	55°	牙型角 $\alpha=55°$，牙顶有较大圆角，内外螺纹旋合后无径向间隙，该螺纹为英制细牙螺纹，公称直径近似为管子内径，紧密性好，用于压力在 1.5MPa 以下的管路联接
梯形螺纹	30°	牙型角 $\alpha=30°$，牙根强度高，对中性好，传动效率较高，是应用较广的传动螺纹
锯齿形螺纹	30°　3°	工作面的牙型斜角为 3°，非工作面的牙型斜角为 30°，传动效率较梯形螺纹高，牙根强度也高，用于单向受力的传动螺旋机构，如用于轧钢机的压下螺旋和螺旋压力机等机械上
矩形螺纹		牙型斜角为 0°，传动效率高，但牙根强度差，磨损后无法补偿间隙，定心性能差，一般很少采用

二、螺纹的主要参数

以普通螺纹为例，介绍螺纹的主要参数（图 10－4）。

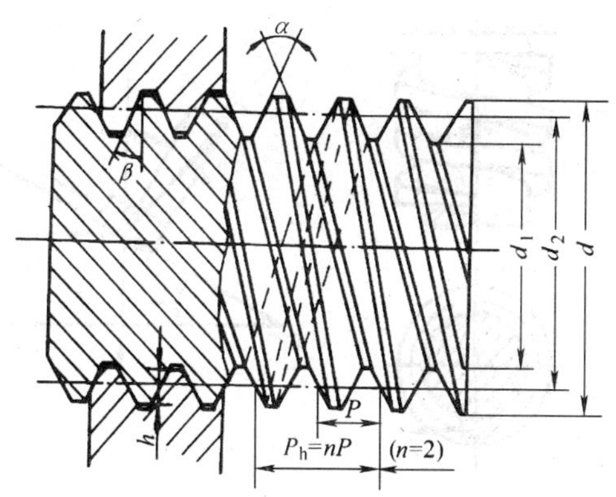

图 10－4　螺纹的主要参数

1. 大径 d（D）　螺纹的最大直径，即与外螺纹牙顶（或内螺纹牙底）相重合的假想圆柱面的直径，是螺纹的公称直径。

2. 小径 d_1（D_1）　螺纹的最小直径，即与外螺纹牙底（或内螺纹牙顶）相重合的假想圆柱面的直径。

3. 中径 d_2（D_2）　一个假想圆柱面的直径，其母线通过牙型上牙厚和牙间宽相等圆柱面的直径。

4. 螺距 P　相邻两牙在中径上对应两点间的轴向距离。

5. 导程 P_h　同一条螺旋线上的相邻两牙在中径上对应两点间的轴向距离。设螺旋线数为 n，则 $P_h = nP$。

6. 螺纹升角 Ψ　在中径圆柱上螺旋线的切线与垂直于螺纹轴线的平面间的夹角。由图 10－1 可知。

$$\tan\varphi = \frac{P_h}{\pi d_2} = \frac{nP}{\pi d_2} \tag{10-1}$$

7. 牙型角 α　轴向剖面内螺纹牙型两侧面的夹角。

8. 牙型斜角 β　轴向剖面内螺纹牙型一侧边与螺纹轴线的垂线间的夹角。

9. 接触高度 h　内外螺纹相互旋合后螺纹接触面的径向距离。

第二节　螺旋副的受力分析、效率及自锁

一、受力分析

1. 矩形螺纹　如图 10－5a 所示，可将螺母视为一滑块。当旋紧螺母时，相当于滑块在中径上的切向力 F_t 推动下，沿螺旋面匀速上升。

如将螺纹沿中径展开，如图 10－5b 所示，相当于滑块在水平力 F_t 的推动下，克服轴向载荷 F 及摩擦阻力 F_μ，沿斜面匀速上升，故由图 10－5b 中的力封闭多边形可得 F_t 与 F 的关系式为

$$F_t = F\tan(\psi + \rho) \tag{10-2}$$

当螺母松退时，相当于滑块在轴向载荷 F 的作用下，克服水平力 F_t 及摩擦阻力 F_μ，沿斜面匀速下滑。由图 10－5c 中的力封闭多边形，可得出 F_t 与 F 的关系式为

$$F_t = F\tan(\psi - \rho) \tag{10-3}$$

2. 非矩形螺纹　非矩形螺纹是指牙型斜角 $\beta \neq 0$ 的三角形螺纹、梯形螺纹及锯齿形螺纹。

由图 10－6 所示两种螺纹，在相同轴向载荷 F 作用下，螺纹副的摩擦因数 μ 相同，忽

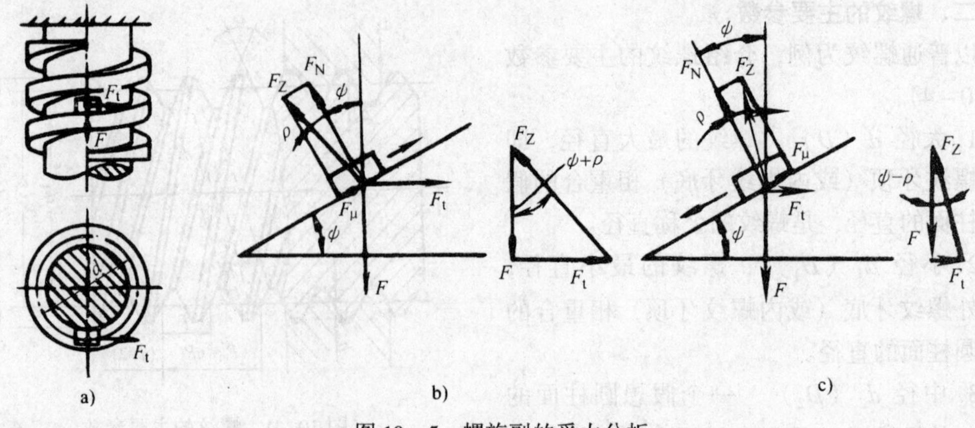

图 10－5　螺旋副的受力分析

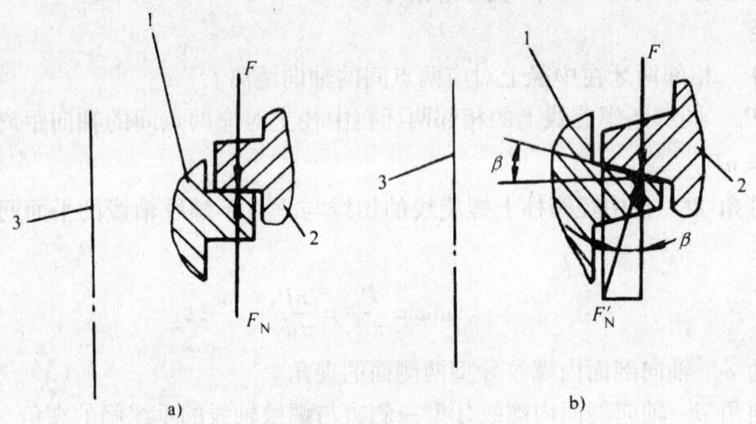

图 10－6　矩形螺纹与非矩形螺纹受力比较

a）矩形螺纹　b）非矩形螺纹

1—螺杆　2—螺母　3—轴线

略升角的影响。矩形螺纹摩擦力（图 10－6a）为

$$F_\mu = \mu F_N = \mu F$$

非矩形螺纹的摩擦力（图 10－6b）为

$$F_\mu' = \mu F_N' = \mu \frac{F}{\cos\beta} = \frac{\mu}{\cos\beta}F = \mu_v F$$

式中　μ_v——当量摩擦因数，其值为 $\mu_v = \mu/\cos\beta = \tan\rho_v$；

ρ_v——当量摩擦角；

F_N、F_N'——法向力。

由上式可知，非矩形螺纹法向力的增加可看成摩擦因数的增加，所以将图 10－5 中的 F_μ 变换为 $\mu_v F_N$，就可以像矩形螺纹一样进行受力分析。因此，利用关系式（10－2）和式（10－3），将式中的 ρ 改为 ρ_v，即可得到非矩形螺纹受力的关系式。

旋紧螺母时，F_t 与 F 的关系式为

$$F_t = F\tan(\psi + \rho_v) \tag{10－4}$$

松退螺母时，F_t 与 F 的关系式为

$$F_t = F\tan(\psi - \rho_v) \tag{10－5}$$

二、效率与自锁

1. 效率　效率为螺母旋转一圈的有用功与总功的比值，即

$$\eta=\frac{有用功}{输入的总功}=\frac{FP_{\mathrm{h}}}{F_{\mathrm{t}}\pi d_2}=\frac{F\pi d_2\tan\psi}{F\tan(\psi+\rho_{\mathrm{v}})\pi d_2}=\frac{\tan\psi}{\tan(\psi+\rho_{\mathrm{v}})} \tag{10-6}$$

2. 自锁　无论轴向载荷多大，螺母也不会自行松退，这种现象称为自锁。由式(10－5)可知，$\psi<\rho_{\mathrm{v}}$ 时，F_{t} 为负值。此时要使螺母松退，须施加反向作用力，由此可得螺纹副的自锁条件为

$$\psi\leqslant\rho_{\mathrm{v}} \tag{10-7}$$

3. 分析　由螺纹升角 $\psi=\arctan(nP/\pi d_2)$ 可知：螺纹的线数越多，螺距越大，升角 ψ 也越大。由图 10－7 可知，螺纹升角越大，效率越高。因此，在螺旋传动中应采用多线、大螺距的螺纹，以提高传动效率；在螺纹联接中应采用单线、小螺距的螺纹，以提高自锁性能，增加联接的可靠性。此外，三角形螺纹的 β 较大，进而 ρ_{v} 较大，具有很好的自锁性能，因此多用于联接；梯形、锯齿形螺纹多用于传动。

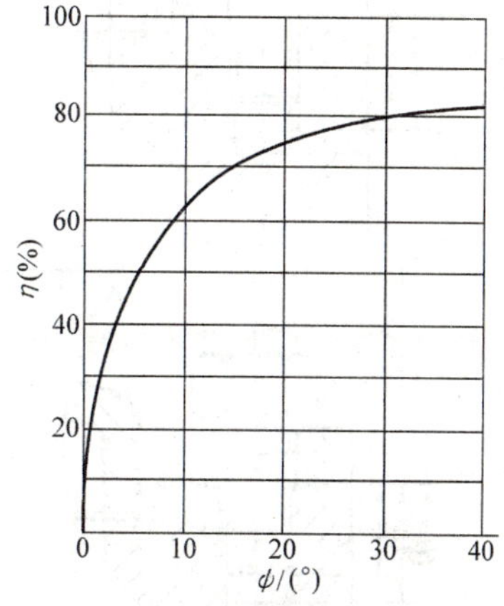

图 10－7　螺旋副的效率曲线

（$\tan\rho_{\mathrm{v}}=\mu_{\mathrm{v}}=0.1$ 时）

第三节　螺 纹 联 接

一、螺纹联接的基本类型

螺纹联接的基本类型、特点及应用见表 10－2。

表 10－2　螺纹联接的基本类型、特点及应用

<table>
<tr><th>类型</th><th>结构图</th><th>尺寸关系</th><th>特点及其应用</th></tr>
<tr><td rowspan="2">螺栓联接</td><td>普通螺栓联接</td><td rowspan="2">螺纹余量长度 l_1 为
静载荷 $l_1\geqslant(0.3\sim0.5)d$
变载荷 $l_1\geqslant0.75d$
铰制孔用螺栓的 l_1 应尽可能小于螺纹伸出长度 a 为
$a=(0.2\sim0.3)d$
螺纹轴线到边缘的距离 e
$e=d+3\sim6\mathrm{mm}$
螺栓孔直径 d_0
普通螺栓 $d_0=1.1d$
铰制孔用螺栓的 d_0 与 d 的对应关系见下表：
<table><tr><td>d/mm</td><td>M6～M27</td><td>M30～M48</td></tr><tr><td>d_0/mm</td><td>$d+1$</td><td>$d+2$</td></tr></table></td><td>被联接件无需切制螺纹，结构简单、装拆方便，应用广泛。通常用于被联接件不太厚和便于加工通孔的场合。工作时，螺栓受轴向拉力，故亦常称受拉螺栓联接</td></tr>
<tr><td>铰制孔用螺栓联接（或称配合螺栓联接）</td><td>孔与螺栓杆之间没有间隙。用螺栓杆承受横向载荷或固定被联接件的相互位置。工作时，螺栓一般受剪切力，故亦常称受剪螺栓联接</td></tr>
</table>

（续）

类型	结构图	尺寸关系	特点及其应用
双头螺柱联接	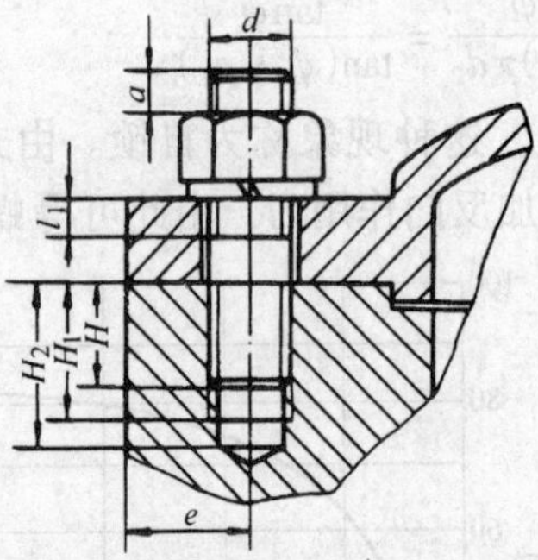	螺纹拧入深度 H 为 钢或青铜：$H \approx d$ 铸铁：$H=(1.25\sim1.5)d$ 铝合金：$H=(1.5\sim2.5)d$ 螺纹孔深度 $H_1=H+(2\sim2.5)P$ 钻孔深度 $H_2=H_1+(0.5\sim1)d$ l_1、a、e 值同普通螺栓联接的情况	螺柱的一端旋紧在一被联接件的螺纹孔中，另一端则穿过另一被联接件的孔。通常用于被联接件之一太厚、结构要求紧凑或经常拆装的场合
螺钉联接	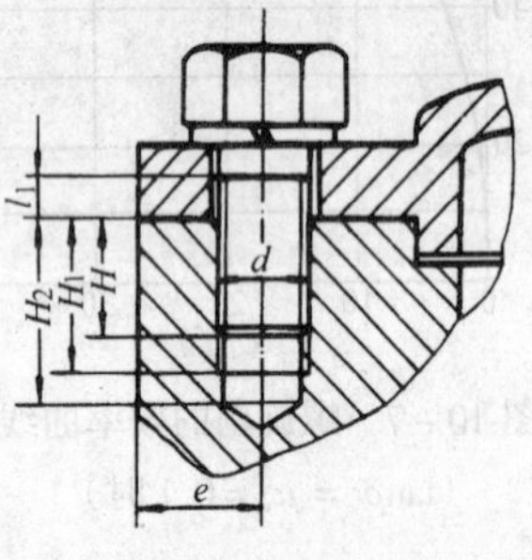	螺纹拧入深度 H 为 钢或青铜：$H \approx d$ 铸铁：$H=(1.25\sim1.5)d$ 铝合金：$H=(1.5\sim2.5)d$ 螺纹孔深度 $H_1=H+(2\sim2.5)P$ 钻孔深度 $H_2=H_1+(0.5\sim1)d$ l_1、a、e 值同普通螺栓联接的情况	适用于被联接件之一太厚且不经常拆装的场合
紧定螺钉联接	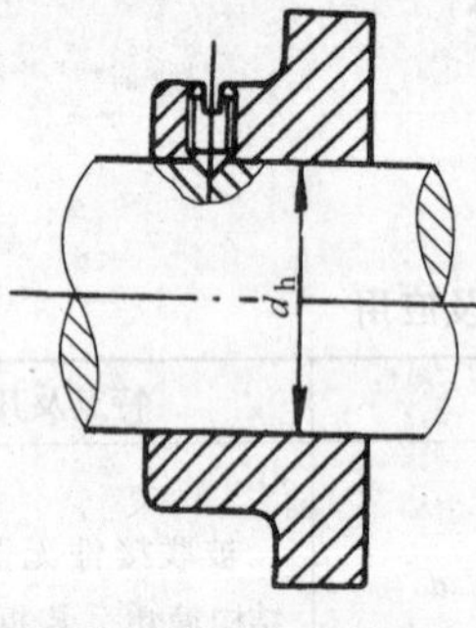	$d=(0.2\sim0.3)d_h$ 当力和转矩大时取较大值	螺钉的末端顶住零件的表面或顶入该零件的凹坑中，将零件固定，它可以传递不大的载荷

二、螺纹联接件的主要类型

螺纹联接件的品种及类型很多，而且多数已经标准化，设计时应尽量根据标准选用联接件（表 10-3）。

表 10-3 常用螺纹联接件

类型		图例	结构特点及应用
螺栓	普通螺栓		种类很多，其中最常用的是六角头螺栓。螺栓也用于螺钉联接中。设计时可查 GB/T 5782—2000

（续）

类型		图　　例	结构特点及应用
螺栓	铰制孔用螺栓	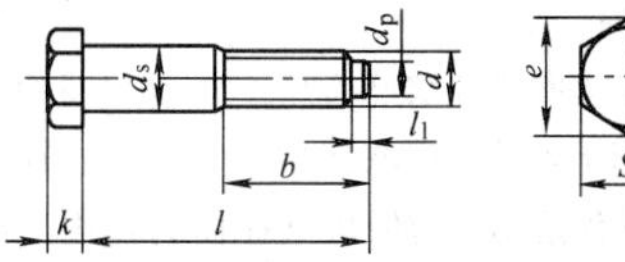 d_p d_s d l_1 b k l e S	头部形式为六角形，其中光杆部分与被联接件的孔配合，以光杆部分挤压与剪切来承受横向工作载荷。设计时可查 GB/T 27—1988
双头螺栓		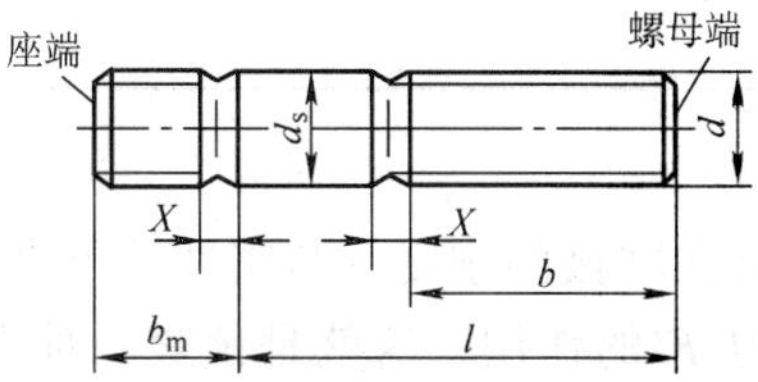 座端 螺母端 d_s d X X b b_m l	双头螺柱两端均制有螺纹，一端旋入被联接件螺纹孔中，称为座端；另一端与螺母旋合，称为螺母端。两端螺纹可不同。一般设计时可查 GB/T 898—1988
螺钉		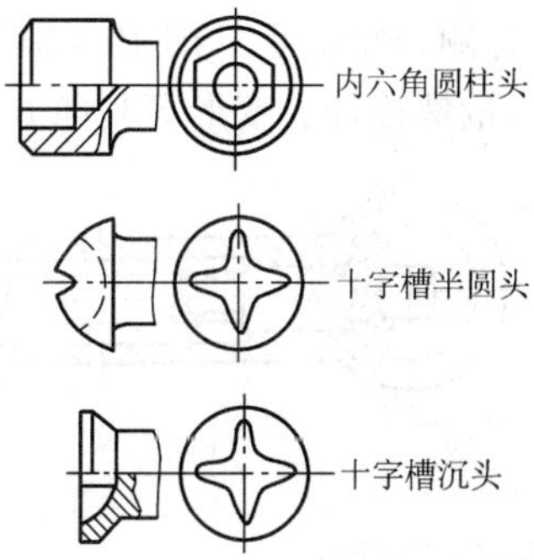 内六角圆柱头 十字槽半圆头 十字槽沉头	螺钉的结构形式与螺栓类似，但螺钉头部形式较多，内、外六角头可施加较大的拧紧力矩，联接强度高。十字槽头不便于施加较大的拧紧力矩
紧定螺钉		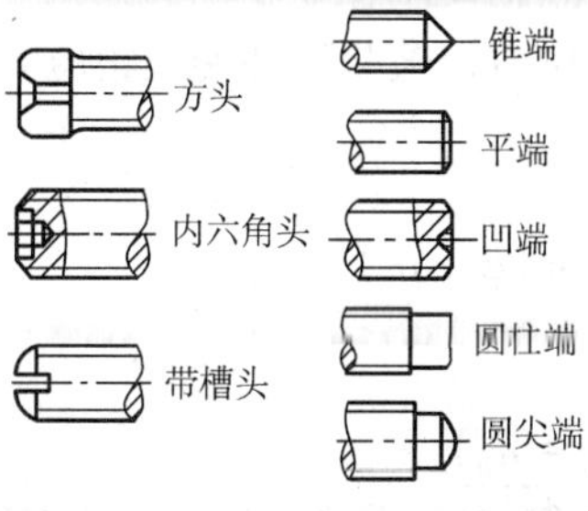 方头 内六角头 带槽头 锥端 平端 凹端 圆柱端 圆尖端	紧定螺钉的头部和末端形式都很多，可以适应不同拧紧程度的需要，其中方头能承受的拧紧力矩最大。常用的末端形式有锥端、平端和圆柱端，一般均要求末端有足够的硬度
螺母	六角螺母	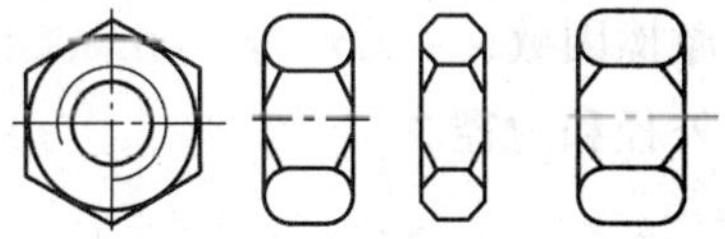 六角螺母 六角扁螺母 六角厚螺母	螺母与螺栓、双头螺柱配套使用。螺母的形状有六角形、圆形、方形等，其中以六角螺母应用最普遍。六角螺母又可分为普通螺母、扁螺母和厚螺母。扁螺母用于尺寸受限制的地方，厚螺母用于经常装拆、易于磨损的场合。此外还有圆螺母，常与止动垫圈配用实现轴上零件的轴向固定。常用六角螺母的基本尺寸可查 GB/T 6170—2000
	圆螺母	 圆螺母	

(续)

类型	图例	结构特点及应用
垫圈	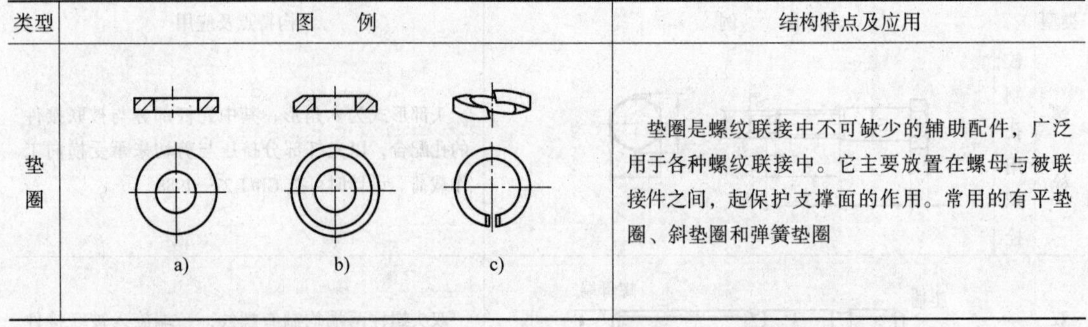 a) b) c)	垫圈是螺纹联接中不可缺少的辅助配件，广泛用于各种螺纹联接中。它主要放置在螺母与被联接件之间，起保护支撑面的作用。常用的有平垫圈、斜垫圈和弹簧垫圈

三、螺纹联接的预紧与防松

1. 螺纹联接的预紧　使用螺纹联接时，为增强联接的刚度、紧密性及可靠性，通常在装配时需要拧紧，使螺栓联接中预先受到预紧力 F'的作用，这就是预紧。对于一般联接，往往对预紧力不加控制，拧紧程度凭装配经验而定；对于重要联接（如气缸盖的螺栓联接），预紧力必须加以控制。控制预紧力常用的拧紧工具有测力矩扳手（图 10－8a）、定力矩扳手（图 10－8b）等。此外，要求精确控制时还可采用测量螺栓伸长变形等其他方法。

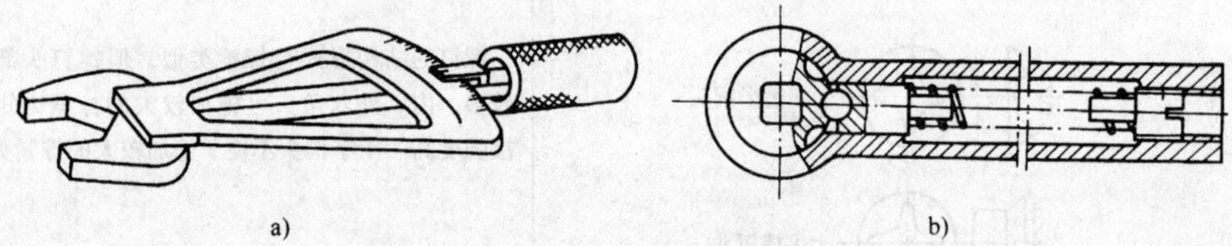

图 10－8　测力矩扳手和定力矩扳手

在拧紧螺母时，拧紧力矩 M 需要克服螺旋副相对运动的螺纹阻力矩 M_1 和螺母与承压面间的摩擦阻力矩 M_2（图 10－9），同时螺栓受预紧拉力，被联接件受预紧压力。由式(10－4)可知，螺旋副间的摩擦阻力矩 M_1 为

$$M_1 = F_t \frac{d_2}{2} = \frac{F' d_2}{2} \tan(\psi + \rho_v)$$

接触面间的摩擦阻力矩 M_2 近似取为

$$M_2 = \mu_c F' \frac{(D_1 + d_0)}{4}$$

式中　μ_c——螺母环形端面与被联接件接触面的摩擦因数；

D_1、d_0——螺母环形端面与被联接件接触面的外径和内径。

因此，拧紧力矩 M 与预紧力 F'的关系为

$$M = M_1 + M_2 = F' \frac{d_2}{2}\left[\tan(\psi + \rho_v) + \mu_c \frac{(D_1 + d_0)}{2d_2}\right] \quad (10-8)$$

对于 M10～M68mm 的粗牙普通螺纹，拧紧力矩可简化为

$$M \approx 0.2F'd \quad (10-9)$$

小直径的螺栓装配时应施加小的拧紧力矩，否则螺栓容易被拧断。对重要的、有强度要求的螺栓联接，如无控制拧紧力矩的措施，不宜采用小于 M12～M16mm 的螺栓。

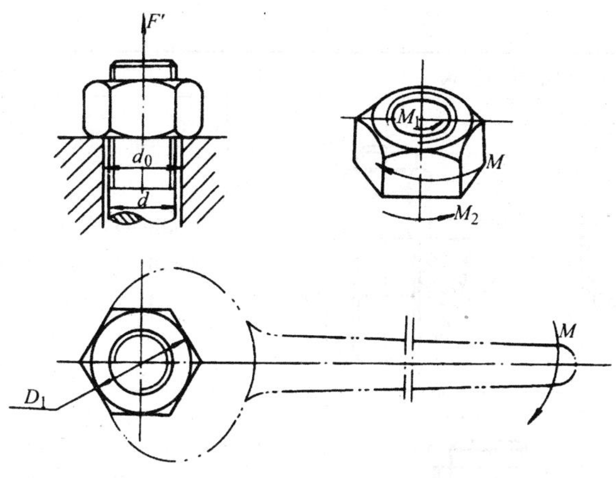

图 10-9 螺旋副的拧紧

2. 螺纹联接的防松　联接用螺纹标准件都能满足自锁条件。因此，工作温度变化不大、受静载荷作用的螺纹联接一般不会发生松脱；但工作温度变化较大或在冲击、振动以及不稳定载荷的作用下，螺旋副间的摩擦力就会减小，甚至消失，致使联接逐渐松脱。因此，为了保证联接的可靠性，在设计和安装时必须考虑螺纹联接的防松。

防松就是防止螺旋副产生相对运动。防松的方法很多，常用的防松方法列于表 10-4。

表 10-4　螺纹联接常用的防松方法

防松方法		结构形式	特点和应用
摩擦防松	双螺母		利用两螺母的对顶作用而楔紧，使螺纹副能有稳定的轴向压紧而产生足够的摩擦力 结构简单、效果好，适用于平稳、低速和重载联接
	弹簧垫圈		由于弹簧垫圈被压平后弹性反力的作用，使螺纹副轴向压紧而产生摩擦力 结构简单、使用方便；防松效果较差，一般用于不甚重要的联接
	锁紧螺母		螺母上部一段为非圆形收口或开槽收口，螺栓拧入后胀开，利用弹性使螺纹副横向压紧，防松可靠，可多次装拆重复使用

（续）

防松方法		结构形式	特点和应用
摩擦防松	扣紧螺母		利用扣紧螺母1的弹性，使螺纹副横向压紧，一般用于不常拆卸的受振动部位的联接
机械防松	槽形螺母与开口销		槽形螺母拧紧后，开口销穿过螺母槽和螺栓尾部的小孔 防松可靠，但装配不便。可用于变载、振动部位的重要联接
	止动垫圈		利用低碳钢制造单个或双联止动垫圈，把螺母约束到被联接件上或与另一螺母互相制约，防松效果良好
破坏螺纹副的运动关系	冲点铆住		强迫螺栓、螺母螺纹副局部塑性变形，阻止其松转，防松可靠，拆卸后螺栓、螺母不能重新使用

（续）

防松方法		结构形式	特点和应用
破坏螺纹副的运动关系	粘结	涂粘合剂	在旋合表面涂粘合剂，固化后即可防松

第四节　螺栓联接的强度计算

螺栓联接中的单个螺栓受力分为受轴向拉力和横向剪切力两种。前者的失效形式多为螺纹部分的塑性变形或断裂，如果联接经常装拆也可能导致滑扣；后者在工作时，螺栓在结合面处受剪，并与被联接孔相互挤压，其失效形式为螺杆被剪断，螺杆或孔壁被压溃等。

根据上述失效形式，对受拉螺栓主要以拉伸强度条件作为计算依据；对受剪螺栓则是以螺栓的剪切强度条件、螺栓杆或孔壁的挤压强度条件作为计算依据。螺纹其他各部分的尺寸是根据等强度条件确定的，通常不需进行强度计算。

一、受拉螺栓联接

1. 松螺栓联接　图 10－10 所示的起重吊钩即属松螺栓联接。在承受工作载荷之前，螺母不需要拧紧，螺栓不受力，当承受工作载荷 F 时，螺栓的强度条件为

$$\sigma = \frac{F}{\pi d_1^2/4} \leqslant [\sigma] \qquad (10-10)$$

或

$$d_1 \geqslant \sqrt{\frac{4F}{\pi[\sigma]}} \qquad (10-11)$$

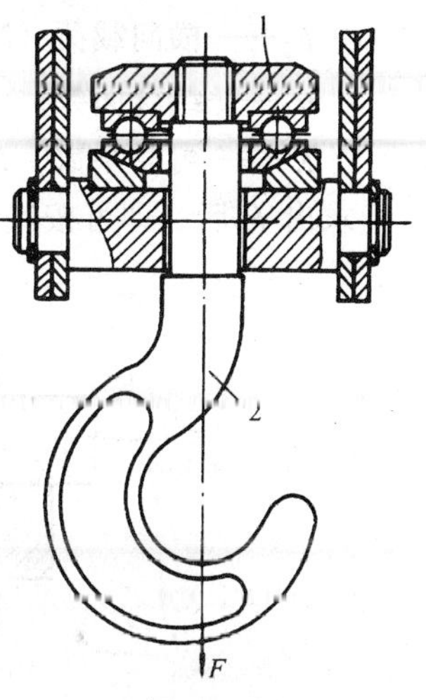

图 10－10　起重吊钩

1—螺母　2—吊钩

式中　F——轴向载荷（N）；

d_1——螺栓小径（mm）；

σ——螺栓的工作应力（MPa）；

$[\sigma]$——螺栓的许用拉应力（MPa），见表 10－7。

求出 d_1 后，应按螺纹标准选取螺纹公称直径 d。

2. 紧螺栓联接的强度计算

（1）只受预紧力作用的螺栓联接　紧螺栓联接装配时需拧紧螺母，所以螺栓除了受预紧拉力 F' 作用外，还受螺纹力矩 M_1 的作用。在螺栓的危险截面上由 F' 产生的拉应力为

$$\sigma = \frac{F'}{\pi d_1^2/4}$$

由 M_1 产生的切应力为

$$\tau = \frac{M_1}{W_T} = \frac{F'\tan(\psi + \rho_v)\dfrac{d_2}{2}}{\pi d_1^3/16} = \frac{2d_2}{d_1}\tan(\psi + \rho_v)\frac{F'}{\pi d_1^2/4}$$

式中　W_T——抗剪截面系数（mm^3），$W_T=\frac{\pi d_1^3}{16}$。

对于 M12 ~ M68mm 的普通螺纹，取 d_2、d_1 及 ψ 的平均值，并取 $\tan\rho_v=\mu_v=0.15$，代入上式可得 $\tau\approx0.5\sigma$。

按第四强度理论，可求出螺栓危险截面上的当量应力 σ_v，并建立其强度条件为

$$\sigma_v=\sqrt{\sigma^2+3\tau^2}=\sqrt{\sigma^2+3\times(0.5\sigma)^2}=1.3\sigma\leqslant[\sigma]$$

即

$$\sigma_v=\frac{4\times1.3F'}{\pi d_1^2}\leqslant[\sigma] \tag{10-12}$$

或

$$d_1\geqslant\sqrt{\frac{4\times1.3F'}{\pi[\sigma]}} \tag{10-13}$$

式中　$[\sigma]$——螺栓的许用应力（MPa），见表 10-7。

求出 d_1 后按螺纹标准选取螺栓的公称直径。

图 10-11 所示为承受横向载荷的普通螺栓，其外载荷靠结合面处摩擦力平衡，拧紧螺栓，被联接件受预紧压力 F'，按平衡条件，则

$$\mu F'm\geqslant KF_s$$

$$F'\geqslant\frac{KF_s}{\mu m} \tag{10-14}$$

式中　F'——预紧压力（N）；

μ——摩擦因数，对钢或铸铁可取 $\mu=0.1\sim0.15$；

F_s——横向载荷（N）；

m——结合面数；

K——可靠系数，$K=1.1\sim1.3$。

求出 F'后，即可按式（10-12）或式（10-13）进行螺栓强度计算。

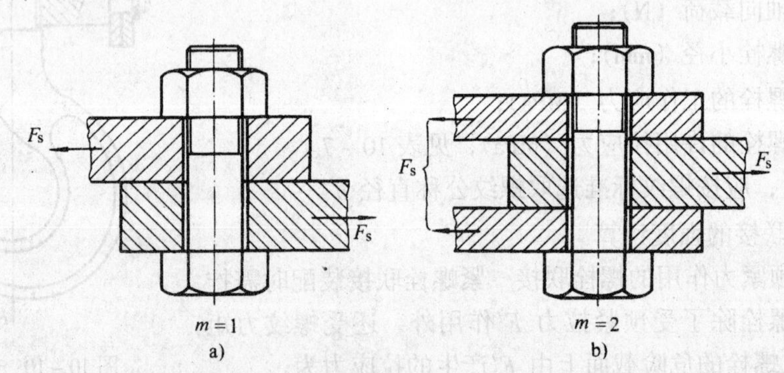

图 10-11　承受横向载荷的普通螺栓联接

（2）受预紧力和轴向工作载荷的螺栓联接　图 10-12 所示为气缸盖螺栓，螺栓预紧后，再受轴向工作载荷。由于螺栓和被联接件的弹性变形，螺栓所受的总载荷并不等于预紧力与轴向工作载荷之和，其大小取决于预紧力、轴向工作载荷、螺栓和被联接件的刚度，现分析如下。

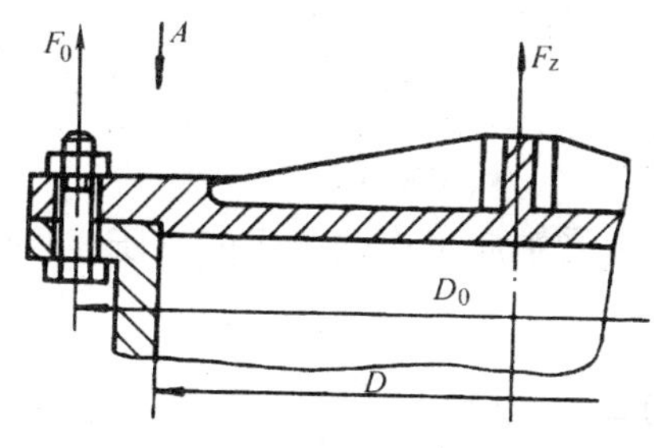

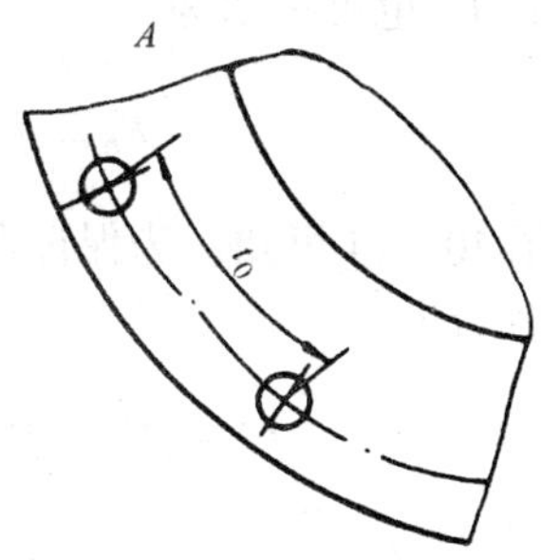

图 10-12　气缸盖螺栓组联接的受力

螺栓和被联接件受载前后的情况如图 10-13 所示。螺母未拧紧时螺栓和被联接件均不受力（图 10-13a）。拧紧螺母后，由于预紧力 F'的作用，螺栓受拉而伸长，变形量为 δ_1；被联接件受压而缩短，变形量为 δ_2（图 10-13b）。当加上轴向工作载荷 F 后，螺栓伸长变形量增加了 $\Delta\delta$，而使总伸长变形量成为 $\delta_1+\Delta\delta$；被联接件随螺栓的伸长而放松，其总压缩变形量变成 $\delta_2-\Delta\delta$（图 10-13c）。与此相应，联接结合面的压紧力由 F'减至 F''，F''称为残余预紧力。

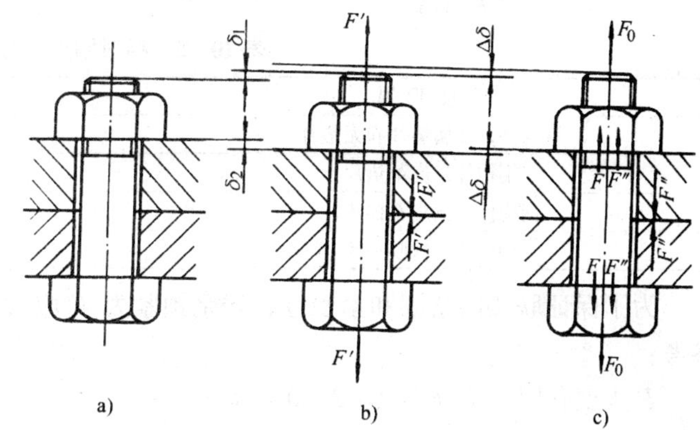

图 10-13　螺栓的受力变形示意

由上述分析可知，这类螺栓联接承受轴向工作载荷后，由于预紧力的变化，作用在螺栓上的总载荷 F_0 等于轴向工作载荷 F 与残余预紧力 F''之和，即

$$F_0=F+F'' \qquad (10-15)$$

这种受力与变形的关系也可用如图 10-14 所示的线图表示。若零件中的变形在弹性范围内，则图 10-14a、b 分别表示螺栓及被联接件的受力与变形关系。图 10-14c 表示螺栓受轴向工作载荷后，螺栓及被联接件的受力与变形的关系。

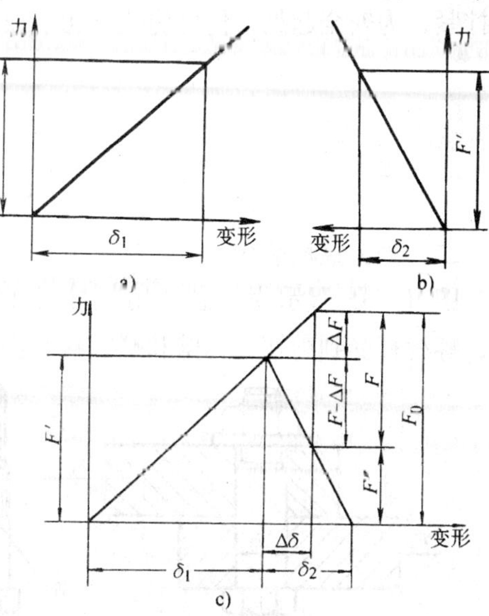

图 10-14　螺栓及被联接件的受力与变形关系

若令螺栓的刚度为 $k_b=F'/\delta_1$，被联接件的刚度为 $k_c=F'/\delta_2$，由图 10-14 的几何关系可得

$$\frac{\Delta F}{F-\Delta F}=\frac{\Delta\delta k_b}{\Delta\delta k_c}=\frac{k_b}{k_c}$$

$$\Delta F=\frac{k_b}{k_b+k_c}F$$

故螺栓的总载荷 F_0 也可表示为

$$F_0 = F' + \Delta F = F' + \frac{k_b}{k_b + k_c} F \qquad (10-16)$$

同时，由图 10-14 可知，为保证联接在承受轴向工作载荷后能有所要求的残余预紧力 F''，需加的预紧力为

$$F' = F'' + (F - \Delta F) = F'' + \left(1 - \frac{k_b}{k_b + k_c}\right) F \qquad (10-17)$$

式（10-16）中的 $\frac{k_b}{k_b + k_c}$ 称为相对刚度系数。计算时，一般可按表 10-5 选取。

表 10-5　相对刚度系数

联接形式	$k_b/(k_b+k_c)$
钢构件，金属垫片和无垫片	0.2～0.3
钢构件，皮革垫片	0.7
钢构件，铜皮石棉垫片	0.8
钢构件，橡胶垫片	0.9

为了保证联接的紧固和紧密性，残余预紧力 F'' 应大于零。下列数据可作为选取 F'' 时的参考：

F 无变化时，取 $F'' = (0.2 \sim 0.6) F$；

F 有变化时，取 $F'' = (0.6 \sim 1.0) F$；

有密封要求时，取 $F'' = (1.5 \sim 1.8) F$。

选定 F'' 后，可按式（10-15）求得螺栓总载荷 F_0。考虑到这种螺栓工作时可能需要补充拧紧，为安全起见，仍可仿式（10-12）的强度条件进行计算，即

$$\frac{4 \times 1.3 F_0}{\pi d_1^2} \leqslant [\sigma] \qquad (10-18)$$

$$d_1 \geqslant \sqrt{\frac{4 \times 1.3 F_0}{\pi [\sigma]}} \qquad (10-19)$$

二、受剪螺栓联接

图 10-15 所示为铰制孔用螺栓（或称配合螺栓）联接。当联接承受横向载荷 F_s(N) 时，螺栓杆受到剪切，孔壁和螺栓接触面受到挤压。其强度条件为

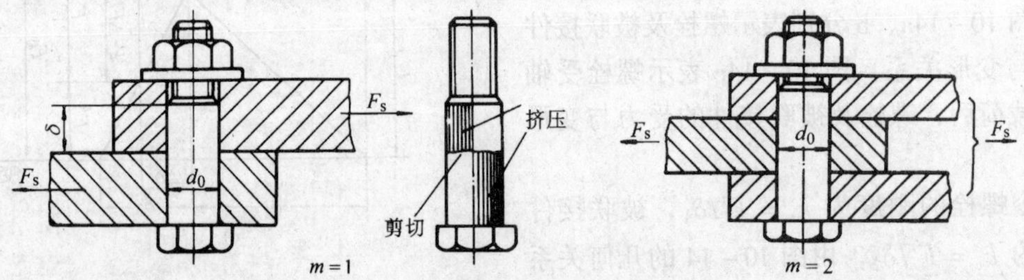

图 10-15　受剪螺栓联接

剪切强度条件

$$\tau = \frac{F_s}{m \frac{\pi d_0^2}{4}} \leqslant [\tau] \qquad (10-20)$$

挤压强度条件
$$\sigma_p = \frac{F_s}{d_0\delta} \leqslant [\sigma_p] \tag{10-21}$$

式中 d_0——螺栓杆剪切面的直径（mm）；

δ——螺栓杆与被联接件孔壁间受挤压的最小轴向长度（mm），设计时应使 $\delta \geqslant 1.25d_0$；

m——剪切面的数目；

$[\tau]$——螺栓的许用切应力（MPa），见表 10－8；

$[\sigma_p]$——螺栓和被联接件中，低强度材料的许用挤压应力（MPa），见表 10－8。

三、螺纹联接件的材料及许用应力

螺纹联接件的常用材料有 Q215、Q235 及 10、35 和 45 钢。对于承受冲击或变载荷的联接件，常用 30CrMnSi、15MnVB 等。常用螺栓、螺钉和螺柱的性能等级见表 10－6。

表 10－6 螺栓、螺钉和螺柱的性能等级（摘自 GB/T 3098.1—2000）

性能等级	3.6	4.6	4.8	5.6	5.8	6.8	8.8		9.8	10.9	12.9
							$d \leqslant 16$mm	$d > 16$mm			
抗拉强度极限 σ_{bmin}/MPa	330	400	420	500	520	600	800	830	900	1040	1220
屈服点 σ_{smin}（或屈服强度 $\sigma_{0.2min}$）/MPa	190	240	340	300	420	480	640		720	940	1100
硬度 HBW_{min}	90	114	124	147	152	181	238	242	276	304	366
推荐材料	低碳钢	低碳钢或中碳钢					低碳合金钢或中碳钢淬火并回火			中碳钢，低、中碳合金钢淬火并回火	合金钢淬火并回火

注：1. 性能等级的标记代号含义：“·”前的数字为公称抗拉强度极限 σ_b 的 1/100，“·”后的数字为屈强比的 10 倍，即 $(\sigma_s/\sigma_b) \times 10$。

2. 规定性能等级的螺栓、螺母在图样上只注性能等级，不应标出材料牌号。

3. 3.6～6.8 级为 σ_{smin}，8.8～12.9 级为 $\sigma_{0.2min}$。

受拉螺栓的许用应力见表 10－7。

表 10－7 受拉螺栓的许用应力

载荷性质	许用应力	不控制预紧力时的安全系数 $[S]$				控制预紧力时的安全系数 $[S]$
静载荷	$[\sigma] = \frac{\sigma_s}{[S]}$	直径 / 性能等级	M6～M16/mm	M16～M30/mm	M30～M60/mm	—
		8.8 级以下	4.0～3.0	3.0～2.0	2.0～1.3	1.2～1.5
		8.8 级及以上	5.0～4.0	4.0～2.5	2.5	
变载荷		8.8 级以下	10.0～6.5	6.5	6.5～10.0	
		8.8 级及以上	7.5～5.0	5.0	6.0～7.5	

注：对于松螺栓联接，一般取 $[S] = 1.2～1.7$。

受剪螺栓的许用应力见表 10－8。

表 10－8 螺栓的许用切应力及许用挤压应力

螺栓许用切应力 $[\tau]$	静载荷	$[\tau] = \sigma_s/2.5$
	变载荷	$[\tau] = \sigma_s/(3.5～5)$
螺栓或被联接件的许用挤压应力 $[\sigma_p]$	静载荷	钢 $[\sigma_p] = \sigma_s/1.25$，铸铁 $[\sigma_p] = \sigma_b/(2～2.5)$
	变载荷	按静载荷 $[\sigma_p]$ 降低 20%～30%

第五节　螺纹联接的结构设计

螺栓都是成组使用的，如何合理布置螺栓组，合理进行螺纹联接的结构设计，对提高螺纹联接的整体强度及联接可靠性，起着重要作用。设计螺纹联接结构时，应注意以下问题。

一、减小螺栓的总拉力 F_0

由式（10－16）可知，对于受预紧力和轴向工作载荷的螺栓联接，减小螺栓的刚度 k_b，增加被联接件的刚度 k_c，可减小螺栓的总拉力 F_0。

对于图 10－16 所示螺栓结构，增加螺栓长度、减小光杆直径以及采用空心螺栓，均可减小螺栓刚度。

为提高被联接件的刚度，被联接件之间可不用垫片，或用刚度大的垫片。对于有紧密性要求的联接，不用图 10－17a 所示的软垫片，而采用图 10－17b 所示的 O 形密封圈。

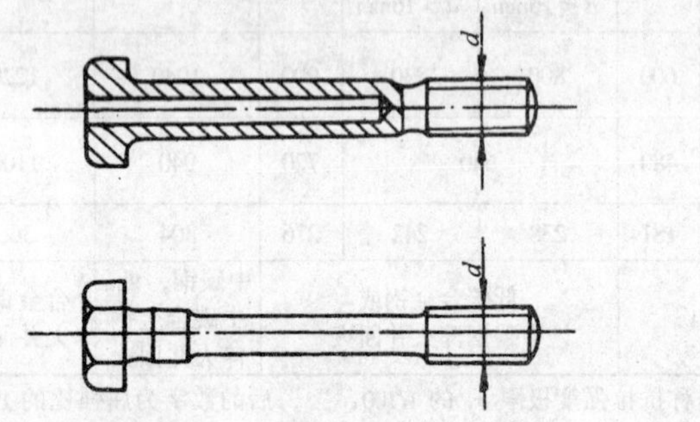

图 10－16　减小螺栓刚度的结构

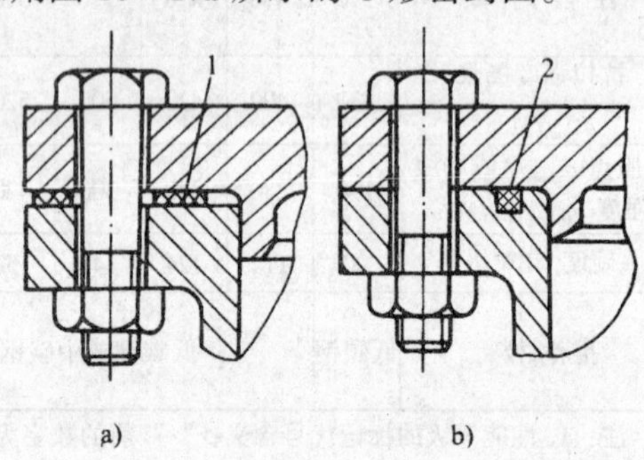

图 10－17　软垫片和 O 形密封圈

1—软垫片　2—O 形密封圈

二、改善螺纹牙的载荷分布

对于一般螺母，旋合各圈的载荷分布是不均匀的，如图 10－18a 所示，从螺母支承面算起第一圈受力最大，以后各圈递减，到第 8～10 圈后，螺纹牙几乎不受力，所以采用厚螺母并不能起到应有的作用。采用图 10－18b、c 所示的受拉悬置螺母、环槽螺母，有助于减少螺母与螺栓螺距的变化差，使各圈载荷分布均匀。

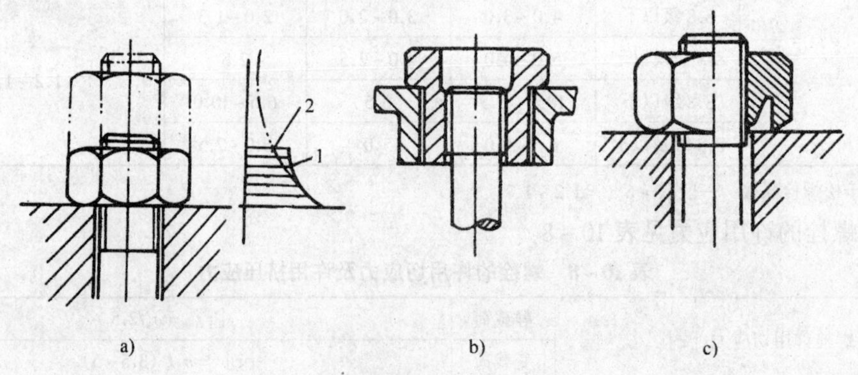

图 10－18　改善螺纹牙的载荷分布

1—普通螺母的载荷分布　2—加厚螺母的载荷分布

三、避免螺栓产生附加弯曲应力

若被联接件与螺栓头部、螺母支承端面的接触面不平或倾斜，如图 10－19a 所示，螺栓就会产生附加弯曲应力，致使联接承载能力降低。为保证表面平整，可在被联接件表面上设置便于加工（图 10－19b、c）的凸台和沉孔。当被联接件支承面倾斜时，可采用图 10－19d 所示的斜垫片。

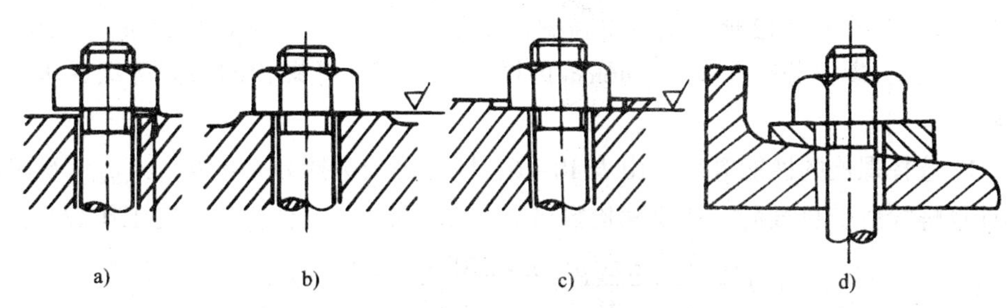

图 10－19　沉头、凸台座和斜垫圈

四、采用减载装置改善螺栓受载情况

受横向载荷的普通螺栓联接，当 $\mu=0.15$、$K=1.2$、$m=1$ 时，由式（10－14）可得 $F'\geqslant 8F_s$，即预紧力为横向载荷的 8 倍，使螺栓的结构尺寸增大，如采用图 10－20 所示的减载装置，或采用铰制孔用螺栓，可减小螺栓尺寸，使结构紧凑，联接可靠。

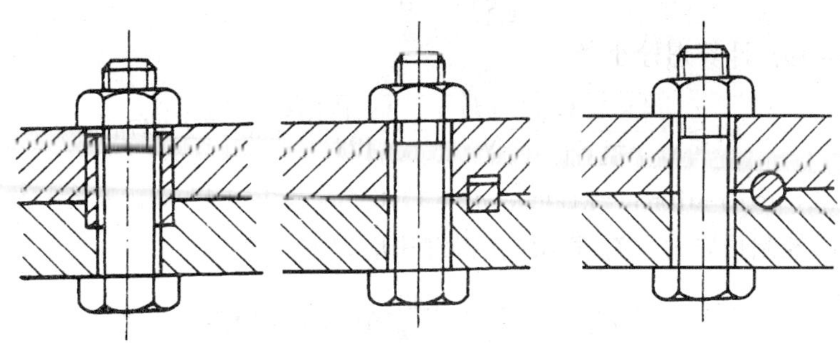

图 10－20　减载装置

另外，为减小螺栓应力集中，应使螺栓截面变化均匀，增大过渡处圆角，切制卸载槽等。

五、螺栓组的布置

螺栓组的布置，应考虑以下几个问题：

1）同一组螺栓要对称布置，使螺栓组的形心和被联接件的形心重合，以使螺栓分布均匀。

2）受横向载荷的螺栓组，应避免沿横向载荷方向布置过多的螺栓（一般不超过 8 个），以免各螺栓受力不均匀；还应防止过分削弱被联接件的强度。

3）在同一圆周上，螺栓数目取 3、4、6、8、12 等，以便于画线和分度。

4）螺栓组排列应有一定的间距，螺栓中心线与机体壁之间、螺栓相互之间的距离应根据扳手空间大小和联接的密封性要求确定，扳手空间尺寸可查有关手册；有密封性要求的间距可按表 10－9 选取。

表 10-9 螺栓联接的最大间距

螺栓用途	普通螺栓	压力容器				
		工作压力 p/MPa				
		<1.6	1.6~10	10~16	16~20	20~30
最大间距 t_{0max}	$10d$	$7d$	$4.5d$	$4d$	$3.5d$	$3d$

例 10-1 在图 10-12 所示的气缸盖螺栓联接中，已知气缸内的压力 $p=1.2$MPa，气缸内径 $D=250$mm，螺栓分布在 $D_0=346$mm 的圆周上。试选择螺栓的性能等级并确定螺栓个数和直径。

解 1. 选择螺栓的性能等级 由表 10-6，性能等级选择为 8.8 级，$\sigma_{0.2\min}=640$MPa。

2. 计算螺栓所受总载荷 初定螺栓数目 $z=12$，则每个螺栓所受轴向工作载荷为

$$F=\frac{F_z}{z}=\frac{\pi D^2 p}{4z}=\frac{\pi\times 250^2\times 1.2}{4\times 12}\text{N}=4909\text{N}$$

对于有密封要求的压力容器，取 $F''=1.6F=1.6\times 4909\text{N}=7854\text{N}$。由式（10-15）可得

$$F_0=F+F''=4909\text{N}+7854\text{N}=12763\text{N}$$

3. 计算螺栓直径 现以装配时不控制预紧力和控制预紧力分别计算。

（1）装配时不控制预紧力 初选螺栓直径为 M16mm，由表 10-7 得许用应力为

$$[\sigma]=\frac{\sigma_{0.2\min}}{[S]}=\frac{640}{5}\text{MPa}=128\text{MPa}$$

由式（10-19）计算螺栓小径

$$d_1\geqslant\sqrt{\frac{4\times 1.3F_0}{\pi[\sigma]}}=\sqrt{\frac{4\times 1.3\times 12763}{\pi\times 128}}\text{mm}=12.847\text{mm}$$

查螺纹标准，选用 M16mm 螺栓时，$d_1=13.835\text{mm}>12.847\text{mm}$，安全。

（2）装配时控制预紧力 查表 10-7 得许用应力为

$$[\sigma]=\frac{\sigma_{0.2\min}}{[S]}=\frac{640}{1.5}\text{MPa}=426.7\text{MPa}$$

由式（10-19）计算螺栓小径

$$d_1\geqslant\sqrt{\frac{4\times 1.3F_0}{\pi[\sigma]}}=\sqrt{\frac{4\times 1.3\times 12763}{\pi\times 426.7}}\text{mm}=7.04\text{mm}$$

查螺纹标准，选用 M10mm 的螺栓，$d_1=8.36\text{mm}>7.04\text{mm}$，安全。

设气缸盖与缸体间采用金属垫片，由表 10-5，取 $k_b/(k_b+k_c)=0.25$，由式(10-17)需加的预紧力为

$$F'=F''+\left(1-\frac{k_b}{k_b+k_c}\right)F=[7854+(1-0.25)\times 4909]\text{N}=11535.6\text{N}$$

4. 验算螺栓间距 螺栓间距为

$$t_0=\frac{\pi D_0}{z}=\frac{\pi\times 346}{12}\text{mm}=90.6\text{mm}$$

由表 10-9 知，$p<1.6$MPa 时，$t_{0max}=7d$。

1）用 M16mm 螺栓时，$t_{0max}=7d=7\times 16\text{mm}=112\text{mm}$，$t_0<t_{0max}$，适宜。

2）用 M10mm 螺栓时，$t_{0\max}=7d=7\times10\text{mm}=70\text{mm}$，$t_0>t_{0\max}$，应酌增螺栓个数。

例 10－2　如图 10－21 所示的凸缘联轴器。已知两半联轴器的材料为 HT250，允许传递的最大转矩 $T=1300\text{N}\cdot\text{m}$。图 10－21a（图中上半部所示）用 8 个 M16mm 的普通螺栓联接；图 10－21b（图中下半部所示）用 6 个 M16mm（螺栓杆直径 $d_0=17\text{mm}$，并设 $\delta=1.25d_0$）的铰制孔用螺栓联接。螺栓分布在直径 $D_0=185\text{mm}$ 的圆周上。若两种螺栓的性能等级均为 8.8 级，试分别校核螺栓的强度。

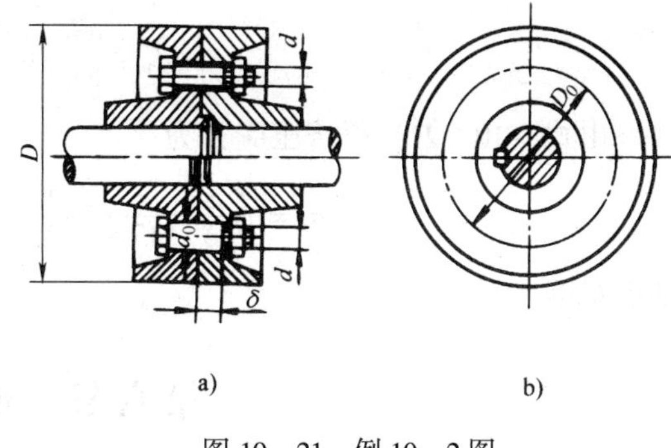

图 10－21　例 10－2 图

解　本例为受横向载荷的螺栓联接，每个螺栓所受的横向载荷为

用普通螺栓时

$$F_{s1}=\frac{2T}{zD_0}=\frac{2\times1300\times10^3}{8\times185}\text{N}=1757\text{N}$$

用铰制孔用螺栓时

$$F_{s2}=\frac{2T}{zD_0}=\frac{2\times1300\times10^3}{6\times185}\text{N}=2342\text{N}$$

1. 用普通螺栓时强度校核

（1）求预紧力 F'　取可靠系数 $K=1.2$。因 $m=1$，由式（10－14）得

$$F'=\frac{KF_{s1}}{\mu m}=\frac{1.2\times1757}{0.15\times1}\text{N}=14056\text{N}$$

（2）确定许用应力　由表 10－6 得

$$\sigma_{0.2\min}=640\text{MPa}$$

若不控制预紧力，由表 10－7 知，许用应力为

$$[\sigma]=\frac{\sigma_{0.2\min}}{[S]}=\frac{640}{5}\text{MPa}=128\text{MPa}$$

（3）校核螺栓强度　由螺纹标准知，M16mm 螺栓小径 $d_1=13.835\text{mm}$，按式（10－12）得

$$\sigma_v=\frac{4\times1.3F'}{\pi d_1^2}=\frac{4\times1.3\times14056}{\pi\times13.835^2}\text{MPa}=122\text{MPa}<[\sigma]$$

强度够。

2. 用铰制孔用螺栓时强度校核

（1）按剪切强度条件校核　由表 10－8 得许用切应力为

$$[\tau]=\frac{\sigma_{0.2\min}}{[S]}=\frac{640}{2.5}\text{MPa}=256\text{MPa}$$

由式（10－20）得切应力为

$$\tau=\frac{F_{s2}}{m\dfrac{\pi d_0^2}{4}}=\frac{2342}{1\times\dfrac{\pi17^2}{4}}\text{MPa}=10.3\text{MPa}<[\tau]$$

强度足够。

（2）按挤压强度条件校核　由表 10－8 得许用挤压应力为

$$[\sigma]_p = \frac{\sigma_b}{[S]} = \frac{250}{2.5}\text{MPa} = 100\text{MPa}$$

由式（10－21）得挤压应力为

$$\sigma_p = \frac{F_{s2}}{d_0\delta} = \frac{2342}{17 \times 1.25 \times 17}\text{MPa} = 6.5\text{MPa} < [\sigma]_p$$

强度足够。

第六节　螺旋传动

螺旋传动由螺杆和螺母组成，常用来将旋转运动变换为直线移动，同时进行动力的传递或调整零件的相互位置。按其螺旋副的摩擦性质的不同，一般分为：①螺旋副作滑动摩擦的滑动螺旋传动；②螺旋副作滚动摩擦的滚动螺旋传动。本节主要介绍滑动螺旋传动的计算要点。

一、滑动螺旋传动的类型、受力和应用

螺旋传动按其用途和受力情况分为三类：

1. 传力螺旋　主要用来传递动力，可用较小的转矩转动螺杆（或螺母）而使螺母（或螺杆）产生直线移动和较大的轴向力，如螺旋起重器（或称螺旋千斤顶，见图 10－22a）和螺旋压力机（图 10－22b）。

2. 传导螺旋　主要用来传递运动，要求具有较高的传动精度，如车床刀架和进给机构的螺旋等。

3. 调整螺旋　主要用来调整固定零件的相对位置，如车床尾座螺旋和卡盘螺旋等。

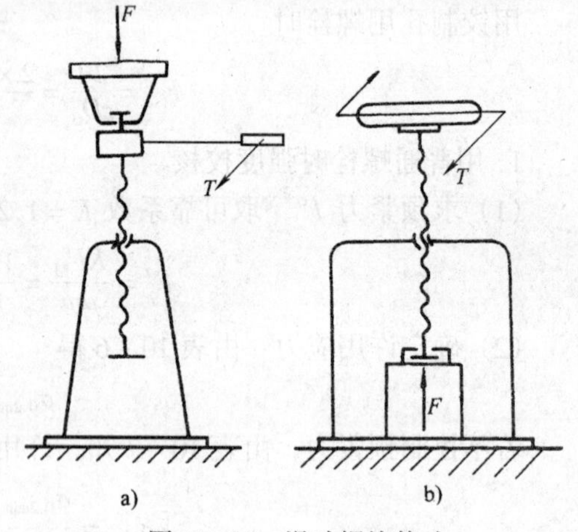

图 10－22　滑动螺旋传动

二、螺旋传动的材料、失效形式和计算准则

1. 螺杆材料　螺杆应具有足够的强度，较强的耐磨性和良好的可加工性，一般采用 Q235、45 或 50 钢。对于重要的螺杆（如高精度机床丝杠），可选用 65Mn、40Cr 或 T12 等合金钢，并经热处理提高其耐磨性。

2. 螺母材料　要求螺母具有足够的耐磨性和较好的减摩性，常用的材料有铸造锡青铜 ZCuSn10P1、ZCuSn5PbZn5；低速重载时可用强度较高的铝铁青铜 ZCuAl10Fe3；低速轻载时可用耐磨铸铁或灰铸铁。

3. 螺旋传动的失效形式和计算准则　滑动螺旋传动常用梯形或锯齿形螺纹，其失效形式主要是螺纹的磨损，因此常先由耐磨性条件，算出螺杆的直径和螺母高度，并参照标准确定螺旋各主要参数，而后再对可能发生的其他失效形式进行校核。

4. 螺旋传动的计算要点

（1）耐磨性计算　影响磨损的因素很多，目前还没有完善的计算方法，通常限制螺纹接触处的压强 p。假设轴向载荷为 F，相旋合的圈数为 z，则由图 10－23，可得其校核公式为

$$p=\frac{F}{\pi d_2 hz}\leqslant [p] \qquad (10-22)$$

式中　F——轴向载荷（N）；

z——旋合圈数；

d_2——螺纹中径（mm）；

h——螺纹的接触高度（mm）；

$[p]$——许用压强（MPa），见表 10-10。

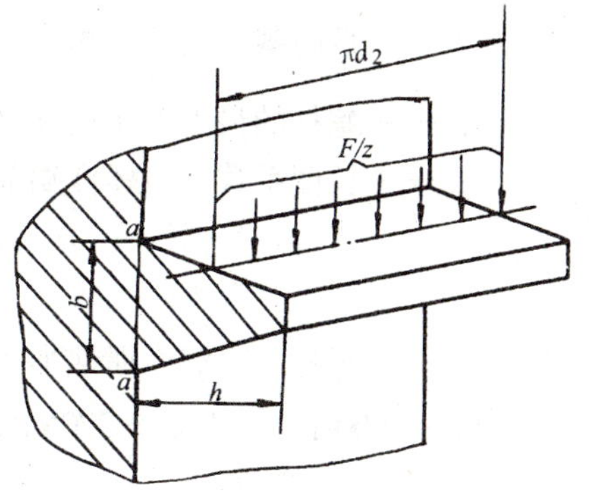

图 10-23　一圈螺纹牙的展开

为设计方便，令 $\varphi=H/d_2$，H 为螺母的高度，又因 $z=H/P$（P 为螺距），梯形螺纹的工作高度 $h=0.5P$，锯齿形螺纹的工作高度 $h=0.75P$，将这些关系代入式（10-22）整理后，螺纹的中径 d_2 的设计公式为

表 10-10　螺旋副的许用压强 $[p]$　（MPa）

配对材料		钢对铸铁	钢对青铜	淬火钢对青铜
许用压强	速度 $v<12$m/min	4~7	7~10	10~13
	低速，如人力驱动等	10~18	15~25	—

注：对于精密传动或要求使用寿命长时，可取表中值的 1/2~1/3。

梯形螺纹
$$d_2\geqslant 0.8\sqrt{\frac{F}{\varphi[p]}} \qquad (10-23)$$

锯齿形螺纹
$$d_2=0.65\sqrt{\frac{F}{\varphi[p]}} \qquad (10-24)$$

φ 值的取法：对整体式螺母由于磨损后不能调整间隙，为使受力比较均匀，螺纹旋合圈数不宜太多，φ 取为 1.2~2.5，剖分式螺母 φ 取为 2.5~3.5。但旋合圈数 z 一般不应超过 10 圈。

计算所得的中径 d_2 应按标准选取相应的公称直径 d 及螺距 P。对有自锁要求的螺旋，还要验算所选螺纹的参数能否满足自锁条件。

（2）螺杆的强度校核　螺杆受轴向力 F，因此在螺杆上产生轴向压（或拉）应力，同时转矩 T 使螺杆截面内产生扭应力。根据压（或拉）应力和扭应力，按第四强度理论可求出危险截面的当量应力 σ_v，故其强度条件为

$$\sigma_v=\sqrt{\sigma^2+3\tau^2}=\sqrt{\left(\frac{4F}{\pi d_1^2}\right)^2+3\left(\frac{T}{\pi d_1^3/16}\right)^2}\leqslant[\sigma] \qquad (10-25)$$

式中　d_1——螺纹小径（mm）；

$[\sigma]$——螺杆材料的许用应力（MPa），对碳素钢可取为 50~80MPa。

（3）螺杆的稳定性校核　细长杆受到较大轴向压力时，可能丧失稳定性，失稳时的临界载荷与材料、螺杆长细比（或称柔度）$\lambda=\frac{\mu L}{i}$有关。

当 $\lambda\geqslant 100$ 时，临界载荷 F_C 由欧拉公式决定

$$F_C=\frac{\pi^2 EI}{(\mu L)^2} \qquad (10-26)$$

式中　E——螺杆材料的弹性模量（MPa），对于钢 $E=2.06\times10^5$MPa；

I ——危险截面的惯性矩（mm^4），$I=\frac{\pi d_1^4}{64}$；

L ——螺杆的最大工作长度（mm）；

μ ——长度系数，与螺杆端部结构有关，对于起重器，可视为一端固定，一端自由，取 $\mu=2$；对于压力机，可视为一端固定，一端铰支，取 $\mu=0.7$；对于传导螺杆，可视为两端铰支，取 $\mu=1$。

i ——螺杆危险截面惯性半径，若螺杆危险截面面积 $A=\pi d_1^2/4$，则 $i=\sqrt{I/A}=d_1/4$。

当 $\lambda<100$ 时，对于 $\sigma_b \geqslant 370$MPa 的碳素钢（如 Q235 等）取

$$F_C=(304-1.12\lambda)\pi d_1^2/4 \tag{10-27}$$

对于 $\sigma_b \geqslant 470$MPa 的优质碳素钢（如 35、40 钢）取

$$F_C=(461-2.57\lambda)\pi d_1^2/4 \tag{10-28}$$

当 $\lambda<40$ 时，不必进行稳定性校核。

稳定性校核应满足的条件为

$$F \leqslant \frac{F_C}{S} \tag{10-29}$$

式中　S——稳定性校核的安全系数，通常取 $S=2.5\sim4$。

当不满足上述条件时应增大螺杆直径。

（4）螺纹牙的强度校核　由于螺母材料一般比螺杆材料的强度低，所以螺纹牙的强度校核通常按螺母进行。参看图 10－23，螺纹牙根部 aa 处剪切和弯曲强度条件分别为

$$\tau=\frac{F}{\pi Dbz} \leqslant [\tau] \tag{10-30}$$

$$\sigma_w=\frac{3Fh}{\pi Db^2 z} \leqslant [\sigma]_w \tag{10-31}$$

式中　b ——螺纹牙根部宽度（mm）。对梯形螺纹 $b=0.65P$，对锯齿形螺纹 $b=0.74P$；

h ——螺纹工作高度（mm）；

D——螺母内螺纹大径（mm）；

$[\tau]$、$[\sigma]_w$——分别为许用切应力和许用弯曲应力（MPa）。

对铸铁螺母，$[\tau]=40$MPa，$[\sigma]_w=45\sim55$MPa；对青铜螺母，$[\tau]=30\sim40$MPa，$[\sigma]_w=40\sim60$MPa。

三、滚动螺旋简介

在螺旋和螺母之间设有封闭循环的滚道，滚道间充以钢球，这样使螺旋面的摩擦成为滚动摩擦，这种螺旋称为滚动螺旋或称为滚珠丝杠。滚动螺旋按滚道回路形式的不同，分为外循环和内循环两种。图 10－24 所示为外循环式滚动螺旋的工作原理图。

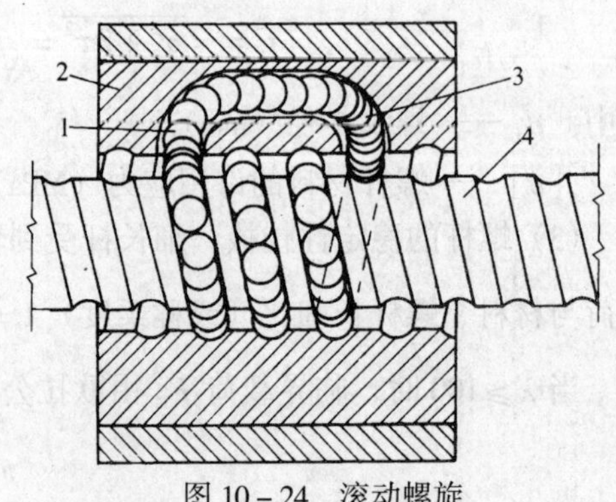

图 10－24　滚动螺旋

1—钢球　2—螺母　3—返回通道　4—螺杆

滚动螺旋的主要优点是：①摩擦损失小，效率在 90%以上；②磨损很小，还可以用调整方法消除间隙并产生一定的预变形来增加刚

度，因此其传动精度很高；③不具有自锁性，可以变直线运动为旋转运动。

第七节　键联接与花键联接

键的功用是实现轴和轴上零件之间的周向固定并传递转矩和运动。有些类型的键还可以实现轴上零件的轴向固定或起轴上零件轴向滑移的导向作用。

键联接按其结构特点和工作原理不同，可分为松键联接（平键、半圆键联接）和紧键联接（楔键、切向键联接）两大类。

一、键的类型、特点及应用

1. 平键联接　平键联接以键的两侧面为工作面，上表面与轮槽底之间留有间隙（图10－25a）。工作时靠键与键槽侧面的挤压来传递转矩。这种键结构简单，装拆方便，对中性好，常用的平键有普通平键、导键和滑键等。

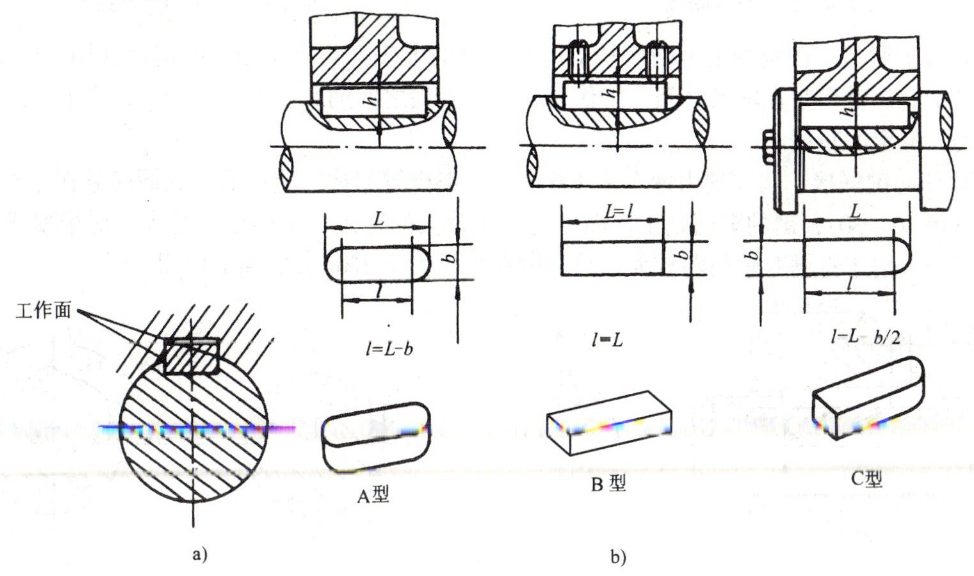

图10－25　普通平键联接

普通平键按端部形状可分为A型（圆头）、B型（方头）和C型（单圆头）三种，如图10－25b所示。A型用得最广；C型多用于轴端，轴上的键槽可用指状铣刀铣出，轴上键槽端部引起的应力集中较大；B型键的轴上键槽用盘铣刀铣出，轴上应力集中较小。

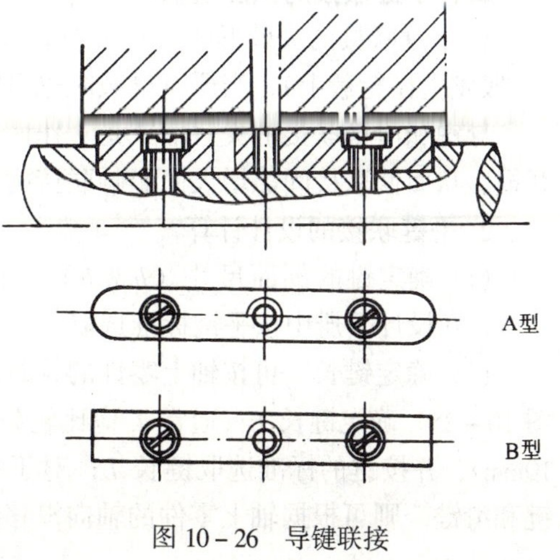

图10－26　导键联接

普通平键用于静联接，若零件需在轴上移动则可采用导键和滑键。导键有A型、B型两种，如图10－26所示。导键长度较长，为防止键体在轴槽中松动，需用螺钉将键体固定在轴上的键槽中，轴上的零件沿键轴向移动。为便于拆键，键上设有起键螺钉孔。当滑移距离较长时，则可采用如图 10－27 所示的滑键联接，在这种联接中，键固定在轮毂上，随轮毂在轴的键槽中移动。

2. 半圆键联接　半圆键联接如图 10－28 所示，半圆键工作时靠两侧面传递转矩。这种键在轴的键槽中能摆动，以适应轮毂中键槽的斜度。这种键的工艺性好，装拆方便。但对轴的强度削弱严重，故一般用于轻载联接，常用于轴的锥形端部。

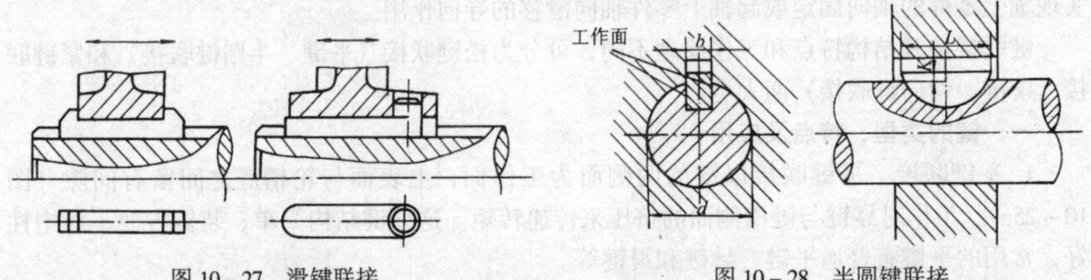

图 10－27　滑键联接　　图 10－28　半圆键联接

3. 楔键联接　楔键的上下两面是工作面。键的上表面具有 1:100 的斜度如图 10－29 所示。装配后，键楔紧在轴毂之间。工作时靠键、轴毂之间的摩擦力传递转矩，也能传递单向轴向力，但定心精度不高。

4. 切向键联接　切向键由两个 1:100 的单边斜楔键组成。装配后，共同楔紧在轮毂和轴之间（图 10－30），键的窄面是工作面，能传递较大的转矩，常用于载荷大，对中要求不严格的场合。由于键槽对轴削弱较大，故一般在直径大于 100mm 的轴上使用。

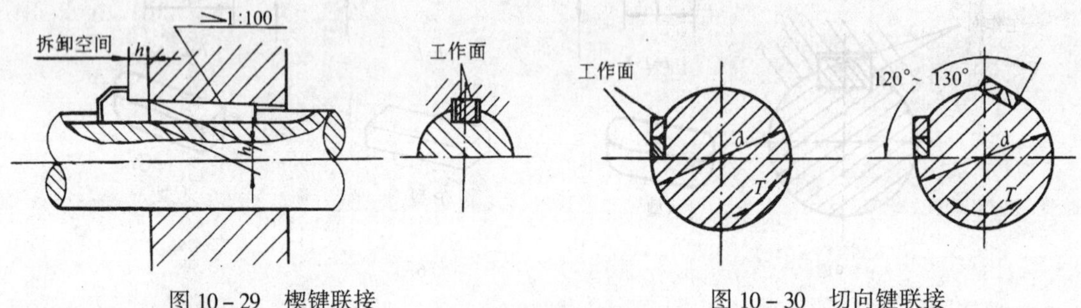

图 10－29　楔键联接　　图 10－30　切向键联接

二、平键联接的强度校核

1. 平键联接的失效形式　对于静联接，键的主要失效形式是键或轮毂的工作面的压溃（一般发生在轮毂上），当严重过载时也可能发生键体的剪断。

导键和滑键联接的失效形式是工作面产生过量的磨损，从而使联接间隙增大而影响联接的精度。

2. 平键联接的设计计算

（1）确定键的剖面尺寸（$b \times h$）　根据轴的直径 d，在设计手册中按平键标准选取。

（2）确定键长　可按轴上零件的轮毂宽度（参见图 10－25）确定键长 L（通常 L 应比轮毂宽度小 5～10mm），并按键的标准选取键长 L；对于动联接的导键和滑键，则可根据轴上零件的轴向滑移距离，按实

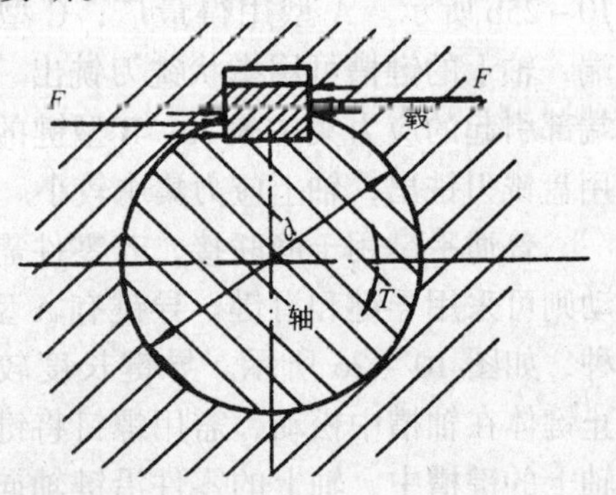

图 10－31　平键的受力分析

际结构及键的标准长度尺寸系列确定键长。

(3) 平键联接的强度校核　由上述平键联接失效形式可知，静强度应校核挤压强度，由图 10-31 可得

$$\sigma_p = \frac{F}{kl} = \frac{2T}{dkl} \leqslant [\sigma]_p \tag{10-32}$$

动联接应针对磨损进行工作面压强的条件性校核，即

$$p = \frac{F}{kl} = \frac{2T}{dkl} \leqslant [p]$$

式中　F——挤压力（N）；

T——传递转矩（N·mm）；

d——轴径（mm）；

l——键的工作长度（mm）（图 10-25）；

k——键与轮毂槽的接触高度（mm），可近似取 $k = h/2$。

若联接强度不够，一般的方法是：①增大键的工作长度（即将轮毂宽度与键长 L 加大）；②增加键的数量，如将单键改成为 180°布置（对平键联接）的双键。双键的承载能力按 1.5 个键计算。

3. 材料及许用应力　键的材料采用强度极限 σ_b 不小于 600MPa 的碳素钢，通常用 45 钢。当轮毂用有色金属或非金属材料时，键可用 20 钢或 Q235，不同材料的许用挤压应力列于表 10-11。

表 10-11　键联接的许用应力　（MPa）

许用应力种类	联接方式	轮毂材料	载荷性质		
			载荷平稳	轻微冲击	冲击
$[\sigma]_p$	静联接	钢	125~150	100~120	60~90
		铸铁	70~80	50~60	30~40
$[p]$	动联接	钢	50	40	30

注：动联接的 $[p]$ 值，实际是限制工作表面的压强，以减轻磨损及保证良好的润滑。若工作面淬火，则 $[p]$ 可提高 2~3 倍。

例 10-3　一铸铁齿轮与钢轴用普通平键联接，装齿轮处轴的直径 $d = 45$mm，齿轮轮毂宽度为 90mm，传递转矩 $T = 400$N·m，载荷平稳。试设计此键联接。

解　(1) 选键的类型　选 A 型普通平键。

(2) 确定键的尺寸　由标准可知，$d > 44 \sim 50$mm 时，键剖面尺寸应选为：$b = 14$mm，$h = 9$mm，键长 $L = 36 \sim 160$mm。参考齿轮轮毂宽度及键长 L 的尺寸系列，取 $L = 80$mm（静联接时，一般键长可比轮毂宽度小 5~10mm）。

所以，所选键的标记为：键 14×80　GB/T 1096

(3) 强度校核　挤压强度按式（10-32），并取 $k = h/2$，$l = L - b$，则工作表面的挤压应力为

$$\sigma_p = \frac{2T}{dkl} = \frac{2 \times 400 \times 10^3}{45 \times 9/2 \times (80-14)}\text{MPa} = 59.86\text{MPa}$$

由表 10-11 可知，轮毂材料为铸铁，且载荷平稳时，许用挤压应力 $[\sigma]_p = 70 \sim 80$MPa。

$\sigma_p = 59.86\text{MPa} < [\sigma]_p$，故联接能满足挤压强度要求。

三、花键联接

在轴上加工出多个键齿称为花键轴，在轮毂孔上加工出多个键槽称为花键孔，二者组成的联接称为花键联接。花键齿的侧面为工作面，靠轴与毂的齿侧面的挤压传递转矩，可用于动联接和静联接。

花键因多齿承载，所以承载能力高。对轴的强度削弱轻，应力集中小，定心精度高，导向性好，故花键联接常用于载荷大、定心精度高的静联接和动联接，特别是对动联接更有独特的优越性。但花键联接的花键轴和孔需用专用设备和工具加工，成本较高。常见花键联接的类型和特点及应用见表 10－12。

表 10－12　花键联接的类型特点及应用

类　型	特　点	应　用
矩形花键	多齿工作，承载能力高，对中性好，导向性好，齿根较浅，应力集中较小，轴与毂的强度削弱较小 加工方便，能用磨削的方法获得较高的精度。标准中规定两个系列：轻系列用于载荷较轻的静联接；中系列用于中等载荷	应用广泛，如用于飞机、汽车、拖拉机、机床、农业机械及一般机械传动装置等中
渐开线花键	齿廓为渐开线，受载时齿上有径向力，能起自动定心作用，使各齿受力均匀，强度高寿命长。加工工艺与齿轮相同，易获得较高精度和互换性。渐开线花键的齿标准压力角 α 有 30°及 45°两种	用于载荷较大，定心精度要求较高，以及尺寸较大的联接

花键联接的强度计算，常先根据联接件的特点，尺寸，使用要求和工作条件，确定其类型、尺寸，然后进行必要的强度校核。有关计算公式及标准系列可参考《机械设计手册》。

第八节　销联接及其他联接

一、销联接

销联接主要用来固定零件的相对位置（图 10－32a），传递不大的载荷（图 10－32b），还可作为安全装置中的过载剪断元件（图 10－32c）。

销是标准件，主要类型有圆柱销，圆锥销和槽销，采用时可查阅有关手册。

二、铆接、焊接和粘接

铆接、焊接和粘接为不可拆联接。广泛应用于船舶、航空等工业部门。

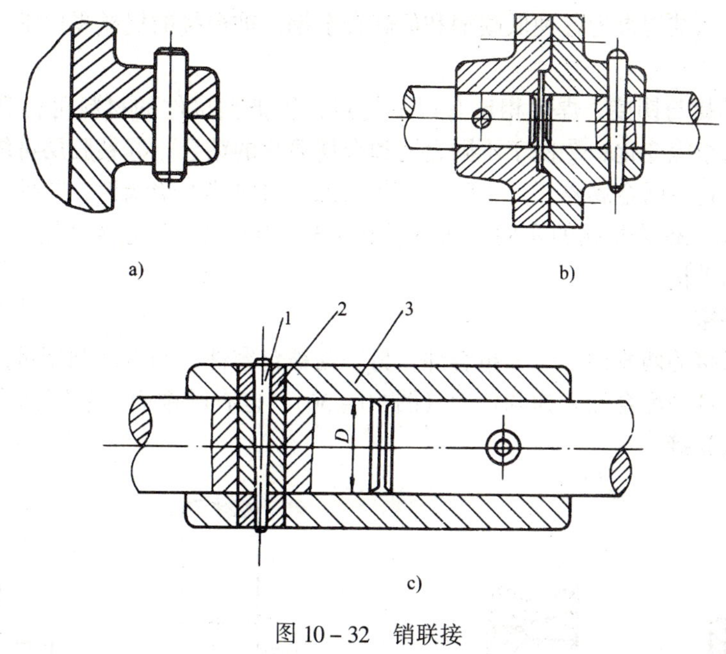

图 10－32 销联接
1—销 2、3—套筒

1. 铆接 利用铆钉把两个或两个以上零件联接在一起的联接方法称铆钉联接，简称铆接。

铆钉是用塑性较好的金属制成。一端有预制钉头，其铆钉形状种类很多，需要时可查阅有关标准。

铆接的结构形式主要有搭接（图 10－33a）、单盖板对接（图 10－33b）和双盖板对接（图 10－33c）等。

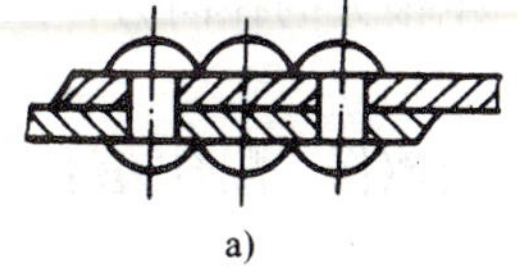

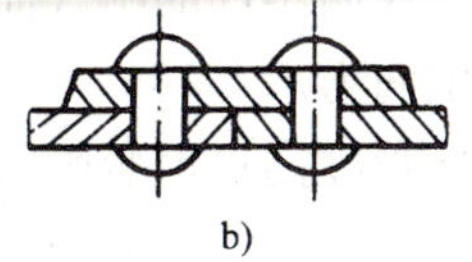

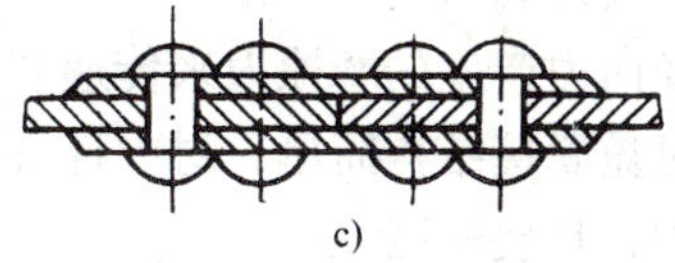

图 10－33 铆缝形式

铆接工艺设备简单，抗震、耐冲击和牢固可靠，但结构笨重，劳动强度大，主要应用于轻金属结构（如飞机结构）、非金属元件与金属元件的联接。

2. 焊接 借助加热使两个以上的金属元件在联接处形成分子间的结合构成的不可拆联接，称为焊接。图 10－34 为焊接的齿轮。根据热能的来源，焊接分为气焊和电焊等，其中电焊应用很广，电焊又分为接触焊和电弧焊两大类。

焊接主要用于金属构架、容器和壳体结构的制造中。对形状复杂的大型零件，用分开制造后焊接的方法可减少制造困难。

与铆接相比，焊接重量轻、强度高、工艺简便、工人劳动条件好，目前得到广泛的应用。

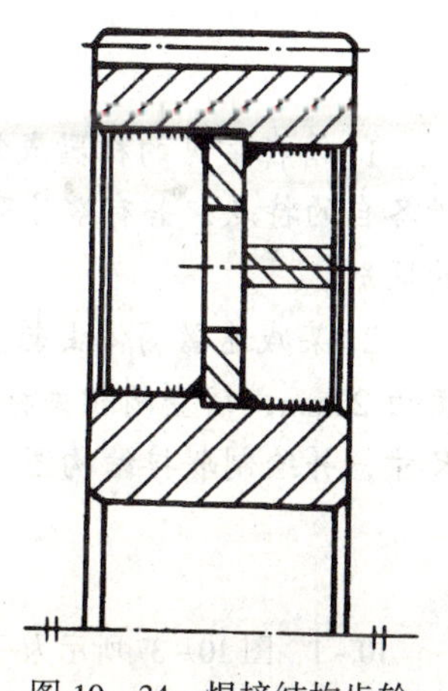

图 10－34 焊接结构齿轮

被焊接的金属结构常为各种低碳钢和低碳合金钢，被焊接的机械零件常为低中碳钢和低中碳合金钢。

3. 粘接　粘接与铆接、焊接相比有以下优点：①被粘接件的材料可得到充分利用，没有因高温引起的组织变化；②便于不同金属和金属薄片的粘合；③粘胶层可缓冲减振，疲劳强度高；④胶层将不同金属隔开，可防止电化腐蚀，对电热有绝缘性；⑤外观整洁，故得到广泛应用。图 10－35 为粘接的实例，其中图 10－35a 为套筒与凸缘的粘接，图 10－35b 为蜗轮齿圈与轮心的粘接。

三、过盈联接

组成过盈联接的两零件，一为包容件，另一为被包容件。两零件利用过盈配合形成固定联接。两联接零件的配合面多为圆柱面（图 10－36），也有圆锥面，分别称为圆柱面过盈联接和圆锥面过盈联接。

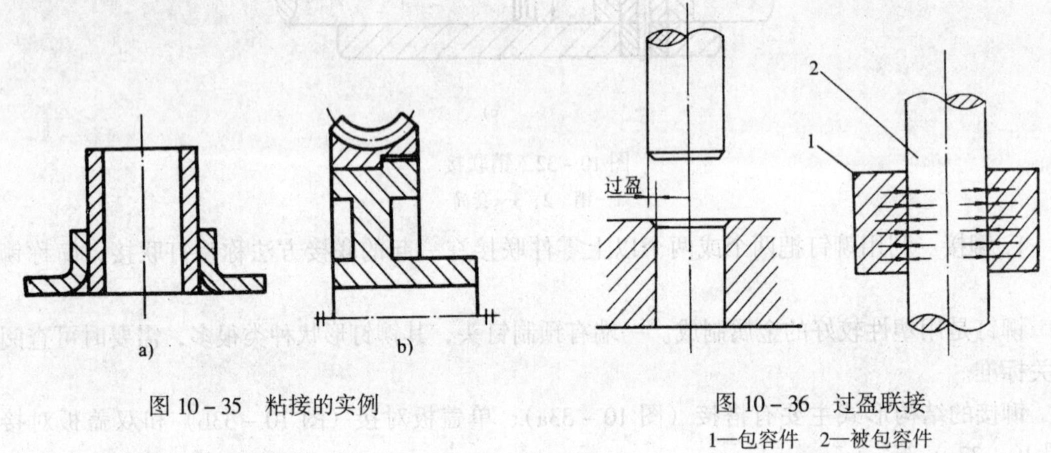

图 10－35　粘接的实例

图 10－36　过盈联接
1—包容件　2—被包容件

组成过盈联接后，由于零件的弹性，在两零件的结合面间，产生很大的径向力，工作时靠此径向力产生的摩擦力来传递载荷和轴向力。

过盈联接结构简单，对中性好，联接强度高；但装配时配合面会擦伤，配合边缘产生应力集中，且装配困难。

此种联接常用于机车车轮的轮箍与轮心的联接，蜗轮、齿轮的齿圈与轮心的联接等。

实践教学环节

1. 请在常见的机器或结构中找寻普通螺纹、梯形螺纹及锯齿形螺纹的应用实例，并分析各自的特点；若有螺栓联接，请判断是普通螺栓联接还是配合螺栓联接，并仔细观察两者的区别。

2. 某减速器箱体由箱盖、箱座两部分通过 M16mm 普通螺栓联接而成，需联接箱体总厚度为 22mm，请查阅相关标准或设计手册，确定此联接所用的螺纹标准件的主要参数及基本尺寸，并绘制联接结构图。

习　题

10－1　图 10－37 所示为一拉杆螺纹联接。已知拉杆受的载荷 $F=50\text{kN}$，载荷稳定，拉杆材料为 Q235，拉杆螺栓性能等级选 4.6 级。试计算此拉杆螺栓的直径。

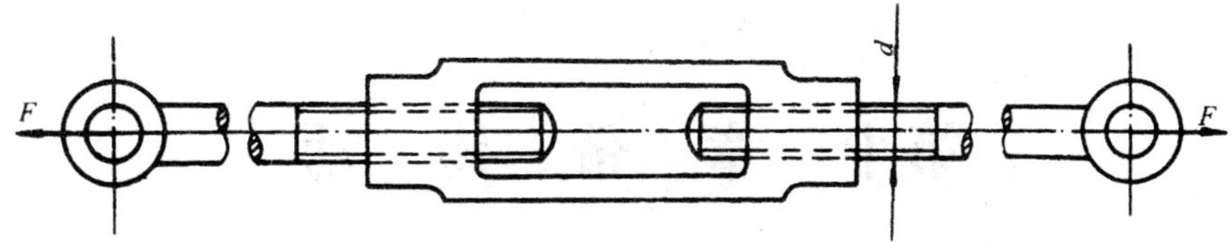

图 10-37 题 10-1 图

10-2 图 10-21 所示凸缘联轴器用分布在直径为 $D_0=250$mm 的圆上的 8 个性能等级为 8.8 级的普通螺栓，将两半联轴器紧固在一起，需传递的转矩 $T=1000$N·m。试计算螺栓的直径。

10-3 题 10-2 中的联轴器，采用 6 个铰制孔螺栓联接，联轴器的材料为 HT250，螺栓的材料为 45 钢（性能等级为 8.8 级）。若允许传递的转矩 $T=4000$N·m，试确定螺栓的直径。

10-4 用两个 M10mm 的螺钉固定一牵曳钩，如图 10-38 所示。若螺钉的性能等级为 4.8 级，装配时控制预紧力，结合面摩擦因数 $\mu=0.15$，求其允许的牵曳力 F。

10-5 图 10-12 所示为气缸盖螺栓组联接。已知气缸内的工作压力 $p=1$MPa，缸盖与缸体均为钢制，$D_0=400$mm，$D=320$mm。为保证气密性要求，螺栓间距 t_0 不得大于 $7d$，试设计此联接。

10-6 试计算一起重器的螺杆和螺母的主要尺寸。设已知起重量为 30kN，最大升举高度 $H=250$mm，螺杆用 45 钢，螺母用 ZCuSn10P1（钢对青铜可取摩擦因数 $\mu=0.08\sim0.1$）。

10-7 在一直径 $d=80$mm 的轴端，安装一钢制直齿圆柱齿轮（图 10-39），轮毂宽度 $B=1.5d$，载荷有轻微冲击。试选择键的尺寸，并计算其能传递的最大转矩。

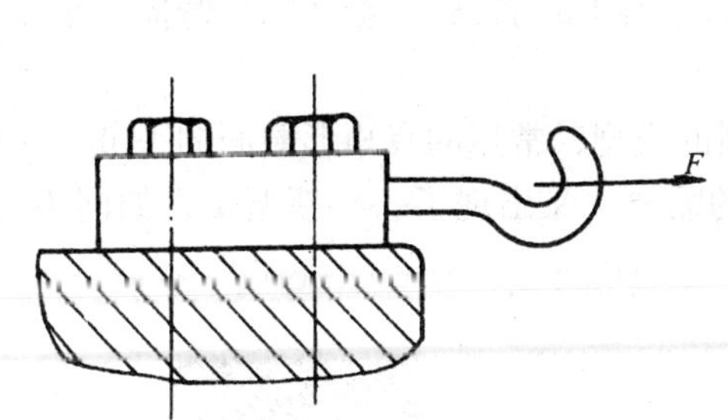

图 10-38 题 10-4 图

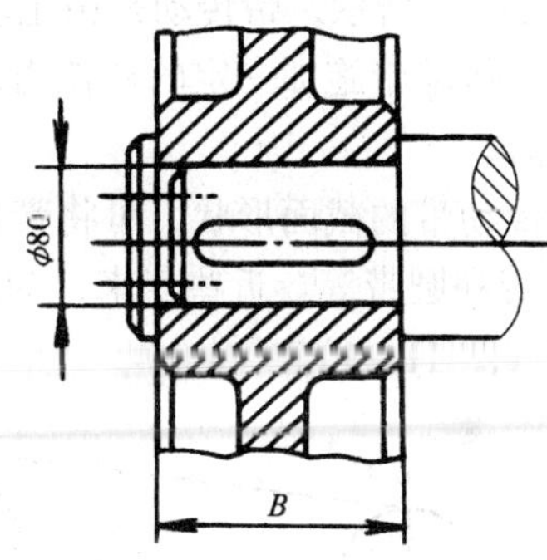

图 10-39 题 10-7 图

第十一章 带 传 动

带传动是通过中间挠性件传递运动和动力的一种机械传动，应用非常广泛。与其他机械传动相比较，带传动的结构简单，成本低，使用维护方便；传动带有良好的挠性和弹性，能缓冲和吸振，传动过载时，带会在带轮上打滑，因而可以保护其他机件不被破坏；可通过增减带长适应不同中心距要求，并适于两轴中心距较大的传动。但带传动的传动比不准确；带的寿命短；轴上载荷较大，需设置张紧装置；传动效率低。

同步带传动能克服上述缺点，故越来越广泛地应用于仪器仪表和办公设备，用来传递运动和动力，但同步带传动对制造安装要求很高。

带传动常用于中、小功率，带速 $v=5\sim25\text{m/s}$，传动比 $i\leqslant7$ 的情况下。

第一节 带传动的工作原理、类型和几何关系

一、带传动的工作原理和类型

如图 11－1 所示，带传动是由主动轮 1、从动轮 2 和张紧在两轮上的挠性带 3 组成。安装时，应给传动带施加一定的初拉力，靠张紧在带轮上的带与带轮接触面间的摩擦力来传递运动和动力。

根据传动带的截面形状，可将带传动分成不同的类型，常用的有矩形截面的平带、梯形截面的 V 带和圆带等。近些年来，为适应工业上的需要，又出现了一些新型带，如同步带、多楔带等（图 11－1）。

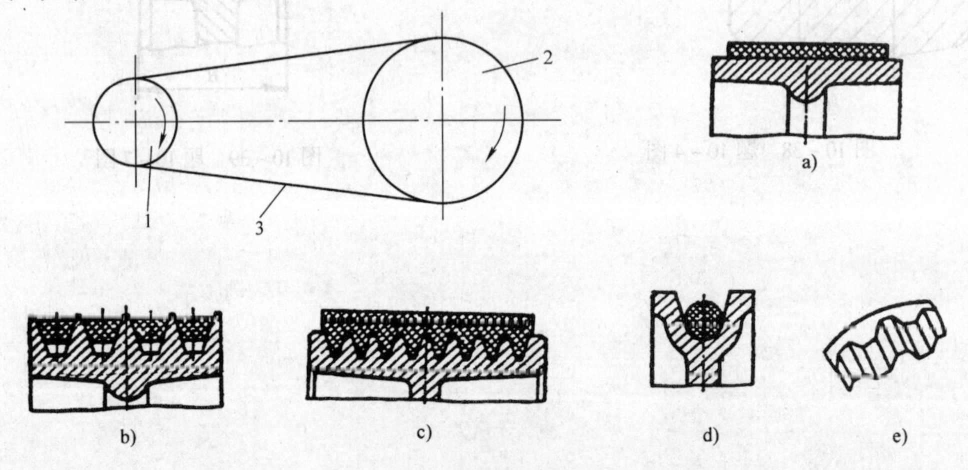

图 11－1 带传动及带的类型

a）平带 b）V 带 c）多楔带 d）圆带 e）同步带

二、带传动的几何关系

在带传动的设计中，主要几何参数有中心距 a、带长 L_d、带轮直径 d_1、d_2 和包角 α 等。各参数之间的关系如图 11－2 所示。

1. 带的长度 L_d　根据图 11-2 的几何关系得

$$L_d = 2a + \frac{\pi}{2}(d_1 + d_2) + \frac{(d_2 - d_1)^2}{4a} \tag{11-1}$$

2. 中心距 a　传动的实际中心距用下式计算

$$a = A + \sqrt{A^2 - B} \tag{11-2}$$

式中　$A = \frac{L_d}{4} - \frac{\pi(d_1 + d_2)}{8}$；

$B = \frac{(d_2 - d_1)^2}{8}$。

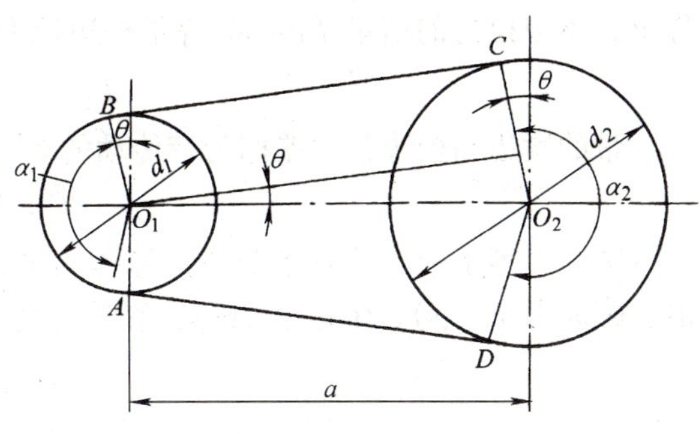

图 11-2　带传动的几何关系

3. 包角 α　传动带与带轮接触弧所对的中心角称包角。由图 11-2 可知，小带轮的包角为

$$\alpha_1 = 180° - 2\theta$$

当 θ 角很小时，可取 $\theta \approx \sin\theta = \frac{d_2 - d_1}{2a} \times \frac{180°}{\pi}$代入上式，得

$$\alpha_1 = 180° - \frac{d_2 - d_1}{a} \times 57.3° \tag{11-3}$$

第二节　带传动的基本理论

一、带传动的受力分析

1. 由离心力所产生的拉力　带绕过带轮作圆周运动时产生离心力，它使带在全长各处均受离心拉力 F_c，其大小为

$$F_c = qv^2 \tag{11-4}$$

式中　q——单位带长的质量（kg/m）；

v——带速（m/s）。

2. 紧边拉力、松边拉力和有效拉力　如图 11-3a 所示，安装带时，需以一定的初拉力 F_0 紧套在带轮上。当带轮静止不动时，带的两边的拉力均等于初拉力 F_0。当带轮转动传递动力时，由于带和带轮间的摩擦作用，带绕入主动轮一边的拉力由 F_0 增到 F_1，称为紧边；另一边拉力由 F_0 减少到 F_2，称为松边，如图 11-3b 所示。在假设环形带的总长度不变的条

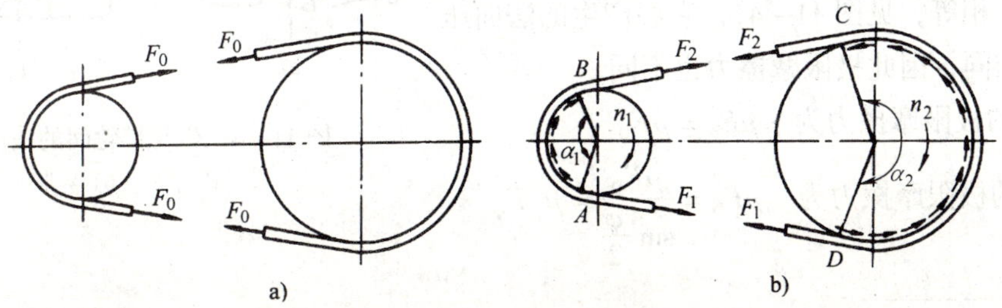

图 11-3　带传动的受力情况

件下，紧边拉力的增量 F_1-F_0 等于松边拉力的减少量 F_0-F_2，即

$$F_1-F_0=F_0-F_2 \tag{11-5}$$

带的紧边与松边拉力差称为带传动的有效拉力，即所传递的圆周力 F

$$F=F_1-F_2 \tag{11-6}$$

圆周力等于带与带轮接触弧上摩擦力的总和，在一定条件下，摩擦力的总和有一极限值。圆周力 F（N）、带速 v（m/s）和传递功率 P（kW）之间的关系为

$$P=\frac{Fv}{1000} \tag{11-7}$$

当要求带所传递的圆周力超过带与带轮接触面间的极限摩擦力总和时，带将在带轮表面上发生较显著的相对滑动，这种现象称为打滑。

当带在带轮上即将打滑时，紧边拉力 F_1、松边拉力 F_2 及带在该带轮上的包角 α 可写成如下关系式

$$\frac{F_1}{F_2}=e^{\mu\alpha} \tag{11-8}$$

式中　μ——带与带轮接触面间的摩擦因数；

α——带轮的包角。

式（11-8）即为柔性体摩擦欧拉公式[⊖]。

由式（11-8）得

$$F_2=\frac{F_1}{e^{\mu\alpha}} \tag{11-9}$$

有效拉力

$$F=F_1-F_2=F_1\left(\frac{e^{\mu\alpha}-1}{e^{\mu\alpha}}\right) \tag{11-10}$$

将式（11-9）代入式（11-5）并整理得

$$F_1=2F_0\frac{e^{\mu\alpha}}{e^{\mu\alpha}+1}$$

将上式代入式（11-10）可得

$$F=2F_0\frac{e^{\mu\alpha}-1}{e^{\mu\alpha}+1} \tag{11-11}$$

由式（11-11）可知，带传动不发生打滑时所能传递的最大有效圆周力 F 与摩擦因数 μ、包角 α 和初拉力 F_0 有关。μ、α 和 F_0 越大，带能传递的有效圆周力 F 也越大。

当平带传动与 V 带传动的初拉力相等时（即压紧力 F_Q 相等，见图 11-4），它们产生的法向压力 F_N 不相同，因此极限摩擦力也不同。

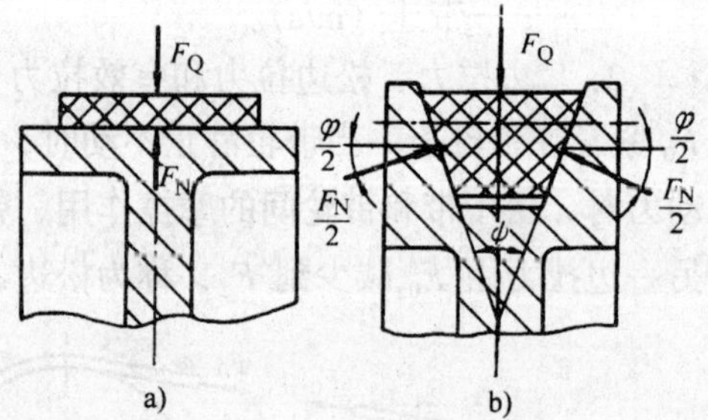

图 11-4　带与带轮间的法向压力

a）平带　b）V 带

平带的极限摩擦力为　$\mu F_N=\mu F_Q$

V 带的极限摩擦力为　$\mu F_N=\dfrac{\mu F_Q}{\sin\dfrac{\varphi}{2}}=\mu_v F_Q$

⊖ 柔性体摩擦欧拉公式的推导可参阅参考文献［1］（P93）。

式中　φ——V 带轮轮槽的楔角，$\varphi = 32° \sim 38°$；

μ_v——当量摩擦因数；$\mu_v = \dfrac{\mu}{\sin \dfrac{\varphi}{2}}$。

若 $\varphi = 38°$时，$\mu_v F_N = \dfrac{\mu F_Q}{\sin \dfrac{\varphi}{2}} = \dfrac{\mu F_Q}{\sin \dfrac{38°}{2}} \approx 3.07 \mu F_Q$

由此可知，在相同条件下，V 带的传动能力为平带传动能力的三倍多，故 V 带应用广泛。将式（11－8）和式（11－11）中的 μ 用 μ_v 代替可用于 V 带传动。

二、带的应力分析

带在传动时，将产生三种应力：

1. 由拉力产生的应力

紧边拉应力
$$\sigma_1 = \frac{F_1}{A}$$

松边拉应力
$$\sigma_2 = \frac{F_2}{A}$$

式中　A——带的剖面面积（mm^2）。

2. 离心拉应力

$$\sigma_c = \frac{F_c}{A} = \frac{qv^2}{A}$$

式中　q——单位带长的质量（kg/m）；

v——带速（m/s）。

3. 弯曲应力　带绕经带轮时，因弯曲而产生弯曲应力。该应力可近似按下式确定

$$\sigma_b = E\frac{h}{d}$$

式中　h——带的高度（mm）；

E——带材料的弹性模量（MPa）；

d——带轮直径（mm），对 V 带传动，d 应为基准直径 d_d。

由于两带轮直径一般不相等，所以带在两带轮上的弯曲应力也不相等。

图 11－5 所示为带中的应力分布情况。可见带工作时，任一截面内的应力是随不同位置

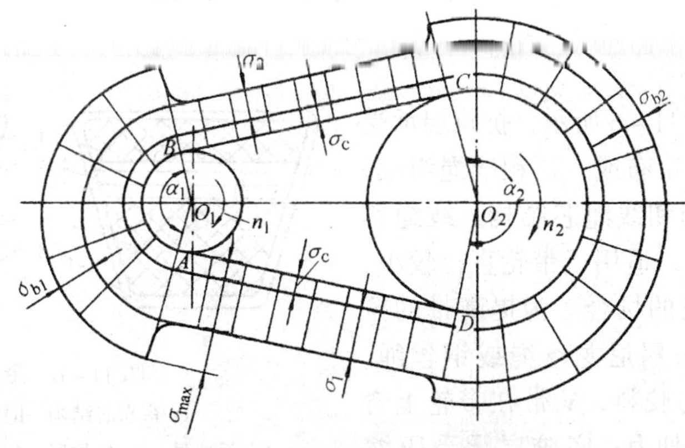

图 11－5　带中的应力分布情况

而变化的，最大应力发生在紧边绕入小带轮的 A 点处，即

$$\sigma_{max}=\sigma_1+\sigma_{bl}+\sigma_c \tag{11-12}$$

图 11－5 表明带是在变应力状态下工作的。带每绕两带轮转一周，作用在带内某点的应力经过四次峰值变化。当应力循环次数达到一定值后，将使带产生疲劳破坏。

三、弹性滑动、打滑和滑动率

1. 弹性滑动　带是弹性体，受拉力后要产生弹性变形。由于紧边和松边的拉力不同，而产生的弹性变形也不同。当带在紧边 A 点绕上主动轮时，所受拉力为 F_1，这时带速 v 等于主动轮的圆周速度 v_1。带随带轮转动 $\overset{\frown}{AB}$ 后，带中所受拉力由 F_1 逐渐减少到 F_2，带的弹性变形也随之相应逐渐减少，带速 v 逐渐低于主动轮的圆周速度 v_1，所以带与带轮轮缘之间发生了相对滑动。在从动轮上也有这种相对滑动现象，但情况恰恰相反。这种因材料的弹性变形而引起带与带轮表面产生的相对滑动现象称为弹性滑动。它是带传动正常工作时不可避免的。主动轮的圆周速度 v_1，从动轮的圆周速度 v_2 和带速 v 之间的关系为：$v_1>v>v_2$。

2. 打滑　当带需传递的圆周力超过带与带轮表面之间的极限摩擦力的总和时，带与带轮表面之间将发生显著的相对滑动，称为打滑。打滑将造成带的严重磨损，传动效率急剧下降，致使传动失效。打滑是由于过载所引起的带在带轮上的全面滑动。

3. 滑动率　传动中由于带的弹性滑动而引起从动轮的圆周速度低于主动轮的圆周速度的相对降低率称为滑动率，用 ε 表示，即

$$\varepsilon=\frac{v_1-v_2}{v_1}=\frac{d_1n_1-d_2n_2}{d_1n_1}$$

若考虑 ε 的影响，则带传动的传动比为

$$i=\frac{n_1}{n_2}=\frac{d_2}{d_1(1-\varepsilon)} \tag{11-13}$$

式中　d_1、d_2 ——分别为主、从动轮的直径（mm）；

n_1、n_2 ——分别为主、从动轮的转速（r/min）。

对 V 带传动，一般 $\varepsilon=1\%\sim2\%$，在无需精确计算从动轮转速的机械中，可不计 ε 的影响。弹性滑动是带传动不能保证准确传动比的根本原因。

第三节　V 带及 V 带轮

一、V 带

V 带的构造如图 11－6 所示，抗拉层承受基本拉力，它由几层帘布或一层粗线绳组成，分别称为帘布芯结构和线绳芯结构。线绳芯结构比较柔软易弯曲，适用于带轮直径较小、载荷不大和转速较高的场合。为提高带的拉曳能力，抗拉层可采用尼龙丝绳或钢丝绳。顶胶层、底胶层均为胶料，V 带在带轮上弯曲时，顶胶层承受拉伸力；底胶层承受压缩

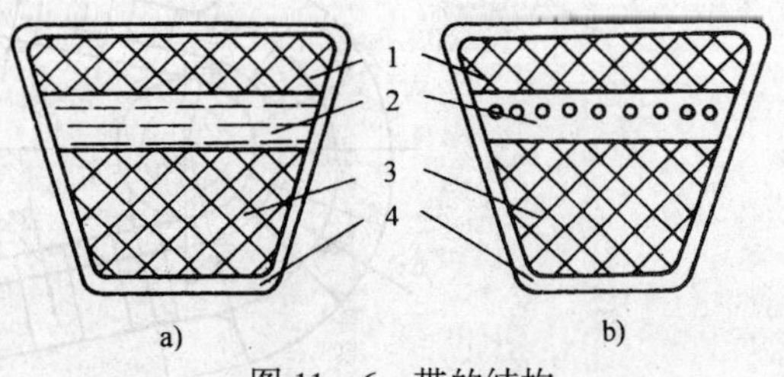

图 11－6　带的结构

a）帘布芯结构　b）线绳芯结构

1—顶胶层　2—抗拉层　3—底胶层　4—包布层

力。包布层由几层橡胶布组成，是带的保护层。

轮槽基准宽度 b_d㊀ 处带轮的直径称基准直径，用 d_d 表示。位于带轮基准直径上的周线长度称带的基准长度，用 L_d 表示。

V 带已经标准化（GB/T 11544—1997），按截面尺寸分为：Y、Z、A、B、C、D、E 七种型号。基本尺寸见表 11-1，基准长度系列 L_d 见表 11-2。

表 11-1　V 带剖面基本尺寸（摘自 GB/T 11544—1997）

型号	Y	Z	A	B	C	D	E
顶宽 b/mm	6.0	10.0	13.0	17.0	22.0	32.0	38.0
节宽 b_p/mm	5.3	8.5	11.0	14.0	19.0	27.0	32.0
高度 h/mm	4.0	6.0	8.0	11.0	14.0	19.0	23.0
单位带长的质量 $q/(kg \cdot m^{-1})$	0.04	0.06	0.11	0.20	0.33	0.66	1.02

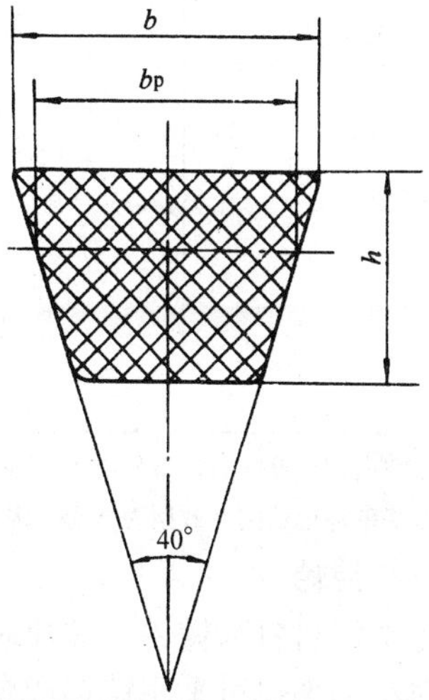

b
bp
h
40°

表 11-2　V 带基准长度 L_d（摘自 GB/T 11544—1997）**及带长修正系数 K_L**（摘自 CB/T 13575.1—1992）

基准带长 L_d/mm	K_L						
	Y	Z	A	B	C	D	E
200	0.81						
224	0.82						
250	0.84						
280	0.87						
315	0.89						
355	0.92						
400	0.96	0.87					
450	1.00	0.89					
500	1.02	0.91					
560		0.94					
630		0.96	0.81				
710		0.99	0.82				
800		1.00	0.85				
900		1.03	0.87	0.81			
1000		1.06	0.89	0.84			
1120		1.08	0.91	0.86			
1250		1.11	0.93	0.88			
1400		1.14	0.96	0.90			
1600		1.18	0.99	0.93	0.84		
1800			1.01	0.95	0.85		
2000			1.03	0.98	0.88		
2240			1.06	1.00	0.91		

㊀　参见表 11-3。

（续）

基准带长 L_d/mm	K_L						
	Y	Z	A	B	C	D	E
2500			1.09	1.03	0.93		
2800			1.11	1.05	0.95	0.83	
3150			1.13	1.07	0.97	0.86	
3550			1.17	1.10	0.98	0.89	
4000			1.19	1.13	1.02	0.91	
4500				1.15	1.04	0.93	0.90
5000				1.18	1.07	0.96	0.92
5600					1.09	0.98	0.95
6300					1.12	1.00	0.97
7100					1.15	1.03	1.00
8000					1.18	1.06	1.02
9000					1.21	1.08	1.05
10000					1.23	1.11	1.07
11200						1.14	1.10
12500						1.17	1.12
14000						1.20	1.15
16000						1.22	1.18

注：1. 空白处，意味着该型号的 V 带没有所对应的基准长度。

2. V 带标记示例　截型为 A 型、基准长度 L_d = 1400mm 的 V 型带标记为：A1400GB/T 11544—1997。

二、V 带轮

带轮常用材料为铸铁，转速较高时宜采用铸钢或钢板冲压后焊接，对小功率也可采用铸铝或塑料。

如图 11－7 所示，一般的 V 带轮由轮缘 1、轮辐 2 和轮毂 3 三部分组成。标准 V 带轮按结构尺寸有多种基本形式，各种基本形式中又有不同结构。

设计 V 带轮时，可根据 V 带轮基准直径 d_d 选取不同的结构形式，如图 11－8 所示。

带轮基准直径 $d_d \leqslant (1.5 \sim 3) d_0$ 时（d_0 为轴的直径，mm），可采用实心带轮（图 11－8a）；$d_d \leqslant 300$mm 时，可采用辐板带轮（图 11－8b）；当 $d_d \leqslant 400$mm 时，可采用孔板带轮（图 11－8c）；当 $d_d > 400$mm 时，可采用椭圆轮辐带轮（图 11－8d）。

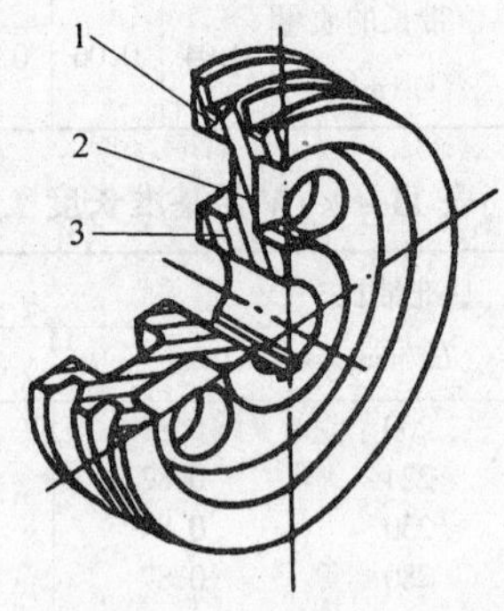

图 11－7　V 带轮的组成

1—轮缘　2—轮辐　3—轮毂

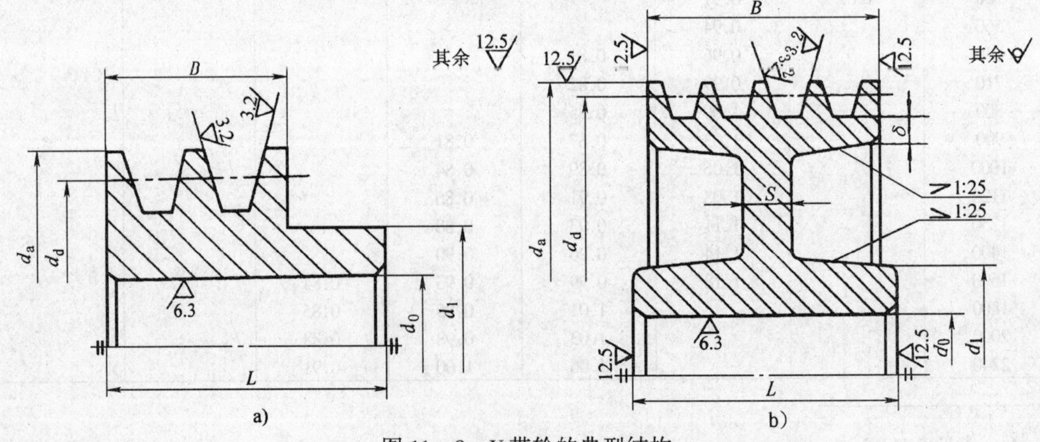

图 11－8　V 带轮的典型结构

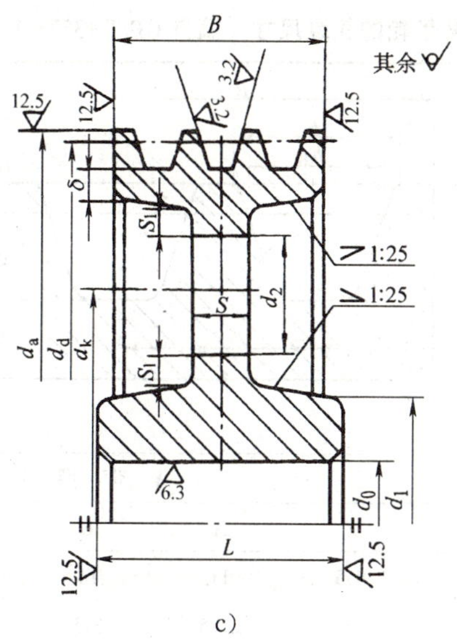

c)

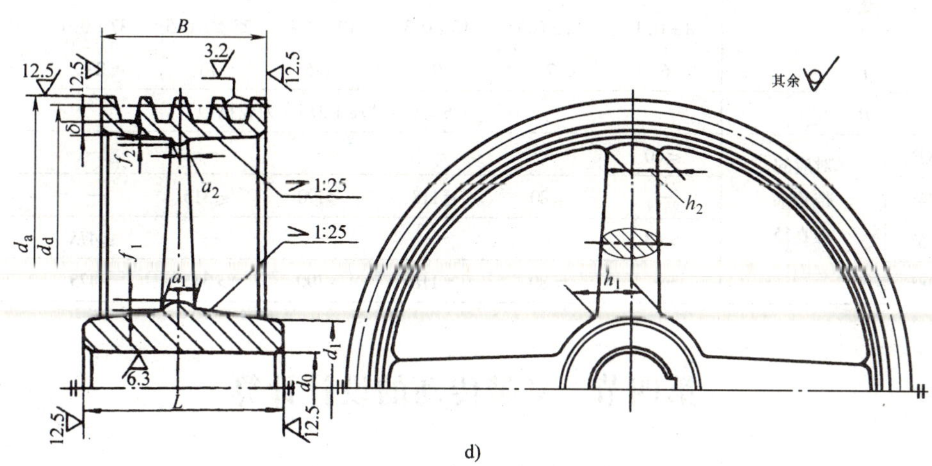

d)

图 11-8　V带轮的典型结构（续）

图 11-8 中：

$d_1=(1.8\sim2)d_0$　　d_0 为轴的直径

$d_K=0.5(d_d-2h_f-2\delta+d_1)$　　h_f 见表 11-3

$d_2=(0.2\sim0.3)(d_d-2h_f-2\delta-d_1)$

$S_1\geqslant0.5S$，S 查下表

$L=(1.5\sim2)d_0$，当 $B<1.5d_0$ 时，$L=B$

$$h_1=\sqrt[3]{\frac{P}{nz_a}}$$

式中　P——传递的功率（kW）；

n——带轮的转速（r/min）；

z_a——轮辐数。

$h_2=0.8h_1$　$a_1=0.4h_1$　$a_2=0.8a_1$

$f_1=0.2h_1$　$f_2=0.2h_2$

型　号	Z	A	B	C	D	E
S_{min}/mm	8	10	14	18	22	28

V带轮轮缘尺寸见表 11-3。

表 11-3 V 带轮的轮缘尺寸（摘自 GB/T 13575.1—1992） (mm)

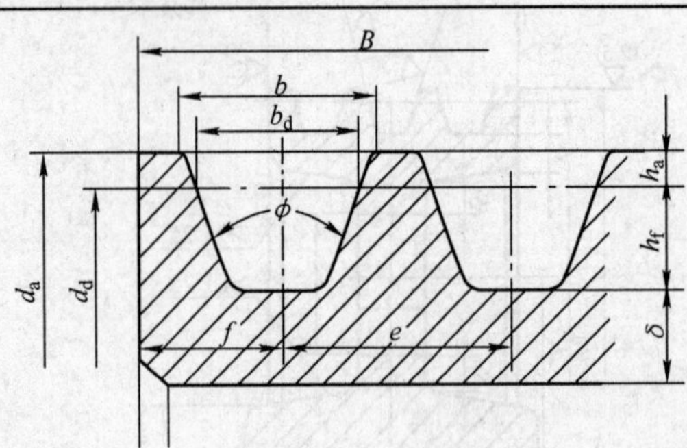

参数及尺寸			V 带 型 号						
			Y	Z	A	B	C	D	E
b_d			5.3	8.5	11	14	19	27	32
h_{amin}			1.6	2	2.75	3.5	4.8	8.1	9.6
h_{fmin}			4.7	7	8.7	10.8	14.3	19.9	23.4
δ_{min}			5	5.5	6	7.5	10	12	15
e			8±0.3	12±0.3	15±0.3	19±0.4	25.5±0.5	37±0.6	44.5±0.7
f			6	7	9	11.5	16	23	28
B			$B=(z-1)e+2f$（z 为轮槽数）						
ϕ	32°	对应的带轮基准直径 d_d	≤60	—	—	—	—	—	—
	34°		—	≤80	≤118	≤190	≤315	—	—
	36°		>63	—	—	—	—	≤475	≤600
	38°		—	>80	>118	>190	>315	>475	>600

第四节 V 带传动的设计计算

一、带传动的设计准则和单根 V 带的基本额定功率

1. 带传动的主要失效形式和设计准则　由图 11-5 可知，带在工作时承受变应力，在长期变应力作用下，带发生疲劳破坏。开始在带的局部产生疲劳裂纹脱层，以后该处逐渐松散，最后断裂使传动失效。

若考虑到带传动的打滑失效，带传动的主要失效形式即为打滑和疲劳破坏。因此，其设计准则为：在保证不打滑的条件下，传动带具有一定的疲劳强度和寿命。

2. 单根 V 带的基本额定功率　由式（11-10），对 V 带，不打滑时能传递的最大有效圆周力 F 为

$$F=F_1\frac{e^{\mu_v\alpha}-1}{e^{\mu_v\alpha}}=\sigma_1 A\frac{e^{\mu_v\alpha}-1}{e^{\mu_v\alpha}}$$

由式（11-7）得

$$F=\frac{1000P}{v}$$

保证带传动不打滑应满足

$$\frac{1000P}{v} \leqslant \sigma_1 A \frac{e^{\mu_v \alpha} - 1}{e^{\mu_v \alpha}} \tag{11-14}$$

为保证带传动具有足够的疲劳强度，应使

$$\sigma_{max} = \sigma_1 + \sigma_{b1} + \sigma_c \leqslant [\sigma]$$

即

$$\sigma_1 \leqslant [\sigma] - \sigma_{b1} - \sigma_c \tag{11-15}$$

将式（11-15）代入式（11-14）得

$$\frac{1000P}{v} \leqslant ([\sigma] - \sigma_{b1} - \sigma_c) A \frac{e^{\mu_v \alpha} - 1}{e^{\mu_v \alpha}}$$

由此可得传动带既不打滑又有足够的疲劳强度所能传递的功率 P_1 为

$$P_1 = \frac{([\sigma] - \sigma_{b1} - \sigma_c) A \dfrac{e^{\mu_v \alpha} - 1}{e^{\mu_v \alpha}}}{1000} v \tag{11-16}$$

由式（11-16）即可计算出各种型号单根 V 带所能传递的额定功率 P_1。在特定条件下，单根 V 带能传递的基本额定功率 P_1 见表 11-4。

表 11-4　单根 V 带的基本额定功率 P_1（$\alpha_1 = \alpha_2 = 180°$，特定长度，载荷平稳）　（kW）

型号	小带轮基准直径 d_{d1}/mm	小带轮转速 n_1/（r·min^{-1}）												
		400	730	800	980	1200	1460	1600	2000	2400	2800	3200	3600	4000
Y	20	—	—	—	0.01	0.02	0.02	0.03	0.03	0.04	0.04	0.05	0.06	0.06
	28	—	—	0.03	0.04	0.04	0.04	0.05	0.06	0.07	0.08	0.09	0.10	0.11
	31.5	—	0.03	0.04	0.04	0.05	0.06	0.06	0.07	0.09	0.10	0.11	0.12	0.13
	40	—	0.04	0.05	0.06	0.07	0.08	0.09	0.11	0.12	0.14	0.15	0.16	0.18
	50	0.05	0.06	0.07	0.08	0.09	0.11	0.12	0.14	0.16	0.18	0.20	0.22	0.23
Z	50	0.06	0.09	0.10	0.12	0.14	0.16	0.17	0.20	0.22	0.26	0.28	0.30	0.32
	63	0.08	0.13	0.15	0.18	0.22	0.25	0.27	0.32	0.27	0.41	0.45	0.47	0.49
	71	0.09	0.17	0.20	0.23	0.27	0.31	0.33	0.39	0.46	0.50	0.54	0.58	0.61
	80	0.14	0.20	0.22	0.26	0.30	0.36	0.39	0.44	0.50	0.56	0.61	0.64	0.67
	90	0.14	0.22	0.24	0.28	0.33	0.37	0.40	0.48	0.54	0.60	0.64	0.68	0.72
A	75	0.27	0.42	0.45	0.52	0.60	0.68	0.73	0.84	0.92	1.00	1.04	1.08	1.09
	90	0.39	0.63	0.68	0.79	0.93	1.07	1.15	1.34	1.50	1.64	1.75	1.83	1.87
	100	0.47	0.77	0.83	0.97	1.14	1.32	1.42	1.66	1.87	2.05	2.19	2.28	2.34
	125	0.67	0.11	1.19	1.40	1.66	1.93	2.07	2.44	2.74	2.98	3.16	3.26	3.28
	160	0.94	1.56	1.69	2.00	2.36	2.74	2.94	3.42	3.80	4.06	4.19	4.17	3.98
B	125	0.84	1.34	1.44	1.67	1.93	2.20	2.33	2.64	2.85	2.96	2.85	2.80	2.51
	160	1.32	2.16	2.32	2.72	3.17	3.64	3.86	4.15	4.40	4.60	4.75	4.89	4.80
	200	1.85	3.06	3.30	3.86	4.50	5.15	5.46	6.13	6.47	6.43	5.95	4.98	3.47
	250	2.50	4.14	4.46	5.22	6.04	6.85	7.20	7.87	7.89	7.14	5.60	3.12	—
	280	2.89	4.77	5.13	5.93	6.90	7.78	8.12	8.60	8.22	6.80	4.26	—	—

（续）

型号	小带轮基准直径 d_{d1}/mm	小带轮转速 n_1/（r·min⁻¹）												
		200	300	400	500	600	730	800	980	1200	1460	1600	1800	2000
C	200	1.39	1.92	2.41	2.87	3.30	3.80	4.07	4.66	5.29	5.86	6.07	6.28	6.34
	250	2.03	2.85	3.62	4.33	5.00	5.82	6.23	7.18	8.21	9.06	9.38	9.63	9.62
	315	2.86	4.04	5.14	6.17	7.14	8.34	8.92	10.23	11.53	12.48	12.72	12.67	12.14
	400	3.91	5.54	7.06	8.52	9.82	11.52	12.10	13.67	15.04	15.51	15.24	14.08	11.95
	450	4.51	6.40	8.20	9.81	11.29	12.98	13.80	15.39	16.59	16.41	15.57	13.29	9.64
D	355	5.31	7.35	9.24	10.90	12.39	14.04	14.82	16.30	17.25	16.70	15.63	12.97	—
	450	7.90	11.02	13.85	16.40	18.67	21.12	22.25	24.16	24.84	22.42	19.59	11.24	—
	560	10.76	15.07	18.95	22.38	25.22	28.28	29.55	31.00	29.67	22.08	15.13	—	—
	710	14.55	20.35	25.45	29.76	33.18	25.97	36.87	35.58	22.88	—	—	—	—
	800	16.76	23.39	29.08	33.72	37.13	39.26	39.55	35.26	21.32	—	—	—	—
E	500	10.86	14.96	18.55	21.65	24.21	26.62	27.57	28.52	25.53	16.25	—	—	—
	630	15.65	21.69	26.95	31.36	34.83	37.64	38.52	37.14	29.17	—	—	—	—
	800	21.70	30.05	37.05	42.53	46.26	47.79	47.38	39.08	16.46	—	—	—	—
	900	25.15	34.71	42.49	48.20	51.48	51.13	49.21	34.01	—	—	—	—	—
	1000	28.52	39.17	47.52	53.12	55.45	52.26	48.19	—	—	—	—	—	—

二、V带传动的设计步骤

1．选取V带型号　带的型号根据计算功率 P_c 和主动带轮转速 n_1 从图11-9中选取。计算功率 P_c 为

$$P_c = K_A P \tag{11-17}$$

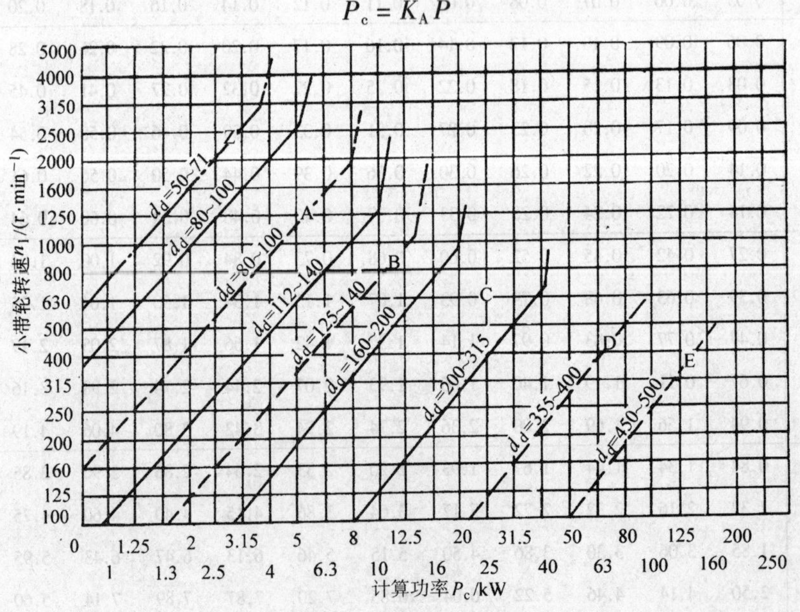

图11-9　V带选型图

式中　P——传递的功率（kW）；

K_A——工作情况系数，按表 11－5 选取。

表 11－5　工作情况系数 K_A

工　作　机		动　力　机					
		软起动			负载起动		
		每天工作小时数/h					
		<10	10～16	>16	<10	10～16	>16
载荷变动微小	液体搅拌机，通风机和鼓风机（≤7.5kW），离心式水泵和压缩机，轻型输送机	1.0	1.1	1.2	1.1	1.2	1.3
载荷变动小	带式输送机（不均匀载荷），通风机（>7.5kW），旋转式水泵和压缩机，发电机，金属切削机床，印刷机，旋转筛，锯木机和木工机械	1.1	1.2	1.3	1.2	1.3	1.4
载荷变动较大	制砖机，斗式提升机，往复式水泵和压缩机，起重机，磨粉机，冲剪机床，橡胶机械，振动筛，纺织机械，重载输送机	1.2	1.3	1.4	1.4	1.5	1.6
载荷变动很大	破碎机（旋转式、颚式等），磨碎机（球磨、棒磨、管磨）	1.3	1.4	1.5	1.5	1.6	1.8

注：1. 软起动－电动机（交流起动、△起动、直流并励），四缸以上的内燃机，装有离心式离合器、液力联轴器的动力机。负载起动－电动机（联机交流起动、直流复励或串励），四缸以下的内燃机。

2. 反复起动、正反转频繁、工作条件恶劣等场合，K_A 应乘 1.2。

2. 确定带轮基准直径 d_{d1}、d_{d2}　为使带传动尺寸紧凑，应将小带轮基准直径 d_{d1} 取得小些。但 d_{d1} 越小，带在带轮上的弯曲应力越大，带的疲劳寿命就越低，故对带轮的最小直径应加以限制。表 11－6 给出各型号 V 带许用最小带轮基准直径 d_{dmin}。一般取 $d_{d1} \geqslant d_{dmin}$，并按表 11－7V 带轮基准直径系列选取。

表 11－6　最小基准直径 d_{dmin}　（mm）

槽　型	Y	Z	A	B	C	D	E
d_{dmin}	20	50	75	125	200	355	500

当传动比无严格要求时，大带轮基准直径 $d_{d2} = \frac{n_1}{n_2} d_{d1}$。

当传动比要求较准确时，可引入滑动率 ε，考虑弹性滑动对传动比的影响，按下式计算大带轮的基准直径 d_{d2}，即由式（11－13）可得

$$d_{d2} = \frac{n_1}{n_2} d_{d1}(1-\varepsilon)$$

d_{d2} 应按表 11－7 圆整。

3. 验算带速 v

$$v = \frac{\pi d_{d1} n_1}{60 \times 1000} \tag{11-18}$$

带速越高，离心拉应力就越大，带的疲劳寿命越低；带速过低，带传递的功率一定时有效拉力 F 增大。因此，一般应使 v 在 5～25m/s 范围内。

4. 中心距 a 和带的基准长度 L_d　当带轮基准直径 d_{d1}、d_{d2} 一定时，增大中心距，小带轮上的包角也相应增大，从而提高带传动的工作能力。但中心距过大会使结构尺寸增大，并在高速传动时引起带的颤动。中心距小时，可使结构紧凑，但若过小，除包角减小外，带的基准长度短，在一定带速下，单位时间内带绕过带轮次数增多，带中应力变化次数多，将造成传动带加速疲劳损坏。因此，一般设计 V 带传动时，推荐按下式初定中心距 a_0，即

$$0.7(d_{d1}+d_{d2}) \leqslant a_0 \leqslant 2(d_{d1}+d_{d2}) \tag{11-19}$$

初定中心距 a_0 之后，按式（11－1）计算出所需带的长度 L_{d0}，由 L_{d0} 查表 11－2，选取接近的标准基准长度 L_d，再由式（11－2）计算出实际中心距 a（式中的 d 以 d_d 代替）。

由于 V 带传动的中心距一般是可以调整的，故可采用下式近似计算，即

$$a \approx a_0 + \frac{L_d - L_{d0}}{2} \tag{11-20}$$

考虑安装调整和补偿初拉力的需要，还应给中心距留出 $(a-0.015L_d) \sim (a+0.03L_d)$ 的调整余量。

5. 包角 α　主动带轮上的包角 α_1（一般不宜小于 120°，个别情况下可小至 90°）应满足

$$\alpha_1 = 180° - \frac{d_{d2}-d_{d1}}{a} \times 57.3°$$

表 11－7　各型号 V 带轮基准直径系列　(mm)

型号	基准直径 d_d													
Y	20	22.4	25	28	31.5	35.5	40	45	50	56	63	71	80	90
	100	112	125											
Z	50	56	63	71	75	80	90	100	112	125	132	140	150	160
	180	200	224	250	280	315	355	400	500	560	630			
A	75	80	(85)	90	(95)	100	(106)	112	(118)	125	(132)	150	150	160
	180	200	224	(250)	280	315	(355)	400	(450)	500	560	630	710	800
B	125	(132)	140	150	160	(170)	180	200	224	250	280	315	355	400
	450	500	560	(600)	630	710	(750)	800	(900)	1000	1120			
C	200	212	224	236	250	(265)	280	300	315	(335)	355	400	450	500
	560	600	630	710	750	800	900	1000	1120	1250	1400	1600	2000	
D	355	(375)	400	425	450	(475)	500	560	(600)	630	710	750	800	900
		1000	1060	1120	1250	1400	1500	1600	1800	2000				
E	500	530	560	600	630	670	710	800	900	1000	1120	1250	1400	1500
		1600	1800	2000	2240	2500								

注：括号内的数字尽量不选用。

6. V 带根数 z 的计算

$$z = \frac{P_c}{(P_1+\Delta P_1)K_\alpha K_L} \tag{11-21}$$

式中　P_1 ——单根 V 带基本额定功率（kW），见表 11－4；

ΔP_1 ——计入传动比影响时，单根 V 带所能传递功率的增量（kW），见表 11－8；

K_α——包角修正系数；见表 11－9；

K_L——带长修正系数，见表 11－2。

V 带工作时，为使各根带受力均匀，根数不宜太多（通常 $z<10$），以 3～7 根为好。

表 11－8　单根 V 带所能传递的额定功率的增量 ΔP_1　　(kW)

型号	传动比 i	小带轮转速 n_1/（$r\cdot min^{-1}$）													
		400	730	800	980	1200	1460	1600	2000	2400	2800	3200	3600	4000	5000
Y	1.35～1.51	0.00	0.00	0.00	0.01	0.01	0.01	0.01	0.01	0.01	0.02	0.02	0.02	0.02	0.02
	≥2	0.00	0.00	0.00	0.01	0.01	0.01	0.01	0.02	0.02	0.02	0.02	0.03	0.03	0.03
Z	1.35～1.51	0.01	0.01	0.01	0.02	0.02	0.02	0.02	0.03	0.03	0.04	0.04	0.04	0.05	0.05
	≥2	0.01	0.02	0.02	0.02	0.03	0.03	0.03	0.04	0.04	0.04	0.05	0.05	0.06	0.06
A	1.35～1.51	0.04	0.07	0.08	0.08	0.11	0.13	0.15	0.19	0.23	0.26	0.30	0.34	0.38	0.47
	≥2	0.05	0.09	0.10	0.11	0.15	0.17	0.19	0.24	0.29	0.34	0.39	0.44	0.48	0.60
B	1.35～1.51	0.10	0.17	0.20	0.23	0.30	0.36	0.39	0.49	0.59	0.69	0.79	0.89	0.99	1.24
	≥2	0.13	0.22	0.25	0.30	0.38	0.46	0.51	0.63	0.76	0.89	1.01	1.14	1.27	1.60

型号	传动比 i	小带轮转速 n_1/（$r\cdot min^{-1}$）													
		200	300	400	500	600	730	800	980	1200	1460	1600	1800	2000	2200
C	1.35～1.51	0.14	0.21	0.27	0.34	0.41	0.48	0.55	0.65	0.82	0.99	1.10	1.23	1.37	1.51
	≥2	0.18	0.26	0.35	0.44	0.53	0.62	0.71	0.83	1.06	1.27	1.14	1.59	1.76	1.94
D	1.35～1.51	0.49	0.73	0.97	1.22	1.46	1.70	1.95	2.31	2.92	3.52	3.89	4.98	—	—
	≥2	0.63	0.94	1.25	1.56	1.88	2.19	2.50	2.97	3.75	4.53	5.00	5.62	—	—
E	1.35～1.51	0.96	1.45	1.93	2.41	2.89	3.38	3.86	4.58	5.61	6.83	—	—	—	—
	≥2	1.24	1.86	2.48	3.10	3.72	4.34	4.96	5.89	7.21	8.78	—	—	—	—

表 11－9　小带轮包角修正系数 K_α

小带轮包角/（°）	K_α	小带轮包角/（°）	K_α	小带轮包角/（°）	K_α
180	1	155	0.93	130	0.86
175	0.99	150	0.92	125	0.84
170	0.98	145	0.91	120	0.82
165	0.96	140	0.89	—	—
160	0.95	135	0.88		

7. 初拉力 F_0　初拉力的大小是保证带传动能正常工作的重要因素。若初拉力 F_0 过大，将增大对轴和轴承的压力，并降低带的寿命；初拉力过小，带与带轮间摩擦力小，易发生打滑。

对 V 带传动，既能保证传动功率又不出现打滑的单根 V 带传动所需的初拉力 F_0 为

$$F_0=\frac{500P_c}{zv}\left(\frac{2.5}{K_\alpha}-1\right)+qv^2 \tag{11-22}$$

式中　P_c——计算功率（kW）；

z——V 带根数；

v——带速（m/s）；

K_α ——包角修正系数，见表 11-9；

q ——单位带长的质量（kg/m），见表 11-1。

8. 作用在轴上的载荷　为了设计支承带轮的轴和轴承，需先确定带传动作用在轴上的载荷 F_Q，F_Q 一般可按图 11-10 用下式作近似计算

$$F_Q = 2zF_0 \sin\frac{\alpha_1}{2} \tag{11-23}$$

式中　F_0 ——单根 V 带的初拉力（N）；

z ——带的根数；

α_1 ——主动带轮的包角。

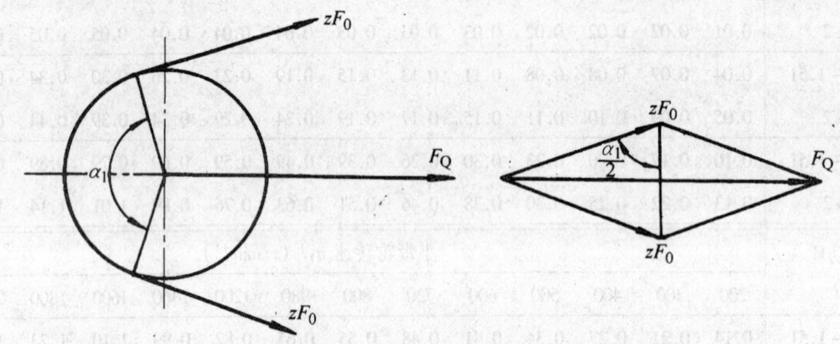

图 11-10　带传动作用在轴上的载荷

第五节　带传动的张紧装置

带传动经过一定时间运转后，会因塑性变形而松弛，使带的初拉力降低。为保证带的传动能力，必须采用必要的张紧装置重新张紧。常见的张紧装置如下。

一、定期张紧装置

图 11-11a 所示为水平或倾斜度不大的传动。电动机装在滑轨 2 上，旋动调整螺杆 1，将推移电动机，通过调节中心距离控制初拉力。

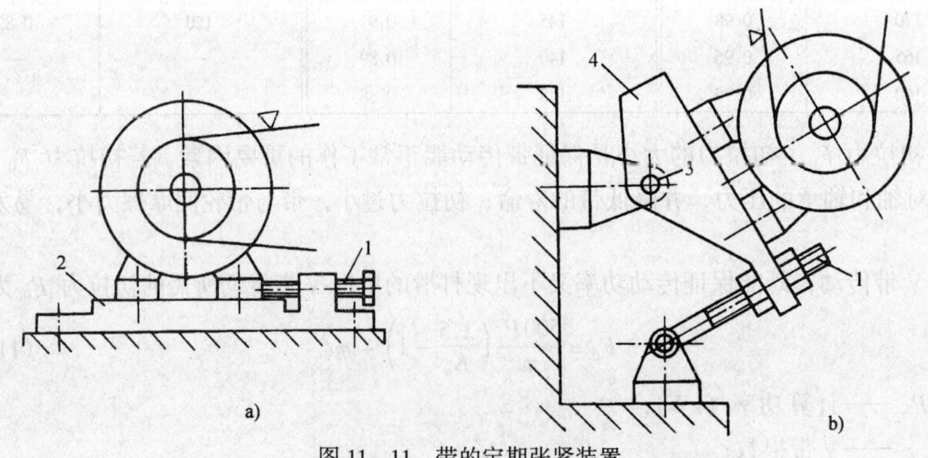

图 11-11　带的定期张紧装置

1—调整螺杆　2—滑轨　3—摆动轴　4—摆架

图 11－11b 为摆架式，用于垂直或接近垂直的传动。电动机固定在摇摆架 4 上，用调整螺杆 1 来调节中心距离，控制初拉力。

二、自动张紧装置

图 11－12 为带的自动张紧装置。装有带轮的电动机装在摆架上，利用电动机的自重，使带轮随电动机绕摆动轴摆动，以自动保持一定初拉力。

三、张紧轮装置

当中心距不能调节时，可采用张紧轮将带张紧，张紧轮一般应放在松边内侧（图 11－13）。若放在松边外侧，由于带的反向弯曲，会使带的寿命降低。

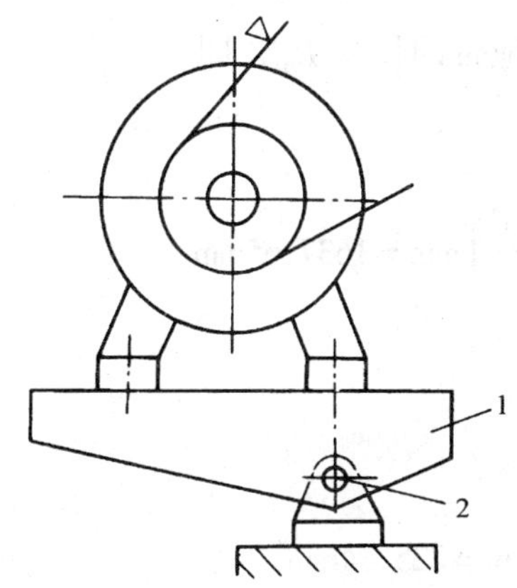

图 11－12　带的自动张紧装置

1—摆架　2—摆动轴

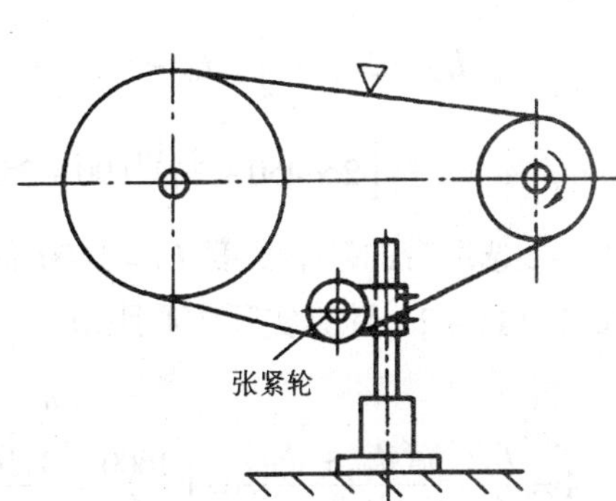

图 11－13　带的张紧轮张紧装置

例 11－1　设计某液体搅拌机用的 V 带传动。已知用电动机驱动，额定功率 $P=3\text{kW}$；转速 $n_1=1420\text{r/min}$，从动轮转速 $n_2=340\text{r/min}$，二班制工作。

解　1. 计算功率 P_c 的计算　由表 11－5 查得 $K_A=1.2$，则

$$P_c=K_A P=1.2\times 3\text{kW}=3.6\text{kW}$$

2. 选取 V 带的型号　根据 $P_c=3.6\text{kW}$、$n_1=1420\text{r/min}$，由图 11－9 确定选用 A 型 V 带。

3. 确定带轮基准直径　由表 11－6 和表 11－7 选取 A 型 V 带轮基准直径 $d_{d1}=90\text{mm}$，得

$$d_{d2}=\frac{n_1}{n_2}d_{d1}=\frac{1420}{340}\times 90\text{mm}=375.88\text{mm}$$

由表 11－7 选取 $d_{d2}=355\text{mm}$，则从动带轮实际转速为

$$n'_2=\frac{d_{d1}}{d_{d2}}n_1(1-\varepsilon)$$

取 $\varepsilon=0.02$，则

$$n'_2=\frac{90}{355}\times 1420(1-0.02)\text{r/min}=352.8\text{r/min}$$

转速误差为

$$\frac{n_2-n'_2}{n_2}\times 100\%=\frac{340-352.8}{340}\times 100\%=-3.76\%$$

一般 V 带传动要求转速误差不超过 ±5%，故合适。

4. 验算 V 带速度 v　由式（11－18），得

$$v=\frac{\pi d_{d1}n_1}{60\times1000}=\frac{3.14\times90\times1420}{60\times1000}\text{m/s}=6.69\text{m/s}$$

在 5 ~ 25m/s 范围内，合适。

5. 确定 V 带的基准长度 L_d 和中心距 a　由式（11－19），得

$$0.7(d_{d1}+d_{d2})<a_0<2(d_{d1}+d_{d2})$$

$$0.7(90+355)\text{mm}<a_0<2(90+355)\text{mm}$$

$$311.5\text{mm}<a_0<890\text{mm}$$

初定中心距 $a_0=450\text{mm}$。

由式（11－1）计算在初定中心距 $a_0=450\text{mm}$ 时相应带的长度 L_{d0}，即

$$L_{d0}=2a_0+\frac{\pi}{2}(d_{d1}+d_{d2})+\frac{(d_{d2}-d_{d1})^2}{4a_0}=$$

$$\left[2\times450+\frac{3.14}{2}(90+355)+\frac{(355-90)^2}{4\times450}\right]\text{mm}=1637.65\text{mm}$$

由表 11－2 选取带的基准长度 $L_d=1600\text{mm}$。

按式（11－2）计算实际中心距 a

$$a=A+\sqrt{A^2-B}$$

式中　$A=\frac{L_d}{4}-\frac{\pi(d_{d1}+d_{d2})}{8}=\left[\frac{1600}{4}-\frac{3.14(90+355)}{8}\right]\text{mm}=225.34\text{mm}$

$$B=\frac{(d_{d2}-d_{d1})^2}{8}=\frac{(355-90)^2}{8}\text{mm}^2=8778.13\text{mm}^2$$

故

$$a=A+\sqrt{A^2-B}=225.34\text{mm}+\sqrt{(225.34)^2-8778.13}\text{mm}=430.28\text{mm}$$

取 $a=430\text{mm}$。

考虑到安装调整和补偿初拉力的需要，中心距的调整余量为

$$(a-0.015L_d)\sim(a+0.03L_d)$$

$$=(430-0.015\times1600)\sim(430+0.03\times1600)\text{mm}$$

$$=406\sim478\text{mm}$$

6. 验算主动轮上的包角 α_1　由式（11－3）得

$$\alpha_1=180°-\frac{d_{d2}-d_{d1}}{a}\times57.3°$$

$$=180°-\frac{355-90}{430.28}\times57.3°=144.7°>120°\quad\text{合适。}$$

7. 计算 V 带的根数 z　由式（11－21）得

$$z=\frac{P_c}{(P_1+\Delta P_1)K_\alpha K_L}$$

查表 11－4，用内插法得

$$P_1=1.05\text{kW}$$

查表 11－8，得 $\Delta P_1=0.17\text{kW}$

查表 11－9，用内插法得 $K_\alpha=0.91$

查表 11－2，得 $K_L=0.99$，则

$$z=\frac{P_c}{(P_1+\Delta P_1)K_\alpha K_L}=\frac{3.6}{(1.05+0.17)\times 0.91\times 0.99}=3.26$$

取 $z=4$。

8. 计算初拉力 F_0　由式（11－22）

$$F_0=\frac{500P_c}{zv}\left(\frac{2.5}{K_\alpha}-1\right)+qv^2$$

查表 11－1，得 $q=0.1\text{kg/m}$，故

$$\begin{aligned}F_0&=\frac{500P_c}{zv}\left(\frac{2.5}{K_\alpha}-1\right)+qv^2\\&=\frac{500\times 3.6}{4\times 6.69}\left(\frac{2.5}{0.91}-1\right)\text{N}+(0.1\times 6.69^2)\text{N}=121.20\text{N}\end{aligned}$$

9. 计算轴上的载荷 F_Q　由式（11－23）得

$$F_Q=2zF_0\sin\frac{\alpha_1}{2}=2\times 4\times 121.20\text{N}\times\sin\frac{144.7°}{2}=923.96\text{N}$$

10. 绘制 V 带轮的工作图（略）

第六节　同步带传动及其他带传动简介

一、同步带传动

1. 同步带传动的特点和应用　同步带传动亦称同步齿形带传动，如图 11－14 所示。同步带传动通过带与带轮的啮合来传递运动和动力，属于啮合传动。与 V 带传动相比，同步带具有无滑动、传动比准确；带的重量轻，可用于高速传动；可允许较小的带轮直径，结构紧凑；作用在轴上的压轴力小等优点。但制造、安装精度要求较高。

同步带传动广泛应用于汽车、轻纺、仪表仪器、机床等机械设备的传动装置上。

一般工业用同步带，即梯形齿同步带，已列入 ISO 及我国同步带标准，型号及尺寸参数均已标准化。本节只介绍梯形齿同步带，以下简称同步带。

2. 同步带结构　同步带结构如图 11－15 所示，由强力层和基体两部分组成。强力层 1 是同步带的抗拉元件，用来传递动力，它是用钢丝绳或玻璃纤维沿同步带的节线方向绕成螺旋形状，具有很高的抗拉强度和抗弯曲强度，弹性模量大，受力后基本上不产生变形，所以能保证同步带的节距不变，实现同步传动。基体包括带齿 2 和带背 3，通常采用聚氨酯或氯丁橡胶制造，具有强度高、弹性好、耐磨损和抗老化性好的特点。

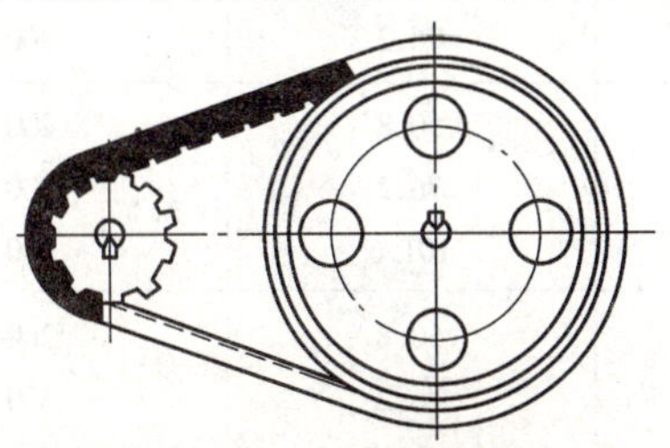

图 11－14　同步带传动

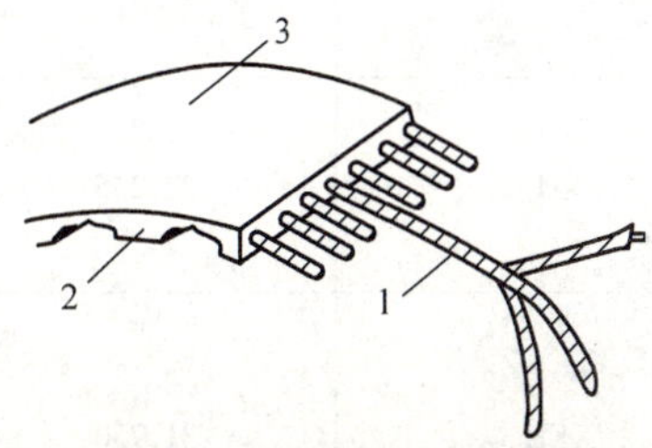

图 11－15　同步带传动结构
1—强力层　2—带齿　3—带背

同步带的主要参数是节距 p_b，如图 11－16 所示。它是指在规定的张紧力下，同步带纵向截面上相邻两齿中心轴线间节线上的距离。节线是指当同步带垂直底边弯曲时，在带中保持原长度不变的周线，通常位于承载层的中线上。节线长度 L_p 为公称长度。

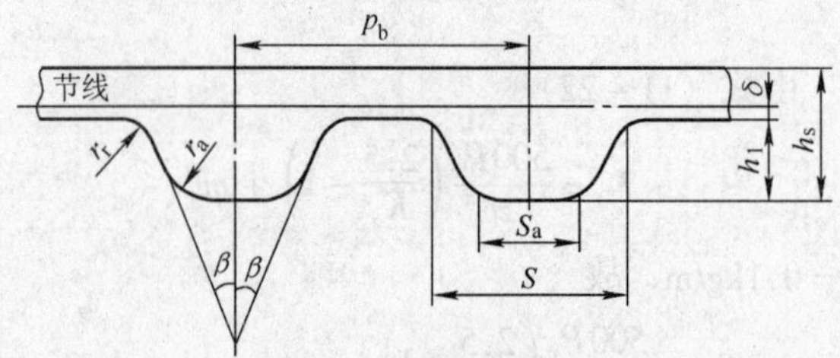

图 11－16　同步带传动齿形及尺寸参数

同步带分为单面同步带（简称单面带）和双面同步带（简称双面带）两种类型。同步带按节距不同分为最轻型 MXL、超轻型 XXL、特轻型 XL、轻型 L、重型 H、特重型 XH 和超重型 XXH 七种。其节距 p_b、基准宽度 b_{s0} 及带宽 b_s 系列见表 11－10；节线长度 L_p 系列见表 11－11。

表 11－10　同步带节距 p_b、基准宽度 b_{s0} 及带宽 b_s 系列

型　号	节距 p_b/mm	基准宽度 b_{s0}/mm	带宽系列	
			带宽 b_s/mm	代号
MXL	2.032	6.4	3.0	012
			4.8	019
			6.4	025
XXL	3.175	6.4	3.0	012
			4.8	019
			6.4	025
XL	5.080	9.5	6.4	025
			7.9	031
			9.5	037
L	9.525	25.4	12.7	050
			19.1	075
			25.4	100
H	12.700	76.2	19.1	075
			25.4	100
			38.1	150
			50.8	200
			76.2	300
XH	22.225	101.6	50.8	200
			76.2	300
			101.6	400
XXH	31.750	127.0	50.8	200
			76.2	300
			101.6	400
			127.0	500

表 11-11 梯形齿同步带节线长度 L_p 系列（摘自 GB/T 11616—1989）

带长代号	节线长度 L_p/mm	带长上的齿数 z						
		MXL	XXL	XL	L	H	XH	XXH
60	152.40	75	48	30				
70	177.8	—	56	35				
80	203.2	100	64	40				
90	228.60	—	72	45				
100	254.00	125	80	50				
120	304.8	—	96	60				
130	330.20	—	104	65				
140	355.60	175	112	70				
150	381.00	—	120	75	40			
160	406.40	200	128	80	—			
170	431.80	—	—	85	—			
180	457.20	225	144	90	—			
190	482.60	—	—	95	—			
200	508.00	250	160	100	—			
220	558.80	—	170	110	—			
230	584.20			115	—			
240	609.60			120	64	48		
260	660.40			130	—	—		
270	685.80				72	54		
300	762.80				80	60		
330	838.20				—	66		
345	876.30				92	—		
360	914.40				—	72		
390	990.60				104	78		
420	1066.80				112	84		
450	1143.00				120	90		
480	1219.20				128	96		
510	1295.40				136	102		
540	1371.60				144	108		
560	1422.40				—	—	64	
600	1524.00				160	120	—	
660	1676.40					132		
700	1778.00					140	80	56
750	1905.00					150	—	—
800	2032.00					160	—	64
850	2159.00					170	—	—
900	2286.00					180	—	72
1000	2540.00					200	—	80
1100	2794.00					220	—	—
1260	3200.40					—	144	—
1400	3556.00					280	160	112
1600	4064.00						—	128
1800	4572.00						—	144

同步带的标记内容为带长代号、型号和宽度代号，如标记为：

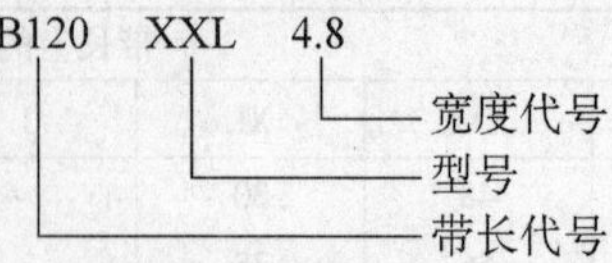

3. 带轮　同步带带轮除轮缘表面需制出轮齿外，其他结构与一般平带轮相似。带轮的齿形一般推荐采用渐开线齿形。带轮齿数的选择应考虑到同时啮合齿数的多少，一般要求同时啮合的最少齿数 $z_{min} \geqslant 6$。各种型号带的最少齿数见表 11－12。

表 11－12　小带轮许用最少齿数 z_{min}

小带轮转速 n_1/（r·min⁻¹）	型号						
	MXL	XXL	XL	L	H	XH	XXH
<900			10	12	14	22	22
≥900～1200	12	12	10	12	16	24	24
≥1200～1800	14	14	12	14	18	26	26
≥1800～3600	16	16	12	16	20	30	—
≥3600～4800	18	18	15	18	22	—	—

带轮材料一般采用钢、铸铁，轻载时可用轻合金或塑料，成批生产的带轮可采用粉末冶金材料。

二、同步带传动的设计计算和参数选择

同步带传动的主要失效形式是带的疲劳断裂，带齿的剪切、压溃和磨损。因此，同步带传动的设计计算准则，就是保证同步带具有一定的疲劳强度和使用寿命。其强度计算主要是限制作用在同步带单位宽度上的拉力，必要时校核工作齿面的压力。

设计的已知条件：传动的用途、传递的功率、带轮的转速或传动比以及传动系统的空间尺寸等。

设计确定的内容：同步带的型号、带长及齿数、中心距、带轮节圆直径及齿数、带宽及带轮的结构和尺寸。

1. 选择同步带的型号　根据计算功率 P_c 和小带轮的转速 n_1，由图 11－17 选择同步带

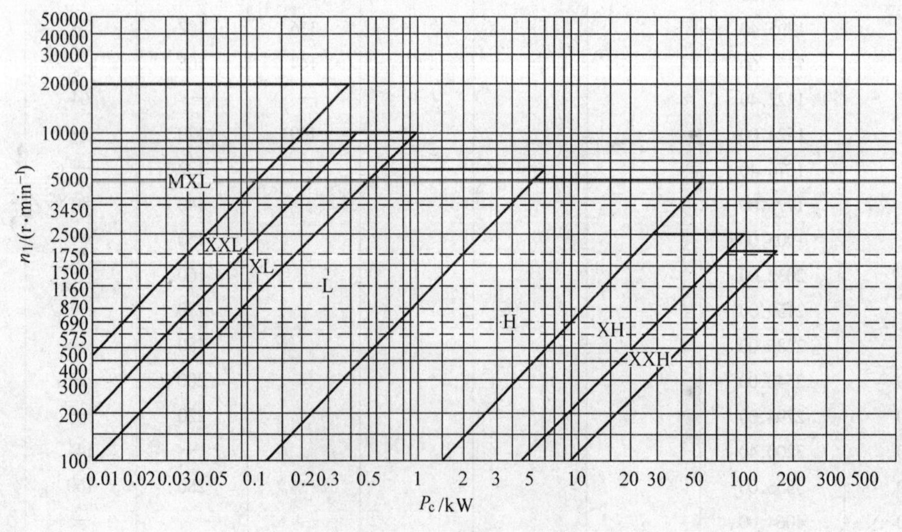

图 11－17　同步带选型图

的型号。根据所选型号由表 11－10 查得对应的节距 p_b。

计算功率 P_c 可由下式求得

$$P_c = PK_A \tag{11-24}$$

式中 P——传递的功率（kW）；

P_c——计算功率（kW）；

K_A——工作情况系数，由表 11－13 选取。

表 11－13 同步带传动的工作情况系数 K_A

工作机	原动机					
	Ⅰ类			Ⅱ类		
	每天工作小时/h					
	3～5（断续使用）	8～10（正常使用）	16～24（连续使用）	3～5（断续使用）	8～10（正常使用）	16～24（连续使用）
液体搅拌机、圆形带锯、造纸机、印刷机械	1.4	1.6	1.8	1.6	1.8	2.0
搅拌机、带式输送机、牛头刨床、离心压缩机、往复式发动机、中型挖掘机	1.5	1.7	1.9	1.7	1.9	2.1
输送机（盘式、吊式、升降式）、鼓风机、卷扬机、起重机、橡胶加工机、发电机、纺织机械	1.6	1.8	2.0	1.8	2.0	2.2
离心分离机、输送机（货物、螺旋）、锤击式粉碎机、造纸机（碎浆）	1.7	1.9	2.1	1.9	2.1	2.3
陶土机械（硅、粘土搅拌）、矿山用混料机、强制送风机	1.8	2.0	2.2	2.0	2.2	2.4

注：Ⅰ类指交流电动机（普通转矩笼型、同步电动机），直流电动机（并励），多缸内燃机。Ⅱ类指交流电动机（大转矩、大滑差率、单相、滑环），直流电动机（复励、串励），单缸内燃机。

2. 确定带轮齿数和节圆直径　根据带的型号和小带轮转速，由表 11－12 确定小带轮的齿数 z_1，应使

$$z_1 \geqslant (1.0 \sim 1.3) z_{min}$$

当 $n_1 < 1000$r/min 时，取 $z_1 \geqslant 1.0z_{min}$；当 $n_1 > 3000$r/min 时，取 $z_1 \geqslant 1.3z_{min}$。带速和安装尺寸允许时，z_1 尽可能选用较大值，大带轮的齿数 $z_2 = iz_1$。节圆直径 d_p 为

$$d_p = \frac{zp_b}{\pi} \tag{11-25}$$

3. 确定同步带的长度和齿数　带的长度用式（11－1）求得，a_0 为初定中心距，可按结构需要确定，或在 $0.7(d_{p1} + d_{p2}) \leqslant a_0 \leqslant 2(d_{p1} + d_{p2})$ 范围内选取。

根据计算所得带长 L_0，并查表 11－11，取与其相接近的节线长度 L_p 值，并根据所选定的带型号，查得相应的齿数 z。

4. 确定实际中心距　同步带传动的实际中心距，可用式（11－2）求得。

5. 计算小带轮啮合齿数　小带轮与同步带的啮合齿数 z_m 按下式计算，并进行圆整

$$z_m = \frac{z_1}{2} - \frac{p_b z_1}{20a}(z_2 - z_1) \tag{11-26}$$

6. 选择带宽　所选带宽按下式计算，并根据表 11－10 选取接近且略大的标准值

$$b_s \geqslant b_{s0}\left(\frac{P_c}{K_z P_0}\right)^{\frac{1}{1.14}} \tag{11-27}$$

式中　b_{s0}——基准宽度（mm），见表 11－10；

P_c——计算功率（kW）；

K_z——啮合齿数系数，当 $z_m \geqslant 6$ 时，$K_z = 1$，当 $z_m < 6$ 时，$K_z = 1 - 0.2$（$6 - z_m$）；

P_0——同步带基准宽度 b_{s0} 所能传递的功率（kW），可由下式求得

$$P_0 = \frac{(F_a - qv^2)v}{1000} \tag{11-28}$$

式中　F_a——基准宽度同步带的许用工作拉力（N），见表 11－14；

q——基准宽度同步带单位带长的质量（kg/m），见表 11－14。

表 11－14　基准宽度同步带的许用工作拉力 F_a 和质量 q

项目＼型号	MXL	XXL	XL	L	H	XH	XXH
许用工作拉力 F_a/N	27	31	50	245	2100	4050	6400
单位带长的质量 $q/(\mathrm{kg \cdot m^{-1}})$	0.007	0.01	0.022	0.096	0.448	1.487	2.473

7. 计算作用在轴上的载荷

$$F_Q = \frac{1000 P_c}{v} \tag{11-29}$$

式中　F_Q——作用在轴上的载荷（N）；

P_c——计算功率（kW）；

v——带速（m/s）。

8. 确定带轮的结构和尺寸（从略）。

三、其他带传动简介

1. 高速带传动　带速 $v > 30$m/s 或最高转速 $n_1 = 10000 \sim 50000$r/min 的带传动称为高速带传动，主要用于增速传动。

高速带传动可靠，运转平稳。为减小带传动的离心力，要求传动带制成薄且均匀、重量轻、挠性好又无接头的环形平带。目前，多采用锦纶编织带、薄型强力锦纶带和高速环形胶带。

要求高速带轮重量轻，材质匀称，运转时空气阻力小，多用钢或铝硅合金制造。轮缘工作表面需加工，表面粗糙度 R_a 不能高于 3.2μm 并需进行动平衡。

为防止传动时脱带，需将轮缘工作表面加工出一定凸度，一般制成鼓形或2°左右的双锥面。为防止传动时带与带轮工作面间形成气垫，导致其摩擦因数降低、传动能力下降，在轮

缘表面上开设环形槽，槽深 1mm，见图 11－18。

2. 多楔带传动　多楔带如图 11－19 所示，它是在平带基体下边做出很多纵向楔，其楔形部分嵌入带轮上相应的楔形槽内，靠楔面摩擦工作。因摩擦力大，传递功率大，多用于要求结构紧凑，而传递功率较大的场合。

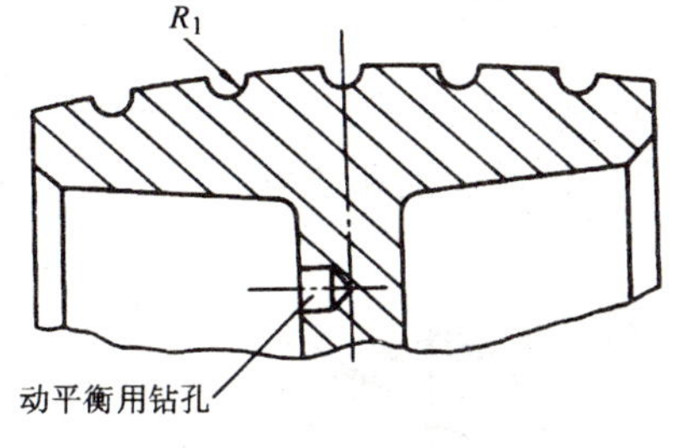

图 11－18　高速带轮轮缘

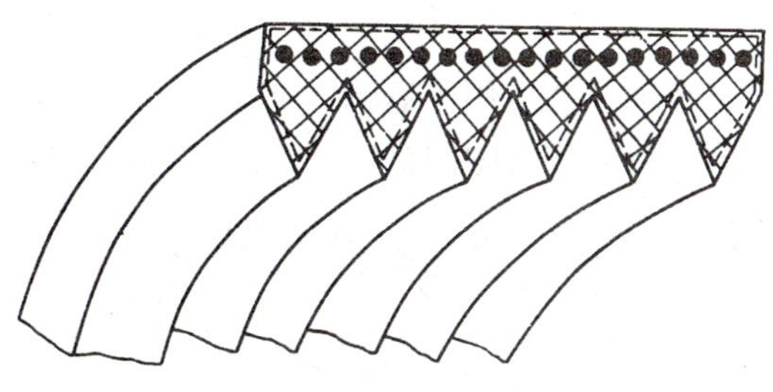

图 11－19　多楔带

实践教学环节

1. 分析汽车中的带传动，确定带的类型和张紧方法。

2. 学生在教师指导下，搭建一带传动的简易传动装置（可以利用旧录音机中的电动机、传动带等零件）。要求：①调整带的松紧程度；②增加负载，观察是否出现打滑现象。

习　题

11－1　普通 V 带传动和平带传动相比，有什么优缺点？

11－2　同步带传动有什么优缺点？

11－3　说明带传动中紧边拉力 F_1、松边拉力 F_2 和有效拉力 F、张紧力 F_0 之间的关系。

11－4　带传动中，弹性滑动是怎样产生的？会造成什么后果？

11－5　带传动中，打滑是怎样产生的？打滑的有利和有害方面各是什么？

11－6　带传动工作时，带上所受的应力有哪几种？如何分布？最大应力在何处？

11－7　带传动的主要失效形式是什么？带传动设计的主要依据是什么？

11－8　已知某普通 V 带传动，所传递的功率 $P = 9.0\text{kW}$，带速 $v = 12\text{m/s}$。现测得张紧力 $F_0 = 1103\text{N}$，试求紧边拉力 F_1 和松边拉力 F_2。

11－9　某搅拌机用 V 带传动，已知传递的功率 $P = 4.5\text{kW}$，小带轮转速 $n_1 = 1410\text{r/min}$，传动比 $i = 3.1$，三班制工作，传动布置要求中心距为 500mm 左右。试设计 V 带传动。

11－10　某带式运输机用四根 A 型 V 带传动。已知主动轮转速 $n_1 = 1440\text{r/min}$，基准直径 $d_{d1} = 90\text{mm}$，从动轮转速 $n_2 = 610\text{r/min}$，传动中心距为 450mm，两班制工作。试求允许传递的最大功率和轴上载荷。

11－11　试设计精密车床的同步带传动。已知传递的功率 $P = 4\text{kW}$，电机为同步电动机，主动轮转速 $n_1 = 1500\text{r/min}$，从动轮转速 $n_2 = 500\text{r/min}$，两带轮中心距大约为 450mm，每天工作不超过 8h。

第十二章　链　传　动

链传动广泛应用于运输、起重、建筑、化工等各种机械的动力传动中。如图 12－1 所示，它是以链作为中间挠性件，通过链和链轮轮齿的啮合来传递运动和动力。

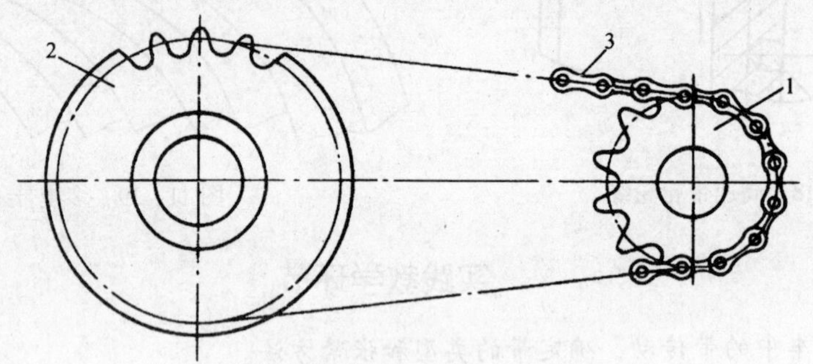

图 12－1　链传动简图

1—主动链轮　2—从动链轮　3—链条

与带传动相比，因链传动是啮合传动，无滑动，所以平均传动比准确；链的张紧力小，对轴的载荷小；传动效率高；在同样条件下链传动比带传动结构紧凑，且能在较高温度和有油污、潮湿等恶劣环境条件下工作。与齿轮传动相比，链传动制造和安装精度较低；可用于中心距较大的两轴间传动。传动功率一般 $P \leqslant 100\text{kW}$；链速 $v \leqslant 12 \sim 15\text{m/s}$，最高可达 $v = 40\text{m/s}$；传动比 $i < 8$，一般为 $i = 2 \sim 3.5$；中心距可达 $a = 5 \sim 6\text{m}$。

链传动的主要缺点是：瞬时链速和瞬时传动比是变化的，故传动不平稳、振动冲击和噪声较大，不适于载荷变化很大和急速反转的传动。因此，链传动常用于要求两轴中心距较大，平均传动比准确，而对瞬时传动比没有严格要求的场合。

按使用用途的不同，链可分为传动链、起重链和曳引链等。其中，最常用的是传动链。传动链又有滚子链、齿形链等类型。其中，滚子链应用最广。

第一节　链和链轮

一、滚子链

滚子链的结构如图 12－2 所示。它是由内链板 1、外链板 2、销轴 3、套筒 4 和滚子 5 所组成。其中，内链板与套筒之间、外链板与销轴之间分别为过盈配合；套筒与销轴之间、滚子与套筒之间分别为间隙配合。当链啮合或脱出链轮轮齿时，内、外链板屈伸，套筒在销轴上自由转动。滚子的作用是减少链轮轮齿与套筒之间的摩擦和磨损。内、外链板均制成“8”字形，以使链板各横截面大致等强度，并可减轻重量。

将几条单排链并列，用长销轴联接起来称多排链。图 12－3 所示为双排滚子链。排数越多，越难使各排受力均匀，故一般不超过 3～4 排。4 排或 4 排以上多排链须与生产厂协商后制造。

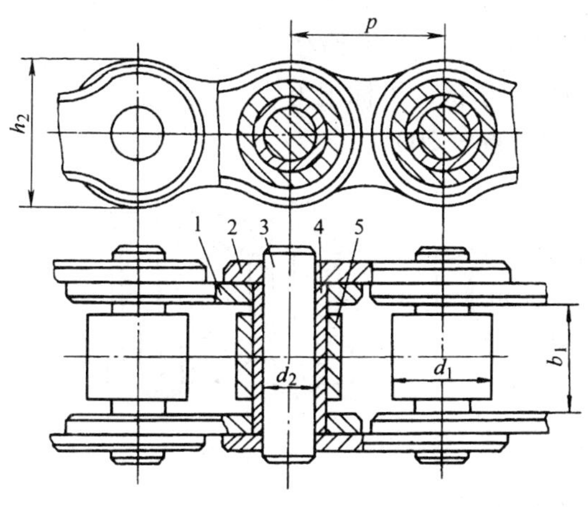

图 12－2　滚子链

1—内链板　2—外链板　3—销轴　4—套筒　5—滚子

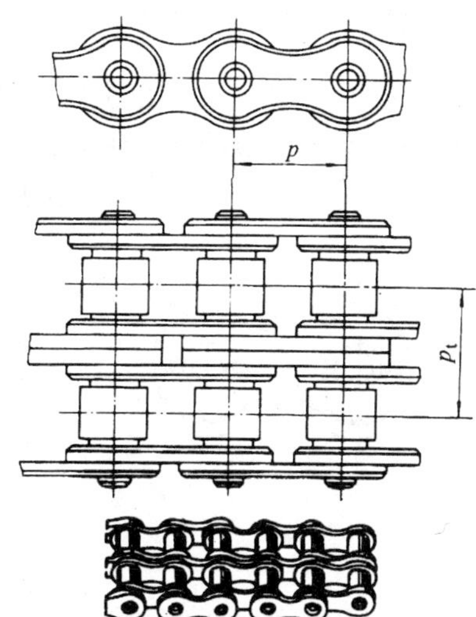

图 12－3　双排滚子链

滚子链相邻两滚子中心距离称为链的节距，以 p 表示，它是链的主要参数。节距越大，链各部分尺寸也越大，所传递的功率也越大。滚子链已标准化，表 12－1 列出常用 A 系列滚子链的主要参数。表中链号乘以$\frac{25.4}{16}$mm，即为链节距值。

表 12－1　A 系列滚子链主要参数（摘自 GB/T 6069—2002）

链号	节距 p/mm	排距 p_t/mm	滚子外径 d_1/mm	内链节内宽 b_1/mm	销轴直径 d_2/mm	内链板高度 h_2/mm	极限拉伸载荷（单排）Q_{lim}/kN	单排链单位长度的质量 q/(kg·m^{-1})
08A	12.70	14.38	7.92	7.85	3.98	12.07	13.8	0.60
10A	15.875	18.11	10.16	9.40	5.09	15.09	21.8	1.00
12A	19.05	22.78	11.91	12.57	5.96	18.08	31.16	1.50
16A	25.40	29.29	15.88	15.75	7.94	24.13	55.6	2.60
20A	31.75	35.76	19.05	18.90	9.54	30.18	86.7	3.80
24A	38.10	45.44	22.23	25.22	11.11	36.20	124.6	5.60
28A	44.45	48.87	25.40	25.22	12.71	42.24	169.0	7.50
32A	[illegible]	[illegible]	[illegible]	[illegible]	[illegible]	[illegible]	[illegible]	10.10
40A	63.50	71.55	39.68	37.85	19.85	60.33	347.0	16.10
48A	76.20	87.83	47.63	47.35	23.81	72.39	500.4	22.60

链的长度用链节数 L_P 表示，链节数最好取偶数，以便联接时正好使外链板和内链板相接，接头处可用开口销或弹簧夹锁紧（图 12－4a、b），开口销通常用于大节距，弹簧夹一般用于小节距。当链节数为奇数时，需采用过渡链节（图 12－4c）。过渡链板不仅使制造复杂，而且链的承载能力下降，故一般情况下最好不用。但全部由过渡链节组成的传动链具有较好的弹性。

滚子链的标记为

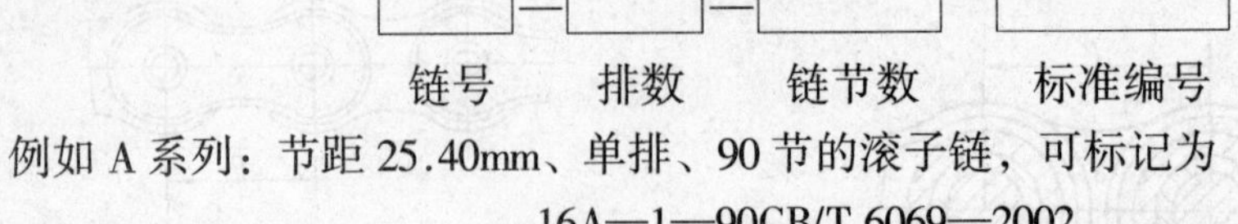

例如 A 系列：节距 25.40mm、单排、90 节的滚子链，可标记为

16A—1—90GB/T 6069—2002

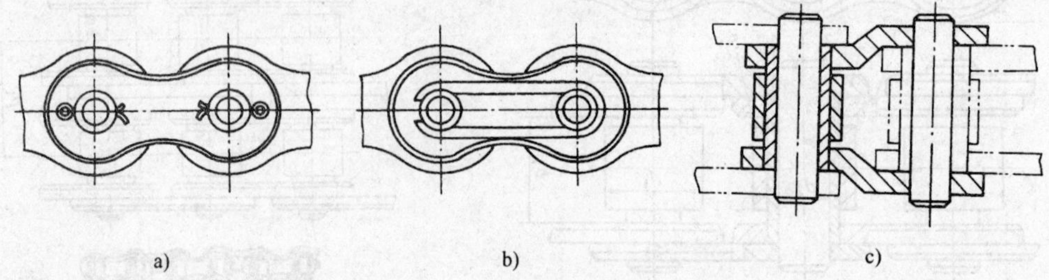

图 12-4　滚子链的接头形式

a）开口销　b）弹簧夹　c）过渡链节

二、齿形链

如图 12-5 所示，齿形链由两个齿形链板用铰链联接而成，链板两工作侧面间夹角为 60°。齿形链按铰链形式不同可分为三种：

1. 圆销式（图 12-5b）　链销孔与销轴是间隙配合。

2. 轴瓦式（图 12-5c）　在链板销孔两侧有长短扇形槽各一条，相邻两链板在同一销轴上相间排列，即长短扇形槽相间排列，在销孔中装入销轴后，在销轴左右的槽中嵌入与短扇形槽相匹配的轴瓦，由两轴瓦和销轴组成铰链。当相邻两链节相对转动时，左右两轴瓦将各在其长扇形槽中摆动，轴瓦内面与销轴接触表面作相对滑动。

3. 滚柱式（图 12-5d）　无销轴，铰链由两个具有曲面的棱柱销组成。两棱柱销各自固定在相应的链板孔中，当链工作时，相邻两链节的相对转动是靠两棱柱销工作面作相对滚动来实现的。

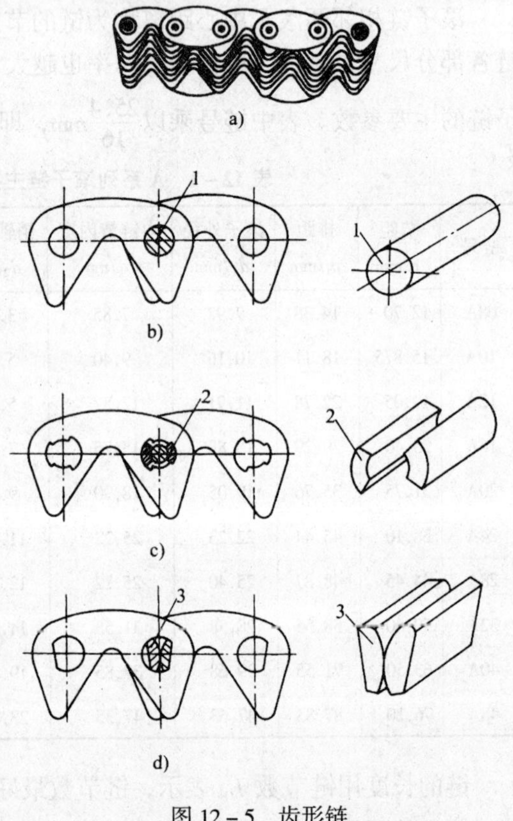

图 12-5　齿形链

1—销轴　2—轴瓦　3—棱柱销

齿形链与滚子链相比，具有工作平稳、噪声小、耐冲击、允许较高的链速等优点，但结构复杂、重量大、价格贵，主要用于高速转动。

三、滚子链链轮

滚子链链轮的齿形已标准化，在 GB/T 6069—2002 中虽然没有规定具体的链轮齿形，但规定了最大和最小齿槽形状，在这两个极限齿槽形状之间的各种标准齿形均可以使用。如图 12－6 所示为目前常用的一种三圆弧一直线齿形，齿廓工作表面 $abcd$ 由三圆弧$\overset{\frown}{aa}$、$\overset{\frown}{ab}$、$\overset{\frown}{cd}$和一直线$\overline{bc}$组成。当选用这种齿形并用相应的标准刀具加工时，链轮端面齿形在工作图上不必画出，只须注明齿形按 GB/T 6069—2002 附录的规定制造即可，但链轮的轴向齿形（图 12－7）须画出。轴向尺寸和齿形可参阅有关设计手册。

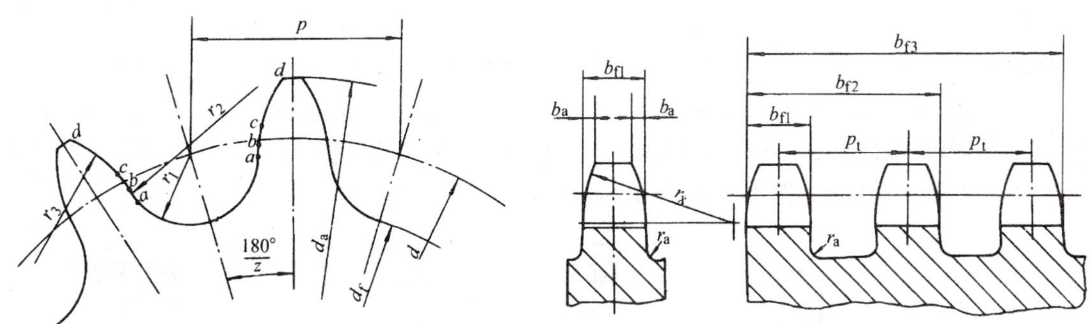

图 12－6　滚子链链轮端面齿形　　　　图 12－7　滚子链链轮轴向齿形

1. 链轮主要尺寸计算公式

分度圆直径

$$d=\frac{p}{\sin\frac{180°}{z}} \tag{12-1}$$

齿顶圆直径

$$d_a=p\left(0.54+\cot\frac{180°}{z}\right) \tag{12-2}$$

齿根圆直径

$$d_f=d-d_1 \tag{12-3}$$

式中　d_1——滚子外径（mm）。

2. 链轮的材料　链轮的材料应满足强度和耐磨性要求。可根据尺寸大小和工作条件选择合金钢、碳钢、铸铁等。推荐的链轮材料和表面硬度见表 12－2。

考虑到小链轮轮齿的啮合次数比大链轮轮齿的啮合次数多，磨损、冲击较大，为使两链轮的寿命相接近，小链轮材料的强度和齿面硬度比大链轮要高些。

表 12－2　链轮常用材料及齿面硬度

材　料	热处理	齿面硬度	应用范围
15 钢、20 钢	渗碳、淬火、回火	50～60HRC	$z\leqslant25$ 有冲击载荷的链轮
35 钢	正火	160～200HBW	$z>25$ 的主、从动链轮
40 钢、50 钢、45Mn ZG310—570	淬火、回火	40～50HRC	无剧烈冲击、振动的主、从动链轮
15Cr、20Cr	渗碳、淬火、回火	50～60HRC	$z<25$ 传递较大功率的重要链轮
40Cr、35SiMn 35CrMo	淬火、回火	40～50HRC	要求强度较高和耐磨损的重要链轮
Q235、Q255	焊接后退火	≈140HBW	中速、传递中等功率的较大的链轮

（续）

材　料	热 处 理	齿 面 硬 度	应 用 范 围
不低于 HT200 的灰铸铁	淬火、回火	260～280HBW	$z>50$ 的从动链轮以及外形复杂或强度要求一般的链轮
夹布胶木	—	—	$P<6$kW、速度较高、要求传动平稳、噪声小的链轮

3. 链轮结构　链轮的结构如图 12－8 所示。按链轮直径的不同可采用实心式（图 12－8a）、辐板式（图 12－8b）、轮辐式（图 12－8c）、齿圈式（图 12－8d）等结构。选用多排链时，可采用多排轮，图 12－8e 所示为双排辐板式链轮结构。

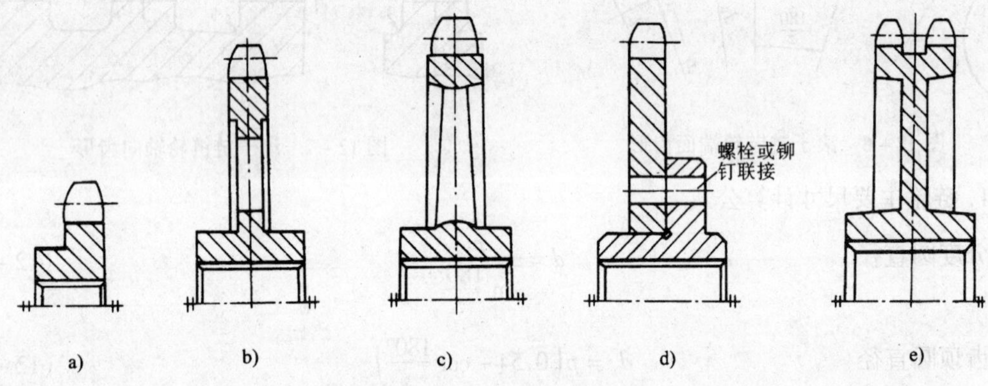

图 12－8　链轮的结构

第二节　链传动的运动分析和受力分析

一、链传动的运动分析

由于滚子链远比齿形链应用广泛，故本节及本章以后各节仅讨论滚子链。

链传动工作时，如图 12－9 所示，链呈折线绕过链轮，这相当于链绕到以节距 p 为边长、以链轮齿数 z 为边数的正多边形上，链轮每转一周，相应绕过的链长为 zp。

设 z_1、z_2 分别为主、从动链轮的齿数，p 为节距（mm）、n_1、n_2 分别为主、从动链轮的转速（r/min），则链速 v（m/s）为

$$v=\frac{z_1pn_1}{60\times1000}=\frac{z_2pn_2}{60\times1000} \tag{12-4}$$

由式（12－4）可知链传动的传动比为

$$i=\frac{n_1}{n_2}=\frac{z_2}{z_1} \tag{12-5}$$

式（12－5）表明链传动的传动比只与两链轮的齿数有关，等于定值。但应注意到这是在一段时间内的平均值，即平均传动比。实际上，由于链轮相当于多边形，即使主动链轮的角速度 ω_1 等于常数，瞬时链速和瞬时传动比都是变化的，而且是每一链节啮合过程中均作

周期变化。

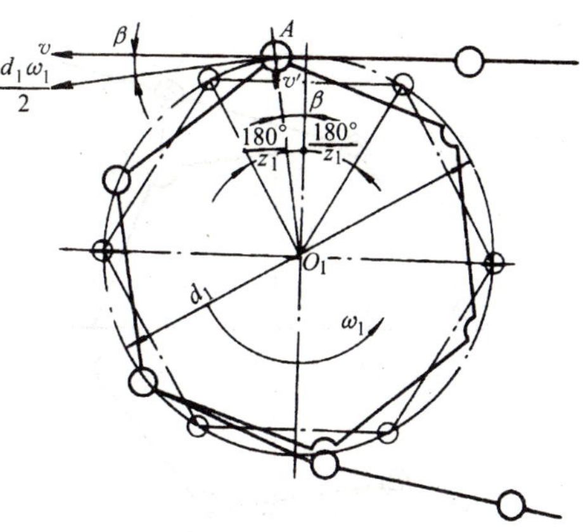

图 12-9 链传动的速度分析

设紧边链（进入链轮的一边）在传动时总处于水平位置。当链节进入主动链轮时，其链节的销轴将随着链轮的转动而不断改变位置，当销轴位于如图 12-9 所示的 A 点位置时，链速 v 为销轴的圆周速度在水平方向的分速度，即

$$v=\frac{d_1\omega_1}{2}\cos\beta$$

式中 d_1——主动链轮分度圆直径（mm）；

ω_1——主动链轮的角速度（rad/s）；

β——啮入过程中，链节铰链在主动链轮上的位置角，β 角的变化范围为 $-180°/z_1$ 至 $+180°/z_1$。

当 $\beta=0°$时，链速到达最大值 $v_{max}=d_1\omega_1/2$；当 $\beta=\pm\frac{180°}{z_1}$时，链速达到最小值 $v_{min}=\frac{d_1\omega_1}{2}\cos\left(\frac{180°}{z_1}\right)$。可见，链的瞬时速度随着链轮的转角作由小到大，又由大到小的变化，而且每转过一个链齿，上述变化重复一次。这种瞬时链速和瞬时传动比的周期变化，必然引起惯性冲击，给链传动带来运动不均匀性。

同理，链在垂直于链节中心线方向的分速度 $v'=(d_1\omega_1\sin\beta)/2$，也作周期性变化，使链条在传动中时上时下抖动，因而产生横向振动。

对于从动链轮，由于它与主动链轮具有类似的链节铰链在链轮上的位置角 β'变化，且从主动链轮输出的链速不等于常数，因而从动链轮的角速度 ω_2 是变化的。

这种由于链以多边形方式绕到链轮上而引起的瞬时链速和传动比不均匀现象，称为链传动的多边形效应。由上述分析可知，位置角 β 和β'的大小直接影响到链传动的不均匀性。β 和β'的大小取决于链轮的齿数，齿数越少，β 和β'角变化范围就越大，链速的变化也就越大，其传动的不均匀性就越严重。此外，如图 12-10 所示，当链节与链轮轮齿相啮合的瞬间，作直线运动的链节铰链和作圆周运动的轮齿以一定的相对速度发生啮合碰撞，从而使链条和链轮受到冲击，并产生附加动载荷。链节距 p 越大、链轮的转速越高，冲击就越严重。

二、链传动的受力分析

在链传动过程中，若链的松边过松，链传动容易产生振动、跳齿或脱链，因而在安装链时，需使链条有一定的张紧力，它可由链的下垂产生悬垂拉力获得，必要时可采用张紧轮实现张紧。链传动工作时，与带传动相似，紧边和松边拉力不相等。若不计动载荷，则紧边拉力 F_1（图 12-11）为

$$F_1=F+F_c+F_y \tag{12-6}$$

链的松边拉力 F_2 为

$$F_2=F_c+F_y \tag{12-7}$$

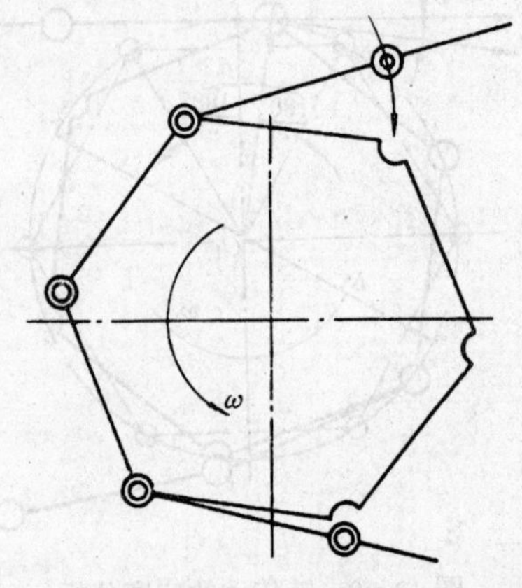

图 12-10　链条和链轮啮合瞬间的冲击

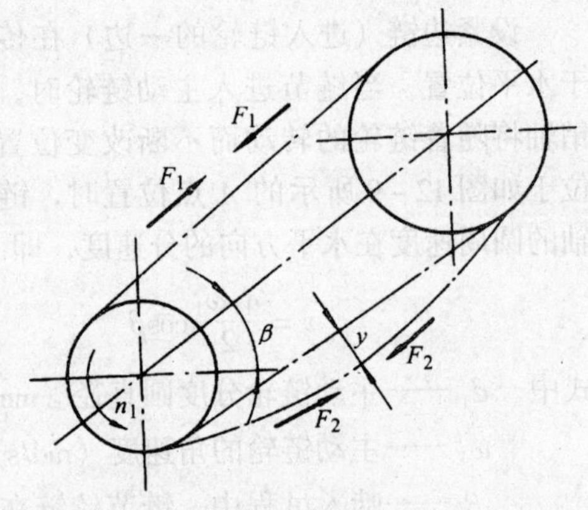

图 12-11　作用在链上的力

式中　F_c——离心力所产生的离心拉力（N）；

F_y——链的悬垂拉力（N）；

F——有效拉力（N），即

$$F = 1000\frac{P}{v} \tag{12-8}$$

式中　P——传递功率（kW）；

v——链速（m/s）。

F_c 和 F_y 分别可用如下公式计算

$$F_c = qv^2 \tag{12-9}$$

$$F_y = K_f qga \tag{12-10}$$

式中　q——单排链单位长度的质量（kg/m），见表 12-1；

g——重力加速度，$g = 9.81\text{m/s}^2$；

a——中心距（m）；

K_f——垂度系数，见表 12-3。

链作用在轴上的载荷 F_Q 可近似取为

$$F_Q = (1.15 \sim 1.2)\ F \tag{12-11}$$

有冲击、振动时，取较大值。

表 12-3　垂度系数 K_f

β（图 12-11）	0°（水平位置）	30°	60°	75°	90°（垂直位置）
K_f	7	6	4	2.5	1

注：表中 K_f 值为下垂量 $f = 0.02a$ 时的拉力系数。

第三节　链传动的设计计算

一、链传动的失效形式

1. 链板疲劳破坏　链在传动时，其各元件都是在变应力作用下工作，经过一定循环次数后，链板将出现疲劳破坏。在正常润滑条件下，链板疲劳强度是限定链传动承载能力的主要因素。

2. 铰链的磨损　链传动时，由于铰链的销轴与套筒间承受较大的压力，彼此间因有相对转动而产生磨损。磨损后使链节距变长，极易引起跳链或脱链。对开式链传动，润滑不良或工作环境恶劣，磨损是主要失效形式。

3. 滚子和套筒的冲击疲劳破坏　在链传动中，由于反复起动、制动或反转时产生较大惯性冲击，使销轴、套筒、滚子产生冲击疲劳破坏。

4. 销轴与套筒的胶合　链传动在高速下工作时，链节啮入时受到较大冲击和振动，使销轴与套筒间的油膜破裂，而导致磨损过大，发热多，以至产生胶合。

5. 链的过载拉断　当链速很低（$v<0.6$m/s）时，承受重载或严重过载，超过链的静力强度极限值，链被拉断。

二、链传动的承载能力

1. 极限功率曲线　图 12－12 是滚子链在一定寿命和润滑条件下，由各种失效形式限定的小链轮转速和相应的极限功率关系曲线，即极限功率曲线。图中①是在正常润滑条件下，铰链磨损限定的极限功率曲线；②是链板疲劳强度限定的极限功率曲线；③是套筒、滚子冲击疲劳强度限定的极限功率曲线；④是铰链胶合限定的极限功率曲线；⑤是润滑不良条件下的极限功率曲线；⑥是润滑良好情况下，由各种失效形式综合影响限定的额定功率曲线。

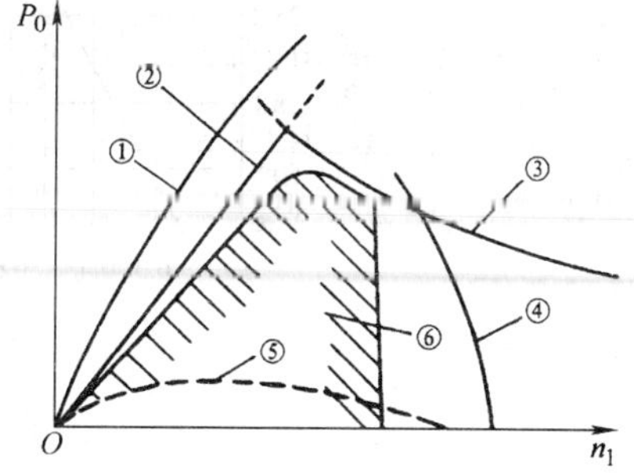

图 12－12　滚子链的极限功率曲线

2. 额定功率曲线　图 12－13 为常用的 A 系列滚子链的额定功率曲线，它是在下列特定条件下得到的，即①两链轮共面；②小链轮齿数 $z=19$；③链节数 $L_P=120$；④载荷平稳；⑤按推荐的润滑方式润滑（图 12－14）；⑥满载荷连续运转寿命为 15000h；⑦链因磨损引起的相对伸长量 $\Delta p/p$ 不超过 3%。

若不能满足图 12－14 中推荐的润滑方式，应将图 12－13 中的额定功率 P_0 值按如下比例降低：

当链速 $v\leqslant 1.5$m/s 时，降低到 50%；

当链速 1.5m/s $<v\leqslant$ 7m/s 时，降低到 25%；

当链速 $v>7$m/s 时，如润滑不当，则传动不可靠。

三、链传动的主要参数选择

1. 链轮齿数 z_1、z_2　齿数选择总原则是不宜太少，也不宜过多。当小链轮齿数 z_1 过少

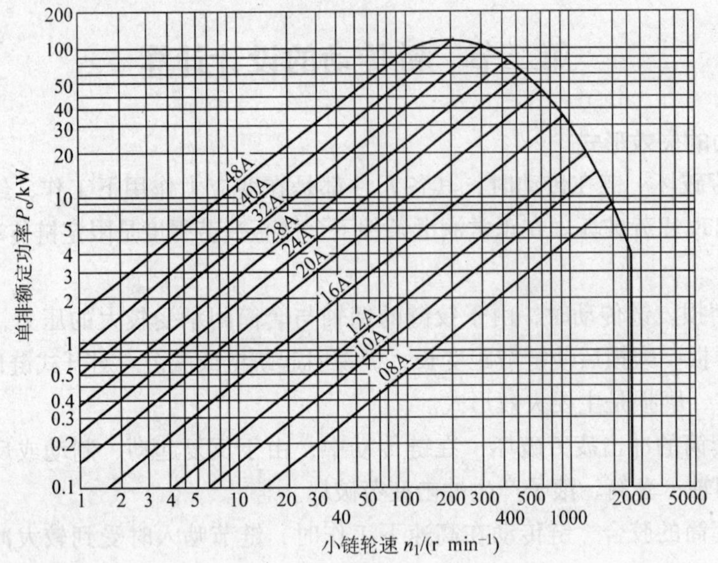

图 12－13　A 系列滚子链的额定功率曲线

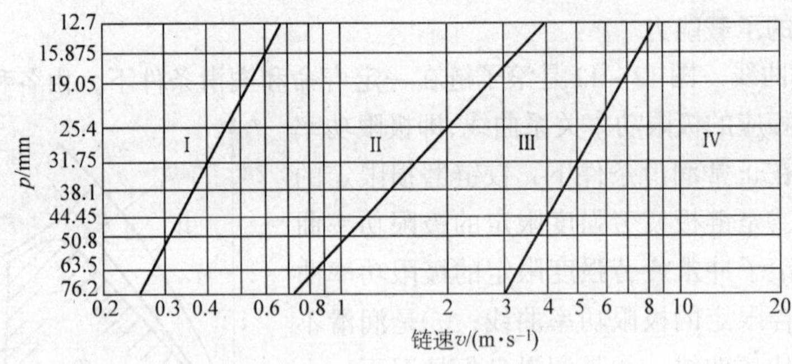

图 12－14　推荐的润滑方式

Ⅰ—人工定期润滑　Ⅱ—滴油润滑　Ⅲ—油浴或飞溅润滑　Ⅳ—压力喷油润滑

时，尽管可以减小轮廓尺寸，但将会引起：①传动的不均匀性和附加动载荷增大；②链条进入和退出啮合时，链节间的相对转角增大，加速铰链的磨损失效；③在节距和传递功率一定条件下，链所需传递的圆周力增大，加速链和链轮的损坏。

当链轮齿数过多时，不仅会增大链传动的外形尺寸，还将缩短链的使用寿命。如图 12－15 所示，链的铰链磨损将使链节距增长，链节距的增长量 Δp 与啮合圆外移量 $\Delta d'$的关系为

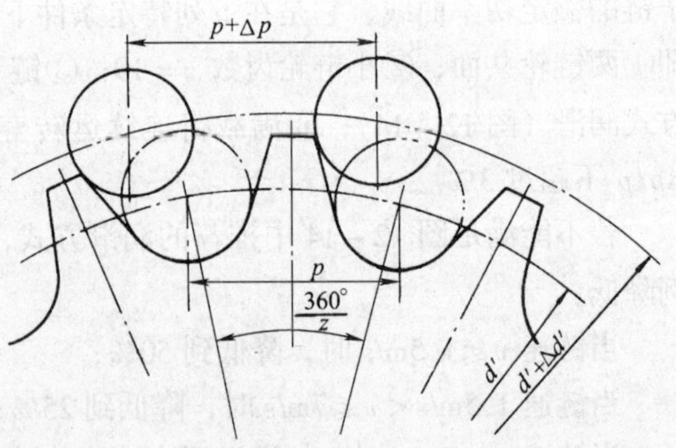

图 12－15　链节距增长量和啮合圆外移量间的关系

$$\Delta p = \Delta d' \sin \frac{180^\circ}{z}$$

在节距 p 一定的条件下，齿高为确定值，从而允许的外移量 $\Delta d'$ 也就随之确定。链轮齿数越多，不产生脱链的允许增长量 Δp 就越小，链的使用寿命就越短。为此，限制链轮的最大齿数 $z_{max} \leqslant 120$。

由于链节数一般取为偶数，为使链和链轮齿的磨损较均匀，链轮齿数一般取为与链节数互质的奇数。小链轮的齿数 z_1 可依据链速参考表 12－4 选取。

表 12－4　小链轮齿数 z_1

链速 $v/(\mathrm{m \cdot s^{-1}})$	0.6～3	3～8	>8
齿数 z_1	≥15～17	≥19～21	≥23～25

2. 传动比的选择　传动比过大时，会导致小链轮包角过小，同时啮合齿数减少，这将加速链轮轮齿的磨损且容易出现跳齿现象，故包角最好不小于 120°。为此，限制传动比 $i \leqslant 7$，推荐 $i = 2 \sim 3.5$。

3. 链的节距和排数　链节距的大小反映了链和链轮各部分尺寸的大小。在一定条件下，链节距越大，承载能力就越大，相应产生的冲击、振动、噪声也越严重。所以设计时，在满足承载能力条件下，为使结构紧凑、寿命长，应尽量选取小节距的单排链。在高速、大功率时，可选取小节距的多排链。当中心距小，传动比大时，选取小节距多排链，以使小链轮有一定啮合齿数。当中心距大、传动比小而且速度不太高时，可选用大节距单排链。

链的节距可根据传递功率 P 按下式算出额定功率 P_0 后从图 12－13 选出

$$P_0 = \frac{K_A P}{K_z K_P} \tag{12-12}$$

式中　P——传递功率（kW）；

K_A——工作情况系数，见表 12－5；

K_z——小链轮齿数系数，见表 12－6；

K_P——多排链排数系数，见表 12－7。

4. 中心距和链节数　若中心距过小，虽然传动的整体尺寸相对较小，但链在小链轮上的包角变小，啮合齿数减少，分担在每个轮齿上的载荷加大，磨损增大，易于产生跳齿和脱链现象；当链速不变时，单位时间内链的绕转次数增多，其伸曲次数和应力循环次数增多，亦加剧链的磨损和疲劳。反之，若中心距过大，因松边垂度过大，传动时发生上下颤动现象。在设计时，若中心距不受限制，一般初定中心距 $a_0 = (30 \sim 50)\,p$，最大可取为 $a_{max} = 80p$。

表 12－5　工作情况系数 K_A

工作情况		动力机种类		
		电动机、汽轮机 内燃机—液力传动	内燃机（≥6 缸） —机械传动	内燃机（<6 缸） —机械传动
平稳载荷	液体搅拌机；中小型离心式鼓风机，离心式压缩机；谷物机械；均匀负载输送机；发电机；均匀负载不反转的一般机械	1.0	1.1	1.3

（续）

工作情况		动力机种类		
		电动机、汽轮机 内燃机—液力传动	内燃机（≥6缸） —机械传动	内燃机（<6缸） —机械传动
中等冲击	半液体搅拌机；三缸以上往复压缩机；大型或不均匀负载输送机；中型起重机和升降机；重载天轴传动；金属切削机床；食品机械；木工机械；印染纺织机械；大型风机；不反转的一般机械	1.4	1.5	1.7
严重冲击	船用螺旋桨；制砖机；单、双缸往复压缩机；挖掘机；往复式、振动式输送机；破碎机；重型起重机；石油钻井机械；锻压机械；线材拉拔机械；冲床；严重冲击、有反转的机械	1.8	1.9	2.1

表 12-6　齿数系数 K_z

在图 12-13 中的位置	位于功率曲线顶点左侧时（链板疲劳）	位于功率曲线顶点右侧时（滚子套筒冲击疲劳）
小链轮齿数系数 K_z	$\left(\frac{z_1}{19}\right)^{1.08}$	$\left(\frac{z_1}{19}\right)^{1.5}$

表 12-7　多排链排数系数 K_P

排数 z_P	1	2	3	4	5	6
排数系数 K_m	1	1.7	2.5	3.3	4.0	4.6

注：当排数 z_P 大于 6 排时，K_P 可近似按 $K_P = z_P^{0.84}$ 计算，或向链条制造厂资询确定。

链节数 L_P 为

$$L_P = \frac{2a_0}{p} + \frac{z_1 + z_2}{2} + \frac{p}{a_0}\left(\frac{z_2 - z_1}{2\pi}\right)^2 \tag{12-13}$$

为了避免用过渡链节，链节数最好取偶数。

链的计算中心距 a 为

$$a = \frac{p}{4}\left[L_P - \frac{z_1 + z_2}{2} + \sqrt{\left(L_P - \frac{z_1 + z_2}{2}\right)^2 - 8\left(\frac{z_2 - z_1}{2\pi}\right)^2}\right] \tag{12-14}$$

链的实际中心距 a' 为

$$a' = a - \Delta a \tag{12-15}$$

对于中心距可调的链传动，为保证链松边有一定的安装垂度，应使实际中心距比计算中心距小 Δa。一般取 $\Delta a =$ （0.002～0.004）a。对中心距不可调的和没有张紧装置的链传动，中心距应准确计算。

四、低速链传动的静强度计算

当链速 $v<0.6\text{m/s}$ 时，链的过载拉断为链传动的主要失效形式。因此，设计时按静强度计算，此时应满足

$$\frac{z_P Q_{\lim}}{F_1 K_A} \geqslant S \tag{12-16}$$

式中　$Q_{\lim}$——单排链的极限拉伸载荷（N），见表 12－1；

F_1——链的紧边工作拉力（N）；

K_A——工作情况系数，见表 12－5；

z_P——排数；

S——安全系数，一般取 $S=4\sim7$。

例 12－1　试设计某输送机装置用的滚子链传动。已知电动机的功率 $P=5.5\text{kW}$，主动链轮转速 $n_1=960\text{r/min}$，从动链轮转速 $n_2=320\text{r/min}$，有较大冲击，要求中心距 a 小于 650mm，中心距可调。

解　1. 选择链轮齿数 z_1、z_2　设链速 $v=3\sim8\text{m/s}$，由表 12－4 选取 $z_1=21$，$z_2=iz_1=\frac{n_1}{n_2}z_1=\frac{960}{320}\times21=63$。

传动比　$$i=\frac{z_2}{z_1}=\frac{63}{21}=3$$

2. 计算链节数 L_P　初定中心距 $a_0=40p$，由式（12－13）得

$$\begin{aligned} L_P &= \frac{2a_0}{p}+\frac{z_1+z_2}{2}+\frac{p}{a_0}\left(\frac{z_2-z_1}{2\pi}\right)^2 \\ &= \frac{2\times40p}{p}+\frac{21+63}{2}+\frac{p}{40p}\times\left(\frac{63-21}{2\pi}\right)^2=123.12\text{ 节} \end{aligned}$$

取偶数 $L_P=124$ 节。

3. 计算额定功率 P_0　按式（12－12）

$$P_0=\frac{K_A P}{K_z K_P}$$

由表 12－5 选取 $K_A=1.4$。

估计此链传动工作在图 12－13 所示曲线左侧（即可能出现链板疲劳破坏），由表 12－6 中公式算得，当 $z_1=21$ 时，$K_z=1.11$。采用单排链，由表 12－7 查得 $K_P=1.0$，故所需额定功率为

$$P_0=\frac{1.4\times5.5}{1.11\times1.0}\text{kW}=6.94\text{kW}$$

4. 选取链的节距 p　根据小链轮转速 $n_1=960\text{r/min}$ 及功率 $P_0=6.94\text{kW}$，由图 12－13 选取链型号为 10A（工作在图 12－13 曲线左侧），得节距 $p=15.875\text{mm}$。

5. 确定实际中心距 a'　由式（12－14）得计算中心距为

$$a=\frac{p}{4}\left[L_P-\frac{z_1+z_2}{2}+\sqrt{\left(L_P-\frac{z_1+z_2}{2}\right)^2-8\left(\frac{z_2-z_1}{2\pi}\right)^2}\right]$$

$$= \frac{15.875}{4}\left[\left(124 - \frac{21+63}{2}\right) + \sqrt{\left(124 - \frac{21+63}{2}\right)^2 - 8\left(\frac{63-21}{2\pi}\right)^2}\right] \text{mm}$$

$$= 642.14 \text{mm}$$

中心距可调，实际中心距 $a' = a - \Delta a$

$$\Delta a = (0.002 \sim 0.004)\ a$$

取 $\Delta a = 0.004a = 0.004 \times 642.14\text{mm} = 2.57\text{mm}$

实际中心距 $a' = a - \Delta a = 642.14\text{mm} - 2.57\text{mm} = 639.57\text{mm}$

取 $a' = 640\text{mm}$。

6. 验算链速　由式（12－4）得

$$v = \frac{z_1 p n_1}{60 \times 1000} = \frac{21 \times 15.875 \times 960}{60 \times 1000} \text{m/s} = 5.33 \text{m/s}$$

与原假设符合。

7. 选择润滑方式　按 $p = 15.875\text{mm}$、$v = 5.33\text{m/s}$ 查图 12－14 得该链传动用油浴或飞溅润滑。

8. 求作用在轴上的载荷　由式（12－11）$F_Q = 1.2F$ 得

$$F = 1000\frac{P}{v} = 1000 \times \frac{5.5}{5.33} \text{N} = 1031.89\text{N}$$

$$F_Q = 1.2 \times 1031.89\text{N} = 1238.27\text{N}$$

9. 链轮主要尺寸计算及零件图（从略）。

第四节　链传动的布置、张紧及润滑

一、链传动的合理布置

链传动的布置是否合理，对传动的工作能力及使用寿命都有较大影响，合理布置的原则是：①两链轮的转动平面应在同一垂直平面内；②两轮中心线最好为水平或接近水平，倾角 β 不超过 45°，如图 12－16a 所示。尽量避免成 90°垂直布置，不得已时，应使上、下两链轮左右侧离一段距离 e（图 12－16b），或采用张紧轮。③紧边放在上边，避免松边在上，以防由于链条下垂出现咬链。

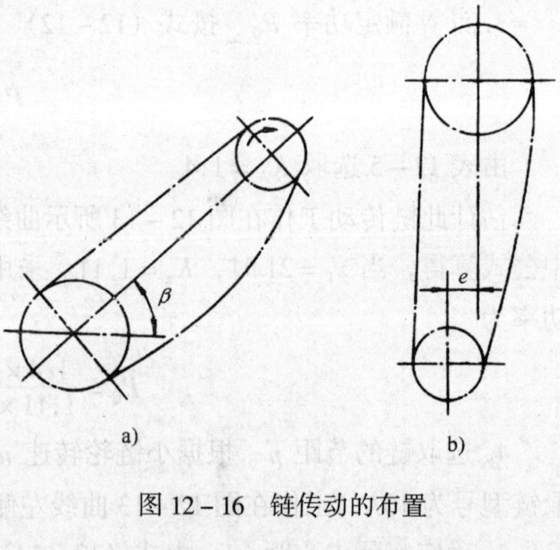

a)　b)

图 12－16　链传动的布置

二、链传动的张紧

与带传动类似，张紧方法很多，但基本可分为两类：

1）用调整中心距的方法张紧。

2）用张紧轮张紧，如图 12－17 所示。

张紧轮应放在靠近小链轮的松边，张紧轮直径可略小于小链轮直径，从外侧张紧，以保证小链轮处的包角。张紧轮可以是带齿的，也可以是不带齿的。

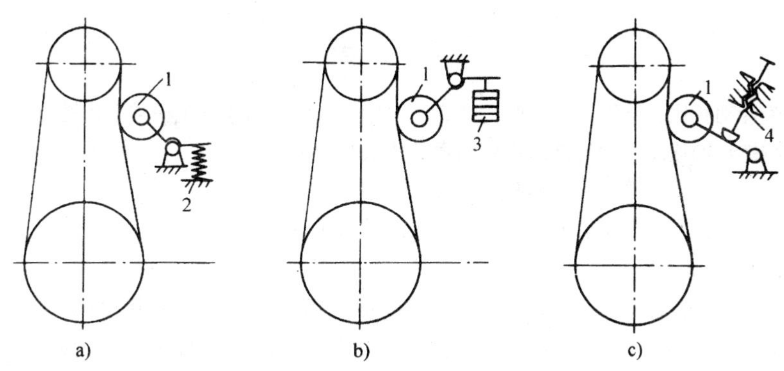

图 12-17　链传动的张紧装置

a）利用弹簧自动张紧　b）利用重锤自动张紧　c）定期调节螺旋张紧

1—张紧轮　2—弹簧　3—重锤　4—调节螺旋

三、链传动的润滑

链传动的润滑十分重要，良好的润滑可缓和冲击，减轻磨损，延长链条使用寿命。表 12-8 给出常用的润滑方式。

表 12-8　滚子链的润滑方式

方式	润滑方法	供油量
人工润滑	用刷子或油壶定期在链条松边内、外链板间隙中注油	每班注油一次
滴油润滑	装有简单外壳，用油杯滴油	单排链，每分钟供油 5～20 滴，速度高时取大值
油浴供油	采用不漏油的外壳，使链条从油槽中通过	链条浸入油面过深，搅油损失大，油易发热变质。一般浸油深度为 6～12mm
飞溅润滑	采用不漏油的外壳，在链轮侧边安装甩油盘，飞溅润滑。甩油盘圆周速度 $v > 3$m/s。当链条宽度大于 125mm 时，链轮两侧各装一个甩油盘	甩油盘浸油深度为 12～35mm
压力供油	采用不漏油的外壳，油泵强制供油，喷油管口设在链条啮入处，循环油可起冷却作用	每个喷油口供油量可根据链节距及链速大小查阅有关手册

注：开式传动和不易润滑的链传动，可定期拆下用煤油清洗，干燥后，浸入 70～80℃润滑油中，待铰链间隙中充满油后安装使用。

润滑油推荐采用 L—AN32、L—AN46 和 L—AN68 全损耗系统用油。温度低时取前者。对于开式及重载低速传动，可在润滑油中加入 MoS_2 等添加剂。对用润滑油不便的场合，可以涂抹润滑脂，但应定期清洗与加脂。

实践教学环节

观察一辆变速自行车的滚子链传动。要求：①试分析有几种传动比，并计算出来；②找出链传动的松边和紧边，确定接头形式并观察张紧轮的位置；③当链条与不同齿数从动链轮啮合时，如何调整链条的松紧程度。

习　题

12-1　与带传动相比，链传动有哪些优缺点？为什么自行车和摩托车中常采用链传动？

12-2　影响链传动速度不均匀性的主要因素是什么？

12-3　链传动的主要失效形式有哪些？

12-4　试设计一由电动机驱动的往复式压气机上的滚子链传动。已知电动机的转速 $n_1=960\text{r/min}$，传递功率 $P=3\text{kW}$，压气机转速 $n_2=300\text{r/min}$。

12-5　已知一滚子链传动，主动轮转速 $n_1=960\text{r/min}$，齿数 $z_1=21$，选用 10A 滚子链，单排链，传动比 $i=2$，中心距 $a=640\text{mm}$，油浴润滑，工作时有较大冲击。试求此传动允许传递的最大功率。

第十三章　齿 轮 传 动

第四章已讨论了齿轮机构的分类、啮合原理、几何尺寸计算和切齿原理等问题。但实际工程中使用的大多数齿轮传动，不仅要传递运动，而且还要传递动力。因此，对于齿轮传动，除要求运转平稳外，还必须具有足够的强度。

有关齿轮传动强度设计计算方法，国际标准化组织（ISO）及一些主要工业国家都分别制定了有关设计计算标准。ISO及各国所制定的标准虽在具体设计计算方法上有一定差异，但其理论基础是基本相同的。本章主要依据我国制定和颁布的有关标准来讨论渐开线齿轮传动的强度设计计算问题。

第一节　渐开线齿轮传动强度设计计算基础

一、齿轮传动的失效形式

齿轮传动的失效一般是指传动齿轮轮齿的失效。对轮齿失效形式的分析和研讨将有助于准确选择齿轮传动强度设计计算的方法和寻求采取最有效、最经济的防止或延缓失效的对策。

按工作情况不同，齿轮传动可分为开式传动和闭式传动。图 13－1 所示为开式传动，图 13－2 所示为闭式传动。开式传动不能保证良好的润滑条件和防止灰尘或其他杂物进入轮齿啮合处；闭式传动具有良好的密封性和润滑条件。工作条件不同，轮齿的失效形式也不同。

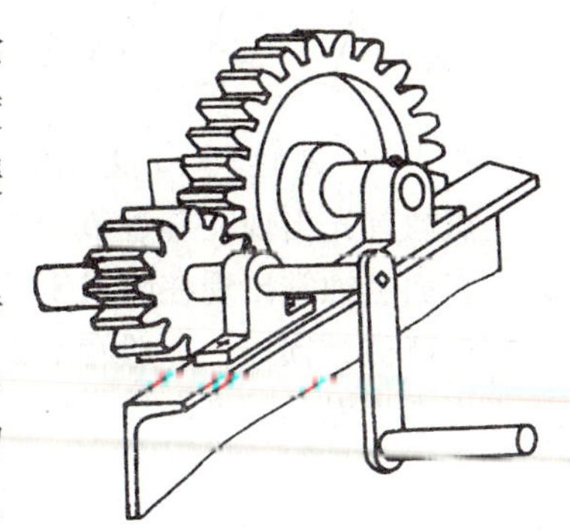

图 13－1　开式传动

轮齿的失效形式类型较多，常见的失效形式主要有以下五种：

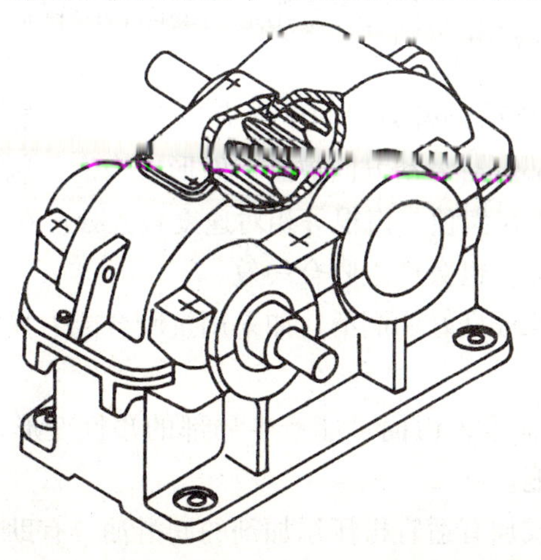

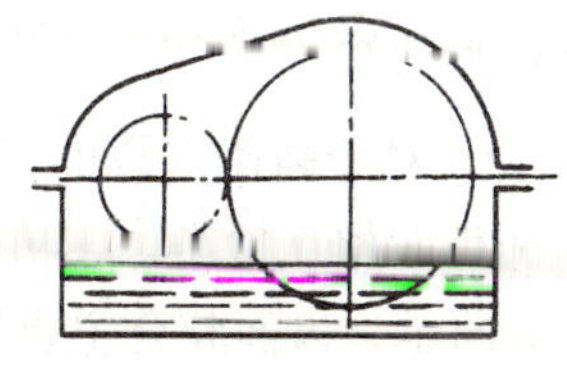

图 13－2　闭式传动

1. 轮齿折断　轮齿折断一般发生在齿根部分，因为轮齿受载时齿根处产生的弯曲应力最大，而且齿根处有应力集中。在正常工况下，当轮齿重复受载后，齿根弯曲应力超过材料的弯曲疲劳极限时，齿根处就会产生疲劳裂纹，并逐渐扩展，最终将引起轮齿疲劳折断，如图13－3所示。此外，轮齿因受到短时过载、冲击时，也可能出现过载折断，用脆性材料制成的齿轮容易发生这种折断。

轮齿折断这种失效形式在开式、闭式传动中均可能发生。为提高轮齿的抗折断能力，可以采用合适的热处理方法提高齿芯材料的韧性，对齿根表层进行强化处理（如喷丸、辗压），以降低齿根处的应力集中。

2. 齿面点蚀　轮齿工作时，工作表面受到变化的接触应力作用。在载荷反复作用下，当齿面接触应力超过材料的接触疲劳极限时，齿面表层就会产生细微的疲劳裂纹，裂纹扩展使金属微粒剥落下来形成麻坑，即齿面点蚀，如图 13－4 所示。齿面出现点蚀将影响齿轮的啮合性能，或使齿轮无法正常工作。

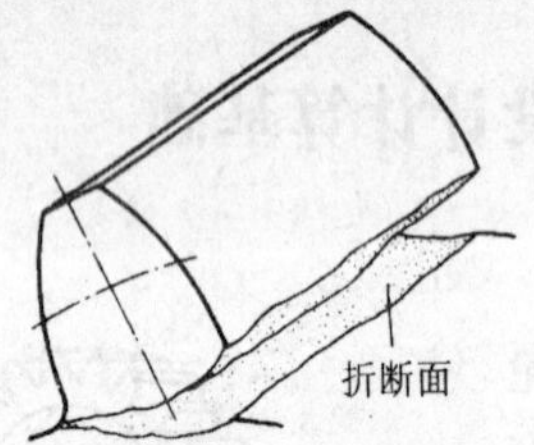

图 13－3　轮齿折断

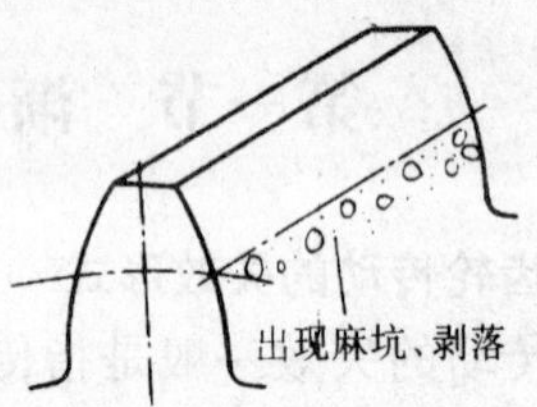

图 13－4　齿面点蚀

点蚀首先出现在靠近节线的齿根面上。这是因为在该处同时啮合的齿数少，接触应力大。齿面点蚀常出现在闭式传动中，对于开式传动，由于齿面磨损较快，点蚀还来不及出现或扩展就被磨损掉，一般看不到点蚀现象。

提高齿面的硬度和齿面精度可以增强轮齿的抗点蚀能力。

3. 齿面磨损　在齿轮传动中，当磨料性物质（如灰粒、金属屑等）进入啮合表面，齿面被逐渐磨损而不能正常工作。这种磨损称为磨粒磨损，如图 13－5 所示。

磨粒磨损主要发生在开式传动中，是开式传动的主要失效形式，润滑油不洁的闭式传动中也可能发生。因此，要减少磨粒磨损，对开式传动要采用适当的防护装置；对闭式传动要注意润滑油的洁净。

4. 齿面胶合　对于高速重载的齿轮传动，齿面间的压力大，润滑效果差。当啮合区温度升高而导致两齿面相互粘连，相粘连部位沿滑动方向被撕下而形成沟痕，这就造成齿面胶合，如图 13－6 所示。齿面胶合主要发生在齿顶、齿根等相对速度较大处。在低速重载的齿轮传动中，当齿面间的润滑油膜遭到破坏，也会产生胶合失效。

要提高齿轮的抗胶合能力，主要是保证良好的润滑，如采用抗胶合能力强的润滑油，或采用适宜的润滑油添加剂。

5. 齿面塑性变形　在重载或冲击载荷下，齿面可能产生局部的塑性变形，导致齿廓的曲面发生变化，从而影响齿轮的传动性能。

提高轮齿齿面硬度，采用粘度高的或加有适宜极压添加剂的润滑油，有助于防止或延缓齿面的塑性变形。

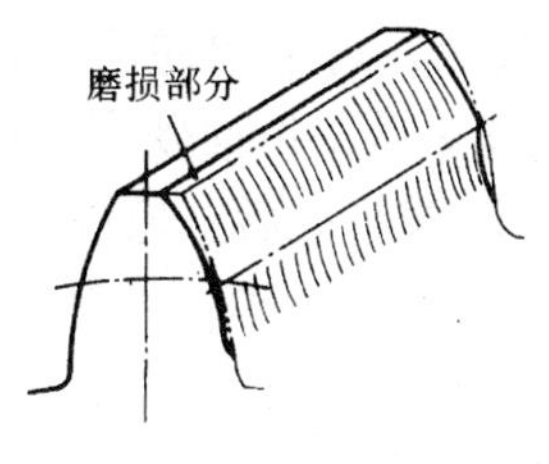

图 13 – 5 磨粒磨损

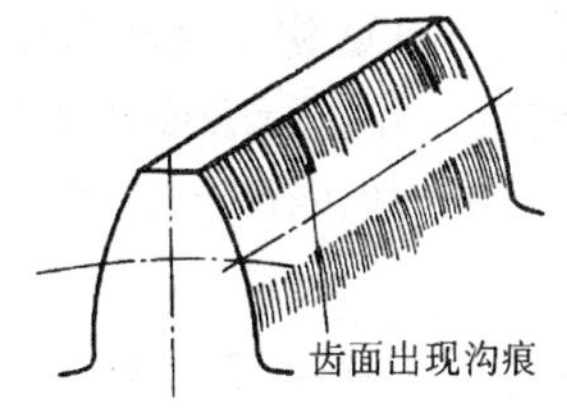

图 13 – 6 齿面胶合

二、齿轮的常用材料

适用于制造齿轮的材料很多，其常用材料是锻钢、铸钢和铸铁等。有些机器上也有使用有色金属（如铜合金）和非金属材料（如工程塑料）的。选择齿轮材料主要是根据齿轮所承受的载荷大小和性质（如有无冲击）、速度高低等工作情况以及结构、尺寸、重量和经济性等方面的要求。

1. 锻钢 碳素结构钢和合金结构钢是制造齿轮最常用的材料。齿轮毛坯一般由锻造（不太重要的齿轮也可用棒料）获得。钢的强度高、韧性好并可用各种热处理方法改善和提高力学性能，以增强齿轮轮齿抗失效的能力。

按齿轮热处理后齿面硬度的高低，钢制齿轮可分为软齿面（≤350HBW）和硬齿面（＞350HBW）两类。

（1）软齿面齿轮 这类齿轮的热处理方法是调质或正火。

1）调质 调质即是在淬火后进行高温回火，通常用于 45 钢、45Cr、35SiMn 等中碳钢或中碳合金钢制造的齿轮。调质后，材料的综合性能良好，硬度一般可达 200 ~ 250HBW，齿轮尺寸较小时可达 280HBW 以上。由于硬度不高，故调质后仍可滚（或插、铣）切轮齿；也易于跑合。

2）正火 正火能消除内应力，细化晶粒，改善力学性能。正火后硬度可达 156 ~ 217HBW。对受设备限制而不适合调质的大齿轮或强度要求不高的齿轮，可采用中碳钢（如 45 钢）正火处理。

考虑到传动时小齿轮轮齿的工作次数比大齿轮轮齿多，并为便于用跑合的方法来改善轮齿接触情况及提高抗胶合能力，对一对均为软齿面的齿轮传动，常使两齿轮齿面硬度有一定差别，一般小齿轮齿面硬度比大齿轮高 30 ~ 50HBW。

软齿面齿轮加工工艺过程简单，生产率高，常用于对强度、速度及精度要求不高的齿轮传动。

（2）硬齿面齿轮 这类齿轮齿面抗疲劳点蚀和抗胶合能力高、耐磨性好。但需要专用热处理设备和轮齿精加工设备，制造费用高，故常用于成批或大量生产的高速、重载或精密机械以及要求尺寸小、重量轻的传动中。硬齿面齿轮常用的热处理方法有：

1）表面淬火 中碳钢及中碳合金钢，如 45、40Cr、35SiMn 等制造的齿轮，经表面淬火后齿面硬度可达 40 ~ 55HRC，使齿轮轮齿的承载能力增大，耐磨性增强。同时，由于齿心未被淬硬，仍有较好的韧性，故能承受一定的冲击载荷。

尺寸不大的齿轮常可采用高频感应表面淬火。这种淬火工艺，由于淬火时加热层较薄，淬火后轮齿变形不大，因此对一般精度（如 7 级以下）要求的齿轮可不再修磨齿形，如机床行业中就广泛使用由高频淬火获得的硬齿面齿轮。

2）表面渗碳淬火　对重载、受冲击较大的重要齿轮，可采用韧性好的低碳合金钢，如20Cr、20CrMnTi等制造，并进行表面渗碳淬火。渗碳淬火后，齿面硬度可达56～62HRC，而齿心仍保持较高的韧性，故可承受较大的冲击载荷。渗碳淬火后，轮齿的热处理变形较大，一般需经磨齿修整齿形。

3）渗氮、渗氮是一种化学热处理方法，常用的渗氮钢有38CrMoAlA、35CrAlA等。渗氮后，齿面硬度可达850HV（相当于65HRC）以上，提高了齿面的耐磨性。渗氮处理温度不高，轮齿变形很小，渗氮后不需再磨齿，因而可降低制造费用。但渗氮处理的硬化层很薄，承受冲击载荷时硬化层容易碎裂，而且也不宜用于有剧烈磨损的场合。对难于磨削的齿轮（如内齿轮），为提高齿面硬度常采用渗氮处理。

2. 铸钢　对于直径较大（齿顶圆直径 $d_a \geq 400 \sim 600$mm）、结构形状较复杂而不易锻造的齿轮常用铸钢制造，铸钢齿轮的毛坯一般需经正火处理。铸钢的耐磨性及强度较好。

3. 灰铸铁　灰铸铁具有较好的减摩性和加工性能，且价格低廉。但其强度较低、抗冲击能力较差，故只适用于低速、轻载和无冲击的场合。铸铁齿轮对润滑要求较低，因此较多的用于开式传动中。

近年来，力学性能较好的球墨铸铁的应用有了很大进展，并用以代替开式传动中的铸铁和闭式传动中的铸钢齿轮。

齿轮常用材料及其力学性能见表13－1。

表13－1　齿轮常用材料及其力学性能

材料	热处理方法	硬度		强度极限	屈服极限	应用
		HBW	HRC	σ_b/MPa	σ_s/MPa	
45	正火	162～217		580	290	低速轻载
	调质	217～255		650	360	中、低速中载（如通用机械中的齿轮）
	表面淬火		40～50			高速中载、无剧烈冲击（如机床变速箱中的齿轮）
40Cr	调质	241～286		700	500	低速中载
	表面淬火		48～55			高速中载，无剧烈冲击
35SiMn 42SiMn	调质	217～269		750	450	可代替40Cr
	表面淬火		45～55			
20Cr	渗碳淬火		56～62	650	400	高速中、重载，承受冲击载荷的齿轮，如汽车、拖拉机中的重要齿轮
20CrMnTi				1100	850	
38CrMoAlA	渗氮		＞850HV（齿芯255～321HBW）	1000	850	载荷平稳，润滑良好，无严重磨损的齿轮；难于磨削加工的齿轮（如内齿轮）
ZG310—570	正火	163～207		570	320	重型机械中的低速齿轮
ZG340—640		179～207		640	350	
HT300		187～255		300		不受冲击的非重要齿轮；开式传动中的齿轮
HT350		196～269		350		
QT500—7	正火	147～241		500		可代替铸钢
QT600—3		229～302		600		

三、齿轮传动精度等级的选择

在渐开线圆柱齿轮精度（GB/T 10095—2001）、锥齿轮和准双曲线齿轮精度(GB/T 11365—1989)中，各将齿轮精度分为 13 级。0 级最高，12 级最低。常用的是 6～9 级。

齿轮传动常用精度等级及其应用举例见表 13－2，可供设计时参考。

表 13－2　齿轮传动常用精度等级及其应用举例

精度等级	圆周速度 $v/(\mathrm{m \cdot s^{-1}})$			应用举例
	直齿圆柱齿轮	斜齿圆柱齿轮	直齿锥齿轮	
6	≤15	≤30	≤9	要求运转精确或在高速重载下工作的齿轮传动；精密仪器和飞机、汽车、机床中的重要齿轮
7	≤10	≤15	≤6	一般机械中的重要齿轮；标准系列减速器齿轮；汽车和机床中的齿轮
8	≤6	≤10	≤3	一般机械中的齿轮；飞机、汽车和机床中的非重要齿轮；纺织机械中的齿轮；农业机械中的重要齿轮
9	≤2	≤4	≤2.5	工作要求不高的齿轮；农业机械中的齿轮

注：锥齿轮传动的圆周速度按齿宽中点分度圆直径计算。

第二节　直齿圆柱齿轮传动的强度计算

如前所述，齿轮的失效主要是指轮齿的失效。因此，齿轮传动的强度计算也主要是针对轮齿的。

一、齿轮受力分析

齿轮传动是靠轮齿间力的作用传递功率的。图 13－7a 所示为一对外啮合标准直齿圆柱齿轮，当主动轮 1 沿逆时针方向转动时，通过两轮齿沿齿宽 b 方向分布的作用力推动从动轮 2 作沿顺时针方向转动。为便于分析计算，作轮齿受力分析时，按分度圆上受力进行，并忽略摩擦力以及将沿齿宽分布的全部作用力以作用在齿宽 b 中点的集中力来代替。根据渐开线性质可知，两齿廓间的法向作用力（即齿宽中点的集中力）F_n 应沿啮合线方向。F_n 在分度圆上可分解为两个相互垂直的力：切于分度圆的切向力 F_t 和指向轮心（沿半径方向）的径向力 F_r。

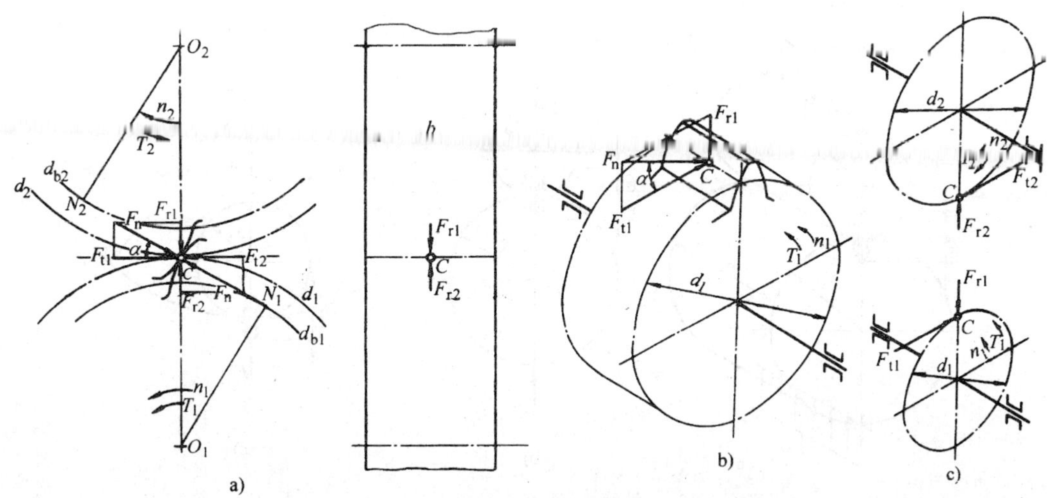

图 13－7　标准直齿圆柱齿轮受力分析

设计齿轮传动时，若已知主动轮 1 传递的功率 P_1(kW) 及转速 n_1(r/min) 则主动轮 1 上的转矩 T_1(N·mm) 可用下式求得

$$T_1 = 9550 \times 10^3 \frac{P_1}{n_1} \tag{13-1}$$

F_t、F_r 和 F_n（单位均为 N）的大小为

$$F_t = \frac{2T_1}{d_1} \tag{13-2}$$

$$F_r = F_t \tan\alpha \tag{13-3}$$

$$F_n = \frac{F_t}{\cos\alpha} = \frac{2T_1}{d_1 \cos\alpha} \tag{13-4}$$

式中 d_1 ——主动轮分度圆直径（mm）；

α ——压力角，$\alpha = 20°$。

作用在主动轮和从动轮上各对力的大小相等，方向相反。

各力的方向是：主动轮上的切向力 F_{t1} 与其转向相反，从动轮上的切向力 F_{t2} 与其转向相同，主、从动轮的径向力 F_{r1}、F_{r2} 各自指向轮心。

图 13－7c 所示为将法向力 F_n 分别在两轮分度圆上分解成切向力 F_t 和径向力 F_r 后的空间受力简图。

二、齿面接触强度计算

齿面疲劳点蚀是闭式齿轮传动主要失效形式之一，而疲劳点蚀是由于传动过程中齿面受接触应力的反复作用所致。

由弹性力学可知，如图 13－8a 所示，两个宽度为 b 的圆柱体，在法向力 F_n 作用下相互压紧，接触处的最大接触应力 σ_H(MPa) 可用赫兹（Hertz）公式计算，即

$$\sigma_H = \sqrt{\frac{F_n}{\pi b} \frac{\frac{1}{\rho}}{\left(\frac{1-\nu_1^2}{E_1} + \frac{1-\nu_2^2}{E_2}\right)}} \tag{13-5}$$

式中 F_n ——两圆柱体上的法向作用力（N）；

b ——接触宽度（mm）；

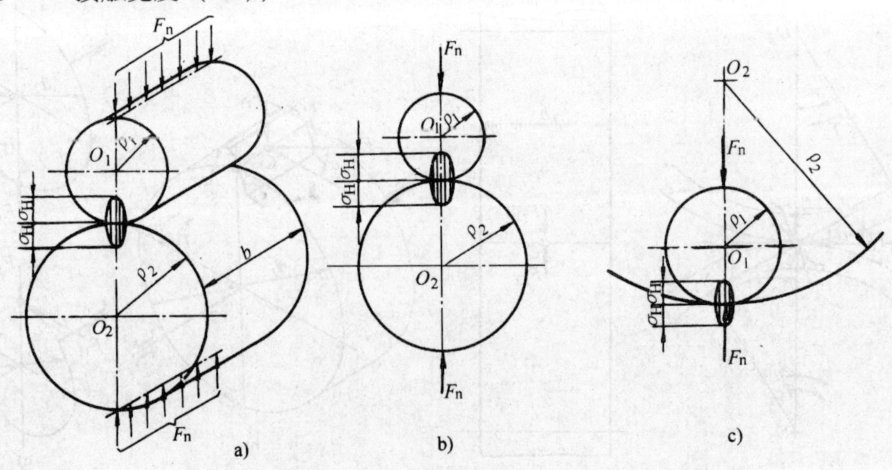

图 13－8 两圆柱的接触应力

ρ ——当量曲率半径，$\frac{1}{\rho}=\frac{1}{\rho_1}\pm\frac{1}{\rho_2}$，其中：$\rho_1$、$\rho_2$ 分别为两圆柱体的半径（mm）。

"+"号用于外接触（图 13－8b），"－"号用于内接触（图 13－8c）；

E_1、E_2——分别为两圆柱体材料的弹性模量（MPa）；

ν_1、ν_2——分别为两圆柱体材料的泊松比。

由式（13－5）可知，对选定材料的两圆柱体，当 F_n 一定时，当量曲率半径 ρ 越大（即 ρ_1、ρ_2 越大）、接触宽度 b 越大，接触应力 σ_H 就越小。

将式（13－5）应用于相啮合的一对齿廓，只需将式中各参数代之齿轮传动的相应参数即可。但是，两齿廓接触时，各自的曲率半径随它们在啮合线上啮合位置的不同而不同。因此，虽然两齿廓上的法向力 F_n 是定值，但其接触应力在不同啮合位置也各不相同。实践证明，轮齿齿面疲劳点蚀一般首先出现在节线附近。因此，通常选定在节点啮合时作为齿面接触应力的计算点。

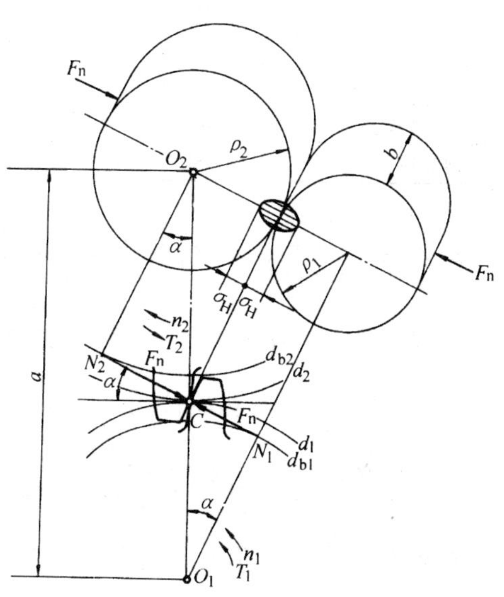

图 13－9　齿面接触应力计算点

由图 13－9 及渐开线的性质可知，一对渐开线标准直齿圆柱齿轮，在节点 C 处，两齿廓的曲率半径分别为 $\rho_1=\overline{N_1C}$和$\rho_2=\overline{N_2C}$，则可将该处视为宽度为齿宽 b，半径分别为 ρ_1、ρ_2 的两个圆柱体受法向作用力 F_n 在 C 点接触的情况。又因

$$\rho_1=\overline{N_1C}=\frac{d_1}{2}\sin\alpha$$

$$\rho_2=\overline{N_2C}=\frac{d_2}{2}\sin\alpha$$

故

$$\frac{1}{\rho}=\frac{1}{\rho_1}\pm\frac{1}{\rho_2}=\frac{\rho_2\pm\rho_1}{\rho_1\rho_2}=\frac{2(d_2\pm d_1)}{d_1d_2\sin\alpha}\tag{13-6}$$

式中　d_1、d_2——分别为大、小齿轮的分度圆直径（mm）；

α ——啮合角（一对标准直齿圆柱齿轮啮合，其值等于分度圆压力角）。

设大、小齿轮的齿数分别为 z_2、z_1，则齿数比 $u=z_2/z_1=d_2/d_1$，代入式（13－6），得

$$\frac{1}{\rho}=\left(\frac{u\pm1}{u}\right)\frac{2}{d_1\sin\alpha}\tag{13-7}$$

由式（13－4），并考虑到传动时各种因素对轮齿载荷的影响，引入载荷系数 K（K 值大小的选取见第三节），以 KF_n 代替 F_n。将式（13－4）、式（13－7）代入式（13－5），得

$$\sigma_H=\sqrt{\frac{\left(\frac{KF_n}{\pi b}\right)\left(\frac{2}{d_1\sin\alpha}\right)\frac{u\pm1}{u}}{\left(\frac{1-\nu_1^2}{E_1}+\frac{1-\nu_2^2}{E_2}\right)}}=\sqrt{\left(\frac{2KT_1}{bd_1^2}\right)\frac{u\pm1}{u}}\sqrt{\frac{1}{\pi\left(\frac{1-\nu_1^2}{E_1}+\frac{1-\nu_2^2}{E_2}\right)}}\sqrt{\frac{2}{\cos\alpha\sin\alpha}}$$

令 $Z_E=\sqrt{\dfrac{1}{\pi\left(\dfrac{1-\nu_1^2}{E_1}+\dfrac{1-\nu_2^2}{E_2}\right)}}$，$Z_E$ 称为弹性系数，其数值与配对齿轮材料有关，可查表13-3。

表 13-3 弹性系数 Z_E （$\sqrt{\mathrm{MPa}}$）

	锻钢	铸钢	灰铸铁	球墨铸铁
锻钢	189.8	188.9	162.0	181.4
铸钢	188.9	188.0	161.4	180.5
灰铸铁	162.0	161.4	143.7	156.6
球墨铸铁	181.4	180.5	156.6	173.9

令 $Z_H=\sqrt{\dfrac{2}{\cos\alpha\sin\alpha}}$，$Z_H$ 称为区域系数，则 σ_H 可表示为

$$\sigma_H=Z_E Z_H\sqrt{\left(\frac{2KT_1}{bd_1^2}\right)\frac{u\pm1}{u}} \tag{13-8}$$

一对标准直齿圆柱齿轮传动，当 $\alpha=20°$，$Z_H=2.5$，则齿面接触强度的校核式为

$$\sigma_H=Z_E Z_H\sqrt{\left(\frac{2KT_1}{bd_1^2}\right)\frac{u\pm1}{u}}=3.53Z_E\sqrt{\left(\frac{KT_1}{bd_1^2}\right)\frac{u\pm1}{u}}\leqslant[\sigma_H] \tag{13-9}$$

若令 $\phi_d=\dfrac{b}{d_1}$，ϕ_d 称为齿宽系数，则 $b=\phi_d d_1$，代入式（13-9）得按齿面接触强度计算的设计式

$$d_1\geqslant2.32\sqrt[3]{\left(\frac{KT_1}{\phi_d}\right)\frac{u\pm1}{u}\left(\frac{Z_E}{[\sigma_H]}\right)^2} \tag{13-10}$$

式中 σ_H ——齿面接触应力（MPa）；

$[\sigma_H]$ ——许用接触应力（MPa）；

d_1 ——小齿轮的分度圆直径（mm）；

b ——轮齿的宽度（mm）；

T_1 ——小齿轮上的转矩（N·mm）。

“+”号用于外啮合；“-”用于内啮合；其他参数含义及单位如前所述。

进行齿面接触强度计算时，接触处两轮齿面上的接触应力是相等的，但由于两齿轮的材料、齿面硬度可能不同，因此，其许用接触应力 $[\sigma_H]_1$ 和 $[\sigma_H]_2$ 也可能不同。计算时应取两者中较小值（一般 $[\sigma_H]_1>[\sigma_H]_2$）作为计算依据。

按式（13-10）求得 d_1 后，即可选定小齿轮齿数 z_1 和确定大齿轮齿数 z_2（$z_2=uz_1$ 并取整数）以及计算模数 m，m 应按表 4-1 取标准值。这样就可根据 m 和 z_1、z_2 计算确定大、小齿轮的主要几何尺寸。

由上可知，当其他条件一定时，齿面接触强度主要取决于两齿轮的外廓尺寸，而与模数大小无关。模数大小，由齿根弯曲强度确定。

三、齿根弯曲强度计算

不论是开式还是闭式传动齿轮，轮齿均反复承受弯曲应力，致使在弯曲强度较弱的齿根处发生疲劳折断，为此要计算齿根处的弯曲应力。

计算轮齿齿根弯曲应力时，可将轮齿视为一宽度为齿宽 b 的悬臂梁，如图 13-10 所示，

其危险截面是与轮齿齿廓对称线成 30°角的两直线与齿根过渡曲线相切点联线的齿根截面，并假定全部载荷作用在一个轮齿的齿顶（此时弯矩最大）。

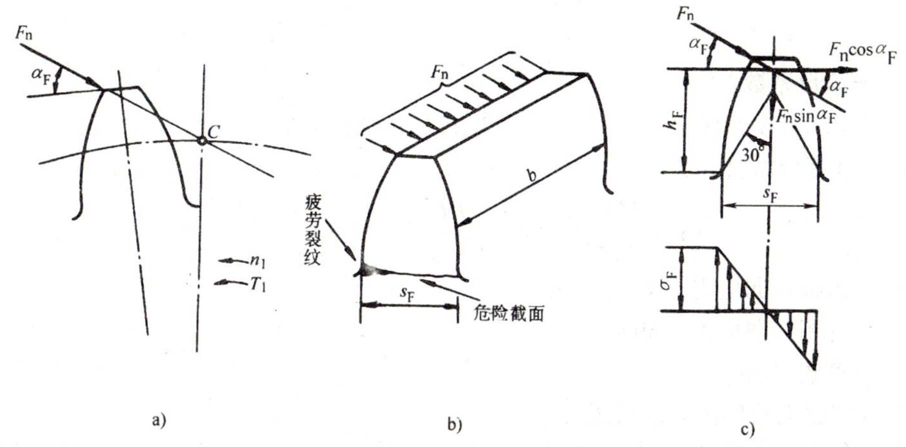

图 13－10　齿根弯曲应力

从理论上说，对重合度 $1<\varepsilon_\alpha<2$ 的齿轮传动，当一对轮齿在齿顶啮合时，相邻的另一对轮齿也处于啮合状态，理应由两对轮齿承受载荷，但对于一般精度等级的齿轮，考虑到制造、安装的误差不能保证载荷由两对轮齿均担，故作齿根弯曲强度计算时仍假定全部载荷作用在一对轮齿上。

若不计摩擦力，当法向力 F_n 作用在轮齿齿顶时，可将其分解为 $F_n\cos\alpha_F$ 和 $F_n\sin\alpha_F$ 两个分力，则 $F_n\cos\alpha_F$ 在齿根危险截面上引起弯曲应力和切应力；$F_n\sin\alpha_F$ 引起压应力。与弯曲应力相比，切应力和压应力很小，可略去。因此，轮齿齿顶受载时，齿根危险截面上的弯曲应力 σ_F 为

$$\sigma_F=\frac{M}{W}=\frac{F_n\cos\alpha_F h_F}{\dfrac{bs_F^2}{6}} \tag{13-11}$$

式中　M——齿根危险截面弯矩，$M=F_n\cos\alpha_F h_F$；

h_F——弯曲力臂；

W——危险截面抗弯截面系数，$W=\dfrac{bs_F^2}{6}$；

b——轮齿宽度；

s_F——危险截面齿厚；

α_F——法向力 F_n 与齿廓对称线的垂线之间的夹角。

将式（3－11）中的法向力 F_n 用式（13－4）代入，并引入载荷系数 K，考虑齿根部应力集中、压应力等对齿根危险截面弯曲应力的影响，并引入应力修正系数 Y_{Sa}，同时在分子、分母上同除以模数 m，则可得

$$\sigma_F=\frac{2KT_1}{bd_1m}\frac{6\left(\dfrac{h_F}{m}\right)\cos\alpha_F}{\left(\dfrac{s_F}{m}\right)^2\cos\alpha}Y_{Sa} \tag{13-12}$$

令

$$Y_{Fa}=\frac{6\ (\frac{h_F}{m})\ \cos\alpha_F}{(\frac{s_F}{m})^2\cos\alpha}$$

式中　Y_{Fa}——齿形系数。

因 h_F 和 s_F 均与模数成正比，故 Y_{Fa}只与轮齿的齿廓形状有关，而与模数无关。

齿根弯曲强度校核公式为

$$\sigma_F=\frac{2KT_1}{bd_1 m}Y_{Fa}Y_{Sa}=\frac{2KT_1}{bm^2 z_1}Y_{Fa}Y_{Sa}\leqslant[\sigma_F] \tag{13-13}$$

式中　σ_F——齿根弯曲应力（MPa）；

$[\sigma_F]$——许用弯曲应力（MPa）；

m——模数（mm）。

其他参数的含义及单位如前所述。

应力修正系数 Y_{Sa}、齿形系数 Y_{Fa}见表 13－4。应用式（13－13）进行齿根弯曲强度校核时，应使两齿轮轮齿分别满足 $\sigma_{F1}=\frac{2KT_1}{bm^2 z_1}Y_{Fa1}Y_{Sa1}\leqslant[\sigma_F]_1$ 和 $\sigma_{F2}=\frac{2KT_1}{bm^2 z_1}Y_{Fa2}Y_{Sa2}\leqslant[\sigma_F]_2$ 的条件。

以 $b=\phi_d d_1$ 代入式（13－13），可得按齿根弯曲强度条件计算的设计公式为

$$m\geqslant\sqrt[3]{\left(\frac{2KT_1}{\phi_d z_1^2}\right)\frac{Y_{Fa}Y_{Sa}}{[\sigma_F]}} \tag{13-14}$$

式（13－13）和式（13－14）中，T_1 的单位为 N·mm；b、m 的单位为 mm；σ_F、$[\sigma_F]$ 的单位为 MPa。

由于小齿轮的 $Y_{Fa1}Y_{Sa1}/[\sigma_F]_1$ 和大齿轮的 $Y_{Fa2}Y_{Sa2}/[\sigma_F]_2$ 值一般不等，为使计算所得模数能同时满足大、小齿轮的齿根弯曲强度条件。计算时，应以 $Y_{Fa1}Y_{Sa1}/[\sigma_F]_1$ 和 $Y_{Fa2}Y_{Sa2}/[\sigma_F]_2$ 值中的较大者代入。计算所得模数 m 应按表 4－1 取标准值。

表 13－4　齿形系数 Y_{Fa}及应力修正系数 Y_{Sa}

$z(z_v)$	17	18	19	20	21	22	23	24	25	26	27	28	29
Y_{Fa}	2.97	2.91	2.85	2.80	2.76	2.72	2.69	2.65	2.62	2.60	2.57	2.55	2.53
Y_{Sa}	1.52	1.53	1.54	1.55	1.56	1.57	1.575	1.58	1.59	1.595	1.60	1.61	1.62
$z(z_v)$	30	35	40	45	50	60	70	80	90	100	150	200	∞
Y_{Fa}	2.52	2.45	2.40	2.35	2.32	2.28	2.24	2.22	2.20	2.18	2.14	2.12	2.06
Y_{Sa}	1.625	1.65	1.67	1.68	1.70	1.73	1.75	1.77	1.78	1.79	1.83	1.865	1.97

注：1. 基准齿形的参数为 $\alpha=20°$、$h_a^*=1$、$c^*=0.25$、$\rho=0.38m$（m 为齿轮模数）。

2. 对内齿轮：当 $\alpha=20°$、$h_a^*=1$、$c^*=0.25$、$\rho=0.15m$ 时，齿形系数 $Y_{Fa}=2.053$，应力修正系数 $Y_{Sa}=2.65$。

第三节　载荷系数及许用应力

一、载荷系数 *K*

上节齿轮强度计算中引入载荷系数 K，主要是用以考虑齿轮运转时原动机和工作机的工作特性、齿轮相对于轴承的布置、齿宽系数大小以及齿轮精度等级等对轮齿上实际载荷的影响。载荷系数 K 可由表 13－5 选取。

表 13-5 载荷系数 K

工作机 \ 原动机	平稳（电动机）	轻微冲击（汽轮机、液压马达）	中等冲击（多缸内燃机）	严重冲击（单缸内燃机）
平稳	1.2~1.4	1.4~1.6	1.6~1.8	1.8~2.0
轻微冲击	1.4~1.6	1.6~1.8	1.8~2.0	2.0~2.2
中等冲击	1.6~1.8	1.8~2.0	2.0~2.2	2.2~2.4
严重冲击	1.8~2.0	2.0~2.2	2.2~2.4	2.4~2.6

选取载荷系数 K 时，要综合考虑以下因素：轴承相对齿轮对称布置（图 13-11a），轴虽有变形，但齿轮偏斜较少，K 取小值；当轴承非对称布置或齿轮悬臂布置（图13-11b、c），轴变形易使齿轮偏斜和引起载荷沿齿宽分布不均匀，K 取较大值。轮齿宽度过大，会增加载荷沿齿宽分布不均匀的可能性。因此，齿宽系数 ϕ_d 小时，K 取较小值；ϕ_d 大时，K 取较大值。齿轮精度等级高时，由于制造误差而引起的齿轮附加动载荷小，K 取较小值；反之，K 取较大值。

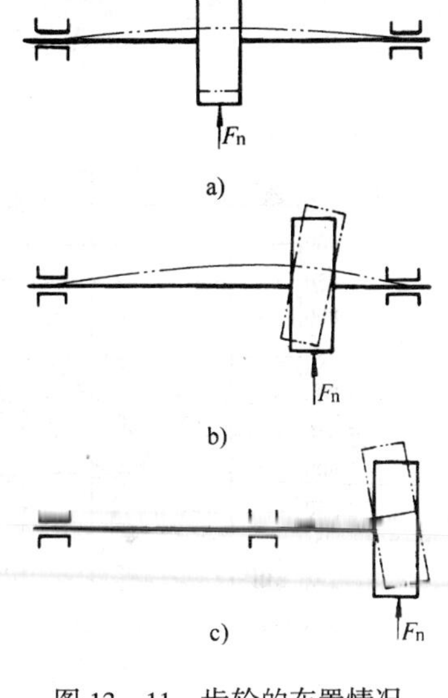

图 13-11 齿轮的布置情况

二、许用应力

1. 许用接触应力 $[\sigma_H]$ 可按下式确定

$$[\sigma_H] = \frac{\sigma_{Hlim}}{S_H} K_{HN} \qquad (13-15)$$

式中 σ_{Hlim}——试验齿轮失效概率为 1/100 时的接触疲劳强度极限值（MPa），可由图 13-12 查取。查图时，10HV 可按 HBW 对待。如齿面硬度超出图中荐用范围，可按外插法取相应的值；

K_{HN}——接触疲劳寿命系数，由图 13-13 选取。图中应力循环次数 N 的计算方法是：设 n 为齿轮的转速（r/min）；j 为齿轮每转一周、同一齿侧面啮合的次数（双向工作时，按啮合齿数较多的一侧计算）；t_h 为齿轮的总工作小时数（h），则齿轮的工作应力循环次数 N 为

$$N = 60njt_h \qquad (13-16)$$

S_H——接触疲劳强度的安全系数，见表 13-6。

图 13-12 给出了代表材料品质三个等级 ME、MQ 和 ML 的疲劳强度极限。其中，ME 是齿轮材料品质和热处理质量很高时的疲劳强度极限取值线，MQ 是齿轮材料品质和热处理质量达到中等要求时的疲劳强度极限取值线，ML 是齿轮材料品质和热处理质量达到最低要求时的疲劳强度极限取值线。选取极限应力值时，一般在 MQ 线以下选值，即可在 MQ 和 ML 之间选值。

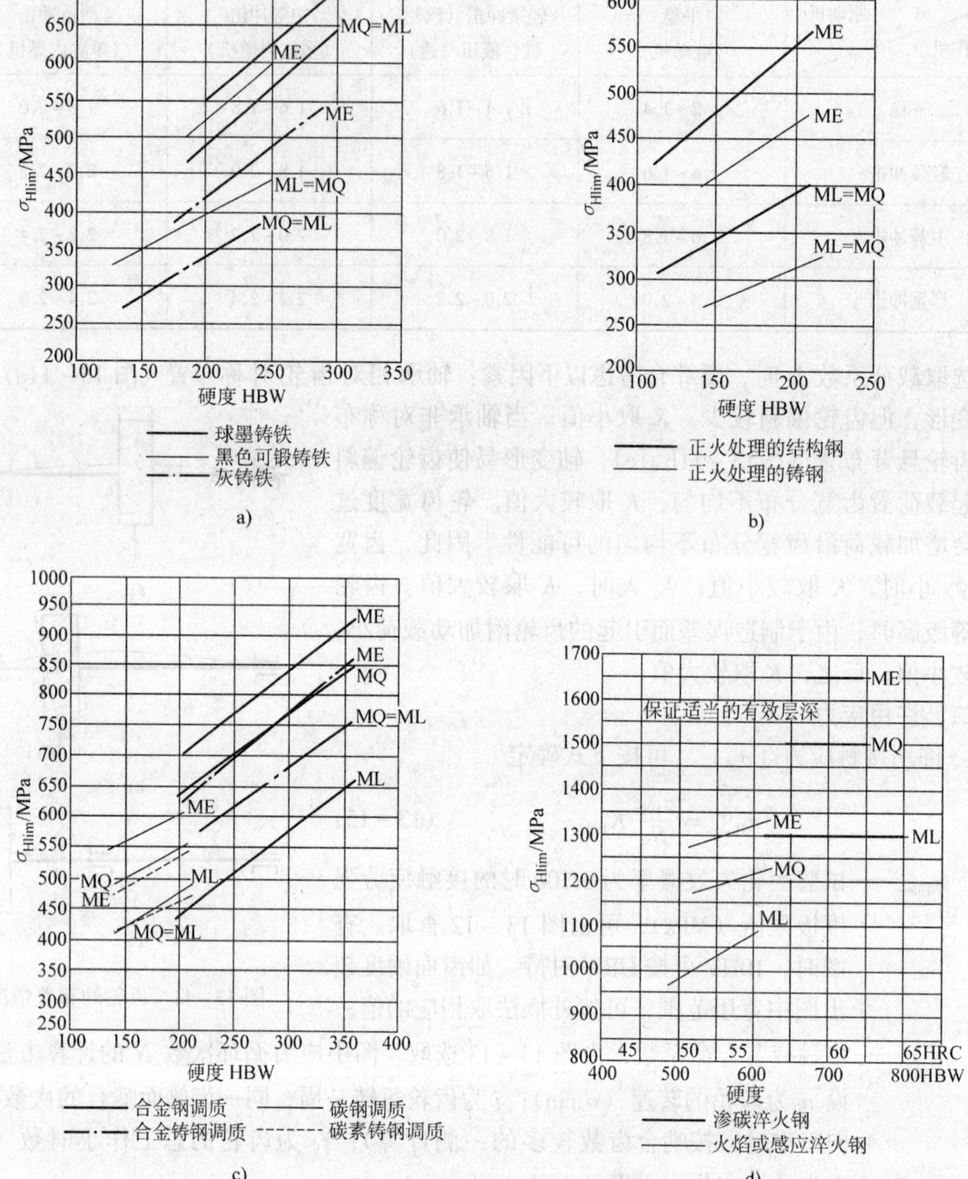

图 13－12 齿轮的接触疲劳强度极限 σ_{Hlim}

a）铸铁材料的 σ_{Hlim} b）正火处理的结构钢和铸钢的 σ_{Hlim}

c）调质处理钢的 σ_{Hlim} d）渗碳淬火钢和表面硬化（火焰或感应淬火）钢的 σ_{Hlim}

2. 许用弯曲疲劳应力［σ_F］ 可按下式确定

$$[\sigma_F] = \frac{\sigma_{Flim}}{S_F} K_{FN} \tag{13-17}$$

式中 σ_{Flim}——试验齿轮失效概率为 1/100 时的齿根弯曲疲劳强度极限值（MPa），可由图 13－14查取（图中数值已考虑了试验齿轮的应力修正系数）。若轮齿的两齿侧面工作时，应将表中的数值乘以 0.7。

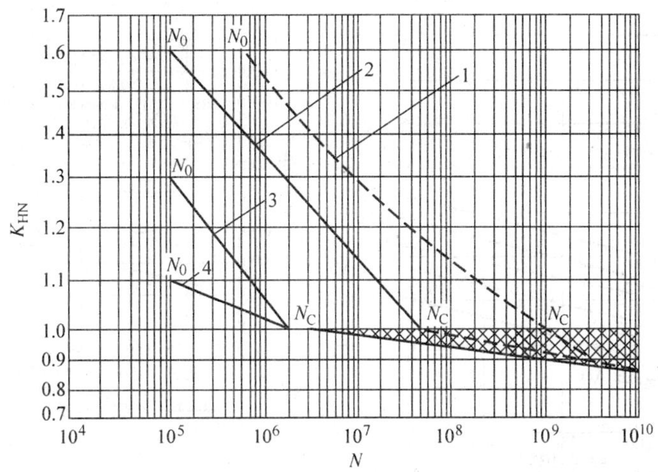

图 13－13　接触疲劳寿命系数 K_{HN}（当 $N > N_C$ 时，可根据经验在网纹区内取 K_{HN} 值）

1—允许一定点蚀时的结构钢，调质钢，球墨铸铁（珠光体、贝氏体），珠光体可锻铸铁，渗碳淬火的渗碳钢

2—结构钢，调质钢，渗碳淬火钢，火焰或感应淬火的钢，球墨铸铁（珠光体、贝氏体），珠光体可锻铸铁

3—灰铸铁，球墨铸铁（铁素体），渗氮的渗氮钢，调质钢，渗碳钢

4—氮碳共渗的调质钢，渗碳钢

K_{FN}——弯曲疲劳寿命系数，由图 13－15 选取。图中应力循环次数 N 按式（13－16）计算。

S_F——弯曲疲劳强度的安全系数，见表 13－6。

表 13－6　最小安全系数 S_H、S_F 的参考值

使 用 要 求	S_{Hmin}	S_{Fmin}
高可靠度（失效概率≤1/10000）	1.5	2.0
较高可靠度（失效概率≤1/1000）	1.25	1.6
一般可靠度（失效概率≤1/100）	1.0	1.25

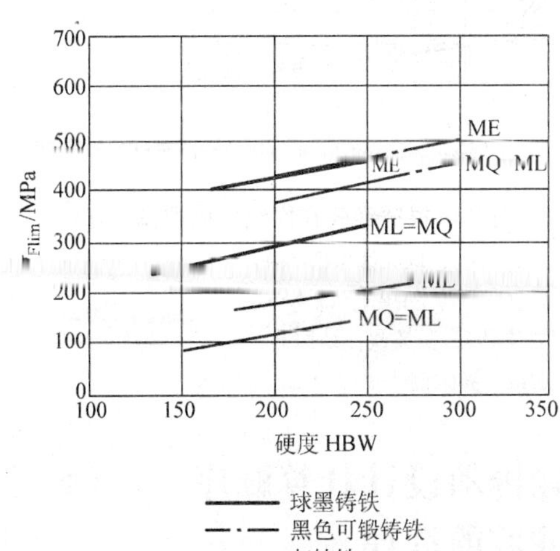

a)

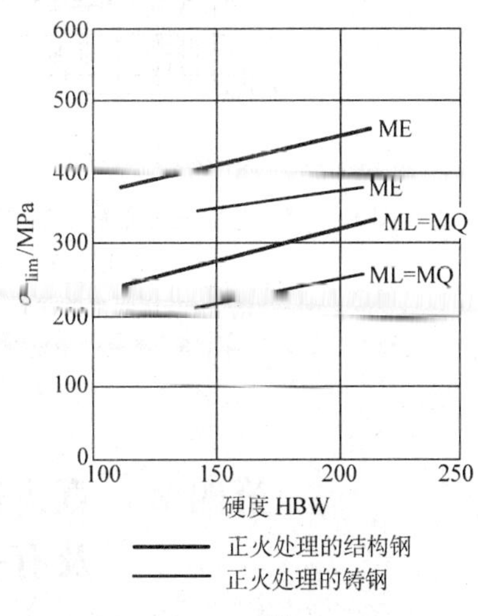

b)

图 13－14　齿轮的弯曲疲劳强度极限 σ_{Flim}

a）铸铁材料的 σ_{Flim}　b）正火处理钢的 σ_{Flim}

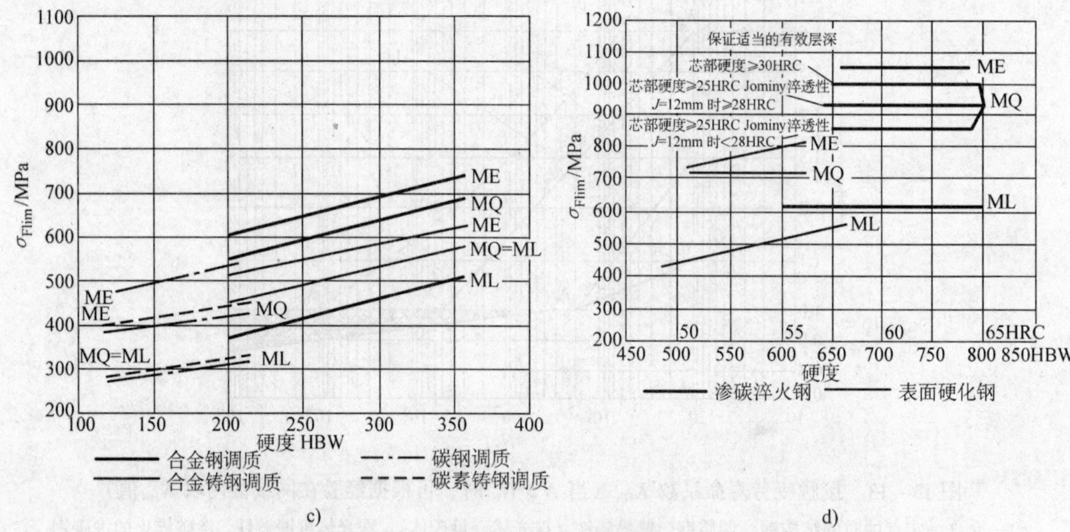

图 13－14　齿轮的弯曲疲劳强度极限 σ_{Flim}（续）

c）调质处理钢的 σ_{Flim}　d）渗碳淬火钢和表面硬化（火焰或感应淬火）钢的 σ_{Flim}

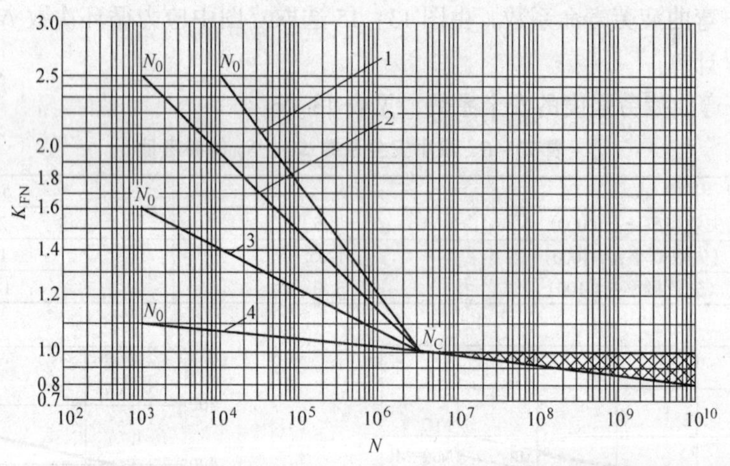

图 13－15　弯曲疲劳寿命系数 K_{FN}（当 $N>N_C$ 时，可根据经验在网纹区内取 K_{FN} 值）

1—调质钢，球墨铸铁（珠光体、贝氏体），珠光体可锻铸铁

2—渗碳淬火的渗碳钢，全齿廓火焰或感应淬火的钢，球墨铸铁

3—渗氮的渗氮钢，球墨铸铁（铁素体），灰铸铁，结构钢

4—氮碳共渗的调质钢，渗碳钢

第四节　直齿圆柱齿轮传动设计计算顺序及有关设计参数的选择

一、设计计算顺序

1. 闭式传动　闭式传动中，轮齿的主要失效形式是齿面点蚀和轮齿折断。设计时，应使齿面接触疲劳强度和齿根弯曲疲劳强度满足设计要求。通常对软齿面（一对齿轮或其中一

个齿轮的齿面硬度≤350HBW）的闭式齿轮传动，齿面接触疲劳强度较低。因此，常先按齿面接触疲劳强度条件进行设计，求出小齿轮分度圆直径 d_1 后，确定齿数与模数；然后校核其齿根弯曲疲劳强度。硬齿面的闭式传动，齿面接触疲劳强度较大，故常按齿根弯曲疲劳强度进行设计，求出模数、确定几何尺寸后，再校核其齿面接触疲劳强度。

2. 开式传动　开式传动难于保证齿面有良好的润滑，常有灰尘及其他杂物进入啮合齿面，容易磨损。磨损致使轮齿变薄而引起轮齿折断。开式传动中，轮齿的主要失效形式为齿面磨损和轮齿折断。但目前对磨粒磨损尚无可靠和通用的计算方法，故一般仍按齿根弯曲疲劳强度条件设计计算。求出模数 m 后，将其加大 10%～15%，以考虑齿面磨损的影响；然后选定模数，确定其他几何尺寸。对开式传动，一般无需计算其齿面接触疲劳强度。

二、有关设计参数的选择

1. 齿数比 u　齿数比 u 是大齿轮齿数 z_2 与小齿轮齿数 z_1 之比。减速传动时，$u = i > 1$（$i = n_1/n_2$，n_1、n_2 分别为主动轮转速和从动轮转速）；增速传动时，$i = n_1/n_2 < 1$，$u = 1/i$。

单级闭式传动，一般取 $i \leqslant 5$（直齿）、$i \leqslant 7$（斜齿）。需要更大传动比时，可采用二级或二级以上的传动。单级开式传动或手动，i 可至 8～12。

对传动比值无严格要求的一般齿轮传动，实际传动比 i 允许有 ±3%～±5%范围内的误差。

2. 齿数 z_1 和模数 m　软齿面闭式传动的承载能力主要取决于齿面接触疲劳强度，其齿根弯曲疲劳强度一般较大。此时，齿数宜多些，模数宜小些，以增大重合度，从而提高传动的平稳性，并可减少轮齿加工的切削量和减小顶圆直径，故推荐取 $z_1 \geqslant 20 \sim 40$。

硬齿面闭式传动及开式传动的承载能力往往取决于齿根弯曲疲劳强度。为避免齿轮传动尺寸不必要的增大，z_1 可选少些，推荐取 $z_1 = 17 \sim 20$。允许有少量根切或手动时，z_1 可少至 14。

传递动力的齿轮，模数 m 不应小于 1.5～2mm。

3. 齿宽系数 ϕ_d 及齿宽 b　齿宽系数 ϕ_d 选得越大，齿轮越宽。由式（13－10）和式（13－14）可知，增大 ϕ_d 可缩小齿轮的径向尺寸和减小齿轮的圆周速度。但轮齿过宽，会使载荷沿齿向分布不均匀程度更趋严重。ϕ_d 的取值见表 13－7。

齿宽可按 $b = \phi_d d_1$ 计算后再作适当圆整，作为大齿轮齿宽 b_2。为便于安装，通常使啮合传动的小齿轮齿宽 b_1 比大齿轮齿宽 b_2 大一些，取 $b_1 = b_2 + 5 \sim 10$mm，以保证轮齿的实际啮合宽度。

表 13－7　齿宽系数 ϕ_d

齿轮的布置状况	软 齿 面	硬 齿 面
两轴承相对于小齿轮作对称布置	0.8～1.4	0.4～0.9
两轴承相对于小齿轮作非对称布置	0.6～1.2	0.3～0.6
小齿轮悬臂	0.3～0.4	0.2～0.25

注：1. 载荷平稳，轴刚度大时取大值，反之取小值。

2. 直齿圆柱齿轮取小值，斜齿圆柱齿轮取大值。

例 13－1　设计计算一由电动机驱动的带式运输机上单级直齿圆柱齿轮减速器中的齿轮传动（图 13－16）。已知其传递功率 $P_1 = 7.4$kW，小齿轮转速 $n_1 = 960$r/min，传动比 $i = 4.2$，单向转动，两班制工作，每年工作 300 天，使用期限为 5 年。

解 考虑到是普通减速器，故采用软齿面齿轮传动。参照表 13-1，选小齿轮材料为 40Cr 调质，硬度为 250HBW；大齿轮材料为 42SiMn 调质，硬度为 220HBW（二者材料硬度差为 30HBW），取齿轮传动精度等级为 8 级。

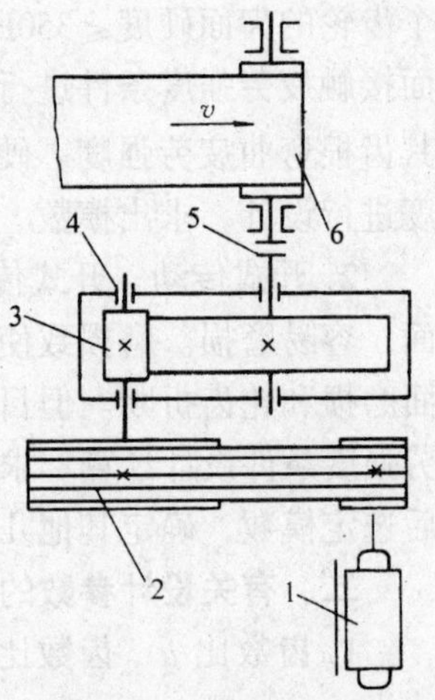

图 13-16 例 13-1 图
1—电动机 2—V 带传动
3—单级直齿圆柱齿轮减速器
4—轴承 5—联轴器 6—运输带

软齿面闭式传动应先按齿面接触疲劳强度设计计算，然后再作齿根弯曲疲劳强度校核。

1. 齿面接触疲劳强度计算 齿面接触疲劳强度计算的设计式为

$$d_1 \geqslant 2.32\sqrt[3]{\left(\frac{KT_1}{\phi_d}\right)\frac{u+1}{u}\left(\frac{Z_E}{[\sigma_H]}\right)^2}$$

确定有关参数如下：

(1) 小齿轮上的转矩 T_1 为

$$T_1 = 9550\times10^3\frac{P_1}{n_1} = 9550\times10^3\times\frac{7.4}{960}\text{N}\cdot\text{mm} = 7.362\times10^4\text{N}\cdot\text{mm}$$

(2) 齿宽系数 ϕ_d 由表 13-7 选取 $\phi_d = 1$（小齿轮为软齿面，对称布置）。

(3) 载荷系数 K 由表 13-5 取 $K = 1.5$。

(4) 弹性系数 Z_E 由表 13-3 查得 $Z_E = 189.8\sqrt{\text{MPa}}$。

(5) 许用接触疲劳应力 $[\sigma_H]$

1) 接触疲劳极限应力 σ_{Hlim}，由图 13-12c 得 $\sigma_{Hlim1} = 670\text{MPa}$，$\sigma_{Hlim2} = 620\text{MPa}$。

2) 接触疲劳寿命系数 K_{HN}

$$N_1 = 60n_1jt_h = 60\times960\times1\times300\times5\times16 = 1.382\times10^9$$

$$N_2 = \frac{N_1}{i} = \frac{1.382\times10^9}{4.2} = 3.291\times10^8$$

由图 13-13 查得接触疲劳寿命系数 $K_{HN1} = 0.92$，$K_{HN2} = 0.96$。

3) 安全系数 S_H 按一般可靠度要求，取 $S_H = S_{Hmin} = 1.0$。

4) 计算许用接触疲劳应力 $[\sigma_H]$

$$[\sigma_H]_1 = \frac{\sigma_{Hlim1}}{S_H}K_{HN1} = 670\times0.92\text{MPa} = 616.4\text{MPa}$$

$$[\sigma_H]_2 = \frac{\sigma_{Hlim2}}{S_H}K_{HN2} = 620\times0.96\text{MPa} = 595.2\text{MPa}$$

因 $[\sigma_H]_2 < [\sigma_H]_1$，故将 $[\sigma_H]_2$ 代入齿面接触疲劳强度计算的设计式。

(6) 计算小齿轮分度圆直径 d_1

$$d_1 \geqslant 2.32\sqrt[3]{\left(\frac{KT_1}{\phi_d}\right)\frac{u+1}{u}\left(\frac{Z_E}{[\sigma_H]}\right)^2} \geqslant 2.32\sqrt[3]{\frac{1.5\times7.362\times10^4}{1}\times\frac{4.2+1}{4.2}\times\left(\frac{189.8}{595.2}\right)^2}\text{mm} = 55.786\text{mm}$$

(7) 确定齿数 z_1、z_2 和模数 m 取 $z_1 = 25$、29、32 三种方案㊀，则 $z_2 = iz_1$。现列表比较如下：

㊀ 如对计算结果不满意，可另取其他方案作比较，从中择优。

方　案	z_1	z_2	$m\ (=\frac{d_1}{z_1})$ ① /mm	取标准模数 m ② /mm	实际 d_1 /mm	实际传动比 i'	传动比误差 Δi $(\Delta i=\frac{i-i'}{i}\times 100\%)$
1	25	105	2.231	2.5	62.5	4.2	0
2	29	121	1.924	2	58	4.172	0.67%
3	32	134	1.743	2	64	4.187	0.3%

① d_1 以计算值 55.786mm 代入。

② 按表 4-1 取标准模数。

比较结果选取方案 2。方案 1、3 均无必要地增大了 d_1，这将导致齿轮的结构尺寸增大。

(8) 几何尺寸计算　分度圆直径 d 为

$$d_1=mz_1=2\times 29\text{mm}=58\text{mm}$$

$$d_{21}=mz_2=2\times 121\text{mm}=242\text{mm}$$

中心距 a　　$$a=\frac{m}{2}(z_1+z_2)=\frac{2}{2}\times(29+121)\text{mm}=150\text{mm}$$

齿轮宽度 b　　$$b=\phi_d d_1=1\times 58\text{mm}=58\text{mm}$$

取 $b_2=58\text{mm}$，则 $b_1=b_2+5\sim 10\text{mm}=58+5\sim 10\text{mm}=63\sim 68\text{mm}$，取 $b_1=65\text{mm}$。

(9) 计算齿轮的圆周速度 v

$$v=\frac{\pi n_1 d_1}{60\times 1000}=\frac{\pi\times 960\times 58}{60\times 1000}\text{m/s}=2.915\text{m/s}$$

由表 13-2 知，选齿轮传动精度等级 8 级适宜。

2. 校核齿根弯曲疲劳强度　齿根弯曲疲劳强度校核公式为

$$\sigma_F=\frac{2KT_1}{bm^2 z_1}Y_{Fa}Y_{Sa}\leqslant[\sigma_F]$$

(1) 齿形系数 Y_{Fa} 和应力修正系数 Y_{Sa}　由齿数 $z_1=29$、$z_2=121$，查表 13-4 得 $Y_{Fa1}=2.53$，$Y_{Sa1}=1.62$；$Y_{Fa2}=2.163$，$Y_{Sa2}=1.81$。

(2) 许用弯曲疲劳应力 $[\sigma_F]$

1) 弯曲疲劳极限应力 σ_{Flim}　由图 13-14c 查得 $\sigma_{Flim1}=520\text{MPa}$，$\sigma_{Flim2}=480\text{MPa}$。

2) 弯曲疲劳寿命系数 K_{FN}　由图 13-15 查得 $K_{FN1}=0.88$，$K_{FN2}=0.92$。

3) 弯曲疲劳安全系数 S_F　由表 13-6，取 $S_F=S_{Fmin}=1.25$。

4) 计算两轮的许用弯曲应力 $[\sigma_F]$

$$[\sigma_F]_1=\frac{\sigma_{Flim1}}{S_F}K_{FN1}=\frac{520}{1.25}\times 0.88\text{MPa}=366.08\text{MPa}$$

$$[\sigma_F]_2=\frac{\sigma_{Flim2}}{S_F}K_{FN2}=\frac{480}{1.25}\times 0.92\text{MPa}=353.28\text{MPa}$$

(3) 校核齿根弯曲应力

$\sigma_{F1}=\frac{2KT_1}{bm^2 z_1}Y_{Fa1}Y_{Sa1}=\frac{2\times 1.5\times 7.362\times 10^4}{58\times 2^2\times 29}\times 2.53\times 1.62\text{MPa}=134.545\text{MPa}\leqslant[\sigma_F]_1$，故安全；

$\sigma_{F2}=\frac{2KT_1}{bm^2 z_1}Y_{Fa2}Y_{Sa2}=\frac{2\times 1.5\times 7.362\times 10^4}{58\times 2^2\times 29}\times 2.163\times 1.81\text{MPa}=128.519\text{MPa}\leqslant[\sigma_F]_2$，故安全。

例 13－2 设计电动绞车中的一对开式齿轮传动。已知其所传递的功率 $P_1=5.2\text{kW}$，主动轮转速 $n_1=225\text{r/min}$，传动比 $i=4.5$，载荷有轻微冲击，单向回转，小齿轮悬臂布置，单班制工作，每年工作 300 天，预期使用寿命为 8 年，原动机采用电动机。

解 考虑到开式传动不易保证良好的润滑，故大、小齿轮均拟采用 HT300，硬度为 220HBW。取齿轮传动精度等级为 9 级。

开式传动按齿根弯曲疲劳强度设计计算。由式（13－14）求模数，即

$$m \geqslant \sqrt[3]{\left(\frac{2KT_1}{\phi_d z_1^2}\right)\frac{Y_{Fa}Y_{Sa}}{[\sigma_F]}}$$

1. 小齿轮上的转矩 T_1 为

$$T_1 = 9550 \times 10^3 \frac{P_1}{n_1} = 9550 \times 10^3 \times \frac{5.2}{225}\text{N·mm} = 2.207 \times 10^5\text{N·mm}$$

2. 载荷系数 K　由表 13－5 选取 $K=1.5$。

3. 齿宽系数 ϕ_d　由表 13－7 选取 $\phi_d=0.3$。

4. 确定齿数　取 $z_1=18$，则 $z_2=iz_1=4.5\times18=81$

5. 许用弯曲疲劳应力 $[\sigma_F]$ 的确定

（1）齿形系数 Y_{Fa}和应力修正系数 Y_{Sa}　由齿数 $z_1=18$、$z_2=81$，查表 13－4 得 $Y_{Fa1}=2.91$，$Y_{Sa1}=1.53$；$Y_{Fa2}=2.22$，$Y_{Sa2}=1.77$。

（2）许用弯曲疲劳应力 $[\sigma_F]$

1）弯曲疲劳极限应力 σ_{Flim}　由图 13－14a 查得 $\sigma_{Flim1}=\sigma_{Flim2}=130\text{MPa}$。

2）弯曲疲劳寿命系数 K_{FN}

$$N_1 = 60n_1jt_h = 60\times225\times1\times300\times8\times8 = 2.592\times10^8$$

$$N_2 = \frac{N_1}{i} = \frac{2.592\times10^8}{4.5} = 5.760\times10^7$$

由图 13－15 查得 $K_{FN1}=0.95$，$K_{FN2}=0.97$。

3）弯曲疲劳安全系数 S_F　由表 13－6，按一般可靠度 $S_{Fmin}=1.25$，取 $S_F=1.4$。

4）计算两轮的许用弯曲疲劳应力 $[\sigma_F]$

$$[\sigma_F]_1 = \frac{\sigma_{Flim1}}{S_F}K_{FN1} = \frac{130}{1.4}\times0.95\text{MPa} = 88.214\text{MPa}$$

$$[\sigma_F]_2 = \frac{\sigma_{Flim2}}{S_F}K_{FN2} = \frac{130}{1.4}\times0.97\text{MPa} = 90.071\text{MPa}$$

6. 计算大、小齿轮的$\frac{Y_{Fa}Y_{Sa}}{[\sigma_F]}$

$$\frac{Y_{Fa1}Y_{Sa1}}{[\sigma_F]_1} = \frac{2.91\times1.53}{88.214} = 0.0505$$

$$\frac{Y_{Fa2}Y_{Sa2}}{[\sigma_F]_2} = \frac{2.22\times1.77}{90.071} = 0.0436$$

因$\frac{Y_{Fa1}Y_{Sa1}}{[\sigma_F]_1} > \frac{Y_{Fa2}Y_{Sa2}}{[\sigma_F]_2}$，故应以$\frac{Y_{Fa1}Y_{Sa1}}{[\sigma_F]_1}$代入式（13－14）。

7. 计算模数 m

$$m \geqslant \sqrt[3]{\left(\frac{2KT_1}{\phi_d z_1^2}\right)\frac{Y_{Fa1}Y_{Sa1}}{[\sigma_F]_1}} = \sqrt[3]{\frac{2 \times 1.5 \times 2.207 \times 10^5}{0.3 \times 18^2} \times 0.0505}\text{mm} = 7.007\text{mm}$$

考虑开式传动，模数加大 10% ~ 15%，取 $m = 1.10 \times 7.007\text{mm} = 7.708\text{mm}$。由表 4－1（第一系列），取 $m = 8\text{mm}$。

8. 计算主要几何尺寸

$$d_1 = mz_1 = 8 \times 18\text{mm} = 144\text{mm}$$

$$d_2 = mz_2 = 8 \times 81\text{mm} = 648\text{mm}$$

$$a = \frac{m(z_1 + z_2)}{2} = \frac{8 \times (18 + 81)}{2}\text{mm} = 396\text{mm}$$

$$b = \phi_d d_1 = 0.3 \times 144\text{mm} = 43.2\text{mm}$$

取 $b_2 = 45\text{mm}$，则 $b_1 = b_2 + 5 \sim 10\text{mm} = 50 \sim 55\text{mm}$，取 $b_1 = 50\text{mm}$。

第五节　平行轴斜齿轮传动的强度计算

一、轮齿受力分析

与直齿圆柱齿轮传动相同，进行平行轴斜齿轮传动轮齿受力分析时，可将沿轮宽接触线分布的作用力简化为作用在齿宽中点的集中力。但由于斜齿轮的齿向相对于轴线是倾斜的，因此若忽略摩擦力，齿廓间的法向作用力 F_n 应在法平面内沿轮齿轮廓的法向。F_n 可分解为三个相互垂直的分力，即切向力 F_t、径向力 F_r 和平行于轴线的轴向力 F_x，如图 13－17a 所示。各力的大小为

$$F_t = \frac{2T_1}{d_1}$$

$$F_r = F_t \tan\alpha_t = F_t \frac{\tan\alpha_n}{\cos\beta} \tag{13-18}$$

$$F_x = F_t \tan\beta \tag{13-19}$$

$$F_n = \frac{F_t}{\cos\beta\cos\alpha_n} = \frac{2T_1}{d_1\cos\beta\cos\alpha_n} \tag{13-20}$$

式中　β——螺旋角；

α_t、α_n——分别为端面压力角和法向压力角，$\alpha_n = 20°$。

其他参数的含义及单位同式（13－1）～式（13－4）。

主动轮上的 F_{t1}、F_{r1} 和 F_{x1} 与从动轮上的 F_{t2}、F_{r2} 和 F_{x2} 对应，彼此大小相等、方向相反。

主、从动轮上切向力 F_{t1}、F_{t2} 和径向力 F_{r1}、F_{r2} 方向的确定方法与直齿圆柱齿轮相同；而轴向力 F_{x1}、F_{x2} 的方向与齿轮转向及轮齿螺旋方向有关。

作斜齿轮的受力分析时，两轮上的轴向力方向常用如下所述的“主动轮右（左）手法则”判定：若主动轮轮齿为右旋，可用右手四指弯曲方向表示主动轮转向，拇指的指向即为主动轮所受轴向力 F_{x1} 的方向；若主动轮轮齿为左旋，则以左手四指弯曲方向表示主动轮转

时，仍按全部载荷作用在一对啮合轮齿上进行。有关斜齿轮强度问题的详细讨论，请参阅有关资料。

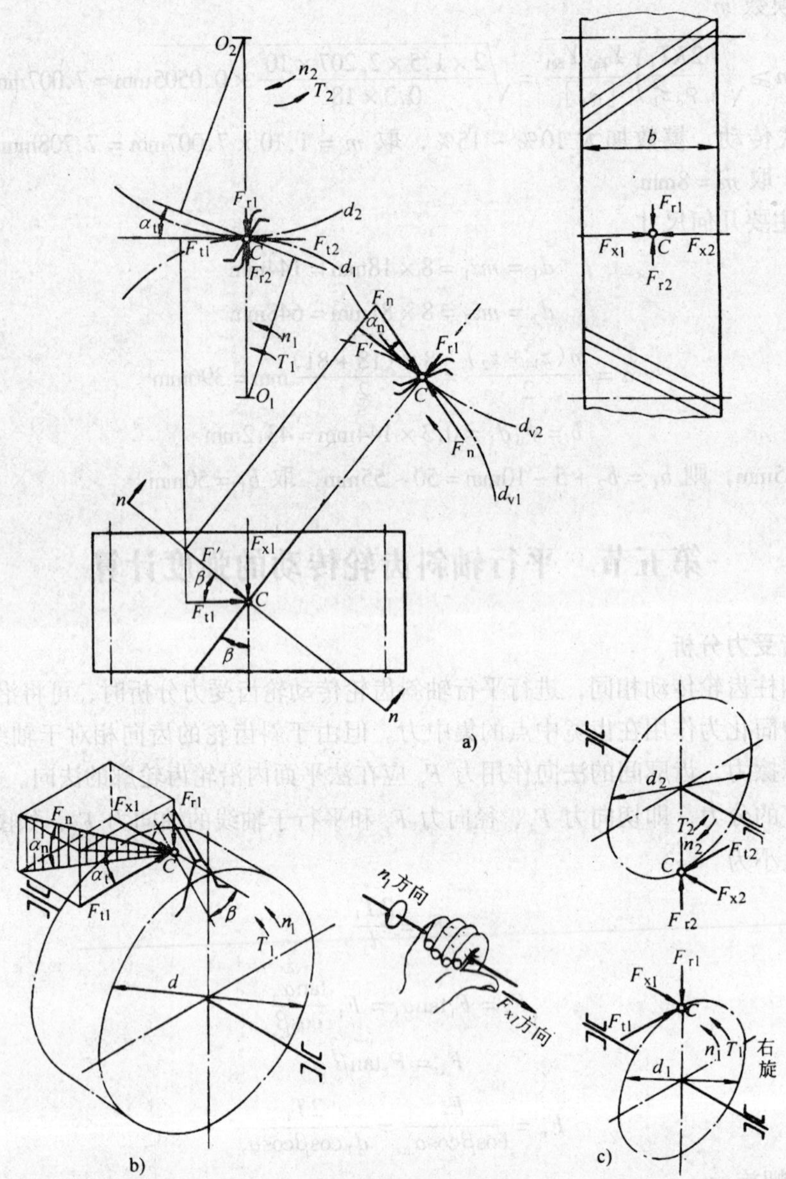

图 13－17 平行轴斜齿轮传动受力分析

向，拇指的指向即为主动轮所受轴向力 F_{x1} 的方向。从动轮上所受轴向力 F_{x2} 的方向与 F_{x1} 方向相反。

图 13－17c 为将 F_n 分解为 F_t、F_r 和 F_x 的空间受力简图。

二、强度计算

与直齿圆柱齿轮传动相同，对一般常用精度等级的平行轴斜齿轮传动，作简化强度计算时，仍按全部载荷作用在一对啮合轮齿上进行。有关斜齿轮强度问题的详细讨论，请参阅有关资料。

1. 齿面接触疲劳强度　校核公式为

$$\sigma_H = 3.53 Z_E Z_\beta \sqrt{\left(\frac{KT_1}{bd_1^2}\right)\frac{u \pm 1}{u}} \leqslant [\sigma_H] \quad (13-21)$$

设计公式为

$$d_1 \geqslant 2.32 \sqrt[3]{\left(\frac{KT_1}{\phi_d}\right)\frac{u \pm 1}{u}\left(\frac{Z_E Z_\beta}{[\sigma_H]}\right)^2} \quad (13-22)$$

式中　Z_E——材料弹性系数，由表 13-3 查取；

Z_β——螺旋角系数，$Z_\beta = \sqrt{\cos\beta}$；

K——载荷系数，由表 13-5 选取。考虑到斜齿轮传动重合度较大，传动较平稳，故取值可比直齿圆柱齿轮传动小些。

其他参数的含义、单位及选取方法同直齿圆柱齿轮传动。

2. 齿根弯曲疲劳强度　齿根弯曲疲劳强度的校核公式为

$$\sigma_F = \frac{2KT_1}{bm_n d_1} Y_{Fa} Y_{Sa} \leqslant [\sigma_F] \quad (13-23)$$

设计公式为

$$m_n \geqslant \sqrt[3]{\frac{2KT_1 \cos^2\beta}{\phi_d z_1^2}\left(\frac{Y_{Fa} Y_{Sa}}{[\sigma_F]}\right)} \quad (13-24)$$

式中　m_n——斜齿轮法向模数（mm）；

Y_{Fa}——齿形系数，由当量齿数 $z_v = \dfrac{z}{\cos^3\beta}$ 查表 13-4；

Y_{Sa}——应力修正系数，由 z_v 查表 13-4。

其他参数的含义、单位及选取方法同直齿圆柱齿轮传动。

例 13-3　将例 13-1 中减速器的直齿圆柱齿轮传动改为斜齿轮传动，工作条件、所选用的齿轮材料、热处理方法、精度等级和齿宽系数等均不变。试设计该斜齿轮传动。

解　仍先按齿面接触疲劳强度设计计算，再作齿根弯曲疲劳强度校核。

1. 按齿面接触疲劳强度设计计算　设计式为

$$d_1 \geqslant 2.32 \sqrt[3]{\left(\frac{KT_1}{\phi_d}\right)\frac{u + 1}{u}\left(\frac{Z_E Z_\beta}{[\sigma_H]}\right)^2}$$

由例 13-1 可知，$T_1 = 7.362 \times 10^4 \text{N}\cdot\text{mm}$，取 $[\sigma_H] = [\sigma_H]_2 = 595.2\text{MPa}$，$\phi_d = 1$，$Z_E = 189.8\sqrt{\text{MPa}}$。

（1）载荷系数 K　由表 13-5，取 $K = 1.4$。

（2）选取螺旋角 β　初选螺旋角 $\beta = 15°$。

（3）螺旋角系数 Z_β　$Z_\beta = \sqrt{\cos\beta} = \sqrt{\cos 15°} = 0.983$

（4）求小齿轮分度圆直径 d_1

$$d_1 \geqslant 2.32 \sqrt[3]{\left(\frac{KT_1}{\phi_d}\right)\frac{u + 1}{u}\left(\frac{Z_E Z_\beta}{[\sigma_H]}\right)^2} = 2.32 \sqrt[3]{\left(\frac{1.4 \times 7.362 \times 10^4}{1}\right)\frac{4.2 + 1}{4.2}\left(\frac{189.8 \times 0.983}{595.2}\right)^2}\text{mm} = 53.898\text{mm}$$

（5）主要参数选择及几何尺寸计算㊀

1）确定齿数 z_1、z_2 和法向模数 m_n　选取 $z_1 = 27$，则 $z_2 = iz_1 = 4.2 \times 27 = 113.4$，取 $z_2 = 113$。

㊀ 同例 13-1，可选多方案比较，从中择优。

法向模数 m_n 为 $$m_n = \frac{d_1\cos\beta}{z_1} = \frac{53.898\cos15^\circ}{27}\text{mm} = 1.928\text{mm}$$

由表 4-1 选取标准模数 $m_n = 2\text{mm}$。

实际传动比 i' 为 $$i' = \frac{z_2}{z_1} = \frac{113}{27} = 4.185$$

传动比误差 Δi $$\Delta i = \frac{i - i'}{i} \times 100\% = \frac{4.2 - 4.185}{4.2} \times 100\% = 0.357\%$$ 满足要求。

2）中心距 a $$a = \frac{m_n(z_1 + z_2)}{2\cos\beta} = \frac{2\times(27+113)}{2\cos15^\circ}\text{mm} = 144.939\text{mm}$$

圆整后取 $a = 145\text{mm}$。

3）实际螺旋角 β $$\beta = \arccos\frac{m_n(z_1 + z_2)}{2a} = \arccos\frac{2\times(27+113)}{2\times145} = 15.090^\circ$$

因 β 与初设相近，故不必修正 Z_β

4）分度圆直径 d

$$d_1 = \frac{m_n z_1}{\cos\beta} = \frac{2\times27}{\cos15.090^\circ}\text{mm} = 55.928\text{mm}$$

$$d_2 = \frac{m_n z_2}{\cos\beta} = \frac{2\times113}{\cos15.090^\circ}\text{mm} = 234.071\text{mm}$$

5）齿轮宽度 b $$b = \phi_d d_1 = 1\times55.928\text{mm} = 55.928\text{mm}$$

圆整后，取 $b_2 = 56\text{mm}$，则 $b_1 = b_2 + 5\sim10\text{mm} = 56 + 5\sim10\text{mm} = 61\sim66\text{mm}$，取 $b_1 = 65\text{mm}$。

6）当量齿数 z_v

$$z_{v1} = \frac{z_1}{\cos^3\beta} = \frac{27}{(\cos15.090^\circ)^3} = 29.997$$

$$z_{v2} = \frac{z_2}{\cos^3\beta} = \frac{113}{(\cos15.090^\circ)^3} = 125.544$$

（6）计算齿轮的圆周速度 v

$$v = \frac{\pi n_1 d_1}{60\times1000} = \frac{\pi\times960\times55.928}{60\times1000}\text{m/s} = 2.811\text{m/s}$$

由表 13-2 知，选齿轮传动精度等级 8 级适宜。

2. 校核齿根弯曲疲劳强度　齿根弯曲疲劳强度的校核式为

$$\sigma_F = \frac{2KT_1}{bm_n d_1} Y_{Fa} Y_{Sa} \leqslant [\sigma_F]$$

同例 13-1，$[\sigma_F]_1 = 366.08\text{MPa}$，$[\sigma_F]_2 = 353.28\text{MPa}$。

由当量齿数 z_{v1}、z_{v2}，查表 13-4 得 $Y_{Fa1} = 2.52$，$Y_{Sa1} = 1.625$；$Y_{Fa2} = 2.160$，$Y_{Sa2} = 1.81$，则

$$\sigma_{F1} = \frac{2KT_1}{bm_n d_1} Y_{Fa1} Y_{Sa1} = \frac{2\times1.4\times7.362\times10^4}{56\times2\times55.928}\times2.52\times1.625\text{MPa} = 134.760\text{MPa} < [\sigma_F]_1$$，故安全；

$$\sigma_{F2} = \frac{2KT_1}{bm_n d_1} Y_{Fa2} Y_{Sa2} = \frac{2\times1.4\times7.362\times10^4}{56\times2\times55.928}\times2.160\times1.81\text{MPa} = 128.659\text{MPa} < [\sigma_F]_2$$，故安全。

第六节　直齿锥齿轮传动的强度计算

本节只讨论轴交角$\Sigma=\delta_1+\delta_2=90°$的直齿锥齿轮传动的强度计算。

一、轮齿受力分析

两轴相交成90°的直齿锥齿轮传动，其轮齿间的法向作用力 F_n 可视为集中作用于分度圆锥齿宽中点（齿宽中点分度圆直径 d_m 处，见图 13-18）。若忽略摩擦力，F_n 可分解为三个相互垂直的分力，即切向力 F_t、径向力 F_r 和轴向力 F_x。由图可知，小锥齿轮上各力的大小为

$$F_{t1}=\frac{2T_1}{d_{m1}}$$

$$F_{r1}=F'_{r1}\cos\delta_1=F_{t1}\tan\alpha\cos\delta_1 \tag{13-25}$$

$$F_{x1}=F'_{r1}\sin\delta_1=F_{t1}\tan\alpha\sin\delta_1 \tag{13-26}$$

$$F_n=\frac{F_{t1}}{\cos\alpha}=\frac{2T_1}{d_{m1}\cos\alpha} \tag{13-27}$$

式中　δ_1——小锥齿轮分度圆锥角（°）；

d_{m1}——小锥齿轮齿宽中点分度圆直径（mm）。

$$d_{m1}=d_1\left(1-0.5\frac{b}{R}\right)$$

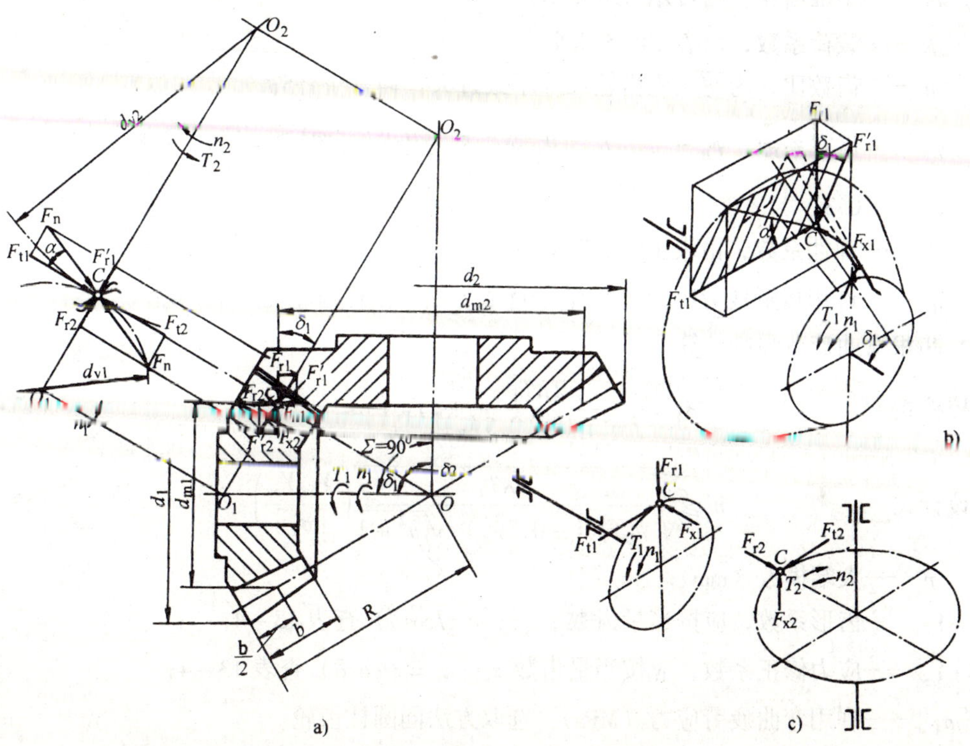

图 13-18　直齿锥齿轮受力分析

式中　d_1——小锥齿轮分度圆直径（mm）；

b——齿宽（mm）；

R——外锥距（mm）。

其他参数含义及单位同前。

大锥齿轮上切向力 $F_{t2}=F_{t1}$、径向力 $F_{r2}=F_{x1}$ 和轴向力 $F_{x2}=F_{r1}$，但其方向彼此相反。

主、从动轮上切向力 F_{t1}、F_{t2} 的方向和径向力 F_{r1}、F_{r2} 方向的确定方法与圆柱齿轮相同；轴向力 F_{x1}、F_{x2} 的方向各自指向大端。

图 13-18c 为将 F_n 分解为 F_t、F_r 和 F_x 后的空间受力简图。

二、强度计算

可以近似地认为，一对直齿锥齿轮传动的承载能力和位于齿宽中点的一对当量直齿圆柱齿轮传动的强度相当。由此，可按该对当量直齿圆柱齿轮导出直齿锥齿轮的强度计算式。

1. 齿面接触疲劳强度计算

校核式
$$\sigma_H=5Z_E\sqrt{\frac{KT_1}{\phi_R(1-0.5\phi_R)^2d_1^3u}}\leqslant[\sigma_H] \tag{13-28}$$

设计式
$$d_1\geqslant2.92\sqrt[3]{\frac{KT_1}{\phi_R(1-0.5\phi_R)^2u}\left(\frac{Z_E}{[\sigma_H]}\right)^2} \tag{13-29}$$

式中　T_1——小锥齿轮上的转矩（N·mm）；

K——载荷系数，由表 13-5 选取；

u——齿数比，为使大锥齿轮尺寸不致过大，通常 $u<5$；

ϕ_R——齿宽系数，$\phi_R=\dfrac{b}{R}$，b 为齿宽，R 为锥距（图 13-18）。一般取 $\phi_R=0.25\sim0.3$；

Z_E——弹性系数，由表 13-3 选取；

$[\sigma_H]$——许用接触疲劳应力（MPa），选取方法同圆柱齿轮。

2. 齿根弯曲疲劳强度计算

校核式
$$\sigma_F=\frac{2KT_1}{bm^2z_1(1-0.5\phi_R)^2}Y_{Fa}Y_{Sa}\leqslant[\sigma_F] \tag{13-30}$$

设计式
$$m\geqslant\sqrt[3]{\frac{4KT_1}{\phi_Rz_1^2(1-0.5\phi_R)^2\sqrt{u^2+1}}\left(\frac{Y_{Fa}Y_{Sa}}{[\sigma_F]}\right)} \tag{13-31}$$

式中　m——大端模数（mm）；

Y_{Fa}——齿形系数，应按当量齿数 z_v（$z_v=z/\cos\delta$）查表 13-4；

Y_{Sa}——应力修正系数，应按当量齿数 z_v（$z_v=z/\cos\delta$）查表 13-4；

$[\sigma_F]$——许用弯曲疲劳应力（MPa），选取方法同圆柱齿轮。

其他参数的含义、单位及选定方法同前所述。计算得到的大端模数 m 应按表 4-6 取标准值。

第七节　齿 轮 结 构

上述齿轮传动的强度计算，可以确定齿轮的基本参数和主要几何尺寸。为了制造生产还需考虑齿轮的整体结构形式及确定轮体各部分的结构尺寸，以便进一步提供符合制造生产要求的图样。

齿轮的整体结构形式取决于齿轮直径大小、毛坯种类、材料、制造工艺要求和经济性等因素。轮体各部分结构尺寸，通常按经验公式或经验数据确定。

一、锻造齿轮

齿顶圆直径 $d_a \leqslant 500$mm 时，一般采用锻造毛坯。根据齿轮直径大小不同，常采用以下几种结构形式。

对齿根圆直径与轴径相差不大的齿轮，可制成与轴一体的齿轮轴，如图 13－19 所示。齿轮轴刚度大，但轴的材料必须与齿轮相同，某些情况下可能会造成材料浪费或不便于加工。

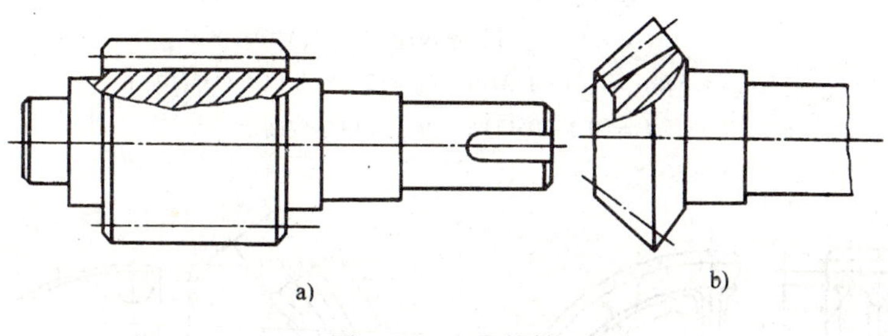

图 13－19　齿轮轴

a）圆柱齿轮　b）锥齿轮

对于齿顶圆直径 $d_a \leqslant 160 \sim 200$mm 的齿轮，可采用实体式结构，如图 13－20 所示。

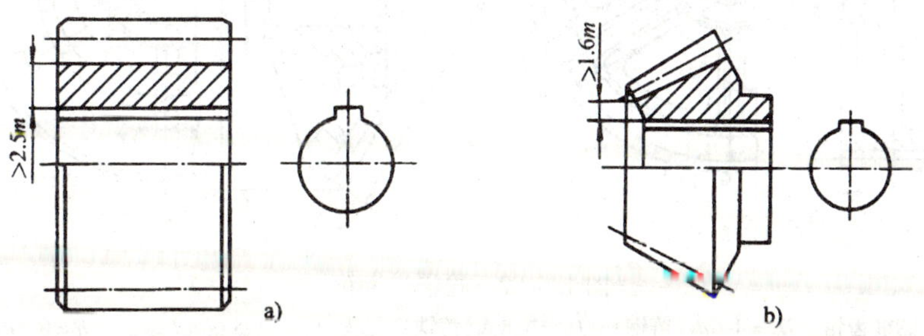

图 13－20　实体式齿轮

a）圆柱齿轮　b）锥齿轮

对于齿顶圆直径 $d_a > 160 \sim 200$mm，但 $d_a \leqslant 500$mm 的齿轮，常采用辐板式结构，如图 13－21所示。

二、铸造齿轮

齿顶圆直径 $d_a > 500$mm，或虽 $d_a \leqslant 500$mm 但形状复杂、不便于锻造的齿轮，常采用铸造毛坯（铸铁或铸钢）。$d_a > 500$mm 时，通常制成轮辐式结构，如图 13－22 所示。

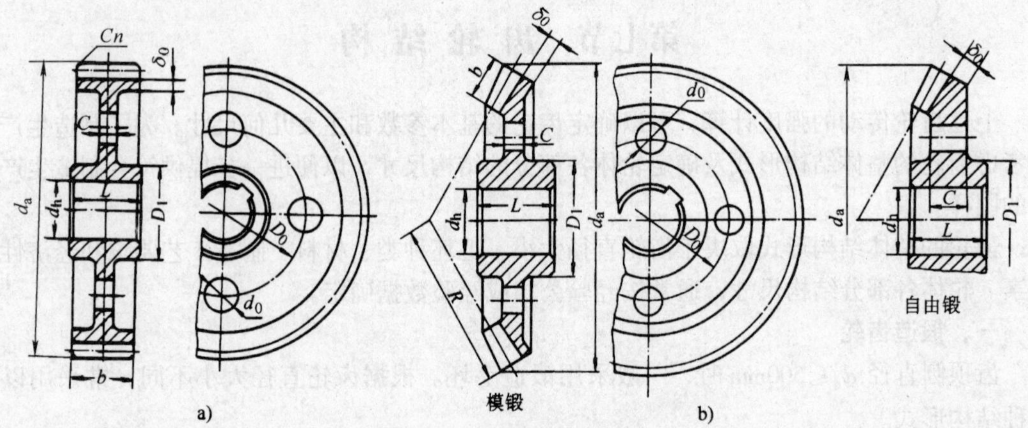

图 13－21　辐板式齿轮

a）圆柱齿轮

$D_1=1.6d_h$　$L=(1.2\sim1.5)d_h$　$C=(0.2\sim0.3)d_h$　$\delta_0=(2.5\sim4)m_n$ 但不小于 8～10mm

$D_0=0.5(D_1+D_2)$　$d_0=15\sim25\text{mm}$　$n=0.5m_n$

b）锥齿轮

$D_1=1.6d_h$　$L=(1\sim1.2)d_h$　$\delta_0=(3\sim4)m$ 但不小于 10mm

$C=(0.1\sim0.17)R$　D_0、d_0 由结构而定

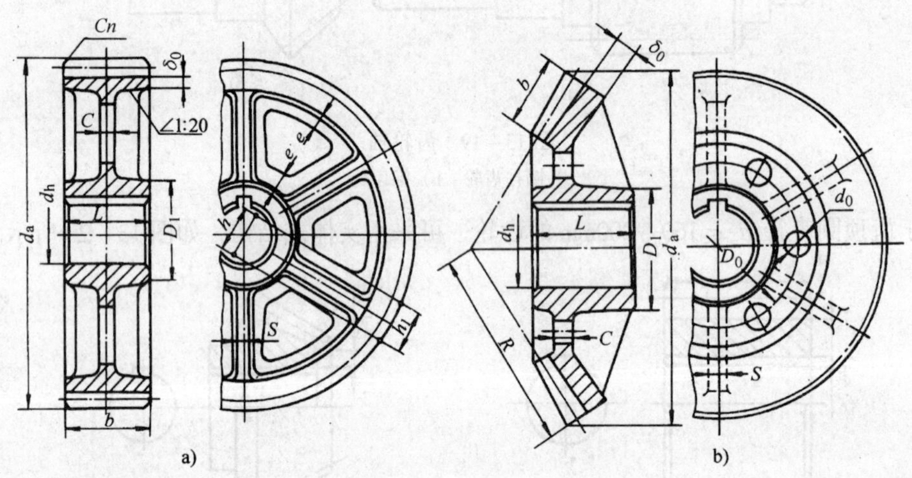

图 13－22　轮辐式齿轮

a）圆柱齿轮　$D_1=1.6d_h$（铸钢）　$D_1=1.8d_h$（铸铁）　$L=(1.2\sim1.5)d_h(L\geqslant d)$　$h=0.8d_h$

$h_1=0.8h$　$C=h/5$　$S=h/6$ 但不小于 10mm　$\delta_0=(2.5\sim4)m_n$ 但不小于 8mm　$e=0.8\delta_0$　$n=0.5m_n$

b）锥齿轮　$D_1=1.6d_h$（铸钢）　$D_1=1.8d_h$（铸铁）　$L=(1\sim1.2)d_h$　$\delta_0=(3\sim4)m$ 但不小于 10mm

$C=(0.1\sim0.17)R$ 但不小于 10mm　$S=0.8C$ 但不小于 10mm　D_0、d_0 由结构而定

第八节　齿轮传动的润滑

润滑有减小摩擦损失、减少磨损、降低噪声、散热和防锈作用。

齿轮传动润滑方法的选择，主要取决于齿轮圆周速度 v 的大小。

开式传动通常采用人工定期加润滑油或润滑脂（加润滑脂更为常见）。

闭式传动，当齿轮的圆周速度 $v \leqslant 12\text{m/s}$ 时，常采用如图 13－23 所示的浸油（或称油浴）润滑。运转时，浸入油池的大齿轮将润滑油带至啮合齿面，浸油高度 h 如图 13－23 所示。当齿轮的圆周速度 $v > 12\text{m/s}$，须采用如图 13－24 所示的压力润滑，即借助油泵，并通过管道和喷嘴将润滑油喷射到轮齿啮合部位。

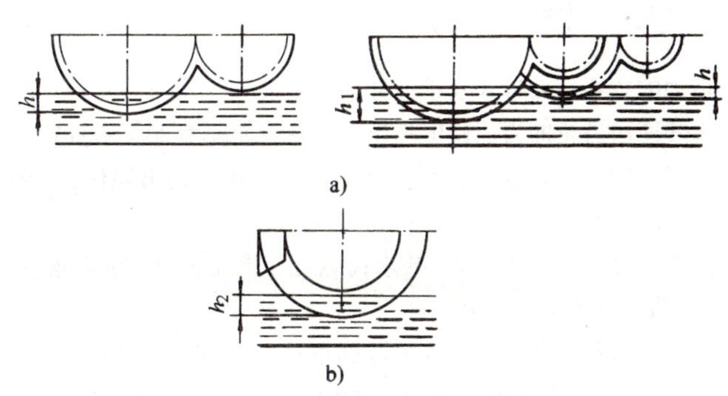

图 13－23　浸油润滑

a）圆柱齿轮传动　b）锥齿轮传动

h—一个齿高，但不小于 10mm　$h_1 \leqslant 1/3r$（r—齿轮半径）

$h_2 =$（0.5～1）b（b—锥齿轮齿宽）

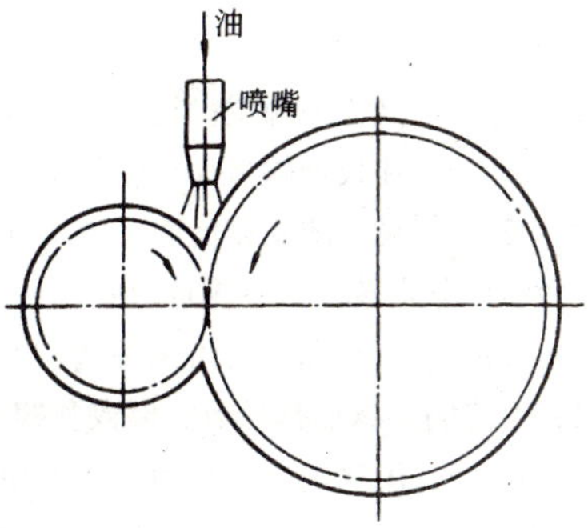

图 13－24　压力润滑

表 13－8 列出了闭式传动齿轮用润滑油粘度的推荐值，可供选用润滑油时参考。

表 13－8　闭式传动齿轮用润滑油粘度推荐值　　（单位：$10^{-6}\text{m}^2/\text{s}$）

类型	低速级齿轮传动中心距/mm	适用粘度 ν_{40}					
		环境温度 －10～10℃			环境温度 10～50℃		
		轻－中载荷	中－重载荷		轻－中载荷	中－重载荷	
圆柱齿轮传动（一级减速）	＜200 200～500 ＞500	60～70 55～80 75～110	极压工业齿轮油	90～100 75～110 110～150	90～100 110～150 130～160	极压工业齿轮油	110～150 130～160 150～200
圆柱齿轮传动（二级减速）	＜200 200～500 ＞500	50～70 75～110 110～150		75～110 110～150 130～160	90～110 110～150 130～160		110～150 130～160 150～200
行星齿轮减速器	齿轮箱外径 ＜400mm ＞400mm	50～70 90～110		75～110 90～130	90～110 130～160		130～160 150～200
锥齿轮传动	锥距＜300mm ＞300mm	50～70 90～110		75～110 90～130	130～160 150～200		150～200 180～250
高速齿轮传动	—	30～50		60～75	60～70		90～110

注：高速齿轮传动指 3600r/min 或圆周速度 25m/s 以上的齿轮传动。

实践教学环节

1. 参观齿轮传动模型，分析并掌握齿轮传动的受力分析；通过观看轮齿的失效模型，了解各种失效的原因及防止或延缓失效的方法。

2. 观察齿轮的结构，绘制铸造毛坯、辐板式圆柱齿轮零件图。

习　题

13-1　试说明闭式齿轮传动、开式齿轮传动的主要失效形式及设计计算准则。

13-2　在设计软齿面齿轮传动时，为什么常使小齿轮的齿面硬度高于大齿轮齿面硬度 30~50HBW?

13-3　对于闭式软齿面、闭式硬齿面和开式齿轮传动，齿数选得太多或太少，将分别出现什么问题?设计时应分别按什么原则选取?

13-4　一对标准斜齿圆柱齿轮传动，齿轮中心距 a 为 200mm。要求齿数比 i 严格为 2，螺旋角 β 在 8°~15°之间。试选择齿数、模数和螺旋角，并分析不同方案的利弊。

13-5　由电动机驱动的一软齿面单级直齿圆柱齿轮传动（相对轴承对称布置）。已知 $z_1=25$，$z_2=73$，$b=78$mm，$m=4$mm，$n_1=720$r/min；齿轮材料的 $[\sigma_H]_1=580$MPa，$[\sigma_H]_2=540$MPa，$[\sigma_F]_1=280$MPa，$[\sigma_F]_2=240$MPa；单向转动，载荷平稳。试计算该传动允许传递的功率。

13-6　如图 13-25 所示，一台轻型绞车，由电动机驱动，其传动装置由减速器及开式标准直齿圆柱齿轮传动组成，单向传动。已知开式传动的小齿轮齿数 $z_1=19$，$m=4$mm，$n_1=180$r/min；材料为 45 钢，调质，220HBW；大齿轮齿数 $z_2=76$，材料为 45 钢，正火，180HBW，齿宽 $b=40$mm，使用寿命 $t_h=24000$h。试求该开式传动允许传递的功率。

13-7　已知二级平行轴斜齿轮传动，主动轮 1 的转向及螺旋方向如图 13-26 所示。试作：

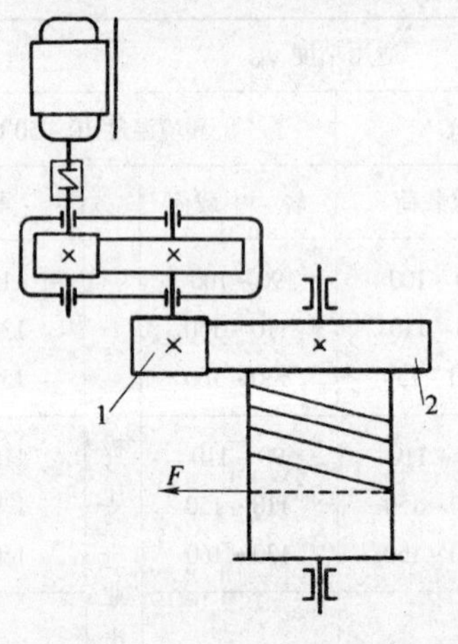

图 13-25　题 13-6 图

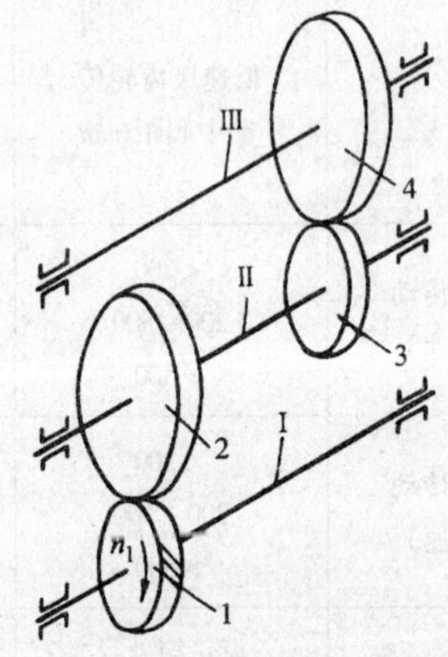

图 13-26　题 13-7 图

1）低速级齿轮 3、4 的螺旋方向应如何选择才能使中间轴 II 上两齿轮的轴向力方向相反?

2）若轮 1 的 $\beta_1=18°$，$d_2/d_3=5/3$，欲使中间轴 II 上两轮轴向力相互完全抵消，齿轮 3 的螺旋角 β_3 应多大?

3）画出中间轴 II 上齿轮的空间受力简图。

13-8　一单级平行轴斜齿轮减速器，由电动机带动，载荷平稳，单向运转，轴承相对齿轮对称布置。已知 $z_1=26$，$z_2=116$，$m_n=2.5$mm，$\beta=9.56°$（9°33′36″）。小齿轮材料为 40Cr，调质，250HBW；大齿轮材料为 45 钢，调质，220HBW，$b = 72\text{mm}$，精度等级为 8 级。现欲传递功率 $P_1 = 15\text{kW}$，$n_1 = 1470\text{r/min}$，使用寿命 $t_h = 20000\text{h}$。试校核该减速器是否能满足要求。

13-9 设计计算由电动机带动的一螺旋输送机用单级平行轴斜齿轮减速器。已知 $P = 6.5\text{kW}$，$n_1 = 670\text{r/min}$，$i = 4.1$，传动比允差 ±5%，单向传动，载荷有轻微冲击，使用寿命为 5 年，两班制工作。

13-10 如图 13-27 所示，一直齿锥齿轮传动，轮 1 为主动轮，转向如图。已知 $m = 4\text{mm}$，$z_1 = 25$，$z_2 = 75$，$b = 50\text{mm}$，传递功率 $P = 10\text{kW}$，$n_1 = 960\text{r/min}$。

1）试求两轮上的作用力大小和方向（各用三个分力表示）。

2）若改变轮 1 的转向，作用力的方向将如何改变？

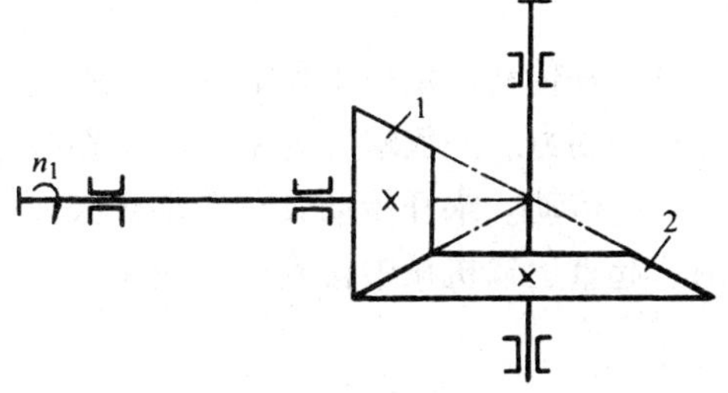

图 13-27 题 13-10 图

13-11 一闭式直齿锥齿轮传动，$\Sigma = \delta_1 + \delta_2 = 90°$，$i = 2.7$，$P_1 = 7.5\text{kW}$，$n_1 = 840\text{r/min}$；由电动机驱动，单向转动，中等冲击，小齿轮悬臂布置，使用寿命 $t_h = 20000\text{h}$；要求结构紧凑，大小齿轮材料均选 40Cr，表面淬火。试设计计算该对直齿锥齿轮传动。

第十四章 蜗杆传动

蜗杆传动由蜗杆 1 和蜗轮 2 组成，如图 14－1 所示，常用于交错角 $\Sigma = 90°$的两轴间传递运动和动力。一般蜗杆为主动件，作减速传动。在少数机械中（如离心机），蜗轮为主动件，作增速传动。蜗杆传动具有传动比大而结构紧凑等优点，所以在各类机械如机床、冶金、矿山、起重运输机械中得到广泛应用。

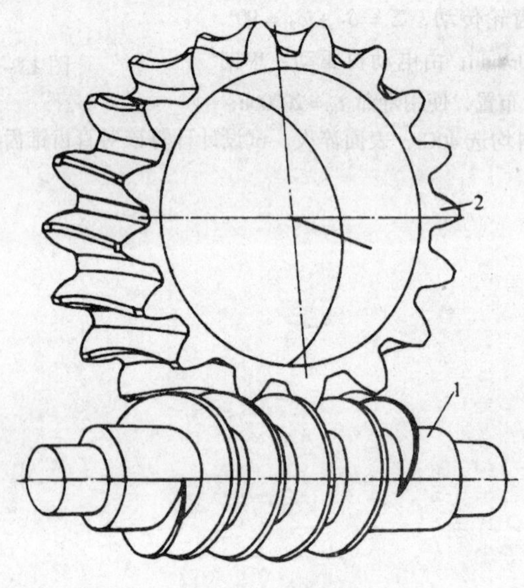

图 14－1 蜗杆传动

1—蜗杆 2—蜗轮

第一节 蜗杆传动的特点和类型

一、蜗杆传动的特点

蜗杆传动的主要优点是：传动比大，在动力传动中一般为 $i = 8 \sim 100$，在分度机构中传动比 i 可达 1000；传动平稳，噪声低；结构紧凑。

主要缺点是：蜗杆传动效率较低；蜗轮常需要用较贵重的青铜制造，故成本较高。

二、蜗杆传动的类型

根据蜗杆的不同形状，可分为圆柱蜗杆传动（图 14－2a）、环面蜗杆传动（图 14－2b）和锥蜗杆传动（图 14－2c）三种类型。

圆柱蜗杆传动是两轴交错的斜齿轮的正交传动。其中，蜗杆是一个齿数少、分度圆直径小于配对蜗轮直径的宽斜齿轮。齿呈螺旋状且能绕分度圆柱一周以上，蜗杆外形似一螺杆，如图 14－1 所示。蜗杆齿面多用直母线切削刃加工，由于刀具安装位置不同，产生的螺旋面在相同剖面内的齿廓曲线形状不同。按齿廓曲线的不同形状可分为：

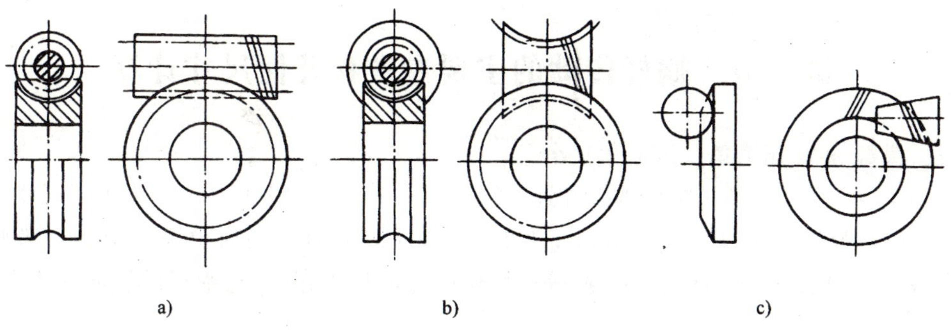

图 14－2 蜗杆传动的类型

1. 阿基米德蜗杆［ZA 蜗杆］ 如图 14－3a 所示，阿基米德蜗杆是端面齿廓曲线为阿基米德螺旋线的圆柱蜗杆。通常是在车床上用切削刃齿形角 $\alpha_0 = 20°$的车刀车制而成，切削刃平面通过蜗杆轴线。这种蜗杆车制简便，但难以用砂轮磨削出精确的齿形，齿的精度和表面质量不高，故传动精度和传动效率较低，蜗杆头数多时车削较困难；常用于头数较少，载荷较小，低速或不太重要的传动中。

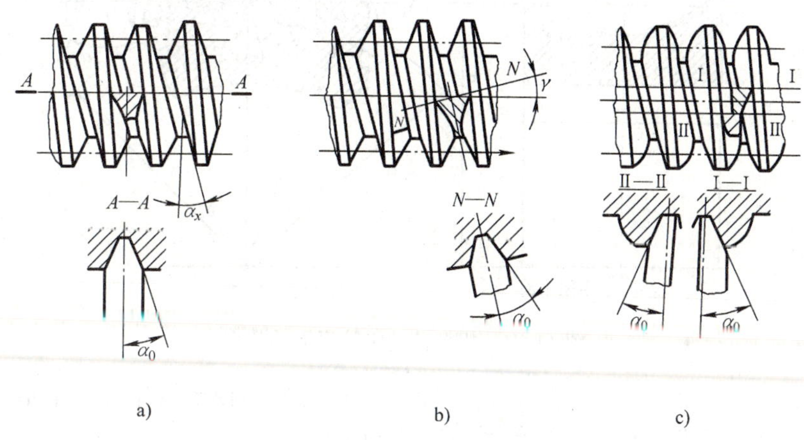

图 14－3 圆柱蜗杆的主要类型

2. 法向直廓蜗杆［ZN 蜗杆］ 如图 14－3b 所示，加工法向直廓蜗杆时，常将车刀的切削刃置于齿槽中线（或齿厚中线）处螺旋线的法向剖面内，端面齿廓为延伸渐开线。此蜗杆通常还可用端铣刀或小直径盘铣刀加工，加工较简便，有利于加工多头蜗杆，可用砂轮磨齿。加工精度和表面质量易保证，常用于机床的多头精密蜗杆传动。

3. 渐开线蜗杆［ZI 蜗杆］ 如图 14－3c 所示，渐开线蜗杆是齿面为渐开线螺旋面的圆柱蜗杆。用车刀加工时，刀具切削刃平面与基圆柱面相切，端面齿廓为渐开线。这种蜗杆还可以像圆柱齿轮那样用滚刀滚切，可简单经济地用单面砂轮磨齿，故制造精度、表面质量、传动精度及传动效率较高，适用于成批生产和大功率、高速、精密传动，是目前很多国家普遍采用的一种蜗杆传动。

圆柱蜗杆传动的蜗轮是一个齿数较多，齿体中曲面呈环形的斜齿轮，蜗轮齿面为其配对蜗杆齿面的共轭曲面，如图 14－1 所示。为了使啮合齿面的点接触变为线接触，蜗轮常用与蜗杆尺寸形状相近的滚刀（滚刀齿顶圆直径略大，以便加工出顶隙）展成切制，滚切蜗轮时滚刀和轮坯的中心距应和蜗杆传动时的中心距相等。

第二节　蜗杆传动的主要参数和几何尺寸计算

一、模数 m 和压力角（齿形角）α

如图 14－4 所示，圆柱蜗杆轴线和连心线构成的平面称为中间平面。为了正确啮合，在此平面上蜗轮分度圆端面齿距 $p_{t2}=\pi m_{t2}$ 等于与其配对的蜗杆轴向齿距 $p_{x1}=\pi m_{x1}$，故蜗轮的端面模数 m_{t2} 与蜗杆的轴向模数 m_{x1} 相等；蜗轮的端面压力角 α_{t2} 与蜗杆的轴向压力角 α_{x1} 相等。即

$$\left.\begin{aligned} m_{t2}=m_{x1}=m \\ \alpha_{t2}=\alpha_{x1}=\alpha \end{aligned}\right\} \tag{14-1}$$

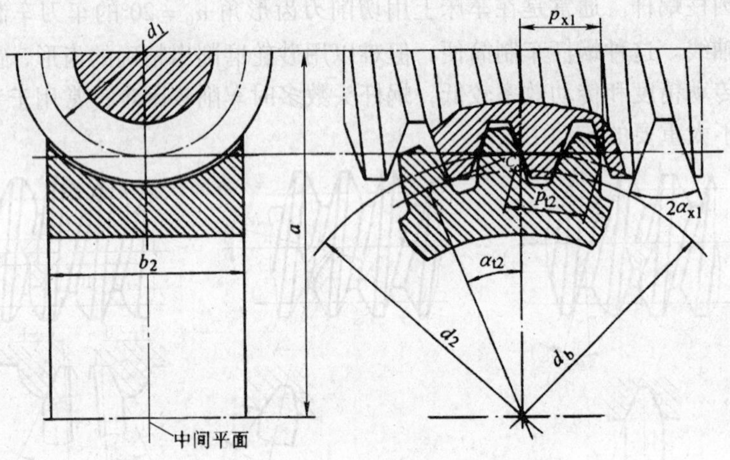

图 14－4　蜗杆传动中间平面的齿形

为了便于设计、加工，GB/T 10088—1988 中将蜗杆轴向模数规定为标准值，简称模数，用 m 表示。动力蜗杆传动的标准模数系列见表 14－1。

GB/T 10087—1988 中将蜗杆传动的压力角（齿形角）规定如下：

阿基米德蜗杆的轴向压力角 α_x 为标准值，$\alpha_x=20°$。

法向直廓蜗杆、渐开线蜗杆的法向压力角 α_n 为标准值，$\alpha_n=20°$。

二、蜗杆分度圆直径 d_1

为了蜗轮刀具尺寸的标准化，减少刀具的规格数量，GB/T 10085—1988 中将蜗杆分度圆直径 d_1 规定为标准值，见表 14－1。

三、蜗杆导程角 γ

圆柱蜗杆分度圆柱面螺旋线上任一点的切线与端截面间所夹的锐角称为蜗杆分度圆柱导程角，简称蜗杆导程角，用 γ 表示，如图 14－5 所示。

蜗杆轴向齿距为 $p_{x1}=\pi m$，蜗杆导程为 $p_z=z_1 p_{x1}$，蜗杆导程角为

$$\tan\gamma=\frac{p_z}{\pi d_1}=\frac{\pi m z_1}{\pi d_1}=\frac{m z_1}{d_1} \tag{14-2}$$

式中　z_1——蜗杆头数。

表 14－1　圆柱蜗杆的模数 m 和分度圆直径 d_1 的搭配值

模数 m /mm	分度圆直径 d_1/mm	蜗杆头数 z_1	$m^2 d_1/\mathrm{mm}^3$
1	18	1（自锁）	18
1.25	20	1	31.25
	22.4	1（自锁）	35
1.6	20	1，2，4	51.2
	28	1（自锁）	71.68
2	（18）	1，2，4	72
	22.4	1，2，4	89.6
	（28）	1，2，4	112
	35.5	1（自锁）	142
2.5	（22.4）	1，2，4	140
	28	1，2，4，6	175
	（35.5）	1，2，4	221.9
	45	1（自锁）	281
3.15	（28）	1，2，4	277.8
	35.5	1，2，4，6	352.2
	（45）	1，2，4	446.5
	56	1（自锁）	556
4	（31.5）	1，2，4	504
	40	1，2，4，6	640
	（50）	1，2，4	800
	71	1（自锁）	1136
5	（40）	1，2，4	1000
	50	1，2，4，6	1250
	（63）	1，2，4	1575
	90	1（自锁）	2250
6.3	（50）	1，2，4	1985
	63	1，2，4，6	2500
6.3	（80）	1，2，4	3175
	112	1（自锁）	4445
8	（63）	1，2，4	4032
	80	1，2，4，6	5120
	（100）	1，2，4	6400
	140	1（自锁）	8960
10	（71）	1，2，4	7100
	90	1，2，4，6	9000
	（112）	1	11200
	160	1（自锁）	16000
12.5	（90）	1，2，4	14062
	112	1，2，4	17500
	（140）	1，2，4	21875
	200	1（自锁）	31250
16	（112）	1，2，4	28672
	140	1，2，4	35840
	（180）	1，2，4	46080
	250	1（自锁）	64000
20	（140）	1，2，4	56000
	160	1，2，4	64000
	（224）	1，2，4	896000
	315	1（自锁）	126000
25	（180）	1，2，4	112500
	200	1，2，4	125000
	（280）	1，2，4	175000
	400	1（自锁）	250000

注：括号中的数字尽可能不采用。

蜗杆导程角大时，传动效率高，要求效率高的传动常取 $\gamma = 15° \sim 30°$，采用多头蜗杆；设计计算时可按表 14－2 推荐的范围初步选取；一般认为 $\gamma \leqslant 3°30'$时（$z_1 = 10$），蜗杆传动可实现反行程自锁。

表 14－2　蜗杆导程角 γ 的推荐范围

蜗杆头数 z_1	1	2	4	6
蜗杆导程角 γ	3° ~ 8°	8° ~ 16°	16° ~ 30°	28° ~ 33.5°

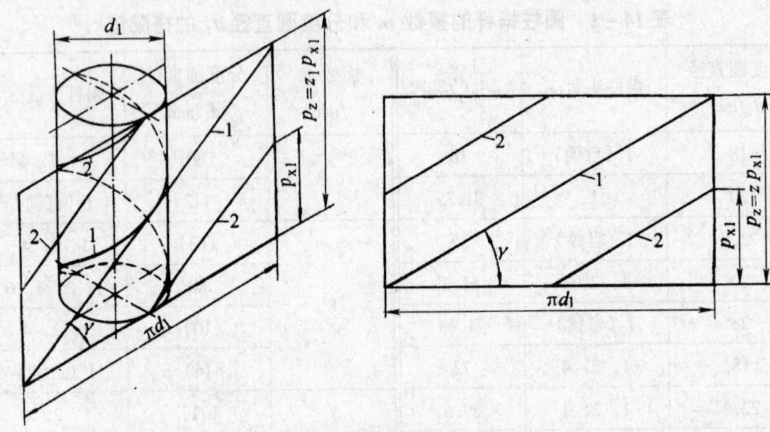

图 14-5　蜗杆导程角

为了正确啮合，蜗杆导程角 γ 应和蜗轮的螺旋角 β_2 大小相等，螺旋线方向相同。蜗杆螺旋线方向有左旋和右旋两种，除特殊要求外，一般均采用右旋。

四、传动比 i

当蜗杆主动时为减速传动，传动比 i 为

$$i=\frac{n_1}{n_2}=\frac{z_2}{z_1} \tag{14-3}$$

当蜗轮主动时为增速传动，传动比 i 为

$$i=\frac{n_2}{n_1}=\frac{z_1}{z_2} \tag{14-4}$$

式中　n_1——蜗杆转速（r/min）；

n_2——蜗轮转速（r/min）；

z_1——蜗杆头数；

z_2——蜗轮齿数。

普通圆柱蜗杆减速器的传动比 i 是标准系列公称值。

五、蜗杆头数 z_1 和蜗轮齿轮 z_2

蜗杆头数推荐值为 $z_1=1$，2，4，6，最多不超过 10。当要求传动比大或传递转矩大时，z_1 取小值；要求自锁时，z_1 取 1；当要求传递功率大、传动效率高、传动速度大时，z_1 取大值，一般可按表 14-3 选取。

表 14-3　不同传动比时荐用的 z_1 值

传动比 i	5～8	7～16	15～32	30～83
蜗杆头数 z_1	6	4	2	1

蜗轮齿数 $z_2=iz_1$。在动力传动中，为增加同时啮合齿对数，使传动平稳，并为避免产生切齿干涉，通常规定 $z_{2\min}\geqslant 28$，一般取 $z_2=29\sim83$。z_2 过多会导致模数过小而使齿根弯曲强度不足或使蜗轮直径过大，导致蜗杆过长而刚度不足。z_2 一般不超过 100。

六、中心距 a

如图 14-6 所示，蜗杆传动的中心距 a 为

$$a = \frac{1}{2}(d_1 + d_2) \tag{14-5}$$

式中　d_1、d_2——分别为蜗杆、蜗轮的分度圆直径（mm）。

为便于大批生产，减少箱体类型，有利于标准化、系列化，GB/T 10085—1988 中对一般圆柱蜗杆传动减速装置的中心距 a（mm）推荐为

40　50　63　80　100　125　160　（180）　200　（225）　250　（280）　315　（335）　400　（450）　500

括号内的数字尽可能不用。

七、蜗杆传动的几何尺寸计算

圆柱蜗杆传动的基本几何尺寸如图 14－6 所示，其值按表 14－4 所列关系式计算。

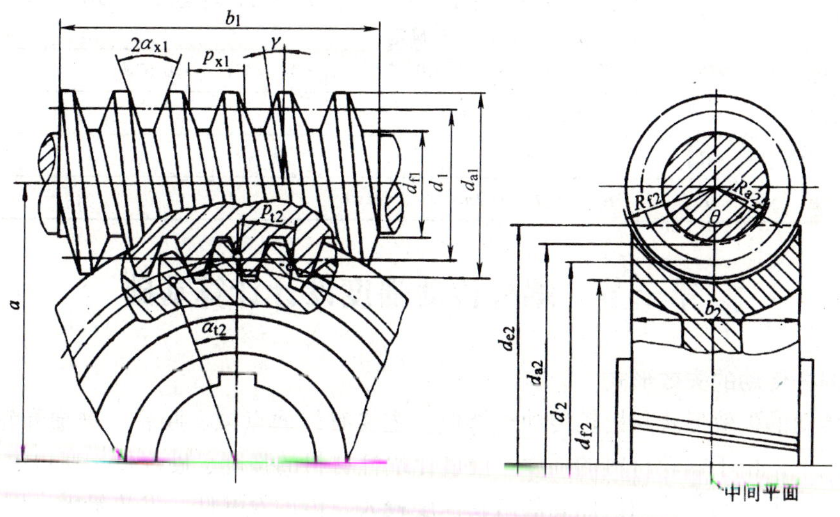

图 14－6　圆柱蜗杆传动的基本几何尺寸

表 14－4　标准圆柱蜗杆传动的基本几何尺寸关系式

名称	代号	关系式及说明
中心距	a	$a =（d_1 + d_2）/2$
蜗杆头数	z_1	常用 $z_1 = 1$，2，4，6
蜗轮齿数	z_2	$z_2 = iz_1$，传动比 $i = n_1/n_2$
压力角（齿形角）	α	ZA 型 $\alpha_x = 20°$，其余 $\alpha_n = 20°$，$\tan\alpha_n = \tan\alpha_x \cos\gamma$
模数	m	$m = m_x = m_n/\cos\gamma$，按强度计算确定，按表 14－1 选取标准值
蜗杆轴向齿距	p_{x1}	$p_{x1} = \pi m$
蜗杆分度圆直径	d_1	$d_1 = mz_1/\tan\gamma$，按强度计算确定，按表 14－1 选取
蜗杆导程角	γ	$\tan\gamma = mz_1/d_1$
蜗杆齿顶高	h_{a1}	$h_{a1} = m$（正常齿）
蜗杆齿全高	h_1	$h_1 = 2.2m$（正常齿）
顶隙	c	$c = 0.2m$

（续）

名称	代号	关系式及说明
蜗杆齿顶圆直径	d_{a1}	$d_{a1}=d_1+2h_{a1}=d_1+2m$
蜗杆齿根圆直径	d_{f1}	$d_{f1}=d_1-2(h_1-h_{a1})=d_1-2.4m$
蜗杆齿宽	b_1	$b_1\approx 2m\sqrt{z_2+1}$
蜗轮分度圆直径	d_2	$d_2=mz_2$
蜗轮齿顶高	h_{a2}	$h_{a2}=m$（正常齿）
蜗轮齿全高	h_2	$h_2=h_1=2.2m$（正常齿）
蜗轮喉圆直径	d_{a2}	$d_{a2}=d_2+2h_{a2}=d_2+2m$
蜗轮齿根圆直径	d_{f2}	$d_{f2}=d_2-2(h_2-h_{a2})=d_2-2.4m$
蜗轮外圆直径	d_{e2}	当 $z_1=1$ 时，$d_{e2}\leqslant d_{a2}+2m$；$z_1=2\sim3$ 时，$d_{e2}\leqslant d_{a2}+1.5m$；$z_1=4\sim6$ 时，$d_{e2}\leqslant d_{a2}+m$，或由结构设计确定
蜗轮齿宽	b_2	当 $z_1\leqslant 1\sim2$ 时，$b_2\leqslant 0.75d_{a1}$；$z_1=4\sim6$ 时，$b_2\leqslant 0.67d_{a1}$
蜗轮齿宽角	θ	一般 $\theta=90°\sim100°$
蜗轮齿顶圆弧半径	R_{a2}	$R_{a2}=d_1/2-m$
蜗轮齿根圆弧半径	R_{f2}	$R_{f2}=d_{a1}/2+0.2m$

第三节　蜗杆传动强度设计计算基础

一、蜗杆传动的失效形式

蜗杆传动的失效形式与齿轮传动相类似，主要有齿面点蚀、胶合、磨损和轮齿折断等。在一般情况下，由于蜗轮材料的强度、硬度比蜗杆材料的强度、硬度低，所以失效总是发生在蜗轮上；又由于蜗杆传动齿面间的滑动速度较大、传动效率低、发热量大，因此更容易产生齿面胶合和磨损。其中，闭式传动容易产生齿面胶合，开式传动容易产生齿面磨损。

目前，对胶合和磨损尚缺乏简便统一的计算方法。但是，胶合将随滑动速度和接触应力的增大而加剧。为防止胶合，除采用良好的散热和润滑、选择适当的材料组合、提高加工精度、安装精度、加载跑合等措施外，还必须限制齿面接触应力。同时，考虑到轮齿严重磨损后，会使齿厚显著减薄而导致轮齿折断，因此目前对蜗杆传动强度的计算，主要是针对蜗轮进行，作齿面接触强度和齿根弯曲强度的条件性计算。

二、蜗杆和蜗轮的材料选择

蜗杆传动的材料不仅要有足够的强度，更重要的是要有良好的跑合性、减摩性、耐磨性和抗胶合能力。为此，蜗杆材料一般采用碳钢和合金钢，尽可能淬硬并经磨光。蜗杆常用材料见表 14－5。

表 14－5　蜗杆常用材料及应用

材料牌号	热处理	硬度	齿面的表面粗糙度 $R_a/\mu m$	应用
45，42SiMn，37SiMn2MoV，40Cr，38SiMnMo，42CrMo，40CrNi	表面淬火	45～55HRC	1.6～0.8	中速、中载、一般传动

（续）

材料牌号	热处理	硬度	齿面的表面粗糙度 $R_a/\mu m$	应用
15CrMn，20CrMn，20Cr，20CrNi，20CrMnTi	渗碳淬火	58～63HRC	1.6～0.8	高速、重载、重要传动
45	调质	＜270HBW	6.3	低速、轻、中载，不重要传动

蜗轮常用材料为铸造铜合金、灰铸铁等。蜗轮常用材料见表 14－6。

三、蜗杆传动精度等级的选择

圆柱蜗杆传动在 GB/T 10089—1988 中规定了 12 个精度等级，1 级精度最高，12 级精度最低。对于动力蜗杆传动，一般选用 6～9 级精度。表 14－7 中列出了 6～9 级精度的应用范围、加工方法及允许的滑动速度，可供选用时参考。

表 14－6 蜗轮的常用材料及应用

材料	牌号	适用的滑动速度 v_s/（m·s⁻¹）	特性	应用
锡青铜	ZCuSn10P1	≤25	耐磨性、磨合性、抗胶合能力、可加工性均较好，但强度低，成本高	连续工作的高速、重载的重要传动
	ZCuSn5Pb5Zn5	≤12		速度较高的轻、中、重载传动
铝青铜	ZCuAl10Fe3	≤10	耐冲击，强度较高，可加工性好，抗胶合能力较差，价格较低	速度较低的重载传动
	ZCuAl10Fe3Mn2	≤10		速度较低、载荷稳定的轻、中载传动
锰黄铜	ZCuZn38Mn2Pb2	≤10		
灰铸铁	HT150 HT200 HT250	≤2	铸造性能、可加工性好，价格低，抗点蚀和抗胶合能力强，抗弯强度低，冲击韧度差	低速，不重要的开式传动；蜗轮尺寸较大的传动；手动传动

表 14－7 蜗杆传动的精度等级和应用

精度等级	滑动速度 v_s/（m·s⁻¹）	加工方法		应用
		蜗杆	蜗轮	
6	＞10	淬火，磨光和抛光	滚切后用蜗杆形剃齿刀精加工，加载跑合	速度较高的精密传动，中等精密的机床分度机构；发动机调速器的传动
7	≤10	淬火，磨光和抛光	滚切后用蜗杆形剃齿刀精加工或加载跑合	速度较高的中等功率传动，中等精度的工业运输机的传动
8	≤5	调质，精车	滚切后建议加载跑合	速度较低或短时间工作的动力传动；或一般不太重要的传动
9	≤2	调质，精车	滚切后建议加载跑合	不重要的低速传动或手动

第四节　蜗杆传动的强度计算

一、蜗杆传动的受力分析

如图 14－7 所示，蜗杆传动的作用力与斜齿圆柱齿轮相似。若不计齿面间的摩擦力，蜗杆作用于蜗轮齿面上的法向力 F_{n2}，在节点 C 处可分解为三个互相垂直的分力：切向力 F_{t2}、径向力 F_{r2}、轴向力 F_{x2}。由图可知，蜗轮上的切向力 F_{t2} 等于蜗杆上的轴向力 F_{x1}；蜗轮上的径向力 F_{r2} 等于蜗杆上的径向力 F_{r1}；蜗轮上的轴向力 F_{x2} 等于蜗杆上的切向力 F_{t1}。这些对应的力大小相等、方向相反。

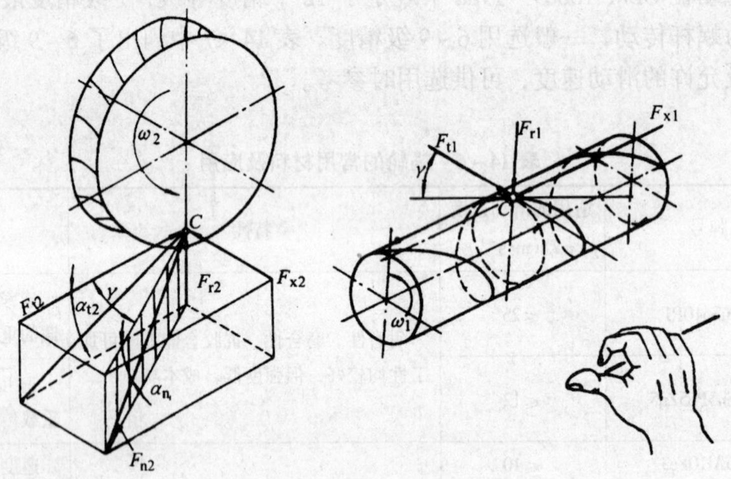

图 14－7　蜗杆传动的作用力

各力间的关系式为

$$\left.\begin{aligned} F_{t2} &= \frac{2T_2}{d_2} \approx -F_{x1} \\ F_{x2} &= F_{t2}\tan\gamma \approx -F_{t1} \\ F_{r2} &= F_{t2}\tan\alpha_{t2} \approx -F_{r1} \\ F_{n2} &= \frac{F_{t2}}{\cos\gamma\cos\alpha_n} = \frac{2T_2}{d_2\cos\gamma\cos\alpha_n} \end{aligned}\right\} \tag{14-6}$$

式中　F_{t2}、F_{t1}——分别为蜗轮、蜗杆切向力（N）；

F_{x2}、F_{x1}——分别为蜗轮、蜗杆轴向力（N）；

F_{r2}、F_{r1}——分别为蜗轮、蜗杆径向力（N）；

F_{n2}——蜗轮法向力（N）；

T_2——蜗轮转矩（N·mm），即

$$T_2 = 9.55\times10^6\ \frac{P_1\eta_1 i}{n_1} = T_1\eta_1 i \tag{14-7}$$

T_1——蜗杆转矩（N·mm）；

P_1——蜗杆输入功率（kW）；

η_1——传动啮合效率（见本章第五节）；

α_{t2}——蜗轮端面压力角；

α_n——蜗轮法向压力角，$\tan\alpha_n = \tan\alpha_{t2}\cos\gamma$。

当蜗杆主动时各力的方向为：

1）蜗杆上切向力 F_{t1} 的方向与蜗杆的转向相反。

2）蜗轮上切向力 F_{t2} 的方向与蜗轮的转向相同。

3）蜗杆和蜗轮上径向力 F_r 的方向，分别指向各自的轴心。

4）蜗杆轴向力 F_{x1} 的方向与蜗杆的转向及螺旋线方向有关，可用右（左）手法则判断，即蜗杆为右（左）旋时用右（左）手，并以四指弯曲方向表示蜗杆转向，则拇指所指方向为轴向力 F_{x1} 的方向，如图 14－7 所示。

二、蜗轮齿面接触强度计算

蜗轮齿面接触强度计算公式和斜齿圆柱齿轮相似，也是以节点啮合处的相应参数代入赫兹公式（13－5）导出的。当用青铜蜗轮和钢蜗杆配对时，蜗轮齿面接触强度的校核公式为

$$\sigma_H = 480\sqrt{\frac{KT_2\cos\gamma}{d_1 d_2^2}} \leqslant [\sigma]_H \tag{14-8}$$

以 $d_2 = mz_2$ 代入式（14－8）可得设计公式为

$$m^2 d_1 \geqslant KT_2\cos\gamma\left(\frac{480}{z_2[\sigma]_H}\right)^2 \tag{14-9}$$

式中 σ_H——蜗轮齿面接触应力（MPa）；

K——载荷系数，一般 $K = 1 \sim 1.4$，当载荷平稳、蜗轮切向速度 $v_2 \leqslant 3\text{m/s}$、7 级以上精度时，取小值，否则取大值；

γ——蜗杆导程角，按表 14－2 确定，初选时可取中间值；

$[\sigma]_H$——蜗轮的许用接触应力（MPa），按表 14－8 及表 14－9 选取。

表 14－8 蜗轮材料的许用接触应力 $[\sigma]_H$，许用弯曲应力 $[\sigma]_F$ （MPa）

蜗轮材料	铸造方法	适用的滑动速度 v_s/（m·s^{-1}）	力学性能		$[\sigma]_H$		$[\sigma]_F$	
					蜗杆齿面硬度			
			$\sigma_{0.2}$	σ_b	≤350HBW	>45HRC	一侧受载	两侧受载
ZCuSn10P1	砂 模	≤12	130	220	180	200	51	32
	金属模	≤25	170	310	200	220	70	40
ZCuSn5Pb5Zn5	砂 模	≤10	90	200	110	125	33	24
	金属模	≤12	90	200	135	150	40	29
ZCuAl10Fe3	砂 模	≤10	180	490	见表 14－9		82	84
	金属模		200	540			90	80
ZCuAl10Fe3Mn2	砂 模	≤10	—	490			—	—
	金属模			540			100	90
ZCuZn38Mn2Pb2	砂 模	≤10	—	245			62	56
	金属模			345			—	—
HT150	砂 模	≤2	—	150			40	25
HT200	砂 模	≤2～5	—	200			48	30
HT250	砂 模	≤2～5	—	250			56	35

表 14-9 铝青铜、锰黄铜及铸铁的许用接触应力 $[\sigma]_H$ (MPa)

蜗轮材料	蜗杆材料	滑动速度 v_s/ ($m\cdot s^{-1}$)							
		0.25	0.5	1	2	3	4	6	8
ZCuAl10Fe3，ZCuAl10Fe3Mn2	钢经淬火①	—	250	230	210	180	160	120	90
ZCuZn38Mn2Pb2	钢经淬火①	—	215	200	180	150	135	95	75
HT200，HT150（120~150HBW）	渗碳钢	160	130	115	90	—	—	—	—
HT150（120~150HBW）	调质或淬火钢	140	110	90	7	—	—	—	—

① 蜗杆如未经淬火，其 $[\sigma]_H$ 值需降低 20%。

计算出 m^2d_1 值后，按表 14-1 查取相应的标准 m 和 d_1 值。

当采用灰铸铁蜗轮与钢蜗杆配对时，式（14-8）和式（14-9）中的 480 代以 499。

三、蜗轮齿根弯曲强度计算

蜗轮齿形复杂，常按斜齿圆柱齿轮齿根弯曲强度的计算方法作条件性计算，利用式(13-23)，并根据蜗杆传动的特点，代入有关参数，经简化后可得蜗轮齿根弯曲强度的校核公式为

$$\sigma_F=\frac{1.56KT_2}{d_1d_2m}Y_{Fa}\leqslant[\sigma]_F \tag{14-10}$$

以 $d_2=mz_2$ 代入式（14-10）可得设计公式为

$$m^2d_1\geqslant\frac{1.56KT_2}{z_2[\sigma]_F}Y_{Fa} \tag{14-11}$$

式中 σ_F ——蜗轮齿根弯曲应力（MPa）；

Y_{Fa}——蜗轮的齿形系数，用当量齿数 $z_{v2}=z_2/\cos^3\gamma$，按表 14-10 选取；

$[\sigma]_F$——蜗轮的许用弯曲应力（MPa），按表 14-8 选取。

计算出 m^2d_1 值后，按表 14-1 查得相应的标准 m 和 d_1 值。

表 14-10 蜗轮齿形系数 Y_{Fa}

z_v	Y_{Fa}	z_v	Y_{Fa}	z_v	Y_{Fa}	z_v	Y_{Fa}
20	2.24	30	1.99	40	1.76	80	1.52
24	2.12	32	1.94	45	1.68	100	1.47
26	2.10	35	1.86	50	1.64	150	1.44
28	2.04	37	1.82	60	1.59	300	1.40

第五节 蜗杆传动的效率、润滑和散热计算

一、蜗杆传动的效率计算

蜗杆传动的效率为

$$\eta=\eta_1\eta_2\eta_3 \tag{14-12}$$

式中　η_1——蜗杆传动的啮合效率，可按螺旋传动效率公式计算，当蜗杆主动时为

$$\eta_1 = \frac{\tan\gamma}{\tan(\gamma + \rho_v)} \tag{14-13}$$

η_2——考虑搅油损耗的效率，一般取 $\eta_2 = 0.94 \sim 0.99$；

η_3——轴承效率，每对滚动轴承为 $\eta_3 = 0.98 \sim 0.995$；每对滑动轴承为 $\eta_3 = 0.97 \sim 0.99$。

ρ_v——当量摩擦角，由表 14－11 查取，表中的滑动速度 v_s 如图 14－8 所示，按下式计算

$$v_s = \frac{v_1}{\cos\gamma} = \frac{v_2}{\sin\gamma} = \frac{\pi d_1 n_1}{60 \times 1000\cos\gamma} \tag{14-14}$$

式中　v_s——蜗杆传动的滑动速度（m/s）；

v_1、v_2——分别为蜗杆、蜗轮的切向速度（m/s）。

设计之初，蜗杆传动的效率 η 可按表 14－12 初步选取。

二、蜗杆传动的润滑

蜗杆传动就其摩擦、磨损和发热量而言，远较齿轮传动严重，因此润滑剂和润滑方式的合理选择，对维护蜗杆传动的正常运行、提高寿命更为重要。

蜗杆传动的润滑方式选择，可根据蜗杆分度圆直径 d_1 和转速 n_1 按图 14－9 选择；当 $d_1 > 100$mm；$z_1 > 4$ 时，尚须按滑动速度 v_s 同时校核图 14－9 右上角的曲线范围。

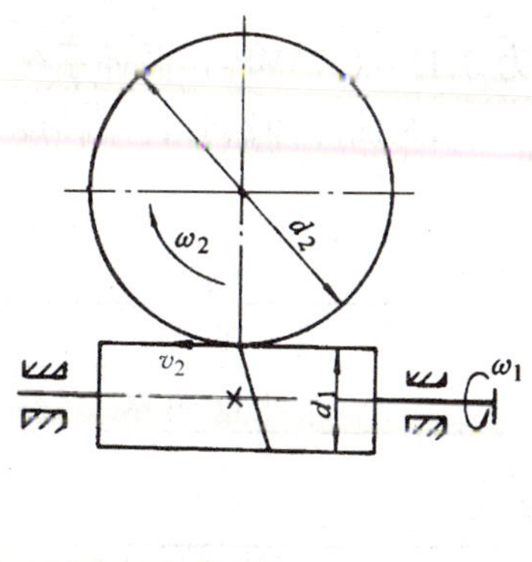

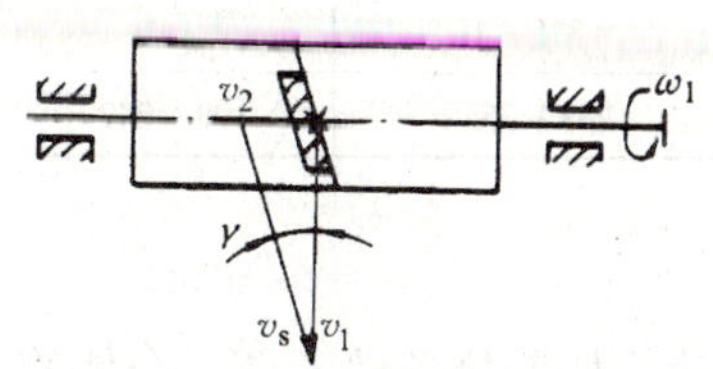

图 14－8　蜗杆传动的滑动速度

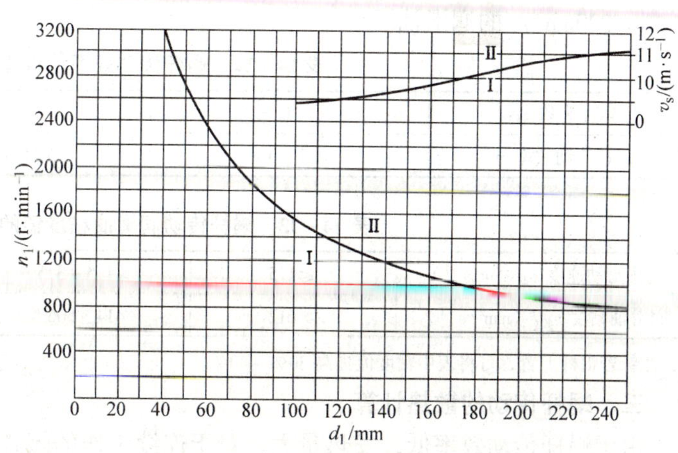

图 14－9　蜗杆传动的润滑方式选择线图

Ⅰ—浸油润滑区　Ⅱ—喷油压力润滑区

蜗杆传动一般要求粘度较大、油性好且含有某些特殊添加剂的润滑油。其粘度值可按表 14－13 选取。

表 14-11　蜗杆传动的当量摩擦角 ρ_v

蜗轮材料		锡青铜		铝青铜	灰铸铁	
钢蜗杆齿面硬度		≥45HRC	其他情况	≥45HRC	≥45HRC	其他情况
滑动速度 v_s / (m·s^{-1})	0.01	6°17′	6°51′	10°12′	10°12′	10°45′
	0.05	5°09′	5°43′	7°58′	7°58′	9°05′
	0.10	4°34′	5°09′	7°24′	7°24′	7°58′
	0.25	3°43′	4°17′	5°43′	5°43′	6°51′
	0.50	3°09′	3°43′	5°09′	5°09′	5°43′
	1.0	2°35′	3°09′	4°00′	4°00′	5°09′
	1.5	2°17′	2°52′	3°43′	3°43′	4°34′
	2.0	2°00′	2°35′	3°09′	3°09′	4°00′
	2.5	1°43′	2°17′	2°52′	—	—
	3.0	1°36′	2°00′	2°35′	—	—
	4	1°22′	1°47′	2°17′	—	—
	5	1°16′	1°40′	2°00′	—	—
	8	1°02′	1°29′	1°43′	—	—
	10	0°55′	1°22′	—	—	—
	15	0°48′	1°09′	—	—	—
	24	0°45′	—	—	—	—

注：蜗杆螺旋表面粗糙度为 $R_a1.6 \sim 0.4\mu m$。

对于压力喷油润滑，应选用粘度稍低的润滑油，喷油压力为 0.15～0.25MPa。循环系统中如有过滤式冷却器可选用粘度为 $\nu_{40} = 90 \sim 165mm^2/s$ 的润滑油，无回油冷却器时选用粘度为 $\nu_{40} = 220mm^2/s$ 的润滑油。

表 14-12　蜗杆传动效率估算值

蜗杆头数 z_1	1	2	4，6
蜗杆传动效率 η	0.7～0.8	0.80～0.86	0.87～0.92

表 14-13　蜗杆传动润滑油粘度值的选择

适用滑动速度 v_s/ (m·s^{-1})	≤1.5	>1.5～3.5	>3.5～10	>10
润滑油粘度 ν_{40}/ (mm^2·s^{-1})	>612	414～506	288～352	198～242

注：若蜗杆上置，可将表中粘度值提高 30%～40%。

三、蜗杆传动的散热计算

由于蜗杆传动效率低，发热量大，对于连续工作的闭式传动，如散热条件不良，会使箱体内润滑油温升过高，使润滑失效，导致齿面胶合，所以对连续工作的闭式蜗杆传动要进行散热计算。蜗杆传动中损耗的功率为

$$P_s = 1000P_1(1-\eta) \tag{14-15}$$

式中　P_s—蜗杆传动中损耗的功率（W）；

P_1——蜗杆传动的输入功率（kW）。

此损耗功率转化为热量，使箱体内润滑油温度升高；同时由于箱体内外温差而散热。自然通风时，箱体外表面散发出的热量折合的相当功率为

$$P_e = kA(t_1 - t_2) \tag{14-16}$$

热平衡条件是：在允许的润滑油工作温升范围内，箱体外表面所能散发出热量的相当功率应大于或等于传动损耗的功率，即

$$P_e \geqslant P_s$$

即

$$kA(t_1 - t_2) \geqslant 1000P_1(1-\eta) \tag{14-17}$$

由此可得

$$t_1 \geqslant \frac{1000P_1(1-\eta)}{kA} + t_2 \tag{14-18}$$

或

$$A \geqslant \frac{1000P_1(1-\eta)}{k(t_1 - t_2)} \tag{14-19}$$

式中 k——传热系数，一般取 $k = 8.7 \sim 17.5$W/（m^2·℃），通风条件良好（如箱体周围空气循环好，外壳上无灰尘杂物等）时取大值，可取 $k = 14 \sim 17.5$W/（m^2·℃），在没有循环空气流动的地方，$k = 8.7 \sim 10.5$W/（m^2·℃）；

A——箱体散热面积，可用下式计算

$$A = A_1 + 0.5A_2$$

A_1——箱体内表面能被润滑油浸着、溅着，而外表面又能被自然循环的空气所冷却的面积（m^2）；

A_2——箱体凸缘、散热片和加强肋等的表面积（m^2）；

t_1——润滑油的工作温度（℃），一般 t_1 应小于 75～85℃，最高不超过 95℃；

t_2——箱体外周围空气的温度（℃），常取 $t_2 = 20$℃。

若润滑油的工作温度 t_1 超过允许值或散热面积不足时，应采取下列方法提高散热能力：

1）在箱体外表面加散热片以增加散热面积。

2）在蜗杆的端部安装风扇，加速空气流通，提高 k 值，可取 $k = 18 \sim 35$W/（m^2·℃）（图 14-10a）。

3）在油池中安装蛇形水管，用循环水冷却（图 14-10b）。

4）采用压力喷油循环润滑（图 14-10c）。

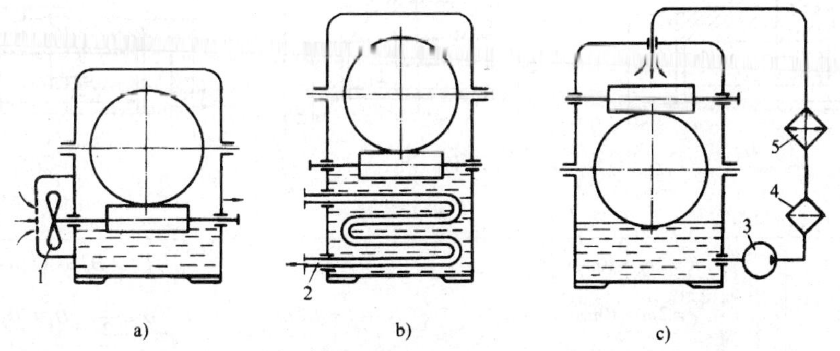

图 14-10 蜗杆传动的冷却方式

1—风扇 2—冷却水管 3—油泵 4—过滤器 5—冷却器

第六节　蜗杆、蜗轮的结构

蜗杆一般与轴做成一体（图 14－11），只有当 $d_{f1}>1.7d_h$ 时（d_h－为轴径）才采用蜗杆齿圈套装在轴上的结构。

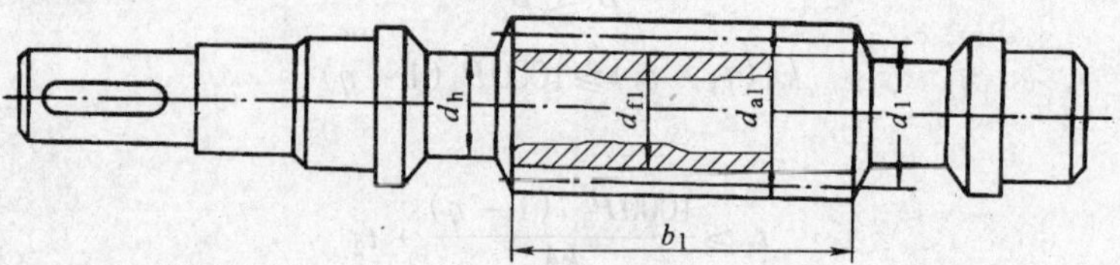

图 14－11　蜗杆的整体结构

蜗轮的典型结构见表 14－14。

表 14－14　蜗轮的典型结构

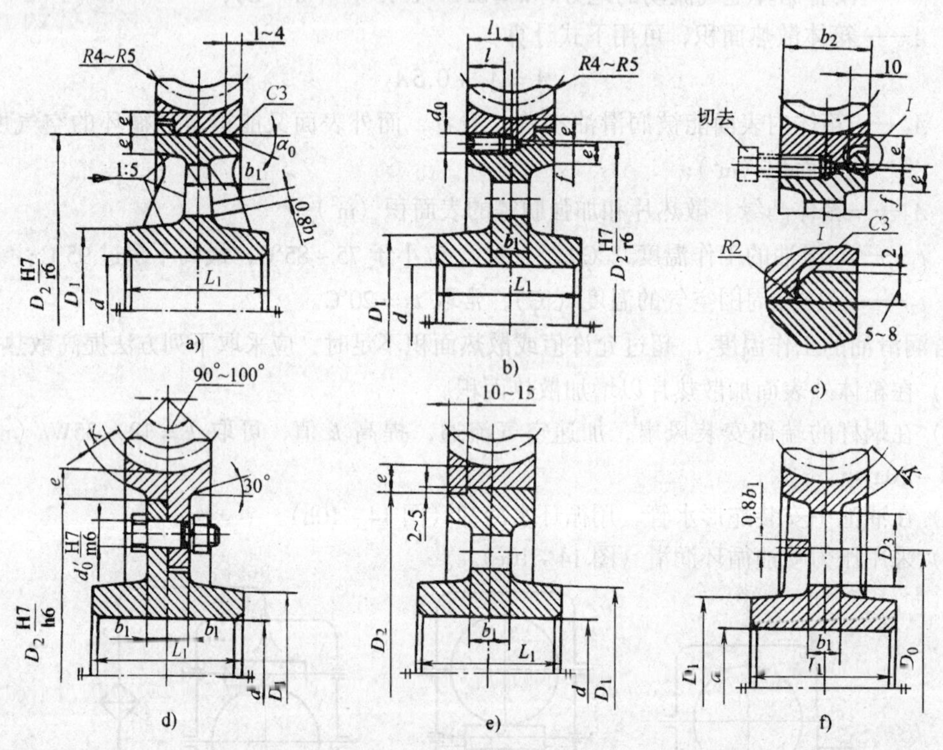

经验公式	$K=2m>10\text{mm}$	$l=3d_0$	$D_1=(1.6\sim2)\ d$
	$e=2m>10\text{mm}$	$l_1=l+0.5d_0$	$D\approx\frac{1}{2}(D_1+D_2)$，$D_3=\frac{D_0}{4}$
	$f=2\sim3\text{mm}$	$a_0=10°$	$L_1=(1.2\sim1.8)\ d$
	$d_0=(1.2\sim1.5)\ m$	$b_1=1.7m$	d'_0—按螺栓强度计算确定

（续）

结构形式	特点及应用范围
轮箍式 a)、b)、c)	青铜轮缘与铸铁心组合，通常采用 H7/s6 配合，为防止轮缘滑动，加台肩和螺钉固定，螺钉数目可取 6～12 个
螺栓联接式 d)	采用铰制孔用螺栓联接，螺栓与孔用 H7/m6 的配合，螺栓数目用抗剪强度计算确定，并以轮缘受挤压条件校核，蜗轮材料的许用挤压应力为 $[\sigma_P]=0.3\sigma_s$（σ_s—轮缘材料的屈服点），这种方式应用较多
镶铸式 e)	青铜轮缘镶铸在铸铁心上，轮心上预制出榫槽以防滑动，这种方式适用于大批生产
整体式 f)	适用于直径小于 100mm 的青铜蜗轮和任意直径的铸铁蜗轮，直径小时可用实体或腹板式结构；直径较大时可用腹板加肋结构

例 14－1 试设计单级闭式蜗杆传动，传递功率 $P_1=4\text{kW}$，转速 $n_1=1440\text{r/min}$，传动比 $i=20$，连续工作，单向运转，载荷平稳。

解 此蜗杆传动属一般用途，按表 14－5，蜗杆选用 45 钢，表面淬火，硬度大于 45HRC。蜗轮齿圈按表 14－6 选用锡青铜 ZCuSn5Pb5Zn5，砂模铸造。

1. 蜗轮齿面接触强度计算

（1）蜗杆头数 z_1、蜗轮齿数 z_2　由表 14－3 取 $z_1=2$，$z_2=iz_1=20\times2=40$。

（2）许用接触应力 $[\sigma]_H$　由表 14－8 查得 $[\sigma]_H=125\text{MPa}$。

（3）蜗轮转矩 T_2　由表 14－12 初设 $\eta_1=0.85$，由式（14－7）得

$$T_2=9.55\times10^6\times\frac{P_1}{n_1}i\eta_1=9.55\times10^6\,\frac{4}{1440}\times20\times0.85\text{N·mm}=4.51\times10^5\text{N·mm}$$

（4）载荷系数 K　取 $K=1.1$。

（5）蜗杆导程角 γ　由表 14－2 初取 $\gamma=12°$。

（6）计算 m^2d_1 值　由式（14－9）得

$$m^2d_1\geqslant KT_2\cos\gamma\left(\frac{480}{z_1\;[\sigma]_H}\right)^2=1.1\times4.51\times10^5\cos12°\times\left(\frac{480}{40\times125}\right)^2\text{mm}^3=4472\text{mm}^3$$

2. 确定基本几何尺寸

（1）模数 m 和蜗杆分度圆直径 d_1　由表 14－1 查得 $m^2d_1=5120\text{mm}^3$，$m=8\text{mm}$，$d_1=80\text{mm}$。

（2）蜗杆导程角 γ（以下几何尺寸均按表 14－4 的关系式计算）

$$\gamma=\arctan\frac{z_1m}{d_1}=\arctan\frac{2\times8}{80}=11.31°\ (\gamma=11°18'36'')$$

（3）蜗轮分度圆直径 d_2

$$d_2=mz_2=8\times40\text{mm}=320\text{mm}$$

（4）中心距 a

$$a=\frac{1}{2}(d_1+d_2)=\frac{1}{2}\times(80+320)\text{mm}=200\text{mm}$$

（5）蜗杆宽度 b_1

$$b_1\approx2m\sqrt{z_2+1}=2\times8\sqrt{40+1}\text{mm}=102\text{mm}$$

（6）蜗杆齿顶圆直径 d_{a1}

$$d_{a1}=d_1+2m=80\text{mm}+2\times8\text{mm}=96\text{mm}$$

（7）蜗轮宽度 b_2

$$b_2=0.75d_{a1}=0.75\times96\text{mm}=72\text{mm}$$

3. 确定精度等级

（1）蜗轮切向速度

$$v_2=\frac{\pi d_2 n_2}{60\times1000}=\frac{\pi d_2 n_1}{60\times1000 i}=\frac{\pi\times320\times1440}{60\times1000\times20}\text{m/s}=1.206\text{m/s}$$

（2）滑动速度 v_s　由式（14－14）得

$$v_s=\frac{v_2}{\sin\gamma}=\frac{1.206}{\sin11.31°}\text{m/s}=6.149\text{m/s}$$

（3）精度等级　由表 14－7，选用 7 级精度。

4. 计算传动效率 η

（1）传动啮合效率 η_1　由表 14－11 查得当量摩擦角 $\rho_v=1°11'$，由式（14－13）得

$$\eta_1=\frac{\tan\gamma}{\tan(\gamma+\rho_v)}=\frac{\tan11.31°}{\tan(11.31°+1.18°)}=0.904$$

（2）搅油损失效率　$\eta_2=0.97$

（3）滚动轴承效率　$\eta_3=0.99$

（4）蜗杆传动的效率 η　由式（14－12）得

$$\eta=\eta_1\eta_2\eta_3=0.904\times0.97\times0.99=0.868$$

5. 复核 m^2d_1 值　由式（14－9）得

$$m^2d_1=KT_2\cos\gamma\left(\frac{480}{z_2\,[\sigma]_H}\right)^2=1.1\times4.51\times10^5\times\frac{0.904}{0.85}\cos11.31°$$

$$\times\left(\frac{480}{40\times125}\right)^2\text{mm}^3=4768.1\text{mm}^3<5120\text{mm}^3\text{，安全。}$$

6. 蜗轮齿根弯曲强度校核

（1）蜗轮许用弯曲应力 $[\sigma]_F$　由表 14－8 查得 $[\sigma]_F=33\text{MPa}$。

（2）蜗轮当量齿数 z_{v2} 为

$$z_{v2}=\frac{z_2}{\cos^3\gamma}=\frac{40}{\cos^3 11.31°}=42.4$$

（3）蜗轮齿形系数 Y_{Fa}　由表 14－10 查得 $Y_{Fa}=1.72$。

（4）蜗轮齿根弯曲应力 σ_F　由式（14－10）得

$$\sigma_F=\frac{1.56KT_2}{d_1d_2m}Y_{Fa}=\frac{1.56\times1.1\times4.51\times10^5\times\frac{0.904}{0.85}\times1.72}{80\times320\times8}\text{MPa}$$

$$=6.9\text{MPa}<33\text{MPa}\text{，安全。}$$

7. 散热计算

（1）箱体外周围空气温度 $t_2=20℃$，润滑油工作温度 $t_1=75℃$。

（2）传热系数 $k=15\text{W/（m}^2\cdot℃\text{）}$。

（3）计算散热面积 A　由式（14－19）得

$$A\geqslant\frac{1000P_1(1-\eta)}{k(t_1-t_2)}=\frac{1000\times4\times(1-0.868)}{15\times(75-20)}\text{m}^2=0.64\text{m}^2$$

8. 润滑油粘度及润滑方式的选择

（1）润滑油粘度　由表 14－13 查得 $\nu_{40}\approx314\text{mm}^2/\text{s}$。

（2）润滑方式　由图 14－9 查得为浸油润滑。

9. 蜗杆、蜗轮工作图　蜗杆工作图如图 14－12 所示，蜗轮工作图如图 14－13 所示。

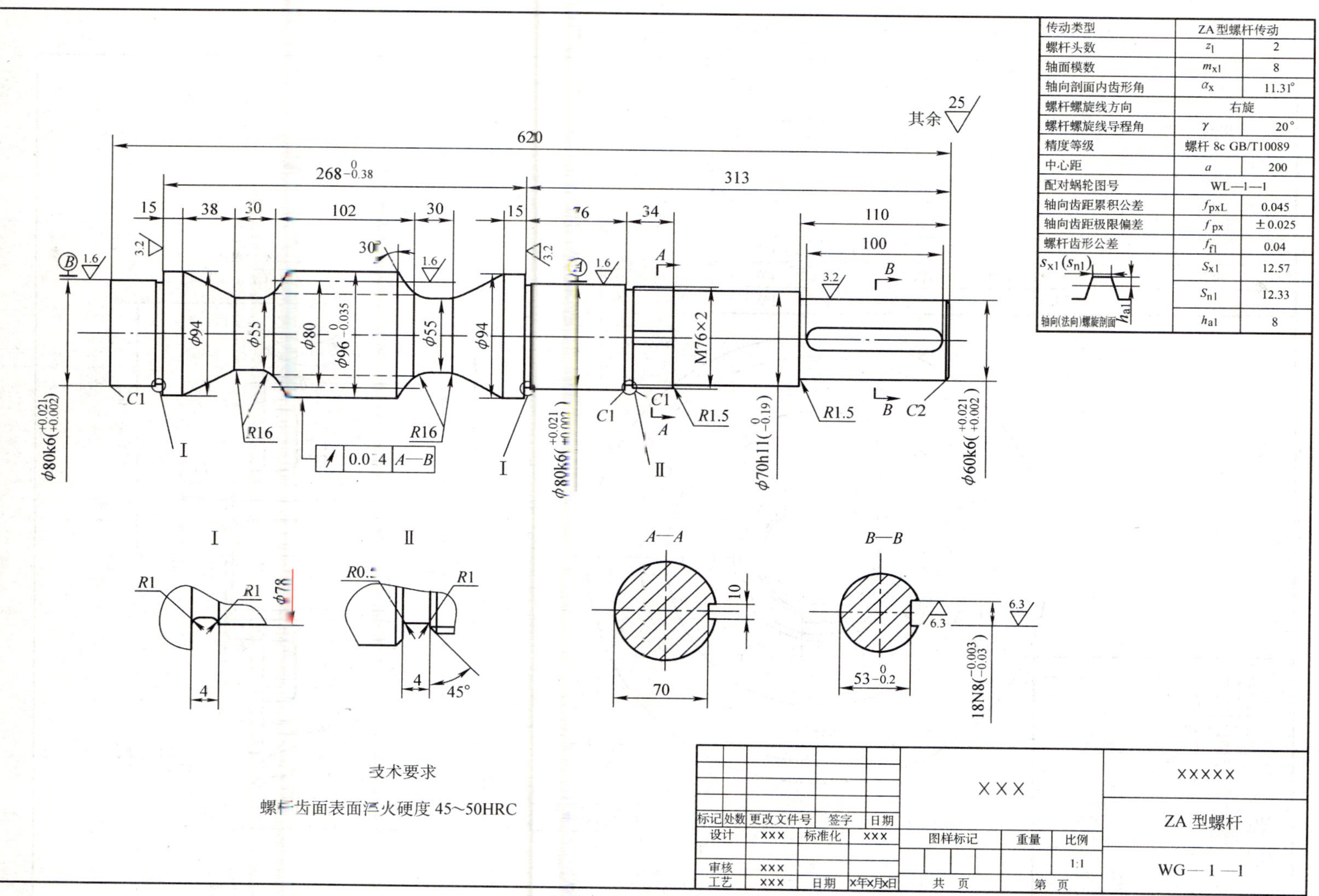
传动类型 ZA 型螺杆传动
螺杆头数 z_1 2
轴面模数 m_{x1} 8
轴向剖面内齿形角 α_x 11.31°
螺杆螺旋线方向 右旋
螺杆螺旋线导程角 γ 20°
精度等级 螺杆 8c GB/T10089
中心距 a 200
配对蜗轮图号 WL—1—1
轴向齿距累积公差 f_{pxL} 0.045
轴向齿距极限偏差 f_{px} ±0.025
螺杆齿形公差 f_{f1} 0.04
$s_{x1}(s_{n1})$ S_{x1} 12.57
S_{n1} 12.33
h_{a1} 8
轴向(法向)螺旋剖面
其余 25
620
268 $_{-0.38}^{0}$
313
110
100
M76×2
$\phi 80k6(_{+0.002}^{+0.021})$
$\phi 70h11(_{-0.19}^{0})$
$\phi 60k6(_{+0.002}^{+0.021})$
I
II
A—A
B—B
70
$53_{-0.2}^{0}$
$18N8(_{-0.03}^{-0.003})$
技术要求
螺杆齿面表面淬火硬度 45~50HRC
标记 处数 更改文件号 签字 日期
设计 XXX 标准化 XXX
审核 XXX
工艺 XXX 日期 X年X月X日
XXX
图样标记 重量 比例 1:1
共 页 第 页
XXXXX
ZA 型螺杆
WG—1—1

图 14-12 蜗杆工作图

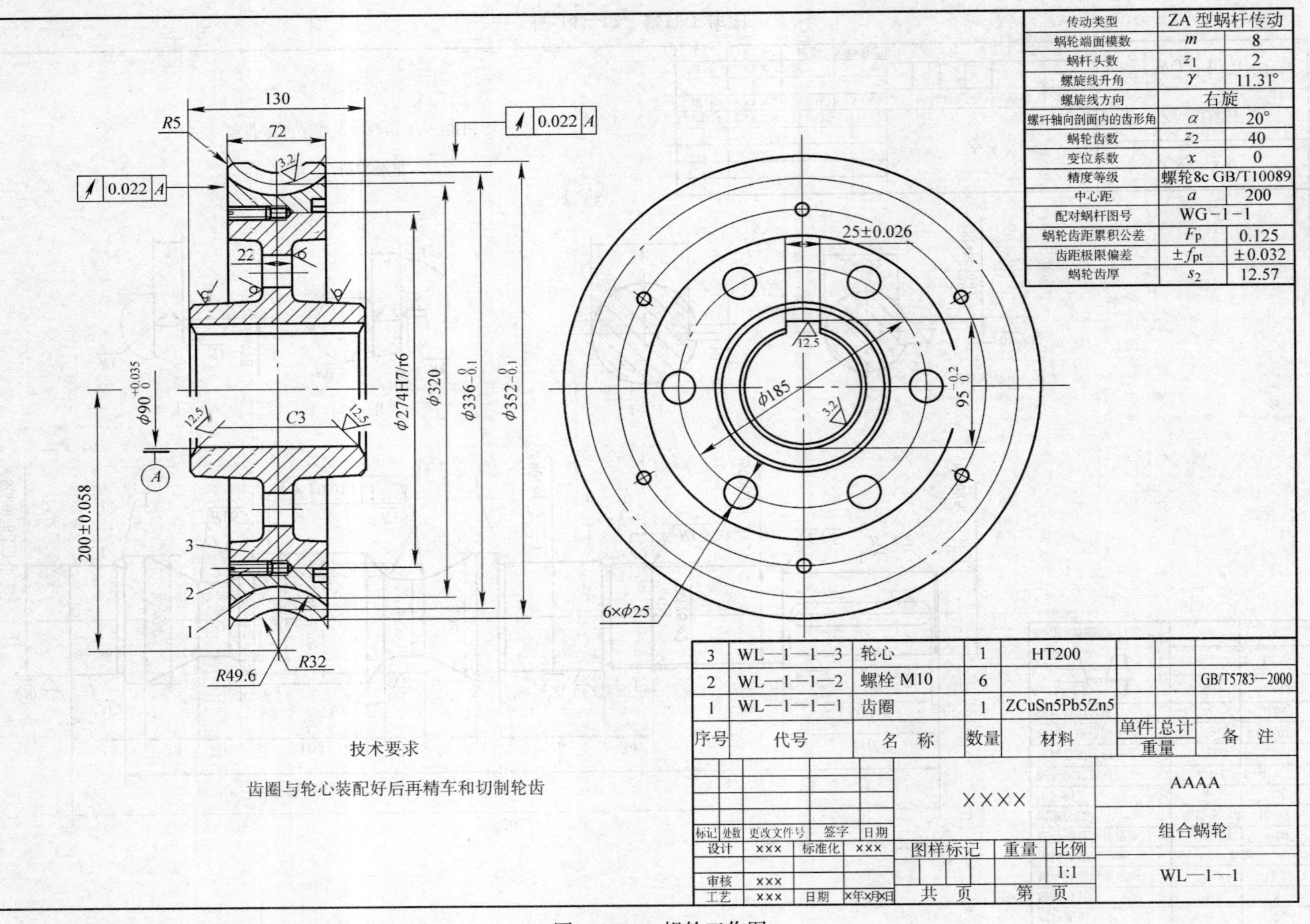

130
R5
72
0.022 A
22
φ90+0.035 0
C3
12.5
A
200±0.058
φ274H7/r6
φ320
φ336-0.1
φ352-0.1
3
2
1
R49.6
R32
25±0.026
12.5
φ185
3.2
95-0.2
6×φ25
技术要求
齿圈与轮心装配好后再精车和切制轮齿
传动类型 ZA 型蜗杆传动
蜗轮端面模数 m 8
蜗杆头数 z1 2
螺旋线升角 γ 11.31°
螺旋线方向 右旋
螺杆轴向剖面内的齿形角 α 20°
蜗轮齿数 z2 40
变位系数 x 0
精度等级 蜗轮 8c GB/T10089
中心距 a 200
配对蜗杆图号 WG-1-1
蜗轮齿距累积公差 Fp 0.125
齿距极限偏差 ±fpt ±0.032
蜗轮齿厚 s2 12.57
3 WL—1—1—3 轮心 1 HT200
2 WL—1—1—2 螺栓 M10 6 GB/T5783—2000
1 WL—1—1—1 齿圈 1 ZCuSn5Pb5Zn5
序号 代号 名称 数量 材料 单件 总计 重量 备注
××××
AAAA
组合蜗轮
WL—1—1
标记 处数 更改文件号 签字 日期
设计 ××× 标准化 ×××
审核 ×××
工艺 ××× 日期 ×年×月×日
图样标记 重量 比例 1:1
共 页 第 页

图 14-13 蜗轮工作图

实践教学环节

1. 观察蜗轮、蜗杆的结构形式，了解蜗杆类型及其加工方法。有条件时，通过测量蜗轮、蜗杆的结构尺寸确定蜗轮、蜗杆的基本参数。

2. 拆装蜗杆减速器，了解减速器蜗杆传动的润滑方式及散热方式。

习　题

14-1　图 14-14 所示为一圆柱蜗杆—斜齿圆柱齿轮传动，蜗杆由电动机驱动，功率 $P_1 = 11\text{kW}$，转速 $n_1 = 970\text{r/min}$，模数 $m = 12.5\text{mm}$。蜗杆头数 $z_1 = 2$，右旋，蜗杆分度圆直径 $d_1 = 140\text{mm}$，导程角 $\gamma = 10°07'29''$，蜗杆表面硬度≥45HRC。蜗轮齿数 $z_2 = 40$，蜗轮材料 ZCuSn10P1。斜齿圆柱齿轮模数 $m_n = 6\text{mm}$，小齿轮齿数 $z_3 = 32$，大齿轮齿数 $z_4 = 98$，螺旋角 $\beta = 12°50'19''$。欲使小斜齿轮 3 的轴向力与蜗轮 2 的轴向力抵消一部分，试确定：

1）蜗轮的转向及螺旋线方向？

2）两斜齿轮的转向及螺旋线方向？

3）各轮所受的轴向力方向及大小？

14-2　图 14-15 所示为一圆柱蜗杆—锥齿轮传动。已知输出轴上锥齿轮 z_4 的转速 n_4，为使中间轴上的轴向力互相抵消一部分，在图中画出：

1）蜗杆、蜗轮的转向及螺旋线方向？

2）各轮所受轴向力方向？

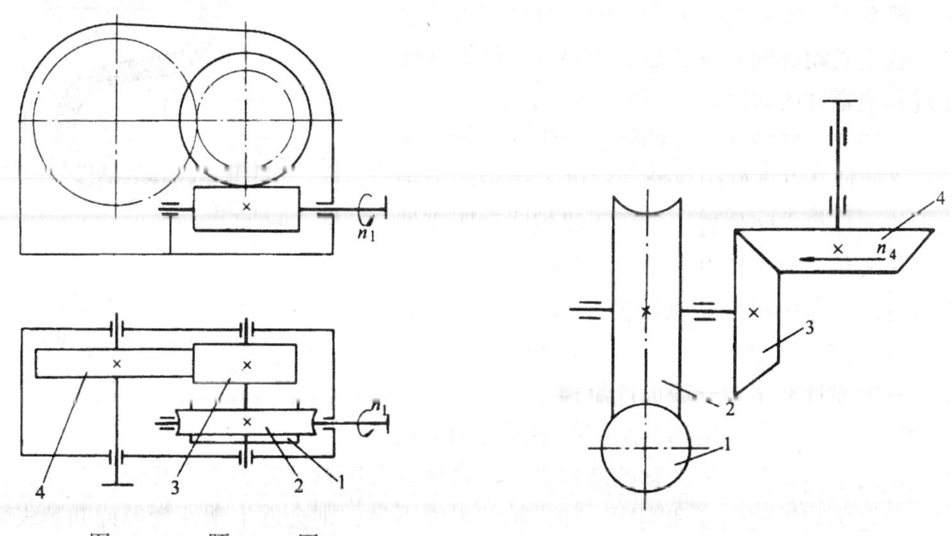

图 14-14　题 14-1 图　　　　图 14-15　题 14-2 图

14-3　设计一起重设备用闭式圆柱蜗杆传动，载荷有中等冲击，传递功率 $P_1 = 7.5\text{kW}$，$n_1 = 1450\text{r/min}$，$n_2 = 72.5\text{r/min}$，工作连续，通风良好。

14-4　一运输机用单级蜗杆减速器，已知蜗杆输入功率 $P_1 = 5.5\text{kW}$，转速 $n_1 = 1440\text{r/min}$，传动比 $i = 30$；蜗杆材料为 45 钢，表面淬火，硬度大于 45HRC；蜗轮材料为 ZCuAl10Fe3，金属模铸造；载荷平稳，连续工作，通风条件良好。试设计该蜗杆传动。

第十五章　轴

轴是机器中的重要零件，其功能在于支承转动零件（如齿轮、带轮等），使转动零件具有确定的工作位置，并传递运动和动力。

随着轴在机器中所处的工作条件不同，轴的材料、结构要求、失效形式及设计准则也不尽相同。对于一般的轴，其设计主要包括选择材料、结构设计和强度计算等方面的内容。

本章将介绍轴的常用材料，并讨论轴的结构设计及强度计算方法。

第一节　轴的分类和设计要求

一、轴的分类

轴按承载情况不同，可分为心轴、传动轴和转轴三类。各类轴的承载情况及特点见表15-1。

按轴线情况的不同，轴还可分为直轴和曲轴。直轴又分为光轴和阶梯轴。

轴一般都制成实心的，但为减轻重量（如大型水轮机轴、航空发动机轴）或满足工作要求（如需在轴中心穿过其他零件或润滑油），则可用空心轴。

另外，还有一些特殊用途的轴，如钢丝软轴（图15-1）。这种轴具有良好的挠性，它可不受限制地把回转运动传到任何空间位置，常用于机械式远距离控制机构、仪表传动及手持电动小型机具等。

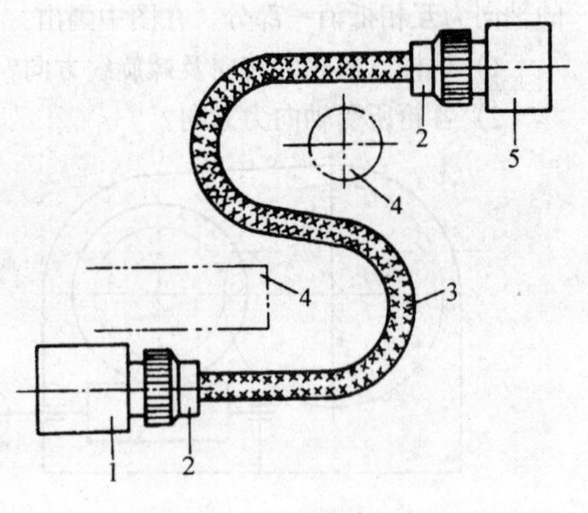

图 15-1　钢丝软轴

1—动力机　2—接头　3—钢丝软轴（外层为护套）　4—设备　5—被驱动装置

本章将以机器中最为常见的实心阶梯转轴为例，讨论轴的有关设计问题。

二、轴的设计要求和一般设计步骤

一般情况下，合理的结构和足够的强度是轴的设计必须满足的基本要求。如果轴的结构设计不合理，会影响轴的加工和装配工艺性，增加制造成本，乃至影响轴的强度和刚度。如果轴的强度不足，则会发生塑性变形或断裂失效，使其不能正常工作。

不同的机器对轴的设计要求不同，如机床主轴、电机轴要求有足够的刚度；对一些高速机械的轴，如高速磨床主轴、汽轮机主轴等要考虑振动稳定性问题。

轴的一般设计步骤是：

1）按工作要求选择材料。

2）估算轴的基本直径。

3）轴的结构设计。

4）轴的强度校核计算，必要时作刚度或振动稳定性等校核计算。

上述步骤紧密相关，不能截然分开。另外，轴的设计与其他有关零件的设计往往相互联系、影响，因此必须结合进行。

表 15-1 心轴、传动轴和转轴的承载情况及特点

种类		举例	受力简图	特点	
心轴	固定心轴	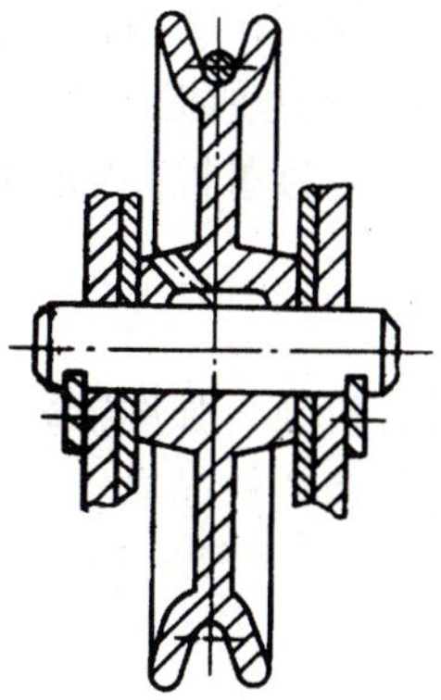	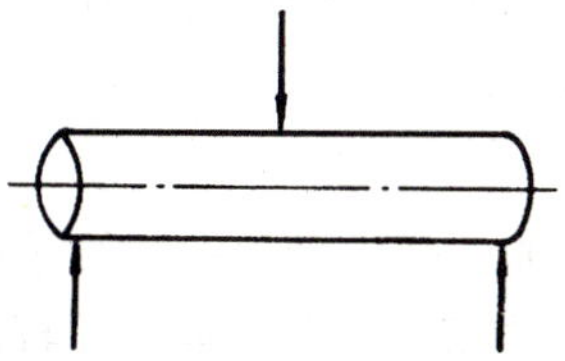	只承受弯矩，不承受转矩；起支承作用	截面上的弯曲应力 σ_w 为静应力： $\sigma_w=\frac{M}{W}$ M——截面上的弯矩； W——抗弯截面系数
	转动心轴	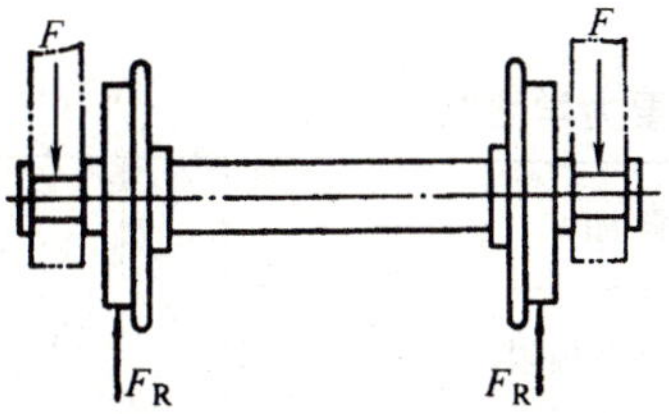 F F F_R F_R	ω		截面上的弯曲应力 σ_w 为变应力： $\sigma_w=\frac{M}{W}$
传动轴			T T ω	主要承受转矩，不承受弯矩或承受很小的弯矩；仅起传递动力的作用；截面上的切应力： $\tau_T=\frac{T}{W_T}$ T——截面上的转矩； W_T——抗扭截面系数	
转轴			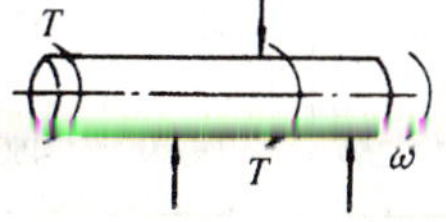 T T ω	既承受弯矩又承受转矩，是机器中最常用的一种轴；截面上受弯曲应力 σ_w 和切应力 τ_T 的复合作用，其当量应力为 $\sigma_e=\frac{M_e}{W}$ M_e——截面上的当量弯矩； W——抗弯截面系数	

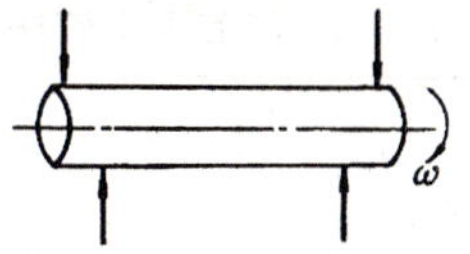

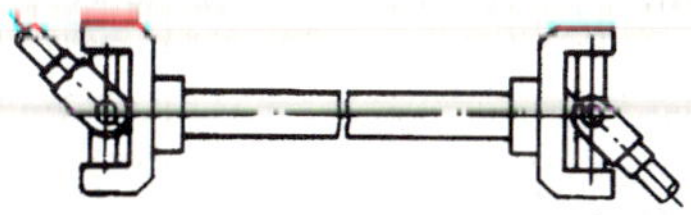

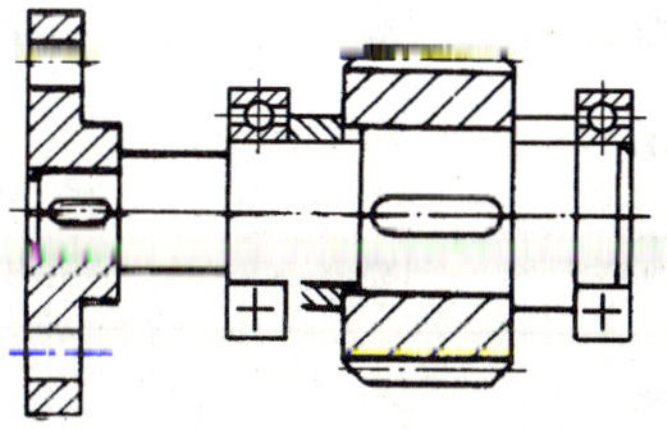

第二节 轴的材料

轴的常用材料是碳素结构钢、合金钢及球墨铸铁。钢轴毛坯多是轧制圆钢或锻件。

一、碳素钢

优质中碳钢 30～50 钢常用于比较重要或承载较大的轴，其中 45 钢应用最广。对于这类

材料，可通过调质或正火等热处理方法改善和提高其力学性能。

普通碳素钢 Q235、Q275 等可用于不重要的轻载低速轴或一般传动轴。

二、合金钢

合金钢具有较高的综合力学性能和较好的热处理性能。因此，对于重要的、承载很大而重量、尺寸受限或有较高耐磨性、防腐性要求的轴，可采用合金钢，并进行一定的热处理。

必须注意的是：①合金钢对应力集中敏感性较强，且价格较高；②因在一般温度下，碳素钢和合金钢的弹性模量相差不多，故用合金钢代替碳素钢不能达到提高轴的刚度的目的；③各种热处理、化学处理及表面强化处理（如喷丸、滚压等）可显著提高轴的疲劳强度或耐磨性，但对其刚度却影响很小。

三、球墨铸铁

球墨铸铁适于制造如曲轴、凸轮轴等形状复杂的轴，具有价廉、强度较高、良好的耐磨性、吸振性和可加工性以及对应力集中的敏感性较低等优点。但铸件品质不易控制，可靠性较差。

轴的常用材料及其主要力学性能见表 15－2。

表 15－2　轴的常用材料及其主要力学性能

<table>
<tr><th colspan="2">材料</th><th rowspan="2">热处理</th><th rowspan="2">毛坯直径/mm</th><th rowspan="2">硬度HBW</th><th colspan="4">力学性能/MPa</th><th rowspan="2">ψ_σ</th><th rowspan="2">ψ_τ</th><th rowspan="2">备注</th></tr>
<tr><th>类别</th><th>牌号</th><th>强度极限 σ_b</th><th>屈服点 σ_s</th><th>弯曲疲劳极限 σ_{-1}</th><th>剪切疲劳极限 τ_{-1}</th></tr>
<tr><td rowspan="4">碳素结构钢</td><td rowspan="2">Q235A</td><td rowspan="2">热轧或锻后空冷</td><td>≤100</td><td>—</td><td>400～420</td><td>225</td><td rowspan="2">170</td><td rowspan="2">105</td><td rowspan="2">0.2</td><td rowspan="2">0.1</td><td rowspan="2">用于不重要或承载不大的轴</td></tr>
<tr><td>>100～250</td><td>—</td><td>375～390</td><td>215</td></tr>
<tr><td rowspan="2">45</td><td>正火</td><td>≤100</td><td>170～217</td><td>600</td><td>300</td><td>275</td><td>140</td><td rowspan="2">0.2</td><td rowspan="2">0.1</td><td rowspan="2">应用最广</td></tr>
<tr><td>调质</td><td>≤200</td><td>217～255</td><td>650</td><td>360</td><td>300</td><td>155</td></tr>
<tr><td rowspan="9">合金钢</td><td rowspan="2">40Cr</td><td rowspan="2">调质</td><td>≤100</td><td>241～266</td><td>750</td><td>550</td><td>350</td><td>200</td><td rowspan="2">0.25</td><td rowspan="2">0.15</td><td rowspan="2">用于承载较大而无很大冲击的重要轴</td></tr>
<tr><td>>100～300</td><td>241～266</td><td>700</td><td>550</td><td>340</td><td>185</td></tr>
<tr><td rowspan="2">35SiMn (42SiMn)</td><td rowspan="2">调质</td><td>≤100</td><td>229～286</td><td>800</td><td>520</td><td>400</td><td>205</td><td rowspan="2">0.25</td><td rowspan="2">0.15</td><td rowspan="2">性能接近40Cr，用于中小型轴</td></tr>
<tr><td>>100～300</td><td>217～269</td><td>750</td><td>450</td><td>350</td><td>185</td></tr>
<tr><td rowspan="2">40MnB</td><td rowspan="2">调质</td><td>25</td><td></td><td>1000</td><td>800</td><td>485</td><td>280</td><td rowspan="2">0.25</td><td rowspan="2">0.15</td><td rowspan="2">性能接近40Cr，用于重要轴</td></tr>
<tr><td>≤200</td><td>241～286</td><td>750</td><td>500</td><td>335</td><td>195</td></tr>
<tr><td rowspan="2">20Cr</td><td rowspan="3">渗碳淬火回火</td><td>15</td><td rowspan="2">表面 50～60HRC</td><td>850</td><td>550</td><td>375</td><td>215</td><td rowspan="3">0.25</td><td rowspan="3">0.15</td><td rowspan="3">用于要求强度和韧性均较高的轴</td></tr>
<tr><td>≤60</td><td>650</td><td>400</td><td>280</td><td>160</td></tr>
<tr><td>20CrMnTi</td><td>15</td><td>表面 50～62HRC</td><td>1100</td><td>850</td><td>525</td><td>300</td></tr>
</table>

（续）

材料		热处理	毛坯直径 /mm	硬度 HBW	力学性能/MPa				ψ_σ	ψ_τ	备注
类别	牌号				强度极限 σ_b	屈服点 σ_s	弯曲疲劳极限 σ_{-1}	剪切疲劳极限 τ_{-1}			
球铸墨铁	QT400—15		—	156 ~ 197	400	300	145	125	—	—	用于制造复杂外形的轴
	QT600—3		—	197 ~ 269	600	420	215	185	—	—	

第三节　轴的基本直径的估算

转轴设计，一般是先按轴所传递的转矩估算出轴上受扭转轴段的最小直径，并以其作为基本参考尺寸进行轴的结构设计。

由材料力学可知，实心圆轴的扭转强度条件为

$$\tau_T = \frac{T}{W_T} = \frac{9.55 \times 10^6 \dfrac{P}{n}}{0.2d^3} \leqslant [\tau_T] \tag{15-1}$$

由此得轴的基本直径的估算式

$$d \geqslant \sqrt[3]{\frac{9.55 \times 10^6 P}{0.2\,[\tau_T]\,n}} = C\sqrt[3]{\frac{P}{n}} \tag{15-2}$$

式中　d——轴的估算基本直径（mm）；

τ_T——轴的切应力（MPa）；

T——轴传递的转矩（N·mm）；

P——轴传递的功率（kW）；

n——轴的转速（r/min）；

W_T——轴的抗扭截面系数（mm^3），$W_T = \pi d^3/16 \approx 0.2d^3$；

$[\tau_T]$——许用切应力（已考虑弯矩对轴的影响）（MPa）；

C——计算常数，取决于轴的材料及受载情况，见表 15-3。

表 15-3　轴常用材料的 C 值

轴的材料	Q235、20		35			45		40Cr、35SiMn	
C	160	148	135	125	118	112	107	102	98

注：当轴所受弯矩较小或只受转矩时，C 取小值，否则取较大值。

另外，若当按式（15-2）求得直径的轴段上开有键槽时，应适当增大轴径：单键槽增大 3%，双键槽增大 7%；然后将轴径圆整，或取标准值。

第四节　轴的结构设计

轴的结构设计就是要确定轴的合理外形，包括各轴段长度、直径及其他细节尺寸在内的全部结构尺寸。

轴的结构受多方面因素的影响，没有一个标准形式，而是随工作条件与要求的不同而不同。设计时一般应考虑如下三方面主要问题：

一、满足使用要求

要实现轴的功能，须保证轴上零件皆有其准确的工作位置，这就要求轴上零件在轴上有可靠的轴向固定和周向固定。

1. 轴向固定　常见的轴向固定方法及其特点与应用见表 15 – 4，其中轴肩、轴环、套筒、轴端挡圈及圆螺母应用较广泛。

必须注意：①轴上零件一般均应作双向固定，这时可将表 15 – 4 中各种方法联合使用；②为保证固定可靠，与轴上零件相配合的轴段长度应比轮毂宽度略短，如表 15 – 4 中套筒结构简图所示，$l = B - 1 \sim 3$mm。

2. 周向固定　轴上零件周向固定的常用方法有：键、花键联接、紧定螺钉联接、销联接、过盈联接（见第十章）等。

二、轴的结构工艺性

进行轴的结构设计时，应尽可能使轴的形状简单，并且具有良好的可加工性和装配工艺性能。

表 15 – 4　轴上零件的轴向固定方法及应用

轴向固定方法及结构简图		特点和应用	设计注意要点
轴肩与轴环	a) 轴肩　b) 轴环	简单可靠，不需附加零件，能承受较大轴向力。广泛应用于各种轴上零件的固定 该方法会使轴径增大，阶梯处产生应力集中，且阶梯过多将不利于加工	为保证零件与定位面靠紧，轴上过渡圆角半径 r 应小于零件圆角半径 R 或倒角 C，即 $r < C < a$、$r < R < a$ 一般取定位高度 $a = (0.07 \sim 0.1)\ d$，轴环宽度 $b = 1.4a$
套筒		简单可靠，简化了轴的结构且不削弱轴的强度 常用于轴上两个近距离零件间的相对固定 不宜用于高转速轴	套筒内径与轴的配合较松、套筒结构、尺寸可视需要灵活设计
轴端挡圈	轴端挡圈 (GB/T891–1986, (GB/T892–1986)	工作可靠，能承受较大轴向力，应用广泛	只用于轴端 应采用止动垫片等防松措施

（续）

轴向固定方法及结构简图		特点和应用	设计注意要点
锥面	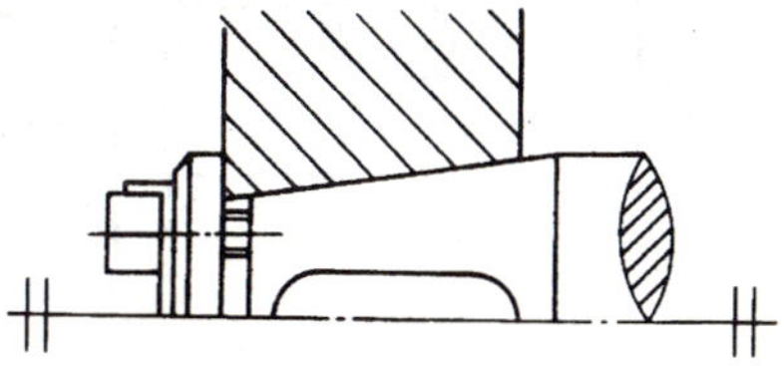	装拆方便，且可兼作周向固定 宜用于高速、有冲击及对中性要求高的场合	只用于轴端 常与轴端挡圈联合使用，实现零件的双向固定
圆螺母	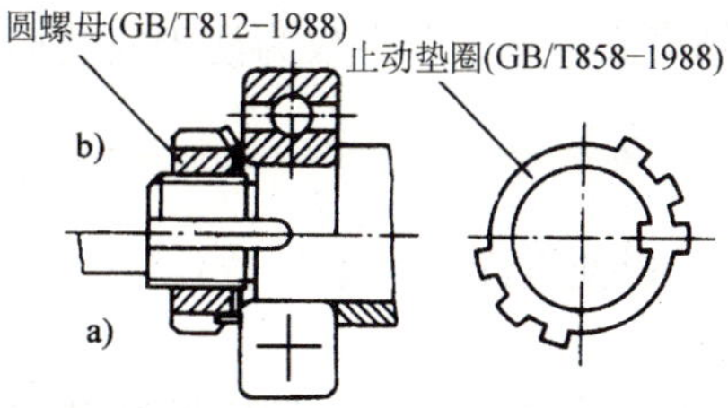 圆螺母(GB/T812-1988) 止动垫圈(GB/T858-1988) b) a)	固定可靠，可承受较大轴向力，能实现轴上零件的间隙调整 常用于轴上两零件间距较大处（图 a 所示），亦可用于轴端（图 b 所示）	为减小对轴强度的削弱，常用细牙螺纹 为防松，须加止动垫圈或使用双螺母
弹性挡圈	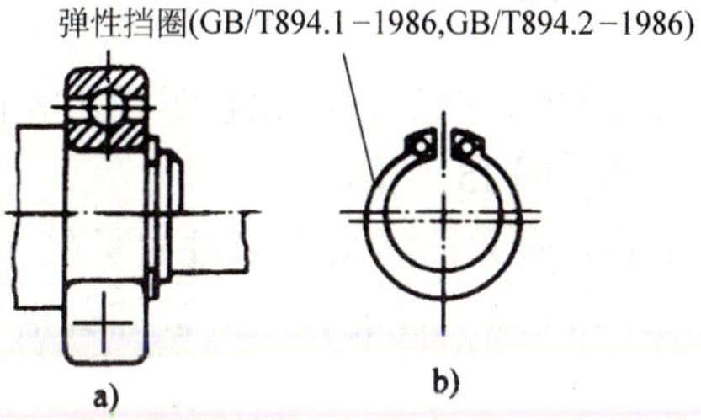 弹性挡圈(GB/T894.1－1986,GB/T894.2－1986) a) b)	结构紧凑、简单，装拆方便，但受力较小，且轴上车槽将引起应力集中 常用于轴承的固定	轴上车槽尺寸见 GB/T 894.1—1986
紧定螺钉与锁紧挡圈	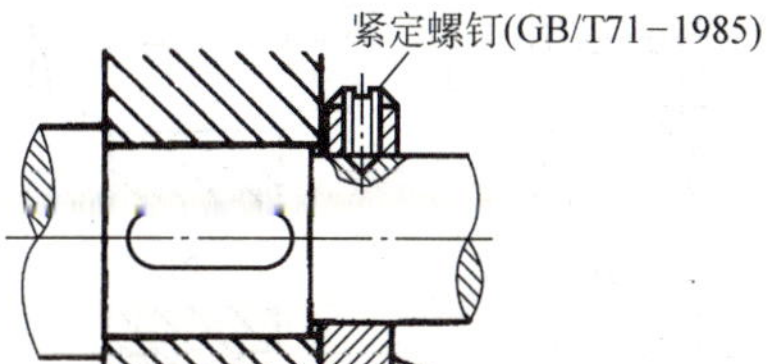 紧定螺钉(GB/T71－1985) 锁紧挡圈 (GB/T881–1986)	结构简单，但受力较小，且不适于高速场合	

1. 可加工性

1）轴的直径变化应尽可能少，并应尽量限制轴的最大直径与各轴段的直径差，这样既能节省材料，又可减少切削量。

2）轴上有磨削与车螺纹处，要留砂轮越程槽和螺纹退刀槽（图 15－2），以保证完整加工。

3）轴上有多个键槽时，应将它们开在同一直线上（图 15－9a），以免加工键槽时多次装夹。

4）如有可能，应使轴上各过渡圆角、倒角、键槽、越程槽、退刀槽及中心孔等尺寸分别相同，并符合标准和规定，以利于加工和检验。

5）轴上配合轴段直径应取标准值，与滚动轴承配合的轴径应按滚动轴承内径尺寸选取，轴上的螺纹部分直径应符合螺纹标准等。

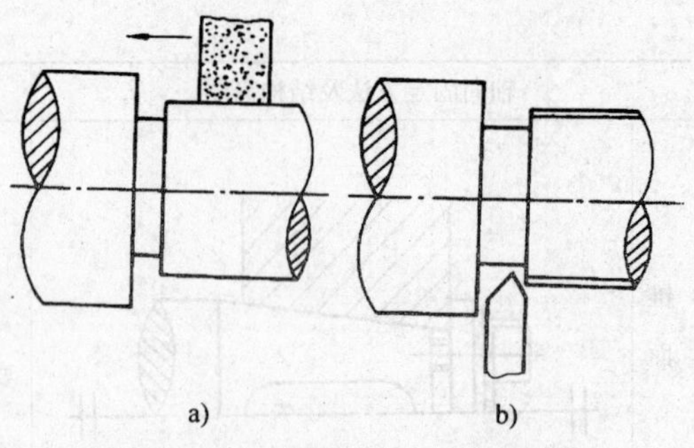

图 15－2 砂轮越程槽与螺纹退刀槽

a）砂轮越程槽 b）螺纹退刀槽

2. 装配工艺性

1）为便于轴上零件的装配，使其能顺利通过相邻轴段而到达轴上的确定位置，常采用直径从两端向中间逐渐增大的阶梯轴。轴上的各阶梯，除用作轴上零件轴向固定的可按表 15－4 确定轴肩高度外，其余仅为便于安装而设置的轴肩，其轴肩高度常可取 0.5～3mm。

2）轴端应倒角，以去掉毛刺并便于装配。

3）固定滚动轴承的轴肩高度应小于轴承内圈厚度，以便拆卸（图 17－17）。

三、提高轴的疲劳强度

轴一般在变应力下工作，多数因疲劳而失效。因此，设计轴时，应设法提高其疲劳强度。常采取的措施有：

1. 改进轴的结构形状

1）尽量使轴径变化处过渡平缓，宜采用较大的过渡圆角。例如，相配合零件内孔倒角或圆角很小时，可采用凹切圆角（图 15－3a）或过渡肩环（图 15－3b）。

2）过盈配合处的应力集中（图 15－4a）会随过盈量的增大而增大。当过盈量较大时，采用增大配合处轴径（图 15－4b）、轴上开设卸载槽（图 15－4c）及轮毂上开设卸载槽（图 15－4d）等结构，对改善应力有一定作用。

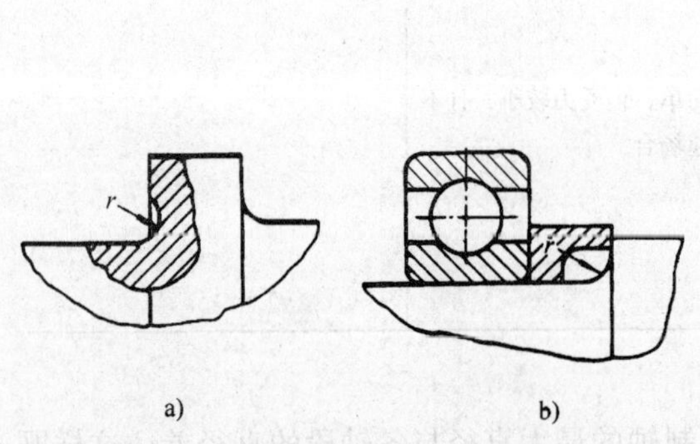

图 15－3 减小圆角应力集中的结构

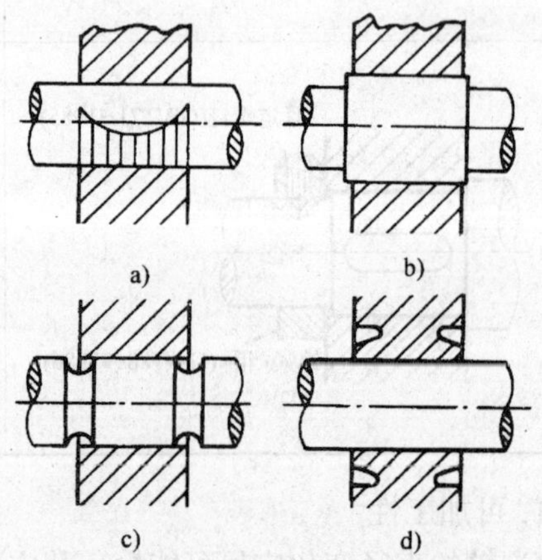

图 15－4 过盈配合处的合理结构

3）键槽端部与阶梯处距离不宜过小（图 15－5），以避免损伤过渡圆角及减少多种应力集中源重合的机会。

4）键槽根部圆角半径越小，应力集中越严重。因此，在重要轴的零件图上应注明其大小（图 15－6）。

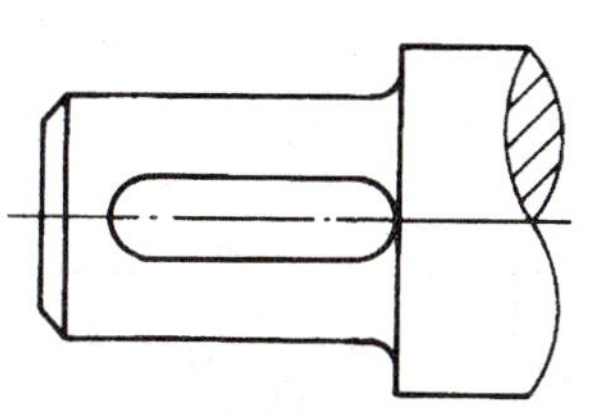

图 15－5　键槽的不合理位置

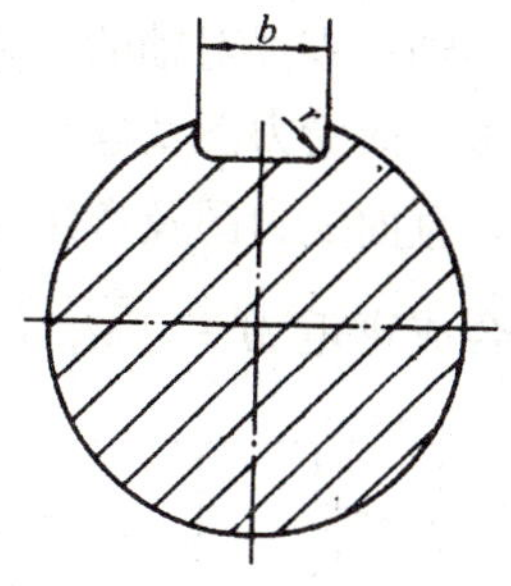

图 15－6　键槽根部圆角

5）避免在轴上打印及留一些不必要的痕迹，因为它们也很可能形成初始疲劳裂纹源。

2. 改善轴的表面状态　实践证明，采用滚压、喷丸或渗碳、液体碳氮共渗、渗氮、高频感应加热淬火等表面强化处理方法，可以大大提高轴的承载能力。

第五节　轴的强度校核计算

在估算出轴的基本直径并依此完成轴的结构设计后，轴上零件的位置，轴上载荷的大小、位置，以及支点跨距等便均能确定。此时就可对轴进行强度校核计算。

对一般用途的轴可按弯矩和转矩联合作用的当量弯矩法校核其强度，对重要的轴需用许用安全系数法校核其疲劳强度。

一、按当量弯矩校核轴的强度

现以图 15－7 所示单级平行轴斜齿轮减速器的低速轴Ⅱ为例，介绍按当量弯矩校核轴强度的方法。若该轴的结构已初步确定（图 15－9a），则校核计算的一般顺序如下：

（1）作轴的空间受力简图（图 15－9b）　为简化计算，将齿轮、链轮等传动零件对轴的载荷视为作用于轮毂宽度中点的集中载荷，支反力作用点取在轴承的载荷作用中心（图 15－8），不计零件自重。

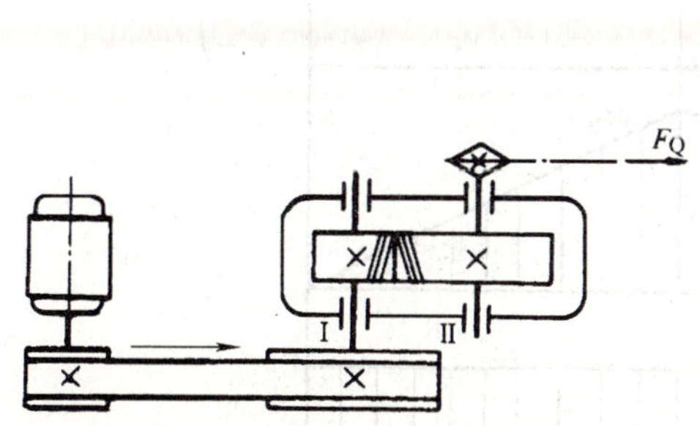

图 15－7　单级平行轴斜齿轮减速器

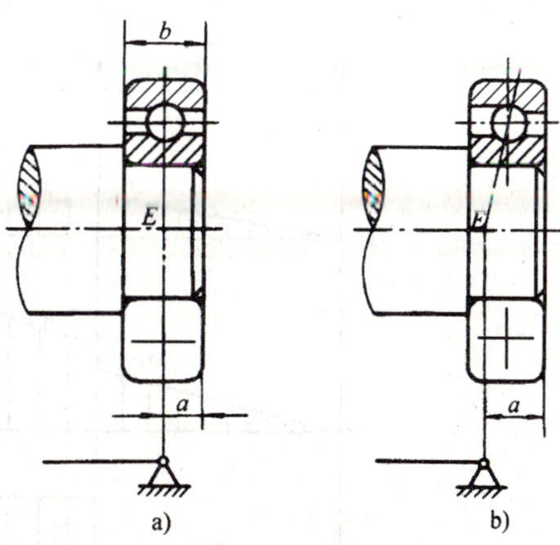

图 15－8　轴支反力作用点位置的简化

a）$a=b/2$　b）a 见轴承手册

将齿轮等轴上零件对轴的载荷分解到水平面和垂直面内。

(2) 作水平面受力图及弯矩 M_H 图（图 15-9c）

(3) 作垂直面受力图及弯矩 M_V 图（图 15-9d）

(4) 作合成弯矩 $M=\sqrt{M_H^2+M_V^2}$ 图（图 15-9e）

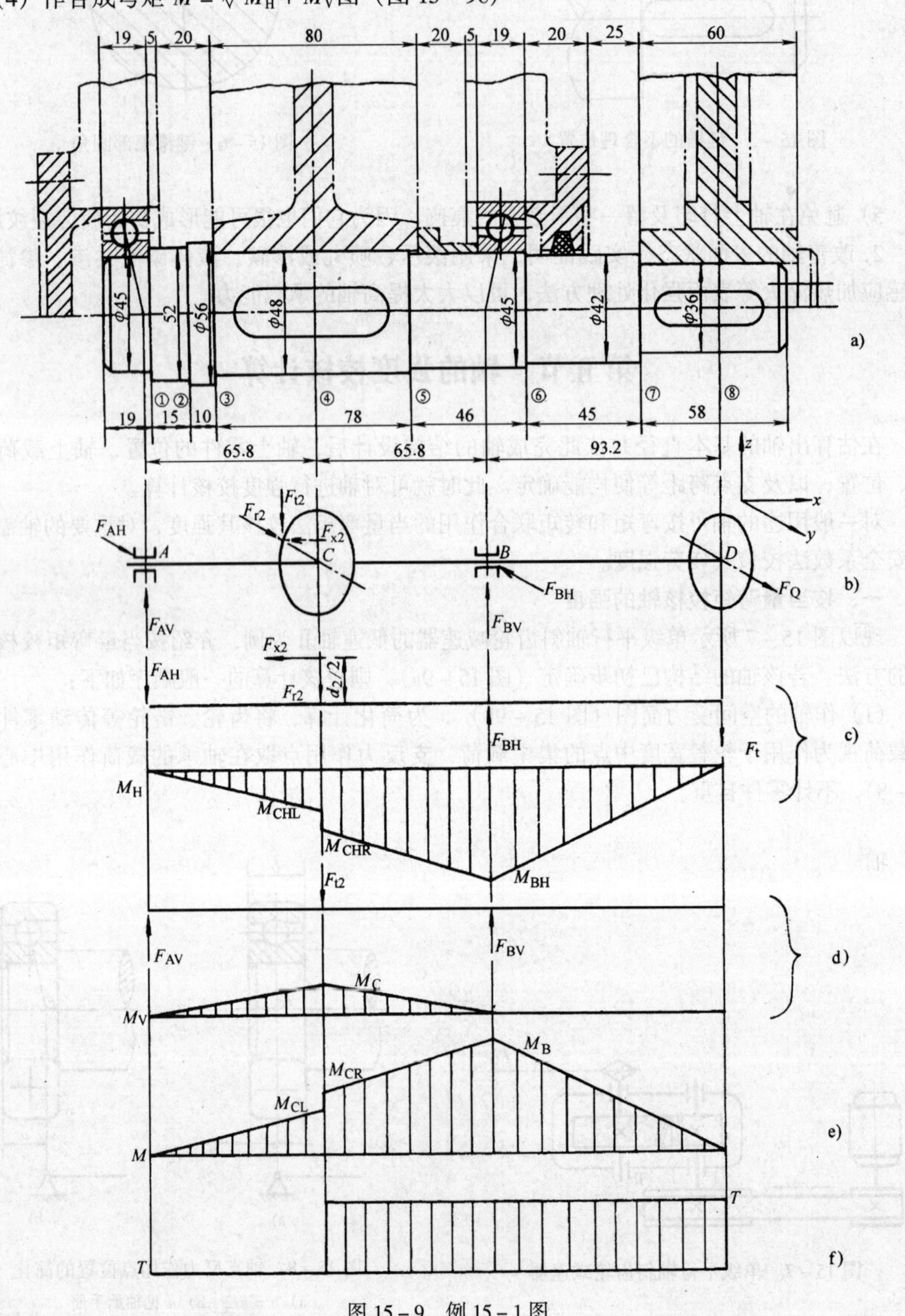

图 15-9 例 15-1 图

(5) 作转矩 T 图(图 15-9f)

(6) 校核轴的强度

1) 确定危险截面。根据弯矩、转矩最大或弯矩、转矩较大而相对尺寸较小的原则,选出一个或几个危险截面。

2) 求危险截面上的当量弯矩 $M_e=\sqrt{M^2+(\alpha T)^2}$(由第三强度理论推出)。其中,$\alpha$ 是考虑转矩与弯矩性质不同而设的应力校正系数。对于不变的转矩,取 $\alpha=0.3$;对于脉动循环的转矩,取 $\alpha=0.6$;对于对称循环的转矩,取 $\alpha=1$。如果转矩变化规律不清楚,一般按脉动循环处理。

3) 强度校核。实心圆轴上危险截面应满足以下强度条件

$$\sigma_e=\frac{M_e}{W}=\frac{M_e}{0.1d^3}\leqslant[\sigma_{-1}]_w \tag{15-3}$$

式中 W——危险截面的抗弯截面系数(mm^3),$W=\pi d^3/32\approx0.1d^3$;

d——危险截面的直径(mm);

$[\sigma_{-1}]_w$——材料在对称循环状态下的许用弯曲应力(MPa),见表 15-5。

表 15-5 轴的许用弯曲应力 (MPa)

材料	σ_b	$[\sigma_{+1}]_w$	$[\sigma_0]_w$	$[\sigma_{-1}]_w$	材料	σ_b	$[\sigma_{+1}]_w$	$[\sigma_0]_w$	$[\sigma_{-1}]_w$
碳素结构钢	400	130	70	40	合金钢	800	270	130	75
	500	170	75	45		1000	330	150	90
	600	200	95	55	铸钢	400	100	50	30
	700	230	110	65		500	120	70	40

*二、按许用安全系数校核轴的疲劳强度

按许用安全系数校核轴的疲劳强度,是考虑了轴上变应力的循环特性、应力集中、表面质量及尺寸因素等对轴疲劳强度影响的精确校核方法。

经过轴的结构设计,确定了轴各部分尺寸、表面质量和结构形状后,按弯矩、转矩最大或弯矩、转矩较大而相对尺寸较小且应力集中较严重的分析原则,确定一个或几个危险截面,并校核其安全系数。

轴的疲劳强度安全系数校核计算公式(见第九章的第二节)如下:

$$S=\frac{S_\sigma S_\tau}{\sqrt{S_\sigma^2+S_\tau^2}}\geqslant[S] \tag{15-4}$$

$$\left.\begin{aligned}S_\sigma&=\frac{\sigma_{-1}}{\dfrac{k_\sigma}{\beta\varepsilon_\sigma}\sigma_a+\psi_\sigma\sigma_m}\\ S_\tau&=\frac{\tau_{-1}}{\dfrac{k_\tau}{\beta\varepsilon_\tau}\tau_a+\psi_\tau\tau_m}\end{aligned}\right\} \tag{15-5}$$

式中 S_σ、S_τ——分别为弯矩和转矩作用下的安全系数;

$[S]$——许用安全系数,一般取 $[S]=1.5\sim2.5$;

σ_{-1}、τ_{-1}——分别为材料在弯曲和扭转时的对称循环疲劳极限(MPa),见表 15-2;

k_σ、k_τ——分别为弯曲和扭转时的有效应力集中系数,见表 15-6、表 15-7;

表 15-6 圆角处的有效应力集中系数 k_σ 和 k_τ 值

a) b) c) d)

$\frac{D-d}{r}$	$\frac{r}{d}$	k_σ								k_τ							
		σ_b/MPa															
		400	500	600	700	800	900	1000	1200	400	500	600	700	800	900	1000	1200
2	0.01	1.34	1.36	1.38	1.40	1.41	1.43	1.45	1.49	1.26	1.28	1.29	1.29	1.30	1.30	1.31	1.32
	0.02	1.41	1.44	1.47	1.49	1.52	1.54	1.57	1.62	1.33	1.35	1.36	1.37	1.37	1.38	1.39	1.42
	0.03	1.59	1.63	1.67	1.71	1.76	1.80	1.84	1.92	1.39	1.40	1.42	1.44	1.45	1.47	1.48	1.52
	0.05	1.54	1.59	1.64	1.69	1.73	1.78	1.83	1.93	1.42	1.43	1.44	1.46	1.47	1.50	1.51	1.54
	0.10	1.38	1.44	1.50	1.55	1.61	1.66	1.72	1.83	1.37	1.38	1.39	1.42	1.43	1.45	1.46	1.50
4	0.01	1.51	1.54	1.57	1.59	1.62	1.64	1.67	1.72	1.37	1.39	1.40	1.42	1.43	1.44	1.46	1.47
	0.02	1.76	1.81	1.86	1.91	1.96	2.01	2.06	2.16	1.53	1.55	1.58	1.59	1.61	1.62	1.65	1.68
	0.03	1.76	1.82	1.88	1.94	1.99	2.05	2.11	2.23	1.52	1.54	1.57	1.59	1.61	1.64	1.66	1.71
	0.05	1.70	1.76	1.82	1.88	1.95	2.01	2.07	2.19	1.50	1.53	1.57	1.59	1.62	1.65	1.68	1.74
6	0.01	1.86	1.90	1.94	1.99	2.03	2.08	2.12	2.21	1.54	1.57	1.59	1.61	1.64	1.66	1.68	1.73
	0.02	1.90	1.96	2.02	2.08	2.13	2.19	2.25	2.37	1.59	1.62	1.66	1.69	1.72	1.75	1.79	1.86
	0.03	1.89	1.96	2.03	2.10	2.16	2.23	2.30	2.44	1.61	1.65	1.68	1.72	1.74	1.77	1.81	1.88
10	0.01	2.07	2.12	2.17	2.23	2.28	2.34	2.39	2.50	2.12	2.18	2.24	2.30	2.37	2.42	2.48	2.60
	0.02	2.09	2.16	2.23	2.30	2.38	2.45	2.52	2.66	2.03	2.08	2.12	2.17	2.22	2.26	2.31	2.40

注：当 r/d 值超过表中给出的最大值时，按表中最大值查 k_σ、k_τ 值。

表 15-7 螺纹、键、花键、蜗杆及配合边缘处的有效应力集中系数

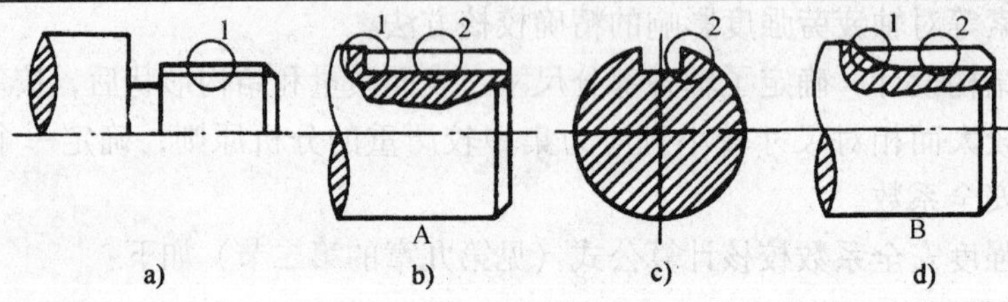

a) b) c) d)

σ_b/MPa	螺纹	键槽			花键			蜗杆		配合					
	$k_\tau=1$	k_σ		k_τ	k_σ	k_τ		k_σ	k_τ	H7/r6		H7/k6		H7/h6	
	k_σ	A型	B型	A、B型		矩形	渐开线			k_σ	k_τ	k_σ	k_τ	k_σ	k_τ
400	1.45	1.51	1.30	1.20	1.35	2.10	1.40	2.3~2.5	1.7~1.9	2.05	1.55	1.55	1.25	1.33	1.14
500	1.78	1.64	1.38	1.37	1.45	2.25	1.43	$\sigma_b\leqslant$700MPa 取小值 $\sigma_b\geqslant$1000MPa 取大值		2.30	1.69	1.72	1.36	1.49	1.23
600	1.96	1.76	1.46	1.54	1.55	2.35	1.46			2.52	1.82	1.89	1.46	1.64	1.31
700	2.20	1.89	1.54	1.71	1.60	2.45	1.49			2.73	1.96	2.05	1.56	1.77	1.40
800	2.32	2.01	1.62	1.88	1.65	2.55	1.52			2.96	2.09	2.22	1.65	1.92	1.49
900	2.47	2.14	1.69	2.05	1.70	2.65	1.55			3.18	2.22	2.39	1.76	2.08	1.57
1000	2.61	2.26	1.77	2.22	1.72	2.70	1.58			3.41	2.36	2.56	1.86	2.22	1.66
1200	2.90	2.50	1.92	2.39	1.75	2.80	1.60			3.87	2.62	2.90	2.05	2.50	1.83

注：1. 表中数据为标号 1 处的有效应力集中系数，标号 2 处 $k_\sigma=1$、k_τ 同 1 处。

2. 滚动轴承与轴的配合按 H7/r6 配合选择系数。

ε_σ、ε_τ——分别为弯曲和扭转时的绝对尺寸系数，见表 15－8；

β——表面质量系数，见表 15－9；

ψ_σ、ψ_τ——分别为弯曲和扭转时材料的等效系数，见表 15－2；

σ_a、σ_m——分别为弯曲应力的应力幅和平均应力（MPa）；

τ_a、τ_m——分别为切应力的应力幅和平均应力（MPa）。

应当指出，如危险截面强度不足，需对轴的结构作局部修改并重新计算，直到合格为止。

表 15－8　绝对尺寸系数

直径/mm		>20～30	>30～40	>40～50	>50～60	>60～70	>70～80	>80～100	>100～120	>120～150	>150～500
ε_σ	碳素钢	0.91	0.88	0.84	0.81	0.78	0.75	0.73	0.70	0.68	0.60
	合金钢	0.83	0.77	0.73	0.70	0.68	0.66	0.64	0.62	0.60	0.54
ε_τ（各种钢）		0.89	0.81	0.78	0.76	0.74	0.73	0.72	0.70	0.68	0.66

表 15－9　表面质量系数

加工方法	轴的表面粗糙度 $R_a/\mu m$	σ_b/MPa		
		400	800	1200
磨光	0.32～0.16	1	1	1
车光	2.5～0.63	0.95	0.90	0.80
粗加工	20～5.0	0.85	0.80	0.65
未加工表面	—	0.75	0.65	0.45

例 15－1　试设计图 15－7 所示单级平行轴斜齿轮减速器的低速轴Ⅱ。已知该轴传递的功率 $P=2.33$kW，转速 $n=104$r/min；大齿轮分度圆直径 $d_2=300$mm，齿宽 $b_2=80$mm，螺旋角 $\beta=8°03'20''$，左旋；链轮轮毂宽度 $b_3=60$mm，链轮对轴的压力 $F_Q=4000$N，水平方向；减速器长期工作，载荷平稳。

解　1. 估算轴的基本直径　选用 45 钢，正火处理，估计直径 $d<100$mm，由表 15－2 查得 $\sigma_b=600$MPa，查表 15－3，取 $C=118$，由式（15－2）得

$$d \geqslant C\sqrt[3]{\frac{P}{n}} = 118 \times \sqrt[3]{\frac{2.33}{104}}\text{mm} = 33.27\text{mm}$$

所求 d 应为受扭转轴段的直径，即装链轮处的轴径。但因该处有一键槽，故轴径应增大 3%，即 $d=1.03\times33.27$mm $=34.27$mm，取标准直径得 $d=36$mm。

2. 轴的结构设计（图 15－9a）

（1）初定各轴段直径

位置	轴直径/mm	说　明
链轮处	36	按传递转矩估算得基本直径
油封处	42	为满足链轮的轴向固定要求而设一轴肩，由表 15－4，轴肩高度 $a=(0.07\sim0.1)d=(0.07\sim0.1)\times36\text{mm}=2.52\sim3.6\text{mm}$，取 $a=3$mm
轴承处	45	因轴承要承受径向力及轴向力，故选用角接触球轴承；为便于轴承从右端装拆，轴承内径应稍大于油封处轴径，并符合滚动轴承标准内径，故取轴径为 45mm，初定轴承型号为 7209C，两端相同

（续）

位置	轴直径/mm	说　明
齿轮处	48	考虑齿轮从右端装入，故齿轮孔径应稍大于轴承处直径，并为标准直径
轴环处	56	齿轮左端用轴环定位，按齿轮处轴径 $d=48$mm，由表 15-4，轴环高度 $h=(0.07\sim0.1)\ d=(0.07\sim0.1)\times48\text{mm}=3.36\sim4.8\text{mm}$，取 $h=4$mm
左端轴承轴肩处	52	为便于轴承拆卸（图 17-17），轴肩高度不能过高，按 7209C 型轴承安装尺寸（见轴承手册），取轴肩高度为 3.5mm

（2）确定各轴段长度（由右至左）

位置	轴段长度/mm	说　明
链轮处	58	已知链轮轮毂宽度为 60mm，为保证轴端挡圈能压紧链轮，此轴段长度应略小于链轮轮毂宽度，故取 58mm
油封处	45	此段长度包括两部分：为便于轴承盖的拆装及对轴承加润滑脂，本例取轴承盖外端面与链轮左端面的间距为 25mm；由减速器及轴承盖的结构设计，取轴承右端面与轴承盖外端面的间距（即轴承盖的总宽度）为 20mm，故该轴段长度为（25+20）mm=45mm
齿轮处	78	已知齿轮轮毂宽度为 80mm，为保证套筒能压紧齿轮，此轴段长度应略小于齿轮轮毂宽度，故取 78mm
右端轴承处（含套筒）	46	此段长度包括四部分：轴承内圈宽度为 19mm（见轴承手册）；考虑到箱体的铸造误差，装配时留有余地，轴承左端面与箱体内壁的间距本例取 5mm；箱体内壁与齿轮右端面的间距本例取 20mm，齿轮对称布置，齿轮左右两侧上述两值取同值；齿轮轮毂宽度与齿轮处轴段长度之差为 2mm，故该轴段长度为（19+5+20+2）mm=46mm
轴环处	10	由表 15-4，轴环宽度 $b=1.4a=1.4\times4\text{mm}=5.6\text{mm}$，取 $b=10$mm
左端轴承轴肩处	15	轴承右端面至齿轮左端面的距离与轴环宽度之差，即$[(20+5)-10]\text{mm}=15\text{mm}$
左端轴承处	19	等于 7209C 型轴承内圈宽度 19mm
全轴长	271	$(58+45+78+46+10+15+19)\text{mm}=271\text{mm}$

（3）传动零件的周向固定　齿轮及链轮处均采用 A 型普通平键，齿轮处为：键 14×70 GB/T 1096—2003；链轮处为：键 10×50 GB/T 1096—2003。

（4）其他尺寸　为加工方便，并参照 7209C 型轴承的安装尺寸（见轴承手册），轴上过渡圆角半径全部取 $r=1$mm；轴端倒角为 $C2$。

3．轴的受力分析

（1）求轴传递的转矩

$$T=9.55\times10^6\ \frac{P}{n}=9.55\times10^6\times\frac{2.33}{104}\text{N}\cdot\text{mm}=214\times10^3\text{N}\cdot\text{mm}$$

（2）求轴上作用力

齿轮上的切向力　$F_{t2}=\dfrac{2T}{d_2}=\dfrac{2\times214\times10^3}{300}\text{N}=1427\text{N}$

齿轮上的径向力　$F_{r2}=\dfrac{F_{t2}\tan\alpha_n}{\cos\beta}=\dfrac{1427\tan20^\circ}{\cos8^\circ3'20''}\text{N}=524.6\text{N}$

齿轮上的轴向力 $F_{x2}=F_{t2}\tan\beta=1427\tan8°3'20''\text{N}=202\text{N}$

(3) 确定轴的跨距　由轴承手册查得 7209C 型轴承的 a 值为 18.2mm，故左、右轴承的支反力作用点至齿轮力作用点的间距皆为

$$\left(\frac{1}{2}\times80+20+5+19-18.2\right)\text{mm}=65.8\text{mm}$$

链轮力作用点与右端轴承支反力作用点的间距为

$$\left(18.2+20+25+\frac{1}{2}\times60\right)\text{mm}=93.2\text{mm}$$

4. 按当量弯矩校核轴的强度

(1) 作轴的空间受力简图（图 15－9b）

(2) 作水平面受力图及弯矩 M_H 图（图 15－9c）

$$F_{AH}=\frac{F_Q\times93.2-F_{t2}\times65.8-F_{x2}\dfrac{d_2}{2}}{131.6}=$$

$$\frac{4000\times93.2-524.6\times65.8-202\times\dfrac{300}{2}}{131.6}\text{N}=2340.6\text{N}$$

$$F_{BH}=\frac{F_Q\times224.8+F_{t2}\times65.8-F_{x2}\dfrac{d_2}{2}}{131.6}=$$

$$\frac{4000\times224.8+524.6\times65.8-202\times\dfrac{300}{2}}{131.6}\text{N}=6864.9\text{N}$$

$$M_{CHL}=F_{AH}\times65.8=2340.6\times65.8\text{N}\cdot\text{mm}=150\times10^3\text{N}\cdot\text{mm}$$

$$M_{CHR}=M_{CHL}+F_x\frac{d_2}{2}=150\times10^3+202\times\frac{300}{2}\text{N}\cdot\text{mm}=180.3\times10^3\text{N}\cdot\text{mm}$$

$$M_{BH}=F_Q\times91.4=4000\times93.2\text{N}\cdot\text{mm}=372.8\times10^3\text{N}\cdot\text{mm}$$

(3) 作垂直面受力图及弯矩 M_V 图（图 15－9d）

$$F_{AV}=F_{BV}=\frac{F_{t2}}{2}=\frac{1427}{2}\text{N}=713.5\text{N}$$

$$M_{CV}=F_{AV}\times65.8=713.5\times65.8\text{N}\cdot\text{mm}=46.95\times10^3\text{N}\cdot\text{mm}$$

(4) 作合成弯矩 M 图（图 15－9e）

$$M_{CL}=\sqrt{M_{CHL}^2+M_{CV}^2}=\sqrt{(150\times10^3)^2+(46.95\times10^3)^2}\text{N}\cdot\text{mm}=157.1\times10^3\text{N}\cdot\text{mm}$$

$$M_{CR}=\sqrt{M_{CHR}^2+M_{CV}^2}=\sqrt{(180.3\times10^3)^2+(46.95\times10^3)^2}\text{N}\cdot\text{mm}=186.3\times10^3\text{N}\cdot\text{mm}$$

$$M_B=\sqrt{M_{BH}^2+M_{BV}^2}=\sqrt{(372.8\times10^3)^2+0^2}\text{N}\cdot\text{mm}=372.8\times10^3\text{N}\cdot\text{mm}$$

(5) 作转矩 T 图（图 15－9f）

$$T=214\times10^3\text{N}\cdot\text{mm}$$

(6) 按当量弯矩校核轴的强度　由图 15－9a、e、f 可见，截面 B 的弯矩、转矩皆为最

大，且相对尺寸较小，故应予校核。

截面 B 的当量弯矩为

$$M_{Be}=\sqrt{M_B^2+(\alpha T)^2}=\sqrt{(372.8\times10^3)^2+(0.6\times214\times10^3)^2}\,\text{N}\cdot\text{mm}$$
$$=394.3\times10^3\,\text{N}\cdot\text{mm}$$

由表 15－5 查得，对于 45 钢，$\sigma_b=600\text{MPa}$，其 $[\sigma_{-1}]_w=55\text{MPa}$，故按式（15－3）得

$$\sigma_{Be}=\frac{M_{Be}}{0.1d^3}=\frac{387.5\times10^3}{0.1\times45^3}\text{MPa}=43.27\text{MPa}<[\sigma_{-1}]_w$$

故轴的强度足够。

*5. 按许用安全系数校核轴的疲劳强度

(1) 判断危险截面　由图 15－9 可见，截面⑤、⑥上弯矩、转矩较大，且都存在配合及过渡圆角两种应力集中源，但截面⑥较截面⑤弯矩稍大，而相对尺寸稍小，故应校核截面⑥。

(2) 校核计算　截面⑥的弯矩

$$M=M_B\times\frac{93.2-18.2}{93.2}=372.8\times10^3\times\frac{93.2-18.2}{93.2}\text{N}\cdot\text{mm}=300\times10^3\,\text{N}\cdot\text{mm}$$

弯曲应力按对称循环应力计算

$$\sigma_a=\sigma_{max}=\frac{M}{0.1d^3}=\frac{300\times10^3}{0.1\times42^3}\text{MPa}=40.5\text{MPa}$$

$$\sigma_m=0$$

切应力按脉动循环应力计算

$$\tau_a=\tau_m=\frac{\tau_{max}}{2}=\frac{1}{2}\times\frac{T}{0.2d^3}=\frac{214\times10^3}{2\times0.2\times42^3}\text{MPa}=7.2\text{MPa}$$

按 45 钢，$\sigma_b=600\text{MPa}$，查表 15－2 得 $\sigma_{-1}=275\text{MPa}$，$\tau_{-1}=140\text{MPa}$，$\psi_\sigma=0.2$，$\psi_\tau=0.1$。

1）有效应力集中系数　按过渡圆角半径 $r=1\text{mm}$，查表 15－6 得，截面⑥上 $(D-d)/r=3$，$r/d=1/42=0.024$，故 $k_\sigma=1.7$，$k_\tau=1.5$；按 H7/r6 配合，查表 15－7 得 $k_\sigma=2.52$，$k_\tau=1.82$。如果同一截面上有多种应力集中源，则有效应力集中系数按最大者计，故取 $k_\sigma=2.52$，$k_\tau=1.82$。

2）绝对尺寸系数　按 $d=42\text{mm}$，查表 15－8，得 $\varepsilon_\sigma=0.84$，$\varepsilon_\tau=0.78$。

3）表面质量系数　按车光，查表 15－9 得 $\beta=0.925$。

4）安全系数　按式（15－4）、式（15－5）得

$$S_\sigma=\frac{\sigma_{-1}}{\frac{k_\sigma}{\beta\varepsilon_\sigma}\sigma_a+\psi_\sigma\sigma_m}=\frac{275}{\frac{2.52}{0.925\times0.84}\times40.5+0.2\times0}=2.09$$

$$S_\tau=\frac{\tau_{-1}}{\frac{k_\tau}{\beta\varepsilon_\tau}\tau_a+\psi_\tau\tau_m}=\frac{140}{\frac{1.82}{0.925\times0.78}\times7.2+0.1\times7.2}=7.4$$

$$S=\frac{S_\sigma S_\tau}{\sqrt{S_\sigma^2+S_\tau^2}}=\frac{2.09\times7.4}{\sqrt{2.09^2+7.4^2}}=2.01>[S]=1.5\sim1.8$$

故轴的疲劳强度足够。

*第六节　轴的刚度计算

轴受载后将产生弯曲和扭转变形，前者用挠度 y 或转角 θ 表示，后者用扭转角 φ 表示。若轴的变形过大，将会影响轴及轴上零件甚至整机的工作能力。例如，轴的变形过大，会使滑动轴承产生边缘接触，从而加剧磨损、过度发热；轧钢机轧辊轴变形过大，将影响轧制钢板厚度的均匀性；机床主轴变形过大，必将降低工件的加工精度。因此，对有刚度要求的轴，应进行弯曲或扭转刚度计算。通常按材料力学中的公式和方法计算出轴的挠度 y、转角 θ 和扭转角 φ，并使结果满足如下刚度条件

$$y \leqslant [y]$$

$$\theta \leqslant [\theta]$$

$$\varphi \leqslant [\varphi]$$

一般机械中轴的许用挠度 $[y]$、许用转角 $[\theta]$ 和许用扭转角 $[\varphi]$ 见表 15-10。

表 15-10　轴的许用挠度 $[y]$、许用转角 $[\theta]$ 和许用扭转角 $[\varphi]$

适用范围	$[y]$ /mm	适用范围	$[\theta]$ /rad
一般用途的轴	$(0.0003 \sim 0.0005)\ l$	滑动轴承	0.001
刚度要求较高的轴	$0.0002l$	深沟球轴承	0.005
电动机轴	0.1Δ	调心球轴承	0.05
安装齿轮的轴	$(0.01 \sim 0.05)\ m_n$	圆柱滚子轴承	0.0025
安装蜗轮的轴	$(0.02 \sim 0.05)\ m_t$	圆锥滚子轴承	0.0016
l——轴的跨距（mm）；		安装齿轮处	$0.001 \sim 0.002$
Δ——电动机定子与转子间的气隙（mm）；		适用范围	$[\varphi]$ / (°·m^{-1})
m_n——齿轮法向模数（mm）；		一般传动	$0.5 \sim 1$
m_t——蜗轮端面模数（mm）		较精密的传动	$0.25 \sim 0.5$
		重要传动	< 0.25

*第七节　轴的振动稳定性概念

一定质量（含轴上零件）和刚度的轴在转动时，具有一定的固有频率。但由于其质量分布不均、制造与安装误差及轴的变形等原因，将产生以离心力为表征的周期性激振力。当激振频率与轴的固有频率相同或接近时，将出现共振失效。此时振幅急剧增大，并产生很大动载荷，足以使轴乃至整机破坏。共振时轴的转速称为临界转速 n_{cr}。轴的临界转速可有多个，从低速到高速依次称为一阶、二阶、三阶临界转速等。振动稳定性计算就是算出临界转速，进而使轴的工作转速避开临界转速，以防止共振发生。对于高转速轴，此项计算尤为重要。

通常，对于不同转速的轴，应使 $n \leqslant 0.85 n_{cr1}$、$1.4 n_{cr1} \leqslant n \leqslant 0.7 n_{cr2}$ 及转速 n 避开各高阶临界转速。

实践教学环节

1. 分析自行车前轴、后轴和中轴的受力情况，拆装自行车前、后、中轴，并确定各轴

的类型。

2. 对齿轮变速器或齿轮减速器中的轴系组件进行测绘，分析各轴段的设计依据。

习 题

15-1 试从减小轴上载荷、提高轴的强度的观点出发，分别指出图 15-10a 中哪一种轮的布置形式及图 15-10b 中哪一种卷筒的轮毂结构更为合理？为什么？

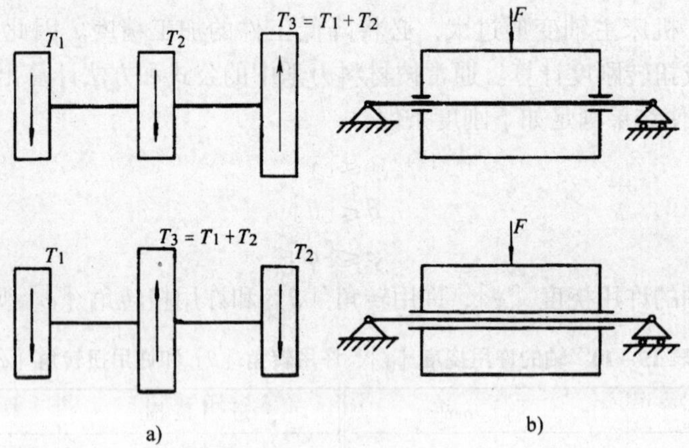

图 15-10 题 15-1 图

15-2 有一台离心风机，由电动机直接驱动。电动机功率 $P=7.5\text{kW}$，轴的转速 $n=1440\text{r/min}$，轴的材料为 45 钢。试估算轴的基本直径。

15-3 指出图 15-11 所示轴结构中的错误，并画出正确的结构图。

15-4 某二级圆柱齿轮减速器中间轴的受力情况和结构尺寸如图 15-12 所示。已知轴的材料为 45 钢，正火处理，$F_{t1}=3287\text{N}$，$F_{r1}=1196.4\text{N}$，$F_{t2}=1409\text{N}$，$F_{r2}=135.6\text{N}$，$F_{x2}=494.6\text{N}$。试按当量弯矩法校核轴的强度。

15-5 设计某单级平行轴斜齿轮减速器的高速轴Ⅰ（布置形式、轴的转向见图 15-7）。已知Ⅰ轴传递的功率 $P_1=9.1\text{kW}$，转速 $n_1=431.4\text{r/min}$；小齿轮分度圆直径 $d_1=90\text{mm}$，齿宽 $b_1=98\text{mm}$，螺旋角 $\beta=10°21'$（右旋）；大带轮轮毂宽度 $B=120\text{mm}$，压轴力 $F_Q=2300\text{N}$。减速器长期工作，载荷平稳。

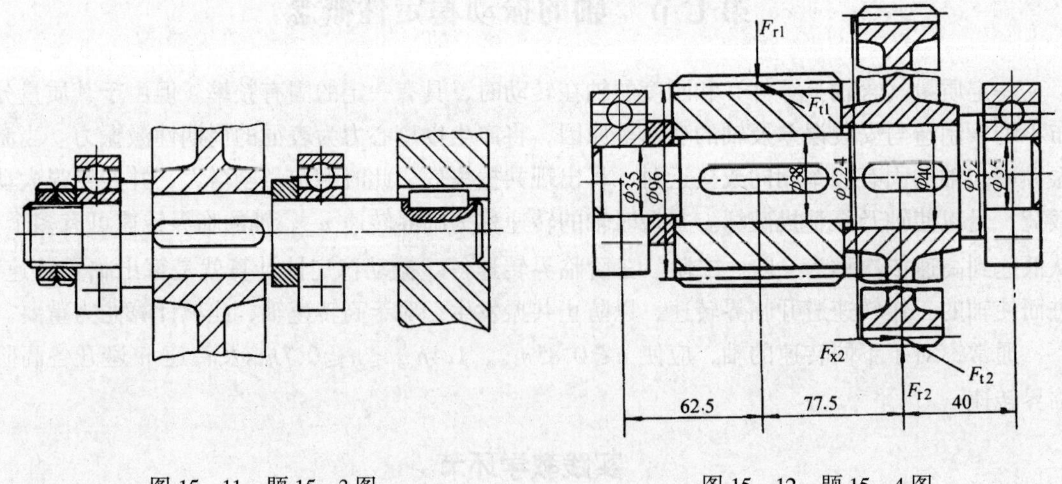

图 15-11 题 15-3 图

图 15-12 题 15-4 图

第十六章　滑 动 轴 承

轴承是用于支承轴颈或轴上回转零件、减少轴与支承间的摩擦和磨损并保持轴的旋转精度的部件。根据轴承工作时的不同摩擦性质，轴承可分为滑动摩擦轴承（简称滑动轴承）和滚动摩擦轴承（简称滚动轴承）两类。本章讨论滑动轴承。

第一节　滑动轴承的摩擦状态及应用特点

一、滑动轴承摩擦状态

滑动轴承的运动形式以轴颈与轴承瓦相对滑动为主要特征，亦即摩擦性质为滑动摩擦。实践表明，由于滑动轴承的润滑条件不同，会出现不同的摩擦状态。轴承工作表面的摩擦状态一般分为干摩擦状态、边界摩擦状态、混合摩擦状态和流体摩擦状态，如图 16－1 所示。

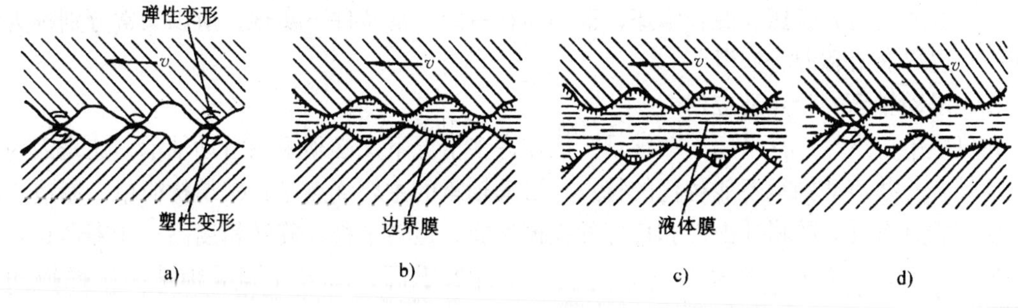

图 16－1　摩擦状态

a）干摩擦　b）边界摩擦　c）流体摩擦　d）混合摩擦

两摩擦表面直接接触，相对滑动，又不加入任何润滑剂或保护膜，称为干摩擦。两摩擦表面被流体（液体或气体）层完全隔开，摩擦性质仅取决于流体内部分子之间粘性阻力的，称为流体摩擦。两摩擦表面被吸附在表面的边界膜隔开，摩擦性质取决于边界膜和表面吸附性质的，称为边界摩擦。实际上，干摩擦状态和边界摩擦状态很难精确区分，所以这两种摩擦状态也常常归并为边界摩擦状态。在实际应用中，轴承工作表面有时是边界摩擦和流体摩擦并存的混合状态，称为混合摩擦。

各种摩擦状态及其特征见表 16－1。

表 16－1　摩擦状态及其特征

摩 擦 状 态	润　　滑	润滑剂粘度的影响	摩擦因数 μ（大约）
干摩擦	无润滑剂，绝对干表面	无	$\mu > 0.3$
边界摩擦	表面形成很薄的气体或液体层	很小	$0.1 \leqslant \mu \leqslant 0.3$，取决于边界膜性质
混合摩擦	不完全润滑	小	$0.005 \leqslant \mu < 0.1$，取决于边界膜性质及流体膜性质
流体摩擦	完全润滑	大	$\mu < 0.005 \sim 0.01$，取决于流体粘度，流体膜厚度

摩擦状态、摩擦因数及工作条件之间的关系由图 16－2 摩擦特性曲线表示。参数 $\frac{\eta n}{p}$ 称为轴承特性数（η——流体的动力粘度；n——轴颈转速；p——轴承的压强）。随着 $\frac{\eta n}{p}$ 的不同，轴承工作面分别处于边界摩擦、混合摩擦和流体摩擦状态。

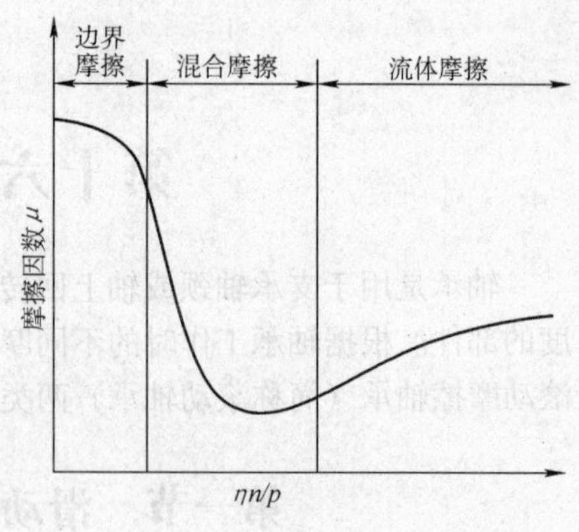

图 16－2　摩擦特性曲线

干摩擦的摩擦因数大，磨损严重，轴承工作寿命短，所以在滑动轴承中应力求避免。流体摩擦阻力小，轴承几乎无磨损，但必须在一定条件（载荷、轴承工作面相对滑动速度、流体粘度等）下才能实现。边界摩擦和混合摩擦介于上述两种摩擦之间，既能有效地减少摩擦、降低磨损、提高轴承的承载能力并延长使用寿命，对实现条件又不那么苛求，是滑动轴承最常见的摩擦状态。因此，高速长期运转的轴承多要求在流体摩擦状态下工作，一般工作情况下工作的轴承则维持边界摩擦或混合摩擦状态。

流体摩擦、边界摩擦和混合摩擦，都必须在一定润滑条件下实现，所以又常分别称为流体润滑、边界润滑和混合润滑。

二、滑动轴承的特点及应用

在机械中，虽然广泛采用滚动轴承，但在许多情况下又必须采用滑动轴承，这是因为滑动轴承具有一些滚动轴承不能替代的特点。滑动轴承的主要优点是：①结构简单，制造、装拆方便；②具有良好的耐冲击性和良好的吸振性能，运转平稳，旋转精度高；③寿命长。滑动轴承的主要缺点是：①维护复杂，对润滑条件要求高；②边界润滑轴承的摩擦损耗较大。

因此，滑动轴承主要应用于高速、精密机械（如汽轮发电机、内燃机和高精密机床）和低速重载、冲击载荷较大的一般机械（如冲压机械、农业机械和起重设备等）中。

第二节　滑动轴承的结构及材料

一、滑动轴承的结构

滑动轴承按所受载荷的方向可分为径向滑动轴承和推力滑动轴承。

1. 径向滑动轴承　常用的径向滑动轴承，我国已制定了有关标准，通常可根据工作条件选用。径向滑动轴承的主要结构形式有整体式和剖分式两大类。

（1）整体式轴承　图 16－3 所示为整体式轴承，轴承套 2 压装在轴承座 1 中。轴承座用螺栓与机座联接，顶部设有安装注油油杯的螺纹孔。这种轴承构造简单、成本低，但磨损后无法修整，且轴颈只能从端部装入。因此，粗重的轴或具有中轴颈（如内燃机曲轴）的轴就不便或无法安装。整体式轴承常用于低速、轻载的间歇工作机械中，如手动机械、农业机械等。轴承座标准见 JB/T 2560—1991。

（2）剖分式轴承　图 16－4 所示为剖分式轴承。根据轴承所受载荷的方向，剖分面应尽量取在垂直于载荷的直径平面内，通常为 180°剖分。当剖分面为水平面时，轴承称为对开式正滑动轴承；当剖分面与水平面成一定角度时，轴承称为对开式斜滑动轴承。为防止轴承盖和轴承座横向错动并便于装配时对中，轴承盖和轴承座的剖分面均制成阶梯状。剖分式滑动轴承在装拆轴时，轴颈不需要轴向移动，装拆方便。另外，适当增减轴瓦剖分面间的调整垫片，可调节轴颈与轴承之间的间隙（间隙调整后应修刮轴瓦）。轴承座标准见 JB/T 2561—1991 和 JB/T 2562—1991。

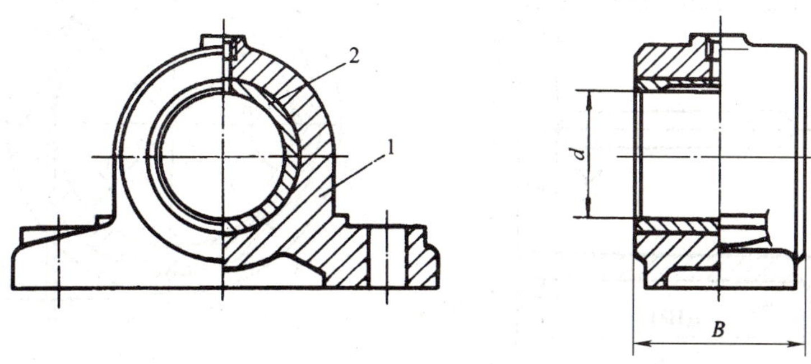

图 16-3 整体式轴承
1—轴承座 2—轴承套

还有一些特殊结构的轴承，如自动调位轴承、锥形表面可调间隙轴承等，使用时可参阅有关书籍。

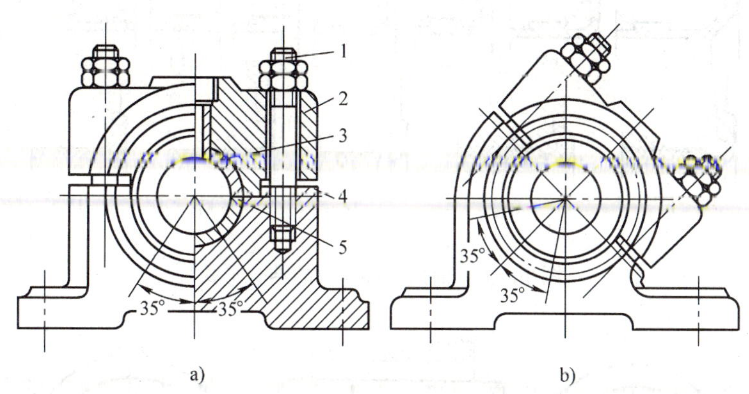

图 16-4 剖分式轴承
1—双头螺柱 2—轴承盖 3—轴瓦 4—轴承座 5—垫片

（3）轴瓦结构 轴瓦是轴承的重要元件，它与轴颈相对滑动构成滑动摩擦副，所以轴瓦应用减摩材料制成。整体式轴承的轴瓦为一整体套筒；剖分式轴承的轴瓦由上、下两半组成，如图 16-5 所示。为使轴瓦既有一定的强度，又具有良好的减摩性，常在轴瓦内表面浇注一层减摩性好的材料（如轴承合金），称为轴承衬。轴承衬应可靠地贴合在轴瓦表面上，为此可采用如图 16-6 所示的结合形式（图中网格线部分表示轴承衬）。

为了将润滑油引入轴承，并布满于工作表面，一般在轴瓦或轴颈上开有供油孔和油沟；供油孔和油沟应开在轴瓦的非承载区，否则会降低油膜的承载能力，如图 16-7 所示；轴向油沟也不应在轴瓦全长上开通，以免润滑油自油沟端部直接大量泄漏。常见油孔和油沟形式如图 16 - 8 所示。

对一些重型机器的轴承轴瓦，其上常开设油室。它可使润滑空间增大，并有贮油和保证润滑油稳定供应的作用，如图 16 - 9 所示。

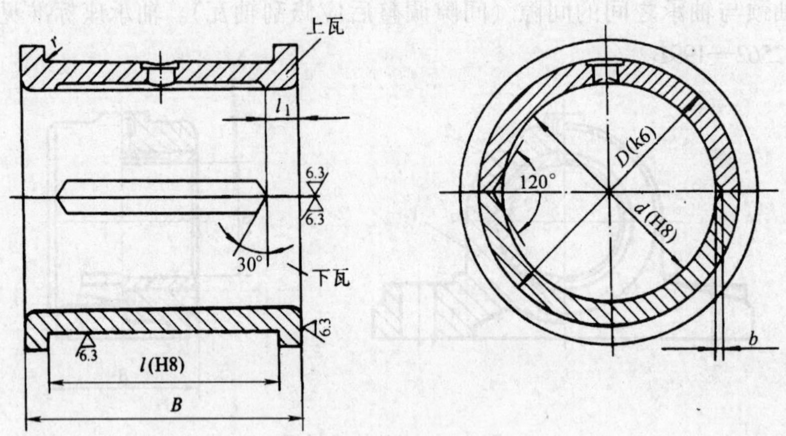

图 16 - 5　剖分式轴瓦

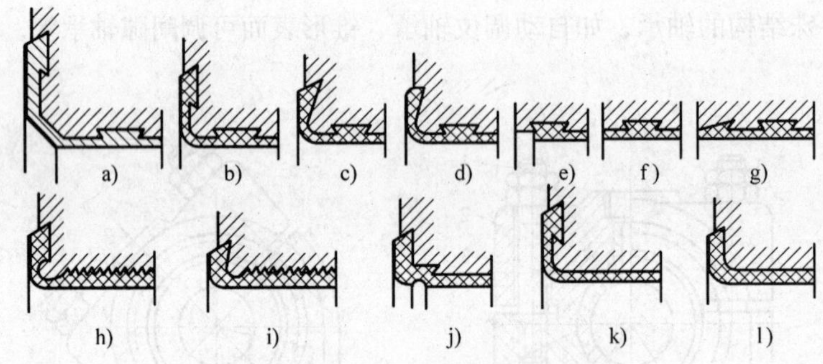

图 16 - 6　轴瓦与轴承衬的结合形式

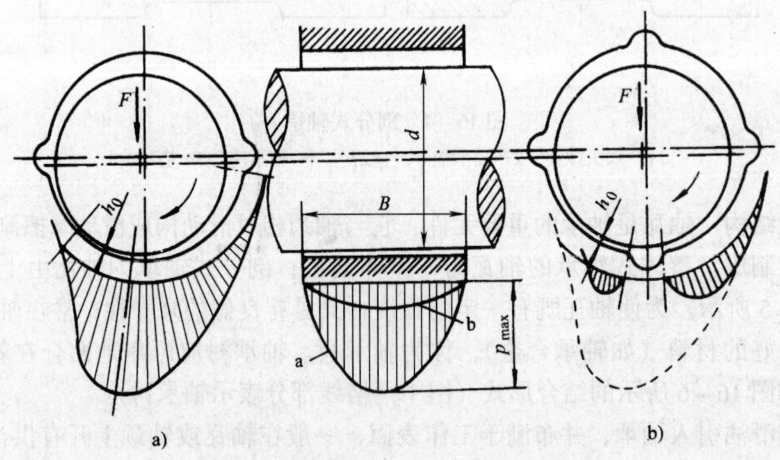

图 16 - 7　油沟布置对油膜承载能力的影响

a）正确　b）错误

2. 推力滑动轴承　推力滑动轴承用以承受轴向载荷，其最简单的结构形式如图 16－10a 所示。轴颈端面 1 与止推轴瓦 2 组成摩擦副。由于工作面上相对滑动速度不等，越靠近中心处相对滑动速度越小，磨损越轻；越靠近边缘处相对滑动速度越大，磨损越重，这会造成工作面上压强分布不均。为避免工作面上压强严重不均，相对滑动端面通常采用环状端面。当载荷较大时，可采用多环轴颈，如图 16－10b 所示，这种结构的轴承能承受双向轴向载荷。

上述结构形式的推力轴承，由于轴颈端面与止推轴瓦之间为平行平面的相对滑动，不易形成流体动力润滑，故轴承通常处在边界润滑状态下工作，多用于低速轻载机械。

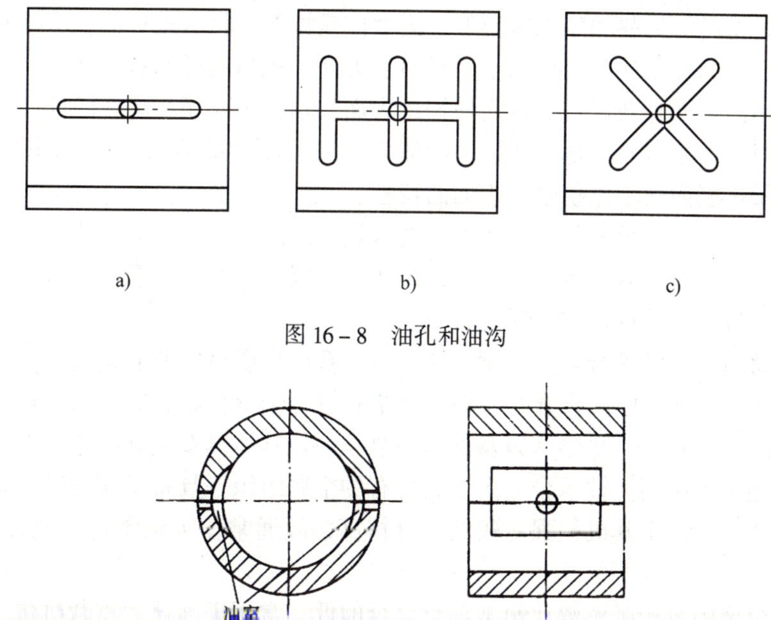

图 16－8　油孔和油沟

图 16－9　油室

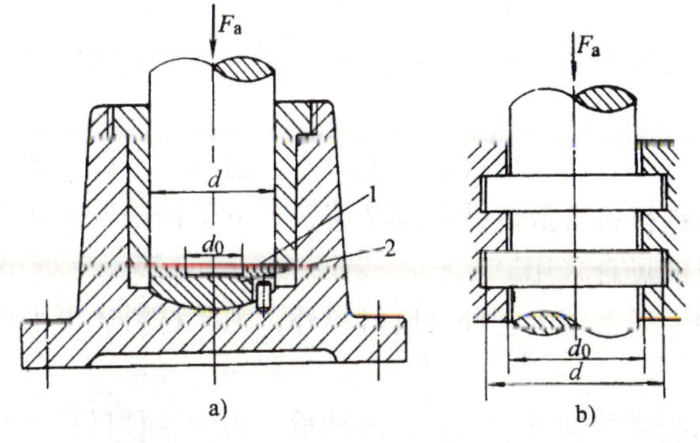

图 16－10　推力轴承

1—轴颈端面　2—止推轴瓦

二、滑动轴承的失效形式及材料

1. 滑动轴承的失效形式　滑动轴承的失效通常由多种原因引起，失效形式也有多种，有时几种失效形式并存，相互影响，所以很难把各种失效形式截然分开。最常见的失效形式是轴瓦磨损、胶合（烧瓦）、疲劳破坏和由于制造工艺原因而引起的轴承衬脱落。其中，最主要的是磨损和胶合。

2. 滑动轴承材料　与轴瓦构成滑动摩擦副的轴颈，通常根据轴对材料的要求选用钢或合金钢（有时选用球墨铸铁）。轴承材料主要指轴瓦和轴承衬材料。针对轴承的主要失效形式，对轴承材料的主要要求是：①良好的减摩性、耐磨性和抗胶合性；②良好的跑合性、顺应性、嵌藏性和塑性；③足够的抗压强度和疲劳强度；④良好的导热性、可加工性，热膨胀系数低，耐腐蚀等。

减摩性好是指配对材料的摩擦因数低；耐磨性是指单一材料抵抗磨粒磨损和胶合磨损的性质。减摩性、耐摩性及抗胶合性除了与材料有关外，还与润滑剂有关。

磨合性是指经短期轻载运转，进而使轴颈表面和轴瓦表面相互吻合的性质；顺应性是指轴承材料顺应对中误差以及其他几何误差的能力；嵌藏性是指轴承工作表面落上硬颗粒后，硬颗粒能嵌入轴承表面而不擦伤轴颈表面的特性。

应该指出的是，对轴承材料性能的上述要求是全面的，有些性能彼此有联系，有些性能则相互矛盾；任何一种材料很难全面满足这些要求。因此，选用轴承材料时，应根据轴承的具体工作条件，有侧重地选用较合适的材料。

常用轴承材料有：轴承合金、青铜、铸铁、多孔质金属材料及非金属材料。

(1) 轴承合金（又称巴氏合金）　轴承合金有锡锑轴承合金和铅锑轴承合金两类。它们各以较软的锡或铅作基体，悬浮锑锡及铜锡硬晶粒。软基体具有良好的跑合性、顺应性和嵌藏性，硬晶粒起耐磨作用。轴承合金由于其特有的金属组织，具备了作为轴承材料的优良性质，并且易浇铸。但由于其机械强度较低、价格高，故通常作为轴承衬材料，浇铸在青铜、钢或铸铁轴瓦上（图 16－6）。

锡基轴承合金的热膨胀系数比铅基轴承合金的低，常用于高速、重载机械。铅基轴承合金常用于中速、中载机械。

(2) 青铜　在一般机械中，有 50% 的滑动轴承采用青铜材料。青铜主要有锡青铜、铅青铜和铝青铜等。

锡青铜和铅青铜既有较好的减摩性和耐磨性，又有足够的强度，且熔点高；但跑合性较差，适用于重载、中速机械。

铝青铜的强度和硬度都较高，但抗胶合能力差，适用于重载、低速机械。

(3) 铸铁　常用铸铁材料有灰铸铁和减摩铸铁。由于铸铁材料塑性差，跑合性差，故只在低速、轻载或不重要的场合采用。

(4) 其他材料　除上述常用的三种金属材料外，轴承材料还可采用多孔质金属材料和非金属材料。

用多孔质金属材料制成的轴承，又称含油轴承。由于这种材料具有多孔组织，轴承在工作前经润滑油浸泡，其材料孔隙中吸存了润滑油。工作时，由于热膨胀作用和泵唧作用，使孔隙中贮存的润滑油流出而润滑轴承。含油轴承在一定的使用期限内可不必加油，实现自行润滑。这种轴承主要用于轻载、低速和不易注油润滑的场合。

非金属轴承材料中应用最多的是各种塑料，如尼龙、夹布胶木等。塑料材料具有摩擦因数低、抗压强度高、耐磨性好等优点，但导热能力差。因此，应注意冷却。

常用轴承材料的性能及其比较见表 16－2。

表 16－2 常用轴承材料的性能及其比较

轴瓦材料		最大许用值			最高工作温度 t/℃	最小轴颈硬度 HBW	性能比较②				备注
		[p] / MPa	[v] / (m·s⁻¹)	[pv]① / (MPa·m·s⁻¹)			抗胶合性	顺应性 嵌藏性	疲劳强度	耐蚀性	
铸锡锑轴承合金	ZSnSb11Cu6 ZSnSb8Cu4	平稳载荷			150	150	1	1	5	1	用于高速、重载下工作的重要轴承。变载荷下易疲劳，价高
		25	80	20							
		冲击载荷									
		20	60	15							
铸铅锑轴承合金	ZPbSb16Sn16Cu2	15	12	10	150	150	1	1	5	3	用于中速、中等载荷的轴承，不宜受显著的冲击载荷
铸锡青铜	ZCuSn10P1	15	10	15	280	300～400	3	5	1	1	用于中速、重载及受变载荷的轴承
	ZCuSn5Pb5Zn5	8	3	15							用于中速、中等载荷的轴承
铸铅青铜	ZCuPb30	25	12	30	280	300	3	4	2	4	用于高速、重载轴承，能承受变载荷及冲击载荷
铸铝青铜	ZCuAl10Fe5Ni5	15	4	12	280	200	5	5	2	5	用于低速重载轴承。润滑要充分
铸黄铜	ZCuZn38Mn2Pb2	10	1	10	200	200	3	5	1	1	用于低速、中等载荷轴承
三元电镀金属	（镀轴承合金）如铝—硅—镉镀层	14～35	—	—	170	200～300	1	2	2	2	以低碳钢为瓦背，铜、青铜、铝或银为中间层，上镀轴承合金组成，疲劳强度显著提高
灰铸铁	HT150，HT200，HT250	2～4	0.5～1	1～4	150	200～250	4	5	1	1	用于低速、轻载的不重要轴承，价格低
非金属轴承材料	酚醛塑料	39～41	12～13	0.18～0.5	110	—	—	—	—	—	抗胶合性好，强度好，导热性差，可用水润滑，易膨胀，间隙应大些
	聚四氟乙烯	3	1.3	0.004～0.009	250	—	—	—	—	—	摩擦因数低，自润滑性好，耐腐蚀性好
	碳—石墨	4	12	0.5	400	—	—	—	—	—	用于要求清洁工作的机器中。有自润滑性，耐化学腐蚀
	橡胶	0.34	5	0.53	65	—	—	—	—	—	用于与水、泥浆接触的轴承，能隔振、降低噪声、减小动载，补偿误差，导热性差
	木材	14	10	0.5	70	—	—	—	—	—	有自润滑性，耐油、酸及其他化学药品

① [pv] 值为混合摩擦润滑下的许用值。

② 性能比较：1—最佳；5—最差。

第三节 边界和混合摩擦滑动轴承的计算

边界摩擦轴承和混合摩擦轴承以维持边界油膜不破裂为计算准则。通常采用条件性计算，即限制轴承工作面的平均比压 p、轴承的平均比压与相对滑动速度 v 的乘积 pv 以及 v 值，以保证轴承的摩擦状态。

一、径向滑动轴承的计算

1. 限制轴承的平均比压 p 为使轴承不发生过度磨损，应限制平均比压，即

$$p=\frac{F}{dB}\leqslant [p] \tag{16-1}$$

式中 F——轴承的径向力（N）；

d——轴颈直径（mm）；

B——轴承宽度（mm）；

$[p]$——许用比压（MPa），见表 16-2。

2. 限制轴承的 pv 值 为使轴承的工作温度不至于过高而导致润滑油膜破裂或工作表面胶合，应限制轴承的摩擦功耗，摩擦功耗可用平均压强 p 和轴承的相对滑动速度 v 的乘积 pv 值来表征。pv 值越大，摩擦产生的热量越多。因此，应限制轴承的 pv 值，即

$$pv=\left(\frac{F}{dB}\right)\frac{\pi dn}{60\times 1000}=\frac{Fn}{19100B}\leqslant[pv] \tag{16-2}$$

式中 n——轴颈转速（r/min）；

$[pv]$——轴承材料的 pv 许用值（MPa·m/s），见表 16-2。

3. 限制轴承的相对滑动速度 v 载荷较轻、速度较高的轴承，即使 p 与 pv 值都在许用范围内，也可能由于过高的相对滑动速度而引起轴承加速磨损。因此，还应限制相对滑动速度，即

$$v=\frac{\pi dn}{60\times 1000}\leqslant[v] \tag{16-3}$$

式中 $[v]$——轴承材料的许用速度（m/s），见表 16-2。

轴承宽度与轴颈直径之比（B/d）称为宽径比。轴承太宽或太窄，都会降低承载能力。例如，轴承太宽，则当轴颈偏斜时会产生边缘接触，破坏油膜，引起边缘迅速磨损；如轴承太窄，则由于润滑油自轴承两端很快泄漏，同样会造成过快的磨损，一般荐用 $B/d=0.6\sim1.5$。对于 $B/d>1.5$ 的轴承，应采用自动调位轴承。

二、推力滑动轴承计算

推力滑动轴承的工作面为轴颈端面，多为环形面，如图 16-10 所示。其计算方法和径向滑动轴承类同。

1. 限制轴承的平均比压 p

$$p=\frac{F_a}{\frac{\pi}{4}(d^2-d_0^2)z}\leqslant[p] \tag{16-4}$$

式中 F_a——轴承的轴向力（N）；

d_0、d——分别为轴颈止推环形面的内、外直径（mm）；

z——轴环数。

2. 限制轴承的 pv 值

$$pv = \frac{F_a n}{30000(d - d_0)z} \leqslant [pv] \tag{16-5}$$

式中 v——轴颈止推环形面平均直径处的圆周速度（m/s）；

n——轴颈转速（r/min）。

从理论上说，当载荷一定时，增加环数 z，可以减小轴承的径向尺寸，但实际上 z 越大，受力越不均匀。因此，多环轴颈的环数不宜太多。考虑到各环受力的不均匀，多环轴承的各环［p］和［pv］按表 16－2 中所列值的 50%计。

例 16－1 一个脂润滑的径向滑动轴承，径向力 $F = 2000\text{N}$，轴颈直径 $d = 60\text{mm}$，转速 $n = 600\text{r/min}$。试设计该混合摩擦轴承。

解 1. 确定轴承结构及润滑方式 采用剖分式径向滑动轴承，旋盖式注油杯注油润滑。

2. 选轴承材料 该轴承为中速、中载轴承，选用 ZCuSn5Pb5Zn5 材料，由表 16－2 查得［p］＝8MPa，［v］＝3m/s，［pv］＝15MPa·m/s。

3. 确定轴承宽度 轴承载荷中等，取 $B/d = 1.0$，则轴承宽度 $B = 60\text{mm}$。

4. 校核轴承 p、v 及 pv 值

$$p = \frac{F}{Bd} = \frac{2000}{60 \times 60}\text{MPa} = 0.56\text{MPa} \leqslant [p]$$

$$v = \frac{\pi dn}{60 \times 1000} = \frac{\pi \times 60 \times 600}{60 \times 1000}\text{m/s} = 1.88\text{m/s} \leqslant [v]$$

$$pv = \frac{Fn}{19100B} = \frac{2000 \times 600}{19100 \times 60}\text{MPa·m/s} = 1.05\text{MPa·m/s} \leqslant [pv]$$

由计算可知，所选轴承材料、几何尺寸符合要求。

第四节 润滑剂及润滑装置

一、润滑剂的分类

在滑动轴承中，在运动表面和静止（相对的）表面之间加入润滑剂进行润滑，其目的主要是减少摩擦、降低磨损，同时还有散热、缓冲、密封和防锈等作用。

常用润滑剂按其物理状态可分为：液体的（润滑油、水等）、半液体的（如润滑脂）、固体的和气体的润滑剂四种。其中，以液体润滑剂中的润滑油和半液体润滑剂中的润滑脂用得最多。

二、润滑油及润滑脂的主要性能指标

在滑动轴承中，最常用的润滑油是矿物油，对于特殊工况还可采用合成油；最常用的润滑脂是钙基润滑脂（钙脂）、钠基润滑脂（钠脂）和锂基润滑脂（锂脂）。其主要物理、化学性能指标有：

（1）粘度 粘度是润滑油的重要性能指标，它反映了润滑油流动时内摩擦阻力的大小，是润滑油膜厚度和承载能力的主要影响因素。

图 16－11 为两块平行平板被润滑油隔开作相对运动的情况。两板间的油膜厚度为 h，下板静止不动，上板在切向力 F 的作用下以速度 v 移动。若忽略板自重，吸附在上板上的

油层随上板运动；吸附在下板上的油层随下板保持静止，中间油层发生相对滑动，各油层受到水平切应力为

$$\tau=\frac{F}{A}$$

式中　A——移动平板的面积；

F——上板所受切向力。

根据牛顿流体流动定律，切应力 τ 与流体速度梯度$\frac{\mathrm{d}u}{\mathrm{d}y}$成正比，即

$$\tau=-\eta\frac{\mathrm{d}u}{\mathrm{d}y}$$

或

$$\eta=-\frac{F}{A}\frac{1}{\frac{\mathrm{d}u}{\mathrm{d}y}} \qquad (16-6)$$

式中，比例常数 η 称为动力粘度；负号表示流体速度 u 随 y 的增加而减小。

由式（16-6）可知，切应力就是油层单位面积上的内摩擦阻力。在其他条件一定时，动力粘度 η 大，液体摩擦阻力就大；η 小则内摩擦阻力小。

如图 16-11b 所示，设长、宽和高各为 1m 的油液，若使上、下两平行平面发生 1m/s 的相对滑动速度所需的力为 1N 时，则该油液具有一个单位的动力粘度。

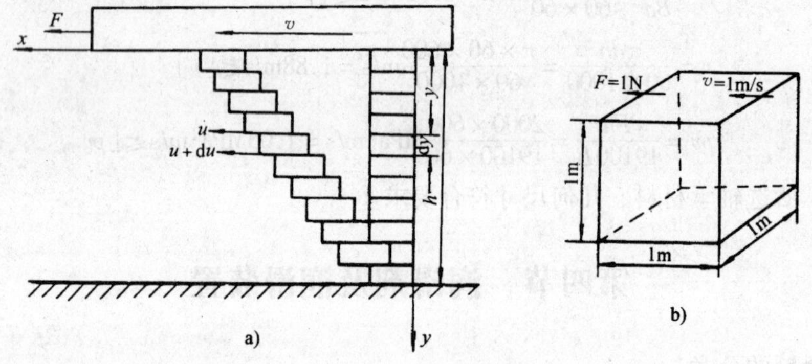

图 16-11　平板间粘性流体的流动及动力粘度

动力粘度的量纲由式（16-6）导出得

$$[\eta]=\frac{力\times时间}{(长度)^2}$$

在国际单位制中，η 的单位是 $\mathrm{N\cdot s/m^2}$，记为 Pa·s。

润滑油的粘度还可以用动力粘度 η 与同温度下润滑油密度 ρ 的比值表示，称为运动粘度，用 ν 表示，即

$$\nu=\frac{\eta(\mathrm{Pa\cdot s})}{\rho(\mathrm{kg/m^3})}$$

ν 的单位是 $\mathrm{m^2/s}$。常用矿物油的密度 $\rho=850\sim900\mathrm{kg/m^3}$。

工业上常用运动粘度来标定润滑油的粘度。根据国家标准，润滑油产品油牌号一般按运动粘度的平均值（单位为 $\mathrm{mm^2/s}$，$1\mathrm{mm^2/s}=10^{-6}\mathrm{m/s}$）划分。例如，全损耗系统用油 L—AN32，即表示在 40℃时的运动粘度平均值为 $32\mathrm{mm^2/s}$。常用润滑油粘度牌号划分及性质见表 16-3。

表 16-3 常用润滑油粘度牌号划分及其性质

名称	牌号	运动粘度/（$mm^2 \cdot s^{-1}$）		闪点/℃（开口）	凝点/℃（不高于）	主要用途
		40℃	50℃			
（GB443—1989）全损耗系统用油	L—AN5	4.14~5.06	3.29~3.95	≥80	-5	用于对润滑油无特殊要求的轴承、锭子、齿轮和其他低载荷机械，不适于循环润滑系统
	L—AN7	6.12~7.48	4.68~5.61	≥110		
	L—AN10	9.0~11.0	6.65~7.99	≥130		
	L—AN15	13.5~16.5	9.62~11.5	≥150		
	L—AN22	19.8~24.2	13.6~16.3			
	L—AN32	28.8~35.2	19.0~22.6			
	L—AN46	41.4~50.6	26.1~31.3	≥160		
	L—AN68	61.2~74.8	37.1~44.4			
	L—AN100	90~110	52.4~63.0	≥180		
	L—AN150	135~165	75.9~91.2			

润滑油的温度对油的粘度影响很大。油温升高，粘度减小；油温下降，粘度增大。这一特性称为粘温特性，几种全损耗系统用油的粘温特性可用图 16-12 所示的粘度—温度曲线（简称粘—温曲线）表示。所谓润滑油粘温特性好，即是指粘度受温度影响小，从而可保证摩擦副有较稳定的润滑状态。

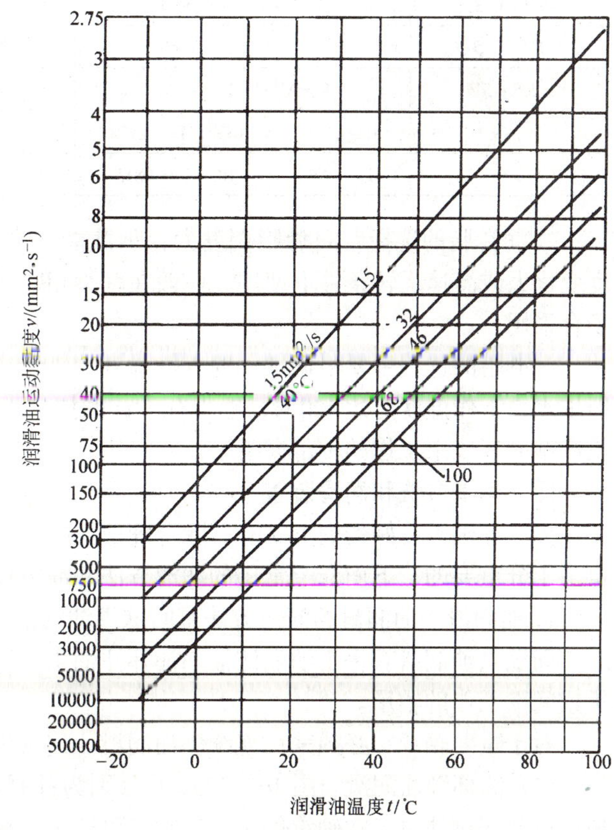

图 16-12 全损耗系统用油粘度—温度曲线

（2）凝点　它是润滑油冷却到不能流动时的最高温度值，表示了润滑油耐低温的性能。在低温情况下工作的轴承，应选用凝点低的油。

（3）闪点　闪点是润滑油在火焰下闪烁时的最低温度，表示了润滑油耐高温的性能。在高温情况下工作的轴承，其工作温度应低于润滑油的闪点 20~30℃，以保证安全。

（4）油性　油性是润滑油湿润或吸附于摩擦表面的性能。吸附能力越强，油性越好。一般说来，动、植物油的油性比矿物油好。

（5）润滑油的添加剂　为改善润滑油的性能，可在润滑剂中加入某些添加剂。添加剂种类很多，如油性剂、降凝剂、防锈剂和增粘剂等，可根据轴承的具体工作条件，添加不同的添加剂。

(6) 针入度　针入度是表征润滑脂稀稠度的指标。针入度越小，表示润滑脂越稠。

三、润滑剂的选择

1. 润滑油的选择　润滑油内摩擦阻力小，易流动，可作为不同工作条件下轴承的润滑剂。润滑油的选择一般是指润滑油粘度的选择。选粘度时，应考虑轴承压力、滑动速度、摩擦表面状况及润滑方式等条件。一般原则是：①在压力大或有冲击、变载等工作条件下，应选用粘度较高的油；②滑动速度高时，容易形成油膜，为减少摩擦功耗，应采用粘度较低的油；③摩擦工作面粗糙或未经跑合，应选用粘度较高的油；④轴承工作温度较高时，应选用粘度较高的油；反之，应选用粘度较低、凝点较低的油。

润滑油选择可参考表 16－4。

表 16－4　滑动轴承润滑油选择（混合摩擦润滑，工作温度＜60℃）

轴颈速度 v/（$m \cdot s^{-1}$）	平均比压 $p<3MPa$	轴颈速度 v/（$m \cdot s^{-1}$）	平均比压 $p=3\sim7.5MPa$
＜0.1	L—AN68，L—AN100，L—AN150	＜0.1	L—AN150
0.1～0.3	L—AN68，L—AN100	0.1～0.3	L—AN100，L—AN150
0.3～2.5	L—AN46，L—AN68	0.3～0.6	L—AN100
2.5～5	L—AN32，L—AN46	0.6～1.2	L—AN68，L—AN100
5～9	L—AN15，L—AN22，L—AN32	1.2～2	L—AN68
＞9	L—AN7，L—AN10，L—AN15		

2. 润滑脂的选择　润滑脂稠度大，承载能力高，不易流失，但摩擦功耗大，不宜在温度变化大或高速运转条件下使用。一般在轴承相对滑动速度 v 低于 1～2m/s 时或不易注油的场合采用。

润滑脂的选用主要根据轴承的工作温度。钙脂应用于 55～75℃以下；钠脂比钙脂耐热，但怕水，工作温度可达 120℃；锂脂有一定的抗水性和较好的稳定性，适用于－20～120℃、较潮湿的环境中工作的轴承润滑。

四、润滑方法和润滑装置

为保证轴承良好的润滑状态，除合理地选择润滑剂外，合理地选择润滑方法和润滑装置也是十分重要的。下面介绍常用的润滑方法和润滑装置。

1. 油润滑　油润滑的润滑方法有间歇供油润滑和连续供油润滑两种。

间歇供油润滑有手工油壶注油和油杯注油供油。这种润滑方法只适用于低速不重要的轴承或间歇工作的轴承。

对于重要轴承，必须采用连续供油润滑。连续供油方法及装置主要有以下几种：

(1) 油杯滴油润滑　图 16－13a、b 分别为针阀油杯和芯捻油杯。针阀油杯可调节滴油速度以改变供油量，在轴承停止工作时，可通过油杯上部手柄关闭油杯，停止供油。芯捻油杯利用毛细管作用将油引到轴承工作表面上，这种方法不易调节供油量。

(2) 浸油润滑　将部分轴承直接浸入油池中润滑，如图 16－14 所示。

(3) 飞溅润滑　飞溅润滑主要用于润滑如减速器、内燃机等机械中的轴承。通常直接利用传动齿轮或甩油环，如图 16－15 所示，将油池中的润滑油溅到轴承上或箱壁上，再经油沟导入轴承工作面以润滑轴承。

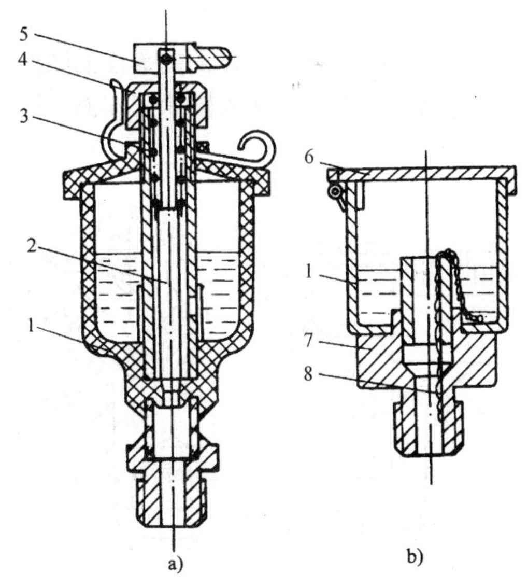

图 16-13 油杯滴油润滑装置

a）针阀油杯 b）芯捻油杯

1—杯体 2—针阀 3—弹簧 4—调节螺母

5—手柄 6—盖 7—接头 8—油芯

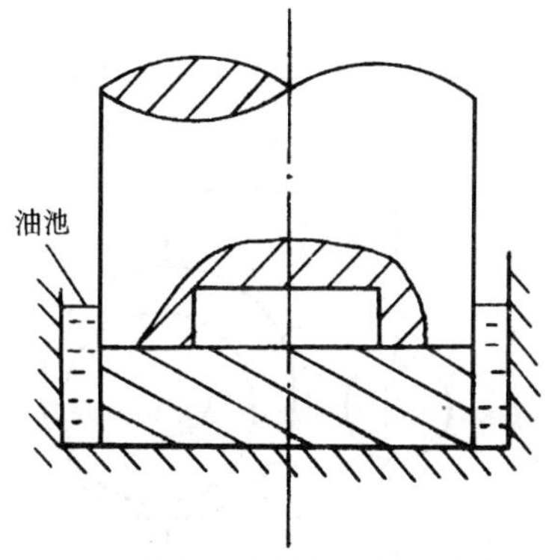

图 16-14 浸油润滑

甩油环根据安装特点可分为松环和固定环两种，如图 16-15a、b 所示。

松环指油环松套在轴上，如图 16-15a 所示。靠摩擦力随轴转动，将附着在油环上的油飞溅到箱壁上经油沟导入轴承或直接甩到轴承工作面上以润滑轴承。当轴转速较低时，环和轴同步转动，转速增加，由于在环与轴的接触部位有油润滑，摩擦力降低，油环会出现滞后。松环的供油量与环的质量、宽度、浸油深度以及润滑油粘度有关。大量实验表明，松环的供油量对轴承润滑是完全够用的。如果在油环的内表面开上窄的沟槽，如图 16-15c 所示，供油量会明显增大，轴的温度也会显著降低。松环适用于 $v \leqslant 20\text{m/s}$、运转比较平稳的轴承。

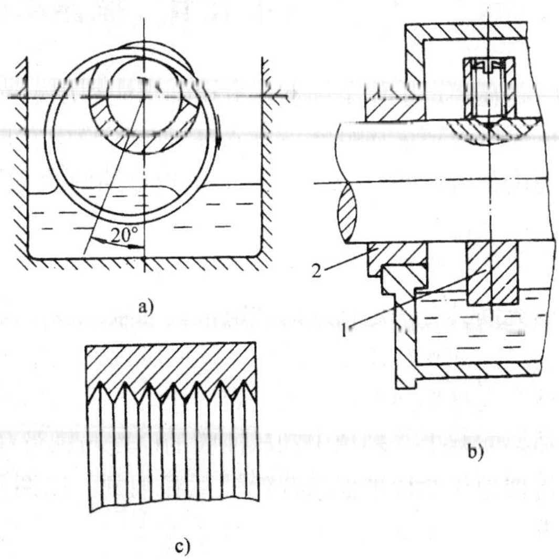

图 16-15 飞溅润滑装置

a）松环润滑 b）固定环润滑 c）沟槽环

1—甩油环 2—轴承

如图 16-15b 所示，油环通过紧固螺钉或其他方式固定在轴上，称为固定环。这种结构主要适用于低速，通常在 $v \leqslant 13\text{m/s}$ 范围内应用。

(4) 压力循环润滑 如图 16-16 所示，压力循环润滑是一种强制润滑方法。润滑油泵将一定压力的油经油路导入轴承，润滑油经轴承两端流回油池，构成循环润滑。这种供油方法供油量充足，润滑可靠，并有冷却和冲洗轴承的作用。但润滑装置结构复杂、费用较高，常用于重载、高速或载荷变化较大的轴承中。

2. 脂润滑　润滑脂只能间歇供给。常用润滑装置有如图 16 – 17a 所示的旋盖注油油杯和图 16 – 17b 所示的压注油杯。旋盖注油油杯靠旋紧杯盖将杯内润滑脂压入轴承工作面，压注油杯靠油枪压注润滑脂至轴承工作面。

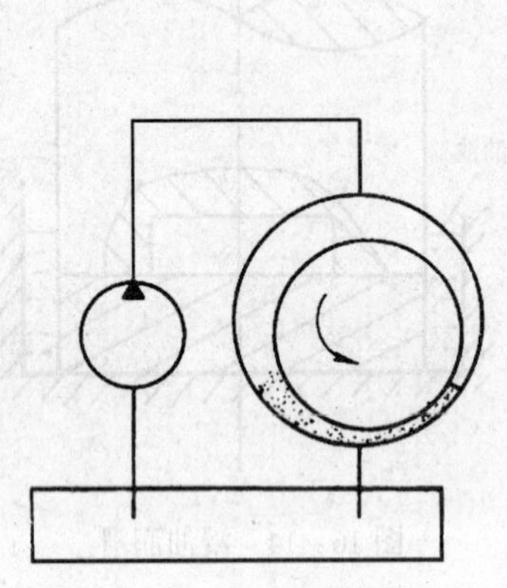

图 16 – 16　压力循环润滑装置

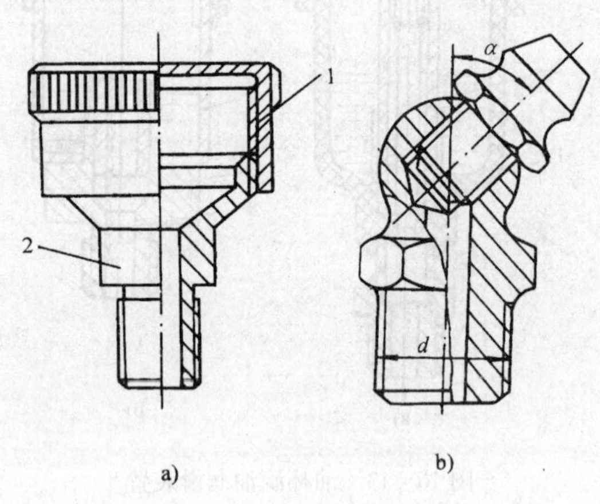

图 16 – 17　脂润滑装置
1—杯盖　2—杯体

第五节　流体动压润滑的基本原理

在一定工作条件下，滑动轴承能利用轴颈本身的转动，将润滑油带入轴承工作表面。形成动压油膜。1880 年就有人在轴承实验中发现这一现象。而后，雷诺（O·Reynolds）进行了理论分析，并于 1886 年提出了楔形油膜承载原理及其微分方程式，从而奠定了流体动压润滑的理论基础。

流体摩擦滑动轴承的工作状态如图 16 – 18a 所示。轴颈与轴承孔之间有一定间隙，间隙内充满具有一定粘度的润滑油。当轴颈以一定的转速转动时，润滑油被不断带入轴颈与轴承孔之间的狭窄楔形间隙内，使间隙内的油量不断增多。由于润滑油具有粘度和不可压缩性，就会在楔形间隙内产生一定的压力，从而形成具有足够强度的流体动压油膜，以支承轴承载荷。实际上，轴承中动压油膜的厚度与轴承和轴颈的半径尺寸相比，是非常小的，因而可以近似地用两块平板来替代轴瓦和轴颈，以两平板的相对运动来描述轴瓦和轴颈间的工作情况。

如图 16 – 18b 所示，轴瓦固定不动（固定平板），轴颈以转速 n 转动，与轴瓦相对滑动速度为 v（移动平板）。根据间隙内任意处油膜力的平衡及流体流量连续原理，则可得一维雷诺方程㊀为

$$\frac{\mathrm{d}p}{\mathrm{d}x} = 6\eta v \frac{h - h_0}{h^3} \tag{16-7}$$

㊀　雷诺方程的推导条件及推导过程可参阅参考文献［11］（P 286 ~ 288）。

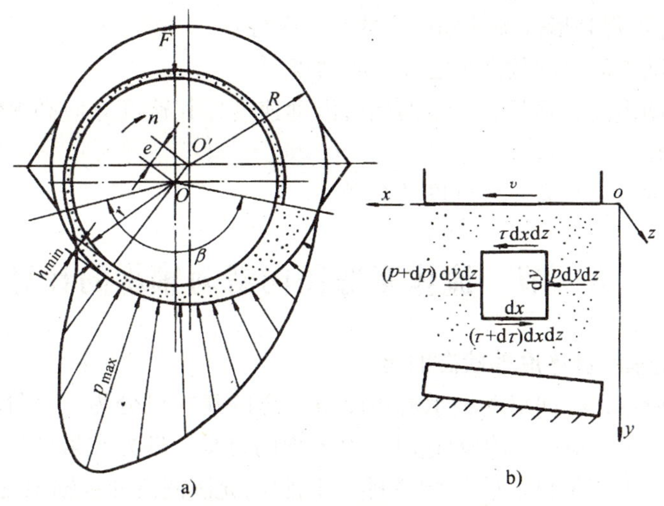

图 16－18 流体润滑状态

式中 h ——油膜厚度；

p ——油膜压力；

h_0——最大油膜压力处的油膜厚度；

η ——润滑油粘度；

v ——滑动速度。

由雷诺方程可知，油膜压力与润滑油粘度 η、轴承工作面相对滑动速度 v 和油膜厚度 h 有关。

如图 16－19a 所示，当 $h=h_0$ 时，$\frac{dp}{dx}=0$，$p=p_{max}$；当 $h>h_0$ 时，$\frac{dp}{dx}>0$，即油膜压力随 x 增加而增加；当 $h<h_0$ 时，$\frac{dp}{dx}<0$，即油膜压力随 x 增加而减小。如果在任意 x 处，均有 $h=h_0$，即两相对滑动表面相互平行，如图 16－19b 所示，则$\frac{dp}{dx}$恒等于零，表明压力处处相等，因而不能产生油膜动压力，也就不能承载。

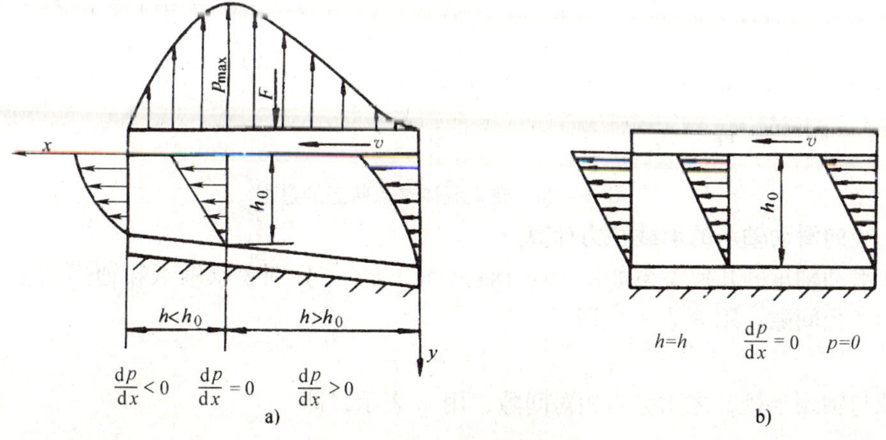

图 16－19 油膜承载机理

根据雷诺方程可得到形成流体动压力的必要条件：

1）两相对滑动表面之间的间隙必须呈收敛楔形。

2）两相对滑动表面必须具有一定的相对滑动速度，其速度方向必须保证使润滑油由大口流入，由小口流出。

3）楔形间隙内充满具有一定粘度的润滑油。

*第六节　流体摩擦径向滑动轴承的计算

一、径向滑动轴承流体摩擦状态的建立

如图 16 – 20 所示，径向滑动轴承流体摩擦状态的建立可分为三个阶段。第一阶段为轴颈起动阶段，见图 16 – 20a。当轴静止时，由于轴的自重，轴处在最低位置，并与轴瓦在最低点直接接触。轴颈与轴瓦间构成楔形间隙，间隙内充满润滑油；轴颈克服静摩擦力开始转动。第二阶段为混合摩擦状态阶段，如图 16 – 20b 所示。随着轴颈的转动，附着在轴颈表面上的润滑油被带入接触区，在摩擦力的作用下，轴沿轴承孔内壁向右上方爬，转速继续提高，形成了部分压力油膜。第三阶段为稳定的流体摩擦状态阶段，见图 16 – 20c。轴颈转速达到足够大时，形成了完整的压力油膜，轴颈被抬起，轴颈与轴瓦脱离接触，此时摩擦性质仅取决于润滑油内摩擦特性。总的油膜压力与外载荷相平衡，轴稳定在某一偏心位置上转动。

由上述分析可知，设计流体摩擦轴承时，既需要进行稳定运转时的流体摩擦状态计算，又需要进行起动和停车过程中的混合摩擦状态计算。

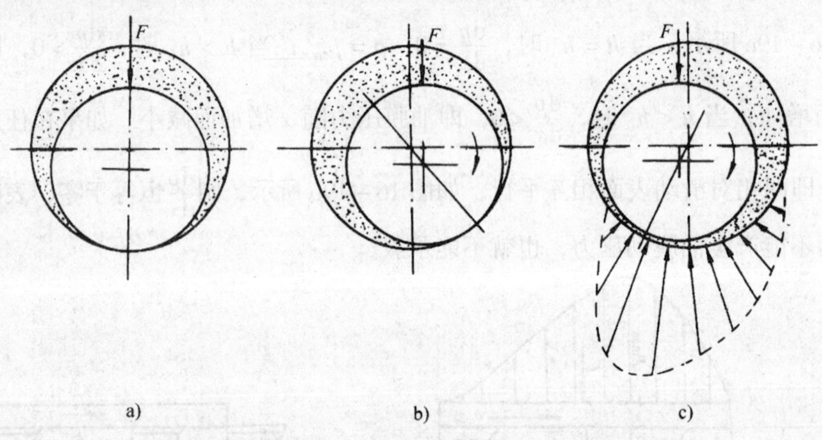

图 16 – 20　建立流体摩擦状态的过程

二、径向滑动轴承的承载能力计算

径向滑动轴承的几何关系如图 16 – 18a 所示，R、r 分别表示轴承和轴颈的半径，二者之差称为半径间隙，用 δ 表示，即

$$\delta = R - r$$

半径间隙与轴颈半径 r 之比称为相对间隙，用 ψ 表示，即

$$\psi = \frac{\delta}{r}$$

轴颈中心 O 偏离轴承孔中心 O' 的距离用 e 表示，称为偏心距。轴颈偏离轴承孔中心的程度用偏心率 ε 表示，即

$$\varepsilon=\frac{e}{\delta}=\frac{e}{R-r}$$

偏心率 ε 越大，轴颈与轴瓦之间的最小间隙，即最小油膜厚度 h_{min} 越小，由图可见

$$h_{min}=\delta-e=r\psi\ (1-\varepsilon) \tag{16-8}$$

当轴承处在稳定的动压润滑状态下时，根据雷诺方程，并计及有限宽轴承的两端端泄的影响，可得到轴承油膜能承受的径向力为

$$F=\frac{2\eta vB}{\psi^2}C_p \tag{16-9}$$

式中 η——润滑油在轴承平均工作温度下的动力粘度（Pa·s）；

B——轴承宽度（m）；

F——轴承径向力（N）；

v——轴颈线速度（m/s）。

C_p 称为承载量系数，量纲为 1。图 16－18 中 β 为轴承包角，对于 $\beta=180°$ 的径向轴承，可根据 B/d 和 ε，由图 16－21 查取 C_p。在 β 一定时，C_p 随 ε 和 B/d 的增加而增加。

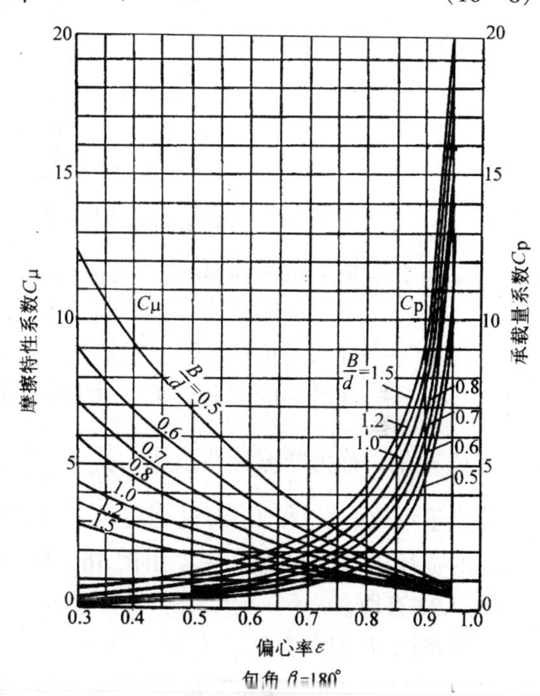

图 16－21 流体摩擦径向滑动轴承的承载量系数 C_p、摩擦特性系数 C_μ

由式（16－9）可知，轴承的径向力 F，即轴承的承载能力与承载量系数 C_p、润滑油粘度 η、轴颈线速度 v 成正比，与相对间隙 ψ 的平方成反比。采用粘度较高的润滑油，有利于提高承载能力，但摩擦功耗和轴承温升都会相应增加。

三、许用最小油膜厚度

如图 16－1c 所示，为使轴颈与轴承两表面完全由油膜隔开，应保证许用最小油膜厚度 $[h_{min}]$ 为

$$[h_{min}]=S(R_{z1}+R_{z2}) \tag{16-10}$$

式中 R_{z1}、R_{z2}——分别为轴颈和轴承表面平面度平均值，根据加工方法由表 16－5 查取；

S——考虑工作表面几何形状误差和轴颈挠曲变形的安全系数，通常取 $S\geqslant 2$。

表 16－5 表面平面度的平均高度 R_z

加工方法	精车或精镗、中等磨光、刮（每 1cm² 内有 1.5～3 个点）	铰、精磨、刮（每 1cm² 内有 3～5 个点）	钻石刀头镗，研磨	研磨、抛光、超精加工等
R_z/μm	＞3.2～6.3	＞0.8～3.2	＞0.2～0.8	～0.2

四、润滑油的温升计算

轴承工作时，摩擦功耗将转变为热量，使润滑油温度升高，粘度下降，承载能力下降。因此，要进行热平衡计算，以控制轴承工作温度。

轴承运转达到热平衡状态时，单位时间内轴承产生的摩擦热量等于端泄油流带走的热量和轴承散逸到空气中的热量之和，即

$$Fv\mu = c_{\mathrm{p}}\rho q_V \Delta t + \pi B d k \Delta t$$

由上式解得

$$\Delta t = \frac{\dfrac{\mu}{\psi}p}{c_{\mathrm{p}}\rho\dfrac{q_V}{\psi v B d} + \dfrac{\pi k}{\psi v}} = \frac{C_\mu p}{c_{\mathrm{p}}\rho C_{\mathrm{q}} + \dfrac{\pi k}{\psi v}} \tag{16-11}$$

式中 q_V ——轴承润滑油的端部体积流量（$\mathrm{m^3/s}$）；

μ ——轴承摩擦因数；

c_{p} ——润滑油的比热容，约为 1680～2100J/（kg·℃）；

k ——轴承的传热系数，与散热条件有关，约为 50～140W/（$\mathrm{m^2}$·℃）；

Δt ——润滑油的温升（℃）；即润滑油出口温度 t_2 与入口温度 t_1 之差。

$C_\mu = \dfrac{\mu}{\psi}$，称为摩擦特性系数；$C_{\mathrm{q}} = \dfrac{q_V}{\psi v B d}$，称为流量系数，$C_\mu$ 和 C_{q} 的量纲均为 1，根据已知的宽径比 B/d 和偏心率 ε 由图 16－21 和图 16－22 查取。

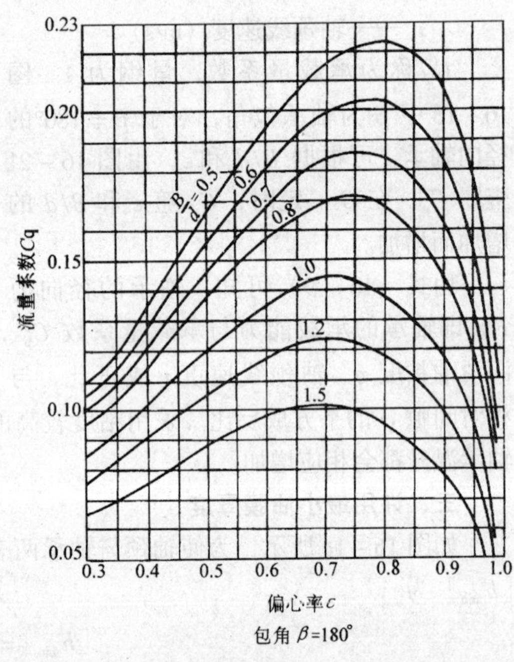

图 16－22 流体摩擦径向轴承的流量系数 C_{q}

润滑油平均温度用 t_{m} 表示，即

$$t_{\mathrm{m}} = t_1 + \frac{\Delta t}{2}$$

润滑油入口温度 t_1 一般控制在 35～45℃，润滑油平均温度 t_{m} 一般不超过 75℃，通常在 50～55℃。

五、径向滑动轴承的设计计算与参数选择

流体摩擦径向滑动轴承的设计计算，常常是校核计算，即校核轴承在选定的各种参数下是否能保证稳定的流体摩擦状态。一般说来，轴承的直径 d 是由轴的强度、刚度和结构设计决定的，因此，设计中要选择的仅有 B/d、η、ψ 及 $h_{\min}$ 四个参数。下面介绍这几个参数的选择及轴承的校核计算步骤。

1. 宽径比 B/d　宽径比 B/d 小，轴承的轴向尺寸小，端部体积流量大，有利于轴承散热，轴承压强增大，轴承平稳性好，但承载能力降低。一般轴承取 $B/d = 0.5 \sim 1.5$，常取 $0.5 \sim 1.0$。高速、轻载轴承宜取较小值；低速、重载轴承宜取较大值。

2. 相对间隙 ψ　相对间隙 ψ 越小，轴承的承载能力越大，但功耗也越大，进而润滑油温度升高，粘度下降，又会使承载能力下降。因此，应综合考虑。

相对间隙的选择与加工精度、润滑油粘度、轴颈转速、工作温度和载荷大小有关。一般说来，载荷大时，ψ 宜取小值；转速高、润滑油粘度大时，ψ 宜取大值；对回转精度要求高的轴承，为减小轴承偏心量，ψ 亦应取小值。常用机器的轴承相对间隙取值可参考表 16-6。

表 16-6　轴承相对间隙常用值

机器种类	汽轮机、电机、齿轮减速器	离心泵、风机	机　床	轧　钢　机
ψ	0.001～0.004	0.001～0.003	0.0002～0.001	0.0002～0.0015

3. 最小油膜厚度 h_{min}　要保证流体摩擦状态，应使 $h_{min} \geqslant [h_{min}]$，即

$$h_{min} = \delta(1-\varepsilon) \geqslant [h_{min}]$$

制造和安装精度高、工作较平稳时，h_{min} 可取小值；反之，取大值。应该指出，h_{min} 值取得太小，流体摩擦状态不易保证；h_{min} 值过大，轴承承载能力得不到充分发挥，并且不易保证轴承工作的稳定性。

4. 润滑油粘度 η　润滑油粘度根据混合摩擦轴承润滑油粘度的选择原则选取。

当上述四个参数选定之后，根据轴承的工作载荷 F 和轴的转速 n，则可进行校核计算。

校核计算一般步骤参见例 16-2。

例 16-2　一齿轮减速器的径向滑动轴承，轴颈直径 $d=100\text{mm}$，轴转速 $n=2000\text{r/min}$，径向力 $F=15000\text{N}$。试设计该流体摩擦轴承。

解　1. 确定轴承结构　采用剖分式径向滑动轴承，轴承包角 $\beta=180°$。轴承载荷较小，但速度较高，取 $B/d=0.75$，则 $B=0.75d=0.75\times100\text{mm}=75\text{mm}$。

2. 选轴承材料　考虑到轴承起动、停车过程为混合摩擦状态，按混合摩擦状态轴承选材料。根据

$$p=\frac{F}{Bd}=\frac{15000}{75\times100}\text{MPa}=2\text{MPa}$$

$$v=\frac{\pi dn}{60\times1000}=\frac{\pi\times100\times2000}{60\times1000}\text{m/s}=10.5\text{m/s}$$

$$pv=2\times10.5\text{MPa}\cdot\text{m/s}=21\text{MPa}\cdot\text{m/s}$$

由表 16-2，选 ZSnSb11Cu6。

3. 选润滑油、确定润滑油粘度　由表 16-4 选用 L—AN10 全损耗系统用油。设油的平均温度 $t_m=50℃$，根据图 16-12，在 t_m 下的运动粘度 $\nu_{50}=10\text{mm}^2/\text{s}$，取 $\rho=850\text{kg/m}^3$，则动力粘度为

$$\eta_{50}=\rho\nu_{50}=850\times10\times10^{-6}\text{Pa}\cdot\text{s}=0.0085\text{Pa}\cdot\text{s}$$

4. 选相对间隙 ψ　由表 16-6，因速度较高，取 $\psi=0.0015$，则

$$\delta=r\psi=50\text{mm}\times0.0015=0.075\text{mm}$$

5. 计算承载量系数 C_p 及最小油膜厚度 h_{min}

由式（16-9）得

$$C_p=\frac{F\psi^2}{2\eta vB}=\frac{15000\times0.0015^2}{2\times0.0085\times10.5\times0.075}=2.52$$

并由图 16-21 查取 $\varepsilon=0.72$，最小油膜厚度由式（16-8）计算得

$$h_{min}=r\psi(1-\varepsilon)=50\text{mm}\times0.0015\times(1-0.72)=0.021\text{mm}$$

6. 计算许用最小油膜厚度　轴颈为钢制，精磨，取 $R_{z1}=3.2\mu m$，轴承衬材料为轴承合金，精镗，取 $R_{z2}=6.3\mu m$，取安全系数 $S=2$，则

$$[h_{min}]=2(3.2+6.3)\mu m=19\mu m$$

故 $h_{min}>[h_{min}]$，满足要求。

7. 热平衡计算　由图 16－21 和图 16－22 查得：$C_{\mu}=2.0$，$C_q=0.178$，取 $c_p=1680J/(kg\cdot ℃)$，$k=80W/(m^2\cdot ℃)$，$\rho=850kg/m^3$，则油的温升为

$$\Delta t=\frac{C_{\mu}p}{c_p\rho C_q+\dfrac{\pi k}{\psi v}}=\frac{2.0\times 2\times 10^6}{1680\times 850\times 0.178+\dfrac{\pi\times 80}{0.0015\times 10.5}}℃=14.8℃$$

设入口油温 $t_1=42℃$，则平均油温为

$$t_m=t_1+\frac{\Delta t}{2}=\left(42+\frac{14.8}{2}\right)℃=49.4℃$$

与原设平均温度 50℃接近，满足要求（如计算温度与原设温度相差较大，应重新计算，直到计算温度与原设温度相差不超过 1～2℃为止）。

8. 选配合　由半径间隙 $\delta=0.075mm$，知直径间隙 $\Delta=2\delta=0.15mm$。选择配合尽量使平均间隙接近已确定的间隙。选 H7/d7 间隙配合，查公差和配合标准（GB/T 1801—1999）得：$\Delta_{max}=0.19mm$，$\Delta_{min}=0.12mm$，其平均间隙 $\Delta_m=0.155mm$，与 $\Delta=0.15mm$ 比较接近，故所选配合适用。对于精确计算，应按 Δ_{max} 校核承载能力和最小油膜厚度；按 Δ_{min} 校核润滑油的温升和平均温度。

9. 绘制轴瓦零件图（略）。

*第七节　其他轴承简介

一、流体摩擦推力滑动轴承

推力滑动轴承和径向滑动轴承一样，在一定润滑条件下，亦可实现流体摩擦状态，即流体摩擦推力滑动轴承。

流体摩擦推力滑动轴承的承载原理和径向轴承相同，即在推力面和止推面间获得楔形间隙，产生动压油膜力以平衡外载荷。

根据轴承的结构，流体摩擦推力滑动轴承分为固定瓦块和摆动瓦块两类。

图 16－23 所示为简单的固定瓦块推力轴承。止推面被油槽分隔成六个扇形瓦块，各瓦块均为具有一定斜角 α 的倾斜面。转动时轴颈与推力面形成楔形间隙，产生动压油膜。这种轴承结构简单，主要用于载荷较平稳的一般机械中。

图 16－24 所示为摆动瓦块推力轴承。轴承的各个瓦块均可以绕其支点摆动，从而形成楔形间隙，产生动压油膜。在工作过程中，瓦块可随载荷、转速的变化而自动调整其倾斜角，以维持流体摩擦状态。这种结构的轴承抗振性好，回转精度高，宜用于载荷、转速变化较大的机械。

二、多油楔径向滑动轴承

前面介绍的流体摩擦径向滑动轴承，在工作时仅形成一个动压油膜，称为单油楔轴承。这种轴承结构简单，但稳定性差，回转精度不高。为克服这一不足，将轴瓦的结构加以改

变，以使在工作时形成多个动压油膜，即形成多个油楔，这种结构的轴承称为多油楔滑动轴承。

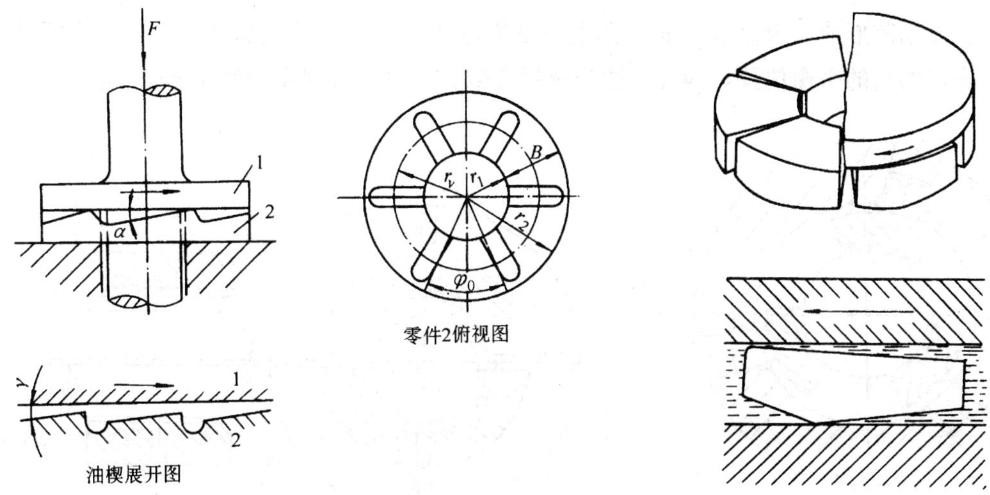

图 16-23　固定瓦块推力轴承　　图 16-24　摆动瓦块推力轴承

图 16-25 所示为常见的几种多油楔滑动轴承。图 16-26 为摆动瓦块径向多油楔滑动轴承，瓦块随载荷、转速等参数的变化而自动调整，以获得稳定的润滑状态。

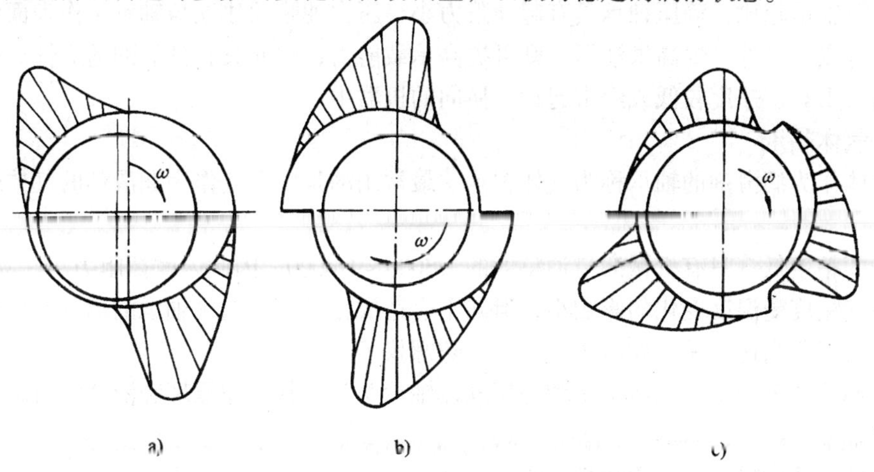

图 16-25　多油楔滑动轴承

a）椭圆轴承　b）错位轴承　c）三油楔轴承

多油楔轴承承受的外载荷由各个油膜承载力的合力来平衡。因此，轴承的运转精度较高，稳定性好；但承载能力低、功耗大，多用于高速精密机械。

三、液体静压轴承

液体静压轴承（简称静压轴承）和液体动压轴承的区别就在于形成压力油膜的原理不同。静压轴承是利用油泵对润滑油加压，并将压力油输送到轴承间隙中，强制形成油膜，由润滑油的静压力平衡外载荷。

图 16-27 为静压径向轴承工作原理图。油泵供给的高压油经节流器进入对称布置的四个油腔内。当外载荷为零时（不计轴及轴上零件的重量），各油腔压力相等，各油腔与轴颈之间的间隙也相等，轴颈中心与轴承孔同心；当受到外载荷径向力 F 时，轴颈将沿力的方

向向下移动，油腔3与轴颈间的间隙变小，油的流量减小，因而经节流器的压力降也减小，在供油压力 p_s 不变的条件下，油腔3的压力 p_3 增高。与此相反，油腔1的压力 p_1 减小。结果使上、下油腔形成压力差 p_3-p_1。当上下油腔静压力之差与外载荷 F 相等时，轴颈又处在一个稳定的新的平衡位置。因此，适当选择参数，即可以实现完全的流体摩擦状态。

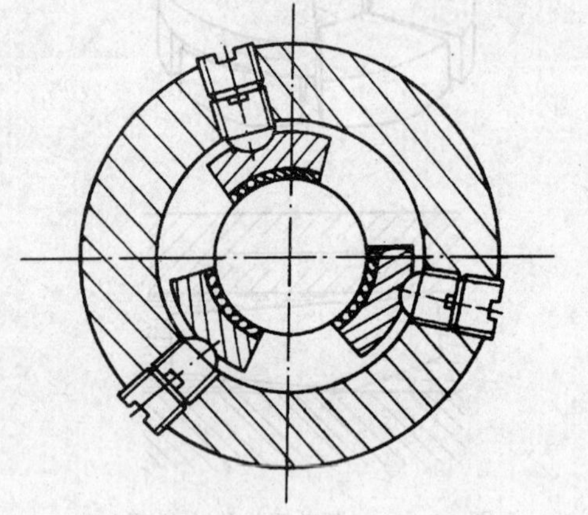

图16-26　摆动瓦块径向滑动轴承

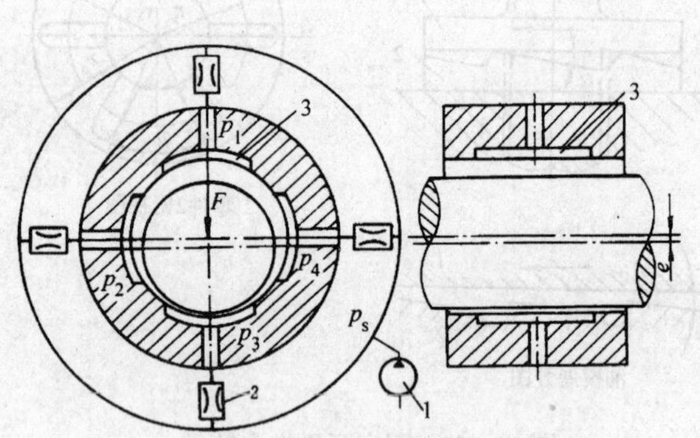

图16-27　液体静压径向轴承工作原理

1—油泵　2—节流器　3—油腔

与动压轴承相比，静压轴承具有起动阻力小、压力油膜的建立与轴承工作表面的相对运动无关等特点。另外，提高供油压力则可提高承载能力，因此具有良好的适应性。静压轴承主要应用于重载、速度较低或经常起动、换向的机器中。

四、气体轴承

用气体作为润滑剂的轴承称为气体轴承。最常用的是以空气作为润滑剂的气体轴承，即空气轴承。

空气的粘度低，只有机械润滑油粘度的1/5000～1/4000，因此内摩擦阻力小，功耗甚微。另外，空气粘度受温度变化的影响小，泄漏不会造成污染。但空气轴承的承载能力低，所以主要应用于轻载高速机械，如电子计算机、陀螺仪等。

气体轴承亦分为动压气体轴承和静压气体轴承两类。其工作原理和液体润滑轴承基本相同。

五、各类滑动轴承的应用特性比较

各类滑动轴承的应用特性见表16-7。

表16-7　各类滑动轴承的应用特性

轴承种类 / 工作条件	含油轴承	边界和混合摩擦轴承	流体动压摩擦轴承	流体静压轴承	空气轴承
承受冲击、振动的能力	较好	较好	较好	很好	好
转动稳定性	很好	静载时好	很好	很好	很好
安装空间	径向尺寸小	径向尺寸小	径向尺寸小，润滑系统需占空间位置	径向尺寸小，润滑系统需较大空间位置	径向尺寸小，供气系统需空间位置
润滑方式	简单	简单	较简单	复杂	较复杂

（续）

工作条件 \ 轴承种类	含油轴承	边界和混合摩擦轴承	流体动压摩擦轴承	流体静压轴承	空气轴承
工作温度	中等（高温时，润滑剂氧化）	中、高	中等（高温时，润滑剂氧化）	中等（高温时，润滑剂氧化）	高
摩擦功耗	中	大	小	小	很小
承载能力	低、中	中、高	高	高	低

实践教学环节

1. 分析汽车发动机中什么地方使用滑动轴承，为什么使用，其结构形式应该是整体式还是剖分式？并对其失效形式进行分析。

2. 图 16－28 所示为对开式正滑动轴承拆开图。若该轴承是边界和混合摩擦滑动轴承，为了计算承载能力，需要测绘哪些参数？如何测绘？如何把它组装起来？

3. 人的关节也可以看成一个滑动轴承，机械中根据仿生原理设计的一种滑动轴承称为关节轴承，想一想关节轴承有什么特点？如何选择关节轴承材料及其润滑方式。

图 16－28　对开式正滑动轴承

习　题

16－1　一混合摩擦径向滑动轴承，已知轴颈直径 $d=100\text{mm}$，轴承宽度 $B=120\text{mm}$，轴的转速 $n=560\text{r/min}$，轴承载荷 $F=10000\text{N}$，轴瓦材料为 ZCuSn5Pb5Zn5，轴的材料为 45 钢。试验算此轴承。

16－2　已知一起重机卷筒的滑动轴承，其轴颈直径 $d=90\text{mm}$，轴的转速 $n=9\text{r/min}$，轴承材料采用铸铝青铜 ZCuAl10Fe3。试计算此轴承能承受的最大径向载荷 F。

*16－3　一流体摩擦径向滑动轴承，轴颈直径 $d=100\text{mm}$，轴承宽度 $B=75\text{mm}$，轴的转速 $n=4000\text{r/min}$，轴承载荷 $F=15000\text{N}$，摩擦因数 $\mu=0.0045$。若轴承润滑油的温升不允许超过 30℃，问每分钟需补充的润滑油流量是多少？

*16－4　设计一齿轮减速器中的流体摩擦径向滑动轴承，采用剖分式轴承，工作稳定。轴颈材料为 45 钢。轴承载荷 $F=160000\text{N}$，轴颈直径 $d=300\text{mm}$，轴的转速 $n=500\text{r/min}$。

第十七章　滚动轴承

滚动轴承是标准件，在各种机械中被广泛使用，具有摩擦阻力小、起动快和效率高等优点。滚动轴承由专业化工厂大量生产，制造成本较低，类型和尺寸系列多，选用及更换方便。

第一节　滚动轴承的结构

滚动轴承一般是由内、外圈，滚动体和保持架组成，如图 17－1 所示。

内、外圈一般设有滚道，其作用一方面可限制滚动体沿轴向移动，同时又能降低滚动体与内、外圈之间的接触应力。工作时轴承内圈与轴颈配合，外圈与轴承座或机座配合。常见的是内圈随轴一起转动，外圈固定不动，但也可以使外圈转动而内圈不动，或是内、外圈同时转动。

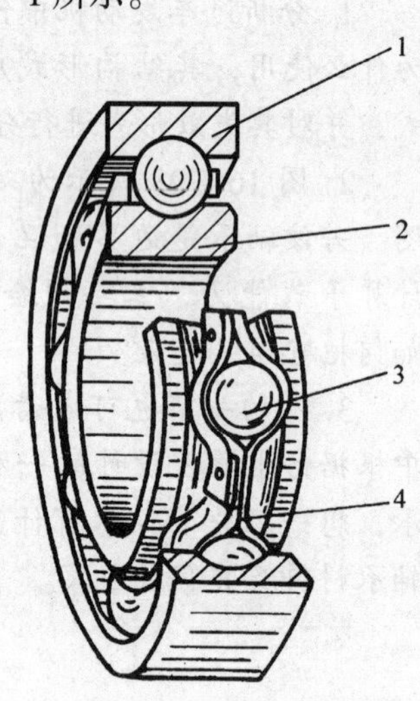

图 17－1　滚动轴承的结构

1—外圈　2—内圈

3—滚动体　4—保持架

滚动体有多种形式，以适应不同类型滚动轴承的结构要求，常见的滚动体形状如图 17－2 所示。

保持架把滚动体彼此隔开，避免滚动体相互接触，以减少摩擦与磨损。

滚动轴承的内、外圈及滚动体常用 GCr15 或 GCr15SiMn 等轴承钢并经淬火制成。保持架一般用软钢、青铜和尼龙等材料制造。

滚动体与套圈接触处的法线与轴承的径向平面（垂直于轴承轴心线的平面）之间的夹角 α 称为公称接触角。接触角是滚动轴承的一个主要参数，滚动轴承的分类以及受力分析都与接触角有关。表 17－1 列出了各类轴承（以球轴承为例）的接触角。公称接触角越大，轴承承受轴向载荷的能力也越大。

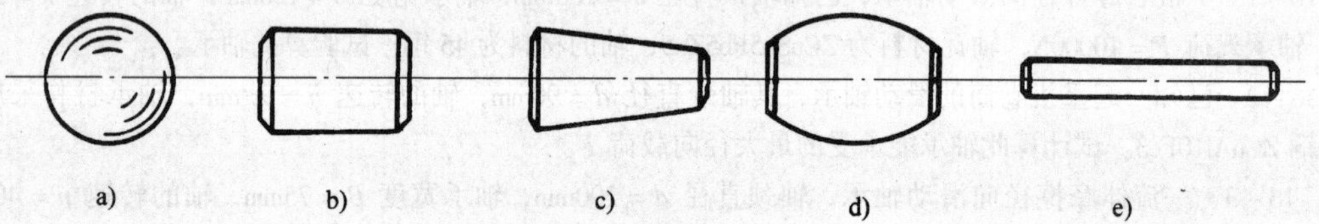

图 17－2　常用的滚动体

a）球　b）圆柱滚子　c）圆锥滚子　d）球面滚子　e）滚针

表 17－1　各类球轴承的公称接触角

轴 承 类 型	向 心 轴 承		推 力 轴 承	
	径向接触	向心角接触	推力角接触	轴向接触
公称接触角 α	$\alpha=0°$	$0°<\alpha\leqslant45°$	$45°<\alpha<90°$	$\alpha=90°$

（续）

轴承类型	向心轴承		推力轴承	
	径向接触	向心角接触	推力角接触	轴向接触
图例	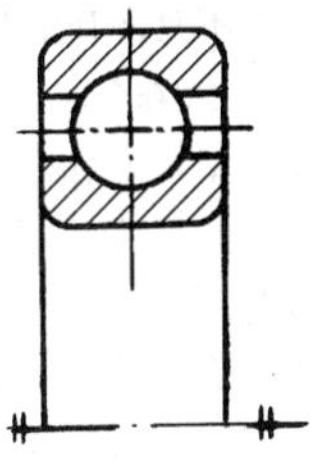	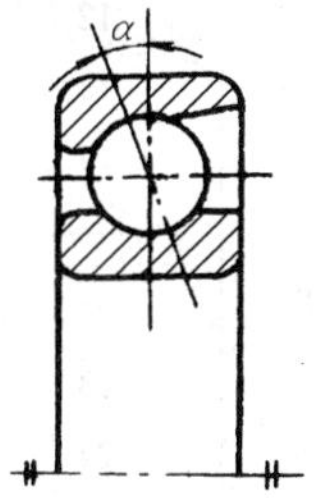	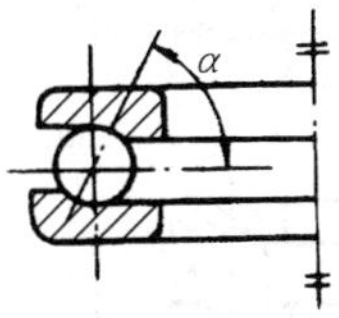	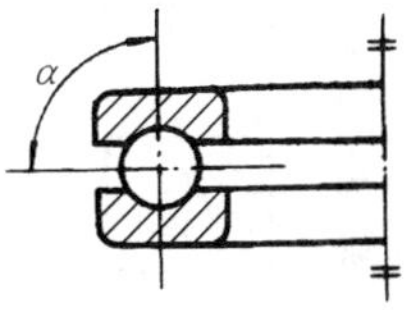

第二节　滚动轴承的主要类型、代号及选择

一、滚动轴承的主要类型

通常轴承按其所能承受的载荷方向或公称接触角、滚动体的种类综合分类，常用的滚动轴承的类型及特性见表 17－2。

表 17－2　滚动轴承的主要类型和特点

轴承类型	结构简图、承载方向	类型代号	尺寸系列代号	特性
调心球轴承	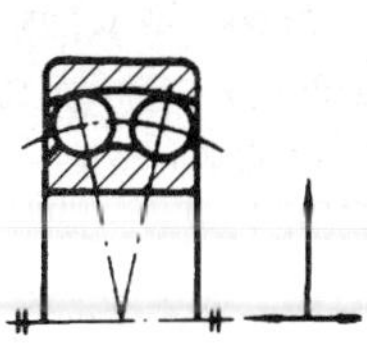	1 (1) 1 (1)	(0) 2 22 (0) 3 23	主要承受径向载荷，也可承受不大的轴向载荷。但承受轴向载荷会形成单列滚动体受载而显著影响轴承寿命，所以应尽量避免受轴向载荷。能自动调心，允许内、外圈轴线相对偏斜 2°～3° 该类轴承有圆柱孔（10000 型）和圆锥孔（10000K 型，锥度 1:12）两种形式
调心滚子轴承	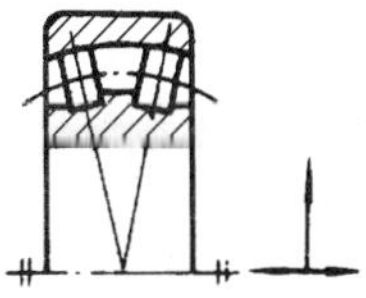	2	13 22 23 30 31 32 40 41	承受径向载荷能力较大，同时也可承受一定的轴向载荷。能自动调心，允许内、外圈轴线相对偏斜 2°～3°
圆锥滚子轴承	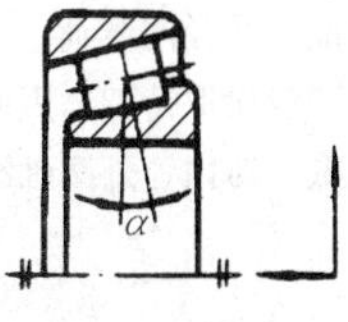	3	02 03 13 20 22 23 29 30 31 32	能同时承受较大的径向、轴向载荷，由于是线接触，承载能力大于“7”类轴承。公称接触角 α 有普通（30000 型）和加大（30000B 型）两种。内、外圈可分离，装拆方便，成对使用，可以分装于两个支点或装于一个支点上

（续）

<table>
<tr><th colspan="2">轴承类型</th><th>结构简图、承载方向</th><th>类型代号</th><th>尺寸系列代号</th><th>特性</th></tr>
<tr><td rowspan="2">推力球轴承</td><td>单向</td><td></td><td rowspan="2">5</td><td>12
13
14</td><td rowspan="2">只能承受轴向载荷，且作用线必须与轴线相重合，不允许有角偏差。有单列——承受单向推力（51000 型）；双列——承受双向推力（52000 型）等类型
高速时，因滚动体离心力大，球与保持架摩擦发热严重，寿命较短。可用于轴向载荷大，转速不高之处</td></tr>
<tr><td>双向</td><td></td><td>22
23
24</td></tr>
<tr><td colspan="2" rowspan="2">深沟球轴承</td><td rowspan="2"></td><td>6</td><td>17
37
18
19</td><td rowspan="2">结构简单，应用最广，主要用于承受径向载荷，也可承受不大的轴向载荷，承受冲击载荷能力差。高速时可代替推力轴承承受纯轴向载荷。允许内、外圈轴线相对偏斜 2′～10′</td></tr>
<tr><td>16
6</td><td>（0）0
（1）0
（0）2
（0）3
（0）4</td></tr>
<tr><td colspan="2">角接触球轴承</td><td></td><td>7</td><td>19
（1）0
（0）2
（0）3
（0）4</td><td>能同时承受径向、轴向载荷，公称接触有 15°（70000C 型）、25°（70000AC 型）、40°（70000B 型）三种，通常成对使用，可以分装于两个支点或同装于一个支点上</td></tr>
<tr><td rowspan="2">圆柱滚子轴承</td><td>外圈无挡边</td><td></td><td>N</td><td>10
（0）2
22
（0）3
23
（0）4</td><td rowspan="2">用于承受径向载荷，内、外圈沿轴向可以分离。对轴的偏斜敏感，允许的内、外圈轴线相对偏斜仅为 2′～4′</td></tr>
<tr><td>内圈无挡边</td><td></td><td>NU</td><td>10
（0）2
22
（0）3
23
（0）4</td></tr>
<tr><td colspan="2" rowspan="2">滚针轴承</td><td rowspan="2"></td><td>NA</td><td>48
49
69</td><td rowspan="2">只能承受径向载荷，承载能力大，径向尺寸小，一般无保持架，因而滚针间有摩擦，极限转速低。对内、外圈轴线偏斜敏感</td></tr>
<tr><td colspan="2">结构简图与左图不同时，其代号另有规定，详见轴承手册</td></tr>
</table>

注：括号中的数字在轴承代号中省略，如：6（0）200 型写成 6200 型。

二、滚动轴承代号

滚动轴承类型很多，而各类轴承又有不同的结构、尺寸、公差等级和技术要求等。为了便于组织生产、管理、选择及使用，国家标准规定了滚动轴承的代号。

滚动轴承代号由基本代号、前置代号和后置代号三部分组成。其中，基本代号用以表示轴承的类型、结构和尺寸，是轴承代号的基础。前、后置代号是在基本代号前、后添加的补充代号。格式如下：

后置代号按不同情况可紧接在基本代号之后或用“—”、“/”符号分开。

1. 基本代号　基本代号的一般格式如下：

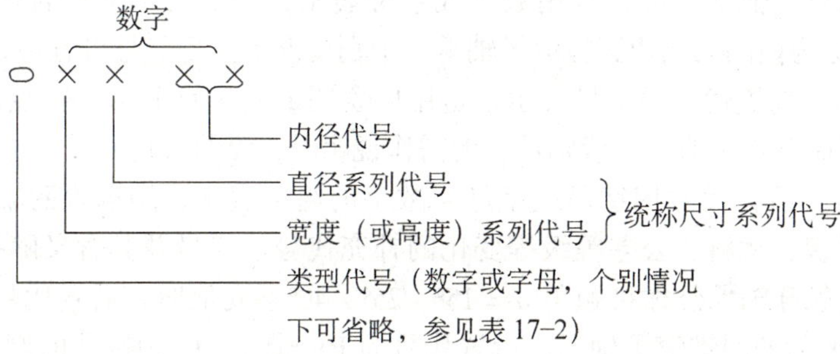

（1）内径代号[㊀]　基本代号中右起第一、二位数字为内径代号，用以表示轴承内径 d。当代号为 04～96（相应内径 $d=20\sim480$mm）时，代号乘 5 即为内径 d（mm）尺寸。其中，内径 d 为 22mm、28mm、32mm 的轴承，需直接用内径值（mm）表示，并用“/”与前面的尺寸系列代号分开，如○××/22（表示 $d=22$mm）。

内径 $d<20$mm 时，尚有四个代号，规定如下：

内径代号	00	01	02	03
轴承内径 d/mm	10	12	15	17

（2）尺寸系列代号　尺寸系列代号是直径系列代号（右起第三位数字）和宽度（对推力轴承为高度）系列代号（右起第四位数字）的组合。

直径系列代号用以区分相同内径，由于滚动体直径不同而有不同外径的轴承。对向心轴承，标准中规定，该代号按 7、8、9、0、1、2、3、4 顺序表示轴承外径的依次递增。图 17－3所示为深沟球轴承部分直径系列代号及外径递增的示例。推力轴承直径系列代号按 0、1、2、3、4、5 顺序表示轴承外径的依次递增。

宽度（高度）系列代号用以区分相同的内、外径而有不同宽度（高度）的轴承。对向心轴承，该代号按 8、0、1、2、3、4、5、6 顺序表示轴承宽度的依次递增；对推力轴承，按 7、9、1、2 顺序表示轴承高度的依次递增。

各类轴承对应的尺寸系列代号见表 17－2。应当指出，某些轴承类型尺寸系列代号中的宽度系列代号规定可省略（表 17－2），识别轴承代号时应加注意，以免出错。

㊀　内径 $d<10$mm 或 $d\geqslant500$mm 的内径代号可查阅轴承手册。

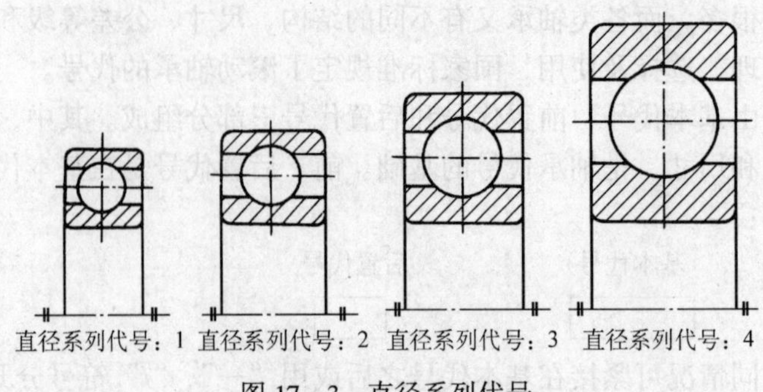

图 17－3　直径系列代号

（3）类型代号　轴承类型代号用数字或字母表示，如 6 表示类型名称为深沟球轴承；NU 表示类型名称为内圈无挡边圆柱滚子轴承。个别情况下类型代号可省略，见表 17－2。

2. 前置代号　前置代号用字母表示，是用以说明成套轴承分部件特点的补充代号，代号及其含义可查阅轴承手册；一般轴承，无需作说明时，无前置代号。

3. 后置代号　后置代号用字母或字母－数字的组合表示，用以说明轴承的内部结构、密封和防尘圈形状、材料、公差等级等变化的补充代号。代号及其含义随技术内容不同而异。例如，角接触球轴承公称接触角 $\alpha=15°$、25°、40°不同值时，后置代号分别为 C、AC、B；公称接触角增大的圆锥滚子轴承，后置代号为 B；带 1～12 圆锥孔的调心球轴承，后置代号为 K；加强型的圆柱滚子轴承，后置代号为 E 等。

后置代号中的公差等级代号规定如下表：

公差等级	普通级	高于普通级		高于 P6、P6x 级	高于 P5 级	高于 P4 级
代　号	—	/P6	/P6x①	/P5	/P4	/P2

① 适用于圆锥滚子轴承。

例 17－1　解释下列轴承的含义。

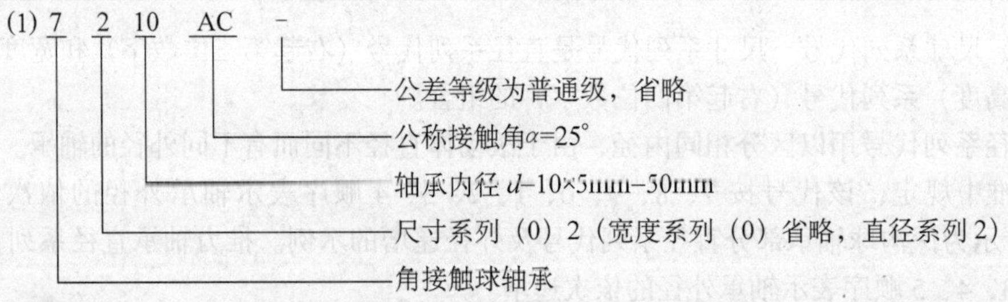

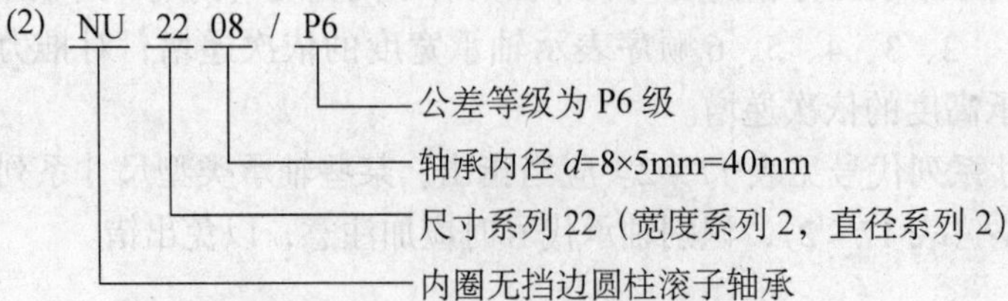

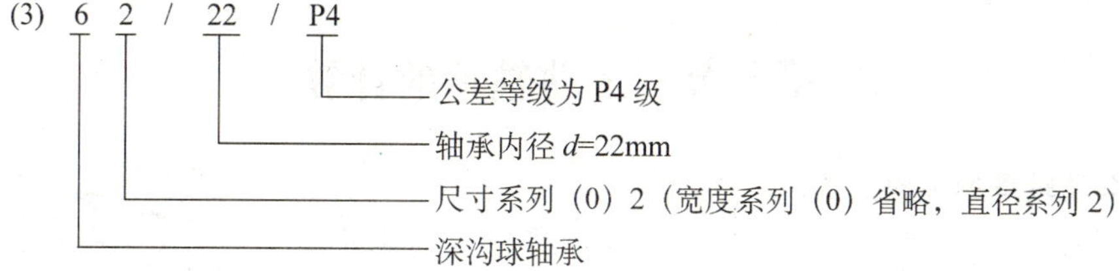

代号的字母、数字更多时，可查阅轴承手册弄清其含义。

三、滚动轴承的类型选择

各类滚动轴承有不同的特性，因此选择滚动轴承类型时，必须根据轴承实际工作情况合理选择，一般应考虑下列因素。

1. 载荷性质、大小和方向

1）在相同外廓尺寸条件下，滚子轴承一般比球轴承承载能力和抗冲击能力大，故载荷大、有振动和冲击时应选用滚子轴承；载荷小、无振动和冲击时应选用球轴承。

2）受纯径向载荷时，应选用向心轴承（如 60000、N0000、NU0000 型等）。

3）受纯轴向载荷时，应选用推力轴承（如 50000 型）。

4）同时承受径向载荷与轴向载荷时，应根据两者的比值来考虑，当与径向载荷相比，轴向载荷较小时，可选用深沟球轴承（60000 型）或接触角不大的角接触球轴承（70000C 型）及圆锥滚子轴承（30000 型）；当与径向载荷相比，轴向载荷较大时，可选用接触角较大的角接触球轴承（70000AC 型）及圆锥滚子轴承（30000B 型）；当轴向载荷比径向载荷大很多时，可选用向心轴承和推力轴承组合在一起的结构，以分别承受径向和轴向载荷。

2. 自动调心性能的要求　对支点跨距大刚度差的轴、多支点轴或由其他原因而弯曲变形较大的轴，为适应轴的变形，应选用能适应内、外圈轴线有较大相对偏斜的调心轴承，如图 17－4所示。在使用调心轴承的同一轴上，一般不宜选用其他类型轴承，以免受其影响而失去了调心作用。

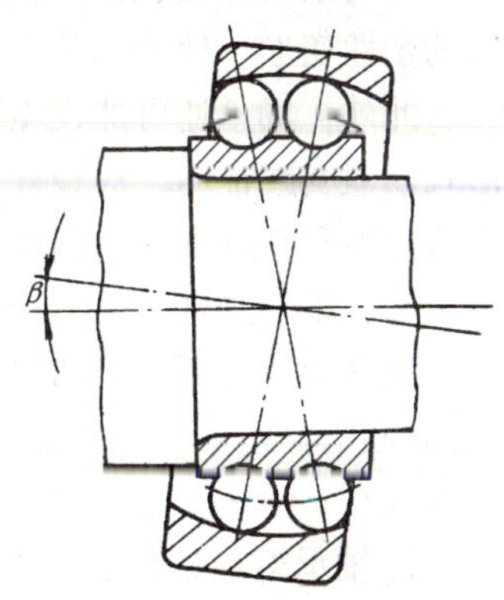

图 17－4　内、外圈的轴线偏斜

3. 轴承的转速　在一般情况下，转速的高低对轴承类型的选择不发生什么影响；只有在转速较高时，才会有比较显著的影响。轴承手册中列入了各种类型、各种尺寸轴承的极限转速 $n_{\lim}$（r/min）值。这个转速是指载荷不太大（$P \leqslant 0.1C$。P 为当量动载荷，C 为基本额定动载荷，详见本章第二节），冷却条件正常，公差等级为普通级轴承时的最大允许转速。在设计时，应使轴承在低于极限转速下工作。

通常，球轴承的极限转速高于滚子轴承；在同类型轴承中，不同尺寸系列的轴承其极限转速各不相同。

4. 轴承的安装尺寸要求　轴承内径是根据与之配合的轴颈尺寸而定的，但其外径、宽度随轴承类型、直径系列及宽度（高度）系列的不同而不同。当需减小轴承的径向尺寸时，可选择适当的直径系列来使之满足要求，必要时可选用滚针轴承。

5. 经济性　球轴承比滚子轴承价廉，所以只要能满足基本要求，应优先选用球轴承。同型号不同公差等级轴承的差价悬殊，所以选用高精度轴承必须慎重。

第三节 滚动轴承的计算

一、滚动轴承的失效形式

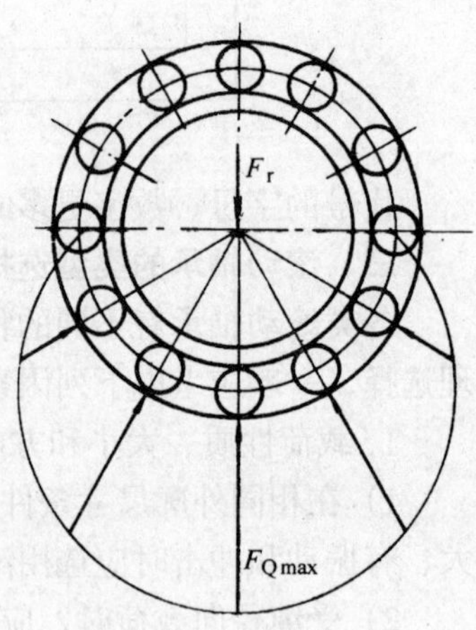

图 17–5 径向载荷分布

1. 疲劳点蚀 图 17–5 所示为受到纯径向载荷 F_r 时的向心轴承载荷分布情况。设工作时轴承外圈固定，内圈转动，则内圈及滚动体位于上半圈时不受载荷。当内圈及滚动体位于下半圈时，各滚动体随所处的位置不同所承受的载荷也不同。处于 F_r 作用线最下位置的滚动体载荷最大（F_{Qmax}），而远离作用线时，各滚动体承受的载荷就逐步减小。

按图 17–5 所示的载荷分布情况，对下半圈任一点 i 而言，当滚动体与其接触时，承受 F_{Qi} 的载荷，而在该滚动体脱离接触而下一个滚动体尚未到达时，载荷为 0。由于滚动体和内、外圈滚道之间是点（或线）接触，由此可见，工作时内、外圈及滚动体表面上均受脉动循环变化的接触应力。

由于接触变应力的作用，经一定时间运转后，内、外圈滚道及滚动体表面上会发生金属剥落的疲劳点蚀现象。轴承发生疲劳点蚀后，运转中会引起噪声和振动，温度升高，最后导致失效。

2. 塑性变形 当轴承转速很低或仅作摆动时，过大的静载荷或过大的冲击载荷会使轴承滚道与滚动体接触处产生较大的局部应力。当局部应力超过材料的屈服极限时，将产生较大的塑性变形，使轴承失效。

此外，轴承还可能发生套圈断裂、滚动体破碎、保持架破损、磨损、擦伤和锈蚀等失效形式。但实践证明，对设计合理、制造良好、安装和维护正常的轴承，最常见的失效形式是疲劳点蚀和塑性变形。因此，通常根据以上两种主要失效形式建立轴承的计算理论和公式。

二、滚动轴承的寿命计算

滚动轴承寿命计算的目的是：计算轴承在给定的载荷下能基本上不发生疲劳点蚀失效（失效概率不超过某一规定值）的使用期限；或在给定的载荷下，如何选用在预期的使用期限内基本上不发生疲劳点蚀失效的轴承尺寸。

1. 轴承寿命计算的基本概念和计算公式

（1）轴承寿命及基本额定寿命 单个轴承在发生疲劳点蚀前运转的总转数，或在一定转速下的工作小时数，称为轴承寿命。

实践证明，一批相同型号的轴承，即使在相同工作条件下，各个轴承的寿命也是相当离散的，甚至相差可达几十倍。因此，轴承寿命计算中常用一定概率下的寿命，作为选用轴承的依据。

基本额定寿命是指一批同型号的轴承，在相同工作条件下运转，这批轴承中有 90% 的轴承不发生疲劳点蚀前的总转数 L_{10}（以 10^6 r 为单位）或一定转速下的工作小时数 L_h。其失效概率为 10%，即可靠度为 90%。

（2）基本额定动载荷 所谓轴承的基本额定动载荷，就是使轴承的基本额定寿命恰好为 10^6 r 时，轴承所能承受的载荷值，用 C 表示。基本额定动载荷，对向心轴承，指的是纯径向载荷，并称为径向基本额定动载荷，用 C_r 表示；对推力轴承，指的是纯轴向载荷，并称为轴向基本额定动载荷，并以 C_a 表示。C_r、C_a 可在滚动轴承手册中查得。不同型号的轴承有不同的基本额定动载荷值，它表征了轴承的承载特性。

（3）滚动轴承寿命的计算公式　对于具有径向基本额定动载荷 C_r 的向心轴承，当它所受的载荷 P_r（径向当量动载荷，为一计算值，见后述）恰好为 C_r 时，显然该轴承的寿命就等于它的基本额定寿命，即 10^6r。但是当所受的载荷 $P_r \neq C_r$ 时，轴承的寿命为多少？这就是轴承寿命计算所要解决的一类问题。轴承寿命计算所要解决的另一类问题是当轴承受载荷为 P_r，而要求该轴承具有的寿命为 L_{10}（以 10^6r 为单位）时，须选用具有多大的径向基本额定动载荷的轴承？下面讨论解决上述问题的方法。

图 17-6 所示为在大量实验研究基础上得出的代号为 6305 轴承的载荷—寿命曲线。该曲线表示 6305 轴承的载荷 P_r 与基本额定寿命 L_{10}之间的关系。曲线上相应于寿命 $L_{10}=1$ 的载荷（22.4kN = 22400N），即为 6305 轴承的径向基本额定动载荷 C_r。其他型号的轴承，也有与上述曲线的函数规律类似的载荷—寿命曲线。此曲线方程为

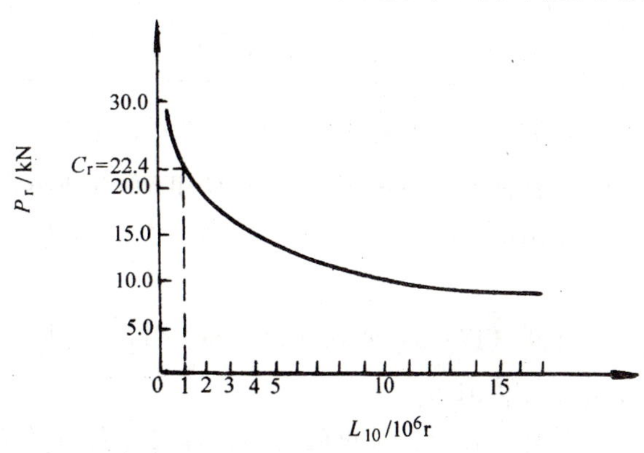

图 17-6　6305 轴承的载荷—寿命曲线

$$P_r^{\varepsilon} L_{10} = C_r^{\varepsilon} \times 1 = \text{常数}$$

因此

$$L_{10} = \left(\frac{C_r}{P_r}\right)^{\varepsilon} \tag{17-1}$$

式中　ε——指数。

对于球轴承，ε = 3；对于滚子轴承，ε = 10/3。

实际计算时，用一定转速下的工作小时数表示寿命比较方便。如果令 n（r/min）代表轴承的转速，则轴承的每小时的旋转次数为 $60n$，故式（17-1）可改写为小时数表示的轴承寿命 L_h，即

$$L_h = \frac{10^6}{60n}\left(\frac{C_r}{P_r}\right)^{\varepsilon} = \frac{16667}{n}\left(\frac{C_r}{P_r}\right)^{\varepsilon} \tag{17-2}$$

如果载荷 P_r 和转速 n 为已知，预期计算寿命 L'_h 又已取定，则所需轴承应具有的径向基本额定动载荷的计算值 C_j 可根据式（17-2）得出

$$C_j = P_r \sqrt[\varepsilon]{\frac{60nL'_h}{10^6}} \tag{17-3}$$

在轴承手册中所列出的基本额定动载荷 C_r 值，仅适用于一般工作温度；如用于高温条件（例如高于 100℃），需将该数值乘以温度系数 f_t（表 17-3），即

$$C_{rt} = f_t C_r \tag{17-4}$$

式中　C_{rt}——高温轴承的基本额定动载荷；

C_r——轴承手册所列的同一型号轴承的径向基本额定动载荷。

这时式（17－1）、式（17－2）和式（17－3）变为

$$L_{10}=\left(\frac{f_t C_r}{P_r}\right)^{\varepsilon} \tag{17-1a}$$

$$L_h=\frac{16667}{n}\left(\frac{f_t C_r}{P_r}\right)^{\varepsilon} \tag{17-2a}$$

$$C_j=\frac{P_r}{f_t}\sqrt[\varepsilon]{\frac{60nL'_h}{10^6}} \tag{17-3a}$$

表 17－3　温度系数 f_t

轴承工作温度/℃	≤100	125	150	175	200	225	250	300	350
温度系数 f_t	1	0.95	0.9	0.85	0.8	0.75	0.70	0.60	0.50

以上只讨论了具有径向基本额定动载荷 C_r 的向心轴承受到径向当量动载荷 P_r 的情况。对于具有轴向基本额定动载荷 C_a 的推力轴承，当受到轴向当量动载荷 P_a（计算方法见后述）作用进行轴承计算时，只须将式（17－1）～式（17－3）中的 P_r、C_r 分别代以 P_a、C_a 即可。

按式（17－3）或式（17－3a）得出 C_j 后，所选用轴承的基本额定动载荷 C_r 值应大于或等于计算值 C_j。

另外，在进行轴承的寿命计算时，有时必须先根据机器的类型、使用条件及对可靠性的要求等，确定一个恰当的预期使用寿命（即设计机器时所要求的轴承寿命）。表 17－4 中给出了某些机器上轴承的预期使用寿命推荐值，可供选用轴承时参考。

表 17－4　轴承使用寿命推荐值

机 器 种 类		使用寿命/h
不经常使用的仪器及设备		500
航空发动机		500～2000
间断使用的机器	中断使用不致引起严重后果的手动机械、农业机械等	4000～8000
	中断使用会引起严重后果，如升降机、运输机、吊车等	8000～12000
每天工作 8h 的机器	利用率不太高的齿轮传动、电机等	12000～20000
	利用率较高的通风设备、机床等	20000～30000
每天工作 24h 的机器	一般可靠性的空气压缩机、电机、水泵等	50000～60000
	高可靠性的电站设备、给水装置等	＞100000

2. 滚动轴承的当量动载荷　在轴承的寿命计算公式中所用的当量动载荷，对于只承受纯径向载荷 F_r 的向心轴承或只承受纯轴向载荷 F_a 的推力轴承来说，即为外载荷 F_r 或 F_a。因此，对于圆柱滚子轴承、滚针轴承

$$P_r=F_r \tag{17-5}$$

对于推力轴承（$\alpha=90°$）

$$P_a=F_a \tag{17-6}$$

但是，对那些同时承受径向载荷 F_r 和轴向载荷 F_a 的轴承（如深沟球轴承、调心轴承、角接触球轴承、圆锥滚子轴承等），寿命计算公式中的当量动载荷是一个假想的与实际作用

的外载荷等效的载荷，计算公式为

$$P_r = XF_r + YF_a \tag{17-7}$$

式中 F_r——径向载荷（N）；

F_a——轴向载荷（N）；

X ——径向系数，见表 17－5；

Y ——轴向系数，见表 17－5。

X、Y 值，可分别按 $F_a/F_r > e$ 或 $F_a/F_r \leqslant e$ 两种情况，由表 17－5 查得。表中参数 e 反映了轴向载荷对轴承承载能力的影响，由轴承行业的研究部门制定，其值与轴承类型及相对轴向载荷 F_a/C_{0r} 有关（C_{0r} 是轴承的径向额定静载荷，见本节后述）。

由式（17－5）、式（17－6）和式（17－7）求得的当量动载荷，只是一个假想载荷的名义值。实际上，由于机器的惯性、零件的不精确性及其他因素的影响，轴承上的载荷 F_a 和 F_r 与实际值往往有差别，而此种差别很难从理论上精确求出。为了计及这些影响，计算当量动载荷时需乘上一个根据经验而定的载荷系数 f_p，其值见表 17－6。实际计算时，轴承的当量动载荷分别应为

$$P_r = f_p F_r \tag{17-5a}$$

$$P_a = f_p F_a \tag{17-6a}$$

$$P_r = f_p (XF_r + YF_a) \tag{17-7a}$$

表 17－5 径向系数 X 和轴向系数 Y

轴承类型		相对轴向载荷 F_a/C_{0r}	e	$F_a/F_r > e$		$F_a/F_r \leqslant e$	
				X	Y	X	Y
深沟球轴承（60000 型）		0.014	0.19		2.30		
		0.028	0.22		1.99		
		0.056	0.26		1.71		
		0.084	0.28		1.55		
		0.11	0.30	0.56	1.45	1	0
		0.17	0.34		1.31		
		0.28	0.38		1.15		
		0.42	0.42		1.04		
		0.56	0.44		1.00		
角接触球轴承	$\alpha = 15°$（70000C 型）	0.015	0.38		1.47		
		0.029	0.40		1.40		
		0.058	0.43		1.30		
		0.087	0.46		1.23		
		0.12	0.47	0.44	1.19	1	0
		0.17	0.50		1.12		
		0.29	0.55		1.02		
		0.44	0.56		1.00		
		0.58	0.56		1.00		
	$\alpha = 25°$（70000AC 型）	—	0.68	0.41	0.87	1	0
	$\alpha = 40°$（70000B 型）	—	1.14	0.35	0.57	1	0

(续)

轴承类型	相对轴向载荷 F_a/C_{0r}	e	$F_a/F_r>e$		$F_a/F_r\leqslant e$	
			X	Y	X	Y
圆锥滚子轴承（30000型）	—	轴承手册	0.4	轴承手册	1	0
调心球轴承（10000型）	—	见轴承手册	0.65	见轴承手册	1	见轴承手册

表 17－6　载荷系数 f_p

载荷性质	f_p	举　例
无冲击或轻微冲击	1.0～1.2	电机、汽轮机、通风机等
中等冲击	1.2～1.8	车辆、动力机械、起重机、造纸机、冶金机械、选矿机、水力机械、卷扬机、木材加工机械、传动装置、机床等
强大冲击	1.8～3.0	破碎机、轧钢机、钻探机、振动筛等

3. 角接触球轴承及圆锥滚子轴承的轴向载荷的计算

（1）载荷作用中心　如图 17－7 所示，对于角接触球轴承和圆锥滚子轴承，各滚动体的法向载荷与轴心线的交点称为载荷作用中心（图 17－7 中以 O 表示）。选用该类轴承时，应在轴承手册中查出所选用轴承的载荷作用中心 O 到外圈宽边端面的距离 a，以便较精确地确定支点跨距（图 17－8）。但当两轴承支点间的距离较大时，常以轴承宽度中点作为支点反力的作用位置，这样计算起来比较方便，且误差也不大。

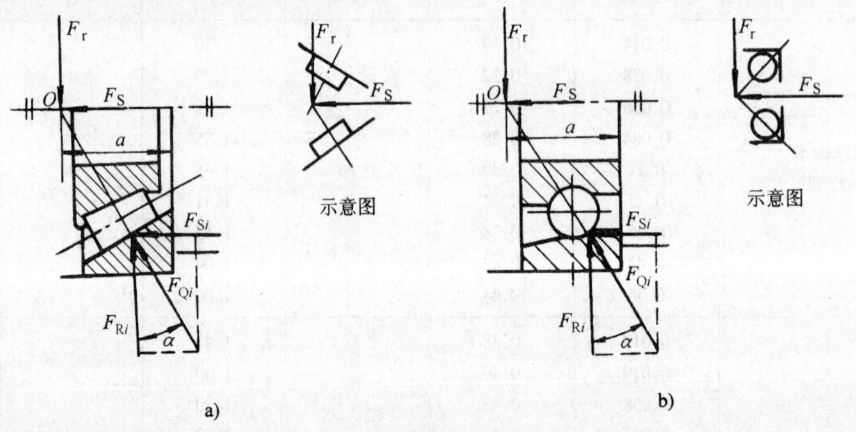

图 17－7　径向载荷产生的轴向分量

（2）角接触球轴承及圆锥滚子轴承的内部轴向力　如图 17－7 所示，角接触球轴承及圆锥滚子轴承的结构特点是在滚动体与滚道接触处存在着接触角 α。当承受径向载荷 F_r 时，作用在承载区内第 i 个滚动体上的法向力 F_{Qi} 可分解为径向分力 F_{Ri} 和轴向分力 F_{Si}。各滚动体上所受的轴向分力之和即为轴承的内部轴向力 F_S。F_S 的方向沿轴向由外圈的宽端面指向窄端面，其大小可按表 17－7 中的公式计算。为了保证轴承正常工作，以免产生轴向窜动，这两类轴承通常成对使用。

表 17－7　角接触球轴承、圆锥滚子轴承的内部轴向力 F_S

角接触球轴承			圆锥滚子轴承
$\alpha=15°$（70000C 型）	$\alpha=25°$（70000AC 型）	$\alpha=40°$（70000B 型）	
$F_S=eF_r$（e 见表 17－5）	$F_S=0.68F_r$	$F_S=1.14F_r$	$F_S=F_r/(2Y)$（Y 是 $F_a/F_r>e$ 时的轴向系数）

（3）角接触球轴承及圆锥滚子轴承的轴向载荷计算　现以圆锥滚子轴承为例分析轴向载荷的计算方法。图 17－8 所示为成对使用圆锥滚子轴承的两种安装方式。图 17－8a 为两轴承外圈窄边相对，称为正安装（DF 安装）；图 17－8b 为两轴承外圈宽边相对，称为反安装（DB 安装）。F_{r1}、F_{r2}分别为轴承 1、2 承受的径向载荷，F_x 为作用在轴心线上的轴向工作载荷，F_{S1}、F_{S2}分别为轴承 1、2 的内部轴向力，其方向随安装方式的不同而不同。在计算轴承 1、2 分别承受的轴向载荷 F_{a1}、F_{a2}时，必须同时考虑 F_x 和 F_{S1}、F_{S2}的影响。下面先对图 17－8a 的情况进行分析：

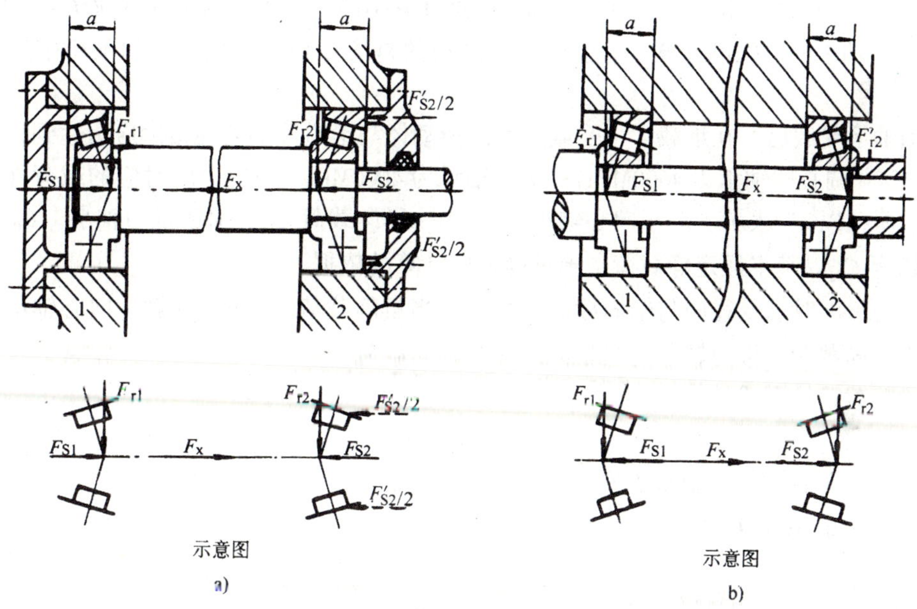

图 17－8　轴承的两种安装方式

当 $F_x+F_{S1}>F_{S2}$时，轴将有向右移动的趋势，但右端的轴承外圈被右端盖挡住。为了保持平衡，右端盖将给轴承 2 一个附加反力 F'_{S2}，这时轴承 2 的总轴向力为 $F_{S2}+F'_{S2}$。再根据系统的力平衡条件可知 $F_{S2}+F'_{S2}=F_x+F_{S1}$，因此

$$F_{a2}=F_{S2}+F'_{S2}=F_x+F_{S1}$$

此时，轴承 1 只受内部轴向力，即

$$F_{a1}=F_{S1}$$

故

$$\left.\begin{aligned}F_{a1}&=F_{S1}\\F_{a2}&=F_x+F_{S1}\end{aligned}\right\}\qquad(17-8)$$

反之，当 $F_x+F_{S1}<F_{S2}$时，轴将有向左移动的趋势，同时由左端盖将给轴承 1 一个附加

反力。根据系统的力平衡条件可得

$$\left.\begin{aligned}F_{a1} &= F_{S2} - F_x \\ F_{a2} &= F_{S2}\end{aligned}\right\} \tag{17-9}$$

图 17-8b 反安装时两轴承的轴向载荷 F_{a1}，F_{a2} 读者可自行分析求得。但需注意，在该安装情况下，当轴有右移趋势时，将被轴承 1（左轴承）的轴承座台肩挡住；当有左移动趋势时，将被轴承 2（右轴承）的轴承座台肩挡住。

由以上分析，可将角接触球轴承、圆锥滚子轴承轴向载荷的计算步骤和方法归纳如下：

1）根据安装方式分别画出两轴承的内部轴向力 F_{S1} 和 F_{S2} 及轴向工作载荷 F_x，且按表 17-7 计算 F_{S1}、F_{S2} 的值。

2）根据 F_x、F_{S1}、F_{S2} 判断轴的移动趋势，并分析移动被哪一端挡住。

3）挡住移动端轴承的轴向载荷等于除本身内部轴向力外，其他轴向力的代数和；而另一端轴承的轴向载荷就等于该轴承的内部轴向力。

求得 F_{a1}、F_{a2} 后，就可按式（17-7a）分别计算出两个轴承的当量动载荷 P_{r1} 和 P_{r2}。

4. 滚动轴承的静强度计算　静强度计算的目的是防止轴承在载荷作用下产生过大的塑性变形。

滚动轴承受载后，在承载区，受载最大的滚动体与滚道接触处的接触应力达到：球轴承为 4200MPa（调心球轴承为 4600MPa）；滚子轴承为 4000MPa。该应力所对应的载荷称为基本额定静载荷，以 C_0 表示。对于向心轴承，C_0 为一径向载荷 C_{0r}；对于推力轴承，C_0 为一中心轴向载荷 C_{0a}。基本额定静载荷是轴承静强度计算的依据。

如果轴承同时承受径向与轴向载荷，则应以当量静载荷 P_0 进行计算。向心轴承的当量静载荷为径向载荷；推力轴承的当量静载荷为轴向载荷。

当量静载荷按下式计算

$$P_0 = X_0 F_r + Y_0 F_a \tag{17-10}$$

式中　X_0、Y_0——径向、轴向载荷系数，见表 17-8。

当计算结果 $P_0 < F_r$ 时，应取 $P_0 = F_r$。

静强度条件为

$$C_0 \geqslant S_0 P_0 \tag{17-11}$$

式中　C_0——基本额定静载荷，见轴承手册；

S_0——安全系数，见表 17-9。

表 17-8　径向载荷系数 X_0 和轴向载荷系数 Y_0

轴承类型		X_0	Y_0
深沟球轴承（60000 型）		0.6	0.5
角接触球轴承	$\alpha = 15°$（70000C 型）	0.5	0.46
	$\alpha = 25°$（70000AC 型）	0.5	0.38
	$\alpha = 40°$（70000B 型）	0.5	0.26
圆锥滚子轴承（30000 型）		0.5	见轴承手册

表 17－9 静强度安全系数 S_0

使用要求和载荷性质	S_0
对旋转精度和平稳运转的要求较高或承受强大的冲击载荷	1.2～2.5
正常使用	0.8～1.2
对旋转精度和平稳运转的要求较低，没有冲击和振动	0.5～0.8

例 17－2 一水泵用深沟球轴承，已知轴颈 $d=35\text{mm}$，轴的转速 $n=2860\text{r/min}$，径向载荷 $F_r=1600\text{N}$，轴向载荷 $F_a=800\text{N}$，预期使用寿命 $L_h=5000\text{h}$。试选择轴承型号。

解 本例是深沟球轴承同时承受径向和轴向载荷作用的情况。因轴承型号未定，所以 F_a/C_{0r}、e 值均未知，无法直接按表 17－5 查得 X、Y，故需先初选轴承型号进行试算。现分别试选（0）2、（0）3、（0）4 三个尺寸系列轴承同时试算，以便比较。

由轴承手册中查得 6207、6307、6407 轴承的 C_r 及 C_{0r} 值为

试 选 型 号	C_r/kN	C_{0r}/kN
6207	25.7	15.3
6307	33.4	19.2
6407	56.9	29.6

1. 确定 X、Y

（1）求 F_a/C_{0r}

试 选 型 号	F_a/C_{0r}	结 果
6207	800/（15.3×1000）	0.052
6307	800/（19.2×1000）	0.042
6407	800/（29.6×1000）	0.027

（2）求 e 由表 17－5 用插值法求 e

试 选 型 号	e 线性插值	结 果
6207	$e=0.22+\dfrac{(0.26-0.22)\times(0.052-0.028)}{0.056-0.028}$	0.254
6307	$e=0.22+\dfrac{(0.26-0.22)\times(0.042-0.028)}{0.056-0.028}$	0.24
6407	$e=0.19+\dfrac{(0.22-0.19)\times(0.027-0.014)}{0.028-0.014}$	0.218

（3）求 Y 由于试选的三个型号的轴承均是属于 $F_a/F_r>e$ 的情况，即 $F_a/F_r=800/1600=0.5$，分别大于 0.254、0.24、0.218，故由表 17－5 查得 $X=0.56$；Y 值可根据 e 值用插值法求得

试 选 型 号	Y 线性插值	结 果
6207	$Y=1.71+\dfrac{(1.99-1.71)\times(0.26-0.254)}{0.26-0.22}$	1.75
6307	$Y=1.71+\dfrac{(1.99-1.71)\times(0.26-0.24)}{0.26-0.22}$	1.85
6407	$Y=1.99+\dfrac{(2.3-1.99)\times(0.22-0.218)}{0.22-0.19}$	2.01

2. 求径向当量动载荷 P_r　根据载荷性质由表 17－6 查得 $f_p=1.1$，由式（17－7a）得

试选型号	$P_r=f_p(XF_r+YF_a)$	结果/N
6207	$P_r=1.1\times(0.56\times1600+1.75\times800)$ N	2526
6307	$P_r=1.1\times(0.56\times1600+1.85\times800)$ N	2614
6407	$P_r=1.1\times(0.56\times1600+2.01\times800)$ N	2754

3. 求径向基本额定动载荷的计算值　由式（17－3a），取 $\varepsilon=3$，$f_t=1$（设工作温度小于 100℃），径向基本额定动载荷的计算值 C_j 为

试选型号	$C_j=\frac{P_r}{f_t}\sqrt[\varepsilon]{\frac{60nL'_h}{10^6}}$	结果/N
6207	$C_j=\frac{2526}{1}\times\sqrt[3]{\frac{60\times2860\times5000}{10^6}}$ N	24003
6307	$C_j=\frac{2614}{1}\times\sqrt[3]{\frac{60\times2860\times5000}{10^6}}$ N	24839
6407	$C_j=\frac{2754}{1}\times\sqrt[3]{\frac{60\times2860\times5000}{10^6}}$ N	26169

将各试选型号轴承的径向基本额定动载荷的计算值 C_j 与其径向基本额定动载荷值 C_r 相比较，6207 轴承的 C_r 大于 C_j，且两值比较接近，故 6207 轴承适用。6307 轴承和 6407 轴承虽然 C_r 也大于 C_j 值，但裕度太大，不宜选用。

例 17－3　一工程机械中的传动装置，根据工作条件决定采用一对角接触球轴承（图 17－9），并暂定轴承型号为 7308AC。已知轴承载荷作用中心作用的径向载荷 $F_{r1}=1000$N，$F_{r2}=2060$N，外加作用在轴心线上的轴向载荷 $F_x=880$N，方向如图示。转速 $n=5000$r/min，运转中受中等冲击，预期使用寿命 $L'_h=2500$h。试校核所选轴承型号是否恰当。

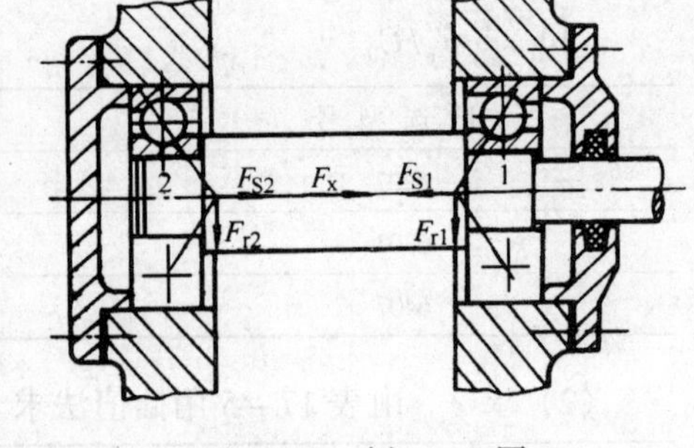

图 17－9　例 17－3 图

解　1. 计算轴承的内部轴向力　由表 17－7 查得 7308AC 型轴承内部轴向力的计算式为 $F_S=0.68F_r$，故得

$$F_{S1}=0.68F_{r1}=0.68\times1000\text{N}=680\text{N}$$

$$F_{S2}=0.68F_{r2}=0.68\times2060\text{N}=1401\text{N}$$

并分别在图中载荷作用中心画出 F_{S1}、F_{S2}，其指向如图所示。

2. 计算轴承的轴向载荷　因为 $F_x+F_{S2}=880\text{N}+1401\text{N}=2281\text{N}>F_{S1}$

故
$$F_{a1}=F_x+F_{S2}=880\text{N}+1401\text{N}=2281\text{N}$$

$$F_{a2}=F_{S2}=1401\text{N}$$

3. 计算轴承的径向当量动载荷

（1）轴承 1 的径向当量动载荷 P_{r1}　由表 17－5 查得 70000AC 型轴承的 $e=0.68$。

因 $\frac{F_{a1}}{F_{r1}}=\frac{2281}{1000}=2.28>e=0.68$，由表 17－5 查得 $X=0.41$，$Y=0.87$。由于运转过程中受中等冲击，由表 17－6 取 $f_p=1.5$，则可得

$$P_{r1}=f_p\ (XF_{r1}+YF_{a1})\ =1.5\times\ (0.41\times1000+0.87\times2281)\ \text{N}=3592\text{N}$$

（2）轴承2的径向当量动载荷 P_{r2}　因 $\frac{F_{a2}}{F_{r2}}=\frac{1401}{2060}=0.68=e$，由表17－5查得 $X=1$，$Y=0$，则可得

$$P_{r2}=f_p\ (XF_{x2}+YF_{a2})\ =1.5\times\ (1\times2060+0\times1401)\ \text{N}=3090\text{N}$$

两轴承型号相同，而且 $P_{r1}>P_{r2}$，故应按 P_{r1} 计算轴承寿命。

4. 校核轴承径向基本额定动载荷　由式（17－3a）（取 $f_t=1$，$\varepsilon=3$）求得轴承应具有的径向基本额定动载荷的计算值 C_j 为

$$C_j=\frac{P_r}{f_t}\sqrt[\varepsilon]{\frac{60nL'_h}{10^6}}=\frac{3592}{1}\times\sqrt[3]{\frac{60\times5000\times2500}{10^6}}\text{N}=32635\text{N}$$

由轴承手册查得7308AC轴承的径向基本额定动载荷 $C_r=35500\text{N}$，大于 $C_j=32635\text{N}$，并且数值较接近，故所选用的轴承适用。

第四节　滚动轴承部件的结构设计

设计滚动轴承部件时，为了保证轴承正常工作，不仅要正确选用轴承类型和尺寸，而且还要进行合理的结构设计，处理好轴承与其相邻零件之间的关系，也就是必须要考虑轴承的固定、间隙的调整、轴承的配合与装拆以及润滑与密封等问题。

一、轴承的固定和调整

1. 轴承的固定　在工作中轴承一方面应使轴获得可靠的定位，以免轴左、右窜动，另一方面应留有适当的轴向间隙，以补偿轴的受热伸长。

图17－10所示为轴承在轴上和轴承座中最常见的两种固定方式。对于工作温度不高的短轴，可采用图17－10a所示的结构，即轴的两个支承各限制一个方向的移动，两个支承共同限制了轴的双向移动，这种轴承的固定方式称为两端固定。考虑到工作时轴总会因受热而膨胀，因此，在端盖与轴承外圈端面之间应留有膨胀补偿间隙 a（一般为0.2～0.3mm）。对工作温度较高的长轴，因随温度变化轴的伸长量较大，可采用图17－10b所示的结构，即一端轴承固定（图中左端）并限制了轴的双向移动，而另一端轴承为游动支承（轴承可随轴的伸缩在轴承座中沿轴向游动）。这种轴承的固定方式称为一端固定、一端游动。

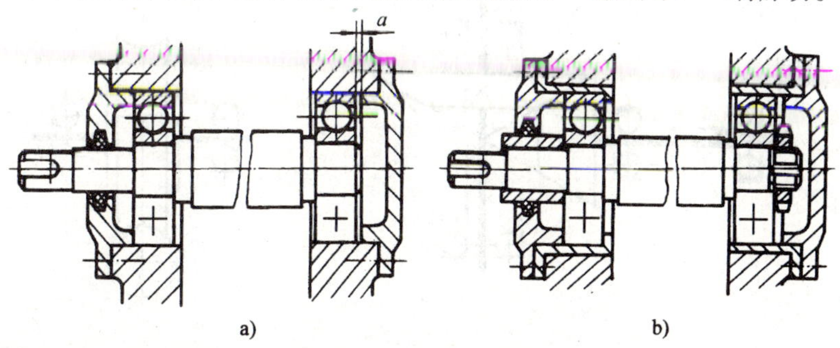

a)　　　b)

图17－10　轴承固定方式

a）两端固定　b）一端固定一端游动

2．轴承组合的调整

（1）轴承游隙的调整　轴承游隙是滚动轴承的一个重要技术参数，直接影响轴承的载荷分布、振动、噪声、使用寿命和机械的运动精度。径向接触轴承的游隙由制造厂保证，应根据轴承类型、安装和工作条件选用合适的游隙等级；向心角接触轴承的游隙在安装时保证，应考虑轴承游隙的调整。

圆锥滚子轴承（或角接触球轴承）为正安装（DF安装）时，可采用轴承端盖与箱体间的垫片来调整轴承游隙（图 17－11a），或用端盖与套杯间的垫片来调整轴承游隙（图 17－12）。另外，也可采用图 17－11b 所示的调整螺钉和压盖调整轴承游隙。圆锥滚子轴承为反安装（DB 安装）时，轴承游隙由轴承内圈的锁紧螺母进行调整，见图 17－13。

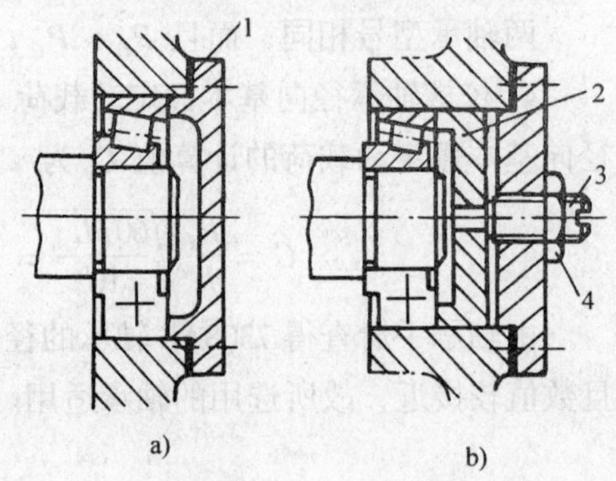

图 17－11　轴承游隙的调整

a）调整垫片　b）调整螺钉与压盖

1—调整垫片　2—压盖　3—调整螺钉　4—螺母

（2）轴承组合位置的调整　轴承组合位置调整的目的是，使轴上零件在安装时能得到准确的工作位置，这就要求轴承组合位置可以调整。例如图 17－14a 所示的锥齿轮传动，要求两个齿轮

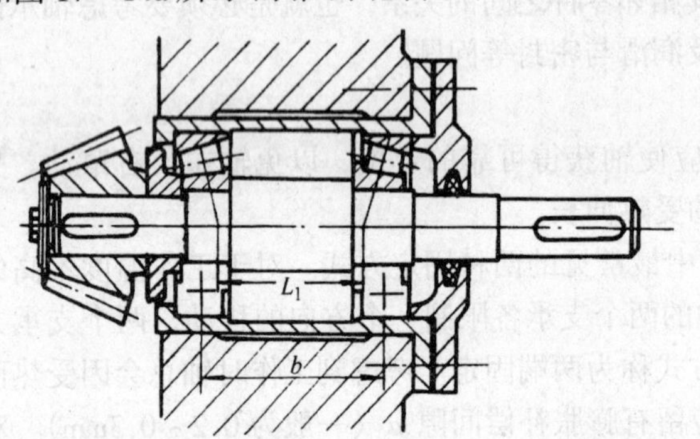

图 17－12　小锥齿轮轴承支承结构之一

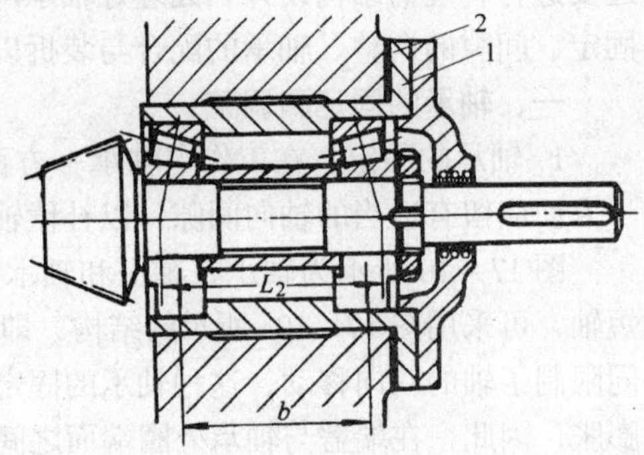

图 17－13　小锥齿轮轴支承结构之二

1—轴承套杯　2—垫片

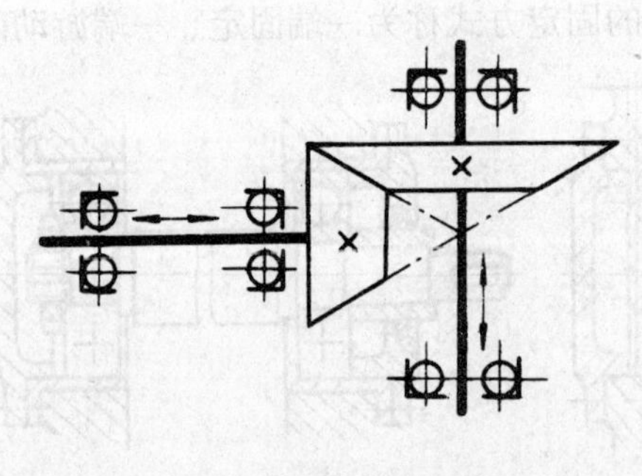

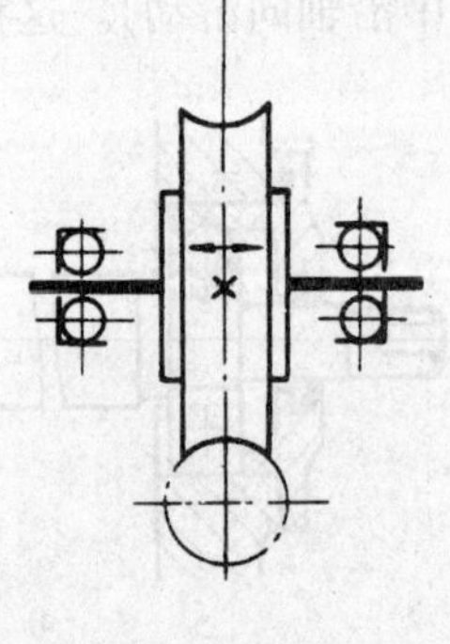

图 17－14　轴承组合位置调整

的锥顶重合于一点，因此，两个锥齿轮须进行轴向调整，如图 17－14a 箭头所示。又如图 17－14b所示的蜗杆传动，要求蜗轮的中间平面通过蜗杆的轴线，因此，蜗轮要进行轴向调整。图 17－13 为小锥齿轮轴的轴承组合结构，轴承装在套杯 1 内，利用垫片调整套杯的轴向位置，即可调整锥齿轮的轴向位置。

二、轴承的预紧

对于某些内部游隙可调整的轴承，在安装时给予一定的轴向作用力（预紧力），使内、外圈产生相对位移，因而消除了游隙，并在套圈和滚动体接触处产生弹性预变形，借此提高轴的旋转精度和刚度，这种方法称为轴承的预紧。预紧力可以利用加金属垫片（图 17－15a、b）或磨窄套圈（图17－15c、d）等方法获得。

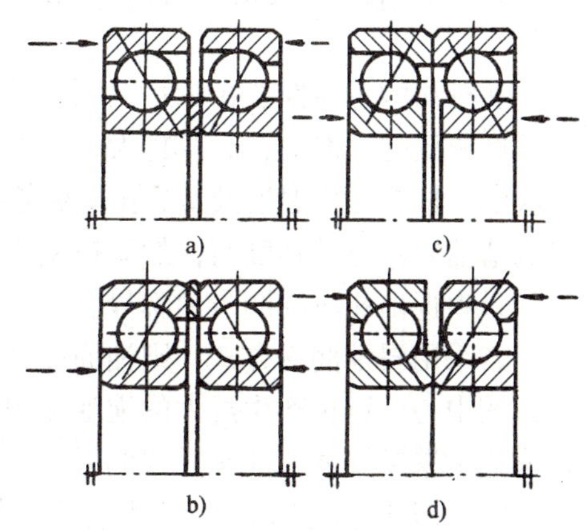

图 17－15 轴承的预紧

a)、b) 垫片预紧 c)、d) 磨窄套圈预紧

三、滚动轴承的配合

滚动轴承的配合是指内圈与轴颈、外圈与轴承座孔的配合。这些配合的松紧将直接影响轴承游隙的大小，轴颈与内圈的配合太松，工作时可能出现相对运动，也是不允许的。因此，设计时应合理选择轴承的配合。概括起来说，转动圈（通常轴承工作时，内圈随轴一起转动，此时内圈为转动圈）的转速越高，载荷越大，工作温度越高，越应采用紧些的配合；游动圈（例如图 17－10b游动支承的外圈，工作时可沿轴向游动，称为游动圈）、非转动圈或须经常拆卸的轴承套圈，则要采用松些的配合。

由于滚动轴承是标准件，选择配合时就把它作为基准件。因此，轴承内圈与轴的配合采用基孔制，轴承外圈与孔的配合则采用基轴制。

一般情况下，内圈随轴一起转动，可取紧一些的配合，轴颈公差带代号可分别取 n6、m6、k6 或 js6 等；而外圈与座孔常取较松的配合，座孔的公差带代号为 K7、J7、H7 或 G7 等。

四、滚动轴承的润滑和密封

润滑和密封，对滚动轴承的使用寿命有很大影响。

润滑的主要目的是减小摩擦与磨损。滚动接触部位形成油膜时，还有吸收振动、降低工作温度等作用。

密封的作用是防止灰尖、水分等进入轴承，并阻止润滑剂的流失。

1. 滚动轴承的润滑　常用的滚动轴承润滑剂包括润滑油和润滑脂两种。具体选用可按 dn 值来定，d 代表轴承内径（mm）；n 代表轴承转速（r/min），dn 值间接地反映了轴颈的圆周速度。当 $dn <$（1.5～2）$\times 10^5$ mm·r/min 时，一般可采用润滑脂润滑，超过这一范围宜采用润滑油润滑。

润滑脂因不易流失，故便于密封和维护，且一次充填润滑脂可运转较长时间，滚动轴承中润滑脂的加入量一般应是轴承空隙体积的 1/2～1/3，装脂过多会引起轴承内部摩擦增大，工作温度升高，影响轴承的正常工作。

润滑油的优点是摩擦阻力小，散热效果好，主要用于速度较高或工作温度较高的轴承。有时轴承速度和工作温度虽然不高，但在轴承附近具有润滑油源时(如减速器内润滑齿轮的润滑油)，也可采用润滑油润滑。

润滑油的主要性能指标是粘度，转速越高，应选择粘度越低的润滑油；载荷越大，应选用粘度越高的润滑油。根据工作温度及 dn 值，参考图 17-16，选出润滑油应具有的粘度值，然后按粘度值从润滑油产品目录中选出相应的润滑油牌号。

若采用浸油润滑方式，则油面高度不超过最低滚动体的中心，以免产生过大的搅油损失和发热。高速轴承通常采用滴油或油雾方式润滑。

2. 滚动轴承的密封　滚动轴承密封方法的选择与润滑剂的种类、工作环境、温度、密封表面的圆周速度有关。密封方法可分两大类：接触式密封和非接触式密封。它们的密封形式、适用范围和性能见表 17-10。

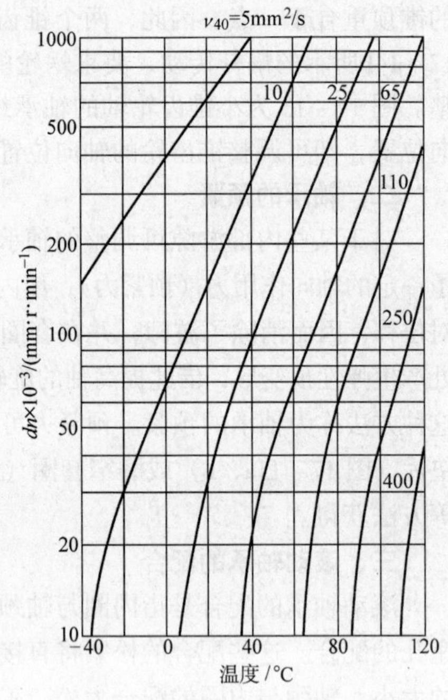

图 17-16　润滑油选择用线图

表 17-10　常用密封装置

接触式密封	非接触式密封
毡圈密封 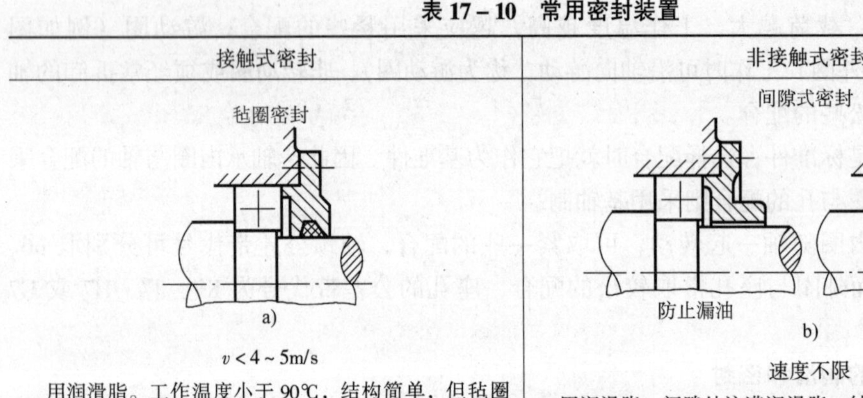 a) $v<4\sim5$m/s 用润滑脂。工作温度小于 90℃，结构简单，但毡圈易磨损	间隙式密封 防止漏油　防尘 b) 速度不限 用润滑脂。间隙处注满润滑脂，结构简单，污物及潮气不太严重的环境可用
橡胶油封 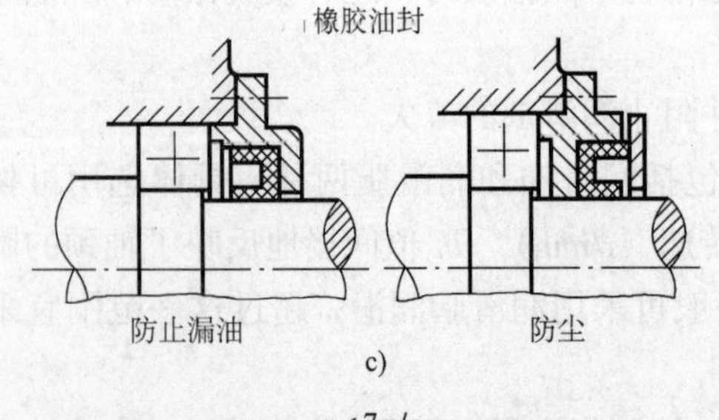 防止漏油　防尘 c) $v<7$m/s 润滑油、润滑脂均可使用。工作温度为 -40 ~ 100℃，使用方便，密封可靠，高速时易发热	迷宫式密封 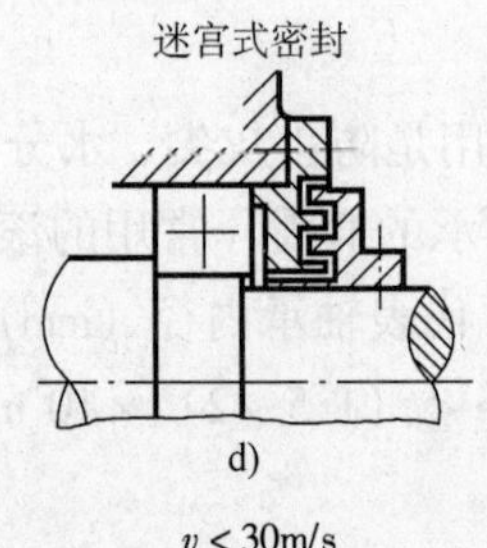 d) $v<30$m/s 润滑油、润滑脂均可使用。缝内填润滑脂，用于载荷较重的轴承

五、轴承的装拆

设计轴承组合时，应考虑便于轴承装拆，以便在装拆过程中不致损坏轴承和其他零件。

如图 17－17 所示，若轴肩高度大于轴承内圈外径时，就难以放置拆卸工具的钩爪。对外圈拆卸也是如此，应留出拆卸高度 h（图 17－18a、b）或在壳体上制出能放置拆卸螺钉的螺孔（图 17－18c）。

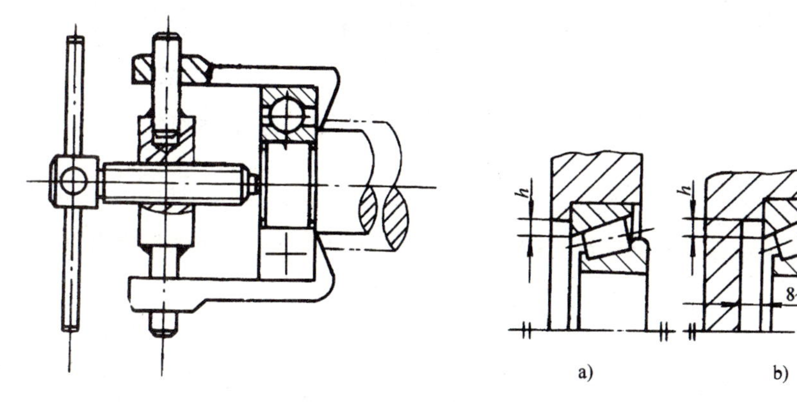

图 17－17　用钩爪器拆卸轴承

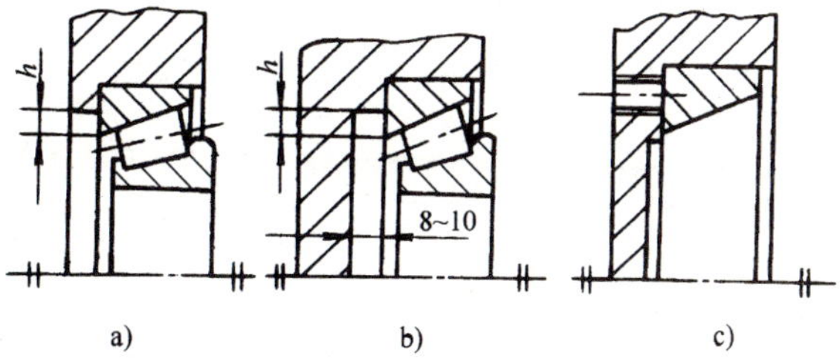

图 17－18　外圈拆卸

实践教学环节

1. 拆装减速器，了解减速器中采用的滚动轴承是什么类型？其布置、安装固定方式有什么特点？如何调整轴承游隙？

2. 动手拆装自行车前轴、中轴和后轴，了解自行车三根轴的轴系结构中轴承的特点及使用，并说明轴承游隙的调整采用了什么结构。

习　　题

17－1　试说明轴承代号的含义及其适用场合：6205、N208E/P4、7208AC/P5、30209。

17－2　根据工作条件，某机器传动装置中轴的两端各采用一个深沟球轴承，轴颈 $d = 35$mm，转速 $n = 2000$r/min，每个轴承的径向载荷 $F_r = 2000$N，一般温度下工作，载荷平稳，预期寿命 $L_h = 8000$h。试选择轴承。

17－3　某机器的转轴，两端各用一个向心轴承支承。已知轴颈 $d = 40$mm，转速 $n = 1000$r/min，每个轴承的径向载荷 $F_r = 5880$N，载荷平稳，工作温度 125℃，预期寿命 $L_h = 5000$h。试分别按深沟球轴承和外圈无挡边圆柱滚子轴承选择型号，并比较。

17－4　根据工作条件，决定在某传动轴上安装一对角接触球轴承，如图 17－19 所示。已知两个轴承的载荷分别为 $F_{r1} = 1470$N，$F_{r2} = 2650$N，外加轴向载荷 $F_x = 1000$N，轴颈 $d = 40$mm，转速 $n = 5000$r/min，一般温度下工作，有中等冲击，预期寿命 $L_h = 2000$h。试选择轴承型号。

17－5　一齿轮轴为主动轴，由一对 30206 轴承支承，如图 17－20 所示，支点间的跨距为 200mm，齿轮位于两支点中央。已知齿轮模数 $m_n = 2.5$mm，齿数 $z_1 = 17$（主动轮），螺旋角 $\beta = 16.5°$，传递功率 $P = 2.6$kW，齿轮轴的转速 $n = 384$r/min，转向如图示，取 $f_p = 1.5$、$f_t = 1$。试求轴承的基本额定寿命。

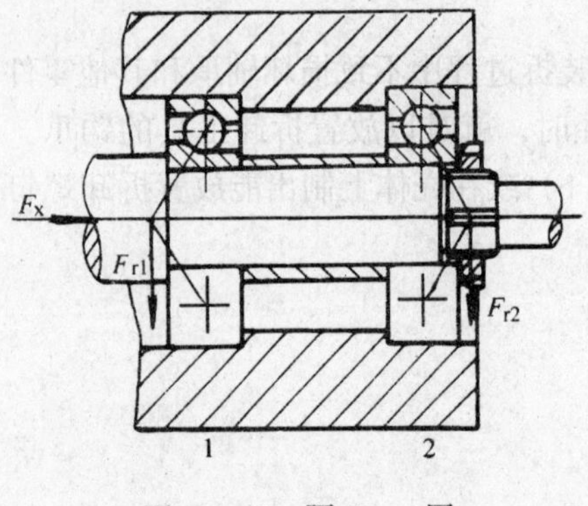

图 17-19　题 17-4 图

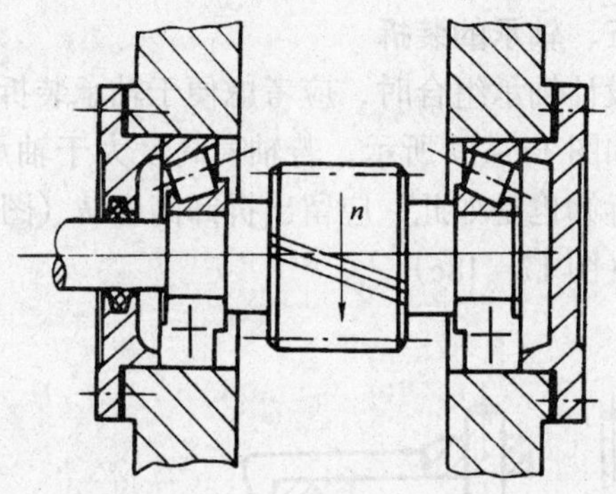

图 17-20　题 17-5 图

第十八章　联轴器和离合器

第一节　概　　述

联轴器和离合器是机械传动中重要的轴系部件，主要用来联接两轴（有时也实现轴与其他转动零件的联接），使之一起转动并传递运动和动力。

两轴用联轴器联接，只有停机并经拆卸才能分离；用离合器联接，则可在机器运转中随时分离或接合。采用联轴器可把整机分成若干部件，便于机器的设计、制造、装拆及运输；离合器的使用可达到机器传动系统的断续，进而实现变速及换向等。此外，它们还可以用做安全、定向及定速装置。

联轴器和离合器大都已标准化、系列化，因此主要问题是如何合理选择。一般选择步骤为：①根据机器的工作条件与使用要求选择合适的类型；②按轴径、计算转矩及转速，从标准中选定型号；③必要时对易损件进行校核计算。

联轴器和离合器的计算转矩 T_C 应计及机器起动和工作中过载的影响，可按下式计算

$$T_C = KT \leqslant T_n \qquad (18-1)$$

式中　T——工作转矩（N·m）；

K——工作情况系数，见表 18-1；

T_n——标称转矩（N·m），由标准查出。

表 18-1　工作情况系数 K

工　作　机		动　力　机			
工作情况	实例	电动机 汽轮机	四缸以上 内燃机	双缸 内燃机	单缸 内燃机
转矩变化很小	发电机、小型通风机、小型离心泵	1.3	1.5	1.8	2.2
转矩变化小	涡轮压缩机、木工机床、运输机	1.5	1.7	2.0	2.4
转矩变化中等	搅拌机、增压泵、往复式压缩机、冲床	1.7	1.9	2.2	2.6
转矩变化中等，有冲击	拖拉机、织布机、水泥搅拌机	1.9	2.1	2.4	2.8
转矩变化较大，有较大冲击	造纸机、挖掘机、起重机、碎石机	2.3	2.5	2.8	3.2
转矩变化大，有强烈冲击	压延机、轧钢机	3.1	3.3	3.6	4.0

联轴器和离合器的种类繁多，本章仅介绍几种常用类型。

第二节　常用联轴器类型及选择

联轴器可分为两大类：固定式联轴器，它要求被联接的两轴严格对中而没有相对位移；可移式联轴器，它容许并可补偿两轴间的相对位移。按补偿位移的方式不同，可移式联轴器

又可分为刚性可移式联轴器和弹性可移式联轴器（即弹性联轴器）两类，其中后者因具有弹性元件，故还有缓冲、吸振能力。

因机器的结构要求、制造与安装误差、温度变化及承载后变形等因素的影响，被联轴器联接的两轴间可能产生相对位移，其位移的情况有：轴向位移（图 18－1a）、径向位移（图 18－1b）、角位移（图 18－1c）和综合位移（图 18－1d）。

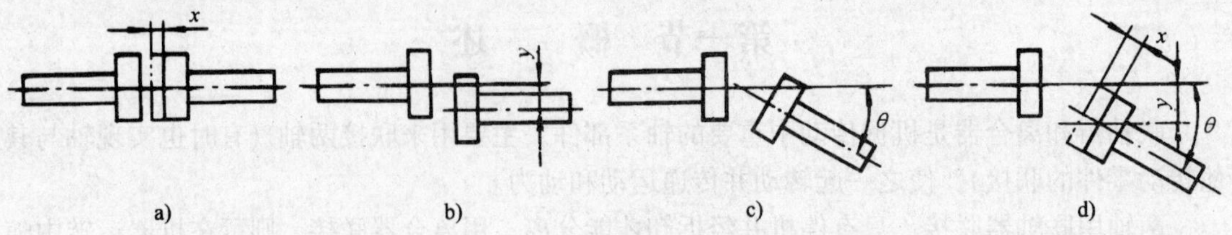

图 18－1　两轴间的相对位移

一、常用联轴器的特点及应用

1. 固定式联轴器　这类联轴器结构简单、成本低，但其各零件间不能作相对运动且零件都是刚性的，故无法补偿两轴间的相对位移，并且缺乏缓冲吸振能力。因此，这种联轴器常用于无冲击、轴的对中良好的场合。常用固定式联轴器的特点及应用见表 18－2。

表 18－2　常用固定式联轴器类型、特点及应用

凸缘联轴器	套筒联轴器
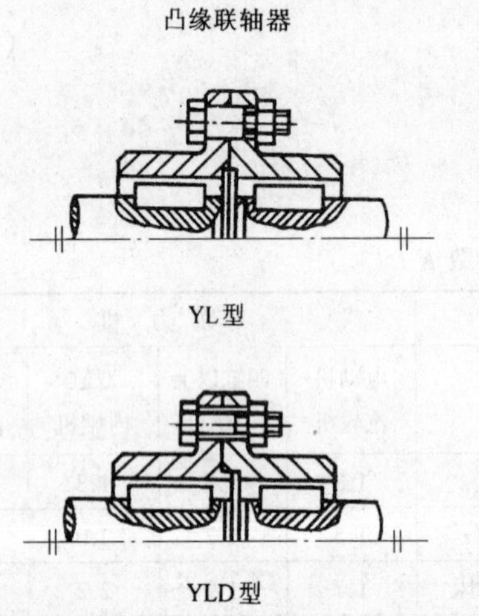 使用、维护方便，刚性好，承载能力大。当两轴对中精度不高时，附加动载荷较大。制造精度高时，可用于高速传动 有 YL 型（用铰制孔用螺栓联接并对中）和 YLD 型（用普通螺栓联接并用半联轴器端面凸榫与凹槽对中）两种形式	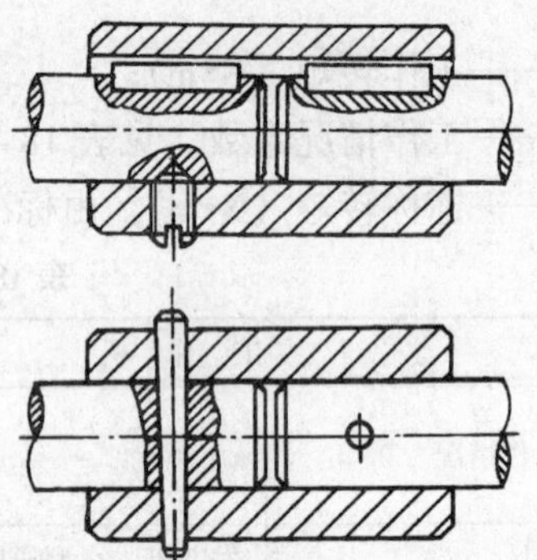 径向尺寸小，装拆时需沿轴向移动较大距离，且只能用于联接两同直径的轴。一般用于小功率传动。另外，可作为安全联轴器使用 **夹壳联轴器** 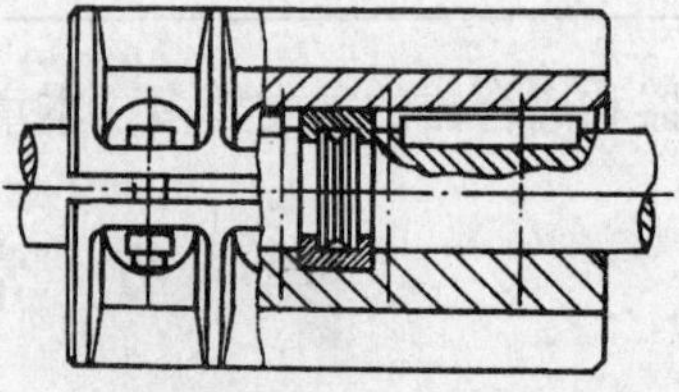 装拆方便，两轴直径应相等。适于低速传动、水平轴或垂直轴的联接

2. 刚性可移式联轴器　这类联轴器的零件均是刚性的，缺乏缓冲吸振能力，但因其工作零件间存在动联接，所以具有补偿相对位移的能力。动联接会造成相关零件的磨损和摩擦，磨损会加大间隙，进而增大冲击；摩擦阻力过大不但使零件移动困难，还会使轴及联轴器受到附加载荷。因此，要求这类联轴器工作表面硬度高、润滑好。其特点及应用见表 18－3。

表 18－3　常用刚性可移式联轴器类型、特点及应用

齿轮联轴器	滑块联轴器
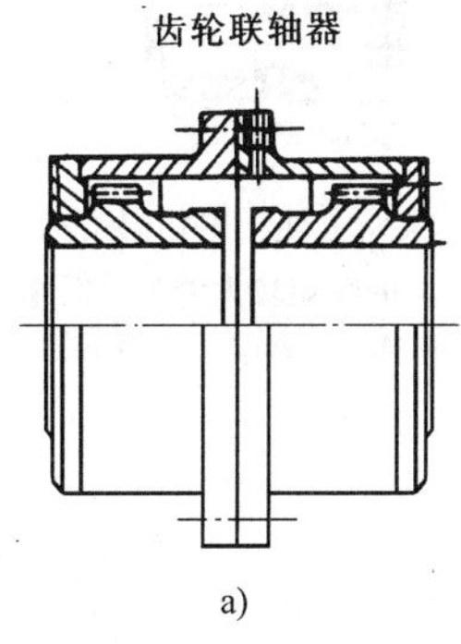 a) 承载能力大，工作可靠，补偿综合位移的能力强，安装精度要求低，但重量大，成本高。适用于中、高速、重载、正反转频繁的传动	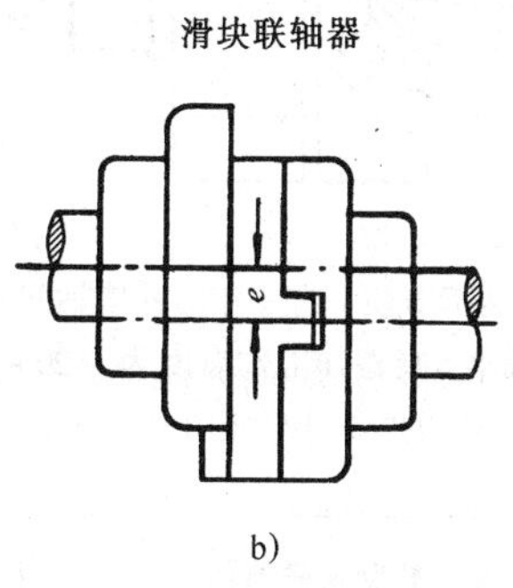 b) 结构简单，径向尺寸小，可补偿较大的径向位移。主要用于轴间径向位移较大的低速传动
 万向联轴器 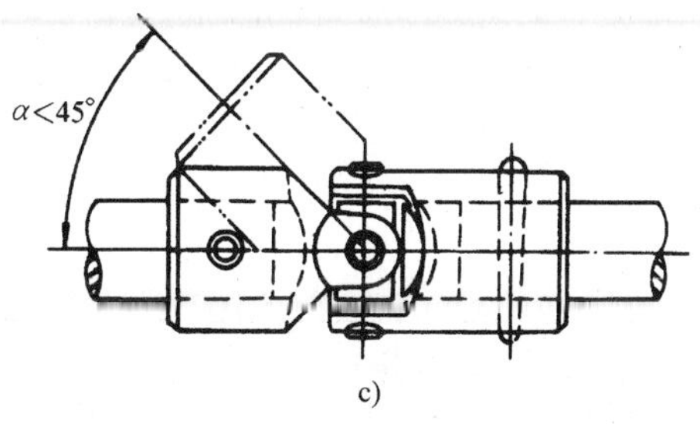 c) 径向尺寸小，结构紧凑。主要用于两轴夹角较大（$\alpha<45°$）或工作中角位移较大的传动。为防止附加动载荷，常成对使用	

3. 弹性可移式联轴器　这类联轴器装有弹性元件，不但可以补偿两轴间的相对位移，而且具有缓冲、吸振作用。弹性元件的材料有非金属（橡胶、塑料等）和金属（弹簧钢）两种。前者重量轻且缓冲、吸振能力强，结构简单又具有绝缘性，但要注意控制工作温度且应避免日晒雨淋及与油类、酸碱有机溶剂等物质接触；后者强度高，寿命长，但成本高。目前，弹性联轴器应用十分广泛，其应用特点见表 18－4。

表 18－4　弹性可移式联轴器类型、特点及应用

弹性套柱销联轴器	弹性柱销联轴器
结构简单，装拆方便，有一定的补偿轴间相对位移的能力，可缓冲、吸振，工作温度为－20～＋70℃。用于频繁起动换向的中、小转矩的中、高速传动	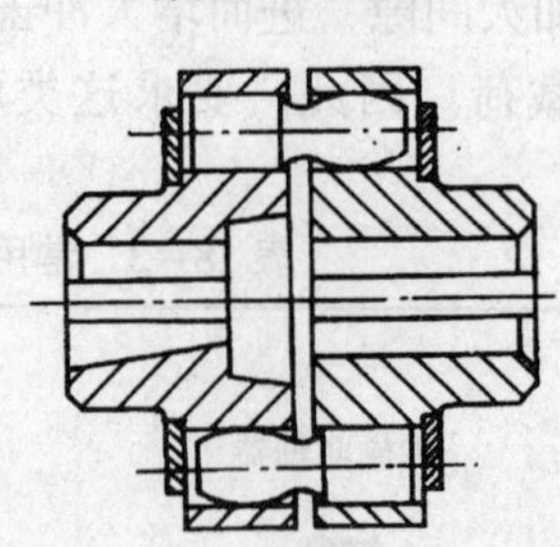 结构简单，制造、维修方便，工作温度为－20～＋70℃。适用于起动及换向频繁的转矩较大的中、低速传动
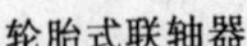 轮胎式联轴器 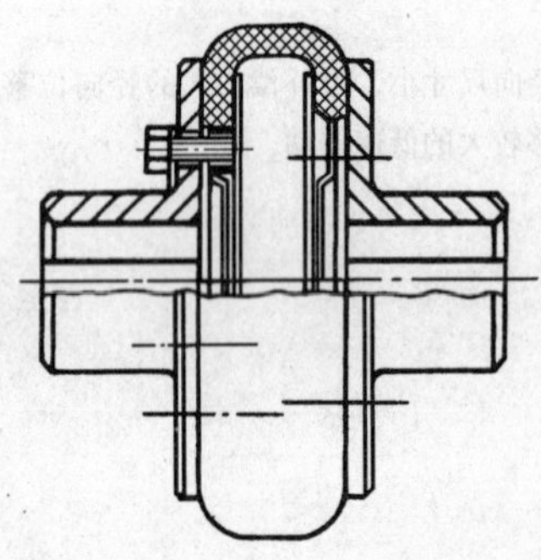 结构简单，工作可靠，具有良好的综合位移补偿能力，减振性强。工作温度为－20～＋80℃。适用于潮湿多尘，频繁起动、换向，冲击较大的场合，外缘速度不超过 30m/s，在起重机械中应用较多	

二、联轴器的选择

联轴器的类型选择应着重考虑如下几个方面：①载荷的大小及性质；②轴转速的高低；③两轴相对位移的大小及性质；④工作环境及允许空间等。例如，对载荷平稳的低速轴，如轴的刚度大而对中严格，可根据表 18－2 选用固定式联轴器；如轴的刚度小且有相对位移，可根据表 18－3 选用刚性可移式联轴器；对于冲击、振动较大，又有相对位移的高速轴，可根据表 18－4 选用弹性可移式联轴器；对角位移较大的两轴，则宜选用万向联轴器。对动载荷较大、转速很高的轴，宜选用重量轻、转动惯量小的联轴器。

联轴器类型选定后，即可由式（18－1）得到联轴器的计算转矩 T_C，并由轴径、计算转矩及转速从标准中选择合适的联轴器型号。

例 18－1　选择混砂机中电动机与减速器之间的联轴器。已知电动机额定功率 $P=15kW$，满载转速 $n=1460r/min$，电动机轴直径 $d_1=42mm$，减速器输入轴直径 $d_2=40mm$。

解 1. 选择联轴器类型 考虑到轴的转速较高，转矩不太大，起动频繁，电动机与减速器两轴间一般都有一定的相对位移，由表 18－4，选用弹性套柱销联轴器。

2. 选定联轴器型号

(1) 求计算转矩 T_C 混砂机转矩变化中等，查表 18－1，取 $K=1.7$，故由式 (18－1) 得

$$T_C = KT = 1.7 \times 9550\frac{P}{n} = 1.7 \times 9550 \times \frac{15}{1460}\text{N}\cdot\text{m} = 166.8\text{N}\cdot\text{m}$$

(2) 选定型号 由 GB/T 4323—2002 选定联轴器型号为 LT6（半联轴器材料为钢），由 GB/T 4323—2002 知：

标称转矩 $T_n = 250\text{N}\cdot\text{m} > T_C$；

许用转速 $[n] = 3800\text{r/min} > n$，合适。

电动机轴端半联轴器用 Y 型轴孔，轴孔直径 $d_1 = 42\text{mm}$，轴孔长 $L = 112\text{mm}$；减速器轴端半联轴器用 J_1 型轴孔，轴孔直径 $d_2 = 40\text{mm}$，轴孔长 $L_1 = 84\text{mm}$。联轴器的标记为：

$$\text{LT6 联轴器}\frac{\text{Y}42\times112}{\text{J}_1 40\times84}\quad \text{GB/T 4323—2002}$$

第三节 常用离合器类型及选择

离合器有不同的分类方法，根据离合方式不同分类，离合器分为操纵离合器和自控离合器两大类。前者按操纵方式不同又分为机械离合器、电磁离合器、液压离合器和气压离合器；后者按不同特性可分为超越离合器、离心离合器和安全离合器等。它们能在特定工作条件下，自动接合或分离。

按工作原理不同，离合器又可分为嵌合式离合器和摩擦式离合器。前者结构简单，尺寸较小，承载能力大，主、从动轴可同步转动，但接合时有冲击，只能在停机或低速时接合；后者离合平稳，可实现高速接合，且具有过载打滑的保护作用，但主、从动轴不能严格同步，且接合时产生磨损。

一、常用离合器的特点及应用

如前所述，各种离合器的工作原理不同，结构不同，其特点及应用范围各异。现将常用的几种离合器的特点及应用列于表 18－5，供选择时参考。

表 18－5 常用离合器类型、特点及应用

牙嵌离合器	单片离合器
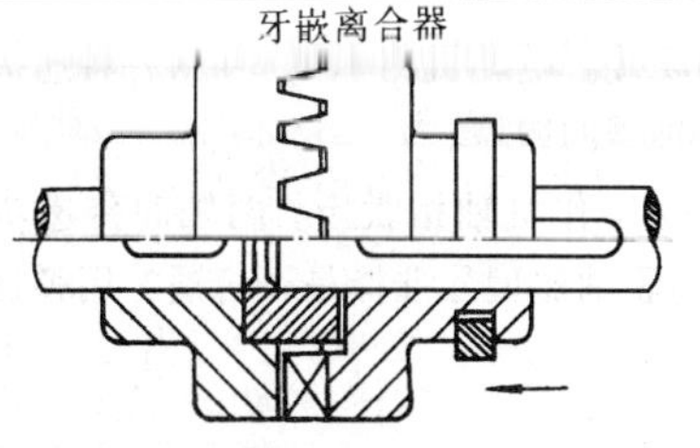	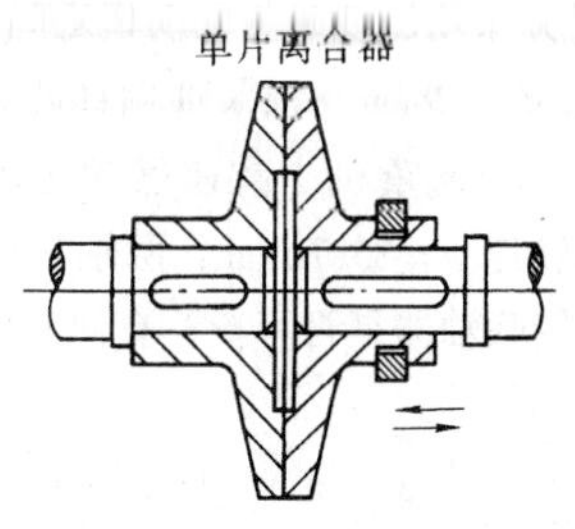
梯形牙强度高，传递转矩大，便于分离，能自动补偿牙面磨损所产生的间隙；三角形牙用于中、小载荷；矩形牙不便于离合，且磨损后无法补偿；锯齿形牙只能传递单向转矩。一般用于停机或低速接合、离合不频繁及要求传动比准确的场合	散热性能好，易于离、合，结构简单，但传递转矩较小，且径向尺寸较大。适用于轻载、传动比要求不严的场合

（续）

多片离合器	滚柱式超越离合器
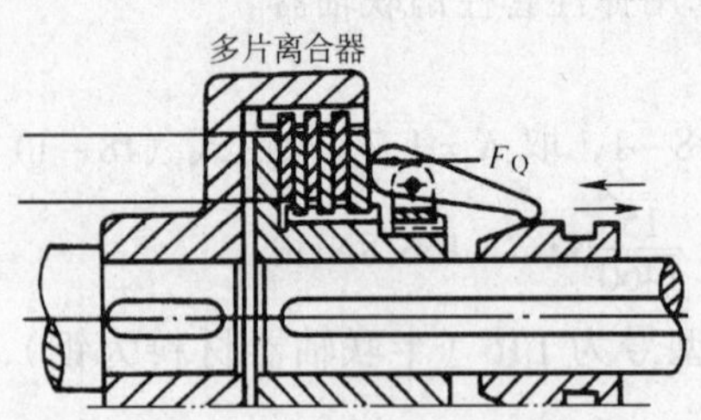	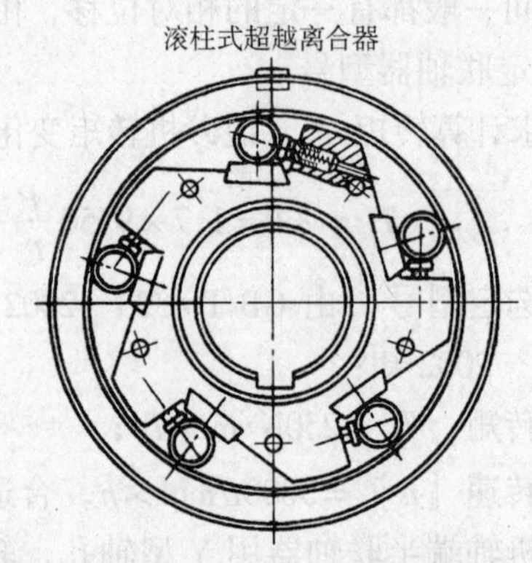
承载能力大，径向尺寸较小，易于离、合，适用于高速传动。另外，干式离合器反应灵敏；湿式离合器磨损小，散热性能好；电磁力操纵的可实现自动控制、快速接合及远距离操纵，应用较广	超越离合器有定向及超越作用（其原理与图 6-8 超越式棘轮机构类似），工作无噪声，结构简单，可实现高速接合，但只能传递单向转矩，且制造精度要求高。适用于高速传动

二、离合器的选择

由表 18-5 可知，当要求主、从动轴同步转动且传递转矩较大时，可选用牙嵌式离合器，但应在停机或低速下进行接合；当要求在高速下平稳接合而主、从动轴同步性要求低时，宜选用单片或多片摩擦式离合器；当要求在特定条件下（如一定转矩、转速及转向）能自动接合或分离时，应选用超越离合器。

离合器的类型确定后，其设计准则主要依据接合元件的接合性质而定，具体的计算方法可参阅参考文献［11］、［13］及有关文献。

实践教学环节

1. 实地观察汽车变速器与后桥差速器之间的一对万向节（汽车专业术语，就是一种联轴器）。注意中间轴与输入、输出轴之间的夹角。

2. 对自行车后轮离合器的结构特点与工作原理进行分析，说明为什么要采用这类离合器？

习　题

18-1　已知某增压油泵与电动机之间用弹性套柱销联轴器联接。电动机功率 $P=4\text{kW}$，转速 $n=1440\text{r/min}$，轴端直径 $d_1=28\text{mm}$；油泵轴端直径 $d_2=28\text{mm}$。试确定联轴器的型号。

18-2　已知某起重机中减速器输出轴用 CL4 齿轮联轴器与工作机轴相联接。两轴间传递功率 $P=7.05\text{kW}$，轴的转速 $n=35.7\text{r/min}$，两轴直径相等 $d=55\text{mm}$。试问联轴器型号选择是否合适？用弹性套柱销联轴器代替齿轮联轴器是否可行？有何利弊？

第十九章　弹　　簧

弹簧是一种常见的机械零件，广泛应用于各种机械设备、仪器仪表和车辆中。其工作特点是：受载荷后所引起的弹性变形较为显著，卸载后又能立即恢复原状，并且能够多次、重复地变形—恢复。

第一节　弹簧的类型和应用

机器中使用的弹簧，有下列几种主要的功用：

1）缓冲、吸振，如汽车（图 19－1a）和火车车厢下的减振弹簧及各种缓冲器用的弹簧等。

2）控制运动，如制动器（图 19－1b）、离合器的控制弹簧和内燃机中的阀门弹簧等。

3）贮存及输出能量，如钟表弹簧（图 19－1c）和相机中的快门弹簧及枪闩弹簧等。

4）测量载荷，如测力计及弹簧秤（图 19－1d）中的弹簧等。

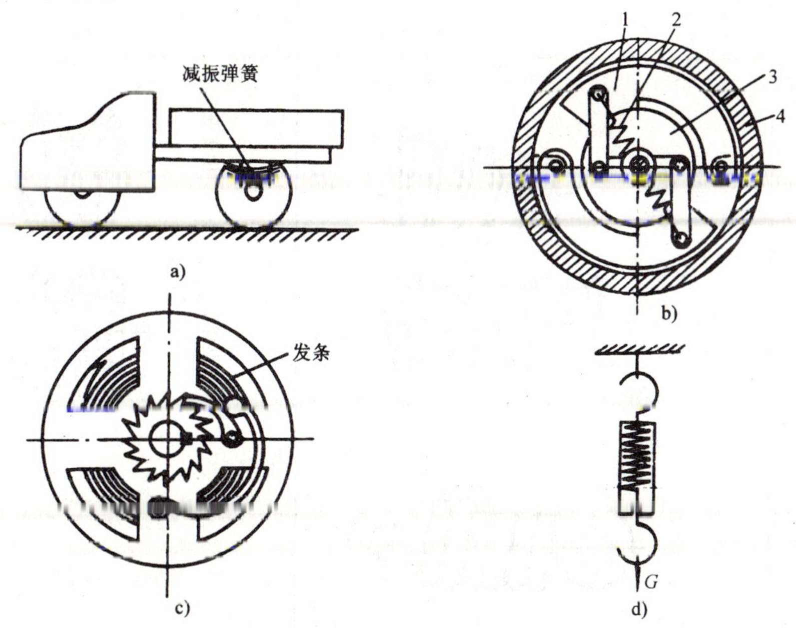

图 19－1　弹簧功用举例

1—闸块　2—弹簧　3—圆盘　4—壳体

由上可知，弹簧在不同使用场合所起的作用不同。

弹簧的种类很多，金属弹簧的基本类型见表 19－1。

除表 19－1 所示各种金属弹簧外，机械中还应用有橡胶弹簧和空气弹簧等。

表 19－1　金属弹簧的基本类型

按载荷分类 / 按形状分类	拉　伸	压　缩	扭　转	弯　曲
螺旋形	圆柱螺旋拉伸弹簧	圆柱螺旋压缩弹簧　圆锥螺旋压缩弹簧	圆柱螺旋扭转弹簧	
其他		环形弹簧　碟形弹簧	平面涡卷弹簧	板弹簧

圆柱螺旋弹簧是由弹簧钢丝卷绕而成的，由于它制造方便，所以应用最广。因此，本章主要介绍圆柱螺旋弹簧的设计计算。

第二节　弹簧的材料和许用应力

一、弹簧材料及其选择

弹簧常受变载荷或冲击载荷作用，为了保证弹簧能可靠地工作，弹簧材料必须具有足够高的弹性极限和疲劳极限，同时还应有良好的韧性、塑性及热处理性能。常用的弹簧材料有：碳素弹簧钢丝、合金弹簧钢丝、弹簧用不锈钢丝及铜合金等。近年来，非金属材料（如塑料、橡胶等）弹簧也有很大的发展。

常用弹簧材料的力学性能及其用途可参考表 19 – 2。弹簧材料的选择应综合考虑其应用场合、重要程度、载荷情况、加工工艺、设备状况以及成本等因素。

弹簧的性能和寿命在很大程度上取决于材料的表面状况。因此，不允许有裂纹和伤痕等。在弹簧的技术要求中应详细规定其表面缺陷的验收标准。

二、弹簧材料的许用应力

弹簧材料的许用应力与弹簧的类型、材料、弹簧钢丝直径和载荷性质等有关。根据变载荷的作用次数以及弹簧的重要程度将弹簧分为三类：

Ⅰ类弹簧——受变载荷作用次数在 10^6 次以上的重要弹簧，如内燃机气阀弹簧等；

Ⅱ类弹簧——受变载荷作用次数在 $10^3 \sim 10^5$ 次及承受冲击载荷的弹簧，如调速器弹簧等；

Ⅲ类弹簧——受变载荷作用次数在 10^3 次以下的弹簧及受静载荷的一般弹簧，如一般溢流阀弹簧、摩擦式安全离合器弹簧等。

设计弹簧时，根据上述弹簧的种类及所选定的材料，可由表 19 – 2 确定其许用应力。应当指出，碳素弹簧钢丝的许用应力是根据其抗拉强度极限 σ_b 而定的，而 σ_b 与钢丝的直径有关，如表 19 – 3 所列（GB/T 4357—1989）。碳素弹簧钢丝按用途分为三级：B 级用于低应力弹簧；C 级用于中等应力弹簧；D 级用于高应力弹簧。因此，设计时首先要假定碳素弹簧钢丝的直径进行试算。

第三节　圆柱螺旋弹簧的设计计算

一、圆柱螺旋弹簧的结构和尺寸

图 19 – 2a 所示为圆柱螺旋压缩弹簧的结构，图中弹簧的自由高度为 H_0，节距为 t，弹簧丝直径为 d；为使弹簧在工作载荷 F 作用下得到所需的变形量，各圈之间应有足够的间距 δ。当弹簧受到最大工作载荷时，弹簧各圈之间仍应留有适当的间隙，使弹簧在压缩后仍能保持一定的弹力，这个间隙称为余隙 δ_1。一般情况下可取 $\delta_1 \geqslant 0.1d$（当 $d < 2\text{mm}$ 时，取 $\delta_1 = 0.2\text{mm}$）。

压缩弹簧的两端各有 3/4 ~ 7/4 圈并紧，称为支承圈或死圈。支承圈在弹簧工作时不参加弹性变形，只使弹簧支承面与轴线保持垂直，减少受压时侧向弯曲的可能性。常见的支承圈端部结构有并紧不磨平（图 19 – 3a）和并紧磨平（图 19 – 3b）两种。为使弹簧端面与轴线垂直，重要弹簧端部磨平部分应不小于一圈弹簧丝长度的 3/4，末端的厚度应接近于 $d/4$。

表 19－2　弹簧材料及其许用应力

类别	代号	许用切应力 [τ] /MPa			许用弯曲应力 [σ] /MPa		剪切弹性模量 G/MPa	拉压弹性模量 E/MPa	推荐硬度 HRC	推荐使用温度 /℃	特性及用途
		Ⅰ类弹簧	Ⅱ类弹簧	Ⅲ类弹簧	Ⅱ类弹簧	Ⅲ类弹簧					
钢丝	碳素弹簧钢丝 B、C、D级；重要用途的弹簧钢丝 65Mn	$0.3\sigma_b$	$0.4\sigma_b$	$0.5\sigma_b$	$0.5\sigma_b$	$0.625\sigma_b$	0.5mm≤d≤4mm 83000 ~80000；d>4mm 80000	0.5mm≤d≤4mm 207500 ~205000；d>4mm 200000	—	-40~120	强度高，加工性能好，适用于小尺寸弹簧
钢丝	60Si2Mn 60Si2MnA	480	640	800	800	1000	80000	200000	45~50	-40~200	弹性好，回火稳定性好，易脱碳，用于承受大载荷弹簧
钢丝	50CrVA	450	600	750	750	940	80000	200000	45~50	-40~210	疲劳性能好，淬透性、回火稳定性好
钢丝	65Si2MnA	570	760	950	950	1190	80000	200000	47~52	-40~250	强度高，耐高温，弹性、淬透性好
不锈钢丝	1Cr18Ni9 1Cr18Ni9Ti	330	440	550	550	690	73000	197000		-250~290	耐腐蚀，耐高温，有良好的工艺性，适用于小弹簧
不锈钢丝	4Cr13	450	600	750	750	940	77000	219000	48~53	-40~300	耐腐蚀，耐高温，适用于较大的弹簧
铜合金	QSi3—1	270	360	450	450	560	41000	95000	90~100HBW	-40~120	耐腐蚀性好，防磁性好，弹性好
铜合金	QBe2	360	450	560	560	750	43000	132000	37~40	-40~120	耐腐蚀性好，防磁性、导电性、弹性好

注：碳素弹簧钢丝及 65Mn 钢丝的抗拉强度极限 σ_b 见表 19－3。

表 19 – 3　弹簧钢丝抗拉强度极限 σ_b　(MPa)

碳素弹簧钢丝							
钢丝直径 d/mm	级　别			钢丝直径 d/mm	级　别		
	B	C	D		B	C	D
0.14	2200 ~ 2600	2550 ~ 2940	2740 ~ 3140	1.60	1570 ~ 1860	1810 ~ 2160	2110 ~ 2400
0.16	2150 ~ 2550	2500 ~ 2890	2690 ~ 3090	1.80	1520 ~ 1810	1760 ~ 2110	2010 ~ 2300
0.18	2150 ~ 2550	2450 ~ 2840	2690 ~ 3090	2.00	1470 ~ 1760	1710 ~ 2010	1910 ~ 2200
0.20	2150 ~ 2550	2400 ~ 2790	2690 ~ 3090	2.20	1420 ~ 1710	1660 ~ 1960	1810 ~ 2110
0.22	2110 ~ 2500	2350 ~ 2750	2690 ~ 3090	2.50	1420 ~ 1710	1660 ~ 1960	1760 ~ 2060
0.25	2060 ~ 2450	2300 ~ 2700	2640 ~ 3040	2.80	1370 ~ 1670	1620 ~ 1910	1710 ~ 2010
0.28	2010 ~ 2400	2300 ~ 2700	2640 ~ 3040	3.00	1370 ~ 1670	1570 ~ 1860	1710 ~ 1960
0.30	2010 ~ 2400	2300 ~ 2700	2640 ~ 3040	3.20	1320 ~ 1620	1570 ~ 1810	1660 ~ 1910
0.32	1960 ~ 2350	2250 ~ 2650	2600 ~ 2990	3.50	1320 ~ 1620	1570 ~ 1810	1660 ~ 1910
0.35	1960 ~ 2350	2250 ~ 2650	2600 ~ 2990	4.00	1320 ~ 1620	1520 ~ 1760	1620 ~ 1860
0.40	1910 ~ 2300	2250 ~ 2650	2600 ~ 2990	4.50	1320 ~ 1570	1520 ~ 1760	1620 ~ 1860
0.45	1860 ~ 2260	2200 ~ 2600	2550 ~ 2940	5.00	1320 ~ 1570	1470 ~ 1710	1570 ~ 1810
0.50	1860 ~ 2260	2200 ~ 2600	2550 ~ 2940	5.50	1270 ~ 1520	1470 ~ 1710	1570 ~ 1810
0.55	1810 ~ 2210	2150 ~ 2550	2500 ~ 2890	6.00	1220 ~ 1470	1420 ~ 1660	1520 ~ 1760
0.60	1760 ~ 2160	2110 ~ 2500	2450 ~ 2840	6.50	1220 ~ 1470	1420 ~ 1610	—
0.65	1760 ~ 2160	2110 ~ 2500	2450 ~ 2840	7.00	1170 ~ 1420	1370 ~ 1570	—
0.70	1710 ~ 2110	2060 ~ 2450	2450 ~ 2840	8.00	1170 ~ 1420	1370 ~ 1570	—
0.80	1710 ~ 2060	2010 ~ 2400	2400 ~ 2840	9.00	1130 ~ 1320	1320 ~ 1520	—
0.90	1710 ~ 2060	2010 ~ 2350	2350 ~ 2750	10.00	1130 ~ 1320	1320 ~ 1520	—
1.00	1660 ~ 2010	1960 ~ 2300	2300 ~ 2690	11.00	1080 ~ 1270	1270 ~ 1470	
1.20	1620 ~ 1960	1910 ~ 2250	2250 ~ 2550	12.00	1080 ~ 1270	1270 ~ 1470	—
1.40	1620 ~ 1910	1860 ~ 2210	2150 ~ 2450	13.00	1030 ~ 1220	1220 ~ 1420	—

重要用途的弹簧钢丝 65Mn					
钢丝直径 d/mm	1 ~ 1.2	1.4 ~ 1.6	1.8 ~ 2	2.2 ~ 2.5	2.8 ~ 3.4
σ_b/MPa	1800	1750	1700	1650	1600

圆柱螺旋拉伸弹簧的结构如图 19 – 4a 所示。拉伸弹簧有两种：无初拉力的和有初拉力的。后一种弹簧在自由状态下就受有初拉力 F_0 的作用。初拉力是由于卷制弹簧时使各弹簧圈并紧而产生的。有初拉力的拉伸弹簧，一定要在外加的拉力大于初拉力 F_0 后各圈之间才开始分离，所以与无初拉力的拉伸弹簧相比可减小轴向空间尺寸。

为便于安装和加载，拉伸弹簧的两端部制有钩环，钩环的形式如图 19 – 5 所示，图

19－5a、b所示两钩环的弯曲应力较大，一般只宜用于弹簧丝直径 $d \leqslant 10$mm 的中小载荷和不很重要的地方，但其制造方便；图 19－5c 是可调式拉环；图 19－5d 所示挂钩是另外装上的可转挂钩，挂钩可转到任何方向。图 19－5c、d 所示挂钩适用于受变载荷的场合，但成本较高。圆柱螺旋弹簧的几何尺寸计算见表 19－4。

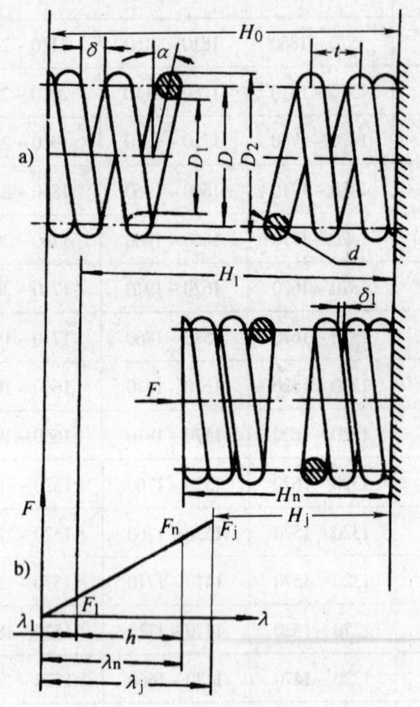

图 19－2　圆柱螺旋压缩弹簧

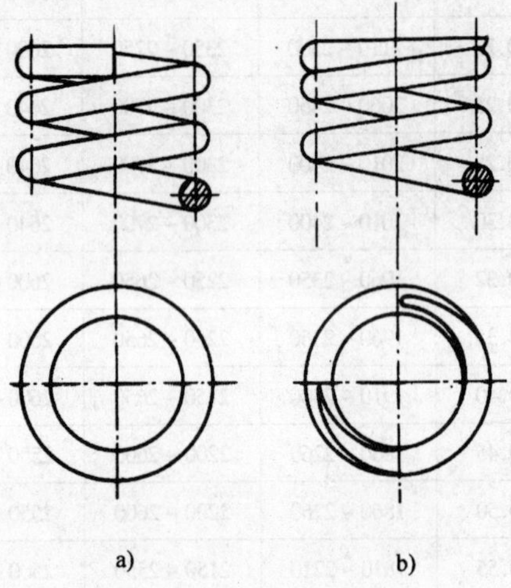

图 19－3　压缩弹簧端部结构

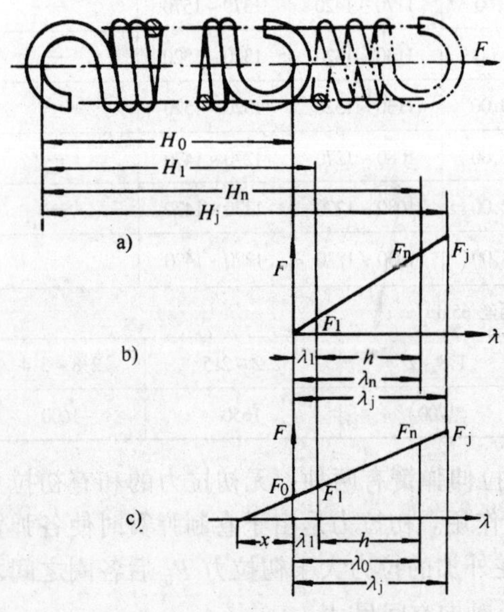

图 19－4　圆柱螺旋拉伸弹簧

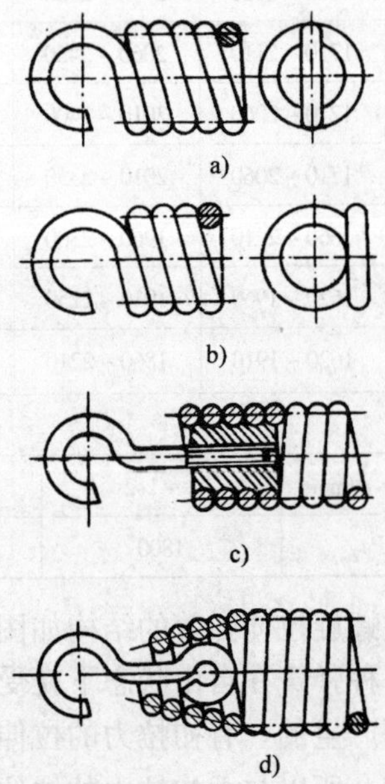

图 19－5　拉伸弹簧的挂钩形式

表 19-4　圆柱螺旋弹簧几何尺寸计算

参数名称及其代号	单　位	计算公式		备　注
		压缩弹簧	拉伸弹簧	
弹簧丝直径 d	mm	根据强度条件计算确定，见式（19-2）		
弹簧中径 D	mm	$D=Cd$，C——旋绕比		
弹簧外径 D_2	mm	$D_2=D+d$，D——弹簧中径		
弹簧内径 D_1	mm	$D_1=D-d$		
节距 t	mm	$t=(0.28\sim0.5)D$	$t=d$	
有效圈数 n		根据工作条件确定，见式（19-3）		$n\geqslant2$
总圈数 n_1		$n_1=n+(1.5\sim2.5)$	$n_1=n$	尾数应为 0.25、0.5、0.75 或 0.00，推荐使用 0.5
自由高度 H_0	mm	两端磨平 $H_0=nt+(n_1-n-0.5)d$ 两端不磨平 $H_0=nt+(n_1-n+1)d$	$H_0=nt+$挂钩轴向尺寸	
间距 δ	mm	$\delta=t-d$，$\delta\geqslant\frac{\lambda_{max}}{n}+0.1d$		
螺旋升角 α	(°)	$\alpha=\arctan\frac{t}{\pi D}$		对压缩弹簧，推荐 $\alpha=5°\sim9°$
弹簧丝展开长　度 L	mm	$L=\frac{\pi Dn_1}{\cos\alpha}$	$L=\pi Dn+$挂钩展开长度	

二、圆柱螺旋弹簧的特性曲线

表示弹簧载荷与变形之间关系的曲线，称为弹簧特性曲线。对于受压或受拉的弹簧，载荷指的是压力或拉力，变形指的是弹簧的压缩量或伸长量；对于受扭转的弹簧，载荷指的转矩，变形是指扭转角；对于等节距的圆柱螺旋弹簧（压缩或拉伸），由于弹簧工作时只发生弹性变形，载荷与变形成正比，故特性曲线为直线，亦即

$$\frac{F_1}{\lambda_1}=\frac{F_2}{\lambda_2}=\cdots=\text{常数}$$

图 19-2b 所示为压缩弹簧的特性曲线，H_0 为未受载荷时弹簧的自由高度。弹簧在工作之前，通常预受一压缩力 F_1，以保证弹簧可靠地稳定在安装位置上。F_1 称为弹簧的最小工作载荷，在它的作用下，弹簧的高度由 H_0 被压缩到 H_1，其相应的弹簧压缩变形为 λ_1。当弹簧受到最大工作载荷 F_n 时，弹簧被压缩到 H_n，其相应的弹簧压缩变形量为 λ_n。$h=\lambda_n-\lambda_1=H_1-H_n$，$h$ 称为弹簧的工作行程。

图 19-2 中，F_j 为弹簧的极限载荷，在它的作用下，弹簧丝应力将达到材料的弹性极限，这时，弹簧的高度被压缩到 H_j，相应的变形为 λ_j。

设计弹簧时，最大工作载荷 F_n 由工作要求确定，而其最小工作载荷 F_1 通常可取为（0.1～0.5）F_n。实用中，一般使弹簧在弹性范围内工作，最大工作载荷 F_n 应小于极限载荷，通常应满足 $F_n \leqslant 0.8F_j$ 的要求。

图 19－4b 所示为拉伸弹簧无初拉力时的特性曲线，其特性曲线和压缩弹簧完全相同，而图 19－4c 所示为有初拉力拉伸弹簧的特性曲线，因其各圈互相并紧，因而弹簧在自由状态下便受有初拉力 F_0 的作用。通常取 $F_0 =$（0.2～0.3）F_n。弹簧的特性曲线是设计、制造和检验弹簧的主要依据，要求绘在弹簧的工作图上。

三、圆柱螺旋弹簧的设计

当载荷作用次数不超过 10^5 时，弹簧按照承受静载荷进行设计。根据其承受的最大载荷、发生的最大变形以及对结构设计的要求，设计弹簧丝直径、弹簧中径、工作圈数、螺旋升角及长度。

设计过程如下：

1）根据工作情况及条件参照表 19－2 和表 19－3 选择材料，并确定其力学性能。

2）选择旋绕比 C。

根据材料力学的有关理论，由弹簧刚度 $F' = \frac{F}{\lambda}$ 及弹簧轴向变形量 $\lambda = \frac{8FD^3n}{Gd^4}$ 可知

$$F' = \frac{Gd}{8C^3n} \tag{19-1}$$

式中，$C = \frac{D}{d}$，称为旋绕比，是弹簧设计的一个重要参数。旋绕比是影响弹簧刚度的重要因素，即弹簧旋绕比越大，刚度越小，弹簧越软，工作时易发生颤动；反之，旋绕比越小，刚度越大，弹簧越硬，但弹簧卷制时弹簧丝受到的弯曲应力越大。因此，一般情况下，C 的取值范围为 4～22，常用范围为 5～8，可参考表 19－5 选取。

表 19－5　常用旋绕比

弹簧丝直径 d/mm	0.2～0.4	0.5～1.0	1.1～2.2	2.5～6.0	7.0～16.0	≥18.0
旋绕比 C	7～14	5～12	5～10	4～9	4～8	4～16

3）根据安装条件初选弹簧中径 D_2，根据旋绕比 C 初估弹簧丝直径，并由表 19－2 查取弹簧丝许用应力。

4）在满足强度条件的基础上确定弹簧丝直径 d，即

$$d \geqslant 1.6\sqrt{\frac{KF_nC}{[\tau]}} \tag{19-2}$$

式中　K——弹簧曲度系数，$K = \frac{4C-1}{4C-4} + \frac{0.615}{C}$。

5）在满足刚度条件的基础上确定弹簧圈数。

根据刚度条件，弹簧有效圈数为

$$n = \frac{Gd}{8C^3F'} \tag{19-3}$$

n 应圆整为标准系列：2　2.25　2.5　2.75　3　3.25　3.5　3.75　4　4.25　4.5　4.75

5　5.5　6　6.5　7　7.5　8　8.5　9　9.5　10　10.5　11.5　12.5　13.5　14.5　15　16　18　20　22　25　28　30。

6）根据表 19－4 计算弹簧的外径 D、内径 D_1 及其长度 H_0，并检查是否满足安装条件。若不满足，则改选旋绕比 C 等参数，重新计算。

7）保证弹簧的稳定性，验算弹簧的高径比 $b=\frac{H_0}{D}$。

为保证弹簧的特性，应使 $b>0.4$。当弹簧两端固定时，$b\leqslant 5.3$；弹簧一端固定、一端回转时，$b\leqslant 3.7$；弹簧两端回转时，$b\leqslant 2.6$。

当 b 大于上述值，且受条件限制而不能改变参数时，为防止弹簧失稳（图 19－6a）应加装导杆或导套（图 19－6b），以增加弹簧的稳定性。导杆或导套与弹簧的间隙 C_r 由表 19－6 选取。

8）进行弹簧几何尺寸计算。

9）绘制弹簧工作图。

当载荷作用次数超过 10^5 时，弹簧按照承受变载荷进行设计。除按照前述承受静载荷进行设计外，还需进行疲劳强度验算及振动验算，相关过程可参考机械设计手册进行。

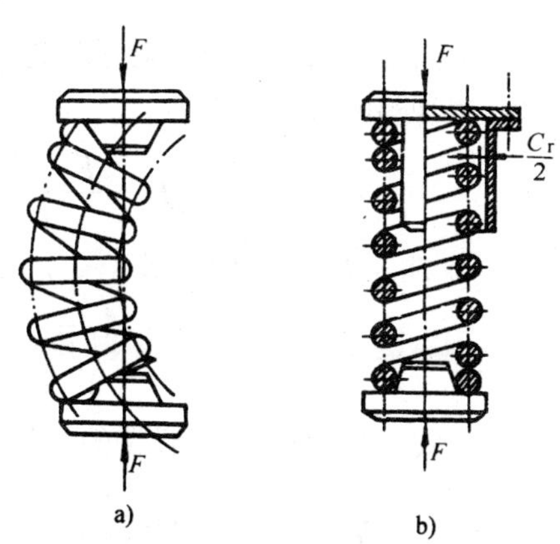

图 19－6　弹簧失稳及其防止方法

表 19－6　导套（导杆）与弹簧间的间隙

中径 D/mm	≤5	>5～10	>10～18	>18～30	>30～50	>50～80	>80～120	>120～150
间隙 C_r/mm	0.6	1	2	3	4	5	6	7

例 19－1　有一立式小锅炉，炉顶采用微启式弹簧溢流阀（图 19－7）。阀座通径 $D_0=32$mm。阀门始开时的汽压 $p_1=0.33$MPa，阀门行程 $h=2$mm，阀门全开时弹簧受力 $F_n=340$N。结构要求弹簧的内径 $D_1>16$mm。试设计此溢流阀上的弹簧。若现有 $d=4$mm 的 60Si2Mn 钢丝，问能否使用？

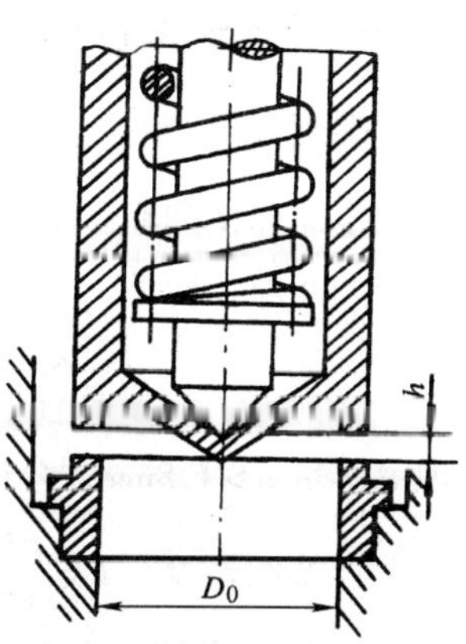

图 19－7　例 19－1 图

解　选用两端并紧磨平结构。

1. 确定弹簧旋绕比 C　由于现有钢丝直径 $d=4$mm，要求 $D_1>16$mm，今取 $D_1=18$mm，则 $D=D_1+d=22$mm，得

$$C=D/d=22/4=5.5$$

根据 $C=5.5$，可求得曲度系数 K 为

$$K=\frac{4C-1}{4C-4}+\frac{0.615}{C}=\frac{4\times5.5-1}{4\times5.5-4}+\frac{0.615}{5.5}=1.28$$

2. 强度计算　根据材料为 60Si2Mn，弹簧丝直径 $d=4$mm，锅炉上的溢流阀比较重要，按Ⅱ类弹簧查表 19－2 得许用切应力［τ］=640MPa，由式（19－2）得弹簧丝直径为

$$d \geqslant 1.6\sqrt{\frac{KF_n C}{[\tau]}} = 1.6 \times \sqrt{\frac{1.28 \times 340 \times 5.5}{640}}\text{mm} = 3.1\text{mm}$$

因现有 $d = 4$mm，所以采用4mm的钢丝能满足强度要求（因60Si2Mn弹簧钢丝的许用应力不随直径增大而减小）。若不受现有材料限制时，可考虑取 $d = 3.5$mm。

3. 刚度计算　弹簧的最小工作载荷 F_1 为开始时的压力

$$F_1 = \pi D_0^2 p_1 / 4 = (\pi \times 32^2 \times 0.33/4)\ \text{N} = 265.4\text{N}$$

最大工作载荷为阀门全开时的力，$F_n = 340$N。

弹簧刚度 F' 为

$$F' = \frac{F_n - F_1}{h} = \frac{340 - 265.4}{2}\text{N/mm} = 37.3\text{N/mm}$$

与 F_1、F_n 相应的变形 λ_1、λ_n 为

$$\lambda_1 = F_1 / F' = 265.4/37.3\text{mm} = 7.12\text{mm}$$

$$\lambda_n = F_n / F' = 340/37.3\text{mm} = 9.12\text{mm}$$

由式（19－3）算出弹簧的工作圈数 n，由表19－2取 $G = 80000$MPa，则

$$n = \frac{Gd}{8C^3 F'} = \frac{80000 \times 4}{8 \times 5.5^3 \times 37.3} = 6.45 \quad \text{取}\ n = 6.5$$

弹簧的总圈数 n_1，考虑两端各并紧一圈

$$n_1 = n + 2 = 6.5 + 2 = 8.5$$

弹簧的节距为　$t = (0.28 \sim 0.5)\ D$，取 $t = 0.3D = 0.3 \times 22\text{mm} = 6.6\text{mm}$，实取 $t = 7$mm

弹簧的自由高度 H_0（两端并紧磨平）为

$$H_0 = nt + (n_1 - n - 0.5)\ d = [6.5 \times 7 + (8.5 - 6.5 - 0.5) \times 4]\ \text{mm} = 51.5\text{mm}$$

4. 验算稳定性　一端固定一端自由转动，$b = H_0 / D = 51.5/22 = 2.34\ (< 3.7)$ 符合稳定性要求。

5. 计算弹簧其他尺寸　弹簧外径　$D_2 = D + d = (22 + 4)\ \text{mm} = 26\text{mm}$

螺旋升角　$\alpha = \arctan\ (t/\pi D) = \arctan\ \left(\frac{7}{\pi \times 22}\right) = 5°47'$

压缩弹簧间距　$\delta = t - d = (7 - 4)\ \text{mm} = 3\text{mm}$ 为使弹簧在 F_n 作用下仍保持各圈之间有一定的间隙，应使

$$\delta \geqslant \frac{\lambda_{max}}{n} + 0.1d = \frac{\lambda_n}{n} + 0.1d = \left(\frac{9.12}{6.5} + 0.1 \times 4\right)\ \text{mm} = 1.8\text{mm}$$

现 $\delta = 3\text{mm} > 1.8\text{mm}$，合适。

弹簧丝长度　$L = \frac{\pi D n_1}{\cos\alpha} = \frac{\pi \times 22 \times 8.5}{\cos 5°47'}\text{mm} = 590.48\text{mm}$

6. 绘制弹簧工作图（略）。

四、圆柱螺旋扭转弹簧

圆柱螺旋扭转弹簧如图19－8所示，常用于贮能、压紧和传递转矩。它的两端带有杆臂或挂钩，以便固定和加载。扭转弹簧在相邻两圈之间一般留有微小的间隙，以免扭转变形时互相摩擦。

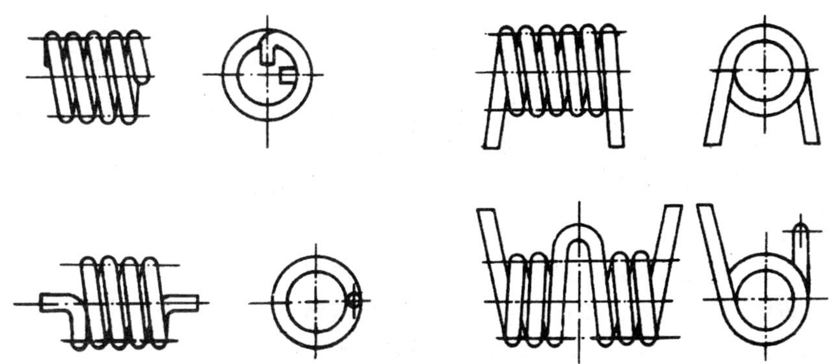

图 19-8　圆柱螺旋扭转弹簧

实践教学环节

1. 结合身边的实例，了解在以汽车为主的机动车辆中、以家用电器为主的电子产品中以及以摄像机、复印机和照相机为主的光学装置中弹簧的应用，思考机动车辆弹簧、电子产品弹簧及光学装置弹簧的设计方法、材料选择各自应侧重于哪些方面。

2. 通过查找资料，找出汽车中常用的各种典型弹簧，不同类型的弹簧各自起什么作用，思考轿车和货车所选用的弹簧是否相同。

习　　题

19-1　圆柱螺旋压缩弹簧的中径 $D=20$mm，弹簧直径 $d=4$mm，材料为碳素弹簧钢 B 级钢丝，载荷情况属第Ⅱ类弹簧，总圈数 $n_1=10$，其中两端共并紧 2 圈，两端固定支承，求：

1）所能承受的最大工作载荷 F_n 及在此载荷下的最大变形量 λ_n。

2）弹簧的节距 t。

3）弹簧的自由高度 H_0。

4）弹簧丝的展开长度 L。

5）判断弹簧有无失稳的问题。

19-2　设计在静载荷、常温下工作的阀门压缩弹簧。已知：最大工作载荷 $F_n=220$N，最小工作载荷 $F_1=150$N，工作变形 $h=5$mm，弹簧外径不大于 16mm，工作介质为空气，两端固定支承。

19-3　一螺旋拉伸弹簧用于高压开关中，已知最大工作载荷 $F_n=2070$N，最小工作载荷 $F_1=615$N，弹簧丝直径 $d=10$mm，外径 $D_2=90$mm，工作圈数 $n=20$，弹簧的材料为 60Si2Mn，载荷性质属Ⅱ类弹簧。求：

1）在 F_n 作用下弹簧是否会断？该弹簧能承受的极限载荷 F_j。

2）弹簧的工作行程 h。

参考文献

[1] 张策．机械原理与机械设计［M］．北京：机械工业出版社，2004．

[2] 李秀珍．机械设计基础［M］．4版．北京：机械工业出版社，2005．

[3] 杨可桢，程光蕴．机械设计基础［M］．5版．北京：高等教育出版社，2006．

[4] 胡西樵．机械设计基础［M］．北京：高等教育出版社，1990．

[5] 卢玉明．机械设计基础［M］．6版．北京：高等教育出版社，1998．

[6] 王时任，敦文平．机械原理及机械零件［M］．北京：高等教育出版社，1983．

[7] 黄锡恺，郑文纬．机械原理［M］．6版．北京：高等教育出版社，1989．

[8] 天津大学．机械原理［M］．北京：人民教育出版社，1979．

[9] 张世民．机械原理［M］．北京：中央广播电视大学出版社，1983．

[10] 濮良贵，纪名刚．机械设计［M］．8版．北京：高等教育出版社，2006．

[11] 邱宣怀．机械设计［M］．4版．北京：高等教育出版社，1997．

[12] 常见机构的原理及应用编写组．常见机构的原理及应用［M］．北京：机械工业出版社，1978．

[13] 吴宗泽．机械设计［M］．北京：高等教育出版社，2001．

[14] 安东尼·埃斯波西托．机械设计基础［M］．何元庚，编译．北京：机械工业出版社，1986．

[15] Spotts M F．机械设计［M］．陆传，朱复谦，译．南宁：广西人民出版社，1985．

[16] Shigley J E．机械工程设计［M］．南京工学院，浙江大学机械原理及机械零件教研组，译．北京：高等教育出版社，1981．

[17] 柯热夫尼柯夫 C H，等．机构［M］．孟宪源，译．北京：机械工业出版社，1981．

[18] G尼曼．机械零件［M］．余梦生，倪文馨，译．北京：机械工业出版社，1985．

[19] 周开勤．机械零件手册［M］．3版．北京：高等教育出版社，1989．

[20] 机械设计手册联合编写组．机械设计手册［M］．北京：化学工业出版社，1987．

[21] 徐灏．机械设计手册［M］．北京：机械工业出版社，1991．

[22] 紧固件连接设计手册编写委员会．紧固件连接设计手册［M］．北京：国防工业出版社，1990．

[23] 王振华．实用轴承手册［M］．上海：上海科学技术文献出版社，1991．

[24] 齿轮手册编委会．齿轮手册［M］．北京：机械工业出版社，1990．

[25] 东北大学机械设计手册编写组．机械零件设计手册［M］．3版．北京：冶金工业出版社，1994．

[26] 唐蓉城，陆玉．机械设计（机械类）［M］．北京：机械工业出版社，1993．

[27] 高兰尊，冯桂辰．工程制图［M］．北京：国防工业出版社，2006．

[28] 郭仁生．机械设计基础［M］．4版．北京：清华大学出版社，2001．

[29] 荣辉，杨云晨．机械设计基础［M］．北京：北京理工大学出版社，2004．

[30] 孙桓，陈作模．机械原理［M］．7版．北京：高等教育出版社，2006．

[31] 《现代机械传动手册》编辑委员会．现代机械传动手册［M］．2版．北京：机械工业出版社，2002．

[32] 成大先．机械设计手册．单行本．弹簧·起重运输件·五金件［M］．北京：机械工业出版社，2004．

[33] 机械设计手册编委会．机械设计手册［M］．新版（第2卷）．北京：机械工业出版社，2004．

[34] 曲玉峰，关晓平．机械设计基础［M］．北京：北京大学出版社，中国林业出版社，2006．

信 息 反 馈 表

尊敬的老师：

您好！感谢您多年来对机械工业出版社的支持和厚爱！为了进一步提高我社教材的出版质量，更好地为我国高等教育发展服务，欢迎您对我社的教材多提宝贵意见和建议。另外，如果您在教学中选用了**《机械设计基础（多学时）第4版》（范顺成 主编）**，欢迎您提出修改建议和意见。

一、基本信息

姓名：__________ 性别：______ 职称：__________ 职务：____

邮编：________________ 地址：______________________________

任教课程：__________________ 电话：______—____________（H）

（O）______

电子邮件：____________________________ 手机：____________

二、您对本书的意见和建议

（欢迎您指出本书的疏误之处）

三、您对我们的其他意见和建议

请与我们联系：

100037 北京百万庄大街22号

机械工业出版社·高教分社 赵爱宁编辑 收

Tel： 010—8837 9712（O），6899 4030（Fax）

E-mail：jbszan@mail.machineinfo.gov.cn

aininzhao@sohu.com

http://www.cmpbook.com

http://www.cmpedu.com